Hanus / Stempel

# Das große Solar- und Windenergie-Werkbuch

Bo Hanus / Ulrich E. Stempel

# Das große Solar- und Windenergie Werkbuch

**Teil 1**
Wie nutze ich Solarenergie in Haus und Garten

**Teil 2**
Wie Sie Solarstrom für Camping, Caravan und Boot nutzen

**Teil 3**
Das kleine Solar-Werkbuch

**Teil 4**
Spass & Spiel mit der Solartechnik

**Teil 5**
Wie nutze ich Windenergie in Haus und Garten

**Teil 6**
Das kleine Windenergie Werkbuch

FRANZIS

**Bibliografische Information Der Deutschen Bibliothek**

Die Deutsche Bibliothek verzeichnet diese Publikation in der Deutschen Nationalbibliografie; detaillierte Daten sind im Internet über **http://dnb.ddb.de** abrufbar



**Satz:** Fotosatz Pfeifer, 82166 Gräfelfing
**art & design:** www.ideehoch2.de
**Druck:** Legoprint S.p.A., Lavis (Italia)
Printed in Italy

**ISBN** 3-7723-**5900-0**

# Teil 1

Bo Hanus

# Wie nutze ich Solarenergie in Haus und Garten

FRANZIS

# Vorwort zu Teil 1

Auf dem Gebiet der Solartechnik-Nutzung gibt es gegenwärtig viele Anwendungsmöglichkeiten. Die fotovoltaische Umwandlung der Sonnenenergie in elektrischen Strom ist eine der elegantesten und sinnvollsten Nutzungsformen, die sich besonders gut auch in Haus und Garten einsetzen lassen. Ihnen widmet sich der 1. Teil des Buches

Schritt für Schritt werden hier alle interessanten Themengebiete einfach und klar erklärt. Ohne unnötige Theorie, mit sehr vielen praktischen Beispielen und Bauanleitungen, mit denen Sie ohne technische Vorkenntnisse problemlos zurechtkommen.

Ob Sie nun ein begeisterter Bastler oder vorrangig ein wissbegieriger Leser sind, dieses Buch zeigt Ihnen praxisnah, was sich mit der Fotovoltaik alles machen lässt

An dieser Stelle möchte ich mich bei meiner Frau Hannelore Hanus-Walther für ihre literarische und edukative Zusammenarbeit an diesem Buch bedanken.

Ihr Bo Hanus

# Inhalt

# Solarenergie und Fotovoltaik

1

**Bild: 1.1. Ausführungsbeispiel eines Siemens-Solarzellenmoduls, das sowohl für netzgekoppelte als auch für netzunabhängige Fotovoltaik-Anlagen geeignet ist.**

**Bild: 1.2 Kleinere Solarzellenfläche auf dem Dach eines Einfamilienhauses**

Wenn man über die Solartechnik spricht, meint man damit die technische Nutzung der Sonnenenergie. Diese teilt sich in zwei ganz unterschiedliche Anwendungsarten: in die Fotovoltaik und in die Solarthermik.

Bei der Fotovoltaik wird die Sonnenenergie oder ein anderes Licht in elektrischen Strom umgewandelt. Bei der Solarthermik wird die Sonnenwärme als solche benutzt. Jede Fotovoltaik-Anlage ist eigentlich ein kleines Elektrizitätswerk, das auf eine sehr umweltfreundliche Art aus Licht elektrische Energie macht. Es handelt sich dabei um eine Umwandlung, bei der weder Schmutz noch Lärm, Gestank oder andere unerwünschte Nachteile in Kauf genommen werden müssen. Sehr sympathisch ist dabei die Tatsache, dass man keine zusätzlichen Anstrengungen unternehmen muss, um eine solche Anlage in Gang zu halten. Sie benötigt keine Energiezufuhr, keine Art irgendeiner anderen Zusammenarbeit, und verhält sich nach außen hin eigentlich wie ein „Perpetuum mobile“.

Man kann sich als Beispiel einen modernen Solar-Taschenrechner ansehen: ihm genügt eine kleine Solarzellenfläche, die nur gelegentlich vom Tages- oder Kunst-

**Bild: 1.3 Größere Solarzellenfläche auf dem Dach eines Einfamilienhauses**

licht beleuchtet werden muss, um die innere Elektronik mit ausreichend Energie versorgen zu können. Es sind keine Batterien mehr nötig und er läuft ununterbrochen nur mit dem Licht, das ansonsten absorbiert würde.

Mit einer großen Solarzellenfläche auf dem Hausdach ist es ähnlich: das Sonnenlicht, oder auch nur das diffuse Licht (bei leicht bewölktem Himmel), erzeugt in den Solarzellen elektrische Energie. Die Solarzellenfläche wird sozusagen zu einer großen Batterie. Sie liefert allerdings nur dann Strom, wenn sie ausreichend beleuchtet wird.

Der Energiegewinn ist dabei direkt von der Bestrahlungsintensität abhängig: viel Bestrahlung ergibt viel Strom, wenig Bestrahlung wenig Strom (wobei Bestrahlung von diffusem Licht auch zählt).

Soweit man die fotovoltaische Energie in der gleichen Zeit nutzen kann, zu der sie geliefert wird, ist die Sache einfach. Man schließt an das Solarzellenmodul beispielsweise eine Solarpumpe an und sie kann arbeiten. Hierbei stimmt das Sonnenangebot mit der Nachfrage ziemlich gut überein. Wenn dagegen der Solarstrom im Haushalt eingesetzt werden soll, lässt sich der Verbrauch mit dem Angebot nicht immer ausreichend koordinieren.

Aus diesem Grund werden die hausinternen Fotovoltaik-Anlagen als sogenannte netzgekoppelte Anlagen konzipiert:

Eine netzgekoppelte Fotovoltaik-Anlage besteht im Prinzip nur aus zwei Funktionsteilen (Bild 1.4): aus den Solarmodulen am Dach und aus einem Wechselrichter. Zwischen die Solarmodule und den Wechselrichter wird zwar oft ein kleiner Verteilerkasten angeschlossen, aber der gehört eher zu der Verkabelung und fungiert als Gehäuse für Klemmen der Durchverbindungen.

Der ebenfalls benötigte „Einspeisezähler“ kann wahlweise vom Netzbetreiber gemietet oder gekauft werden. Er registriert den Solarstrom, der ins öffentliche Netz eingekauft (durchverkauft) wird.

**Bemerkung:** Früher wurden *netzgekoppelte* Fotovoltaik-Anlagen überwiegend so konzipiert, dass der Solarstrom hauptsächlich für den Eigenbedarf verbraucht wurde. Der Wechselrichter speiste nur Überschüs-

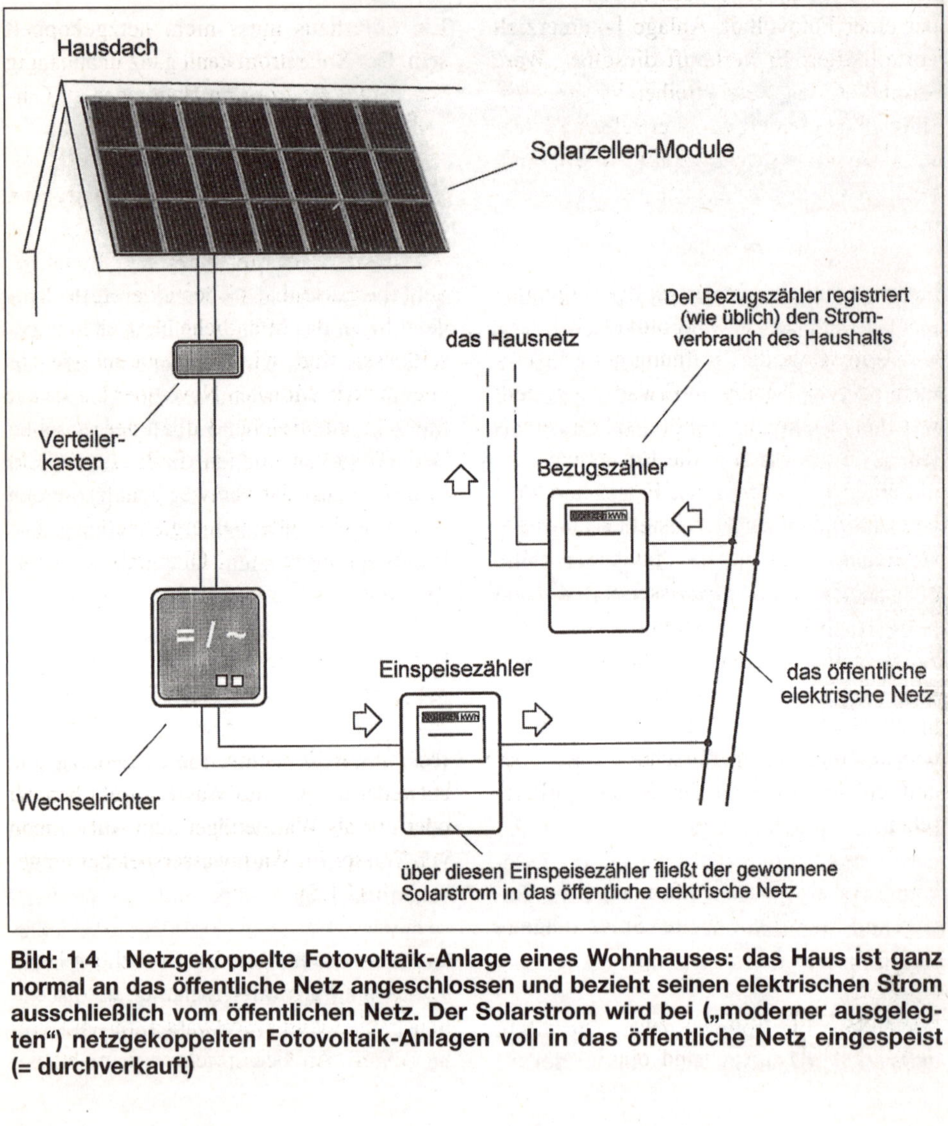


**Bild: 1.4 Netzgekoppelte Fotovoltaik-Anlage eines Wohnhauses: das Haus ist ganz normal an das öffentliche Netz angeschlossen und bezieht seinen elektrischen Strom ausschließlich vom öffentlichen Netz. Der Solarstrom wird bei („moderner ausgelegten“) netzgekoppelten Fotovoltaik-Anlagen voll in das öffentliche Netz eingespeist (= durchverkauft)**

se ins öffentliche Netz ein. Gegenwärtig sind netzgekoppelte Fotovoltaik-Anlagen so ausgelegt, dass der erzeugte Solarstrom nicht mehr für den Eigenbedarf „angezapft", sondern nur in das öffentliche Netz eingespeist wird.

Dies mag vielleicht etwas „zweckentfremdet" erscheinen, ist jedoch für den Betreiber einer Fotovoltaik-Anlage kommerziell vorteilhafter: Er verkauft dieselbe „Ware Strom" an den Netzbetreiber für einen erheblich höheren Preis, als er selber für denselben Strom beim Einkauf zahlen muss (und Strom ist Strom, egal, wo und wie er erzeugt wird).

Dennoch sollte als Motiv für die Errichtung einer netzgekoppelten Fotovoltaikanlage nicht unbedingt die Hoffnung auf eine umwerfend hohe Rendite in Erwartung gestellt werden. Vielmehr gehört schon etwas Glück dazu, dass sich die Errichtungskosten einer *netzgekoppelten* Fotovoltaik-Anlage überhaupt zufriedenstellend zurückverdienen. Auf diese Tatsache sollte fairnesshalber ein gewissenhafter (und kompetenter) Autor klar und deutlich hinweisen. Es gibt allerdings bei jedem von uns eine rein emotionale Schwelle, bei der die kommerziellen Überlegungen aufhören und der Idealismus, Forschungstrieb oder einfach der Spaß an der Sache vorherrschen.

Soviel nur als erste Vorinformation. Im Kapitel 6, „Netzgekoppelte Solaranlagen" folgen ausführliche Erklärungen.

Es leuchtet ein, dass es zwischen einem Solar-Taschenrechner und einem netzgekoppelten Solarhaus eine enorme Menge an Anwendungsmöglichkeiten gibt. Sie beginnen mit verschiedensten kleineren Solar-Uhren, Radios, Lampen und Gartenfontänen und ziehen sich hin über Elektro-Fahrzeuge oder Solar-Ferienhäuser bis zu größeren, gewerblich genutzten Solarprojekten.

Ein Solarhaus muss nicht netzgekoppelt sein. Der Solarstrom kann ganz unabhängig von dem Netzstrom im Haus oder im Garten genutzt werden.

In einem solchen Fall spricht man von einer netzunabhängigen Inselanlage. Soweit es sich dabei um ein Haus, Ferienhaus, Schrebergartenhaus oder eine Hütte handelt, die an das öffentliche Netz nicht angeschlossen sind, wird die Solarenergie vor allem in den Monaten November bis Januar nur sehr unzureichend den energetischen Bedarf decken können. Falls das Objekt über das ganze Jahr hinweg genutzt werden soll, müssen andere Energiequellen – wie Windgeneratoren und Ölaggregate – einspringen.

Bei der thermischen Nutzung der Solarenergie wird in den meisten Fällen eine Flüssigkeit oder ein Gas in Dachkollektoren mit der Sonnenwärme aufgeheizt, und entweder als warmes Wasser direkt benutzt oder nur als Wärmeträger zum Aufwärmen von Wasser im Warmwasserspeicher eingesetzt (Bild 1.5).

Das System benötigt eine zusätzliche Heizspirale im Warmwasserbehälter, und ist üblicherweise vom Warmwasserkreislauf völlig isoliert. An sich spricht zwar nichts dagegen, dass das Brauchwasser direkt in den Dachkollektor hineingepumpt wird, aber erfahrungsgemäß bevorzugt man zu diesem Zweck einen frostsicheren Wärmeträger, der über das ganze Jahr hinweg in der Anlage bleiben kann.

Solarthermische Systeme haben den Vorteil, dass sie unter optimalen Bedingungen einen viel höheren Wirkungsgrad als fotovoltaische Systeme aufweisen. Dagegen haben sie den Nachteil, dass sie echte Sonnenwärme benötigen, und dass die In-

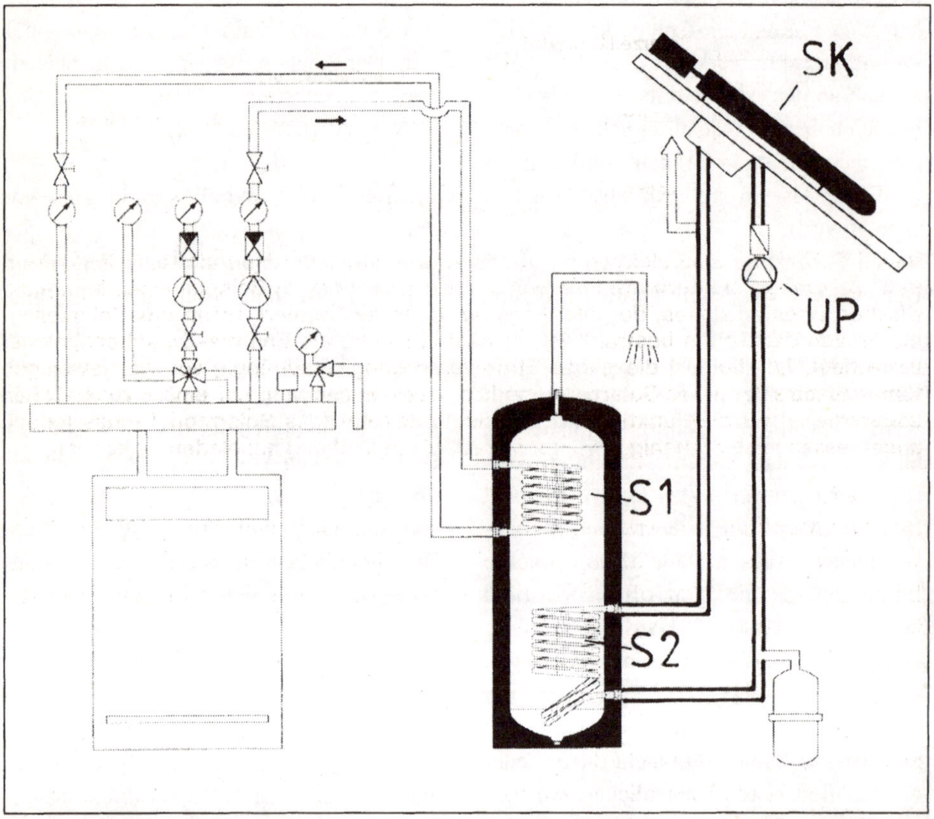


**Bild: 1.5 Die im Solarkollektor SK aufgewärmte Flüssigkeit wird auch hier von einer kleinen Solar-Umlaufpumpe UP der Heizspirale S2 des Warmwasserspeichers zugeführt. Es handelt sich dabei um dieselbe Wirkungsweise wie bei der Heizspirale S1, durch die normalerweise das heiße Wasser des bestehenden Öl- oder Gasheizkessels fließt (was als eine konventionelle Standardlösung bei allen Zentralheizungsanlagen üblich ist). Somit muss in den bestehenden Warmwasserspeicher nur die zusätzliche Heizspirale S2 eingebaut werden. Ansonsten bildet die solarthermische Anlage eine selbstständige Einheit, die sich automatisch abschaltet, wenn die Flüssigkeit im Dachkollektor zu kalt ist (die Umlaufpumpe wird von einem Thermostaten gesteuert).**

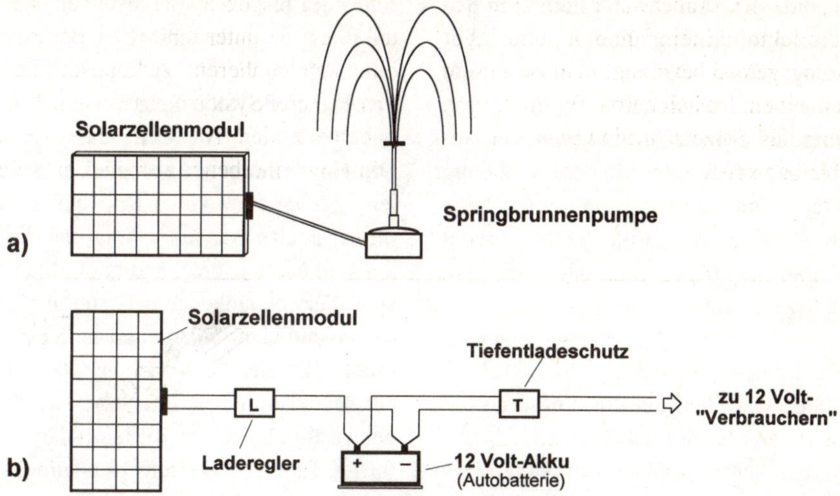


**Bild: 1.6 Kleinere solarelektrische Stromversorgungen werden nicht als „netzgekoppelt" konzipiert, sondern arbeiten völlig netzunabhängig: a) Beispiel eines solarelektrischen Direktantriebes, der allerdings nur dann funktioniert, wenn das Solarzellenmodul von der Sonne bestrahlt ist; b) wird ein Akku als Energie-Zwischenspeicher verwendet, funktioniert die ganze Stromversorgung unabhängig von der jeweiligen Sonnenbestrahlung des Solarzellenmoduls, das – zusammen mit einem zusätzlichen Laderegler – nur die Funktion eines Ladegerätes hat (das Solarmodul muss jedoch angemessen leistungsfähig sein, um den Akku ausreichend nachladen zu können).**

stallation (durch die Wasserleitungen) umständlicher ist, als im Falle der Fotovoltaik. Beide Systeme werden oft miteinander kombiniert. Auf dem Hausdach werden dann Solarmodule, wie auch thermische Kollektoren angebracht.

Bei der Fotovoltaik wird nicht die Sonnenwärme, sondern das Sonnenlicht (bzw. auch ein anderes Licht) fotoelektrisch in elektrischen Strom umgewandelt. Dies geschieht mit Hilfe der Solarzellen.

Das sind – wie die Abbildung 1.7 zeigt – sehr dünne kleine Siliziumscheiben, die eine bewundernswerte Fähigkeit haben: sie können Licht in elektrische Energie umwandeln. Ganz einfach nur so, ohne jegliches Zutun. Man muss sie dabei auf keine Weise mit zusätzlicher Energie unterstützen.

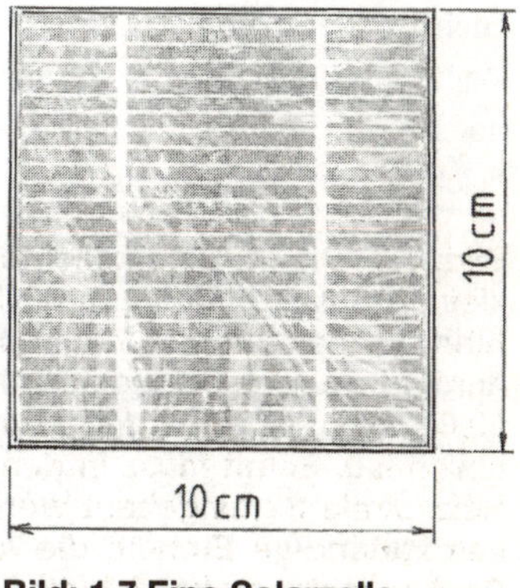


**Bild: 1.7 Eine Solarzelle**

Im Grunde genommen verhalten sich Solarzellen ähnlich, wie eine Batterie. Mit dem Unterschied, dass sie nicht eine feste Spannung liefern, sondern nur eine – von der augenblicklichen Lichtintensität abhängige – größere oder kleinere Spannung anbieten. Ganz umsonst und über Jahrzehnte hinweg. Eine tolle Sache, soweit man es auf die richtige Art und Weise gut zu nützen versteht.

Im Zusammenhang mit der Solartechnik wird noch viel über den Wirkungsgrad polemisiert. Zu oft wird dabei außer Acht gelassen, dass auf sehr vielen Einsatzgebieten der Wirkungsgrad keine so wichtige Rolle spielt. Schon bei den verhältnismäßig bekanntesten kleineren Solarprodukten – wie bei Solararmbanduhren oder Solartaschenrechnern hat der Solarzellenwirkungsgrad für den Anwender kaum eine Bedeutung. Auch bei vielen einfachen Anlagen, bei welchen es hauptsächlich darauf ankommt, dass überhaupt irgendeine Stromquelle zur Verfügung steht (weil es keinen Netzanschluss in der Nähe gibt), ist der eigentliche Wirkungsgrad ziemlich sekundär.

Solarzellen erzeugen elektrischen Strom auch bei leicht bewölktem Himmel in den Wintermonaten. Sie geben sich notfalls auch mit Kunstlicht zufrieden, was u.a. bei Solartaschenrechnern genutzt wird. Abgesehen davon, lassen sich die Solarzellen bzw. die aus Solarzellen zusammengestellten Module in beliebiger Größe und Form fertigen und praktisch überall anbringen. In Hinsicht auf das enorm breite Anwendungsgebiet ist die Fotovoltaik ein deutlicher Favorit unter allen anderen Systemen der Solartechnik. Der Wirkungsgrad der Solarzellen hat inzwischen ein respektables Niveau erreicht, und die Preise der Solarzellen bzw. der Solarmodule spielen bei kleineren Flächen auch keine so große Rolle mehr.

Die Herstellungstechnologie der Solarzellen ist zwar trotz vieler Rationalisierungen immer noch etwas aufwendig und die Kosten sind dementsprechend hoch. Man sollte sich aber von sinkenden Herstellungskosten der eigentlichen Solarzellen in der Zukunft nicht allzuviel versprechen. Die meisten der handelsüblichen Solarzellen werden gegenwärtig ohnehin in Billiglohnländern gefertigt. Eine preiswertere Herstellungstechnologie muss dabei nicht unbedingt auch eine spürbare Preissenkung zur Folge haben (steigende Löhne in diesen Ländern können den Effekt kompensieren). Zudem sollten die zusätzlichen Installationskosten bedacht werden. Die bleiben von evtl. Preissenkungen der Solarzellen unberührt.

Bei größeren Solarzellenflächen für Wohnhäuser macht sich der Solarzellenpreis logischerweise ganz anders bemerkbar, als bei einem Kleingerät, bei dem der Preis der Solarzelle kaum ins Gewicht fällt. Hier stellt bereits die Einsparung der ursprünglichen Batterien ganz eindeutig einen markanten Vorteil dar.

Aus den in unserem Inhaltsverzeichnis aufgeführten Bauanleitungen geht hervor, dass sich die Solartechnik besonders im Selbstbau sehr vielseitig und damit preiswert anwenden lässt. Jedes Thema wird hier gezielt mit inspirierenden Anregungen durchflochten, die auch einem technisch begabten Leser als Sprungbrett zu eigenen Kreationen nützlich sein können.

# 1.1 Solarzellen statt Batterie?

Jede der gängigen Batterien hat zwei Pole. Einen PLUS-POL und einen MINUSPOL. Wenn man an diese zwei Pole ein passendes Glühlämpchen anschließt, leuchtet es (Bild 1.8).

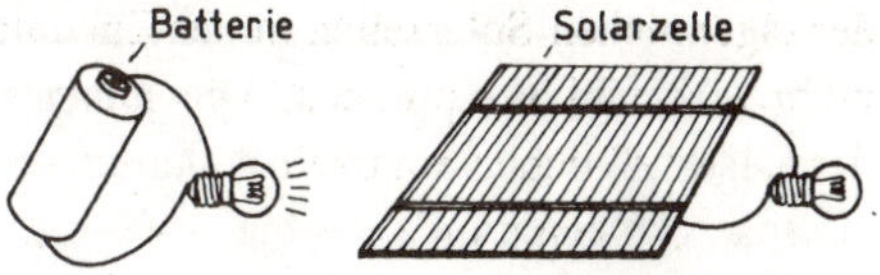


**Bild: 1.8 Eine einfache Taschenlampenbatterie kann durch eine Solarzelle ersetzt werden**

Ähnlich wie die Batterie, funktioniert auch eine Solarzelle. Sie hat zwar eine wesentlich andere Form, aber ebenfalls zwei Pole – einen PLUS-POL und einen MINUS-POL. Auch hier kann man ein passendes Glühlämpchen einfach anschließen und es leuchtet. Vorausgesetzt, die Solarzelle ist in dem Moment von der Sonne ausreichend bestrahlt, und dem Lämpchen reicht die niedrige Solarspannung aus.

Den MINUS-POL bildet hier die ganze obere Fläche (Sonnenseite) oder genauer gesagt das silbrige Metallgitter, das wie ein Raster die gesamte Oberfläche bedeckt. Der PLUS-POL wird durch ein ähnliches Gitter gebildet, das an der ganzen Fläche der unteren Seite (Schattenseite) der Solarzelle angebracht ist.

Technisch gesehen, ist eine derartige Solarzelle ein aktiver Halbleiter, der – wie bereits erwähnt – Sonnenlicht in elektrische Energie umwandelt.

Wenn wir nun eine solche Solarzelle im Schnitt vergrößert zeichnen (Bild 1.9), können wir sehen, dass die ohnehin schon sehr dünne Zelle aus einer Negativschicht und einer Positivschicht besteht. Ähnlich wie eine Halbleiterdiode.

Die Zelle ist nur ca. 0,4 mm dünn. Es gibt zwar auch Solarzellen, die sehr viel dünner sind, aber damit müssen wir uns an dieser

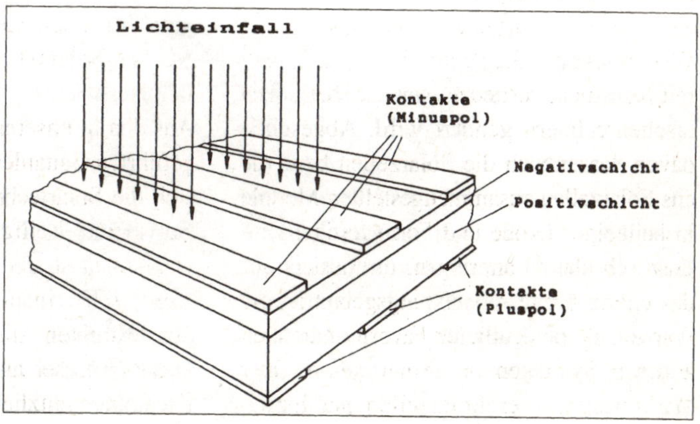


**Bild: 1.9 Eine Solarzelle im Schnitt**

Stelle nicht befassen. Viel aufschlussreicher dürfte hier eher der Hinweis darauf sein, dass die größten kristallinen Solarzellen momentan Maße von 150 x 150 mm haben. Einige Markenprodukte sind sogar nur maximal 100 x 100 mm groß. Wenn man also eine große Solarzellenfläche benötigt, muss man sie aus diesen kleinen Scheibchen zusammenlöten. Ist dagegen eine kleinere Solarfläche erwünscht, wird die große Zelle, wie ein Kuchen, in beliebig viele kleine Stückchen zerschnitten (darauf kommen wir später noch zurück).

Nachdem die „kristallinen Solarzellen" bereits angesprochen wurden, schließen wir gleich mit einigen einfachen Vorinformationen darauf an.

Es hätte wenig Sinn, über diverse Solarzellen zu berichten, die es nicht mehr gibt, noch nicht gibt, möglicherweise nie geben wird, oder die einfach für unsere Anwendungszwecke nicht in Frage kommen.

Als erprobte und bewährte Fertigbausteine stehen uns eigentlich nur zwei Solarzellentypen zur Verfügung: kristalline und amorphe Siliziumzellen.

Die amorphen Zellen sind für den Selbstbau von langlebigeren Außenanlagen oder Vorrichtungen nicht empfehlenswert. Sie haben einen viel zu kleinen Wirkungsgrad (manche nur etwa ein Drittel von dem der kristallinen Solarzellen), und gelten als relativ kurzlebig. Auch die „modernsten" amorphen (Dünnschicht-) „Markenmodule" weisen oft bereits nach einigen Monaten einen Leistungsrückgang von bis zu 30% auf, der sich von Jahr zu Jahr noch geringfügig fortsetzt. Somit kann man diese Solarzellentype bevorzugt nur für Experimente oder für die Stromversorgung von kleineren Geräten verwenden (u.a. als ausgebaute Solarzellen aus defekten Taschenrechnern u.ä.).

Kristalline Silizium-Solarzellen sind überwiegend in zwei Ausführungen erhältlich: als monokristalline und polykristalline Zellen. Monokristalline Zellen werden in ähnlichem Verfahren hergestellt, wie Dioden, Transistoren und integrierte Schaltungen (Chips). Das Silizium muss hier zwar nicht die extrem hohe Reinheitsstufe erreichen, die besonders für die Funktion der integrierten Schaltungen vorausgesetzt wird. Die Herstellungstechnologie ist aber dennoch ziemlich aufwendig und teuer.

Etwas preiswerter sind die polykristallinen Silizium-Solarzellen (auch als multikristalline Zellen bezeichnet), bei denen das Fertigungsverfahren vereinfacht wurde. Die Wirkungsgradeinbuße ist dabei nur geringfügig.

In letzter Zeit ging es mit dem Wirkungsgrad der Solarzellen erfreulicherweise bergauf, und somit sieht es heute bei guten Marken-Solarzellen mit dem Wirkungsgrad laut Herstellerangaben folgendermaßen aus:

Monokristalline Solarzellen:
Wirkungsgrad 14% bis 17%
Polykristalline Solarzellen:
Wirkungsgrad 11% bis 15%

Was beinhalten nun diese Angaben konkret? Wenn auf einen m2 Solarzellenfläche die Sonne im Sommer intensiv scheint, erhält diese Fläche eine Energie von 1000 Watt. Sie liefert aber „nur“ die aufgeführten 11% bis 17% dieser empfangenen Leistung als elektrische Energie ab. Die Verluste bei der Umwandlung der Lichtenergie in elektrischen Strom sind hier also auf den ersten Blick ziemlich hoch.

Ein Branchenkenner darf dennoch das Wort „nur“ reinen Gewissens in Anführungszeichen setzen. Ihm ist bekannt, dass man sich bei einer vergleichbaren Energieumwandlung in der Gegenrichtung schon mehr als ein halbes Jahrhundert lang mit viel weniger zufrieden gibt: bei der „bewährten“ Standard-Glühbirne, die immer noch gute Dienste in unseren Lampen leistet, liegt der Wirkungsgrad nur bei kläglichen 3% bis 5%. Das bedeutet, dass hier bestenfalls 5% der elektrischen Energie in Licht umgewandelt werden. Der Rest wird als Wärme „verpulvert“. Bei diesem Vergleich schneiden die kristallinen Solarzellen eigentlich ausgezeichnet ab.

Auf den ersten Blick würde man dazu neigen, den monokristallinen Solarzellen vor den polykristallinen Zellen den Vorrang zu geben. Der Wirkungsgrad ist hier eindrucksvoller. Leider sind auch die Preise etwas höher, und so halten sich beim Kaufentschluss die Prioritäten ziemlich die Waage.

Momentan hat sich das Preis/Leistungs-Verhältnis etwas mehr zugunsten der polykristallinen Solarzellen entwickelt. Ein niedrigerer Wirkungsgrad bedeutet hier ja nichts anderes, als dass man für dieselbe elektrische Leistung eine etwas größere Fläche benötigt. Das lässt sich in den meisten Fällen problemlos verkraften. Ausnahmen können nur kleinere Solarprodukte bilden, bei denen für die Solarzellen zu wenig Oberfläche zur Verfügung steht. Ansonsten ist der “Preis pro Watt“ meist wichtiger als der “Preis pro Quadratdezimeter“. Zudem ist bei Fertigmodulen – durch den Rahmen und durch die Zellenabstände – die Brutto-Fläche ohnehin viel größer, als die Netto-Zellenfläche. Einen großen Vorteil hat natürlich derjenige, der an der Solaranlage viel selber machen kann.

Ohne diesen Vorteil wird auch in den nächsten Jahrzehnten der ganze Spaß kaum wesentlich kostengünstiger werden. Eine Ausnahme bilden dabei nur kleinere Solarprodukte, die sich in riesigen Serien und in Billiglohnländern herstellen lassen.

## 1.2 Wie groß muss eine Solarzelle sein?

Wir haben schon vorher die Solarzelle mit einer Batterie verglichen und dabei kann es bleiben. Ähnlich wie bei den Batterien, gibt es auch bei den Solarzellen unterschiedliche Größen bzw. Formen. Es bleibt zwar immer bei der dünnen Siliziumscheibe, aber diese lässt sich in beliebig kleine Stücke teilen (das kann sich aber nur der Hersteller oder ein sehr geduldiger Bastler erlauben, denn Silizium ist sehr hart). Wie bereits erwähnt wurde, hat fast jede gängige Solarzelle eine Maximumgröße zwischen etwa 100 x 100 mm und 150 x 150 mm (herstellerabhängig).

Lieferbar sind die meisten Solarzellen entweder in voller Größe, oder in allen nur denkbaren Abmessungen und Formen, in die sich die ursprüngliche große Zelle zerschneiden lässt. Verständlicherweise bemüht man sich hier um eine möglichst volle Materialverwertung und schneidet die Zelle bevorzugt in Portionen, bei denen es keinen Abfall gibt. Am besten sehen wir uns die folgenden Tabellen (Bild 1.10 und 1.11) an, in welcher in deren ersten Spalten die Abmessungen der lieferbaren Solarzellengrößen aufgeführt sind.

Wenn man sich Solarzellenmodule selbst erstellen möchte, steht eine reiche Auswahl an verschiedenen Zellengrößen zur Verfügung. Die kleinen Zellen eignen sich besonders gut für den Modellbau oder für die Spannungsversorgung von kleineren elektronischen Geräten (drahtlose Türklingel-Elektronik am Gartentor, Einbruchsschutz, technische Steuerungen usw.). In den zwei folgenden Tabellen gibt es ziemlich viele technische Daten, auf die wir nach und nach eingehen werden.

| Abmessungen mm | Leerlauf Spannung V | Kurzschlussstrom A | Max. Leistung W | Spannung bei max.Leistung V | Strom bei max.Leistung A | Wirkungsgrad % |
|---|---|---|---|---|---|---|
| 100 x 100 | 0,575 | 3,05 | 1,30 | 0,46 | 2,82 | 13,0 |
| 80 x 100 | 0,575 | 2,45 | 1,02 | 0,46 | 2,22 | 12,8 |
| 50 x 100 | 0,575 | 1,50 | 0,616 | 0,46 | 1,34 | 12,3 |
| 33,3 x 100 | 0,575 | 0,975 | 0,40 | 0,46 | 0,869 | 12,0 |
| 50 x 50 | 0,575 | 0,735 | 0,30 | 0,46 | 0,652 | 12,0 |
| 33,3 x 50 | 0,575 | 0,485 | 0,20 | 0,46 | 0,435 | 12,0 |
| 25 x 50 | 0,570 | 0,360 | 0,148 | 0,45 | 0,328 | 11,8 |
| 25 x 25 | 0,570 | 0,175 | 0,072 | 0,45 | 0,160 | 11,5 |
| 12,5 x 25 | 0,570 | 0,084 | 0,034 | 0,45 | 0,078 | 11,0 |
| 10 x 20 | 0,570 | 0,053 | 0,022 | 0,45 | 0,049 | 11,0 |
| 8,8 x 9,6 | 0,560 | 0,021 | 0,008 | 0,45 | 0,019 | 10,0 |
| 6,5 x 9,6 | 0,560 | 0,015 | 0,006 | 0,45 | 0,014 | 10,0 |

**Bild: 1.10 Technische Daten der polykristallinen Solarzellen (Kyocera)**

| Abmessungen mm | Leerlauf Spannung V | Kurzschlussstrom A | Max. Leistung W | Spannung bei max.Leistung V | Strom bei max.Leistung A | Wirkungsgrad % |
|---|---|---|---|---|---|---|
| 103 x 103 | 0,590 | 3,30 | 1,48 | 0,47 | 3,1 | 14,7 |
| 51,5 x 103 | 0,590 | 1,65 | 0,74 | 0,47 | 1,55 | 14,4 |
| 51,5 x 51,5 | 0,590 | 0,82 | 0,37 | 0,47 | 0,77 | 14,1 |
| 25,7 x 51,5 | 0,585 | 0,41 | 0,18 | 0,465 | 0,38 | 13,9 |

**Bild: 1.11 Technische Daten der monokristallinen Solarzellen (Siemens)**

Auffallend ist, dass bei den größeren Solarzellen die Spannung (bei max. Belastung) nur bei 0,46 Volt bzw. 0,47 Volt liegt. Mit abnehmender Zellengröße sinkt – technologisch bedingt – die Zellenspannung noch geringfügig (siehe die 5. Spalte in beiden Tabellen).

Diese Spannungsgrößenordnung ist für alle kristallinen Solarzellen (markenunabhängig) charakteristisch und hängt – bis auf die Ausnahme bei den kleinsten Zellen – nicht von der Solarzellengröße (Fläche) ab.

Nur der Strom, den die Zelle bei guter Beleuchtung maximal liefern kann, ist von der Flächengröße proportional abhängig. Somit ist die Flächengröße auch für die Leistung bestimmend.

Die Leistung in Watt (W), die Spannung in Volt (V) und der Strom in Ampere (A) sind die drei wichtigsten Parameter einer Solarzelle bzw. eines beliebig großen Solarzellen-Moduls. Da sich die elektrischen Werte der Solarzelle mit der Beleuchtungsintensität ändern, werden ihre technischen Daten nur als Maximumwerte angegeben: als Leistung bei max. Leistung (auch Nennleistung genannt), als Spannung bei max. Leistung (auch Nennspannung genannt) und als Strom bei max. Leistung (auch Nennstrom genannt). Dabei handelt es sich um Werte, die bei optimaler Sonneneinstrahlung von 1000 W / $m^2$ erreichbar sind (schöner Sommertag, Mittagszeit).

Wenn zwei von diesen drei Parametern bekannt sind, können wir daraus den dritten nach folgenden Formeln jederzeit ausrechnen:

Leistung (W) = Spannung (V) x Strom (A)

Strom (A) = Leistung (W) : Spannung (V)

Spannung (V) = Leistung (W) : Strom (A)

Diese sehr wichtigen Formeln gelten nicht nur für die Solarzellen, sondern für alle Berechnungen in der Elektrotechnik. Bei den meisten Solarzellen werden in den technischen Daten verschiedener Kataloge diese drei Parameter aufgeführt. Bei anderem elektrotechnischen Zubehör der Solartechnik kommen wir jedoch ohne Gebrauch dieser Formeln nicht aus. Nun zurück zu unseren Solarzellen.

Ähnlich wie bei den Batterien, können wir beliebig viele einzelne Solarzellen hintereinander schalten, um eine höhere Spannung – als die Summe aller Einzelspannungen – zu erhalten:

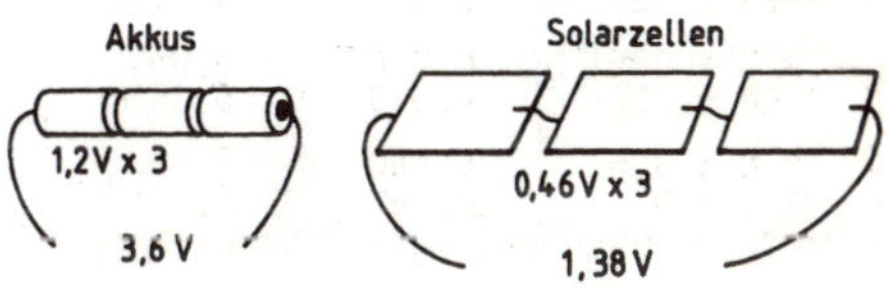


**Bild: 1.12 a) Wenn mehrere Batterieglieder in Reihe (hintereinander) geschaltet werden, entspricht die Ausgangsspannung der Summe einzelner Spannungen; b) dasselbe gilt auch für Solarzellen.**

In der Zeichnung sind der Einfachheit halber nur drei Solarzellen in Serie geschaltet. Die so erreichte Spannung von 1,38 Volt würde uns in der Praxis nur ausnahmsweise genügen. Es gibt zwar einige Solar-

Spielzeuge oder Spielzeug-Kleinmotoren, denen schon die Spannung einer einzigen Solarzelle von 0,46 Volt ausreicht, sowie auch einige Mini-Glühlampen, die nur eine sehr niedrige Spannung benötigen. Die meisten anderen Solarverbraucher (Lampen, Pumpen, Motoren usw.) erfordern etwas höhere Spannungen.

Abhängig davon, ob so eine Fotovoltaik-Spannungsquelle universaler verwendet werden soll, oder ob sie nur eine einzige Funktion erfüllen muss, kann man ihre Spannung (und Leistung) entweder etwas großzügiger dimensionieren, oder im Gegenteil zweckgebunden sparsam dosieren. Handelt es sich z.B. um eine Fotovoltaik-Anlage für ein Gartenhaus auf dem Freizeitgrundstück, ist es sehr vernünftig, wenn man hier eine 12-Volt-Spannungsversorgung plant. Die 12-Volt-Spannung wird ja bekanntlich auch in den meisten Autos eingesetzt. Es gibt daher auf dem Markt sehr viele nützliche und preiswerte Elektrogeräte und Leuchtkörper, die für diese Spannung vorgesehen sind.

Wenn man dagegen die Solarspannung z. B. nur für eine einzige Springbrunnenpumpe benötigt, die 4 Volt braucht, genügt unter Umständen ein Solarzellenmodul, das nur die 4 Volt liefert. Seine Ausgangsleistung muss jedoch den Ansprüchen einer solchen Pumpe gerecht werden.

## 1.3 Sonnenlichtintensität und Solarleistung

Wir haben bisher die Solarzelle mit einer Batterie verglichen, und dabei kann man es noch immer belassen. Auf einen großen Unterschied muss hier allerdings hingewiesen werden: eine Solarzelle hat im Vergleich zu der Batterie keine konstante Spannung. Da sie ja nur ein Energiewandler ist, kann sie logischerweis nur dann wandeln, wenn es etwas zu wandeln gibt. Sie kann keine Energie zwischenspeichern oder keine Energievorräte anlegen. Die gelieferte Fotovoltaikenergie ist immer nur so groß, wie die augenblickliche Sonnen- oder Lichteinstrahlung.

Solarzellen liefern auch bei bescheidenen Lichtverhältnissen elektrische Energie, aber die Spannung und die Leistung – also auch der Strom – sinken mit der abnehmenden Beleuchtung – bis auf Null. Die Spannung pro Solarzelle kann sich also zwischen den 0,46 Volt und Null bewegen, und auch die Leistung pro Zelle bewegt sich zwischen dem angegebenen Maximum (das von der Größe der Zelle abhängt) und Null.

Die wirklichen Möglichkeiten der Solarzellen-Ausbeutung sind dennoch viel besser, als man denken würde. Die Leistung einer Solarzelle ist zwar von der Intensität der Sonnenstrahlen sehr abhängig, aber – was wenig bekannt ist – sie liefert tagsüber eine gewisse Leistung auch dann noch, wenn der Himmel ziemlich bewölkt ist.

Die wichtigste Frage ist nun, wieviel Energie pro Tag, pro Monat oder pro Jahr das Solarmodul als Energiewandler pro Stück oder pro Quadratmeter Solarfläche bringen kann. Es wird uns kaum jemand ausrechnen können, wieviele Sonnenstrahlen wir in diesem oder im nächsten Jahr gerade in unserer Gegend erwarten können, also gibt es nur den Ausweg in die an sich unzuverlässige Statistik. Sie hilft uns dennoch zumindest informativ.

Ziemlich beruhigend ist die Tatsache, dass uns die Sonne an warmen sonnigen Tagen etwa 750 bis 1000 Watt pro Quadratmeter an Energie spendet. Davon liefern uns die Solarzellen bis zu 17% von dieser Energie brav ab. Der Wirkungsgrad ist dabei etwas niedriger bei sehr kleinen Zellen, und etwas höher bei größeren Solarflächen (größeren Modulen).

Das gegenwärtig am meisten angewendete polykristalline Solarzellenmodul mit einer Fläche von 1 $m^2$ liefert uns also bei optimalen Bedingungen bis zu 150 W an elektrischer Leistung. Das ist eine Energie von bis zu 150 Wh (Wattstunden), und bei etwas Glück mehr als eine Kilowattstunde (kWh) pro Tag. Dabei wird die Tatsache berücksichtigt, dass der Energiegewinn am frühen Morgen und in den Abendstunden wesentlich geringer ist als während der Mittagszeit, bzw. während der etwa fünf bis zehn heißesten Stunden des Tages.

Bei leicht bedecktem Himmel kann sich die gelieferte Energie bis um die Hälfte verringern. Das Solarmodul liefert dann nur noch ca. 75 W. Wenn der Himmel stark bewölkt ist, sinkt die Energieausbeute noch tiefer, und wir erhalten von dem Modul möglicherweise nicht einmal 50 Watt. In den Wintermonaten sind alle Werte oft nur halb so hoch wie in den Sommermonaten. Im Frühjahr und im Herbst liegen dann die Werte entsprechend zwischen den beiden Extremen.

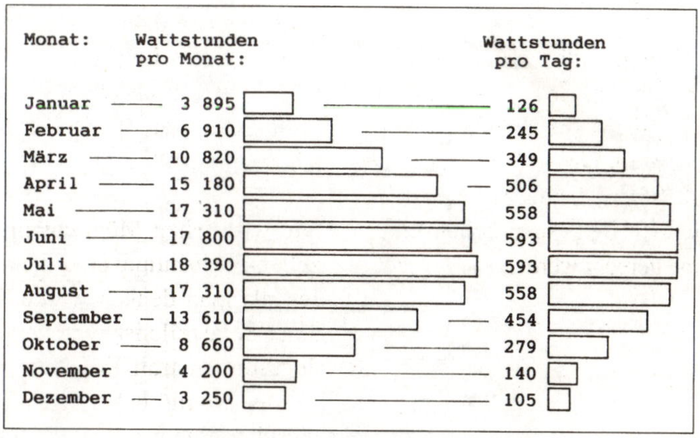


**Bild: 1.13 So viele Kilowattstunden täglich und monatlich kann ein Quadratmeter Solarzellenfläche ungefähr durchschnittlich liefern.**

An dieser Stelle könnte sich so mancher Leser mit Recht fragen, wozu denn überhaupt alle diese Angaben gut sein können, wenn ja ohnehin alles nur von einem unberechenbaren System von Zufällen und Launen der Natur abhängt.

Darauf kann man nur antworten: trotz allen Schwankungen vollzieht sich jedes Jahr erneut der Wandel der Jahreszeiten in einem zuverlässigen Rhythmus. Wie unberechenbar also das System auch ist, es funktioniert! Demzufolge wird auch unsere Solaranlage funktionieren!

Erfahrungen aus den vergangenen Jahren ermöglichen es uns, eine informative Übersicht zu erstellen, die uns zeigt, wie groß der monatliche und der tägliche Energieertrag einer Solarzellenfläche von einem Quadratmeter im Durchschnitt sein dürfte (Bild 1.13).

Das Verhältnis zwischen dem diffusen Licht und der direkten Sonneneinstrahlung steht in unserem Land in etwa 1:1 zueinander. Auch bei einer direkten Sonneneinstrahlung gibt es zusätzlich immer noch das diffuse Licht – als seitliche Reflexionen der direkten Strahlung.

Nun sehen wir uns noch im Bild 1.14 informativ an, wie groß der Unterschied in der Energieausbeute zwischen sonnigen und trüben Tagen sein kann.

Alle Angaben beziehen sich zeitlich auf die geografische Mitte Deutschlands. Die angegebenen Werte der Sonnenintensität unterliegen normalerweise von Jahr zu Jahr größeren Schwankungen und demzufolge hat auch die Ausgangsleistung der Solarzellen nur einen sehr informativen Charakter.

Dennoch gehen aus den vorhergehenden Balkendiagrammen einige Eigenarten der Fotovoltaik hervor. Man kann sich ein informatives Bild darüber machen, wieviel

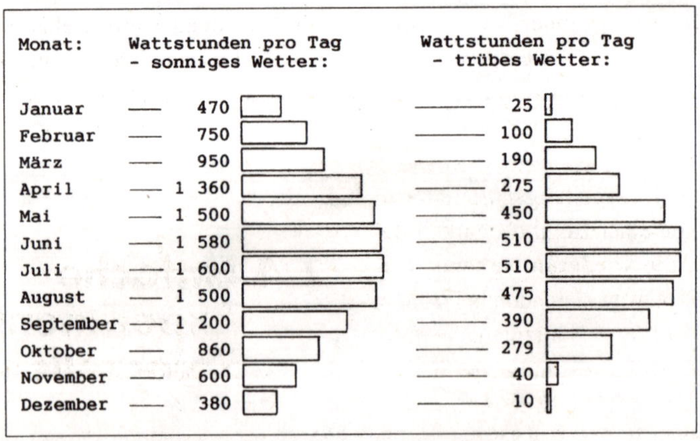


**Bild: 1.14 Gegenüberstellung des täglichen Energieertrags an sonnigen und an trüben Tagen in der Mitte einzelner Monate (pro m² Solarfläche).**

Energie die Solarzellen während der Wintermonate und bei bewölktem Himmel noch ungefähr liefern können. Allerdings ist es eine reine Glückssache, ob man in den nächsten Jahren Mitte Januar einen so schönen Sonnentag erlebt, wie es in unserem Beispiel vorgekommen ist.

Eines ist sicher: die Energiegewinnung in den Wintermonaten ist wesentlich niedriger als in den Sommermonaten. Aus Erfahrung wissen wir, dass auch die durchschnittliche Anzahl der Sonnentage im Winter viel geringer ist, als im Sommer. So werden in den Wintermonaten die Ausgangsleistungen der Solarzellen etwas näher an den Minimumwerten (bewölkt) des Balkendiagrammes liegen. In den Sommermonaten darf man wiederum damit rechnen, dass bei etwas Glück eher die höheren Leistungswerte erreicht werden.

In Hinsicht darauf, dass bei den meisten Solarzellen eine Ausgangsleistung von 110 oder sogar 150 Watt pro Quadratmeter nur als Spitzenleistung betrachtet werden sollte (strahlende Sonne, Sommer-Mittagszeit), wird die Energiegewinnung an sonnigen Tagen unter diesen Spitzenwerten liegen.

Andererseits geht die im Balkendiagramm angegebene untere Leistungsgrenze („trübes Wetter") von einer ziemlich starken Bewölkung aus, die wiederum seltener vorkommt. Damit bewegt sich auch bei trübem Himmel die Kurve der Ausgangsleistung meistens oberhalb der Minimumwerte.

Durch die kurzen Wintertage schrumpft die Sonnenscheindauer sichtbar zu einer sehr bescheidenen Energiespende, die zudem noch ziemlich variieren kann (siehe auch Tabelle 11.7 auf S. 85). Es gibt manchmal sehr trübe Wintertage, an denen die Sonne gar nicht zum Vorschein kommt, aber es gibt auch Wintertage mit strahlendem Sonnenschein. Dazu kommen die geografischen Unterschiede zwischen dem Wetter im Norden und im Süden der Bundesrepublik.

So beträgt laut Statistik die jährliche Sonnenscheindauer in Norddeutschland 1450 Stunden und in Süddeutschland 1950 Stunden. Demzufolge dürften die Werte aus den Diagrammen für den Süden Deutschlands um einige Prozente günstiger und für den Norden wiederum etwas ungünstiger ausfallen (wobei diffuses Sonnenlicht und einige weitere Faktoren einkalkuliert sind).

In den letzten Jahren gab es allerdings enorme Schwankungen in der Sonnenscheindauer und in der Sonnenintensität (Ozonloch), wodurch eine genauere Ausarbeitung von zuverlässigen Werten eher etwas für einen Wahrsager, als für einen Meteorologen wäre. Belassen wir es also dabei, dass es sich hier nur um Angaben handelt, die in Hinsicht auf alle unberechenbaren Faktoren dennoch als Wegweiser relativ brauchbar sind.

## 1.4 Einfache Experimente mit Solarzellen

Wer die Fotovoltaik vorerst nur ein wenig kennenlernen möchte, der kann entweder mit einem bescheidenen und preiswerten

Fertigbausatz beginnen, oder gleich eine bzw. einige Solarzellen kaufen und mit diesen etwas herumexperimentieren. Man kann sich dabei eine konkretere Vorstellung darüber machen, wie die Solarzelle auf intensiven Sonnenschein oder auf einen bewölkten Himmel reagiert, wie spät am Morgen die Solarzelle das zur Verfügung stehende Licht wahrnimmt usw.

Soweit hier allerdings nur mit einem Spielzeug-Set experimentiert wird, sind auch die Ergebnisse nur informativ. Dennoch ist ein derartiger erster Kontakt mit der Materie schon deshalb nützlich, weil das Ganze dadurch etwas greifbarer wird.

**Messen oder nicht messen ...**

Wer sich vorerst nur einen kleinen Solar-Springbrunnen oder eine andere einfache Solaranlage zulegen möchte, der muss sich mit den Details theoretisch nicht so sehr befassen. Hier reicht oft ein kompakter Fertigbausatz aus, und man kann auf jegliche Messungen verzichten.

Anderseits kann bereits ein kleiner preiswerter Multimeter die ersten Experimente sehr vereinfachen, und zudem interessanter gestalten.

Wer sich dafür begeistert, aber bisher über keine Erfahrung verfügt, dem könnten einige nähere Auskünfte willkommen sein. Fangen wir erst einmal mit dem Multimeter an. Ähnlich wie bei einer Armbanduhr kann bei diesen Messgeräten der Messwert entweder mit Hilfe von einem Zeiger (analog) oder von einem LCD-Display mit Ziffern (digital) angezeigt werden. Analog-Messgeräte (Multimeter) sind oft wesentlich preiswerter als die digitalen. Das Ablesen der Werte ist bei den analogen Messgeräten für einen Einsteiger zwar etwas gewöhnungsbedürftig, aber weiterhin gibt es bei diesem Verwendungszweck keinen technischen Grund, das eine Gerät dem anderen vorzuziehen.

Ein Multimeter hat verschiedene Messbereiche, worunter auch mehrere Messbereiche für die Gleichspannung. Er hat auch Messbereiche für die Wechselspannung, für den Gleich- und Wechselstrom, für Widerstände usw., aber die interessieren uns momentan noch nicht. Wir wollen ja erst die Spannung an einer einzigen Zelle messen. Die Solarzelle erzeugt eine Gleichspannung, die als sogenannte Leerlaufspannung bei ca. 0,58 Volt liegt. Das ist nun wieder etwas Neues, aber nichts Kompliziertes. Eine Leerlaufspannung bedeutet eine Spannung an unbelasteter (leerlaufender) Zelle und hat vom technischen Standpunkt her für uns keine zu große Bedeutung. Sobald wir die Zelle mit einem Verbraucher (Widerstand) belasten, sinkt die Leerlaufspannung in die Nähe der „Spannung bei max. Belastung", die auch als „Nennspannung" bezeichnet wird (Bild 1.15).

Mit anderen Worten: nur eine unbelastete Zelle weist die Leerlaufspannung auf. Wenn diese Zelle voll belastet wird, sinkt ihre Spannung auf die Nennspannung von ca. 0,46 Volt. Die Spannung einer nur „halb belasteten Zelle" liegt zwar bei etwa 0,5 Volt, aber bei der Planung einer Photovoltaikanlage rechnen wir normalerweise nur mit den 0,46 Volt. Es ist ja nicht erstrebenswert, dass wir nur mit halber Belastung der Solarmodule rechnen.

Soweit man nur experimentell ausprobieren will, inwieweit sich die Spannung einer Solarzelle ändert, wenn man sie von der Sonne wegdreht, können wir an die unbelastete Solarzelle einfach den Multimeter anschließen und mit diesen zwei Ge-genständen unter freiem Himmel etwas experimentieren.

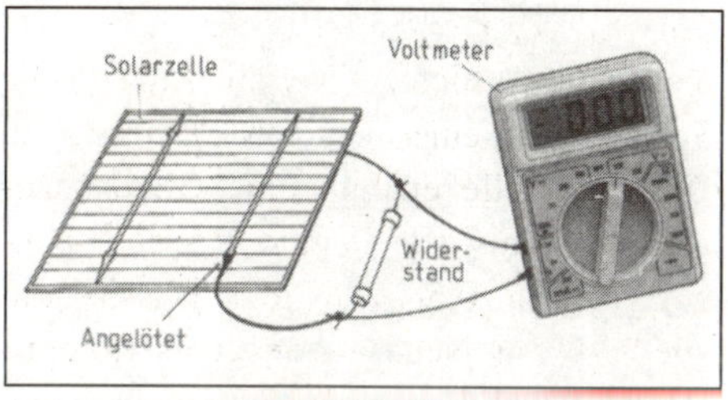


**Bild: 1.15 der Anschluss eines Multimeters an die Solarzelle. Um das Messgerät anschließen zu können, müssen Sie erst auf die silbernen Leiterbahnen der Zelle jeweils oben und unten ein dünnes Drähtchen anlöten. Es ist egal, wo die Lötstellen angebracht werden, aber eine breitere Leiterbahn verdient aus mechanischen Gründen Vorrang. Beim Löten sollte darauf geachtet werden, dass die Lötstelle nicht unnötig stark erhitzt wird (die kupferne Leiterbahn könnte sich ansonsten von dem Silizium lösen). Der Widerstand ersetzt an der Solarzelle den Verbraucher. Bei Solarzellen, die größer als ca. 50x100 mm sind, darf der Widerstandswert bei etwa 2,2 bis 5,6 Ohm/0,25 Watt liegen. Bei kleineren Zellen sind entsprechend größere Widerstandswerte – z. B. 4,7 bis 12 Ohm empfehlenswert (andernfalls könnten die Zellen beim Messen zu heiß werden, da sie ja nicht wärmeleitend eingebettet sind).**

Bevor man mit einem Multimeter zu messen anfängt, sollte man den richtigen Messbereich auswählen (einschalten). Der Messbereich soll logischerweise immer etwas höher sein, als die höchsten gemessenen Werte. Das wäre bei der Solarzelle die Leerspannung von 0,58 Volt. Theoretisch würde hier also ein Messbereich von 1 Volt ausreichen. Wenn es ihn auf dem Multimeter nicht gibt, genügt auch ein etwas höherer Messbereich von z. B. 1,5 V oder sogar 2,5 V.

Falls wir bevorzugt nur die echte Nennspannung an der Solarzelle messen möchten (wofür dann ein Messbereich von 0,5 V am Multimeter ausreichen würde), muss parallel an die Zelle ein Widerstand als Verbraucher angeschlossen werden. So können wir praktisch austesten, welche Spannung eine belastete Solarzelle unter verschiedenen Umständen liefert: auf dem Balkon, vor dem Hauseingang, in der hinteren Gartenecke usw, auch in Hinsicht auf die Sonnenintensität und auf den Neigungswinkel. Die Spannung der Solarzelle hängt ja auch davon ab, unter welchem Neigungswinkel sie von der Sonne bestrahlt wird. Je genauer sie gegen die Sonne gerichtet ist, desto höher ist ihre fotovoltaische Leistung. Ein Buchtipp zu diesem Thema: „Spaß und Spiel mit der Solartechnik“ (Bo Hanus/ Franzis Verlag)

## 1.5 Was ist ein Solarzellenmodul?

Ein Solarzellenmodul, oft nur als „Solarmodul“ bezeichnet, ist nichts anderes, als mehrere aneinander angeschlossene Solarzellen, die man zwischen zwei Glasscheiben, Plexiglasscheiben oder zwei Kunststofffolien eingießt oder auf eine andere Weise einbettet. So entstehen feste oder auch „flexible" Solarmodule, die beliebige Abmessungen, Leistungen, Spannungen oder andere Eigenschaften (Meerwasser-Resistenz) aufweisen. Einige Ausführungsbeispiele handelsüblicher Solarmodule gehen aus den Abbildungen 1.16 bis 1.18 hervor.

Die kleinsten Solarmodule können kleiner als eine Briefmarke sein, die größten Module haben eine Fläche von ca. 1 m$^2$. Benötigt man größere Solarflächen – was bei fotovoltaischen Dachanlagen oder Fassadenanlagen üblich ist – werden sie aus großen Einzelmodulen zusammengestellt.

Die technischen Parameter der Solarmodule unterliegen keiner Norm oder vorgegebener Abstufung. Daher ist nur der Anwendungszweck für die Wahl des

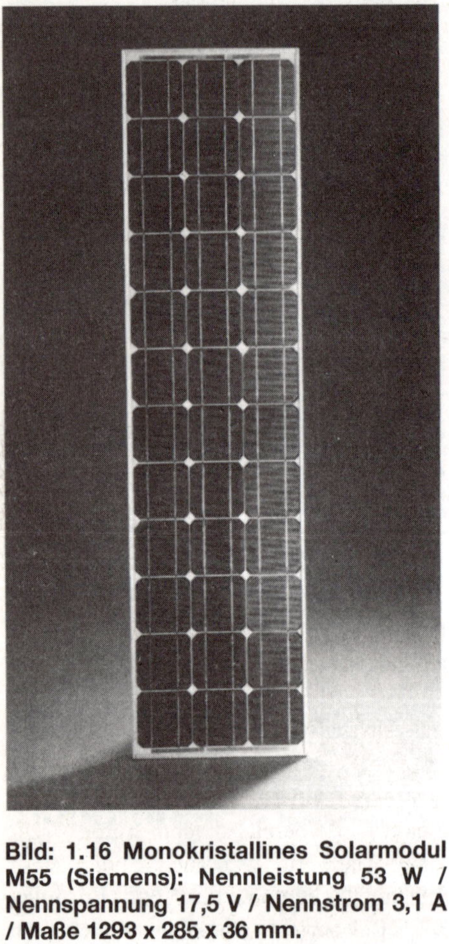

**Bild: 1.16 Monokristallines Solarmodul M55 (Siemens): Nennleistung 53 W / Nennspannung 17,5 V / Nennstrom 3,1 A / Maße 1293 x 285 x 36 mm.**

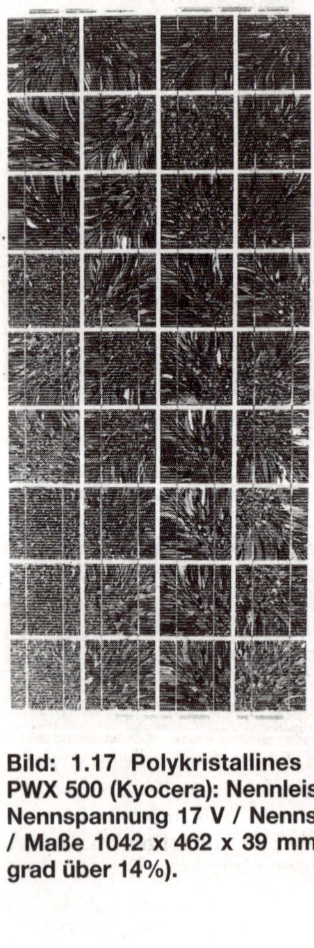

**Bild: 1.17 Polykristallines Solarmodul PWX 500 (Kyocera): Nennleistung 50 W / Nennspannung 17 V / Nennstrom 2,94 A / Maße 1042 x 462 x 39 mm (Wirkungsgrad über 14%).**

optimalen Moduls (oder einer Kombination von optimalen Modulen) bei der Anschaffung bestimmend. Handelsübliche Solarmodule fangen gegenwärtig – wie bereits erwähnt – bei Briefmarkengröße an. Somit gibt es auch im Leistungsbereich von nur einigen Watt eine große Auswahl – was für experimentelle Zwecke oder für die Spannungsversorgung von kleineren elektronischen Geräten von Vorteil ist.

## 1.6 Welches Solarzellenmodul ist das richtige?

Alle handelsüblichen Solarzellenmodule sind normalerweise strapazierfähig, wetterunempfindlich und relativ hagelfest. Module, bei denen die „Sonnenseite" der Solarzellen mit thermisch gehärtetem Glas geschützt ist, weisen jedoch in der Regel eine etwa doppelt so lange Lebensdauer auf, wie Module mit einer Kunststoffscheibe bzw. wie Folienmodule (besonders in Hinsicht auf Bekratzen und Ermatten). Einige Hersteller, die beide Modulenarten fertigen, geben bei verglasten Modulen eine Lebensdauer von 20 Jahren, bei Kunststoffmodulen von nur 10 Jahren an.

**Bild: 1.18 Flexible Solarmodule können auf leicht gewölbte Flächen angeleimt werden (AEG).**

Verglaste Module sind allerdings schwerer als Kunststoffmodule und eignen sich daher nicht unbedingt für portable Anwendungen. Ansonsten dürften bei der Wahl eines Moduls vor allem die elektrischen Parameter eine wichtige Rolle spielen.

An erster Stelle steht die Frage der optimalen **Solarspannung**. In manchen Fällen kann man sich dabei einfach nach dem eigentlichen Spannungsbedarf des vorgesehenen Verbrauchers richten. Das kann z. B. der Wechselrichter einer netzgekoppelten Anlage, oder auch nur ein kleiner Pumpenmotor sein. Soweit es sich um eine netzunabhängige Solarstrom-Versorgung für universale Zwecke handeln sollte – wie z. B. für ein Schrebergarten-Häuschen, Sommerhaus, Caravan usw. – ist eine Solar-Arbeitsspannung von 12 Volt vorläufig am günstigsten.

Als Alternative kommen noch 24 Volt in Frage. Diese Empfehlung hat einen rein praktischen Grund: für die 12 V-Spannung gibt es – wie bereits erwähnt wurde – sehr viele preiswerte Verbraucher, weil diese Spannung ebenfalls im Auto verwendet wird. Das bezieht sich teilweise auch noch auf die 24 V-Spannung, obwohl hier die Auswahl von Gleichspannungsgeräten etwas bescheidener ausfällt.

Wer zudem unbedingt an der Solaranlage auch noch einige normale Wechselspannungs-Netzgeräte betreiben möchte, der kann sich einen kleineren Wechselrichter zulegen. Ein solches Gerät wandelt die 12 Volt- oder 24-Volt-Gleichspannung in eine 230 V-Wechselspannung um (oder in eine andere gewünschte Wechselspannung, wie z. B. 48 V oder 110 V). Die folgende Abbildung 1.19 zeigt eine informative Schaltung einer einfachen, selbstständig arbeitenden Solaranlage, an der auch ein Wechselrichter angeschlossen ist.

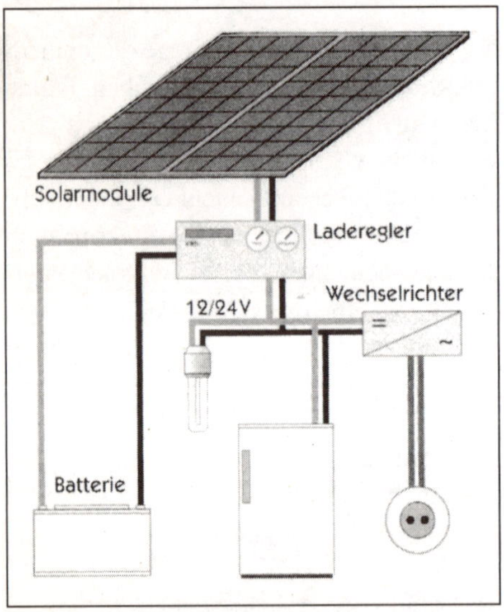


**Bild: 1.19 Das Solarmodul arbeitet hier eigentlich nur als Ladegerät für die Batterie, an der alle Verbraucher in Wirklichkeit angeschlossen sind – allerdings über Sicherungen, die wiederum sozusagen in Untermiete im Gehäuse des Ladereglers untergebracht sind.**

Die **Nennleistung** des Solarmoduls ist natürlich ein ebenfalls wichtiger Parameter. Von ihr hängt ja ab, ob das Modul auch die vorgesehene Aufgabe erfüllen kann. Soweit nicht ein einziges Modul über die benötigte Spannung oder Leistung verfügt, können beliebig viele Module zusammengeschlossen werden. Ähnlich wie beim Aneinanderreihen von Batterien, muss auch hier auf die Polarität geachtet werden. Bei einer Reihenschaltung (Bild 1.20) schließt jeweils der Pluspol des vorhergehenden Moduls auf den Minuspol des folgenden Moduls an. Bei einer Parallelschaltung (Bild 1.21) sind jeweils alle Pluspole und alle Minuspole miteinander verbunden. Genauso wie sich die Spannungen von Solarzellen addieren, die in Reihe (in Serie) zu einer Kette zusammengeschlossen werden, addieren sich logischerweise auch die Spannungen ganzer Module. Dabei gilt auch hier, dass der Nennstrom einer solchen Kette nur so groß sein kann, wie das

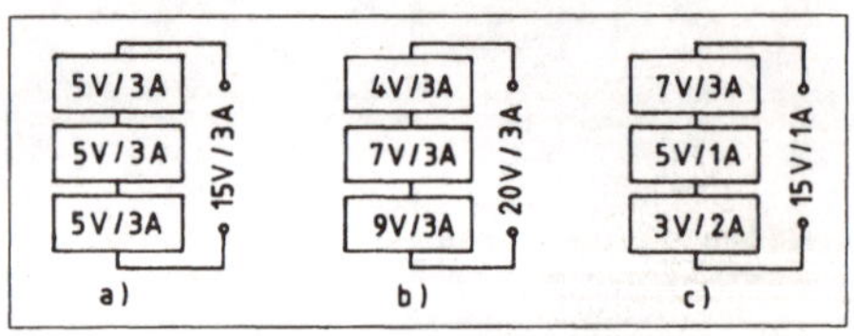


**Bild: 1.20 Solarmodule in Reihe (Serie) geschaltet: a) Module mit identischen Parametern in Reihe geschaltet; b) Module mit unterschiedlicher Nennspannung, aber mit gleichem Nennstrom in Reihe geschaltet; c) Module mit unterschiedlichem Nennstrom dürfen zwar ohne weiteres in Reihe geschaltet werden, aber der Ausgangs-Nennstrom richtet sich nach dem schwächsten Modul (nur für experimentelle Zwecke geeignet, denn sonst wird Solarzellenfläche verschenkt).**

schwächste Modul (= das Modul mit dem niedrigsten Nennstrom). Aus dem Grund sollten nur Module mit gleichen Stromwerten in Reihe geschaltet werden. Die einzelnen Modul-Nennspannungen haben dabei keinen Einfluss auf den Nennstrom.

Durch paralleles Verschalten mehrerer Module addieren sich ihre Nennströme – und damit ihre Nennleistungen. Hier ist sehr wichtig, dass die Spannungen aller Module oder Ketten identisch sind. Die Nennströme einzelner Module (oder Modulketten) dürfen dabei unterschiedlich sein.

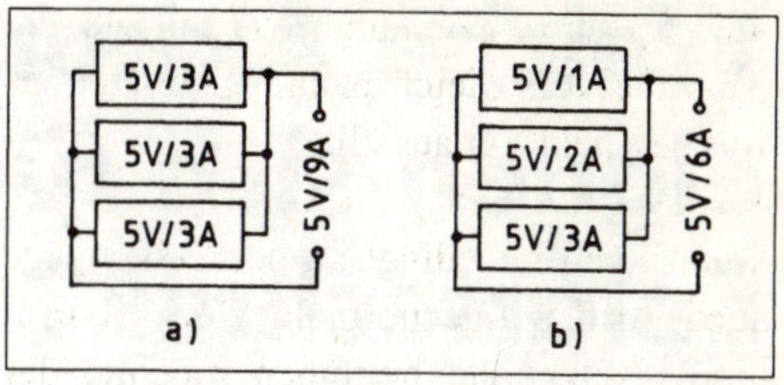


**Bild: 1.21 Solarmodule parallel geschaltet: a) Module mit identischen Parametern; b) Module mit unterschiedlichen Nennströmen (Nennleistungen) und gleichen Spannungen.**

# 2 Welche Akkumulatoren eignen sich für die Solartechnik?

Bei Solaranlagen, die nicht netzgekoppelt sind, hat der Akkumulator eine ähnliche Funktion, wie im Auto. Er speichert die Energie, sozusagen unter dem Motto: „spare in der Zeit, so hast du in der Not“. Verbraucher, bei denen es ausreicht, wenn sie nur bei sonnigem Wetter funktionieren – wie Fontainenpumpen, Kühlanlagen u. ä. – benötigen keinen Zwischenspeicher. Für alle andere Verbraucher ist ein Zwischenspeicher unentbehrlich.

Als Zwischenspeicher eignen sich für die Solartechnik alle nur denkbaren Akkumulatoren (kurz Akkus genannt) und wieder aufladbaren Batterien. In der Fachterminologie wird für dieselben Produkte sowohl die Bezeichnung „Batterie“, wie auch „Akkumulator“ oder „Akku“ verwendet.

Es gibt eine enorme Menge von Akkumulatoren, die nach allen nur denkbaren Merkmalen katalogisiert werden könnten. Der normale Anwender ist jedoch nur daran interessiert, was für ihn konkret in Frage kommt, bzw. was gängig ist:

- ❑ für kleinere Leistungen sind die altbewährten NiCd-Akkus geeignet, die z.B. auch in Akku-Werkzeugen eingesetzt werden, oder die neuen umweltfreundlicheren NiMH- (Nickel-Metallhydrid) und NiH- (Nickel-Hydrid) Akkus, die frei von Giftstoffen sind und einige weitere Vorteile haben, auf die wir noch zurückkommen. Die meisten dieser Akkus haben eine Spannung von 1,2 Volt pro Glied und eine Kapazität von max. 4,5 Ah.

**Bild: 2.1 Eine Solarbatterie unterscheidet sich äußerlich nicht von einer gängigen Autobatterie.**

- Für größere Leistungen eignen sich bevorzugt echte Solar-Akkus, oder auch ganz normale Autobatterien, Rollstuhlbatterien und andere ähnliche Energiespeicher, die überwiegend als Bleiakkumulatoren konzipiert sind.

Diese Akkus haben in der Regel eine Spannung von 2 Volt pro Glied und sind als kompakte 6 Volt- oder 12-Volt-Einheiten bis zu einer Kapazität von einigen hundert Ah erhältlich.

## 2.1 Wie rechnet man die benötigte Akku-Kapazität aus?

Die Sache mit der Kapazität in Ah (Amperestunden) ist erklärungsbedürftig, aber leicht zu begreifen. Es handelt sich hier nur um den energetischen Inhalt eines Behälters, in dem der Vorrat – im Gegensatz zu einem Weinfass (Bild 2.2)– nicht in Litern, sondern in Amperestunden angegeben ist.

Nehmen wir als Beispiel den Akku eines kleinen Akkuschraubers, der eine Kapazität von 1,2 Ah hat. Er kann einen Motor, der einen Stromverbrauch von 1 A hat, theoretisch 1,2 Stunden lang mit Energie versorgen. Danach ist er leer. Falls der Motor einen doppelt so hohen Stromverbrauch (von 2 A) hat, reicht die Akku-Kapazität nur für 0,6 Stunden aus. Wie schon die eigentliche Bezeichnung „Ah" andeutet, handelt es sich hier immer um „Ampere mal Stunden".

Ein anderes Beispiel: die Autobatterie hat eine Kapazität von 60 Ah. Sie kann uns demnach entweder

60 Stunden lang 1 A
oder 30 Stunden lang 2 A
oder 10 Stunden lang 6 A liefern usw.

In der Praxis werden wir bei der Planung von dem Energiebedarf des Verbrauchers bzw. mehrerer Verbraucher ausgehen. Das ist nicht schwierig. Wir müssen uns nur

**Bild: 2.2 Mit der Kapazität einer Batterie ist es ähnlich, wie mit der Kapazität eines Weinfasses: die Größe bestimmt den maximalen Inhalt und weiterhin kommt es nur darauf an, wie weit und wie oft jeweils der Hahn aufgedreht wird**

aufschreiben, welcher Stromverbrauch pro Verbraucher benötigt wird und wieviele Stunden pro Tag der Verbraucher mit der Energie versorgt werden soll. Der Problemschwerpunkt liegt hier eher bei guter Einschätzung, als bei gutem Rechnen. An konkreten Beispielen wird es in diesem Buch nicht fehlen.

## 2.2 Solar-Akkumulatoren richtig laden

Die Lebensdauer eines Akkus hängt u.a. vom richtigen Laden ab. Beim Laden der Akkus von Solarzellen liegt das Hauptproblem darin, dass die Solarzellen weder eine konstante Spannung, noch einen konstanten Strom liefern.

Aus diesem Grund wird zwischen das Solarmodul und den Akku ein Laderegler (Bild 2.3) geschaltet, der dafür sorgt, dass der Akku möglichst optimal geladen wird.

Im Handel gibt es eine enorme Auswahl an Ladereglern in Preisklassen von ca. 20 bis zu einigen hundert Euro. Man könnte ein dickes Buch darüber schreiben, was so ein Laderegler alles machen kann oder machen sollte, und wie gut es einem Akku tut, wenn er mit einem "superintelligenten" Laderegler geladen wird.

Ein erfahrener Praktiker weiß allerdings, dass sich hier Dichtung und Wahrheit mischen, und dass der wirkliche Lebensdauerunterschied zwischen ganz ausgetüftelt geladenen Akkus und zwischen einfach geladenen Akkus nur schwer nachvollziehbar ist. Schon deshalb, weil noch zu viele andere Faktoren im Spiel sind: welchen Strapazen wurde der Akku während des Betriebes ausgesetzt, wie alt war er bereits zum Zeitpunkt des Kaufes,

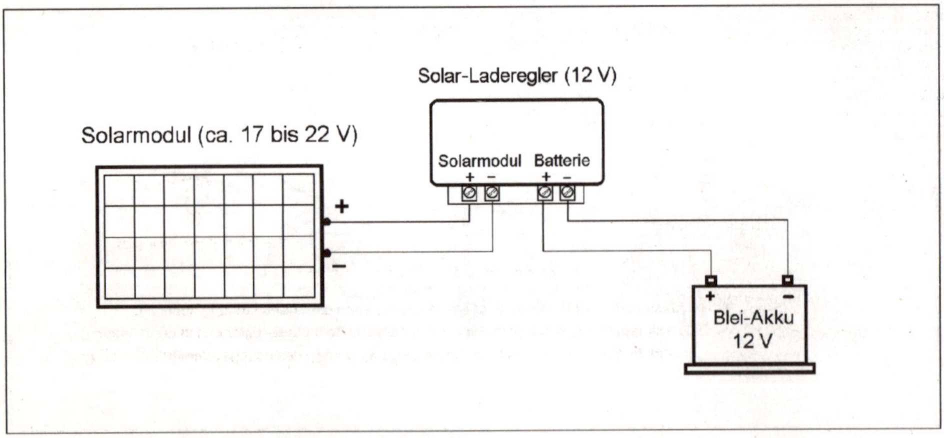


**Bild: 2.3 Handelsübliche Solar-Laderegler sind als Fertiggeräte wahlweise für das Laden eines 12 Volt- oder eines 24 Volt-Bleiakkumulators ausgelegt.**

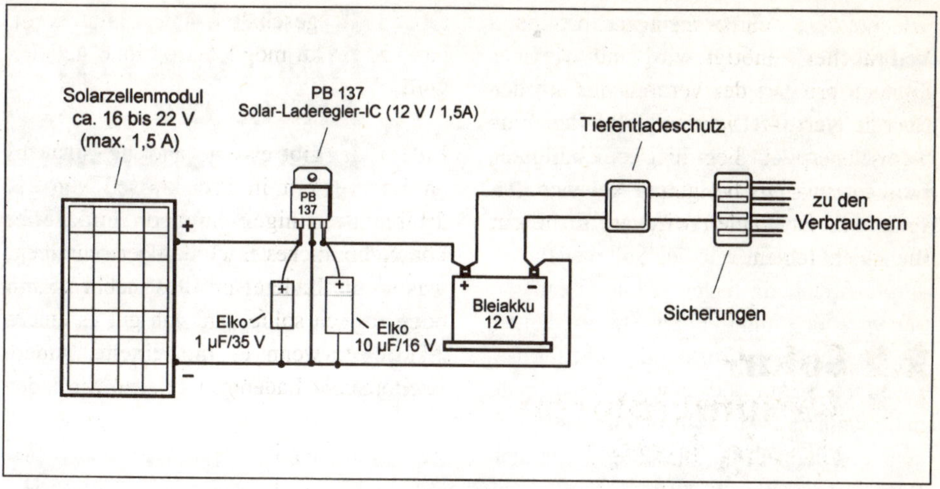


**Bild: 2.4 Für das Laden kleinerer Bleiakkumulatoren bietet *Conrad Elektronik* ein spezielles Solar-Laderegler-IC *Type PB 137* (Bestell-Nr. 17 94 18) an, das für einen Ladestrom von bis zu 1,5 A und eine Solar-Eingangsspannung von bis zu 40 V= ausgelegt ist.**

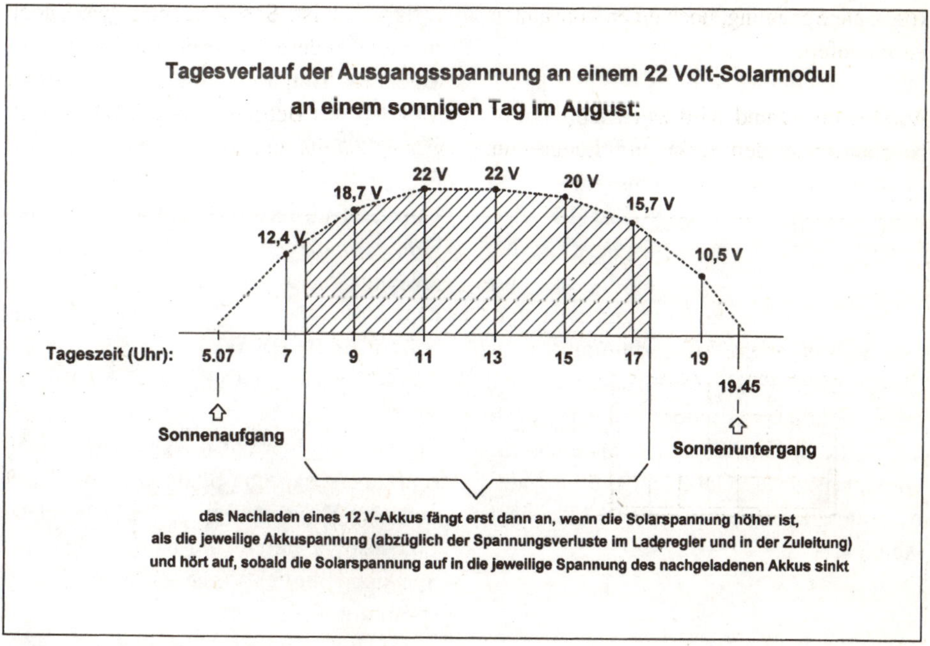


**Bild: 2.5 Beispiel des Tagesverlaufs der Ausgangsspannung an einem Solarmodul, das als „Ladestrom-Energiequelle“ für einen 12 Volt-Bleiakkumulator dient.**

wie wurde er vorher gelagert, behandelt und gepflegt?

Soweit ein „intelligenter“ Laderegler an einer konstanten Spannung angeschlossen ist, kann er sich an ein vorgegebenes Programm ziemlich perfekt halten. Ein Laderegler, der mit Energie aus Solarzellen versorgt wird, kann dagegen immer nur mit der Spannung und mit dem Strom arbeiten, die ihm gerade zur Verfügung stehen. Einen zu hohen Strom oder eine zu hohe Spannung kann er zwar nach unten reduzieren, aber in umgekehrter Richtung ist er meistens hilflos. Es gibt zwar Spezialgeräte, die eine unbrauchbar niedrige Solarspannung auf ein brauchbares Niveau erhöhen (auf Kosten eines niedrigeren Solarstromes), aber die sind für kleinere Anlagen zu teuer.

Nur während etwa 4 % bis 6 % der jährlichen Betriebsstunden bekommt eine Solaranlage derartig viel Sonnenenergie, dass sie ihre volle Leistung (ihre Maximumwerte) liefern kann. Selbst der allerbeste Laderegler kann logischerweise nur dann perfekt arbeiten, wenn ihm auch die vorgesehene Ladespannung und der vorgesehene Ladestrom zur Verfügung stehen. Soweit diese Bedingungen nicht optimal erfüllt sind, funktioniert auch der beste Laderegler nicht viel anders, als ein einfaches preiswertes Gerät, bzw. eine Laderegelung mit dem IC „PB 137“ (nach Abb. 2.3).

## 2.3 Kleine NiCd-, NiMH und NiH-Akkus als Energiespeicher

Die meisten herkömmlichen Ladegeräte von Gebrauchsgütern, wie Akkuwerkzeuge, Unterhaltungselektronik, Notebooks mit Randapparatur machen sich das Leben in Hinsicht auf eine ausgetüftelte Ladeelektronik nicht unnötig schwer. Sie laden

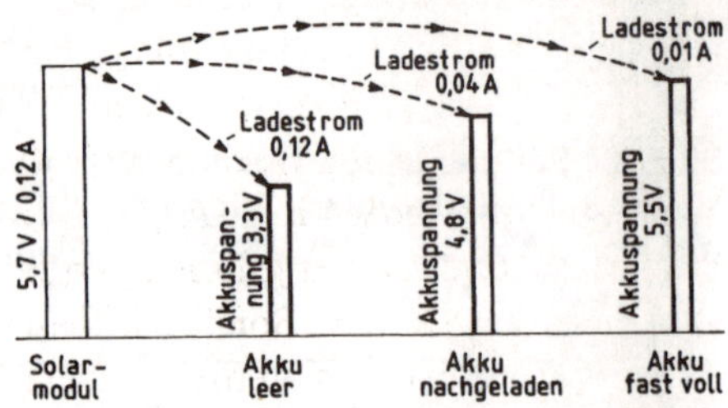


**Bild: 2.6 Das automatische Absinken des Ladestromes während des Aufladens eines Akkus.**

ganz einfach ihre Akkus mit einer Spannung nach, die etwa 22 % höher ist, als die jeweilige Akku-Nennspannung und mit einem Strom, der bei NiCd-Akkus 10% und bei NiMH (NiH)-Akkus bei 20% von der Akku-Kapazität in Ah liegt.

Ein Beispiel: der NiCd-Akku eines Akkuschraubers hat eine Spannung von 4,8 V und eine Kapazität von 1,2 Ah. Der Netz-Ladeadapter liefert ihm beim Laden eine Spannung von 5,8 V und einen Maximumstrom von 0,12 A. Das sind fest vorgegebene Werte, die dem Akku zwar sozusagen zur Verfügung stehen, aber die er beim Aufladen nur am Anfang nutzt. Sehen wir uns nun in Bild 2.3 an, wie sich diese Werte beim Laden verändern, denn das hilft uns bei der richtigen Dimensionierung einer Solaranlage viel mehr, als komplizierte theoretische Aufklärungen.

Zwischendurch ist noch eine wichtige Erklärung fällig: Der Einfachheit halber geht man immer davon aus, dass so ein wiederaufladbarer Akku eine konstante Spannung hat. Das stimmt eigentlich gar nicht. Wenn er voll aufgeladen ist, hat er eine um ca. 22% höhere Spannung, als seine „Arbeitsspannung" ist (typen- und altersabhängig). In unserem Beispiel ist es eine Spannung von ca. 5,8 V. Der Akkuschraubermotor kommt mit der höheren Spannung problemlos zurecht. Er dreht jedoch anderseits auch noch bei ca. 3 V. Somit hat dieser Akku zwar eine theoretische Nennspannung von 4,8 V, aber in Wirklichkeit bewegt sich seine Nutzspannung zwischen etwa 3 V und 5,8 V.

**Hinweis**

Jeder NiCd-, NiMH- oder NiH-Akku kann am einfachsten mit einer Spannung geladen werden, die maximal um 22% höher ist, als seine Nennspannung und mit einem Strom, der bei NiCd-Akkus bei 10% seiner Kapazität und bei NIMH (bzw. NiH)-Akkus bei maximal 20% der Kapazität liegt.

In der Solartechnik gibt es bei diesen kleineren Akkus zwei empfehlenswerte Möglichkeiten, wie sich das Laden bewältigen lässt:

- ❑ mit Hilfe eines kleinen elektronischen Ladereglers;
- ❑ durch eine Kombination von angepassten Maximum-Stromwerten des Solarmoduls und von einer zusätzlichen Spannungsregelung mit einer Zenerdiode.

Die erste Lösung ist die bequemste. Man kauft sich einfach einen kleinen Laderegler, setzt ihn zwischen das Solarzellenmodul und den Akku und damit hat es sich erledigt. Ein Elektroniker kann sich einen kleinen Laderegler auch im Selbstbau erstellen. Es gibt im Handel viele spezielle Laderegler-ICs, die nur wenige zusätzliche Bauteile benötigen.

Die zweite Möglichkeit setzt voraus, dass der maximale Strom (Nennstrom) des Solarmoduls nicht höher ist, als der max. Ladestrom des Akkus (10 % der Akkukapazität). Diese Bedingung lässt sich am einfachsten auf die Weise erfüllen, dass zu einem ausgewählten Solarmodul ein übereinstimmender Akku genommen wird (die zur Verfügung stehende Auswahl ist ja sehr groß).

Es macht dabei nichts aus, wenn die Kapazität des Akkus etwas mehr als das Zehnfache des Solar-Nennstromes beträgt. Besonders dann nicht, wenn der Akku deutlich überdimensioniert ist. Der Ladestrom muss ja nur die Stromabnahme decken. Die ist jedoch in einem solchen Fall von der Akkugröße unabhängig. Somit hat auch der Bedarf an Ladestrom mit der eigentlichen Größe des Akkus nichts zu tun.

Mit anderen Worten: wenn man rechnerisch ermittelt, dass eine Akku-Kapazität von 2 Ah (und damit ein Ladestrom von max. 0,2 A) für den vorgesehenen Zweck ausreicht, kann man dennoch einen 4 Ah Akku einsetzen. Soweit man sich bei der Planung nicht verrechnet hat, wird ja dieser Akku auch nicht mehr als der 2 Ah-Akku belastet, und muss demzufolge auch nicht mehr als der 2 Ah-Akku nachgeladen werden.

Der 4 Ah-Akku benötigt somit keinen Ladestrom von 0,4 A, sondern nur von 0,2 A. Man muss ja nur das nachfüllen, was entnommen wird (oder durch Selbstentladung verloren geht).

Mit der Ladespannung ist es etwas komplizierter. Der elektrische Strom verhält sich bekanntlich ähnlich wie das Wasser. Wenn man ein Gefäß mit Wasser nachfüllen will, muss das Wasser von oben nach unten fließen können. Will man einen Akku mit Strom nachfüllen (nachladen), muss sozusagen die Spannung ebenfalls „von oben nach unten" fließen. Soll der Strom aus einer beliebigen Quelle (Solarmodul oder Ladegerät) in den Akku fließen, muss diese Quelle eine höhere Spannung haben als der Akku. Ansonsten läuft nichts.

Beim Laden des Akkus von einem Solarmodul liegt das Problem darin, dass die Solarspannung zwischen Sonnenaufgang und Sonnenuntergang (zudem auch von Tag zu Tag) sehr variiert – was ja verständlich und naturbedingt ist – wie bereits in der Abb. 2.4 dargestellt wurde.

Eines geht hier deutlich hervor: je höher die Nennspannung des Solarmoduls ist, desto mehr Stunden pro Tag kann es den Akku nachladen. Die Solarspannung bleibt dadurch länger höher, als die des Akkus. Die Frage nach einer optimalen Modulspannung kann eigentlich nur situationsbezogen gut geklärt werden. Mitbestimmend ist dabei die Jahreszeitspanne, während der die Anlage betrieben werden

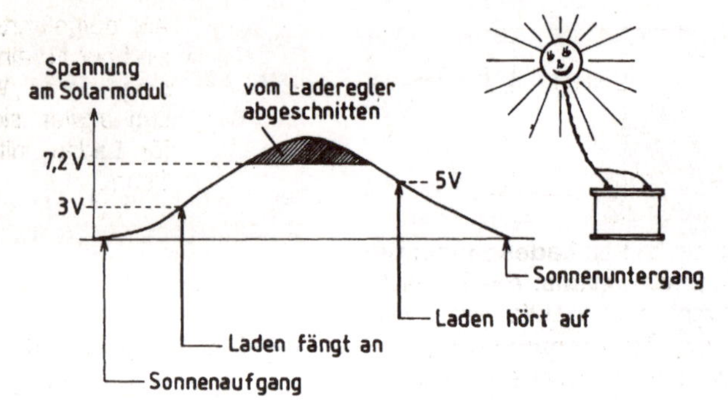


**Bild: 2.7 Die Solarspannung ist als Ladespannung eines Akkus nur dann brauchbar, wenn sie höher ist, als die momentane Akkuspannung. In diesem hypothetischen Fall wird ein 6 V-NiCd-Akku geladen, dessen Spannung momentan nur 3 V beträgt. Das Laden fängt erst dann an, wenn die Solarspannung zumindest ein klein wenig höher ist, als die vorgegebenen 3 V. Da ein solcher 6 V-Akku mit einer Ladespannung von maximal 7,2 V geladen werden soll, lässt der Laderegler auch nur diese Spannung durch. Das Laden hört ganz automatisch in dem Augenblick auf, wenn die Solarspannung auf das Niveau sinkt, das der Akku inzwischen während des Ladens erreicht hat (das sind in diesem Beispiel 5 V). Das Laden setzt sich auf eine ähnliche Weise am nächsten Tag fort. Allerdings mit dem Unterschied, dass diesmal das Laden erst dann beginnt, nachdem die Solarspannung über die Schwelle von 5 V gestiegen ist – vorausgesetzt, dass der Akku in der Zwischenzeit nicht benutzt wurde.**

soll. Es wird immer ein Kompromiss zwischen dem Kostenfaktor und den Grenzen der idealen Spannungsreserven bleiben.

Soweit als Energiespeicher nur kleinere Akkus (bis ca. 4 Ah) verwendet werden, bildet der eigentliche Kostenfaktor für zusätzliche Solarzellenfläche keine zu schwerwiegende Investition. Nur in Hinsicht auf eine einfachere Spannungsregelung dürfte unter Umständen mit der Solarspannung etwas vorsichtiger umgegangen werden. Eine zu hohe Solarspannung heizt einen einfachen Laderegler (Bild 2.8) während der Sommermonate zu sehr auf.

Nun zum nächsten Schritt: wir möchten für diese kleinen Akkus eine einfache Laderegelung erstellen, die in etwa ähnlich arbeitet, wie die Laderegelungen bei den bereits erwähnten Gebrauchsgütern.

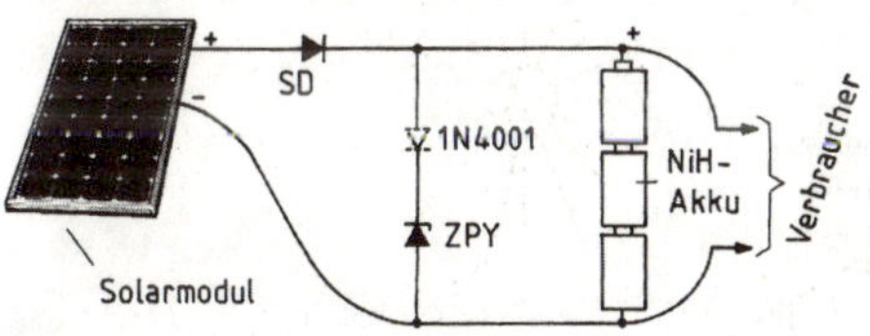


**Bild: 2.8 Ein einfacher Ladespannungs-Regler für kleinere Akkus: die Zenerdiode ZPY lässt zum Akku nur eine typenbezogene Zenerspannung (nach Angaben in der folgenden Tabelle) durch. Wenn das Modul zu einem Zeitpunkt diese Spannung nicht liefern kann, wird eine niedrige Spannung ebenfalls durchgelassen - vorausgesetzt, sie ist höher, als die momentane Akkuspannung. Eine Schottky-Diode (SD) ist auch hier unentbehrlich, soweit sie nicht bereits im Solarmodul eingegossen wurde. Diode 1 N 4001 ist nur dann notwendig, wenn sich keine Zenerdiode findet, die den erwünschten Spannungswert hat. Diode 1 N 4001 erhöht die geregelte Spannung um ca. 0,6 V (siehe nächste Tabelle).**

Wenn wir von den gängigen Akkuspannungen ausgehen und Standard-Zenerdioden für eine Ladespannung aussuchen wollen, welche ca. 22% höher ist als die Nennspannung des Akkus, kommen wir nicht überall optimal zurecht. Die Werte der Zenerdioden haben für unsere Zwecke eine zu grobe Spannungsabstufung. Deshalb behelfen wir uns in solchem Fall mit einer zusätzlichen Gleichrichterdiode, die in Reihe mit der Zenerdiode geschaltet wird, und ihre Regelspannung um ca. 0,6 Volt zusätzlich erhöht.

**Hinweis**

Alle aufgeführten Zenerdioden sind nur für eine Maximumleistung von 1 Watt konzipiert, und eignen sich deshalb nur für Laden mit schwächerem Strom.

In Bild 2.9 sind Zenerdioden-Typen aufgeführt, die zu den gängigen Akkuspannungen passen.

Beispiel: ein 3,6 V /2 AH-Akku im Modell sollte einen Ladestrom von maximal 0,2 A von den Solarzellen beziehen. Am Modell war nur Platz für ein Minimodul mit einem Nennstrom von 0,18 A. Wenn nun das Modul so dimensioniert ist, dass es bei vollem Sonnenschein eine max. Ladespannung von 4,6 Volt (aus einer Kette von zehn Solarzellen) an den Akku liefern kann, wird

| Akkuspannung: Zenerdiode-Type + evtl. Zusatzdiode: | | | | |
|---|---|---|---|---|
| 1,2 | V | — | ZPY 1 V + 1 N 4001 | Bitte zu beachten: die Zenerdioden |
| 2,4 | V | — | ZPY 2,7 V + 1 N 4001 | sind austauschbar mit den Typen „ZD“, |
| 3,6 | V | — | ZPY 4,3 V | oder anderen 1-Watt-Zenerdioden. |
| 4,8 | V | — | ZPY 5,6 V | Anstatt der Diode 1 N 1001 kann die |
| 6 | V | — | ZPY 6,8 V + 1 N 4001 | Type 1 N 1002 bis 1004 verwendet |
| 7,2 | V | — | ZPY 8,2 V + 1 N 4001 | werden. |
| 8,4 | V | — | ZPY 10 V | |
| 9 | V | — | ZPY 11 V | |
| 9,6 | V | — | ZPY 11 V + 1 N 4001 | |

**Bild: 2.9 Tabelle mit Zenerdioden: der tatsächliche Spannungsverlust an einer Zenerdiode weicht oft von dem theoretischen Nennwert etwas ab und auch die Sperrspannung der Siliziumdioden bewegt sich zwischen ca. 0,6 V und 1 V (ein Kontrollmessen ist daher immer angesagt und eine Vorselektion ist oft erforderlich). Eine Ladespannungs-Regelung in kleineren Stufen kann bei Bedarf mit passenden Schottky-Dioden (z.B. der Type SB 130) vorgenommen werden, bei denen die Sperrspannung nur ca. 0,28 bis 0,3 Volt beträgt.**

von der Zenerdiode diese Spannung auf nur 4,3 Volt begrenzt. Der Spannungsunterschied von 0,3 Volt, multipliziert mit dem Strom von 0,18 A ergibt eine Leistung von nur 0,054 Watt. Diese Leistung muss die Zenerdiode als Wärme abgeben – was ja in dem Fall problemlos geht.

Ein anderes Beispiel: ein 9 V/ 2,2 Ah-Akku soll von einem 13 V/ 0,2 A Solarzellenmodul geladen werden. Hier käme die Zenerdiode ZPY 11 V als Spannungsregler zum Einsatz und sie müsste bei vollem Sonnenschein den Spannungsunterschied von 2 Volt in Wärme umwandeln (13 V – 11 V = 2 V). Daraus ergibt sich eine Leistung von 2 V x 0,2 A = 0,4 Watt.

Diese zwei Beispiele zeigen, wie einfach man alles ausrechnen kann. Das Ganze ließe sich viel komplizierter und exakter machen, aber das wäre völlig überflüssig. Die Sonnenintensität ist ohnehin nicht errechenbar, und es muss demzufolge immer etwas Reserve einkalkuliert werden, die nicht auf Formeln, sondern auf dem Gefühl für die Sache basiert.

Es dürfte noch darauf hingewiesen werden, dass viele der NiCd- und NiMH-Akkus eine Selbstentladung von 15 bis 30% pro Monat haben (typen- und preisabhängig). Selbstentladung sollte hauptsächlich bei der Dimensionierung von Anlagen berücksichtigt werden, die auch im Dezember und Januar intakt bleiben müssen. Hier kann es in manchen Jahren vorkommen, dass zwei oder drei Wochen lang die Sonne kaum wahrnehmbar ist, und der Akku muss – ähnlich wie ein Igel – rechtzeitig genügend Energievorrat anlegen können.

Bisher haben wir den kleinen Akkus viel Aufmerksamkeit gewidmet, die bei einfachen Anwendungen der Solartechnik in Haus und Garten sehr oft eingesetzt werden. Das meiste von dem, was bisher erklärt wurde, trifft jedoch ebenfalls auf die großen Akkumulatoren zu.

## 2.4 Solar-Akkumulatoren oder Autobatterien?

Bei größeren handelsüblichen Akkumulatoren handelt es sich überwiegend um sogenannte Bleiakkumulatoren, die uns besonders in der Form von Autobatterien ziemlich geläufig sind. Es gibt Bleiakkumulatoren in sehr verschiedenen Bauweisen, mit unterschiedlichen Eigenschaften und in unterschiedlichen Preisklassen. Den normalen Anwender verunsichern in der Regel die vielen Hinweise darauf, dass sich für die Solartechnik "selbstverständlich" nur echte Solarakkumulatoren eignen.

Stimmt es ? Überhaupt nicht!

Wo liegt nun der wirkliche Unterschied zwischen einer „echten" Solarbatterie und einer einfachen Autobatterie?

**Hinweis**

Den Solarzellen, wie auch den angeschlossenen Verbrauchern ist es ganz egal, wie und wo die elektrische Energie gelagert wird. Es ist zwar erstrebenswert, dass so ein Akku möglichst perfekt und mit möglichst kleinen Verlusten arbeitet, aber diese Eigenschaft wird heutzutage auch bei den preiswertesten Autobatterien angestrebt – und nicht ohne Erfolg.

Eine Autobatterie muss u. a. problemlos den schweren Stromstoß verkraften können, der sich beim Motorstart jedesmal wiederholt. So wird bei der Entwicklung (und Weiterentwicklung) der Autobatterien auf diese Eigenschaft besonders großer Wert gelegt. Andere technische Parameter müssen sich dieser Anforderung evtl. etwas unterordnen. Bei einer Batterie für den Modellbau oder für kleinere Elektrofahrzeuge ist wiederum wichtig, dass man bei möglichst kleinem Gewicht eine möglichst große Leistung erhält usw. So wird jede Akku-Type gezielt etwas zweckorientiert entwickelt und konstruiert.

Bei Solarakkumulatoren handelt es sich um Speicher für eine relativ teuer gewonnene Energie, und man konzentriert sich deshalb bei der Entwicklung darauf, dass die Energieverluste beim Laden, Speichern und durch Selbstentladung sehr gering gehalten werden, und dass dabei die Lebensdauer des Akkus möglichst hoch wird.

Was die Lebensdauer betrifft, ist ein Solarakku der normalen Autobatterie überlegen. Der Preis, den man dafür vorläufig zahlen muss, ist jedoch viel mehr als doppelt so hoch, und damit verliert die Sache etwas an Charme. In dem Aufpreis sind allerdings noch einige weitere technisch berechtigte Vorteile inbegriffen.

Solar-Akkus sind etwas strapazierfähiger in Bezug auf die ständigen Ladungen und Entladungen, wurden auch hinsichtlich des sogenannten Tiefentlade-Verhaltens optimiert, sind wartungsfrei, oft frostsicherer als normale Bleiakkus und haben eine geringere Selbstentladung. Der Energieverlust durch „Selbstentladung“ beträgt bei einer normalen Autobatterie ca. 4,8% bis 8%, bei einem Solarakku nur 2,5% bis 4% pro Monat.

**Hinweis**

Laut Angaben diverser Hersteller liegt die Selbstentladung guter Solarakkus unterhalb von 3% an Energieverlust pro Monat. Bei guten Autobatterien liegt sie bei etwa 4,5 bis 8% (bei 20°C%). Nominal ist der Unterschied zwischen den zwei Batterietypen zwar groß, aber in der Praxis handelt es sich bei der Solarbatterie um einen Energieverlust von weniger als 0,1% pro Tag und bei der (gut erhaltenen) Autobatterie um etwa 0,15 bis 0,26% pro Tag.

Wenn man nun bedenkt, wie viele andere Faktoren bei der ganzen Anlage eine wesentlich größere Rolle spielen, verdient dieser Aspekt bei kleineren Solaranlagen nicht übertrieben viel Aufmerksamkeit. Schon durch eine leichte Vergrößerung der Solarfläche lässt sich der Qualitätsunterschied zwischen den beiden Batterietypen in dieser Hinsicht ausgleichen.

Etwas kritischer ist es mit dem Lebensdauerunterschied. Maßgeblich für die Lebensdauer eines jeden Akkus ist – bei guter Pflege – die Anzahl der Ladungen. Gute Solar-Akkus (und auch durchschnittliche NiCd-Akkus) verkraften etwa 1000 „größere“ Ladungen. Autobatterien geben es nach etwa 500 „größeren“ Ladungen auf. Was man nun unter dem Begriff „größere Ladungen“ verstehen mag, variiert von Hersteller zu Hersteller und hängt in der Praxis erstens von der Lademethode (von dem Ladegerät oder Laderegler) und zweitens von dem Umfang des täglichen Nachladens ab.

Aus Erfahrung wissen wir, dass eine moderne Autobatterie im Auto normalerweise mindestens fünf Jahre auch dann durchhält, wenn das Fahrzeug zwei- bis fünfmal pro Tag gestartet und entsprechend oft pro Tag nachgeladen wird. Dieses Nachladen kann in manchen Fällen als „größeres“ Laden, in anderen Fällen als „kleineres“ Laden bezeichnet werden. Es kann viel Ähnlichkeit mit den Ladevorgängen in einer Solaranlage haben, und besteht sehr oft aus mehr als 1000 Ladevorgängen.

Diese Überlegung soll nur dazu dienen, dass man nicht unbedingt eine Autobatterie als Solarspeicher nur deshalb disqualifizieren sollte, weil sie im Vergleich mit den technischen Daten eines echten Solarakkus etwas bescheidener abschneidet. Viele der Strapazen, denen die Batterien ausgesetzt werden, können sehr unterschiedlicher Art sein, und lassen sich nicht immer in die sterilen technischen Daten einbeziehen. Dazu kommt, dass eine große Anzahl der eigenhändig erstellten Solaranlagen einen experimentellen Charakter hat, wobei eine kürzere Lebensdauer des Akkus unter Umständen annehmbar ist.

Rein theoretisch betrachtet, ist es wirklich empfehlenswert, dass man sich für eine stationäre Solaranlage auch echte Solarakkus eines namhaften Herstellers zulegt. Schon deshalb, weil ein guter Solarakku auch einen um bis ca. 9% höheren Wirkungsgrad als eine normale Autobatterie haben kann. Das dürfte sich besonders bei größeren Solaranlagen als sehr nützlich erweisen.

Andererseits kommen für bescheidenere Solaranlagen ohnehin nur kleinere Standard-Bleiakkumulatoren in Frage, die in Motorrädern, Rollstühlen oder im Modellbau verwendet werden. Nicht nur der Preis, sondern auch die Abmessungen bestimmen hier oft den Kaufentschluss.

## 2.5 Tiefentladeschutz

Den meisten Autofahrern ist es bekannt: wenn ein Bleiakkumulator ein einziges Mal zu tief entladen wird, ist er unbrauchbar. Er

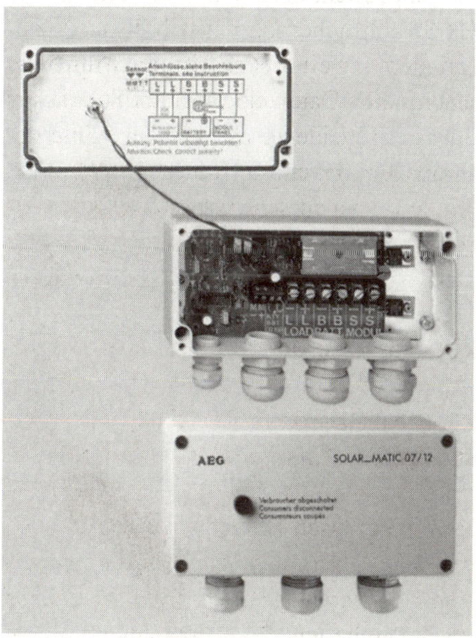


**Bild: 2.10 AEG-Laderegler mit Tiefentladeschutz.**

lässt sich zwar meistens wieder aufladen, aber leidet anschließend unter einer sehr großen Selbstentladung.

Etwas irritierend ist, dass wiederum für die Lebensdauer eines NiCd-Akkus als eine wichtige Bedingung gestellt wird, dass er möglichst gleich am Anfang seines Einsatzes und danach etwa alle 90 Tage immer relativ vollständig entladen wird, bevor man mit neuem Aufladen beginnt. Wenn die erwünschten Entladungen nicht periodisch vorgenommen werden, verliert der Akku durch sein mysteriöses Gedächtnis (den sog. Memory-Effekt) langsam aber sicher seine Kapazität. Er wird nach jedem folgenden Aufladen immer schneller leer, und ist letztendlich nicht mehr zu gebrauchen.

Soweit solche Akkus als kleine Energiespeicher in der Solaranlage eingesetzt werden, sollte man darauf achten, dass sie viermal im Jahr vorschriftsgemäß tief entladen werden. Soweit jemand diese Herstellerempfehlung für unzumutbar hält, sollte er sich lieber gleich die moderneren Ni- oder NiMh-Akkus zulegen. Sie stellen derartige Ansprüche auf regelmäßige Tiefentladung nicht mehr, aber es macht ihnen nichts aus, wenn es passiert. Somit eignen sie sich als kleinere Energiespeicher für Solaranlagen hervorragend, auch wenn sie etwas teurer als die altbekannten NiCd-Akkus sind, und teilweise noch eine zu hohe Selbstentladung aufweisen. Sie kommen jedoch, ähnlich wie die NiCd-Akkus, nur für kleinere Kapazitäten (etwa bis zu 4 Ah) in Frage.

Bei etwas größeren Solaranlagen werden in der Regel Bleiakkumulatoren als Energiespeicher eingesetzt. Hier muss dann unbedingt darauf geachtet werden, dass bei fehlendem Nachschub der Solarenergie die Akkumulatoren unter keinen Umständen zu tief unter die zugelassene Schwelle entladen werden. Zu diesem Zweck wird ein elektronischer Tiefentladeschutz verwendet, den wir bereits in Bild 2.4 kennen lernten. Er sorgt dafür, dass alle Verbraucher vom Akku einfach abgeschaltet werden, sobald seine Spannung unter die Tiefentladeschwelle sinkt. Sie werden automatisch erst dann wieder eingeschaltet, wenn die Akkuspannung etwas gestiegen ist.

Dieser Tiefentladeschutz ist normalerweise in den meisten Ladereglern bereits integriert, jedoch auch separat erhältlich und die Abschalt-/Einschaltschwelle ist werkseitig eingestellt (achten Sie dennoch beim Kauf darauf, ob es bei dem vorgesehenen Laderegler auch wirklich der Fall ist – es steht in den Unterlagen). Ein praktisches Ausführungsbeispiel eines Ladereglers zeigt Bild 2.10.

Die Abschaltgrenze bei Tiefentladeschutz wird für 12-V-Akkus beispielsweise auf 11,1 V, für 24-V-Akkus auf 22,2 V eingestellt. Falls die Akkuspannung auf dieses Niveau sinkt, werden alle Verbraucher automatisch abgeschaltet. Sie werden wieder erst dann zugeschaltet, wenn der Akku auf etwa 12,4 V bzw. 24,8 V nachgeladen ist.

Der relativ große Spannungs-Zwischenraum ist deshalb notwendig, weil sich die Akkuspannung nach dem Abschalten der Verbraucher – auch ohne Nachladen – schnell wieder erholt. Bei einem zu kleinen Spannungsabstand würde der Tiefentladeschutz ständig hin und her schalten.

Besonders kritisch ist die Frage der Tiefentladeschwelle bei Akkumulatoren, die auch während der Frostperiode arbeiten müssen. Je niedriger die Temperatur ist, umso höher muss der Akku (ständig) aufgeladen bleiben. Andernfalls friert sein Elektrolyt ein und der Akku reißt entzwei. Ein warmer Aufstellplatz ist im Winter für einen Bleiakkumulator deshalb sehr wichtig.

# Solarzellenmodule im Selbstbau

3

Solarzellenmodule im Selbstbau zu erstellen, ist eigentlich eine ganz einfache Sache. Man muss nur wissen, worauf es ankommt.

Begonnen wird mit der Überlegung, welche Nennspannung und welchen Nennstrom das Modul haben soll. Die erwünschte Nennspannung wird durch Zusammenstellen einer entsprechenden Anzahl von Solarzellen erreicht. Wir rechnen dabei normalerweise mit 0,46 V pro Zelle, und runden die Zahl der benötigten Solarzellen nach oben ab. Im Zusammenhang mit dem Strom bei max. Belastung können wir uns an einer der Tabellen auf Seite 18 orientieren.

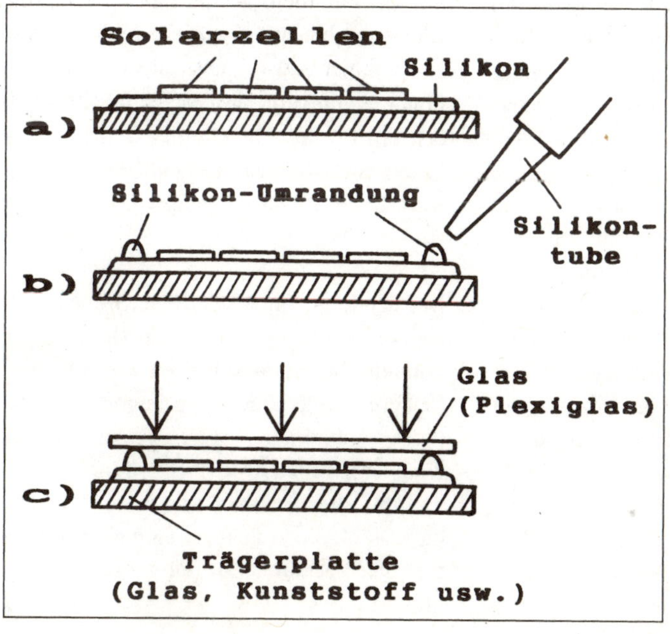


**Bild: 3.1 Ein einfaches, selbstgemachtes Solarzellenmodul: a) erst werden die miteinander verlöteten Zellen in eine frisch aufgetragene (klebende) Silikonschicht eingebettet (eingedrückt); b) eine maßgerecht erhöhte Silikonumrandung aus der Tube wird angebracht; c) auf die Umrandung wird eine Plexiglas- oder Glasabdeckplatte angedrückt und beschwert. Die heraus gequollenen Silikonreste werden noch vor dem Eintrocknen geglättet.**

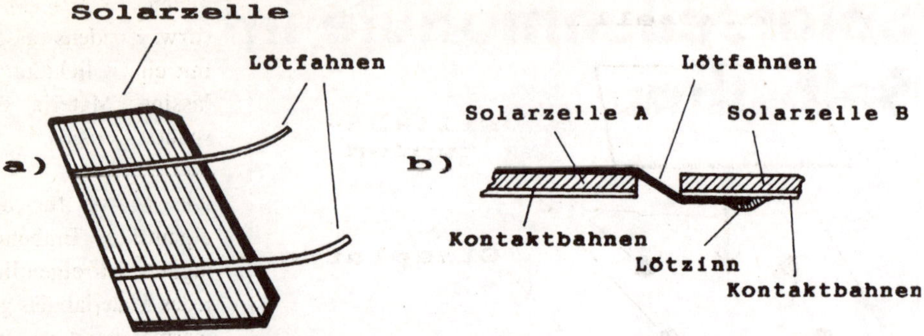


**Bild: 3.2 Soweit die Solarzellen bereits vom Hersteller mit Lötfahnen an der Oberseite versehen sind, braucht man diese jeweils nur mit dem silbrigen Gitter der Unterseite der folgenden Zelle zu verlöten. Bei Zellen, die nicht mit Lötfahnen versehen sind, müssen eine oder zwei zusätzliche Durchverbindungslitzen angelötet werden. Diese Verbindungen sollen auch nach dem Einbetten der Zellen etwas „federnd" bleiben.**

Der maximale Strom des Moduls entspricht immer dem maximalen Strom der schwächsten Zelle in der ganzen Reihe – ohne Rücksicht auf die Anzahl der Zellen pro Modul. In der Praxis kommt auch bei guten Solarzellen vor, dass einige von ihnen, in Hinsicht auf den Nennstrom, Abweichungen bis zu 10% aufweisen. Ein großzügigeres Dimensionieren kann also nicht schaden.

Das Aufbauprinzip eines Solarmoduls ist einfach: auf einen festen Untergrund wird eine klebende flexible Silikonmasse wie Butter auf ein Brot aufgestrichen. In diese Masse werden die miteinander verbundenen Solarzellen leicht eingedrückt. Danach kommt eine durchsichtige Glas- oder Plexiglasscheibe als Abdeckung oben darauf:

Als schützende Umrandung kann seitlich ebenfalls Silikonmasse benutzt werden (Fugensilikon aus dem Baumarkt). Vor dem Einbetten müssen die Solarzellen miteinander in Reihe (in Serie), nach Bild 3.2, verschaltet werden.

Die Kupferbahnen der Solarzellen reagieren auf Überhitzung ähnlich empfindlich wie die feinen Kupferbahnen einer Platine, und können sich bei Überhitzen lösen. Die Lötzeit sollte auf etwa ein bis zwei Sekunden pro Lötstelle beschränkt werden (beim Löten nicht gegen die Zelle andrücken, sonst bricht sie auseinander wie dünnes Eis auf einer Wasserpfütze).

Bei Modulen für Modellbau, Solar-Spielzeuge oder Anwendungen im Hausinneren können die Solarzellen eine etwas einfachere Schutzabdeckung bekommen, die nicht unbedingt kratzfest sein muss. Kunststofffolien, Plexiglas, dünnes Normalglas usw. reichen hier aus. Für strapazierfähigere Außenanwendungen ist ein thermisch gehärtetes, 4 mm dickes Spezialglas nötig.

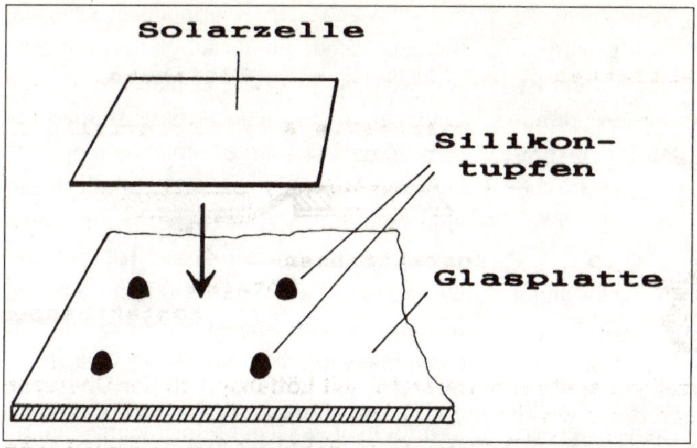


**Bild: 3.3 Solarzellen-Modul Marke Eigenbau: die Solarzellen werden mit einigen Silikontupfen auf der Glasplatte so fixiert, dass zwischen der Glasplatte und der Zelle noch ein Zwischenraum für die Gussmasse bleibt. Abhängig von der Gussmassenkonsistenz muss dieser Zwischenraum etwa 1,5 bis 3 mm betragen (ausprobieren).**

Soweit es sich nur um kleinere Solarmodule handelt, die z. B. auf ein Schiffsmodell angebracht werden sollen, reicht als Abdeckung ein 1 mm dünnes Plexiglas aus. Als Untergrund kann direkt die vorgesehene Fläche des Modells benutzt werden. Darauf wird ca. 2 mm dick die Silikon-Fugenmasse aufgetragen, die Zellen werden auf das Silikon aufgelegt und vorsichtig eingedrückt.

Gleich anschließend (bevor das Silikon eintrocknet) wird um die Zellenfläche eine Silikonumrandung aufgetragen, auf die eine Plexiglas-Abdeckung angedrückt wird oder auch angeschraubt werden kann. Bei der Erstellung eines Solarzellenmoduls sollten zwei wichtige Bedingungen beachtet werden: die Solarzellen müssen wärmeleitend eingebettet werden und die „Sonnenseite" des Moduls muss gegen Schmutz, mechanische Beschädigung und gegen Regenwasser (bzw. Kondenswasser) mit einem lichtdurchlässigen Material geschützt werden.

Als Masse für das eigentliche Einbetten eignet sich eigentlich jedes Material, das gut wärmeleitend ist und einigermaßen flexibel bleibt, um die Dehnung, die durch innere oder äußere Wärme entsteht, auffangen zu können. Es darf ja bei der Erwärmung der Solarzellen nicht zu mechanischen Spannungen im Modul kommen, bei denen die Zellen reißen oder platzen.

Wenn die Solarzellen in eine Masse nur eingebettet, aber nicht vergossen werden, besteht bei Anwendungen im Außenbereich die Gefahr von Kondenswasserbildung zwischen den Solarzellen und dem Abdeckglas. Kondenswasser verhindert eine gute Bestrahlung der Zellenfläche. Aus diesem Grund ist es besser, wenn man die Solarzellen mit einer optisch reinen EVA-Vergussmasse zwischen zwei Scheiben kompakt eingießt.

Als Unterseite des Moduls eignen sich alle Materialien, die mechanisch fest genug sind: Glas, Plexiglas, Kunststoffe, usw. Für Module, die nicht wasserfest sein müssen, kommen auch Pertinax, MDF, Naturstein usw. in Frage. Ein wärmeleitendes Material verdient hier Vorrang. Als Abdeckmaterial eignet sich am besten thermisch gehärtetes Glas. Falls ein Modulrahmen erwünscht ist, können vorgefertigte U-Profile aus Aluminium, Messing oder Kunststoff, entsprechend zugeschnitten und aufgeleimt werden.

Wenn an das Solarmodul ein Akku angeschlossen werden soll, muss – wie bereits angesprochen wurde – zwischen das Modul und den Akku unbedingt eine Schutzdiode (Schottkydiode) geschaltet werden. Sie verhindert, dass sich der Akku über die Solarzellen entlädt, wenn diese (z. B. nachts) keine Energie liefern. Die Schottkydiode ist eine Spezialdiode, die anstatt des üblichen PN-Übergangs einen Metall-Halbleiterübergang mit einer Schottky-Sperrschicht dazwischen hat. Einer ihrer Vorteile ist, dass sie im Vergleich zu den normalen Siliziumdioden einen viel niedrigeren Spannungsverlust aufweist.

Schottky-Dioden sind für unterschiedliche Strombelastungen dimensioniert. In unserem Fall muss diese Diode mindestens mit dem Kurzschlussstrom der Solarzellen belastbar sein. Für größere Zellen eignet sich z. B. eine Schottky-Diode 5 A/30 V. Für Zellen mit einer kleineren Fläche als 33,3 x 100 mm genügen kleinere Schottky-Dioden (1 A/30 V oder ähnlich).

Bei selbstgebauten Solarmodulen kann die Schottky-Diode im Modul gleich eingegossen werden. In diversen handelsüblichen Ladereglern sind jedoch diese Dioden bereits integriert und „doppelt gemoppelt“ bedeutet hier keinen Vorteil, sondern nur einen unnötigen zusätzlichen Spannungsverlust (an der Diode). Ferner hat eine solche Schutzdiode beim Direktantrieb von Motoren keinen Sinn, und verursacht nur einen unerwünschten Spannungsverlust.

Somit bleibt es jedem selbst überlassen, ob er in das erstellte Solarmodul gleich eine Diode integrieren möchte oder nicht. Es hat jedenfalls keine Nachteile, wenn man diese Diode erst außen an das Modul anschließt.

Wir wissen inzwischen, dass der maximale Strom, den solche Module bieten können, nur dem max. Strom der verwendeten Einzelzellen entspricht. Da auch die größten Zellen momentan nur einen Strom von max. 2,8 bis ca. 5 A liefern können (herstellerabhängig), müssen im Falle von höherem Strombedarf entweder mehrere separate Module, oder mehrere Solarzellenketten im Modul, miteinander parallel verbunden werden. Technisch sind beide Lösungen gleichwertig. Für kleinere „Projekte“ eignen sich hervorragend auch diverse „Mini-Solarzellen“, die aus ausgedienten Taschenrechnern oder anderen Solar-Kleingeräten ausgebaut werden können.

# Bypassdioden in Solarmodulen



Wenn eine Solarzellenfläche unterschiedlich bestrahlt wird, wirken die weniger beleuchteten Zellen stromdrosselnd für den Rest der Solarzellenkette, und können durch sogenannte "Hot-Spot-Effekte" sogar zerstört werden. Eine einzige stark beschattete Solarzelle im Modul kann zu einer Kochplatte werden, und bringt die Vergussmasse zum Schmelzen. Dadurch kann sich die Vergussmasse verfärben und das Modul wird unbrauchbar.

Die Abhilfe ist theoretisch einfach: man lötet parallel zu jeder Solarzelle eine normale Gleichrichterdiode, die eine Umleitung für den Strom aller restlichen Zellen bildet (Bild 4.1). Somit verursacht die beschattete Zelle zwar ein geringfügiges Absinken der Nennspannung, aber sie beeinflusst kaum den Nennstrom des Moduls.

Bei manchen handelsüblichen Solarmodulen überbrückt jeweils eine Bypassdiode

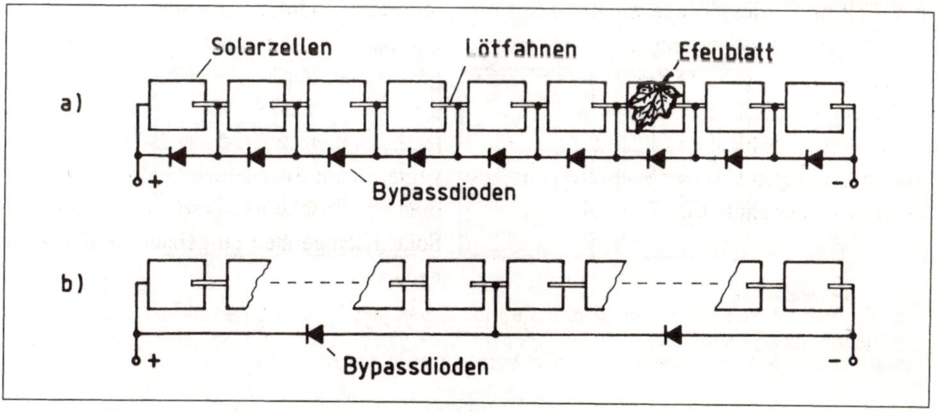


**Bild: 4.1 Bypassdioden an Solarzellen: a) jede Zelle erhält eine eigene Bypassdiode; b) mehrere Zellen haben jeweils eine gemeinsame Bypassdiode.**

acht oder noch mehr Zellen, bei anderen Modulen sind unter Umständen gar keine Bypassdioden vorhanden. Soweit die Solarmodule auf dem Hausdach montiert werden, ist die Gefahr von Beschattung (durch Laub) nicht so groß, wie bei einer Aufstellung der Module unten im Garten. Handelt es sich um selbstgebaute Module mit einem Nennstrom tief unterhalb von 1 A, reichen als Bypassdioden beliebige preiswerte 1 A-Silizium-Gleichrichterdioden (Typ 1 N 4001) aus. Ansonsten müssen Silizium-Leistungsdioden für Strombelastungen von
3 A (1 N 5400),
5 A (BY 550-50) oder
6 A (PB 600 A) verwendet werden.

Bei Solarzellenketten, die für höhere Spannungen ausgelegt sind, kann eine Bypassdiode auch mehr als 20 oder 30 Solarzellen überbrücken, wenn dafür spezielle Gründe sprechen (z. B. auch als zusätzliche Überbrückung von einzelnen selbstständigen Solarzellenmodulen, die in Serie geschaltet werden, und in denen keine Bypassdioden eingebaut sind).

Wenn dagegen bei einem Garten- oder Caravan-Solarzellenmodul nicht auszuschließen ist, dass einige seiner Zellen gelegentlich von einem Zweig, von Laub usw. beschattet werden können, sollte entweder jede der Zellen (nach Bild 4.1a) oder zumindest jeweils zwei bis drei Glieder der Zellenkette (nach Bild 4.1b) eine Bypassdiode erhalten.

Genau genommen hängt von der Modul-Nennspannung ab, wieviele Einzelzellen jeweils in der beschatteten Sektion sein dürften. Wenn es sich z. B. um ein etwas großzügiger dimensioniertes Modul mit einer Nennspannung von 18 V handelt, und wir benötigen zum Laden nur eine Spannung von 14 V, können wir bei sonnigem Sommerwetter sogar auf ganze 4 V ver-

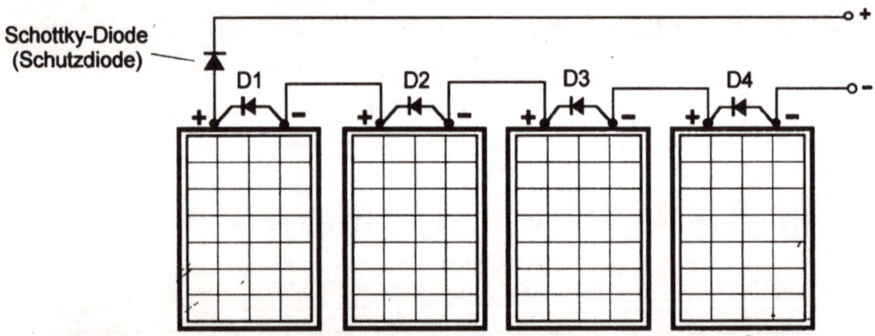


**Schottky-Diode:**
**SB 130 (1 A/30 V), SB 550 (5 A/50 V), 50 SQ 100 (5 A/100 V), MBR 1645 (16 A/45 V), MBR 2545 CT (25 A/45 V) u.ä.**
**Bypassdioden D1 bis D4:**
**Siliziumdioden 1 N 5402 (3 A/200 V), Y 550-200 (5 A/200 V), P 600 D, R250 D (6 A/200 V) u.ä.**

**Bild: 4.2 Wenn mehrere Solarmodule in Reihe verschaltet werden, sollte jedes dieser Module eine eigene Bypassdiode erhalten, die es vor eventueller Vernichtung durch Beschattung schützt.**

zichten. Das sind abgerundet 8 Einzelzellen (8 x 0,46 V = 3,68 V). Bei einem Modul, das an einem Gartenhaus-Dach schlimmstenfalls dem Schatten eines angewehten Blattes ausgesetzt ist, dürfte eine Bypassdiode für jeweils 4 bis 8 Zellen an sich genügen.

Wenn nun dieses Modul dagegen z. B. oben auf einem Rosenbogen angebracht werden soll, wo heranwachsende Rosenblätter gelegentlich die Zellen beschatten könnten, ist es günstiger, wenn hier jede Zelle oder zumindest zwei Zellen eine eigene Bypassdiode bekommen. Man muss dann nicht zu oft die Leiter besteigen, um die unerwünschten „Schattenspender" abzuschneiden (das wäre erst nötig, wenn gleichzeitig mehr als 8 Zellen beschattet sind).

Das sind jedoch Hinweise, die überwiegend nur für den Solarmodulen-Selbstbau geeignet sind. Bei Fertigmodulen, in denen die Solarzellen kompakt in der Gussmasse eingegossen sind, kann man im Nachhinein nur ganze Module mit zusätzlichen Bypassdioden nach Bild 4.2 nachrüsten, falls der Hersteller intern im Modul keine Bypassdioden angebracht hat.

Vollständigkeitshalber sollte an dieser Stelle erwähnt werden, dass in letzter Zeit auch Solarzellen hergestellt werden, in deren Siliziumfläche Bypassdioden direkt integriert sind. Diese Zellen lassen sich leider nicht teilen (schneiden). Sie eignen sich daher nur für große Module, in denen ganze Zellen angewendet werden.

Dies ist ein großes Handicap, denn Bypassdioden sind gerade bei kleineren Solarzellenmodulen wichtig, die als Garten-, Garagen- oder Campingmodule überwiegend nur mit kleineren (z. B. achtel- bis halben) Zellen bestückt sind. Gerade diese Module können des öfteren durch einen Baumzweig oder durch angewehtes Laub (nach Bild 4.1a) beschattet werden. Hier bleibt immer noch nur die herkömmliche Lösung mit zusätzlich angebrachten Bypassdioden übrig.

# 5 Wohin mit den Solarzellenmodulen?

Beim Planen des Aufstellplatzes der Solarmodule muss an erster Stelle die Frage einer optimalen Ausrichtung der Solarzellenfläche zur Bahn der Sonne geklärt werden.

Im Vergleich zu einem Fernsehsatelliten verändert die Sonne laufend ihre Position, und man müsste im Idealfall eigentlich die Solarmodule der Sonne automatisch nachführen. Das wird an einigen speziellen Versuchsanlagen sogar gemacht, aber für private Anwendungszwecke ist es zu kompliziert. Normalerweise genügt es, wenn die Solarfläche möglichst genau zum

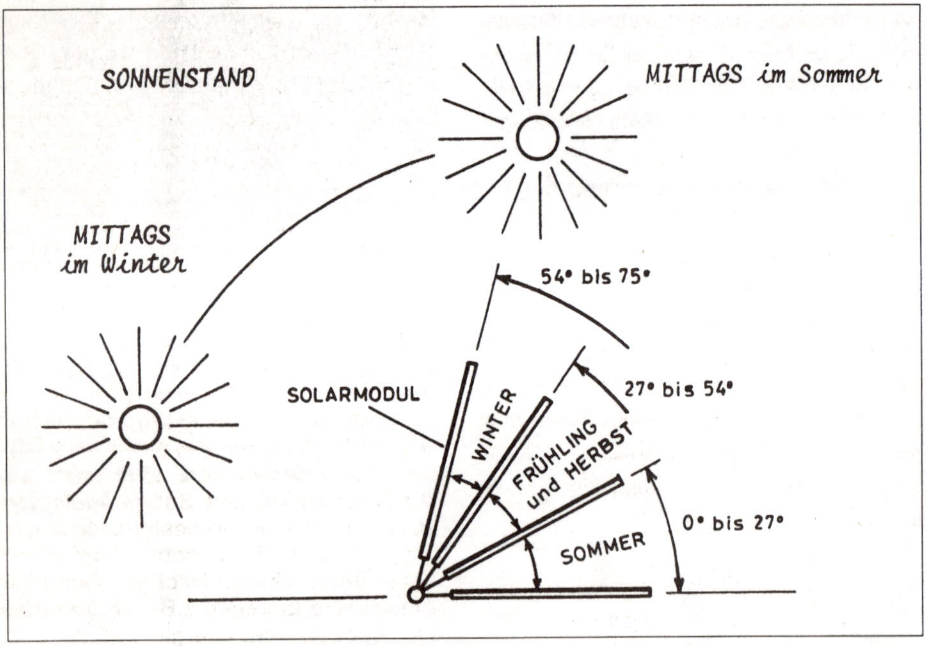


**Bild: 5.1 Optimale Neigungswinkel der Solarzellenflächen**

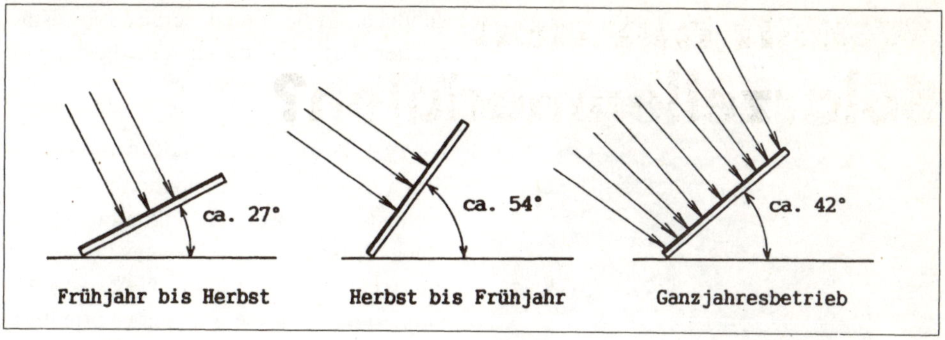


**Bild: 5.2 Gröbere Neigungswinkel-Einstellung bei nicht-netzgekoppelten Anlagen.**

Süden ausgerichtet ist, und wenn der Neigungswinkel jahreszeitbezogen die Bahn der Sonne berücksichtigt.

Da im Winter die Sonne ziemlich tief steht, würde die Solarfläche einen viel größeren Neigungswinkel benötigen als im Sommer, wenn die Sonne fast senkrecht steht. Dementsprechend müsste sich der Solarflächenneigungswinkel jahreszeitbezogen jeweils etwa der Sonnenbahn anpassen (Bild 5.1).

Es leuchtet ein, dass eine verstellbare Solarflächenkonstruktion gar nicht so übel wäre. Notfalls genügt auch nur eine Neigungswinkelverstellung in zwei Stufen: eine Stufe für die Periode von Frühjahr bis Herbst und eine für die kalte Jahreshälfte. In der Praxis jedoch ist es viel einfacher, und zudem oft preiswerter, wenn man gleich eine etwas größere Solarzellenfläche einplant, und für den Ganzjahresbetrieb aufstellt.

Der angegebene Neigungswinkel von 42° dürfte dabei nur als Faustregel gelten. Prioritäten in Hinsicht auf die jahreszeitbezogene Aufgabenbewältigung sind hier maß-

**Bild: 5.3 Wenn ein Wochenend-Häuschen von März bis November möglichst zuverlässig mit Solarstrom versorgt werden soll, liegen die vorprogrammierten „Durststrecken“ der Anlage deutlich in den ersten Märzwochen und in den letzten Novemberwochen. Hier wäre ein Neigungswinkel des Solarmoduls von 50° optimal, aber die bestehende Dachneigung von 45° bedeutet nur einen kaum ermittelbaren Nachteil. Bei einer Anlage, die dagegen z.B. nur von Juni bis August Solarenergie liefern soll, wäre ein Neigungswinkel günstig, der zwischen 25 und 30° liegt.**

Bild: 5.4 Fotovoltaik am Bauernhof.

geblicher. In der Praxis verdient aus ästhetischen Gründen die bereits bestehende Dachneigung Vorrang.

Netzgekoppelte Fotovoltaik-Anlagen, bei denen es nur auf eine möglichst hohe Energieausbeute pro Jahr ankommt, sollten einen Neigungswinkel haben, der sich überwiegend an der Jahreshälfte von Anfang April bis Ende September orientiert. Ein Neigungswinkel um die 35° bis 40° ist hier demnach günstiger, als die oft empfohlenen 45°. Dieser Neigungswinkel hat auch bautechnische Vorteile: ein Dach mit einem Neigungswinkel unterhalb von 40° lässt sich preiswerter erstellen, und außerdem gut warten (man rutscht auf den Dachziegeln nicht so leicht ab).

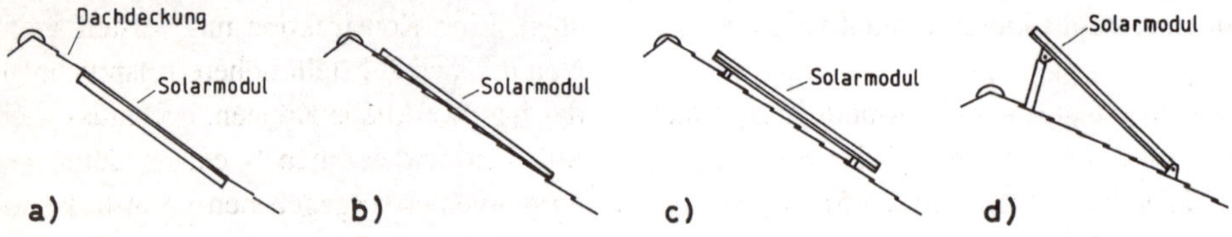


**Bild: 5.5 a) im Dach voll integriert; b) direkt am Dach montiert; c) auf einen Rahmen oder auf Stützen erhöht montiert; d) mit mechanisch oder elektrisch verstellbarem Neigungswinkel.**

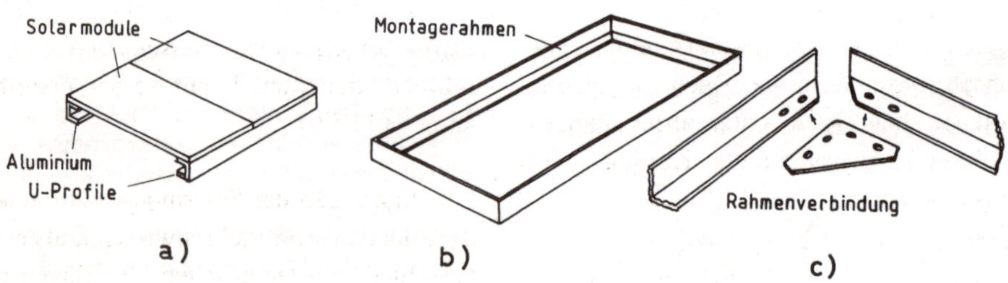


**Bild: 5.6 Montagerahmen für größere Solarzellenflächen.**

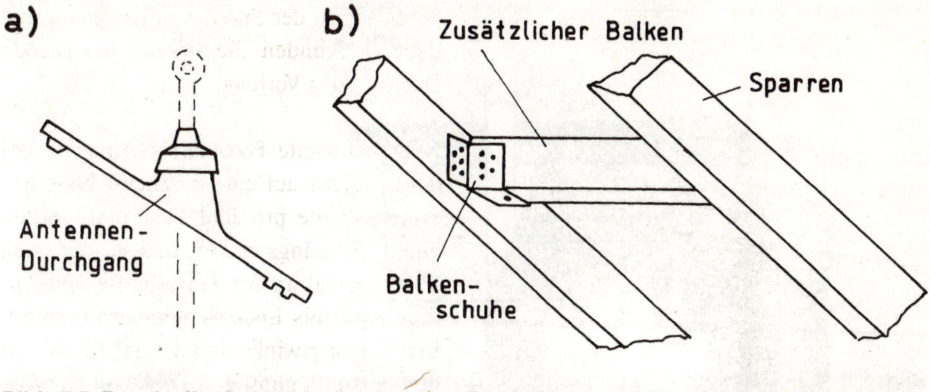


**Bild: 5.7 Durch die Antennendurchgangs-Dachziegel werden runde Stahlstäbe geführt, die sozusagen wie Tischbeine das Modul halten. Unten können diese Stahlstäbe an die bestehende Dachkonstruktion bzw. an zusätzlich angebrachte Balken – nach Bild: b) – angeschraubt werden.**

Oft ist jedoch das Dach bereits vorhanden und man bringt dann einfach die Solarzellen-Module so an, dass es sich optisch und damit gleichzeitig sturmfest mit dem Dach zu einer kompakteren Einheit verbindet.

Das Anbringen der Solarmodule am Dach kann vom Prinzip her auf vier verschiedene Arten gelöst werden (Bild 5.5).

Die Lösung nach dem ersten Beispiel verdient architektonisch Vorrang. Es können dabei Solarmodule verwendet werden, die sich wasserfest aneinander montieren lassen und als "Solar Dachziegel" bezeichnet werden. Auch normale Solarmodule kann man auf diese Weise im Dach integrieren, aber sie benötigen unter ihrer ganzen Fläche eine wasserdichte Kupfer- oder Kunststoffwanne.

Die zweite Lösung eignet sich nur für Dächer, deren unebene Oberfläche (Dachziegel, Wellblech) eine Lüftung der Solarmodule von unten ermöglicht. Ansonsten ist die Lösung nach c) günstiger, denn hier kann der Zwischenraum (von mindestens 5 cm) ein gutes Kühlen der Module ermöglichen. Eine Konstruktion mit verstellbarem Neigungswinkel stellt höhere Ansprüche an das handwerkliche Können, und muss auch Stürmen widerstehen – es sei denn, sie wird ab einer vorgegebenen Windstärke automatisch eingefahren.

Wenn mehrere Module nebeneinander montiert werden sollen, genügt für kleinere Solarflächen eine Montage auf zwei Aluminium U-Profilen. Für größere Solarzellenflächen eignet sich besser ein Montagerahmen, den man leicht selber erstellen kann (Bild 5.6).

Das Anbringen der Solarmodule auf einem Ziegeldach ist oft viel schwieriger, als es in verschiedenen technischen Unterlagen gezeichnet wird. Der Durchgang durch die Dachziegel ist deshalb kompliziert, weil

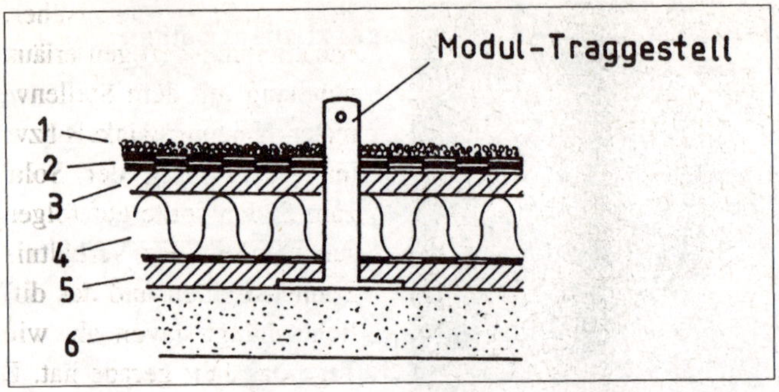


**Bild: 5.8 1 Bekiesung, 2 Dachpappen, 3 Dachhaut-Trägerschicht, 4 Wärmedämmung, 5 Dampfsperre, 6 Beton oder andere Unterkonstruktion.**

diese ja sehr passend ineinander sitzen, und keine Schlitze für eine zusätzliche Stahlkonstruktion haben. Hier eignen sich für Montagezwecke sehr gut die sogenannten „Antennendurchgangs-Dachziegel". Es gibt sie in fast allen Dachziegelausführungen, und somit lassen sich leicht die bestehenden Dachziegel durch diese Spezialziegel nach Bild 5 auswechseln.

Falls die Solarmodule auf ein Flachdach angebracht werden sollen, ist es wichtig, vorher in Erfahrung zu bringen, ob es sich nur um ein Betondach oder um ein Warmdach handelt. Warmdächer haben eine weiche Dachhaut, in die sich nicht bohren lässt, und auf die sich auf keinen Fall eine schwere Konstruktion so leicht aufstellen läit, wie es lakonisch in manchen Prospekten vorgeschlagen wird. Konkret sieht ein modernes Warmdach im Schnitt meistens wie in Bild 5.8 aus.

Bei derartigen Flachdächern muss die Tragekonstruktion der Solarmodule durch die weiche Dachhaut bis an die feste Unterkonstruktion wasserdicht befestigt werden. Wenn man dieser Aufgabe aus dem Wege gehen will, bleibt noch die Möglichkeit übrig, die ganze Modulenkonstruktion nur auf die Mauerumrandungen zu montieren. Die Metallkonstruktion hat einen anderen Dehnkoeffizienten als das Mauerwerk, und deshalb muss sie etwas federnd oder gleitend angebracht werden – ansonsten reißt die Mauer.
Soweit es sich um das Flachdach einer Betongarage handelt, kann das Solarmodul auch nur frei aufgestellt, und mit Betonsteinen beschwert werden. Zu derartigen Zwecken gibt es im Handel diverse Fertiggestelle (Bild 5.9).

In letzter Zeit werden oft auch Hausfassaden zu Solarflächen umgestaltet. Damit erhält allerdings die Solarfläche gezwungenermaßen einen Neigungswinkel von 90°. Im Hinblick auf die jährliche Solarenergie-Ausbeute ist dieser Neigungswinkel ungünstig. Er bringt dagegen einen optimalen Energiegewinn in den Monaten Dezember und Januar.

**Bild: 5.9 Solarzellen-Tragegestell als Fertigprodukt.**

Kleinere Solarzellenmodule, die im Garten oder am Hauseingang gebraucht werden, lassen sich in den meisten Fällen unauffallend unterbringen. Zu diesem Zweck kann auch eine zusätzliche „Unterkunft" künstlich erstellt werden. Näheres wird später bauanleitungsbezogen erläutert. In Zusammenhang mit dem Stellenwert eines optimalen Neigungswinkels bzw. einer optimalen Ausrichtung der Solarzellenmodule zum Süden sollte auf folgendes hingewiesen werden: das Verhältnis der direkten Sonnenstrahlen und des diffusen Sonnenlichts hängt davon ab, wieviele sonnige Tage das Jahr gerade hat. Bei bewölktem Himmel bekommen die Solarzellen fast ausschließlich diffuses Sonnenlicht. Unter solchen Bedingungen würde sich die Anforderung an eine zu exakte Einstellung der Solarfläche erübrigen.

Auch bei sehr grellem Sonnenschein trägt das diffuse Licht (neben der direkten Bestrahlung) seinen Beitrag zur globalen Beleuchtung der Solarzellen bei. Die direkten Sonnenstrahlen sind in unserem Breitengrad demzufolge nicht derartig leistungsbestimmend, dass sich die Solarzellen un-

**Bild: 5.10 Dieses 30 W-Solaris-Modul ist bruch-/trittfest, ultraleicht und lässt sich auf's Autodach, Caravandach oder auf z. B. eine Kunststoffplatte aufkleben. Abmessungen 620 x 500 x 4 mm, Gewicht 1,8 kg. Conrad Electronic bietet es als einen Bausatz mit Laderegler (+Entladeschutz), Kabel, Silikonleim und einer ausführlichen Bauanleitung an.**

bedingt immer nur nach der Sonne drehen müssten. Abgesehen davon liegen die Durststrecken der meisten Solaranlagen gerade in den düsteren Wintermonaten. Hier geht es oft nur um die Frage, wieviele der Tage zumindest ein gutes diffuses Licht bringen werden.

# Netzgekoppelte Solaranlagen



Bei der Planung einer netzgekoppelten Solaranlage geht es vor allem um die Frage der optimalen Leistung und der optimalen Spannung der Solarzellen-Module. Soweit sich die Leistung der zur Verfügung stehenden Dach- oder Fassadenfläche unterordnen muss, ist es mit der Planung ganz einfach.

Pro Quadratmeter Solarzellenfläche dürfte man nach Einbeziehung aller Verluste und Spannungsreserven mit etwa 100 bis 130 Watt Leistung bei optimalen Bedingungen rechnen. Wenn die Rahmen der Solarmodule einbezogen werden, kommen wir in etwa auf 98 bis 125 Watt pro Quadratmeter Dachfläche.

Die Nutzung der Dachfläche sollte nach Möglichkeit im Einklang mit der Leistungsgrenze des optimalen Wechselrichters sein. Wechselrichter gibt es zwar in verschiedenen Größen, aber die Leistungen sind grob abgestuft. Es ist bei der Planung in erster Linie darauf zu achten, dass man wegen eines einzigen weiteren Solarmoduls, nicht gleich einen doppelt so teuren Wechselrichter anschaffen muss. Erkundigen Sie sich deshalb erst bei dem Stromlieferanten, welche Wechselrichter er empfiehlt, und in welchen Leistungen (und Preisklassen) diese auch genau erhältlich sind.

Manche der handelsüblichen Wechselrichter weisen Nachteile auf, die der Stromlieferant nicht unbedingt in Kauf nehmen muss. Der Wechselrichter bestimmt ja die Qualität des erzeugten Wechselstromes, den Ihr Stromlieferant von Ihnen als „Ware“ abnehmen wird. Zudem gibt es auch schlechte Erfahrungen mit einigen Wechselrichtern, die derart unzuverlässig funktionieren, dass es auch für den „Solarstrom-Erzeuger“ nachteilig ist. Sie schalten sich beispielsweise bei etwas niedrigerer Solarspannung viel zu eifrig ab, und verschenken damit Solarenergie.

In die ganzen Planungsarbeiten sollten Sie in jedem Fall rechtzeitig den Stromlieferanten (das örtliche bzw. zuständige Energieversorgungsunternehmen) einbeziehen. Sie können normalerweise mit einer sehr kompetenten, kulanten und zudem kostenlosen Beratung rechnen, die Ihnen viele unnötige Überlegungen erspart. Je besser Sie dabei vorher selbst mit der Problematik vertraut gemacht werden – wozu ja dieses Buch dienen soll – desto mehr Nutzen können Sie aus einer solchen zusätzlichen Fachberatung ziehen.

Im Gegensatz zu den netzunabhängigen Fotovoltaik-Anlagen beinhalten hier die Richtlinien der Stromlieferanten (Vereinigung Deutscher Elektrizitätswerke – VDEW) die Bedingung, dass der „elektrotechnische Teil“ nur durch eine elektrotechnische Fachkraft errichtet werden darf. Ein handwerklich begabter Selbstbauer kann dennoch an einer derartigen Anlage sehr viel eigenhändig machen. Unter Umständen sogar alles, wenn ihm eine Fachkraft (ein Elektromeister) zur Seite steht oder die Arbeiten kontrolliert.

Nachdem Sie sich ausgerechnet haben, wieviel Dachfläche für die Fotovoltaik genutzt werden soll, folgt die Frage nach den Solarzellen-Modulen:

Marke, Leistung, Format und Type. Achten Sie bitte darauf, dass die Module Ihrer Wahl keine alten Ladenhüter mit einem zu geringen Wirkungsgrad sind. Einen Wirkungsgrad unter 14% sollte man heute für eine derartig aufwendige Anlage nicht akzeptieren.

Als nächstes kommt nun die Wahl der optimalen Modulenspannung an die Reihe. Hier dürften Sie sich an die Empfehlung des Stromlieferanten halten, denn die Betriebsspannung Ihrer Solaranlage sollte möglichst exakt an die Spannungsansprüche des Wechselrichters angepasst werden.

Bei kleineren, netzunabhängigen Solaranlagen wird – wie wir bereits wissen – einer Betriebsspannung von 12 V oder 24 V der Vorzug gegeben. Bei größeren, netzgekoppelten Anlagen sind dagegen höhere Spannungen sinnvoller, weil dadurch die Leistungsverluste kleiner sind.

Wir zeigen nun an zwei Beispielen, wie es konkret mit der Planung und Gestaltung der netzgekoppelten Fotovoltaik-Anlagen aussieht.

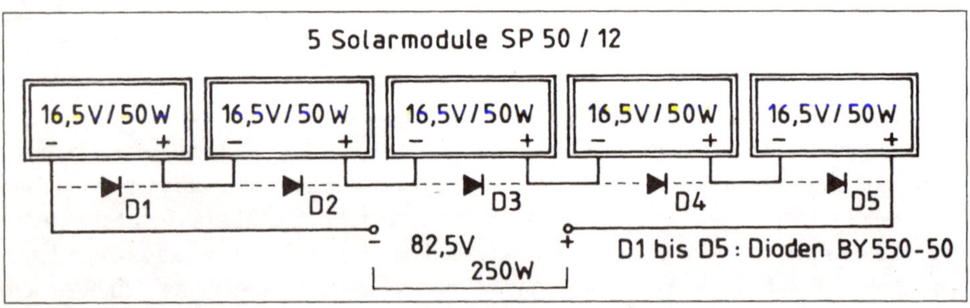


**Bild: 6.1 Fünf Module SP 50/12 ergeben in Reihe eine Nennspannung von 82,5 V. Die Leistungen der fünf Module addieren sich zu 250 W. Zu beachten: wenn es sich um Solarmodule handelt, in denen keine Bypassdioden vom Hersteller integriert sind, müssen diese – als Dioden D1 bis D5 – zusätzlich parallel an die einzelnen Anschlüsse der Module angebracht werden (wie gestrichelt eingezeichnet).**

BEISPIEL A: wir haben eine Dachfläche von ca. 35 m². Die Solarzellenfläche könnte somit bei 100 Watt pro m² (abgerundet) eine max. Leistung von annähernd 3500 W (3,5 kW) liefern. Laut unseren Erkundigungen kommt als Wechselrichter ein Gerät in Frage, welches eine Leistung von 2 kW (max. 2,2 kW) und eine Nennspannung von 65 V DC (bei minimal 55 V und max. 83 V DC) benötigt (das „DC" ist die internationale Bezeichnung für Gleichspannnung). Wenn die Solarzellenfläche etwas großzügiger dimensioniert wird, ergibt sich daraus ohnehin ein größerer Dachflächenbedarf.

Jetzt sehen wir uns erst an, wie wir überhaupt mit der Spannung zurecht kommen. Wir wissen bereits, dass eine möglichst hohe Spannung erwünscht ist, um auch bei trübem Wetter genügend Strom zu erhalten. Die Obergrenze wird hier durch die „max. 83 V" bestimmt, die der Wechselrichter noch verkraften kann. Es wäre also ideal, wenn wir unter den Angeboten Solarmodule finden, die in einer Reihenschaltung eine Nennspannung von annähernd 83 V ergeben könnten. Wir wollen ja keine Energie verschenken. Unter den Angeboten fand sich das folgende günstige Solarmodul: Leistung 50 W, Nennspannung 16,5 V, Nennstrom 3 A, Wirkungsgrad 14,3 %, Abmessungen 965 x 430 x 50 mm.

Fünf Module in Reihe ergeben hier eine Nennspannung von 82,5 Volt. Damit kommen wir sehr nahe an die obere Spannungsgrenze des Wechselrichters. Diese Spannungsreserve macht es möglich, dass die Solarzellen auch bei etwas trübem Wetter noch genügend Spannung für den Wechselrichter liefern. Es handelt sich allerdings um eine Spannungsreserve, die bei schönem Sommerwetter verschenkte Solarzellenfläche bedeutet. Anderseits würde ohne diese Reserve bei trüberem Wetter der Spannungswechsler gar nicht arbeiten, weil er aus den Zellen zu wenig Spannung geliefert bekommt.

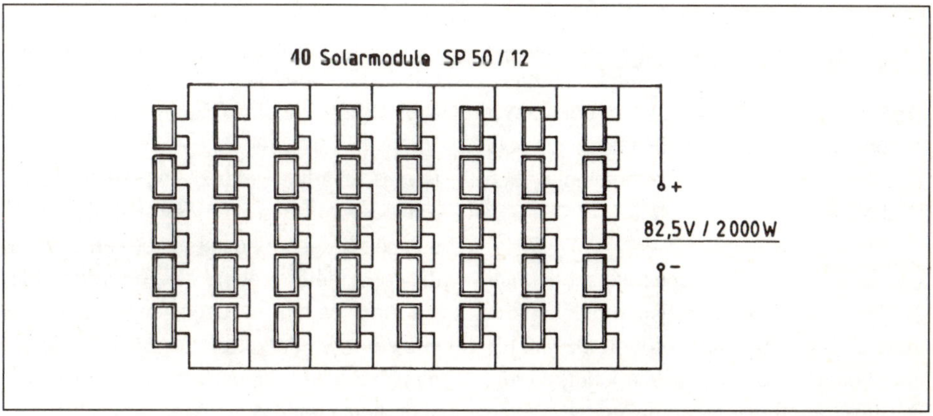


**Bild: 6.2 Eine komplette seriell/parallele Prinzip-Schaltung der Solar-Dachmodule mit einer Nennleistung von 2 kW (nach BEISPIEL A).**

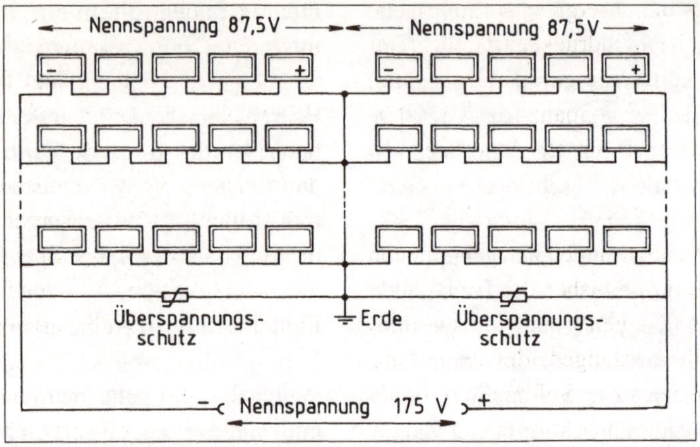


**Bild: 6.3 Die Mitte der Solarmodulenkette, deren beide Zweige jeweils eine Spannung von 87,5 V haben (5 x 17,5 V) ist geerdet. Obwohl die Anlage eine Nennspannung von 175 V bzw. eine Leerlaufspannung von 217 V hat, beträgt bei der Berührung eines der Pole die „Berührungsspannung“ (gegen die Erde) höchstens 108,5 V (217 V: 2 = 108,5). Die Schwachstelle der Schaltung liegt jedoch darin, dass bei versehentlich gleichzeitiger Berührung des negativen Pols mit einer Hand und des positiven Pols mit der anderen Hand der Körper mit der vollen Spannung von bis zu 217 V (Leerlaufspannung) in Kontakt kommt. Dass so etwas nicht auf dem Dach selbst passieren kann, muss gezielt von vornherein dadurch verhindert werden, dass die Anschlusspunkte beider Pole genügend weit auseinander liegen.**

Nun erstellen wir für weitere Überlegungen erst eine Skizze nach Bild 6.1:

Bei dieser Modulenleistung sieht man auf den ersten Blick, dass vier solche „Ketten“ eine Leistung von 1 kW ergeben. Wir benötigen 2 kW, also werden es gleich acht solcher Ketten sein, die miteinander nach Bild 6.2 durchverbunden sind.

BEISPIEL B: hier kommen wir zurück auf die bereits erwähnte Ausnahme, bei der eine netzgekoppelte Fotovoltaik-Anlage eine höhere Spannung haben kann, als die Berührungsschutzspannungsgrenze von 120 V DC. Wir setzen hier Solarmodule von Siemens ein, die eine Nennspannung von 17,5 V und eine Leerlaufspannung von 21,7 V haben. Diese, des öfteren angewendete (und auch von Siemens empfohlene) Schaltung, basiert auf einem Trick, der sich mit Hilfe einer vereinfachten Zeichnung nach Bild 6.3 leicht erklären lässt.

Dieses Schaltungsprinzip wird bei kleineren oder mittelgroßen Fotovoltaik-Hausanlagen besonders dann angewendet, wenn die Verkabelung etwas länger sein sollte, wodurch es bei zu niedrigen Spannungen einzelner Modulketten zu größeren Spannungsverlusten käme. Manchmal hat man auch keine andere Wahl, wenn der ansonsten günstige Spannungswechsler derartige Anforderungen an die Solarspannung stellt, oder wenn es das Energieversorgungs-Unternehmen mit Nachdruck empfiehlt. Der Grund dazu kann eine gute Erfahrung mit einer zuverlässigen Spannungswechsler-Type sein, die auch für den Anwender von Vorteil ist.

In Zusammenhang mit den netzgekoppelten Anlagen haben wir bisher der Einfachheit halber einen kleinen (und preiswerten) Funktionsteil übergangen, der unter Umständen zwischen die Solarzellenmodule und den Wechselrichter kommt – soweit er nicht im Wechselrichter integriert ist. Es handelt sich dabei um einen Überspannungschutz (Blitzeinschlagschutz), der in Reihe zwischen die Solarmodule und den Wechselrichter – wie im Bild 6.3 eingezeichnet – angeschlossen wird. Dieser Überspannungsschutz ist normalerweise in einem kleinen selbstständigen Montageschrank untergebracht, in dem sich auch Montageklemmen für die Anschlüsse einzelner Solarmodulen-Ketten befinden.

## 6.1 Der Wechselrichter

Wechselrichter (oft auch als *Inverter* bezeichnet) sind Geräte, die eine Gleichspannung in Wechselspannung umwandeln.

Kleinere Wechselrichter sind u.a. als KFZ-Zubehör erhältlich. Sie wandeln die 12 V- oder 24 V-Gleichspannung („DC") der Autobatterie (bzw. einer Solarbatterie) in eine 230 V-Wechselspannung („AC") um, damit der Betrieb „normaler" Netzgeräte ermöglicht wird.

Die Wechselspannung der meisten *preiswerteren* Wechselrichter dieser Kategorie eignet sich nicht unbedingt für anspruchsvollere elektronische Geräte, zu denen z.B. der Videorecorder gehört. Die Ursache liegt darin, dass viele der einfacheren Wechselrichter nicht eine ausgesprochen „netzidentische" (=sinusförmige) Spannung, sondern nur eine Art (treppen- oder impulsförmige Imitation dieser Spannung) erzeugen.

Wechselrichter, die für netzgekoppelte Fotovoltaik-Anlagen vorgesehen sind, müssen über viele spezielle Eigenheiten verfügen, um die Solarspannung in eine echt netzidentische Wechselspannung umwandeln zu können. Zudem verfügen sie über diverse zusätzliche Funktionen, die einen vollautomatischen Betrieb ermöglichen.

Unter dem Begriff „vollautomatischer Betrieb" ist hier Folgendes zu verstehen:

1. Der Wechselrichter sollte im Idealfall fähig sein, jeden kleinsten Tropfen des erzeugten Solarstroms ins öffentliche Netz einzuspeisen. Dies beinhaltet, dass er sowohl eine sehr niedrige als auch auch die „maximale" Solar-Eingangsspannung in die 230 Volt-Wechselspannung umwandeln sollte – und das mit möglichst niedrigen internen Verlusten (mit hohem Wirkungsgrad).

2. Sobald der Wechselrichter von den Fotovoltaik-Modulen eine „brauchbare" (= ausreichend hohe) Solar-Gleichspannung erhält, muss er sich ans öffentliche Netz automatisch „ankoppeln" und die in Wechselspannung umgewandelte Solarspannung phasenidentisch ins öffentliche

elektrische Netz einspeisen. Wenn die Solar-Eingangsspanung wieder unter das „verwertbare“ Niveau sinkt, schaltet sich der Wechselrichter automatisch vom Netz ab und schaltet sich selbst in „Stand-by“ um.

Die schlimmste Schwachstelle der meisten handelsüblichen Wechselrichter (bzw. ihrer Hersteller) liegt darin, dass sie es nicht fertigbringen, auch niedrigere Solarspannungen (und somit niedrigere Solarleistungen) zu verwerten.

Das Motto „Kleinvieh macht auch Mist“ wird hier oft zu nonchalant ignoriert. Viele Wechselrichter schalten sich vom Netz schon in dem Moment ab, wenn die Solarspannung etwa auf die Hälfte sinkt (manche sogar noch eher). Die Solarmodule sind ab dem Moment außer Betrieb gesetzt und der Wechselrichter stellt sich tot. Dabei kommt es in unserem Breitengrad (und vor allem im Norden unseres Landes) ziemlich oft vor, dass die Solarmodule – bei einem leicht trüben Himmel – nur etwa die Hälfte von ihrer offiziellen Nennspannung (der maximal erzielbaren Spannung) liefern.

Es wäre etwas zu kostspieleig, wenn man den Wechselrichter so konzipieren würde, dass er wirklich jeden kleinsten Tropfen der Solarenergie ins Netz einspeist. Abgesehen davon hätte es wenig Sinn, dass so ein Wechselrichter auch noch dann in Betrieb bleibt, wenn der ihm zugeführte Solarstrom gerade nur noch für den Eigenverbrauch ausreicht (obwohl man für den Eigenverbrauch des Wechselrichters den „billigeren“ Hausnetz-Strom verwenden könnte).

Der „Eigenverbrauch“ liegt gegenwärtig bei den meisten Wechselrichtern zwischen ca. 4 bis 6% ihrer „Nennleistung“ (maximaler Leistung). Erklärungsbedürftig ist dabei, dass sich der sogenannte Wirkungsgrad des Wechselrichters (der somit typenabhängig zwischen ca. 94% und 96% liegt) im Prinzip nur auf die maximale Leistung des Wechselrichters bezieht.

Darunter ist Folgendes zu verstehen: Wird bei einem 1000-Watt-Wechselrichter ein Wirkungsgrad von 95% angegeben, beinhaltet dies, dass der Eigenverbrauch des Wechselrichters 5% seiner Nennleistung (also stolze 50 Watt) beträgt. Das ist zwar nicht viel, wenn man bedenkt, was für eine komplizierte Stromumwandlung und zusätzliche automatische Steuerung dahinter stecken.

Wenn jedoch ein solcher Wechselrichter wetterbedingt nur eine geringere Solarleistung von z.B. 100 Watt (eingangsseitig) erhält, verbaucht er trotzdem immer noch *fast* die vollen 50 Watt intern. In dem Fall arbeitet er annähernd nur mit einem Wirkungsgrad von 50% und verhält sich wie ein Kneipenbesitzer, der die Hälfte der ihm gelieferten Spirituosen selber verbraucht.

Diese Vorinformationen sind für die Planung einer netzgekoppelten Fotovoltaik-Anlage sehr wichtig, denn von der optimalen Anpassung der Solarmodule auf den Wechselrichter hängt die Ausbeute der Solarenergie maßgeblich ab.

Wir sehen uns nun näher an, worum es dabei konkret geht:

Im BEISPIEL A haben wir (*im Bild 6.2*) eine seriell/parallele Verschaltung von 40 Solarmodulen aufgeführt, die auf einen „handelsüblichen" 2 kW-Wechselrichter abgestimmt waren. Dieser Wechselrichter ist jedoch herstellerseits **nur** für einen Eingangsspannungs-Bereich ausgelegt, der zwischen 55 Volt und 83 Volt liegt.

Eine vereinfachte Skizze der ganzen Anlage (samt Wechselrichter) nach Bild 6.4 erleichtert die Übersicht und zeigt Eines deutlich: Sobald die Solarspannung am Wechselrichter-Eingang unterhalb von 55 Volt sinkt, schaltet sich der Wechselrichter vom Netz ab. Das ist schlimm, denn 55 Volt stellen noch ca. 2/3 der theoretischen Solar-Nennspannung dar. Bei einer derartig ungünstig dimensionierten Anlage (die bereits in unserem Lande so manches Hausdach „schmückt") kann während der trüberen Jahreszeit mehr als die Hälfte von der erzielbaren (und theoretisch „verwertbaren") Solarstrom-Ausbeute verloren gehen.

Aus diesem Grund verdient der Eingangspannungs-Bereich des Wechselrichters eine gehobene Aufmerksamkeit. Als „ideal" dürfte ein Eingangsspannungs-Bereich bezeichnet werden, bei dem das Minimum zum Maximum im Verhältnis von mindestens 1:4 steht. Das wäre jedoch technisch etwas anspruchvoller und für westeuropäische Maßstäbe vorläufig „unbezahlbar". Bevor wir es besser lernen (oder Menschen importieren, die es schon kennen), dürften wir uns mit einem Wechselrichter zufrieden geben, bei dem das Verhältnis der Mini-

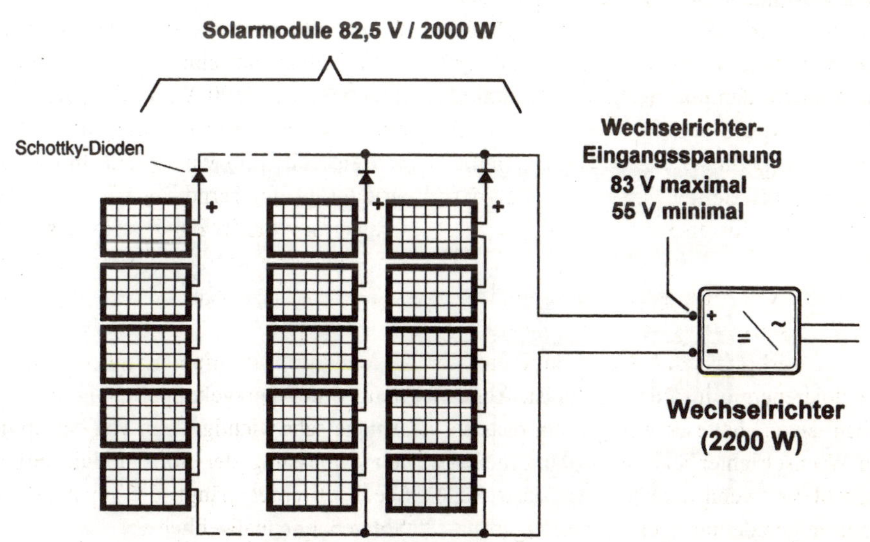


**Bild: 6.4 Wird für eine Fotovoltaikanlage ein Wechselrichter angewendet, dessen Eingangsspannungs-Bereich zu eng dimensioniert ist, geht unnötig viel Solarenergie verloren.**

mum-/Maximum-Solarspannung zumindest im Verhältnis von 1:3 steht – wie im *Bild 6.5* eingezeichnet ist.

Wenn die Nennspannung der Modulen-Kette nach *Bild 6.5a* so gewählt ist, dass sie möglichst identisch mit der max. Eingangsspannung des Wechselrichters ist, kann die Solarenergie ins Netz auch dann noch eingespeist werden, wenn die Solarspannung auf fast 1/3 des offiziellen Nennwertes gesunken ist.

Die Verbindung der Solarmodule mit dem Wechselrichter kann nach *Bild 6.6* auf drei Weisen erfolgen: Wenn der Solargenerator nur aus einer einzigen Modulen-Kette besteht (in der alle Module in Reihe geschaltete sind), bietet sich ein Direktanschluss der Module an den Wechselrichter nach *Bild 6.6a* an.

Besteht der Solargenerator aus zwei (oder mehreren) parallel verbundenen Modulen-Ketten nach *Bild 6.6b*, benötigt jede der Modulen-Ketten ausgangsseitig eine eigene Schutzdiode, (Schottky-Diode). Diese ist jedoch nur am Plus-Ausgang der Modulen Kette erforderlich. Falls Solarmodule verwendet werden, in denen bereits herstellerseits (an den Ausgangsklemmen) Schutzdioden eingelötet wurden, sollten diese vor der Modulen-Montage entfernt werden. Sie sind überflüssig und zudem unerwünscht, da an ihnen unnötige Spannungsverluste (als Dioden-Sperrspannung) entstehen.

Zudem ist es bei Modulen-Konfigurationen nach *Bild 6.6b* sehr wichtig, dass alle parallel verbundenen Modulen-Ketten möglichst elektrisch identisch sind. Da jedoch auch bei baugleichen Solarmodulen die Parameter in den bereits angesprochenen Toleranz-

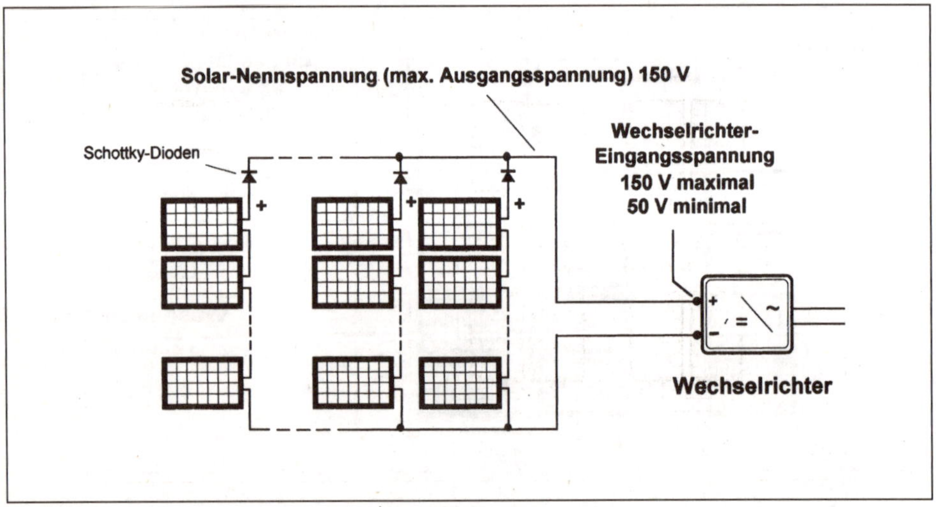


**Bild: 6.5 Die Nennspannung des Solargenerators sollte bevorzugt auf die max. Eingangsspannung des Wechselrichters abgestimmt sein.**

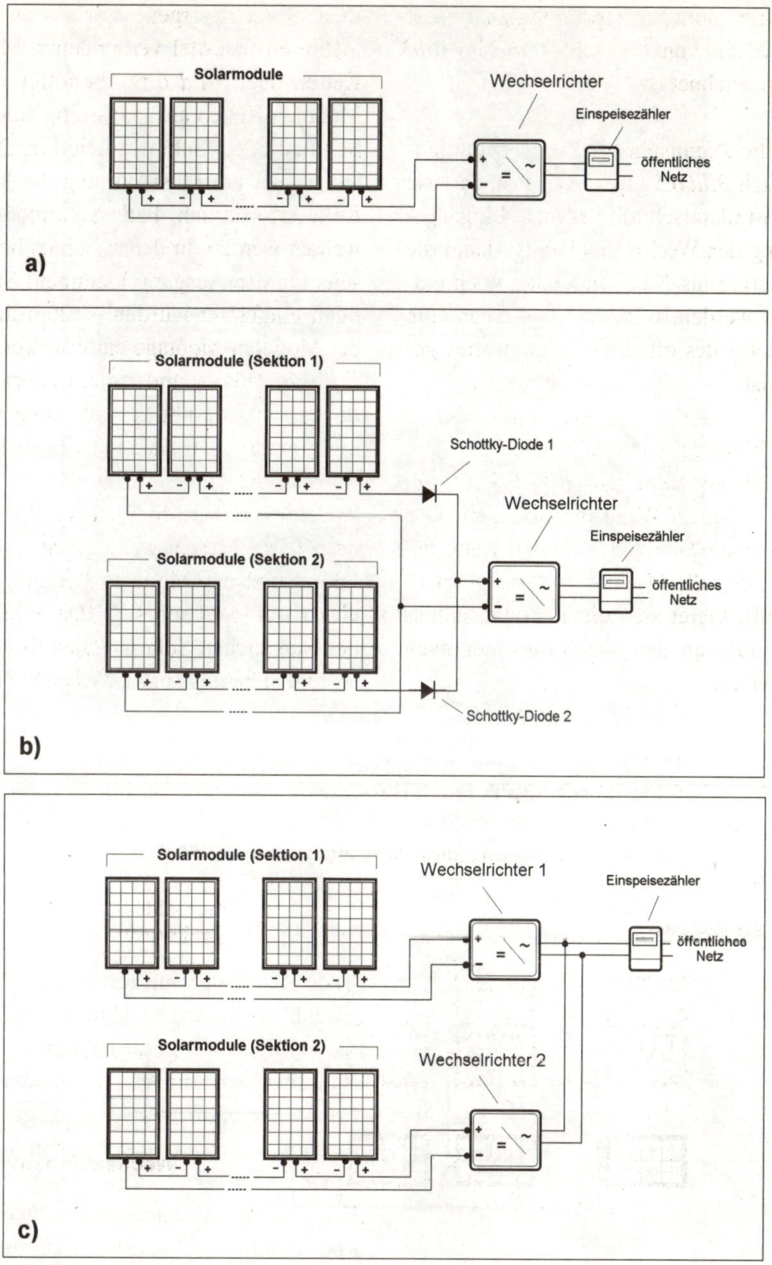


**Bild: 6.6 Verbindung der Solarmodule mit Wechselrichtern.**

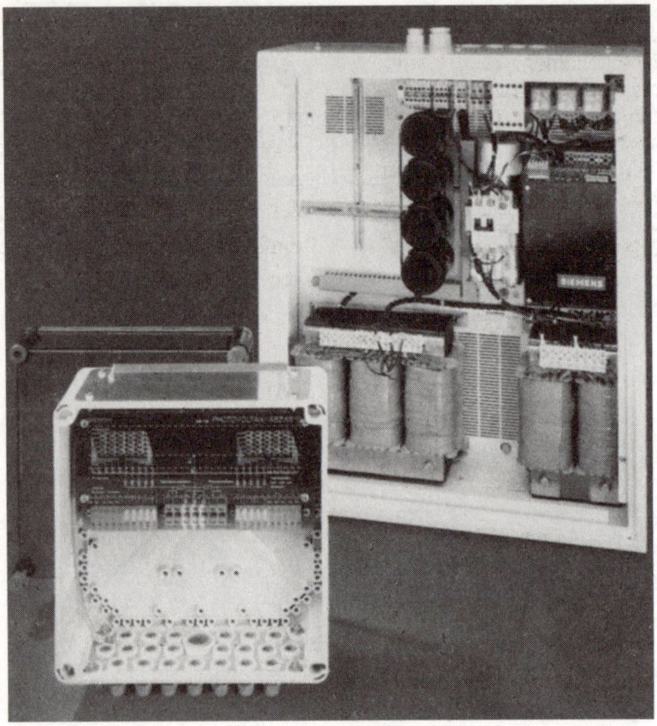

**Bild: 6.7 Zubehör einer netzgekoppelten Solaranlage: links der Montageschrank (auch PV-Abzweig genannt), rechts der Wechselrichter (Foto Siemens).**

**Bild: 6.8 Ausführungsbeispiel einer netzgekoppelten Solaranlage an einem Einfamilienhaus (Foto IBC).**

grenzen variieren, kann eine zufriedenstellende elektrische Ausgewogenheit der Ketten nur durch eine sachkundige Vorselektion erfolgen. So ein aufwendiges (und zeitraubendes) Anliegen kann jedoch in der Praxis nur beim Selbstbau vorgenommen werden. *Näheres darüber finden Sie in unserem leicht verständlich verfassten Büchlein* ***„Solar-Dachanlagen selbst planen und installieren“*** *(Bo Hanus/Franzis Verlag).*

**Hinweis**

Wenn Sie noch mehr über diese Themen in Erfahrung bringen möchten, empfehlen wir Ihnen das leicht verständliche *Do it yourself-Büchlein* **„Solar-Dachanlagen selbst planen und installieren“** (ebenfalls von Bo Hanus und im Franzis Verlag erschienen).

Die Vorselektion und das optimale Abgleichen von einzelnen parallelen Modulenketten erübrigt sich, wenn für jede der Ketten ein separater (kleiner) Wechselrichter verwendet wird. Solche Wechselrichter werden als *„String-Wechselrichter“* bezeichnet. Ausgangsseitig sind sie nach *Bild 6.6c* einfach an den Einspeisezähler angeschlossen.

# 7 Selbstversorgung mit Solarstrom

Im vorhergehenden Kapitel konnten wir ganz außer Acht lassen, welche Geräte, Lampen oder andere Verbraucher an das Hausnetz angeschlossen werden. Wenn da die Solarenergie nicht ausreicht, springt der Wechselstrom aus dem öffentlichen Netz automatisch ein.

Bei netzunabhängigen Anlagen gibt es in den meisten Fällen keine derartige Alternative. Hat man aber Bedenken, dass es mit der Solarenergie während einiger Winterwochen zu kritisch wird, kann parallel mit den Solarmodulen noch ein ca. 17 Volt-Gleichstrom-Windgenerator (Bild 7.1) eingesetzt werden.

Wenn es bei einem Ferienhaus oder bei einer Berghütte erwünscht ist, dass auch in der letzten Dezemberwoche und in der ersten Januarwoche unbedingt genügend Strom vorhanden ist, dürfte als dritte Energiequelle noch ein kleines Diesel- oder Benzinaggregat als Notreserve für alle Fälle zu empfehlen sein. Das hat jedoch nur dann eine Berechtigung, wenn es zu

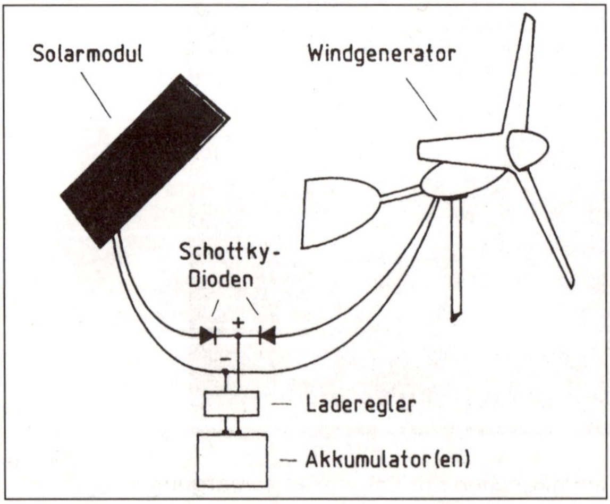


**Bild: 7.1 Ein Gleichstrom-Windgenerator als alternative Energiequelle zu den Solarmodulen: er lädt über eine Schottky-Diode und über den gemeinsamen Solarladeregler den Akku auf dieselbe Weise nach, wie das Solarmodul.**

kompliziert wäre, in der nahen Umgebung den Solarakku notfalls vom Netz nachladen zu können.

Bei den meisten kleineren Solaranlagen sind üblicherweise die wenigen sonnenarmen Winterwochen nicht zu schwerwiegend. Wir werden uns bei den noch folgenden Bauanleitungen auch mit diesem Aspekt auseinandersetzen.

Soweit für eine selbstständig arbeitende "Inselanlage" ein Akku als Zwischenspeicher benötigt wird, müssen am Anfang der Planung zwei Fragen geklärt werden:

- ❑ welche Akku-Kapazität ist für das Vorhaben notwendig?
- ❑ Wie groß muss das Solarmodul sein, um den Akku nachladen zu können?

Um die Akku-Kapazität feststellen zu können, müssen wir Antworten auf folgende Fragen ermitteln:

- ❑ welchen Strombedarf haben die angeschlossenen Verbraucher pro Tag?
- ❑ Werden die Verbraucher regelmäßig, d. h. täglich bzw. wöchentlich betrieben, oder handelt es sich nur um gelegentliche Nutzung?
- ❑ Ist ein ununterbrochener Ganzjahresbetrieb vorgesehen, oder wird die Anlage während der Wintermonate außer Betrieb gesetzt?
- ❑ Wenn Winterbetrieb erwünscht ist, kann der Akku notfalls problemlos woanders

**Bild: 7.2 Ein Wochenendhäuschen mit Solarstromversorgung**

nachgeladen bzw. ausgewechselt werden?

Zur Gedächtnisauffrischung: die Kapazität eines Akkus wird in Ah (Amperestunden) angegeben und sagt uns, wieviele Ampere mal Stunden der Akku liefern kann. Weiteres zeigen wir hier an einem praktischen Beispiel:

Im Wochenendhaus haben wir eine 12 V/ 1 A-Solarlampe und einen 12 Volt/ 30 Watt-Fernseher (30 W : 12 V = 2,5 A). Vom Frühjahr bis zum Herbst verbringen wir dort oft mehrere Wochenenden hintereinander. Bei regnerischem Wetter kann es vorkommen, dass wir bis zu 6 Stunden pro Woche am Fernseher sitzen, und zudem etwa 4 Stunden pro Woche Licht benötigen (insbesondere im Spätherbst). Der Fernseher verbraucht demnach sechs Stunden x 2,5 A = 15 Ah, die Solarlampe vier Stunden x 1 A = 4 Ah. Der Gesamtverbrauch liegt bei 15 Ah + 4 Ah = 19 Ah pro Woche.

Wir benötigen einen Akku, der eine Kapazität von mindestens 19 Ah hat. Etwa 10 bis 15% rechnet man immer für die Reserven auf. Damit kämen wir auf 22 Ah. Es gibt jedoch sehr preiswerte 12 V-Autobatterien mit Kapazitäten ab 36 Ah. Das wäre hier günstig. Wenn es im Spätherbst sehr trübes Wetter gibt, und der Akku wird vom Solarmodul nicht während einer Woche perfekt aufgeladen, haben wir eine gute Energiereserve für fast noch eine weitere Woche. Nun müssen wir dafür sorgen, dass so eine 12 V/36 Ah Autobatterie vom Solarmodul ordentlich nachgeladen wird. Im 2. Kapitel haben wir erfahren, dass die Autobatterie einen kleinen Laderegler braucht, und dass die Ladespannung bei ca. 16,5 V liegen dürfte. Der Spätherbst ist in manchen Jahren sonnig, in anderen Jahren etwas trüb. Wenn es unbedingt erwünscht ist, dass auch während der trüben Herbsttage der Akku vom Solarmodul einigermaßen gut nachgeladen werden kann, wäre hier eine Nennspannung des Solarmoduls von 20 bis 22 V keinesfalls übertrieben. Jetzt befinden wir uns auf einem Planungsterrain, auf welchem uns nicht mehr die Mathematik, sondern nur das persönliche Ermessen helfen kann. Dazu gehört erstens die Frage, inwieweit es sinnvoll ist, dass die ganze Anlage z. B. nur wegen der zwei letzten Novemberwochen stärker dimensioniert werden soll. Zweitens stellt sich die Frage, ob notfalls nicht ein Zweitakku für die Anlage oder nur für den Fernseher woanders aufgeladen werden kann. Hier geht es natürlich nicht um das Problem des eigentlichen Nachladens, sondern um den Transport. Wenn man am Wochenendhaus mit dem Auto bis vor die Tür vorfahren kann, ist es einfacher, als im Falle einer Berghütte ohne Zufahrt.

Fazit: wenn notfalls ein gelegentliches Nachladen des Anlagen-Akkus möglich ist, dürfte eine Solarmodul-Nennspannung um die 20 V ausreichen. Andererseits muss das Dilemma zwischen einer höheren Nennspannung (um die 22 V) und einem Verzicht auf den Solarstrom während einer Woche im Jahr überlegt werden.

Jetzt kommt noch die Frage des optimalen Nennstromes. Wir wissen, dass der Akku höchstens einen Ladestrom benötigt, der maximal bei 10% seiner Kapazität liegt. Das wären laut dieses Beispiels 10% von den 36 Ah, also 3,6 A. Wenn das Solarmodul diesen Strom etwa 12 Stunden lang liefern könnte, wäre ein leerer Akku voll nachgeladen (zwei von den 12 Ladestunden rechnen wir auf Ladeverluste). Ein so flottes Laden brauchen wir aber gar nicht. Unser Solarmodul hat in diesem Fall jeweils sieben Tage Zeit, um die verbrauchte Energie nachzufüllen. Zudem haben wir vorhin ausgerechnet, dass an einem Wochenende nur ca. 20 Ah verbraucht werden. Von dem Standpunkt aus gesehen, dürfte also ein Ladestrom von max. 2 A genügen.

Bei diesem „Strom bei max. Leistung" wäre im Sommer der Akku innerhalb von ca. elf Stunden wieder voll aufgeladen. Die Herbsttage sind kürzer und trüber, aber das Solarmodul hat immer eine ganze Woche Zeit, um mit einem schwächeren Strom und niedrigerer Spannung den Akku nachladen zu können.

Alle die aufgeführten Überlegungen sollen nun nicht den Leser verunsichern, sondern ihm im Gegenteil zeigen, dass Gefühl bei der Planung dazu gehört. Es bleibt auch immer ein Stück Risiko dabei, dass das Wetter nicht gerade so mitspielt, wie wir es eingeschätzt haben.

Wir werden also für diesen Zweck nach einem Solarmodul suchen, das eine Nennspannung von ca. 20 V, einen Nennstrom von ca. 2 A und demzufolge eine Nennleistung von ca. 40 W hat (denn 20 V x 2 A = 40 W).

Sollte jedoch ein „flottes" Laden erwünscht sein, dürfte das angewendete Solarmodul für einen Nennstrom von bis zu 3,6 A ausgelegt sein.

# 8 Pumpen und Motoren solarbetrieben

Für die Solartechnik eignen sich zwar am besten spezielle energiesparende Solarmotoren, aber verwenden lassen sich alle Gleichstrommotoren. Diese werden entweder als selbstständige Motoren oder als Bestandteil eines bestehenden Gebrauchsgutes - wie z. B. einer Pumpe, eines Ventilators usw. eingesetzt. Betreiben kann man diese Motoren entweder direkt vom Solarzellenmodul oder über einen Akku als Zwischenspeicher. Verständlicherweise eignet sich der direkte Betrieb nur für den Fall, dass die erbrachte Leistung auch direkt benutzt werden kann: bei einem Kinderfahrzeug, einer Weiherfontäne, Bewässerungspumpe, Umlaufpumpe einer solarthermischen Anlage usw.

**Bild: 8.1 Springbrunnenpumpe von Conrad Electronic: Sie arbeitet in einem Betriebsspannungs-Bereich von 2,1 bis 17 V, ihre Stromaufnahme bei 12 V beträgt 0,5 A und ihre Förderleistung liegt bei 500 l/h.**

Auch Einphasen-Wechselstrommotoren lassen sich mit Solarstrom betreiben, allerdings nur über einen zusätzlichen Wechselrichter, der eine 12 V- oder 24 V-Solarspannung (Autoakku-Spannung) in eine 230 V-Wechselspannung unwandelt. Solche Wechselrichter sind viel einfacher und preiswerter als die Wechselrichter für netzgekoppelte Anlagen, weil hier keine besonderen Ansprüche an die Qualität der Wechselspannung gestellt werden. Gleichstrommotoren gibt es standardmäßig für Spannungen von etwa 0,3 Volt bis 80 Volt und für Leistungen von einigen Milliwatt bis zu etwa 8 kW. Die meisten Gleichstrommotoren arbeiten in einem breiten Spannungsbereich, wie auch aus der rechts oben stehenden Tabelle (2. Spalte) hervorgeht.

Aus der Gewichtsangabe in der Tabelle geht hervor, dass es sich um Motoren für kleinere Leistungen handelt. Damit Sie sich eine konkrete Vorstellung über die Leistung machen können: die Typen RS 540 (wovon es mehrere Varianten gibt) werden u. a. in sehr vielen Akku-Schraubern eingesetzt. Hier kann man sich die Leistung eines solchen Motors etwas ge-

| Technische Daten einiger Gleichstrommotoren Marke Mabuchi. Daten für den maximalen Wirkungsgrad: | | | | | | | |
|---|---|---|---|---|---|---|---|
| Type: | Arbeits-spannung in Volt | Drehzahl Upm | Strom A | Dreh-mom. Ncm | Abgabe-leist. W | Wirkungs-grad % | Gewicht g |
| RE 280 | 1,5-4,5 | 5500 | 0,36 | 0,17 | 0,56 | 51 | 28 |
| RS 380 | 3-9 | 14150 | 3,34 | 1,17 | 17,3 | 72 | 75 |
| RS 540 | 3-10 | 10400 | 7,19 | 2,71 | 29,5 | 68 | 158 |
| RS 775 | 4,5-15 | 16160 | 12,3 | 6,61 | 111,7 | 76 | 321 |

**Tabelle mit Gleichstrommotoren für kleinere Solarantriebe.**

nauer vorstellen oder am Akku-Schrauber ausprobieren, was so ein Motor bewältigen kann, bzw. wie lange er unter Belastung dreht, bevor sein kleiner Akku leer ist. Wer einen derartigen Motor in eine eigene Konstruktion einsetzen möchte, kann auch einen kompakten Akkuschrauber als Solarmotor „mit Getriebe" benutzen. Dieser Motor kann ein Kinderfahrzeug fortbewegen, eine Markise ausfahren, eine Pumpe antreiben usw. Möchte man die Betriebsdauer verlängern, kann der ursprüngliche kleine Akku (der oft nur für einen Betrieb von ca. 12 Minuten ausreicht) durch einen größeren Akku ersetzt werden.

Auch Gleichstrommotoren aus dem Kfz-Zubehör (Antriebe von Scheibenwischern, Fenstern, Stühlen und Dächern) können ähnlich verwendet werden. Bei allen diesen Motoren, die nicht ausgesprochen als Solarmotoren für den direkten Antrieb durch Solarzellen konzipiert wurden, gibt es ein Problem: sie können bei Dauerbetrieb zerstört werden. Sobald die Spannung (durch zu wenig Sonne) derartig sinkt, dass der Motor zu drehen aufhört, wird er von der Solarspannung weiter nur noch aufgeheizt. Der eine Motor mehr, der andere weniger. Das hängt besonders von seiner Belastung ab.

Ein Ventilatormotor ist beispielsweise wenig belastet, und wenn die Spannung so weit gesunken ist, dass er nicht mehr drehen kann, heizt er sich mit dem Reststrom meistens nicht mehr gefährlich auf. Ein Motor, der über ein Getriebe eine größere Belastung bewältigen muss, hört dagegen mit dem Drehen viel eher auf. Zu diesem Zeitpunkt kann der Solarstrom noch ziemlich hoch sein und den Motor beschädigen bzw. zerstören.
Abhilfe: nur echte Solarmotoren nehmen oder einen Zwischenspeicher benutzen – es sei denn, man setzt zwischen das Solarmodul und den Motor eine kleine Abschaltelektronik (Tiefentladeschutz) ein, die bei einer zu niedrigen Spannung den Motor vom Solarmodul einfach abschaltet.

Alle in dieser Hinsicht angesprochenen Maßnahmen können entfallen, wenn der Gleichstrommotor – ähnlich wie bei einem Akkuschrauber – nur unter Aufsicht ein- und ausgeschaltet werden kann. Ansonsten kommen für den direkten Betrieb (ohne Zwischenspeicher) ohnehin nur echte „Solarpumpen“ in Frage, von denen es bereits eine genügende Auswahl gibt. Sie haben üblicherweise einen ausgezeichneten Wirkungsgrad, eine hohe Lebensdauer und sind bzgl. der Versorgungsspannung sehr strapazierfähig.

## 8.1 Solar-Springbrunnen und Wasserfälle im Garten

Solar-Springbrunnen verdienen schon deshalb Aufmerksamkeit, weil es bereits sehr viele Solar-Tauchpumpen gibt, die vor allem als Springbrunnenpumpen oder als komplette Bausätze erhältlich sind. Solch ein Springbrunnen lässt sich im Handumdrehen installieren. Man nimmt die Springbrunnenpumpe, stellt sie auf den Boden des Weihers (unterhalb des Wasserspiegels), und es bleibt nur noch die Frage, wohin mit dem Solarmodul. In einem romantischen Garten sollte es ja unauffällig untergebracht werden. Falls in der direkten Nähe kein Dach oder Dächlein ist, auf dem sich das Solarmodul anbringen ließe, kann evtl. neben dem Weiher ein dekorativer Rosenbogen aufgestellt werden, auf dem man das Solarmodul unauffällig unterbringen kann. Zuerst einmal müssen wir ermitteln, wie groß das benötigte Solarmodul überhaupt sein muss – soweit es nicht mit einem Fertigbausatz gekauft wird. Wir wissen inzwischen, dass wir hier von den technischen Daten der Solarpumpe ausgehen müssen. Wenn eine Solarpumpe – wie z. B. die abgebildete Conrad-Springbrunnenpumpe – eine Spannung von 2,1 bis 17 V benötigt

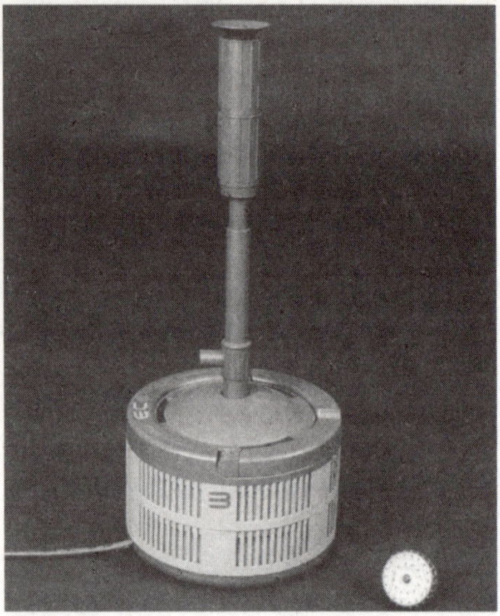

**Bild: 8.2 Springbrunnenpumpe für höhere Leistung (Foto B. Kin GmbH und INTERES B. V.).**

(und verträgt), darf das Solarmodul eine Nennspannung von 16,5 bis 17 Volt haben. Die Leistung (17 V x 0,5 A) beträgt 8,5 Watt. Diese Leistung erhalten wir vom Solarmodul nur während einer sonnigen Mittagszeit im Sommer. Das wäre etwas zu kritisch. Ein Modul mit 12 bis 15 Watt Nennleistung wäre hier besser.

Ausgehend davon, dass gute Solarzellen eine Leistung von 1,3 bis 1,4 W/dm$^2$ bringen, handelt es sich hier theoretisch um eine Solarzellenfläche von ca. 10 bis 12 dm$^2$, die wir irgendwo ästhetisch vertretbar unterbringen sollten. Bei einem gekauften Solarmodul werden wir kaum haargenau mit den theoretischen Berechnungen zurechtkommen. Beim Selbstbau des Solarmoduls wäre es etwas einfacher. Laut der Tabellen mit technischen Daten aus dem ersten Kapitel (Seite 18) könnten wir die Kyocera-Solarzellen mit Abmessungen von 33,3 x 100 mm nehmen. Sie haben einen Strom bei max. Leistung (Nennstrom) von 0,869 A, und eine Reihe von 36 Zellen ergibt eine Spannung bei max. Leistung (Nennspannung) von 36 x 0,46 = 16,56 Volt. Die Nennleistung (16,56 V x 0,869 A) von 14,4 Watt wäre auch optimal.

Dieselbe Solarpumpe – allerdings ohne Sprinkleraufsatz – eignet sich auch als Umlaufpumpe für einen kleinen Weiherwasserfall.

## 8.2 Weiherbelüftung mit Solarstrom

Solange der Weiher von einem Springbrunnen oder einem kleinen Wasserfall belüftet wird, benötigt er keine zusätzliche Belüftung. Ansonsten ist sie für das biologische Weihergleichgewicht sehr wichtig. Zu diesem Zweck gibt es Luftpumpen in verschiedenen Größen. Üblicherweise handelt es sich hier um relativ einfache (und preiswerte) Luftmembranpumpen. Die Membranen dieser Pumpen weisen zwar erfahrungsgemäß keine überwältigende Lebensdauer auf, aber lassen sich leicht eigenhändig ersetzen (eine oder zwei Ersatzmembranen sollten mit einer neuen Membranpumpe gleich mitgekauft werden).

Membranpumpen haben einen niedrigen Energieverbrauch und lassen sich deshalb auch während sonnenarmer Jahreszeiten mit dem Solarmodul betreiben, welches im Sommer für die Springbrunnenpumpe zuständig ist. Falls hier an einigen Tagen die

**Bild: 8.3 Ein romantischer Solar-Gartenwasserfall. Als Verbindungswasserleitung zwischen der Pumpe und dem Wasserfall genügt hier ein dünner Gartenschlauch. Je dünner der Schlauch, desto leichter tut sich die Pumpe. (Foto Gartenbau + Gartenteichzentrum Leichauer, Nürnberg).**

Leistung des Solarmoduls zum Belüften nicht mehr ausreicht, ist das für den Weiher nicht so schlimm.

Wenn am Weiher nur eine selbstständige Solarbelüftung erwünscht ist, wird in vielen Fällen eine kleine Pumpe genügen, deren Leistung zwischen 1 und 5 Watt liegt. Hier reicht dann ein kleineres Solarmodul aus, dass sich evtl. auf dem Dach eines Vogel-Futterhauses anbringen lässt. Wenn Sie ein derartiges Bauwerk eigenhändig erstellen, sollten Sie bevorzugt eine Aluminium- oder Kupferstange als Stativ verwenden. Erstens kann dann kein Katze mehr hinaufklettern, zweitens wird das Solarstromkabel im Rohr heruntergeführt.

## 8.3 Solarbetriebene Pumpen

Für die Bewässerung kleinerer Gärten oder für die Wasserförderung zu beliebigen anderen Zwecken lassen sich verschiedene kleine Solarpumpen einsetzen, die im Zusammenhang mit Springbrunnenpumpen beschrieben wurden. Von dem Aufgabengebiet der Pumpe hängt ab, ob sie direkt vom Solarmodul angetrieben werden kann, oder ob ein Zwischenspeicher unumgänglich ist. Über Zwischenspeicher konnten wir schon genug in Erfahrung bringen, und es dürfte uns auch nicht schwerfallen, für eine Pumpe die optimale Größe des Akkus, wie auch des Solarmoduls auszurechnen.

Wenn wir nun beispielsweise für die Conrad-Pumpe aus dem Kapitel über Springbrunnen, einen passenden Akku einplanen möchten, gehen wir von den technischen Daten aus. Darin steht, dass die Pumpe bei 12 V Spannung eine Stromabnahme von 0,5 A hat. An einen 12 V-Akku angeschlossen, verbraucht die Pumpe pro Betriebsstunde demnach von seiner Kapazität 0,5 Ah.

Jetzt müssen wir nur noch feststellen, wieviele Stunden pro Tag, und während welcher Jahreszeit die Pumpe arbeiten soll. Nehmen wir nun als Beipiel eine Pumpe,

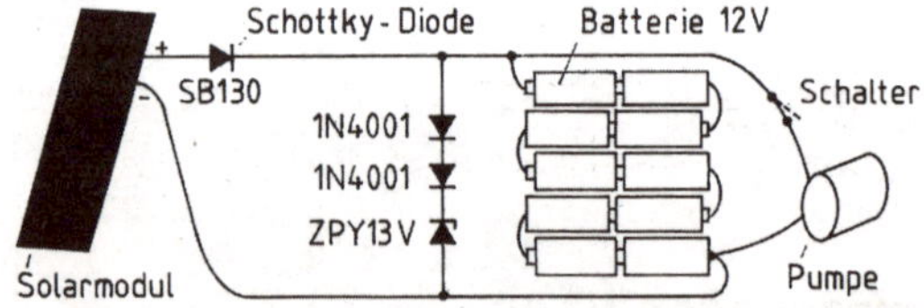


**Bild: 8.4 Eine kleine Solar-Bewässerungspumpe mit einfacher Spannungsregelung. Die Zenerdiode ZY 13 V und die zwei Gleichrichterdioden 1 N 4001 bilden hier einen Spannungsregler für den 12 V-Akku, der aus 10 kleinen wiederaufladbaren NiMH- oder NiCd-Akkus mit einer Kapazität von 1,1 bis 1,2 Ah zusammengestellt ist. Das Solarmodul sollte hier einen Nennstrom von max. 0,11 A und eine Nennspannung von 17 bis 20 V haben.**

die für eine bescheidene Bewässerung des Gemüsegartens zuständig ist. Sie soll von Frühjahr bis Herbst an sonnigen Tagen etwa 30 Minuten täglich pumpen. Sie verbraucht somit etwa 1 Ah Akku-Kapazität in vier Tagen. Hier könnte man sich zutrauen, einen kleinen 1,1 Ah-Akku einzusetzen (z. B. eine NiMH-Type). Seine Ka-pazität würde normalerweise auch bei sehr schlechtem Wetter immerhin noch für vier Tage reichen (wenn es regnet, braucht ja nicht gepumpt zu werden). Alternativ können z.B. auch zwei 6-V-Motorrad-Batterien in Serie verschaltet werden. Ein 18 V/0,11 Ah Solarzellenmodul würde hier in beiden Fällen zum Nachladen genügen. Seine Leistung dürfte bei 2 Watt liegen (18 V x 0,11 A = 1,98 W). Dieser kleine Akku würde nicht einmal einen aufwendigen Laderegler benötigen. Ein einfache Spannungsregelung mit Hilfe einer Zenerdiode genügt völlig (Bild 2.5 auf S. 34).

## 8.4 Gartenbrunnen mit Solarpumpe

Kleinere Brunnen können ein zusätzliches Wasserreservoir haben, in das an sonnigen Tagen ein kleine Solarpumpe das Wasser aus dem Brunnen hineinpumpt. Es sollte bevorzugt so aufgestellt sein, dass man das Brauchwasser ohne zusätzliche Pumpe nur mit Hilfe der Schwerkraft an die gewünschten Stellen (z. B. an die Gemüsebeete) transportieren kann. Der Wasserbehälter lässt sich oft in einer Garagenecke,

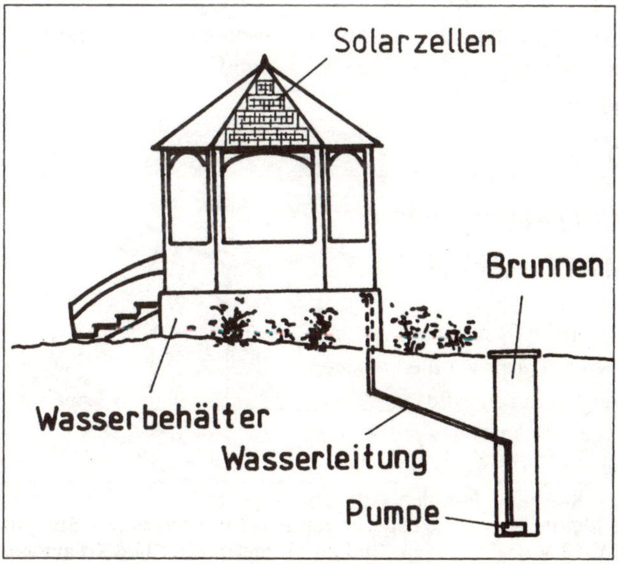


**Bild: 8.5 Solar-Brunnenpumpe mit einem Wasserbehälter unter dem Gartenpavillon. Hier reicht eine kleine, vom Solarmodul direkt betriebene Pumpe aus.**

in einem Geräteschuppen oder unter dem Fußboden eines zu diesem Zweck erstellten Gartenpavillons unterbringen. Im Pavillondach kann dann auch das Solarmodul für die Brunnenpumpe integriert werden (Bild 8.5). Wenn ein direktes und abrufbares Pumpen des Wassers aus dem Brunnen bevorzugt wird, ist kein zusätzlicher Wasserbehälter notwendig. Die Pumpe benötigt – ähnlich, wie die Bewässerungspumpe im vorhergehenden Kapitel – ein eigenes Solarmodul. Bei einem tiefen Brunnen muss allerdings die Förderleistung – und damit auch die Leistung des Pumpenmotors – ziemlich hoch sein. Dadurch wird auch ein etwas größerer Akku und möglicherweise auch ein größeres Solarmodul benötigt. Maßgeblich wird hier nur der tägliche Brunnenwasserbedarf sein, mit dem die Förderleistung des eingeplanten Pumpenmotors übereinstimmen sollte (die Förderleistung wird unter den technischen Daten der Brunnenpumpen immer angegeben).

## 8.5 Markisen und Jalousien mit Solarantrieb

Für den Solarantrieb von Markisen und Jalousien eignen sich sehr gut die kleineren Gleichspannungsmotoren, die in Akku-Handwerkzeugen eingesetzt werden (wie z. B. die Type RS 540 aus der Tabelle am Anfang dieses Kapitels. Für den Antrieb kann evtl. gleich ein kleiner rohrförmiger Akkuschrauber verwendet werden. Er kann in die Mauer eingebaut werden – evtl. direkt unter eine abnehmbare Solarzellenfläche, die sich als ein dekorativer „Fenstersturz" an die Mauer anbringen lässt (Bild 8.6)

Die Solarzellenfläche wird entweder aus kleinen Fertigmodulen zusammengestellt oder als Selbstbaumodul aus kleinen Solarzellen erstellt. Hinter den Solarzellen sollte auch ein kleiner NiMH-Akku untergebracht werden. Seine Spannung dürfte zwischen 3,6 und 4,8 Volt und seine Kapazität bei etwa 1,1 bis 2,2 Ah liegen – soweit es sich nicht um einen besonders kräftigen Antrieb für eine große Markise handelt.

Das sind allerdings nur Richtwerte, die sich den Betriebsanforderungen anpassen müssen. Erstens stellt sich die Frage, wie oft z. B. so eine Markise pro Woche aus- und eingefahren wird – bzw. ob sie nur in den sonnigen Sommermonaten oder auch während der kälteren Jahreszeiten benutzt wird.

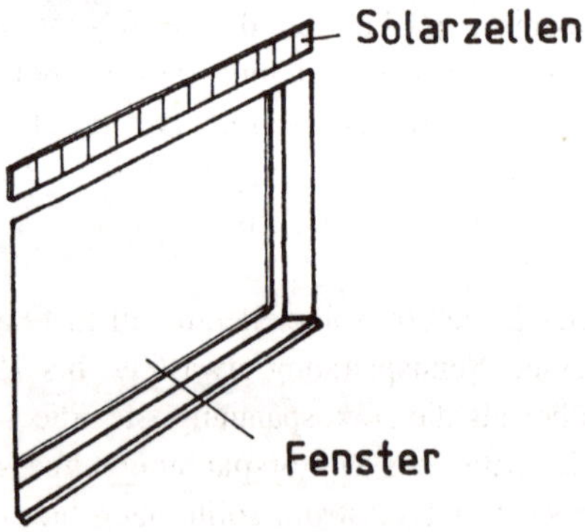


**Bild: 8.6 Das Solarzellenmodul für eine Markise oder Jalousie kann als ein länglicher Streifen oberhalb des Fensters angebracht werden.**

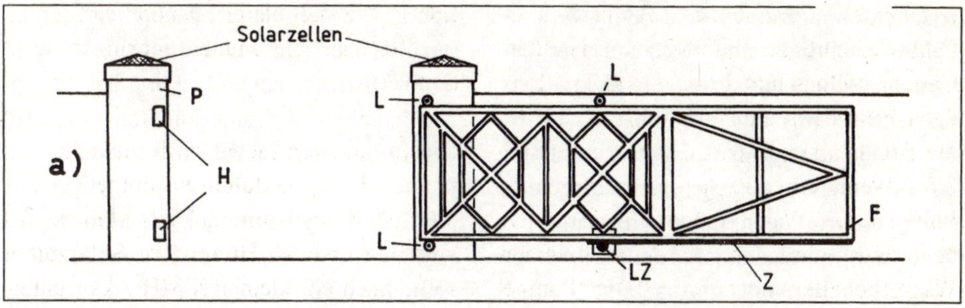


**Bild: 8.7 Ein elektrisches Schiebetor lässt sich leicht im Eigenbau aus Aluminium erstellen: a) die ganze bewegliche Konstruktion besteht aus dem eigentlichen Tor, das um einen Führungsrahmen F verlängert ist. Drei kugelgelagerte Laufrollen L und ein mit Solarmotor angetriebenes Lauf- Zahnrad LZ (Stirnzahnrad mit zwei Führungsscheiben) sind für die Führung des Schiebetores zuständig. Eine Zahnstange Z an der Unterseite des Führungsrahmens sitzt an dem Laufzahnrad LZ und wird von ihm linear bewegt. Nach dem Ausfahren rastet das Tor in Halter H ein, die am linken Torpfosten P angebracht sind.**

Erfahrungsgemäß wird bei einer mittelgroßen Markise eine 1 Ah-Akkukapazität für eine „Fahrzeit" von ca. 8 Minuten benötigt. Davon lässt sich ungefähr der Bedarf an Akkukapazität situationsbezogen ableiten. Das Aus- oder Einfahren der Markise dürfte jeweils maximal eine Minute dauern. Weiterhin ist uns bereits Folgendes bekannt: je kleiner die Kapazität des Akkus, desto besser muss das Nachladen auch bei ungünstigerem Wetter funktionieren – die Solarzellenfläche muss dementsprechend dimensioniert sein.

Hier käme ein Solarzellenmodul in Frage, dessen Nennspannung etwa 60% bis 75% höher als die Akkuspannung ist – die sich wiederum der Motorspannung anpassen muss. Der Ladestrom sollte auch hier die ca. 10% von der Kapazität des Akkus nicht überschreiten (besonders dann nicht, wenn wir einen Eigenbau-Spannungsregler mit Zener-Diode einsetzen).

Hier ist in jedem Fall der Bedarf an Solarzellenfläche sehr bescheiden. Auch bei einem 4,8 V/4 Ah-Akku würde es sich immer noch um eine relativ kleine Solarzellenfläche handeln: etwa 17 kleine Solarzellen (Maße ca. 25 x 50 mm) würden einen Nennstrom von etwa 0,39 A liefern können. Das Solarmodul hätte somit Maße von etwa 500 x 70 mm oder etwa 1000 x 45 mm (abhängig davon, ob die Zellen mit den längeren oder kürzeren Seiten aneinandergereiht werden).

## 8.6 Elektrisches Gartentor mit Solarantrieb

Zu einem fernbedienten Garagentorantrieb gehört ein ebenfalls fernbedientes elektrisches Gartentor, dass sich vergleichbar bequem öffnen lässt. Im Gegensatz zu elektrischen Garagentoren sind derartige Tore selten erhältlich, und noch seltener bezahlbar. Dabei lässt sich so ein elektrisches Gartentor sehr leicht im Selbstbau erstellen. Wenn zudem als Solar-Antriebsmotor der beschriebene Akkuschrauber eingesetzt wird, erübrigt sich dabei nicht nur die Frage der Stromzuleitung, sondern auch die Frage der Stromverletzungsgefahr.

Für den Selbstbau eignet sich am besten ein Schiebetor. Die meisten der herkömmlichen elektrischen Schiebetore benutzen als Führung eine Bodenschiene. Das Problem des Sauberhaltens – besonders im Herbst und während der Frostperioden (Laubfall und Eis) – ist jedoch unangenehm. Eine einfache Lösung mit seitlich angebrachter Führung und einer etwas längeren Hilfsrahmenkonstruktion behebt diesen Nachteil: die unterhaltsintensive Bodenschiene entfällt (Bild 8.7).

Die Zahnstange, wie auch das Stirnzahnrad sollten bevorzugt aus rostfreiem Material sein: Messing (Modul 1) oder Kunststoff (Delrin bzw. Azetalharz, Modul 2 bis 2,5) eignen sich am besten, und sind als Fertigteile erhältlich. Ein Endschalter (Mikroschalter) muss in den Endpositionen zuverlässig den Getriebemotor abschalten. Das Tor muss sich notfalls auch rein mechanisch (von innen) öffnen lassen, wenn ein Stromausfall oder Defekt vorkommt.

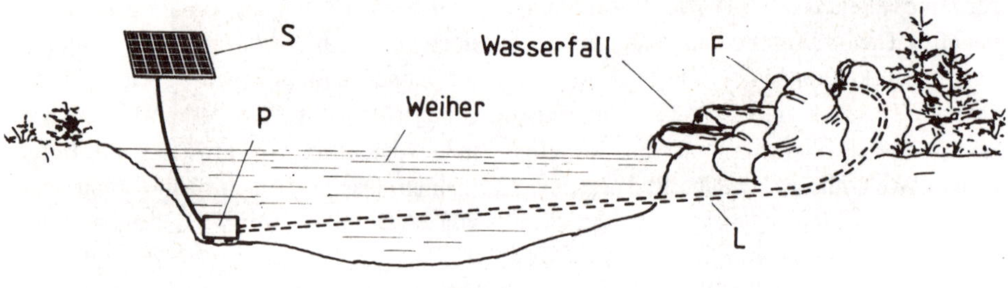


**Bild: 8.8 Eine solarbetriebene Wasserfall-Pumpe eines kleinen Gartenweihers benötigt bei einem „Direktantrieb“ (ohne Zwischenakku) ein Solarzellenmodul S, dessen *Nennspannung* mit der höchst zulässigen *Betriebsspannung des Pumpenmotors* übereinkommt. In Hinsicht auf den *Nennstrom* darf das Solarmodul beliebig überdimensioniert, sollte jedoch nicht unterdimensioniert sein. Die Pumpe bezieht bei einem „überdimensionierten“ Modul jeweils nur ihren Nennstrom, der sich an die Schwankungen der jeweiligen Modulenspannung anpasst. Wird evtl. ein Solarmodul angewendet, das zwar die erforderliche *Nennspannung*, nicht aber den erforderlichen (*minimalen) Nennstrom* an den Pumpenmotor liefern kann, wird sich das Solarmodul bei einem kräftigeren Sonnenschein zu sehr aufheizen und evtl. zerstören.**
**Die Wasserleitung L zwischen der Tauchpumpe P und der Rückseite des Wasserfalls kann teilweise im Weiher, teilweise unter der Erde verlegt werden. Die eingezeichneten Felsen F können im Selbstbau aus Zementputz (1 Teil Zement, 3 Teile Sand) angefertigt werden, der z. B. auf eine hohle, gemauerte Ziegel-Unterkonstruktion einfach mit der Hand (Gummihandschuh) ca. 3 bis 5 cm dick „aufgeschmiert“ wird.**

# Heizen mit Solarstrom



Um im Winter ein gut wärmeisoliertes Wohnhaus nur mit Solarstrom beheizen zu können, müsste man eine Solarzellenfläche zur Verfügung haben, die ungefähr fünfmal größer ist, als die vorgesehene Wohnfläche. Nur wenn wir den Solarenergie-Ertrag der Sommermitte wie Kohle im Keller aufbewahren könnten, um ihn erst im Winter ein-

**Bild: 9.1 "Solar-Therm"-Kompaktanlage von AEG: bietet eine hohe Energieausbeute auf kleiner Fläche. Die Wärmeträgerflüssigkeit wird von einer Umlaufpumpe in Vakuum-Röhrenkollektoren auf das Dach gepumpt. Die in einer wärmegedämmten Anschlussbox drehbar gelagerten Röhren lassen sich optimal zur Sonne ausrichten. Schrägdach-, Flachdach-, Fassaden oder Balkonmontage ist dadurch möglich.**

zusetzen, kämen wir mit einem Verhältnis der Wohnfläche und der Solarfläche von annähernd 1:1 aus. Diese Information soll nur dazu beitragen, dass man sich von den Proportionen eine konkrete Vorstellung machen kann.

Die Umwandlung des elektrischen Stromes in Wärme hat den Vorteil, dass dabei praktisch keine Verluste entstehen, wenn es mit Hilfe eines Heizkörpers geschieht, dessen Wärme voll übertragen werden kann. Beispiel: Ein Wasserkocher, bei dem die elektrische Heizspirale direkt vom Wasser umgeben ist.

Gleich am Anfang dieses Buches wurde jedoch darauf hingewiesen, dass zum direkten Aufwärmen die Solarthermik einen viel höheren Wirkungsgrad hat als die Fotovoltaik. Die Schwachstelle des Heizens mit Solarstrom liegt nun `mal bei den relativ großen energetischen Verlusten, die bereits bei der Umwandlung der Sonnenenergie in elektrischen Strom (in den Solarzellen) entstehen. Der relativ niedrige Wirkungsgrad macht trotzdem nicht soviel aus, wenn man den Solarstrom zum Heizen oder Wärmen in Situationen anwendet, bei denen es keine bessere Alternativen gibt oder wo es einfach Spaß macht.

Wenn es sich dagegen um gezieltes Aufwärmen von Brauchwasser im Haus handelt, ist eine rein thermische Solaranlage viel effizienter. Das eigentliche Funktionsprinzip wurde bereits im 1. Kapitel beschrieben. Ein gutes praktisches Beispiel zeigt die „Solar-Therm-Kompaktanlage" von AEG (siehe Bild 9.1).

## 9.1 Solarbeheizte Gartenliegen, Gartenbänke, Terrassen- und Balkonstühle

Oft scheint während der kühleren Jahreszeit zwar verlockend die Sonne, aber dennoch spendet sie nicht genügend Wärme. Wir kennen ja das Gefühl; man würde sich gerne in die Sonne hinsetzen oder hinlegen, aber es wird oft auch unter der Decke schnell zu kalt. Erfahrungsgemäß fehlt da manchmal nur eine ganz kleine Portion von zusätzlicher Wärme, um das Wohlbefinden aufrecht zu erhalten. Als eines der einfachsten Mittel eignet sich hier das elektrische Heizkissen. Wir nehmen uns jetzt einige einfache Beispiele vor, um die Problematik in den Griff zu bekommen. Wenn z. B. ein Auto-Heizkissen 12 V/ 20 W verwendet wird, können wir uns inzwischen ausrechnen, dass der Strom 1,66 A beträgt (20 W : 12 V = 1,666 A). Bei einem 30 W-Heizkissen wäre ein Strom von 30 : 12 = 2,5 A nötig.

Alle elektrischen Heizelemente haben den Vorteil, dass sie auch dann funktionsfähig sind, wenn man ihnen eine viel niedrigere Spannung zuteilt, als vom Hersteller vorgesehen ist. Je niedriger die zugeführte Spannung unterhalb der angegebenen Nennspannung liegt, desto niedriger ist in demselben Verhältnis allerdings auch der Strom und damit sinkt (laut der Formel Spannung x Strom = Leistung) sprunghaft die Wärmeleistung.

**Bild: 9.2: Ein „Solar-Heizkissen" kann an einem sonnigen, aber dennoch etwas zu kühlen Tag das Wohlbefinden enorm steigern...**

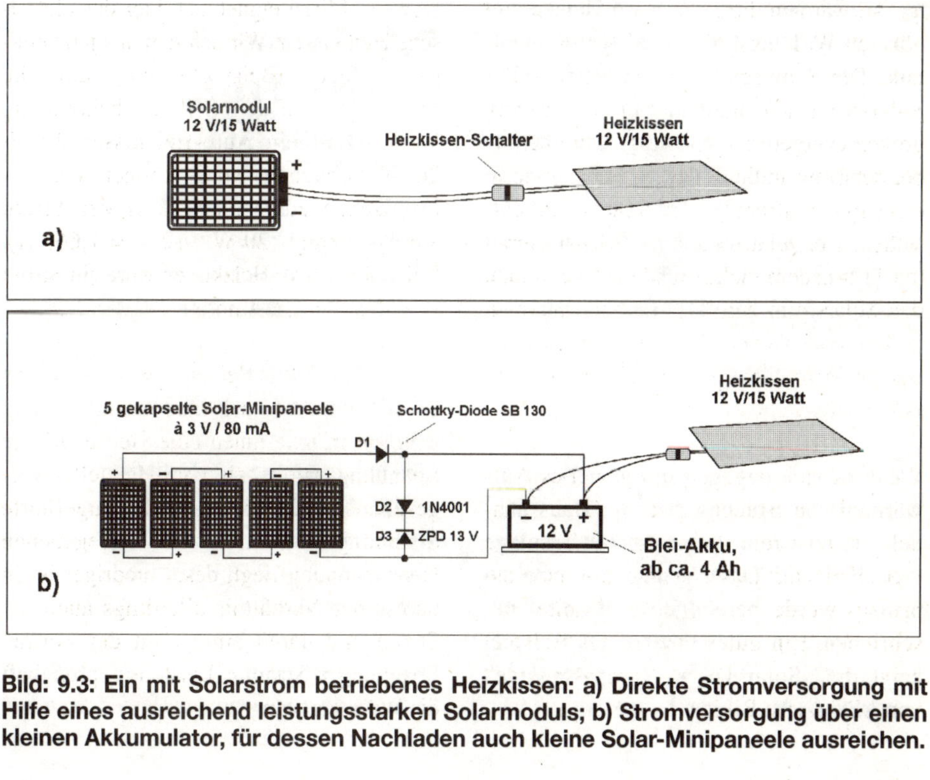


**Bild: 9.3: Ein mit Solarstrom betriebenes Heizkissen: a) Direkte Stromversorgung mit Hilfe eines ausreichend leistungsstarken Solarmoduls; b) Stromversorgung über einen kleinen Akkumulator, für dessen Nachladen auch kleine Solar-Minipaneele ausreichen.**

Wenn demnach ein Heizkissen laut Hersteller 12 V/ 30 W hat, und wir schließen es anstatt an 12 V nur an 8 V an, wird es nur eine Ausgangsleistung von 13,3 W haben, und ein Drittel weniger Strom verbrauchen, als bei der vorgesehenen 12-Volt-Spannung. Ansonsten hat eine schwächere Spannung keine Nachteile auf den eigentlichen Wirkungsgrad, denn die ganze elektrische Energie wird hier in allen Fällen (bei beliebiger Unterspannung) in Wärme umgewandelt. Es wird in diesem Fall dieselbe Wärme abgeben, wie bei einem Heizkissen, das direkt als „12 V/ 13,3 W" hergestellt ist, und auch die volle Spannung von 12 V bekommt.

Fazit: soweit uns die erzeugte Wärme ausreicht, können alle Elektro-Heizkörper ohne weiteres mit viel niedrigerer Spannung betrieben werden, als vom Hersteller angegeben wurde (umgekehrt darf man es nicht machen, die Heizkörper würden verbrennen).

Somit kann z. B. an ein 17 V-Solarmodul ein Heizkissen angeschlossen werden, das für 24 V/30 W ausgelegt ist. Das Kissen wird in diesem Fall anstatt 30 W nur 15 W benötigen (und als Wärme abgeben).

Ein Solarzellenmodul um die 25 Watt, mit einer Nennspannung von etwa 17 V würde sich zu diesem Zweck ausgezeichnet eignen, und könnte außerdem gelegentlich noch viele andere Aufgaben übernehmen: die Beleuchtung des Gartenhauses, Energieversorgung für die Brunnenpumpe, Gartenbewässerung usw.

Soweit ein Heizkissen an einem kühlen, aber sonnigen Tag betrieben werden soll, kann es direkt (nach Bild 9.3a) an das Solarmodul angeschlossen werden. Sonst ist ein Akku, der für die vorgesehene Zeitspanne ausreicht, vorteilhafter: zum Nachladen wird (nach Bild 9.3b) eine viel kleinere Solarzellenfläche benötigt, als für den Direktbetrieb und das Kissen heizt unabhängig von der Sonne.

Alles, was über das Heizkissen gesagt wurde, gilt auch für alle anderen Heizkörper: Heizdecken, elektrisch beheizte Kleidung und Schuhe (die es u. a. für den Autofahrer im Handel gibt), Heizfolien, Infrarot-Strahler usw.

## 9.2 Solarheizung als Frühbeet-Frostschutz

Frühbeete brauchen eine Solarheizung in der Hauptsache als Frostschutz. Es gibt Jahreszeiten, in denen der Frost nur sehr sporadisch als unangemeldeter Besucher an einem oder zwei Tagen kommt, einen großen Schaden anrichtet, und danach wieder für längere Zeit verschwindet.

Eine bescheidene Solar-Notheizung kann in solchen Situationen ein wahrer Segen sein. Wie „bescheiden" eine derartige Heizung konzipiert wird, hängt von der Größe des Frühbeetes ab.

Herkömmliche Gewächshaus-Heizanlagen bestehen überwiegend aus Heizkörpern, die z. B. als Heizleitungen in der Erde installiert sind, und die bei Bedarf ziemlich kontinuierlich heizen. In unserem Fall benötigen wir nicht unbedingt eine langsam wirkende kontinuierliche Heizung, sondern im Gegenteil eine „Wärmewelle“, die im Stande ist, die Innenluft im Frühbeet bei plötzlich aufkommenden Frost schnell aufzuwärmen, sodass die Lufttemperatur oberhalb des Gefrierpunktes bleibt.

Optimal eignet sich für solche Zwecke ein Niedervolt-Heizkörper mit Ventilator, der für einen schnellen Warmlufttransport sorgt. Im Handel gibt es verschiedene Fertigprodukte (Kfz-Heizlüfter), die für 12 Volt ausgelegt sind, und die sich problemlos einfach aufstellen lassen. Man kann sich aber auch verschiedenste Heizgeräte ziemlich preiswert selber bauen.

So kann beispielsweise eine Spirale aus Widerstandsdraht oder eine Kette aus Restposten-Widerständen als preiswerter Heizkörper dienen.

Bei der Berechnung können wir z.B. von kleinen 2-Watt-Widerständen ausgehen. Als Energiespeicher eignet sich eine 12-V-Autobatterie. Die 12-Volt sind dann ein rechnerischer Ausgangspunkt.

Angenommen, wir streben eine Heizungsleistung von ca. 50 Watt an. Durch den Heizkörper müsste demzufolge ein Strom von 4,16 A fließen (50 W : 12 V = 4,16 A).

Laut Ohmschen Gesetz soll der Heizkörper einen Widerstand von 2,88 Ohm haben (12 V : 4,16 A = 2,88 Ohm).

Wenn die Heizung nur mit einem Widerstanddraht gemacht wird, muss nun nicht weiter gerechnet werden. Bei Verwendung von Einzelwiderständen wäre eine Kette von 25 Stück mit jeweiligem Ohmschen Wert von 0,115 Ohm erwünscht (50 W : 2 W = 25 und 2,88 Ohm : 25 – 0,115 Ohm).

Hier kann beispielsweise jedes Kettenglied auch aus vier parallel verbundenen 0,47 Ohm/0,5 W-Widerständen erstellt werden (0,47 Ohm : 4 = 0,117 Ohm). Das ergibt zwar 100 Widerstände, aber sie kosten nur Pfennige.

Dass ein zusätzlicher Thermostat unentbehrlich ist, versteht sich von selbst. Der Thermostat kann sowohl als Bimetallthermostat, wie auch als ein elektronischer Präzisionsthermostat ausgeführt sein. Ein Bimetallthermostat ist preiswert, hat keinen Stromverbrauch, lässt sich evtl. aus defekten Heizgeräten ausbauen, hat aber den Nachteil, dass er etwas ungenau arbeitet. Ein elektronischer Thermostat – evtl. auch im Selbstbau erstellt – bietet dagegen eine viel höhere Präzision. Er hat allerdings wieder den Nachteil, dass er Energie verbraucht. Unter Umständen zwar sehr wenig, aber wiederum durchlaufend.

9

## 9.3 Solarheizung im Gartenhaus und in einem Kinder-Spielhaus

Manchmal wäre es sehr willkommen, wenn im Gartenhaus, Schrebergartenhaus oder Kinder-Spielhaus eine kleinere Elektroheizung ein oder zwei Stunden lang Wärme spendet. Soweit es sich hier nur um ein gelegentliches Heizen handelt, lässt es sich mit Solarstrom gut bewältigen. Ein kleiner 12 V-Elektro-Ofen (oder Infrarotstrahler) wird von einem Akku versorgt, für dessen Aufladen sich die Solarzellen oft einige Tage oder eine ganze Woche Zeit nehmen können.

Als eine brauchbare Miniheizung können bereits zwei kleine 150 Watt-Infrarotstrahler dienen. Bei einer 12 V-Ausführung hätten sie einen Stromverbrauch von 25 A (300 W : 12 V = 25 A). An einer 100 Ah-Autobatterie angeschlossen, könnten sie theoretisch maximal 4 Stunden lang heizen – vorausgesetzt, der Tiefentladeschutz schaltet nicht vorzeitig ab (was er wiederum in der Praxis oft bereits nach ca. 3 Stunden machen wird). Ein preiswerter Laderegler wird hier genügen, aber er muss einen Tiefentladeschutz haben, um die Autobatterie vor zu tiefem Entladen zu schützen.

Alternativ kann ein zusätzlicher Tiefentladeschutz als ein Fertiggerät an den Batterieausgang angeschlossen werden, wie Abb. 1.6 auf Seite 13 zeigt.

Was die technischen Parameter des benötigten Solarmoduls anbelangt, wird auch hier erst einmal die Frage nach der Jahreszeit-Spanne überlegt werden müssen. Die Nennspannung des Solarmoduls soll ja derartig hoch sein, dass auch noch in der kritischen Jahreszeit geladen wird. Falls hier die „Heizperiode“ nur von April bis September laufen soll, wird eine Modul-Nennspannung von 20 bis 22 Volt genügen. Die Ladespannung sollte im Optimalfall bei einem 12 V-Bleiakku etwa bis zu 16,5 V betragen.

Der Ladestrom-Bedarf ist eine Frage des Nachlade-Bedarfs. Soweit davon ausgegangen werden kann, dass beispielsweise höchstens zwei Stunden pro Woche geheizt wird, müsste das Solarmodul nur dem Akku die abgezapften 50 Ah (2 Stunden

**Hinweis**

Bei der Berechnung der benötigten Akku-Kapazität müssen Hinweise des Herstellers bzgl. des maximal zulässigen Entladestromes beachtet werden. Heizkörper sind echte Stromfresser und können einen Bleiakkumulator leicht vernichten, wenn sie ihm zu lange einen zu großen Strom abnehmen. Soweit die Stromabnahme etwa 20% bis 25% der Akkukapazität überschreiten sollte, müssen typenbezogen die Herstellerdaten berücksichtigt werden. Deshalb haben wir in diesem Beispiel gleich einen 100 Ah-Akku genommen (hier können auch zwei 50 Ah-Akkus parallel arbeiten).

mal 25 A) nachliefern können. Der 100 Ah-Akku dürfte in diesem Fall einfachheitshalber wie ein 50 Ah-Akku betrachtet werden, dem somit ein Ladestrom von 5 A (10% seiner Kapazität) genügen dürfte. Das benötigte Solarmodul sollte also für eine Nennspannung von ca. 20 V und einen Nennstrom von 5 A ausgelegt sein. Es können natürlich auch mehrere Solarmodule derartig miteinander kombiniert werden, dass man dieselben Werte erhält. Ein 100 W-Solarmodul mit einer Fläche von ca. 1 $m^2$ ist hier allerdings unumgänglich. Daraus ist ersichtlich, dass Heizen mit Solarstrom ziemliche Ansprüche auf Energienachschub, und somit auch auf einen hohen Kostenaufwand der Anlage stellt.

# 10 Lüften und Kühlen mit Solarstrom

Soweit es sich nur um einfaches Lüften handelt, gibt es auf dem Markt eine große Auswahl an Solarventilatoren, wie auch an normalen Gleichstromventilatoren für Spannungen ab etwa 0,4 Volt. Für das Kühlen mit Solarstrom sind als Standardprodukte diverse kleinere Solar-Kühlschränke im Handel, die für Gleichspannungen von 12 oder 24 Volt erhältlich sind. Außerdem gibt es kleine tragbare Gleichspannungs-Kühlboxen (Auto-Kühlboxen), die sich auch als Solarverbraucher nutzen lassen.

## 10.1 Solar-Ventilatoren

Die kleinsten Solar-Ventilatoren sind oft nur als Spielzeug gedacht, und ihre Leistung ist sehr gering. Größere Solarventilatoren sind in unserem Breitengrad noch wenig im Einsatz, aber die zunehmend heißen Sommermonate dürften hier (durch das Ozonloch) eine Wende zur Folge haben. Wechselstrom-Ventilatoren verzeichnen in letzter Zeit einen zunehmenden Absatz, und einige unserer Haushalte werden möglicherweise während der heißen Sommermonate von einem großen Ventilator an der Decke träumen, den man bisher nur in den Tropen benutzte.

Somit dürften größere Solar-Ventilatoren auch bei uns eine vielversprechende Zukunft haben. Besonders deshalb, weil es in unserem Land während der heißen Monate oft noch eine absolute Windstille gibt. Eine künstlich erzeugte Brise kann das Wohlbefinden enorm steigern.

Vom Anwendungszweck hängt dabei ab, wann und wo der Solarventilator mit oder ohne Zwischenspeicher eingesetzt wird. Da bei uns in den warmen Sommermonaten die Luft außen oft fast bis Mitternacht unerträglich heiß bleibt, ist auch noch nach Sonnenuntergang das Kühlen erwünscht. Aus diesem Grund ist ein Zwischenspeicher unumgänglich – soweit man nicht auf den Netzstrom umschaltet, und einen Gleichrichter benutzt. Außerdem ist ein Zwischenspeicher auch dann sehr von Vorteil, wenn der Ventilator täglich nicht gerade von morgens bis abends laufen muss, sondern z. B. in einer Gartenlaube nur einige gemütliche Stunden am Tag die Luft

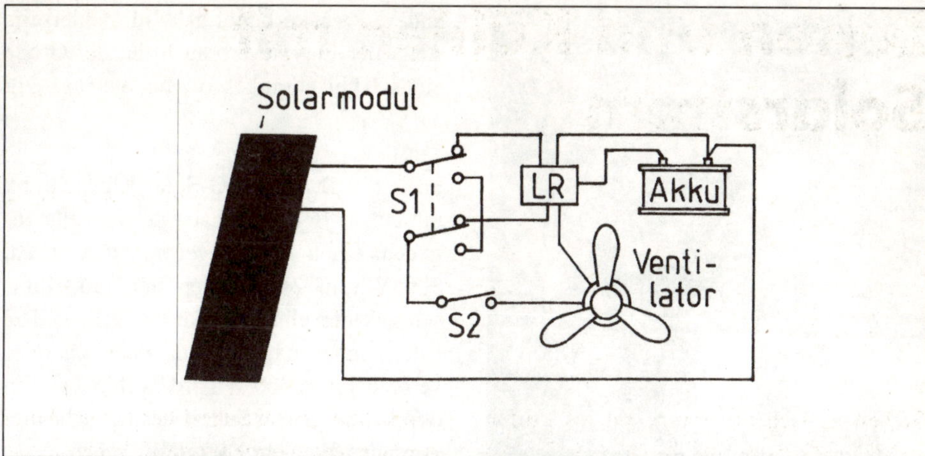


**Bild: 10.1 Eine Kombination von direktem und indirektem Antrieb eines Ventilators: wenn Schalter S1 in eingezeichneter Position steht, lädt das Solarmodul über den Laderegler LR den Akku. Wenn S1 umgeschaltet wird, verbindet er das Solarmodul direkt mit dem Ventilator. S2 ist der eigentliche Ventilatorschalter. Bei dieser Schaltung wird vorausgesetzt, dass es z. B. früh am Morgen oder auch gelegentlich tagsüber Zwischenzeiten gibt, an denen der Ventilator außer Betrieb ist, und das Solarmodul Gelegenheit zum Nachladen des Akkus hat.**

etwas in Bewegung setzt. Das Solarmodul, wie auch der Akku können dann sehr klein sein.

Bei der Planung einer optimal dimensionier-ten Solarlüftung geht man von dem Stromverbrauch des Ventilators und von den täglichen Betriebsstunden aus. Konkrete Beispiele der Berechnung wurden bereits im Zusammenhang mit anderen Anleitungen durchgespielt. Falls der Ventilator fast den ganzen Tag lüften soll, ist es sinnvoll, wenn er größtenteils im Direktbetrieb vom Solarmodul den Strom bezieht. Nur abends kann er dann nach Bild 10.1 auf den Akku umgeschaltet werden.

## 10.2 Solar-Kühlschränke

Kühlschränke gibt es normalerweise als Absorptionskühlschränke und Kompressorkühlschränke. Absorptionskühlschränke arbeiten ohne Motor, sind dadurch sympathisch geräuschlos, aber haben einen wesentlich größeren Energieverbrauch als Kompressorkühlschränke. Deshalb sind „echte" Solarkühlschränke als Kompressorkühlschränke ausgeführt. Sie sind meistens für eine 12-Volt- oder 24-Volt-Gleichspannung konzipiert und manchmal auch noch mit einer speziellen Steuerelektronik und einem eigenen Tiefentladeschutz ausgestattet. Die meisten Solarkühlschränke sind entweder als kleine Einbau- oder

**Bild: 10.2 Solar-Flex-Modul von AEG: ist leicht, dünn, biegsam, teils durchsichtig, und lässt sich auf beliebigen Oberflächen anbringen. Es kann einfach mit Klebeband auch auf der Glasfläche eines Wintergartens befestigt werden. Ideal als Stromversorgung für die Belüftung, wie auch für Elektroantriebe von Beschaffungsvorrichtungen, Bewässerungspumpen u. a.**

als Tisch-Kühlschränke in verschiedensten Ausführungen erhältlich.

Bei der Wahl eines Solarkühlschrankes muss selbstverständlich auf den Energieverbrauch geachtet werden, denn auch der kleinste „energiesparende" Kühlschrank verbraucht sehr viel von der Solarenergie, die in den meisten Fällen auch noch für andere Zwecke benötigt wird. Anderseits steigt der Energieverbrauch mit der Größe eines Kühlschrankes oft nur geringfügig an.

So hat z. B. ein AEG-Solar-Kühlschrank mit einem 75 Liter Inhalt laut Herstellerangaben einen Energieverbrauch von ca. 300 Wh in 24 Stunden und ein Kühlschrank derselben Marke mit ganzen 162 Litern Inhalt dagegen nur einen Energieverbrauch von 360 Wh pro 24 Stunden. Ein doppelt so großer Inhalt beansprucht hier also nur 20% mehr Energieverbrauch.

Den vom Hersteller angegebenen täglichen Energieverbrauch des Kühlschrankes muss das Solarzellenmodul bzw. der Akku auch täglich liefern können. Bereits der kleinere Kühlschrank mit seinem Verbrauch von etwa 300 Wh beansprucht täglich eine Akku Kapazität von 25 Ah (300 Wh : 12 V = 25 Ah).

Wenn so ein Kühlschrank beispielsweise in einem Wochenendhaus steht, das nur während der wärmeren Jahreszeit benutzt wird, wäre die Größe des Akkus davon abhängig, wie zuverlässig und ununterbrochen der Kühlschrank kühlen muss. Eine Akku-Kapazität (Kapazitäts-Anteil) von ca. 75 Ah dürfte als eine angemessene Sicherheit (für drei solarstromlose Tage) ausreichen. Normalerweise würden wir ja ohnehin Solarstrom auch noch für andere Zwecke – wie Beleuchtung oder Fernseher – benötigen, und aus dem Grund eine wesentlich größere Akku-Kapazität (von ca. 150 Ah) einplanen.

Bild: 10.3 Ausführungsbeispiel eines Solar-Kühlschrankes (Foto AEG)

## 10.3 Elektrische Kühlboxen solarbetrieben

Elektrische Kühlboxen – von denen es gegenwärtig auf dem Markt eine sehr große Auswahl gibt – arbeiten alle mit dem Prinzip eines Peltier-Elementes, und sind für eine Gleichspannung von 12 Volt (als Auto- und Campingkühlboxen) erhältlich.

Bei diesen Kühlboxen handelt es sich um keine ausgesprochenen „Solargeräte" und der Energieverbrauch ist hier größer, als man einer so kleinen Box zutrauen würde. Er fängt bei kleinen Kühlboxen mit etwa 35 W an und steigt mit wachsendem Literinhalt der Box bis auf ca. 65 Watt an. Dengrößten Teil des Energieverbrauchs nimmt das eigentliche Peltier-Kühlelement in Anspruch. Ein kleinerer Teil entfällt auf den Ventilator, der das heiß werdende PeltierElement kühlen muss.

Die Kühlbox arbeitet ansonsten in ähnlichen Zyklen, wie ein Kühlschrank: sobald die innere Kühltemperatur die eingestellte Schwelle erreicht, schaltet sich die Energiezufuhr automatisch ab usw. Dadurch hängt – ähnlich wie bei jedem Kühlschrank – der Energieverbrauch der Kühlbox von der Umgebungstemperatur, wie auch davon ab, wie oft ihr Inhalt durch Öffnen der „Tür" aufgewärmt wird.

Auf dem Freizeitgrundstück oder am Strand kann so eine Kühlbox auch direkt vom Solarzellenmodul (ohne Akku) betrieben werden. Die Solarzellenfläche sollte dann in etwa genauso viel $dm^2$ haben, wie die Kühlbox Watt an Stromverbrauch benötigt. Bei einer 35 W-Kühlbox müsste das Solarzellenmodul ja auch die 35 W liefern können, und seine Fläche sollte zumindest ca. 35 $dm^2$ (0,35 $m^2$) groß sein.

Auf dem Autodach lässt sich ein solches Solarmodul leicht unterbringen. Im Freien können zwei oder drei Solarmodulflächen oben am Sonnenschirm aufgelegt und an die Schirmspitze aufgehängt werden, um die untenstehende Kühlbox laufend mit Energie zu versorgen.

Zu diesem Zweck müssen kleinere Fertigmodule zu zwei oder drei dreieckigen Konfigurationen zusammengesetzt werden, bzw. kann man genausogut maßgeschnittene Module im Selbstbau erstellen. Die Solarzellen können zwischen zwei dünnere Plexiglasplatten eingegossen werden.

Wenn man hier ganze Solarzellen verwendet, die einen Nennstrom um die 3,1 A liefern, kann eine Solarzellenfläche (Kette) von 26 Einzelzellen eine Maximumleistung von ca. 37 W liefern (3,1 A x 26 Zellen x 0,46 V pro Zelle = 37 W). Das passt ideal für eine kleinere 35 W-Peltier-Kühlbox! Das Solarmodul wäre hier theoretisch etwas zu knapp dimensioniert, aber es reicht in der Praxis aus. Wenn weniger Sonne da ist, ist es auch entsprechend kühler, und die Kühlbox benötigt nicht so viel Strom, wie während einer größeren Hitze, bei der wiederum das Solarzellenmodul seine volle Leistung bringt.

Soweit es die Bedingungen erlauben, kann ein portables Solarzellenmodul, das sich auch anderweitig nutzen lässt, einfach im Freien aufgestellt werden.

# Haus- und Gartenbeleuchtung mit Solarstrom

11

Wer alle vorhergehenden Kapitel durchgelesen hat, der weiß inzwischen, dass es bei einer guten Planung in der Hauptsache darauf ankommt, dass eine Solar-Beleuchtung möglichst sparsam arbeitet, bzw. dass sie zumindest während der sonnenarmen Monate nicht unnötig viel Energie verbraucht. Dazu gehört eine gezielte Auswahl energiesparender Leuchtkörper und eine evtl. vollautomatisch zeitbeschränkte Dosierung der Beleuchtung. Vor allem da, wo überflüssige Leuchtdauer dem Benutzer nichts bringt, weil er bereits abwesend ist.

## 11.1 Solar-Lichtquellen

Als Lichtquellen für die Solartechnik eignen sich in erster Linie verschiedene energiesparende Leuchtstofflampen. Herkömmliche Glühbirnen haben einen viel zu niedrigen Wirkungsgrad. Konkret beinhaltet das Folgendes: eine 15 Watt-Standard-Glühbirne bringt einen Lichtstrom von 90 Lumen. Eine 15 Watt-Leuchtstofflampe schafft bis zu 900 Lumen – also das Zehnfache.

Im Handel gibt es verschiedene Arten von Energie-Sparleuchten, die auch als „Ökolicht-Lampen" für die Solartechnik angeboten werden. Einige dieser Lampen – wie z. B. die „Ökolight-Lampe" – geben einen bis zu zehnfach höheren Lichtstrom, als eine normale Glühlampe hat. Andere „Solarlampen" bringen nur etwa das Sechsfache auf die Waage. Achten Sie beim Kauf also nicht darauf, ob auf der Lampenverpackung ein grüner Punkt oder ein grünes Bäumchen aufgedruckt ist, sondern darauf, ob es mit dem Lichtstrom in Lumen auch seine Richtigkeit hat.

Als weitere Alternative eignen sich für die Solarbeleuchtung die so genannten „Neonleuchten". Sie haben einen etwas niedrigeren Wirkungsgrad, als die Leuchtstofflampen, und beinhalten ebenfalls eine Art Vorschaltgerät (einen winzigen Wechselrichter).

Beide energiesparenden Leuchtkörper haben zwei charakteristische Merkmale: der Wirkungsgrad steigt wesentlich mit der

Leistung, und die Lebensdauer ist ziemlich hoch.

Etwas problematisch ist es mit dem Wirkungsgrad der Halogenlampen. Es gibt da verschiedenste Typen, die bezüglich des Wirkungsgrades recht unterschiedlich sind. Die meisten der gängigen Halogenlampen erreichen – trotz ihres guten Rufes – nicht einmal einen doppelt so hohen Lichtstrom, wie ihn die traditionellen Standard-Glühbirnen aufweisen.

In Hinsicht auf die Nutzungsart dürfte man Folgendes empfehlen:

- Leuchtstofflampen verdienen Vorrang vor allen anderen Leuchtkörpern, wenn die Beleuchtung für eine jeweils längere Zeitdauer benötigt wird. Für kurzfristige Beleuchtung sind sie oft noch zu teuer (was sich voraussichtlich bald ändern dürfte, denn die Weltpreise liegen bereits relativ niedrig).
- Für kurzfristige Beleuchtung (Garagenzufahrt, Gartentürlampe) sind kleinere Halogenlampen praktisch. Auch deshalb, weil es sie standardmäßig bereits für niedrige Spannungen gibt (2,8 V / 4 V/5,2V/6V/6,5V).
- Für rein dekorative Beleuchtung eignen sich am besten "superhelle" LEDs.
- Für Hintergrundbeleuchtung gibt es spezielle LEDs, oder Fotonik-Leuchtfolien. Die speziellen Hintergrundbeleuchtungs-LEDs haben eine Art Reflektor, der das Licht auf einer diffusen Frontscheibe breitflächig verteilt. Bei den Fotonik-Leuchtfolien handelt es sich um ein Material, bei dem die Atomarstrukturen – ähnlich wie bei einem Laser – angeregt werden, und dadurch Licht in Form von Lichtquanten (Photonen) abgeben. Diese Folien sind nur ca. 0,6 mm dünn und in verschiedenen Farben (weiß, türkis, gelb, blau und grün) erhältlich. Sie haben einen Stromverbrauch von nur 10 mA/dm$^2$, produzieren keine Wärme und eignen sich hervorragend als Hintergrundbeleuchtung für Schilder und Tafeln.

Alle bisherigen Angaben haben nur einen sehr informativen Charakter und können herstellerabhängig oder typenabhängig variieren. In Hinsicht auf die leistungsabhängige Lichtausbeute sollte bei der Planung einer Raumbeleuchtung beachtet werden, dass typenabhängig z.B. eine einzige 14-Watt-Leuchtstofflampe dasselbe Licht geben kann, wie neun kleine 4-Watt-Leuchtstofflampen zusammen (die eine stolze Gesamtleistung von 36 Watt benötigen).

Gewisse Aufmerksamkeit verdienen hier die LEDs. Jeder kennt sie, nur wenige wissen, worum es geht. LEDs sind leuchtende Halbleiter (Leuchtdioden), die fast ewig mithalten, sehr wenig Strom verbrauchen, eine sehr niedrige Spannung benötigen, und unter Umständen sogar relativ viel Licht geben. Das sind äußerst willkommene Eigenschaften für die Solartechnik.

Es gibt runde, viereckige und dreieckige LEDs in den Farben rot, gelb, grün, orange und blau (die blauen sind noch ziemlich teuer). Fast alle LEDs sind zudem wahlweise im klaren oder im diffusen Kunststoffgehäuse erhältlich. Standardmäßig werden auch zweifarbige DUO-LEDs hergestellt. Hier handelt es sich im Grunde genommen um zwei LEDs in einem Gehäuse.

Einige der LEDs sind auch als blinkende LEDs erhältlich. Diverse DUO-LEDs werden als teilweise blinkend angeboten (die rote blinkt, die grüne leuchtet dauernd).

Die meisten Standard-LEDs benötigen eine Betriebsspannung von etwa 1,6 bis 2,7 V und einen Strom von nur 0,02 A (= 20 Milliampere). Einige Mini-LEDs brauchen nur einen Strom von 0,015 A. Es gibt jedoch auch sogenannte „Low-Current-LEDs“, für die ein Strom von 0,002 A genügt. Dabei bringen einige der besseren Typen dieselbe Lichtstärke zustande, wie ihre energiefressenden Brüderchen, die einen zehnfach höheren Stromverbrauch aufweisen.

**Hinweis**

Bei fast allen Leuchtstoff- und Neonlampen steigt der Lichtstrom überproportional mit der zunehmenden Leistung.

Für die Solartechnik sind besonders die sogenannten „superhellen LEDs“ interessant. Um in die Vielfalt an technischen Informationen eine Übersicht zu bringen, setzen wir der Einfachheit halber eine kleine Tabelle zusammen (Bild 11.2)

| Lampentype | Leistungs-aufnahme | Lichtstrom /Lumen/ |
|---|---|---|
| Standard-Glühlampe | 10 W | 48 lm |
| Standard-Glühlampe | 15 W | 90 lm |
| Standard-Glühlampe | 25 W | 230 lm |
| Standard-Glühlampe | 40 W | 430 lm |
| Standard-Glühlampe | 60 W | 730 lm |
| Standard-Glühlampe | 75 W | 960 lm |
| Halogenlampe | 15 W | 155 lm |
| Halogenlampe | 20 W | 350 lm |
| Neonleuchte | 8 W | 375 lm |
| Neonleuchte | 10 W | 485 lm |
| Neonleuchte | 15 W | 780 lm |
| Ökolight-Lampe | 11 W | 600 lm |
| Ökolight-Lampe | 14 W | 900 lm |
| Luxeon-Leuchtdiode* | 5 W | 120 lm |
| Luxeon-Leuchtdiode* | 1 W | 18 lm |

* Anbieter *Conrad Elektronik*, Bestell-Nr.: 176161 (5W/6,84 V) bzw. 176251 (1 W/3,42 V)

**Bild: 11.1 Die Tabelle zeigt informativ, wie es typen- und leistungsbezogen mit den Unterschieden des Lichtertrages einiger Lampen aussieht.**

| LED Type | Arbeits-spannung | Strom-aufnahme | Ausstrahl.-Winkel | Lichtstärke /Candel/ |
|---|---|---|---|---|
| Normal diffus rot | ca. 1,6 V | 0,02 A | ca. 25° | 1,6 mcd |
| Normal diffus gelb | ca. 2,1 V | 0,02 A | ca. 25° | 2,0 mcd |
| Normal diffus grün | ca. 3,0 V | 0,02 A | ca. 25° | 3,0 mcd |
| Normal klar rot | ca. 1,6 V | 0,02 A | ca. 25° | 6,3 mcd |
| Normal klar gelb | ca. 2,1 V | 0,02 A | ca. 25° | 5,0 mcd |
| Normal klar grün | ca. 3,0 V | 0,02 A | ca. 25° | 6,5 mcd |
| Low-Currant rot | ca. 1,6 V | 0,002 A | ca. 25° | 1,6 mcd |
| Low-Current gelb | ca. 1,7 V | 0,002 A | ca. 25° | 2,0 mcd |
| Low-Current grün | ca. 2,0 V | 0,004 A | ca. 25° | 2,8 mcd |
| Superhelle rot | ca. 2,2 V | 0,02 A | ca. 120° | 60 mcd |
| Superhelle rot | ca. 2,2 V | 0,02 A | ca. 35° | 500 mcd |
| Superhelle rot/E | ca. 2,2 V | 0,02 A | ca. 35° | 3000 mcd |
| Superhelle AlInGaP* rot-orange | 2 V | 0,05 A | 6° | 8000 mcd |
| Superhelle AlInGaP* gelb | 2 V | 0,05 A | 6° | 9300 mcd |
| Superhelle AlInGaP* orange | 2 V | 0,05 A | 6° | 9500 mcd |
| Superhelle AlInGaP* rot | 2 V | 0,05 A | 6° | 6500 mcd |
| Superhelle weiße LED 3 mm | 3,6 V | 0,02 A | 45° | 1270 mcd |
| Superhelle weiße LED 3 mm | 3,6 V | 0,02 A | 25° | 2800 mcd |
| Superhelle weiße LED 5 mm | 3,6 V | 0,02 A | 20° | 9200 mcd |
| Super-Nova-SMD-LED grün | ca. 4 V | 0,05 A | 120° | 1125 mcd |
| Super-Nova-SMD-LED gelb | ca. 4 V | 0,175 A | 120° | 2850 mcd |

* Aluminium-Indium-Gallium-Phosphat-Leuchtdiode (Anbieter *Conrad Elektronik*)

**Bild: 11.2 Vergleich der Lichtausbeute einiger LEDs**

| Lampentype | Leistungs-aufnahme | Lichtstärke bei Ausstrahlungswinkel | | |
|---|---|---|---|---|
| | | von 10° | von 15° | von 35° |
| Halogen-Glühlampe | 10 W | 1500 cd | 400 cd | 88 cd |

**Bild: 11.3 Vergleich der Lichtströme in Abhängigkeit vom Ausstrahlungswinkel**

Die Menschen machen sich das Leben mit den unterschiedlichsten technischen Daten schon ziemlich schwer. Es gibt jedoch unter den technischen Daten auch solche, die uns wiederum die richtige Wahl sehr erleichtern. Dazu gehören auch die Informationen darüber, wie groß der Lichtstrom in Lumen, (Abkürzung „lm“) einer Lampe ist.

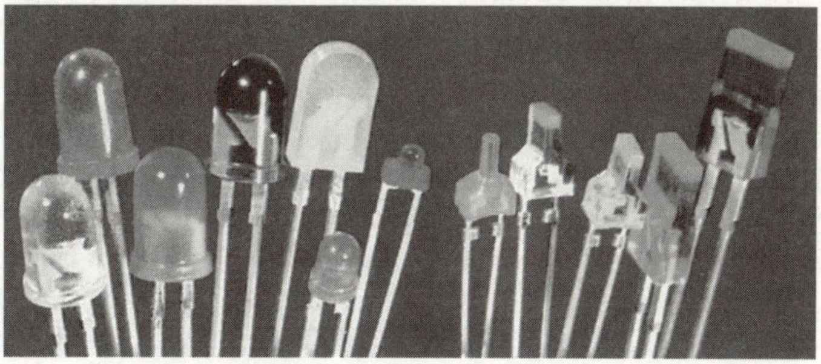

**Bild: 11.4 LEDs als dekorative Mini-Leuchtkörper in derSolartechnik**

Diese „Lumen" geben die gesamte Lichtsumme an, die aus der Lampe herauskommt. Es wird dabei außer Acht gelassen, wie breit der Ausstrahlungswinkel des Lichtkegels ist.

Bei manchen Lampen, zu denen auch einige spezielle Halogen-Glühlampen gehören, ist es jedoch für den Anwender wichtig zu wissen, wie breit der Ausstrahlungswinkel (Lichtkegel) ist, und wie stark die Fläche beleuchtet wird, um die es geht. Man kann sich hier gut vorstellen, dass zu Signalzwecken ein kleinerer Ausstrahlungswinkel genügt, als für die Hintergrundbeleuchtung eines Solarschildes.

So wird bei einigen Lampen und bei fast allen LEDs nicht der Lichtstrom (in Lumen), sondern die Lichtintensität (Lichtstärke) pro Flächenteil in „cd" oder „mcd" (Candel oder Millicandel) angegeben. Es versteht sich von selbst, dass Lampen oder LEDs mit einem kleinen Ausstrahlungswinkel (schmalen Lichtkegel) eine Fläche intensiver pro $cm^2$ ausleuchten, als Lampen mit einem breiteren Ausstrahlungswinkel. Als Beispiel vergleichen wir interessehalber drei 10 W-Halogenglühlampen mit unterschiedlichen Ausstrahlungswinkeln.

So produzieren z.B. alle drei Lampen nach Bild 11.3 zwar dieselbe Menge an Licht, aber die Belichtung pro $cm^2$ Fläche sinkt logischerweise mit der Vergrößerung des Ausstrahlungswinkels. Dasselbe gilt für die LEDs. Es ist z. B. darauf zu achten, dass es auch bei den superhellen LEDs typenbezogen sehr unterschiedliche Lichtstärken gibt, die zwischen 60 und 3000 mcd (bei gleichem Strombedarf) liegen.

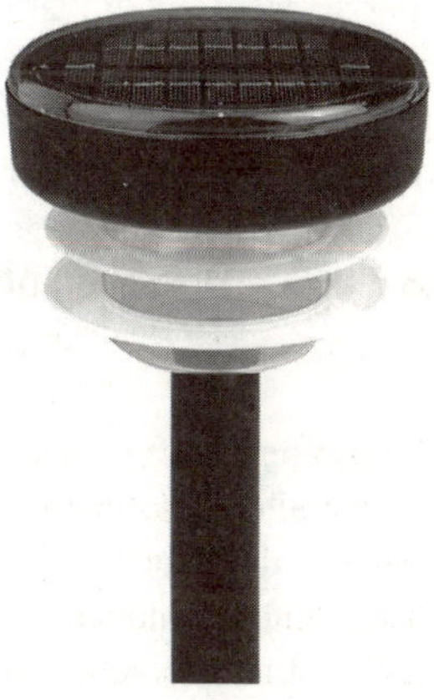

**Bild: 11.5 Solargartenlampe mit Solarmodul im Lampengehäuse (AEG).**

Hier sollte darauf hingewiesen werden, dass so eine superhelle 3000-mcd-LED einen Verbrauch von nur 0,05 W hat, was umgerechnet eine Lichtstärke von 550 cd pro 10 Watt bei einem Ausstrahlungswinkel von 35° ergibt. Im Vergleich mit der im Bild 11.3 aufgeführten 35°-Halogenglühlampe schneidet diese LED bzgl. des Wirkungsgrades hervorragend ab.

Vom Lichtspektrum her eignen sich die meisten LEDs jedoch eher für eine Beleuchtung dekorativer Art – obwohl es inzwischen auch schon LEDs mit einem ziemlich natürlichen „Tageslicht" gibt.

## 11.2 Solarleuchten als Fertigprodukte

Solarleuchten gibt es in zwei Grundausführungen: mit oder ohne ein am Leuchtkörper integriertes Solarzellenmodul. Im Inneren der kompakten Solarleuchten mit sichtbar angebrachtem Solarzellenmodul ist normalerweise auch ein Akku als Zwischenspeicher untergebracht. Kompaktleuchten mit einem Solarzellenmodul sind verständlicherweise nur als Außenleuchten konzipiert, und sollten so aufgestellt werden, dass die Solarfläche gegen Süden gerichtet ist, und möglichst viel Sonne auffangen kann.

Solarleuchten sind entweder als freistehende Gartenlampen oder als Wandleuchten ausgeführt. Die meisten der handelsüblichen kleineren Solaraußenlampen (Gartenlampen) haben nur eine kleinere Solarzellenfläche und einen kleineren Akku, wodurch man von ihnen nicht einmal im Sommer unbedingt erwarten kann, dass sie die ganze Nacht lang leuchten. Viele dieser Lampen sind nur mit einem Dämmerungsschalter ausgestattet, schalten bei Dämmerung ein, und leuchten dann einfach solange, bis der Akku leer ist. Die tägliche Leuchtdauer hängt natürlich davon ab, wie gut sich der Akku tagsüber wetterbedingt aufladen konnte. Somit sind derartige Lampen als kontinuierliche Außenbeleuchtung nur situationsbezogen brauchbar.

Einige Solaraußenleuchten haben neben dem Dämmerungschalter noch einen Bewegungssensor (Bewegungsmelder) und leuchten nur dann auf, wenn ein Mensch, ein Tier oder ein Auto in die Nähe kommt, bzw. wenn der Wind die Zweige des nahestehenden Baumes zu sehr bewegt. Da man einer derartig konzipierten Kompaktleuchte kaum beibringen kann, dass sie auf eine vorbeifliegende Fledermaus oder vorbeilaufende Katze nicht reagieren darf, sollte sie lieber nicht im Sichtwinkel des Schlafzimmerfensters aufgestellt werden. Es sei denn, man stattet sie noch mit zusätzlichen Schaltern oder Sensoren aus, die das Einschalten etwas zweckorientierter einschränken.

Solarleuchten ohne Solarzellenmodul – die wir an beliebige Solaranlagen Marke Eigenbau anschließen können – gibt es in verschiedensten Ausführungen als Außenleuchten, Feuchtraumleuchten und Innenleuchten. Sie sehen den anderen Netzspannungsleuchten ähnlich, sind jedoch überwiegend für eine Gleichspannung von 12 Volt entwickelt. Es besteht auch ein größeres Angebot an Solarleuchten für 24 Volt und ein etwas kleineres Angebot an Solarleuchten für Spannungen unterhalb von 12 Volt.

## 11.3 Solarleuchten im Selbstbau

Der Anlass zum Selbstbau kann meistens darin bestehen, dass man bei der Lampe spezielle Eigenschaften benötigt, die bei den Standardprodukten nicht zu finden sind. Als eine empfehlenswerte Lösung bietet sich hier die Anpassung oder Umgestaltung einer bestehenden Solarlampe an. Ein Fertigprodukt ist meistens preiswerter als einzeln zusammengekaufte Bauteile. Soweit nur die üblichen Solar-Niederspannungen von maximal 24 Volt verwendet werden, gibt es keine Stromverletzungsgefahr, und darum kann die Kreativität viel mehr Spielfläche erhalten. Auch deshalb, weil hier jegliche VDE-Vorschriften ignoriert werden dürfen (so etwas tut einem richtig wohl). Achten Sie aber dennoch darauf, dass ein Kurzschluss oder eine funkende Verbindung nicht feuerstiftend wirken kann. In dieser Hinsicht ist Gleichstrom gefährlicher als Wechselstrom.

**Hinweis**

Echte Solarlampen und Energiesparlampen sind ziemlich teuer. Es gibt aber als Autozubehör verschiedene preiswerte Leuchtstoff-Handlampen, die für den 12-V-Zigarettenanzünder-Anschluss im Auto konzipiert sind. Sie verfügen über einen integrierten Wechselrichter; und basieren damit auf demselben Prinzip wie die teuren "Öko-Alternativen". Bei diesen Handlampen werden Sie zwar kaum Angaben über den Lichtertrag in Lumen finden, aber dagegen trifft hier oft der Slogan zu mit 5 Euro sind Sie dabei". Das ist besonders für denjenigen interessant, der sich Solarlampen eigenhändig bauen oder umgestalten möchte. Schon die Innenteile einer solchen preiswerten Lampe lassen sich sehr gt als Fertigbausteine gebrauchen.

## 11.4 Solarbeleuchtung richtig dimensionieren

Bei dem Begriff richtiger Dimensionierung wird es sich bei der Solarbeleuchtung in der Regel um einen gewissen Kompromiss zwischen dem Wunschwert und der Akzeptanzgrenze handeln. Als Leitfaden können dabei die Angaben über die Lichtintensität von normalen Glühbirnen dienen.

Wenn beispielsweise eine 14 W-Ökolight-Sparlampe einen Lichtstrom von 900 lm und eine gewöhnliche 75 W-Glühbirne 960 lm hat, werden diese beiden Lampen ungefähr dasselbe Licht geben. Der Lichtstrom einer 11 W-Ökolight-Lampe liegt mit seinen 600 lm ziemlich in der Mitte zwischen einer 40 W- und einer 60 W-Glühbirne. Somit lässt sich auch hier einschätzen, ob diese Lichtintensität für den einen oder anderen Zweck ausreichend sein dürfte.

Falls wir uns für eine dieser Ökolight-Lampen entschließen, müssen wir nur noch überlegen, wieviele Stunden die Lampe pro Tag oder pro Woche leuchten soll, und daraus ergibt sich ihr Energiebedarf. Wenn beispielsweise die 11 W-Sparlampe einen Stromverbrauch von 0,9 A hat, und maximal zehn Stunden pro Woche leuchten soll, beansprucht sie eine Akkukapazität von 9 Ah. Wenn die Beleuchtung nur während der lichtreichen Jahreshälfte – z. B. nur vom April bis September – benötigt wird, kann der 12 V-Akku mehr oder weniger laufend nachgeladen werden. Ein Solarmodul mit einer Nennspannung von ca. 20 V und einem Nennstrom von ca. 0,7 bis 0,9 A dürfte hier völlig ausreichen.

In der Praxis wird so ein Akku möglicherweise auch noch andere Verbraucher mit Strom versorgen müssen (weitere Gartenlampen, Gartenpumpe, Fernseher, Heizkissen), und seine Kapazität ergibt sich demzufolge aus der Summe einzelner Energie-Anteile. Dennoch wird in sehr vielen Fällen eine der kleinsten Autobatterien (z. B. 12 V/36 Ah) genügen. Dieser Batterie darf höchstens ein Ladestrom von 3,6 A zugemutet werden.

In Hinsicht auf die Nennströme der meisten Solarzellen – die zwischen ca. 2,8 und 3,1 A liegen – geben wir uns mit diesem Ladestrom zufrieden, und wählen lieber eine etwas höhere Nennspannung des Solarmoduls (22 bis 24 V). Dann liefert das Modul auch bei düsterem Wetter rund um die Mittagszeit immer noch eine Spannung von ca. 13 bis 14 V und einen Ladestrom von über 1 A. Zum Nachladen des Akkus werden dann während der ersten Aprilhälfte und der letzten Septemberhälfte zwar manchmal bis zu sieben Tage notwendig, aber das genügt völlig.

Auch in diesem Beispiel werden wir mit ähnlichen Überlegungen konfrontiert, wie sie bereits in vorhergehenden Kapiteln angesprochen wurden. Aus dem Ganzen geht hervor, dass es sich bei der Dimensionierung der Solaranlage eigentlich immer um dieselben Vorgänge handelt, und dass dabei die Einschätzung der Wetterbedingungen einen sehr wichtigen Stellenwert hat. Leider gibt es keine Tabellen, aus denen hervorgehen könnte, wie das Wetter im nächsten September oder übernächsten März sein wird.

Das einzige, was zuverlässig stimmt, sind die Angaben über den Sonnenaufgang und Sonnenuntergang. Zu Ihrer Information zeigen wir im Bild 11.7 wie es damit jeweils in der Mitte einzelner Monate aussieht, denn das kann uns bei diversen Planungen nützlich sein.

Der Unterschied zwischen der Tageslänge am 15. Juni und am 15. Dezember ist ja größer, als die meisten von uns schätzen würden. Dazu kommt noch die bedauernswerte Tatsache, dass sich die Sonne zwar an die Angaben in der Tabelle hält, aber dennoch im Winter manchmal unsichtbar bleibt. Das alles sollten wir bei der Dimensionierung einer Solaranlage berücksichtigen, die auch während der Wintermonate funktionsfähig bleiben soll. In den letzten Jahren gab es allerdings während der Monate Dezember und Januar oft ein sehr sonniges, frühlingshaftes Wetter.

| Tag: | Sonnenaufgang - Sonnenuntergang: | Sonnenlichtdauer: |
|---|---|---|
| 15. Januar | 8,20 - 16,43 | 8 Std. 23 Min. |
| 14. Februar | 7,37 - 17,30 | 9 Std. 53 Min. |
| 15. März | 6,36 - 18,27 | 11 Std. 51 Min. |
| 15. April | 6,27 - 20,18 | 13 Std. 51 Min. |
| 15. Mai | 5,31 - 21,06 | 15 Std. 35 Min. |
| 15. Juni | 5,05 - 21,40 | 16 Std. 35 Min. |
| 15. Juli | 5,23 - 21,32 | 16 Std. 09 Min. |
| 15. August | 6,08 - 20,44 | 14 Std. 36 Min. |
| 15. September | 6,57 - 19,37 | 13 Std. 40 Min. |
| 15. Oktober | 6,46 - 17,29 | 10 Std. 43 Min. |
| 15. November | 7,39 - 16,33 | 8 Std. 54 Min. |
| 15. Dezember | 8,20 - 16,14 | 7 Std. 54 Min. |

**Bild: 11.7 Tabelle Sonnenaufgang/Sonnenuntergang (ungefähr in der geografischen Mitte Deutschlands)**

So wurden beispielsweise von den Verfassern dieses Büchleins speziell für dieses Thema u.a. folgende Messergebnisse festgestellt: am 15. Dezember um 15:25 Uhr wurden bei wunderschönem sonnigen Wetter (Temperatur 0°C) diverse Solarzellenmodule gegen die Sonne gerichtet. Die ermittelten Werte waren überraschend gut. Unter Belastung von Ladereglern und halbleeren Akkus wurden pro Solarzelle Nennspannungen um die 0,44 V ermittelt. Der Ladestrom lag hier bei 1 A pro Zelle (mehr hatten die Akkus bei einfachen Ladereglern nicht nötig, da sie ja halb voll waren).

Es handelte sich hier um eine echte Betriebssituation beim praktischen Nachladen der Akkus. Die Spannung pro Solarzelle war hier also noch 44 Minuten vor dem Sonnenuntergang wirklich hervorragend.

Dieses Beispiel will nur zeigen, dass die Fotovoltaik auch im Dezember noch ausgezeichnet funktioniert. Wenn jedoch das Dezemberwetter zu trübe ist, sinkt die Spannung des Solarmoduls unter die Spannung des Akkus, und damit kann kein Ladestrom mehr fließen. Darüber konnten wir bereits im 2. Kapitel alles in Erfahrung bringen.

Während eines sonnigen und freundlichen Dezembers kann z. B. eine 12 V/50 Ah-Autobatterie (bzw. ein Solarakku) ziemlich kontinuierlich nachgeladen werden, wenn das Solarmodul eine Nennspannung von mindestens 17,5 V und einen Nennstrom von 5 A hat. Während etwas trüberem Dezemberwetters kann die Solarspannung um 33% bis 50 % sinken.

Angenommen, es sollte ein Akku nachgeladen werden, der momentan eine Spannung von 11,5 V hat, dann müsste das Solarmodul mindestens eine Spannung von 14 V liefern können (andernfalls wäre der Ladestrom zu niedrig, und das Aufladen könnte wochenlang dauern). Wenn wir nun auf die 14 V die erwähnte Spannungseinbuße aufrechnen, ergibt sich daraus eine Solarmodul-Nennspannung von 21 bis 28 V. Eine unsympathisch breite Spannungsgrenze. Wenn wir jetzt weitermachen, kommen wir in eine Schleife, die sich bis zum Anfang dieses Buches zieht. In der Praxis werden wir uns mit einer etwas niedrigeren Solarmodul-Nennspannung zufrieden geben und hoffen, dass alles gut geht. Wenn nicht, kann ja immer noch ein

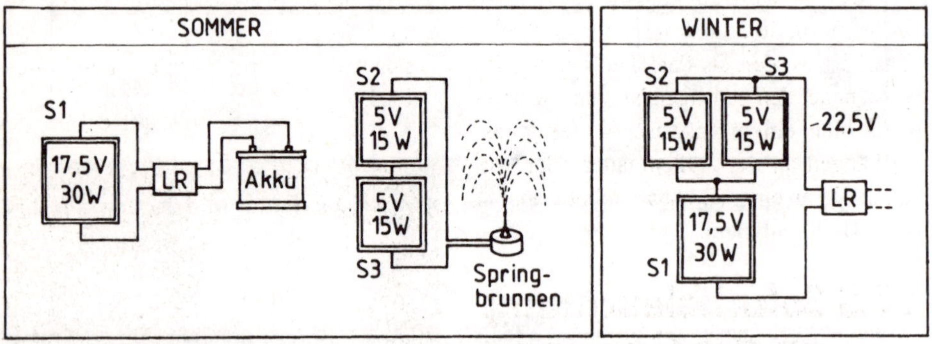


**Bild: 11.8 Solarertragserhöhung während der Wintermonate mit Hilfe von zusätzlichen Solarmodulen: a) während des Sommerbetriebes werden Solarmodule S2 und S3 anderweitig genutzt; b) im Winter werden diese zwei Module noch an das Modul S1 angeschlossen, wodurch sich die theoretische Nennspannung auf 22,5 V erhöht. Damit steigt auch die Chance, dass selbst bei trüberem Winterwetter die Solarspannung hoch genug sein wird, um den Akku (über Laderegler LR) nachladen zu können. Wenn die Solarmodule keine integrierten Bypass-Dioden haben, müssen diese unbedingt zusätzlich angebracht werden (eine für das untere Modul und eine für das obere Modulen-Duo). Es ist technisch nicht unbedingt notwendig, dass die zusätzlichen Module S2 und S3 genau dieselbe Leistung aufweisen, wie das untere Modul S1. Auch hier ist jedoch die Leistung des schwächsten Kettengliedes für die Gesamtleistung (und des Stromes in A) der ganzen Kette bestimmend. Wenn beispielsweise die Module S2 und S3 jeweils eine Nennleistung von 20 W – und damit zusammen 40 W – hätten, bleibt die max. Gesamtleistung bei den 30 W des Moduls S1. Wenn dagegen die Module S2 und S3 jeweils nur eine Leistung von 12 W – und damit zusammen 24 W – hätten, würde auch die max. erreichbare Nennleistung der ganzen Kette bei 24 W liegen. Da jedoch im Winter die Frage der Spannung viel wichtiger ist als die Frage der Leistung, könnte auch dieser Nachteil in Kauf genommen werden.**

zweites Solarmodul angeschlossen werden. Hierzu ein Tip: da hier Mangel an Spannung viel kritischer ist, als Mangel an Strom, kann ein kleineres Zweitmodul für die Übergangszeit (Winterperiode) in Reihe mit dem Hauptmodul angeschlossen werden (Bild 11.8).

Ein derartiger Aufwand lohnt sich nur dann, wenn es sich um ein Schrebergartenhäuschen, Ferienhaus oder eine Berghütte handelt, die auch während der Wintermonate benutzt werden, und bei denen eine gelegentliche Notlösung – wie z. B. ein zu Hause aufgeladener Akku – zu umständlich wäre. Das Zweitmodul kann dann während der Winterperiode an ganz anderer Stelle installiert werden als das Hauptmodul. In Hinsicht auf den günstigen Neigungswinkel bietet sich ein provisorisches vertikales Aufhängen an der Außenmauer oder ein Aufstellen an einem drehbaren Stativ an.

## 11.5 Solarbeleuchtung an der Gartentür

Es gibt nur wenige Gartentüren, an denen eine gute Beleuchtung einem willkommenen Besucher, wie auch dem Hausbewohner das Leben erleichtert. Das Anlegen von einem Wechselstrom-Netzanschluss stellt oft eine ziemlich komplizierte und teure Angelegenheit dar. Die Fotovoltaik kann hier derartige Projekte sehr vereinfachen. Wir haben bereits im 8. Kapitel ein elektrisches Solartor vorgestellt, wobei die Solarzellen direkt an den Türpfosten angebracht werden können. Das wäre ein Lösungsbeispiel der eigentlichen Energiequelle, die natürlich gleichzeitig auch für eine drahtlose Türsprechanlage bzw. einen drahtlosen Türgong und für die Beleuchtung zur Verfügung steht.

Eine Gartentürbeleuchtung dürfte sich in folgende Funktionskomponente aufteilen:

- ❑ Lampe (Lampen) an der Gartentür
- ❑ Lampe (Lampen) am Weg zum Hauseingang bzw. an der Haustür
- ❑ Leuchtende Hausnummer (durchlaufend oder mit einer Unterbrechung während der Nachtruhe, aus LEDs zusammengestellt)
- ❑ Leuchtendes Namensschild (mit einem Dämmerungsschalter und infraroten Bewegungsmelder gesteuert)
- ❑ Leuchtendes Firmenschild – falls zutreffend.

**Bild: 11.9 Solar-Außenlampe am Hauseingang (AEG)**

Die Lampen an der Gartentür und die Hausnummer können besonders im Winter, z. B. bis in die späteren Abendstunden leuchten, aber der Rest der Elektronik und der Beleuchtung kann sich nur durch Betätigen der Türklingel einschalten. Das Namensschild dürfte evtl. mit einem sehr selektiven Annäherungsschalter versehen werden, um nur dann zu schalten, wenn jemand direkt vor der Tür steht. Zu diesem Zweck kann auch ein normaler IR-Bewegungsmelder benutzt werden, dessen Sensorfenster durch Überkleben derartig verkleinert wird, dass er nicht auf jeden vorbeilaufenden Hund reagiert.

## 11.6 Solarlicht im Garten

Licht im Garten hat verschiedene Aufgaben: eine rein funktionelle Beleuchtung von Wegen oder Flächen, eine dekorative Beleuchtung, Einbruchsschutz usw. Beim Solarlicht ist die Lichtintensität und die Leuchtdauer von größter Wichtigkeit. Am leichtesten hat man es mit Lampen, die nur einige Sekunden oder Minuten lang leuchten bzw. als Einbruchsschutz nur blitzartig aufleuchten, und somit fast keine Energie verbrauchen. Eine Garagenzufahrtsbeleuchtung oder eine Einbruchsschutzlampe in der hintersten Gartenecke dürften mit kleinen Solarzellenflächen und mit ebenfalls kleinen Akkus zurechtkommen. Eine Hauseingangsbeleuchtung, die aus ästhetischen Gründen während des ganzen Abends bzw. sogar die ganze Nacht leuchten soll, wird sich dagegen nicht so einfach mit einer kleinen Solarfläche zufrieden geben.

Aus allen bereits aufgeführten Beispielen haben wir inzwischen gelernt, wie man mit der Berechnung der Solarzellenfläche und der Akkukapazität zurecht kommt. Wir wissen auch, dass wir den Lichtbedarf nach Lumen und nicht nach Werbesprüchen beurteilen und vergleichen müssen. Manche der angebotenen Solargartenlampen bieten nur eine Lichtintensität, die bestenfalls als Grabbeleuchtung akzeptabel ist.

Soweit man mit mehreren solchen Lampen romantische Lichtinseln im Garten kreieren will, ist dagegen nichts einzuwenden, aber für eine ordentliche Beleuchtung braucht man auch ein ordentliches Licht. Dazu wird oft ein separates größeres Solarmodul notwendig bzw. auch ein größerer Akku. Die handgroßen Solarzellenflächen auf den kompakten Gartenlampen reichen für die geographische Lage unserer Länder nicht aus, wenn von der Lampe eine kontinuierliche Beleuchtung erwartet wird. Etwas anderes ist es, wenn eine solche Lampe am Gartenweg oder im Hof jeweils nur kurz eingeschaltet wird.

Im Vergleich zu einer Weiherfontäne geht es bei der Gartenbeleuchtung darum, dass sie gerade während der Wintermonate voll funktionsfähig sein muss. Bei der Planung sollte man damit rechnen, dass erstens der Akku mindestens zwei Wochen lang ohne Energienachschub durchhält, und dass zweitens das Solarmodul auch während trüber Wintertage eine genügend hohe Nennspannung und einen einigermaßen ausreichenden Ladestrom liefern kann.

Beispiel: zwei 12 V/1,1 A-Leuchtstofflampen sollen im Winter täglich max. 6 Stunden leuchten. Das setzt eine Akku-Kapazität von 13,2 Ah pro Tag voraus (1,1 A x 2 Lampen x 6 Stunden). Wenn man nun die 13,2 Ah mit 14 Tagen multipliziert, ergibt sich daraus eine Akku-Kapazität von 184,8 Ah. Eigentlich müssten wir noch etwa 15 bis 24 % auf die Lade- und Selbstentladeverluste dazurechnen, aber wir begnügen uns damit, dass wir es auf 200 Ah abrunden. Das ist eine Kapazität von zwei bis drei größeren Autobatterien.

Dabei gibt es während des ganzen Jahres schlimmstenfalls nur zwei oder drei Wochen (im Dezember und Januar), in denen es vorkommen kann, dass sich 10 bis 14 Tage nacheinander die Sonne nicht zeigt. Ansonsten würde ein Fünftel der Akku-Kapazität völlig ausreichen. Wenn es nun die Möglichkeit gibt, dass der Akku notfalls problemlos vom öffentlichen elektrischen Netz nachgeladen werden kann – was ja im Garten des Wohnhauses leicht machbar ist – dürfte ein kleiner 40 Ah-Akku genügen. Bei etwas Glück wird man ihn höchstens einmal im Jahr vom Netz nachladen müssen. Ansonsten könnte er von einem 24 V/3 A-Solarmodul nachgeladen werden. Das ist immerhin noch ein 72 W-Modul, dessen Fläche fast 3/4 $m^2$ groß ist.

Wir haben hier mit Absicht ein etwas aufwändigeres Beispiel gewählt, um zu zeigen, wie kompliziert es wird, wenn man

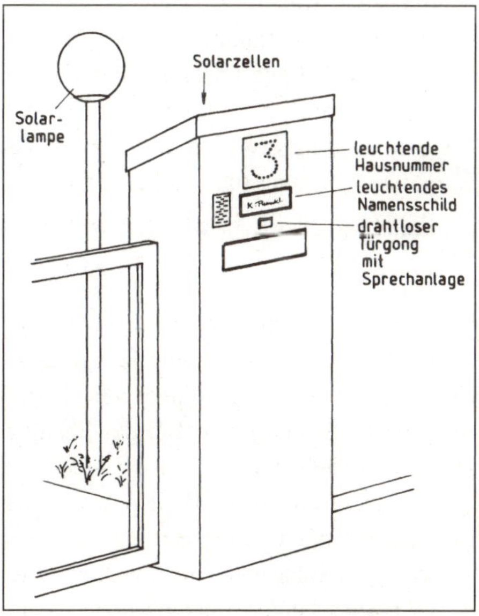


**Bild: 11.10 Beispiel einer modernen Solar-Gartentür.**

**Hinweis**

Bei vielen Solarzellenflächen der fernöstlichen Solarlampen sind für unseren Breitengrad die Leistungswerte (vor allem Spannungswerte) zu schwach dimensioniert und die Batterien werden daher von „unserer“ Sonne nur sehr bescheiden nachgeladen. Bevor Sie so eine Lampe kaufen, zählen Sie spaßhalber die Einzelzellen des Moduls. Wie Sie bereits wissen, können Sie bei kristallinen Zellen mit einer Nennspannung von 0,46 V pro Zelle rechnen. Das Modul einer Lampe, die auch im Winter leuchten sollte, müsste mindestens das 1,8-fache der eigentlichen Batterie-Nennspannung betragen. Eine 6-Volt-Lampe sollte demnach mindestens 24 Zellen (24 x 0,46 V = 11 V) haben.

von der Solarbeleuchtung eine kontinuierlichere Leistung verlangt. Viel einfacher ist es dagegen, wenn es sich nur um eine gelegentliche Weiher- oder Gartenbankbeleuchtung handelt, die erstens kaum im Winter gebraucht wird, und zweitens nur eine kürzere Zeit im Einsatz ist.

Beispiel: dieselben zwei 12V/1,1 A-Leuchtstofflampen sollen als Beleuchtung einer Gartenlaube eingeplant werden. Es wird vorausgesetzt, dass höchstens drei Stunden Licht pro Tag benötigt wird. Das wäre eine Akkukapazität von 6,6 Ah (1,1 A x 2 Lampen x 3 Stunden). Ein 8 Ah-Akku dürfte hier völlig ausreichen, denn während der warmen Sommermonate ist ein tägliches Nachladen unproblematisch. Ein 18,5 V/0,8 A Solarmodul wäre hier optimal. Das ist dann ein 15 W-Modul mit einer Fläche von ca. 15 dm2. Das sieht schon viel besser aus, als im vorhergehenden Beispiel. Zudem werden normalerweise die meisten Gartenlampen, von der Leistung oder von der Leuchtdauer her, viel bescheidenere Ansprüche an die Akku-Kapazität stellen. Wo es sich nur um eine dekorative Beleuchtung handelt – wie z. B. bei einem beleuchteten Rosenbogen oder Christbaum – können auch farbige superhelle LEDs sehr energiesparend eingesetzt werden.

# Solaranlagen für Garagen und Garagenzufahrten

12

**Bild: 12.1 Vor allem bei abgelegenen Garagen, die über keinen Netzanschluss verfügen, kann die Stromversorgung (u.a. für den elektrischen Garagentor-Antrieb) ein kleines Solarmodul übernehmen, das z.B. am Garagendach angebracht wird.**

Viele Garagen stehen abseits des Hauses und verfügen über keinen Stromanschluss. Hier bietet Solarstrom eine direkt ideale Lösung, um den Elektroantrieb, die Beleuchtung bzw. eine Alarmanlage zu versorgen. Da alle diese Verbraucher nur sehr kurzfristig eingeschaltet werden, bleibt unter Umständen noch genügend Solarenergie übrig, um im Winter einen oder zwei Autositze solar aufzuheizen (wofür es genügend 12 V-Heizbezüge oder Heizkissen gibt).

Die ganze Anlage besteht aus den bekannten Bausteinen: Solarzellenmodul, Laderegler, Akku und die Verbraucher. Das Modul wird bevorzugt nach Bild 12.1 auf das Garagendach unter einem Neigungswinkel von ca. 70 bis 75° aufgestellt oder nach Bild 12.2 an die GaragenSüdwand montiert.

## 12.1 Fernbedienbare Solar-Garagentore

Es gibt inzwischen standardmäßig auch 12 V-Garagentorantriebe, die sich mit Solarstrom versorgen lassen. Soweit kein zu hoher Bedarf an Licht oder Zusatzwärme (solarbeheizte Sitzbezüge) besteht, kann man das Solarmodul, wie auch den Akku sehr klein halten. Ein Niedervolt-Elektroantrieb des Garagentors benötigt etwa 0,2 Ah pro Tag, eine Garagenlampe kaum mehr, als 0,1 Ah, wenn das Licht täglich nur ca. 5 bis 7 Minuten eingeschaltet wird. Das sind 0,3 Ah pro Tag. Im einfachsten Fall dürften ein 12 V/4 Ah-Akku und ein 22 bis 24V/ 0,4 A Solarmodul ausreichen.

Praktischer wäre hier eine kleine 36 Ah-Autobatterie, die im Winter auch den Autositz etwas aufzuwärmen hilft. In dem Fall dürfte das Solarmodul einen Nennstrom von bis zu 3 A haben (bei derselben Nennspannung von 22 bis 24 V). Dies wäre jedoch nur dann angebracht, wenn täglich zwei – über eine Schaltuhr gesteuerte – Heizkissen von je 30 W die Autositze ca. 25 Minuten lang vorwärmen würden. Abgesehen davon, dass sich diese Vorwärmzeit etwas kürzen lässt, schrumpft der Energiebedarf, wenn nur ein Autositz vorgewärmt wird. Es bleibt dann eine reine Ermessensfrage, wie klein das Solarmodul bzw. auch der Akku als Zwischenspeicher sein dürften.

Vor der Anschaffung des Torantriebs-Systems sollten Sie bei den Angeboten nicht nur den Stromverbrauch der eigentlichen Elektromotoren, sondern (hauptsächlich) den „Stand-by-Stromverbrauch" der zusätzlichen Elektronik vergleichen. Die zusätzliche Elektronik bleibt ja meistens durchlaufend eingeschaltet, und kann pro Woche mehr Strom verbrauchen, als der Motor selbst.

Hier wäre auch ein zusätzlicher Umschalter denkbar, mit dem man die Elektronik der Fernbedienung abschaltet, und gleichzeitig die Alarmanlage einschaltet, wenn das Auto in der Garage abgestellt wird. Einem Elektroniker dürfte es dabei nicht schwerfallen, das Ganze vollautomatisch zu machen.

Bild: 12.2 Wenn die Garageneinfahrt zum Süden gerichtet ist, kann das Solarzellenmodul direkt auf die Mauer oberhalb des Tores montiert werden.

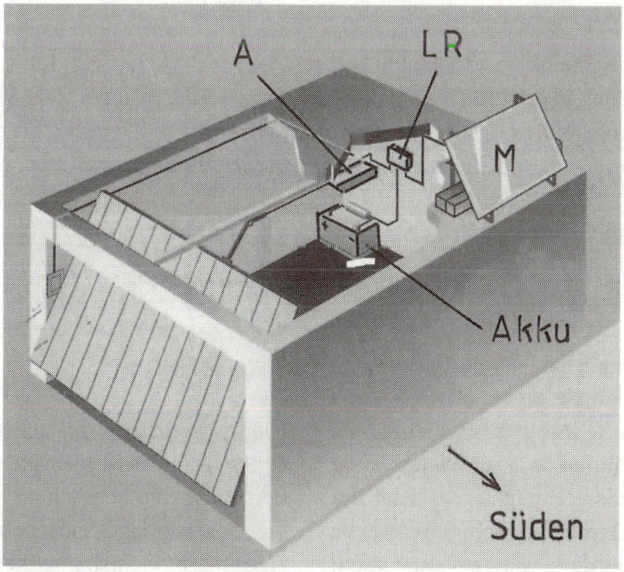


Bild: 12.3 Anlagenbeispiel einer Garagen-Fotovoltaik-Anlage: vom Solarmodul M wird über den üblichen Laderegler LR ein Solar-Akku (bzw. eine normale 36 Ah-Autobatterie) geladen, die den elektrischen Torantrieb A mit Solarstrom versorgt

## 12.2 Solarlampen an der Garagenzufahrt

Soweit die Solarlampen eine Garagenzufahrt nur für das Auto beleuchten sollen, geht es um die Frage mit welchem „Befehl" sie eingeschaltet, und auf welche Art sie wieder ausgeschaltet werden können. Situationsbezogen können dabei sehr viele zusätzliche Bedingungen eine Rolle spielen. Wird die Garage durch das Einfahrtstor verlassen? Hat die Garage eine Hinter- oder Seitentür, die ebenfalls beleuchtet werden sollte usw.?

Wie es auch mit der Wunschliste aussieht, irgendein Hauptimpuls muss die Beleuchtung einschalten, wenn sie benötigt wird. Soweit an beiden Enden der Zufahrt elektrische Toren vorhanden sind, können die Befehle für die Lichtschalter gleich von hier aus abgeleitet werden (über einen Mikroschalter mit Stromstoßrelais oder auch nur rein elektronisch). Ein Dämmerungsschalter ist dabei unentbehrlich. Wer Lampen ohne Dämmerungsschalter verwendet, sollte einen solchen zusätzlich irgendwo an die Stromzufuhr anbringen.

Manche Solaraußenlampen verfügen – neben einem Dämmerungsschalter – auch noch über eine einstellbare Leuchtdauer. Diese Lösung dürfte in den meisten Situationen ausreichen. Zur Not ist ja an der Lampe noch ein Schalter, mit dem man sie nochmals einschaltet. Wer sich diesen Teil der Elektronik selbst macht, dem wird es auch nicht schwerfallen, einige weitere Taster an der Garage oder am Zufahrtsweg anzubringen, wodurch sich die Leuchtdauer dieser Lampen durch Neueinschalten verlängern lässt. Es kann vorkommen, dass es gelegentlich Schnee gibt, den man von der Garagenzufahrt früh am Morgen oder spät am Abend räumen muss, um hinein- oder herauszukommen.

Wer sich die Sache mit derartiger Beleuchtung einfach gestalten möchte, der sollte sich gute Solarlampen mit integrierten Solarzellen, Akku, Dämmerungsschalter und Bewegungsmelder zulegen, bei denen sich die Leuchtdauer gleitend einstellen lässt. Der normale infrarote Bewegungsmelder ist für unseren Zweck meistens zu empfindlich. Wenn wir verhindern möchten, dass er auf jede vorbeistreunende Katze oder auf jede vorbeifliegende Fledermaus reagiert, müssen wir sein Sensorfenster durch Abkleben etwas verkleinern, und nur einen schmalen horizontalen Schlitz offen

**Hinweis**

Achten Sie beim Kauf eines Garagen-Solarbausatzes darauf, dass es sich bei dem Solarmodul nicht um ein amorphes „Dünnschicht-Modul" handelt. Manche dieser Module (auch namhafte „Markenprodukte" an Hausfassaden) weisen bereits nach 3 bis 6 Monaten einen Leistungsrückgang bis zu 30% auf. Das hat zur Folge, dass so ein Dünnschicht-Modul während der kälteren Jahreshälfte den Akku gar nicht mehr lädt. Ein kristallines Solarzellenmodul erspart Ihnen viel Ärger und unnötige Enttäuschung, denn hier bleibt die Leistung über Jahrzehnte hinweg konstant.

lassen, der auf die Wärme des Automotors reagiert. Anstatt eines Abklebens ist eine zusätzliche Blende als aufsetzbare Kappe aus dünnem Konservenblech, Kupferblech oder dunklem Kunststoff günstiger. So kann eine Blende mit kleinerer Öffnung für den Sommer- und eine mit größerer Öffnung für den Winterbetrieb auf den Lampensensor aufgesetzt werden. Wenn nämlich im Winter der Automotor am Morgen eiskalt ist, wird er sich nur geringfügig aufwärmen, und der infrarote Sensor der Lampe hat es dann mit der Wahrnehmung schwerer, als während der warmen Jahreszeit. In vielen Fällen ist es praktischer, wenn die Solarbeleuchtung der Garagenzufahrt per Funk geschaltet wird. Die dafür geeigneten batteriebetriebenen Funkschalter sind jedoch als Fertigprodukte ziemlich teuer. Wesentlich kostengünstiger kann mit einem der preiswerten Gong-Funkschalter ferngeschaltete werden, dessen Empfänger nach *Bild 12.4/12.5* „angezapft" wird: parallel zu seinem Lautsprecher werden zwei Litzen angelötet, von denen die eine den digitalisierten Gong-Ton über **C1** mit Pin 2 eines Timer-ICs *NE 555*, und die andere mit der „gemeinsamen" Masse verbindet.

Wir haben zu diesem Zweck in unseren Laboratorien diverse handelsübliche Gong-Funkschalter ausgetestet und das „Anzapfen" funktionierte jeweils problemlos auf Anhieb. Der Gong-Lautsprecher darf bei Signalempfang (zur Kontrolle) läuten.

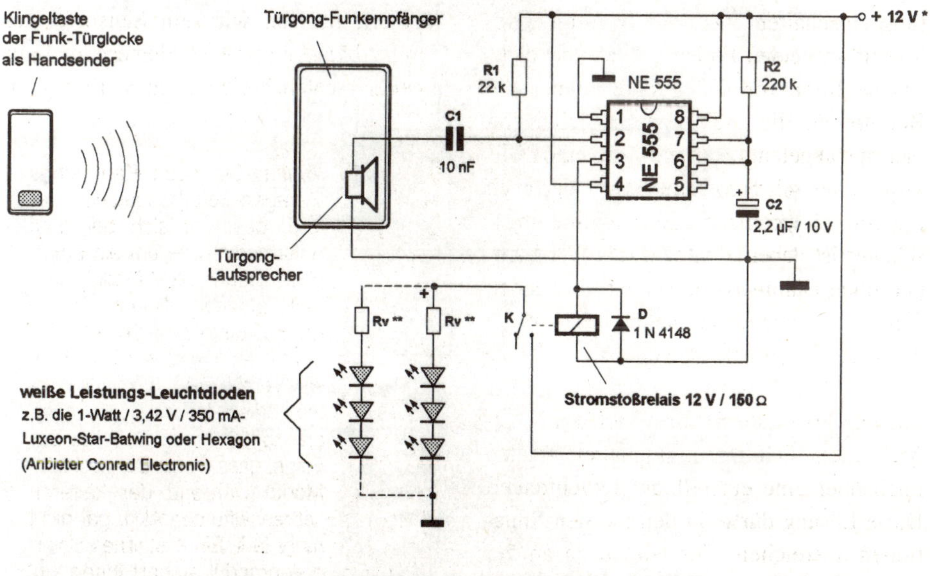


* Batterie des Solar-Torantriebes oder eine kleine Autobatterie (solar geladen)

** Leuchtdioden-Vorwiderstände: für die als Beispiel aufgeführten Leuchtdioden sind 5 Ohm/1 Watt Vorwiderstände erforderlich (hier können z.B. jeweils zwei 10 Ohm/0,5 Watt-Widerstände parallel verbunden werden)

**Bild: 12.4 Auf diese Weise kann ein preiswerter Funk-Türgong „zweckentfremdet" für das Fernschalten von u.a. einer Solarbeleuchtung modifiziert werden.**

Bei der Schaltung in *Bild 12.4* fungiert das Timer-IC ***NE 555*** nur als ein Impulsgeber für das Stromstoßrelais. Ein Stromstoßrelais arbeitet mit dem „Kugelschreiberprinzip“ und ändert bei jedem Impuls die Schaltposition. Anstelle der eingezeichneten Leuchtdioden kann der Relais-Schaltkontakt **K** selbstverständlich auch beliebige andere Verbraucher schalten.

Die Schaltung nach *Bild 12.5* funktioniert im Prinzip ähnlich wie die vorhergehende Schaltung, aber das Timer-IC ***NE 555*** wird hier als ein echter Timer (Zeitschalter) angewendet. Seine Funktion ist mit der eines Treppenautomaten vergleichbar: nach dem Einschaltimpuls – der in diesem Beispiel wahlweise fernbedient (über den Gong-Funkempfänger) oder manuell erfolgen kann – schaltet der Timer über den Relais-Schaltkontakt **K** die angeschlossenen Lampen für die eingestellte Einschaltdauer ein. Diese kann durch Erhöhen der Kapazität des **C2** beliebig verlängert werden.

Der hier eingezeichnete Taster „manuell EIN“ ermöglicht ein manuelles Einschalten und erleichtert das Austesten der Schaltung (er kann auch bei der vorhergehenden Schaltung angewendet werden).

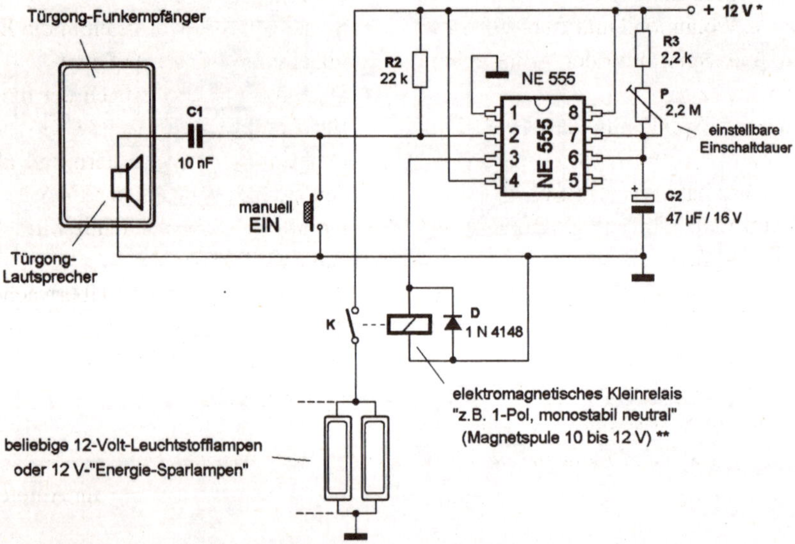


* Batterie des Solar-Torantriebes oder eine separate kleine Autobatterie (solar geladen)
** Anbieter Conrad Electronic (Bestell-Nr.: 50 51 96 oder 50 42 38, 50 42 89 u.ä.)

**Bild: 12.5 Anstelle eines „bistabilen“ Stromstoßrelais kann zum Fernschalten auch nur ein „normales“ monostabiles Kleinrelais verwendet werden, wenn das IC NE 555 als ein einstellbarer Timer ausgelegt wird.**

# Was uns noch am Herzen liegt:

Wenn Sie bereits beim ersten Durchlesen dieses Büchleins wenigstens die Hälfte von dem, was hier beschrieben wurde, begreifen konnten, sind Sie reif dafür, um mit der Solartechnik praktisch etwas anfangen zu können. Dabei wird Ihnen ein zweiter Blick in die entsprechenden Kapitel immer schnell weiterhelfen.

Sollten Sie sich mit der gesamten Problematik etwas detaillierter befassen wollen, empfehlen wir Ihnen außerdem unsere folgenden Werke:

- Solarstromnutzung beim Campen, im Caravan, Wohnmobil und Boot *(97 S.)*
- Spaß und Spiel mit der Solartechnik *(112 S.)*
- Spaß und Spiel mit der Elektronik *(120 S.)*
- Elektroinstallationen echt einfach *(97 S.)*
- Wie nutze ich Windenergie in Haus und Garten? *(97 S.)*

Alle diese Bücher sind ebenfalls in einem leicht verständlichen Stil geschrieben, und beinhalten vieles, was sich in einem kleinen Buch, wie diesem nicht unterbringen lässt.

Sie geben ausführliche Antworten auf viele Fragen, über die Sie sich möglicherweise noch den Kopf zerbrechen.

Zudem beinhalten sie viele Hinweise zu den Installationsmaterialien (Berechnung der Leitungsdurchmesser, Funktionsweise und Anwendung der solartauglichen Relais, Schaltungen und Steuerungen, Blitzschutz-Zubehör als Fertigbausteine) und erleichtern Ihnen die praktische Ausführung Ihres Vorhabens ohne fremde Hilfe.

Weitere empfehlenswerte Literatur zum Auffrischen oder Anfüllen Ihrer Fachkenntnisse (ebenfalls von Bo Hanus / Franzis Verlag):

- Der leichte Einstieg in die Elektronik (*2. Auflage, 363 S.*)
- So steigen Sie erfolgreich in die Elektronik ein (*2. Auflage, 97 S.*)
- Das große Anwenderbuch der modernen Elektronik (*2. Auflage, 334 S.*)
- Drahtlos schalten, steuern und übertragen in Haus und Garten *(234 S.)*
- Drahtlos überwachen mit Mini-Videokameras *(205 S.)*
- Schalten, Steuern und Überwachen mit dem Handy *(97 S.)*
- Selbstbau-Roboter für Alarm- und Sicherheitsaufgaben *(176 S.)*
- Robot Wars / Kampfspiel-Roboter erfolgreich selbst bauen *(97 S.)*

Ihr Autorenteam

**Conrad Electronic**
Klaus-Conrad-Straße, 92240 Hirschau
Tel.: 01 80 / 5 31 21 11, Fax: 01 80 / 5 31 21 10
http://www.conrad.de

**ELV** 26789 Leer
Tel.: 04 91/60 08 88, Fax: 04 91/70 16

sowie Fachhandel, Baumärkte, Hobbymärkte, Gartenzentren

# Stichwortverzeichnis

# Stichwortverzeichnis

# TEIL 2

Bo Hanus

# Wie Sie Solarstrom für Camping, Caravan und Boot nutzen

FRANZIS

# Vorwort zu Teil 2

Die Nutzung des Solarstroms ist auf dem privaten Bereich fast nirgendwo so vorteilhaft wie beim Campen in der Natur oder bei diversen anderen Freizeitaktivitäten in Gegenden, in denen es keinen Netzanschluss gibt.

Auch ein verbissener Romantiker kann sich ja heutzutage in den meisten europäischen Ländern fast nirgendwo ein kleines „Feuerchen" machen, um seinen Kaffee zu kochen oder seine Bohnen zu wärmen, wie es so mancher Trapper in den Filmen macht. Hier kommt gleich die Feuerwehr oder die Polizei und vorbei ist es mit der Wildwestromantik.

Wer mit seinem Caravan oder Reisemobil unterwegs ist, dem kann Solarstrom ebenfalls sehr kostbare Dienste leisten. Dasselbe gilt für ein Boot oder für eine Yacht.

Wann, weshalb und in welchem Umfang der Solarstrom genutzt wird, hängt sowohl vom individuellen Ermessen als auch von dem jeweiligen Bankkontoguthaben ab. Man kann jedoch klein anfangen, um etwas Erfahrung zu sammeln und danach so eine Minianlage ausbauen.

Wir wünschen Ihnen, dass Sie in diesem Teil des Buches alles finden, was Sie sich zu Nutzen machen können und dass Sie mit viel Spaß an die geplanten Vorhaben herangehen.

Ihr Autor Bo Hanus
und seine Mitarbeiterin
Hannelore H. A. Hanus-Walther

# Inhalt

# 1 Strom aus den Solarzellen

Elektrischer Strom gehört leider zu den „flüchtigen" Gütern, die sich nur schwer einfangen, einpacken und in den Urlaub oder auf einen Ausflug in die Natur mitnehmen lassen. Genau genommen fangen die Probleme so richtig erst dann an, wenn eine größere Menge elektrischer Energie benötigt wird, als die gängigen kleinen Batterien oder wiederaufladbaren Akkus „zweckorientiert" aufbringen können: in der Taschenlampe, im tragbaren Radio oder Fernseher, im Handy, im Elektrorasierer – oder im Caravan, Reisemobil, Boot, auf der Yacht oder am Campingplatz.

Überall dort, wo es keinen Netzanschluss gibt, bieten Solarzellen eine einfache und günstige Möglichkeit eigener Stromversorgung. Beim Campen, Wandern, Bergsteigen und bei vielen anderen Freizeitaktivitäten kann so ein eigener „Solarstrom-Generator" nützliche Dienste leisten, die auf andere Weise entweder gar nicht oder nur schwierig zu bekommen sind.

Die konkreten Anwendungen werden anschließend in den einzelnen Kapiteln beschrieben. Allgemein dürften die Nutzungsmöglichkeiten des Solarstroms in folgende Aufgabenbereiche eingeteilt werden:

- Solarlicht (Innen-/Außenbeleuchtung, Alarmbeleuchtung oder Alarmblitzlichter als Einbruchsschutz)
- Solarversorgte akustische Geräte (Radio, Alarm-/Einbruchsschutz-Sirene, Baby-Alarm, klangauslösender Annäherungsschalter)
- Solarbetriebene Heiz- und Kochgeräte (Kaffeekocher, Wasserkocher, Heizkissen, Mikrowelle)
- Solarbetriebene Kühlgeräte (Kühlbox, Kühlgerät im Caravan, Kühlschrank)
- Solarbetriebene Belüftungsgeräte (Gartenhaus, Gartenlaube, Gartenpavillon, Wochenendhäuschen, Schrebergartenhaus, Caravan)
- Solarbetriebene Pumpen und Elektromotoren (Springbrunnen, Mini-Wasserfall, Brunnenpumpe, Staubsauger)
- Solarbetriebene Gebrauchsgüter (Notebook, Schreibmaschine, Rasierapparat, Waschmaschine)
- Solarfahrzeuge (Kinderfahrzeuge, solarbetriebene Boote)
- Mit Solarstrom unterstützte Bildübertragung (Fernseher, Baby-Überwachung, Beobachtungen der Natur mit Funk-Kamera)
- Solargenerator für das Nachladen der „Bordbatterien" im Auto, Caravan, Reisemobil oder auf dem Boot

Die hier aufgeführten Beispiele dienen nur einer schnellen Vorstellung der konkreten Anwendungsmöglichkeiten, schöpfen jedoch bei weitem nicht die tatsächlichen Möglichkeiten der „außerhäuslichen" Solarstrom-Nutzung aus.

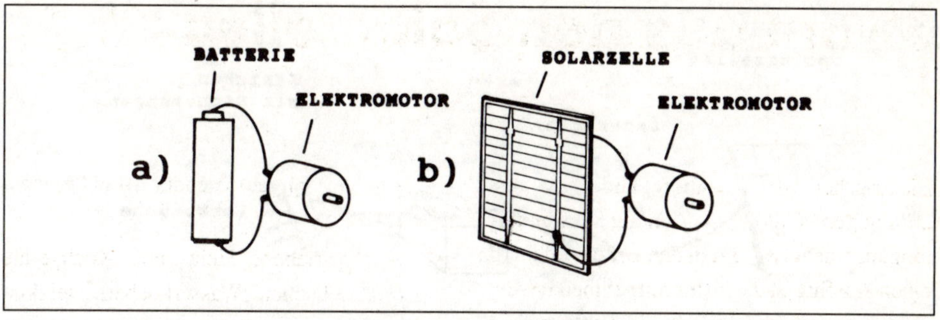


Abb. 1.1: Eine belichtete Solarzelle funktioniert ähnlich wie eine Batterie: a) Batterie-Motorantrieb b) Solarzellen-Motorantrieb

In den Kapiteln 6 und 7 werden die Eigenheiten der Solarzellen und Solarmodule noch näher erklärt. Vorerst genügt es, wenn wir uns eine Solarzelle – bzw. ein Solarzellenmodul (das aus mehreren Solarzellen besteht) – als eine Batterie *nach Abb. 1.1* vorstellen, deren Spannung und Leistung sowohl von der jeweiligen Beleuchtung als auch von der Größe der Zellenfläche abhängt.

Die Spannung einer *einzigen* Solarzelle beträgt bei optimaler Belichtung maximal nur ca. 0,46 bis 0,48 Volt (was im Vergleich zu der kleinsten Batterie als „ungewöhnlich" niedrig erscheinen dürfte). Dafür kann eine solche „spielkartengroße" und „spielkartendicke" Solarzelle (mit Abmessungen von 100 x 100 x **0,4** mm) einen Strom von bis zu 3 Ampere (oder sogar etwas mehr) liefern – was eine Batterie der gleichen „Körpermasse" bzw. des gleichen Gewichtes nicht im Entferntesten aufbringt.

Wie aus *Abb. 1.2* hervorgeht, können Solarzellen – ähnlich wie Batterien – in Reihe (in Serie) geschaltet werden, um eine höhere Ausgangsspannung zu bekommen. Im Gegensatz zu Batterien werden die Solarzellen üblicherweise bereits herstellerseits in der Form von Solarzellenmodulen *(Solarmodu-*

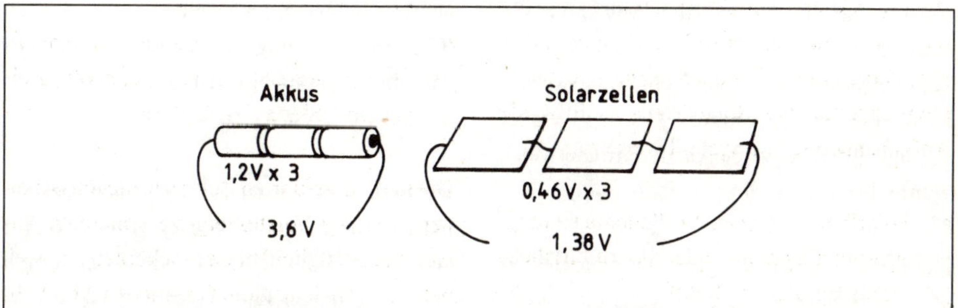


Abb. 1.2: Ähnlich wie Batterien werden auch Solarzellen in Reihe geschaltet, um eine erwünschte (höhere) Ausgangsspannung zu erhalten

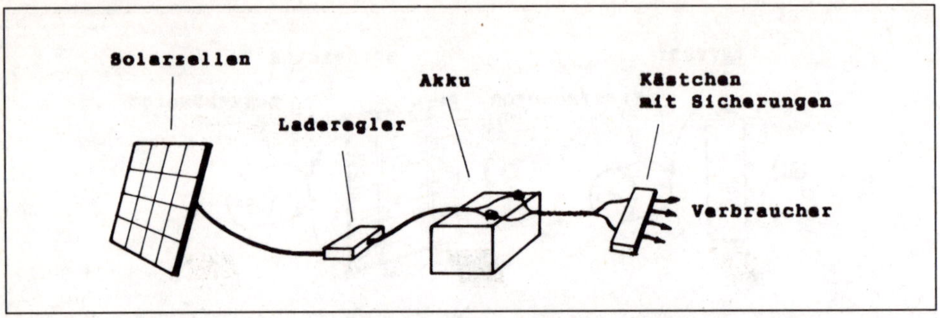


Abb. 1.3: Prinzipschaltung einer fotovoltaischen (solarelektrischen) Stromversorgung: Der Solarstrom wird als Ladestrom für einen Akku verwendet, der als Energiespeicher für die Solarverbraucher fungiert

*len)* angeboten, die bereits über eine „brauchbare" *Nennspannung* und *Nennleistung* (z.B. als **„18 Volt / 30 Watt"**) verfügen. Gute *(kristalline)* Solarzellenmodule liefern dann diese *Solarspannung* und *Solarleistung* ca. 20 Jahre lang – was im Vergleich zu einer Batterie eine ganz „stolze" Lebensdauer darstellt.

Für eine bescheidene Stromversorgung – mit der sich auch die gängigen Solar-Taschenrechner zufrieden geben – genügt es, wenn die Solarzellen nur relativ wenig Licht (worunter auch Kunstlicht) erhalten, um sozusagen auf Sparflamme arbeiten zu können. Ansonsten ist für die meisten Anwendungen eine ausreichende „Dosierung" an Sonnenlicht notwendig. Mit Kunstlicht ginge es zwar auch, aber ein derartiger „Umweg" eignet sich nur für Testzwecke, denn normalerweise würde dies keinen Sinn ergeben.

Die übliche Anwendungsart der solarelektrischen Stromerzeugung als sogenannte *„netzunabhängige Inselanlage"* zeigt *Abb. 1.3*. Es handelt sich im Prinzip um dieselbe Art der Stromversorgung, wie bei einem jeden Auto – in dem allerdings (anstelle der Solarzellen) eine vom Automotor angetriebene *„Lichtmaschine"* den Ladestrom erzeugt.

Manche Verbraucher (z.B. Pumpen, Ventilatoren oder kleinere Wärmegeräte) können unter Umständen direkt vom Solarzellenmodul (Solarmodul) betrieben werden. Wenn beispielsweise eine Springbrunnenpumpe nach *Abb. 1.4* direkt vom Solarzellenmodul betrieben wird, hängt natürlich ihre Leistung von der jeweiligen Spannung und Leistung des Solarzellenmoduls ab. Eine solche Betriebsart eignet sich unter Umständen auch für sonnenscheinabhängiges Kühlen oder Lüften (Caravan-Belüftungsventilatoren), denn hier darf die Leistung mit der Sonnenschein-Intensität variieren.

Wesentlich besser ist jedoch in den meisten Fällen eine Solaranlage nach *Abb. 1.3.* Auf den ersten Blick scheint diese Lösung durch den zusätzlichen Laderegler und Akku aufwendiger bzw. kostspieliger zu sein, als eine direkte Stromversorgung. In Wirklichkeit ist

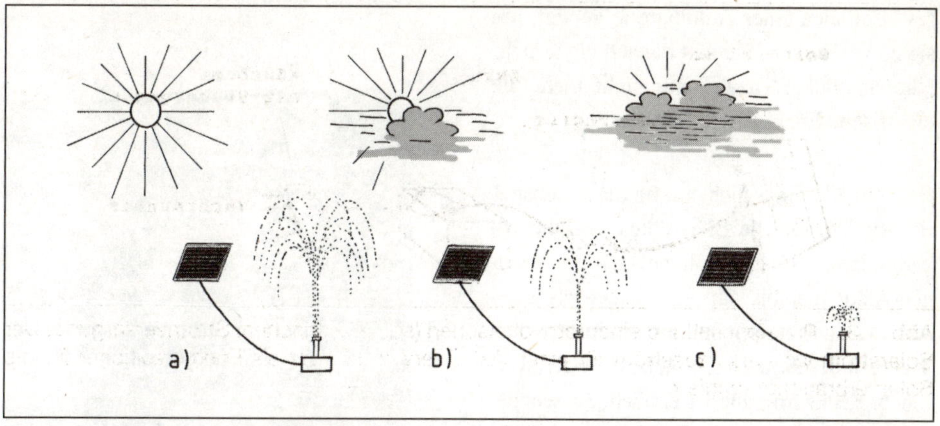


Abb. 1.4: Eine Springbrunnenpumpe kann ohne einen Energie-Zwischenspeicher direkt vom Solarzellenmodul betrieben werden, wenn man sich damit zufrieden gibt, dass ihre Leistung von der jeweiligen Intensität der Sonnenstrahlen abhängt: a) Bei strahlendem Sonnenschein ist die Pumpenleistung optimal. b) Bei leicht bewölktem Himmel nimmt die Pumpenleistung ab. c) Bei stärker bewölktem Himmel arbeitet die Pumpe entweder nur sehr dürftig oder gar nicht.

es jedoch in den meisten Fällen genau umgekehrt: Bei einer direkten Stromversorgung muss die Leistung des Solarmoduls auf den vollen Leistungsbedarf des angeschlossenen Verbrauchers abgestimmt sein. Bei einer Stromversorgung über einen Akku kann in den meisten Fällen die Leistung des Solarmoduls wesentlich niedriger sein, als der eigentliche Leistungsbedarf des Verbrauchers (bzw. der Verbraucher). Die meisten solarbetriebenen Verbraucher werden ja oft nur für eine kurze Zeit an den Akku angeschlossen.

Als Beispiel kann ein elektrischer Wasserkocher dienen: Der Akku (als Solarenergie-Speicher) muss hier groß genug sein, um den Kocher-Stromverbrauch für die vorgesehene Betriebszeit decken zu können. Da es sich hier jedoch jeweils nur um einige Betriebsminuten pro Tag handelt, kann die Leistung des Solarmoduls beispielsweise nur bei etwa 5% der Nennleistung des Wasserkochers liegen (vorausgesetzt, die solarelektrische Stromversorgung wird nicht auch noch anderweitig genutzt).

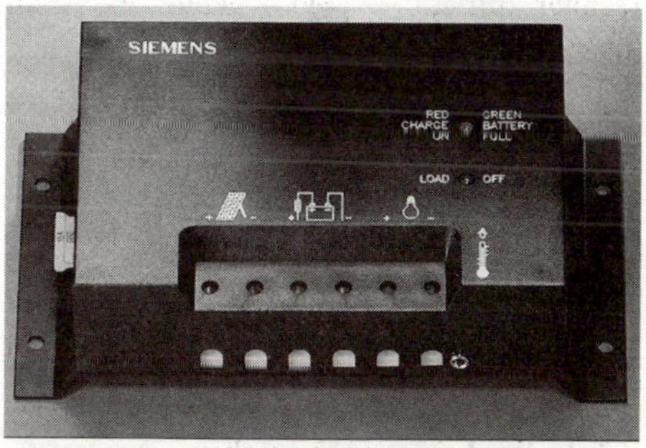


Abb. 1.5: Ausführungsbeispiel eines kleinen handelsüblichen Ladereglers

Wie annähernd jedem Autofahrer bekannt ist, reagiert eine Autobatterie „überempfindlich" auf zu tiefes Entladen. Ein einziges „zu tiefes" Entladen einer Autobatterie genügt, um sie zu vernichten. Sie hält danach nicht mehr „die Spannung" bzw. kann nicht mehr die elektrische Energie akkumulieren.

Dies gilt allerdings nicht nur für die Autobatterie, sondern für alle Blei-Akkus. Um dies zu verhindern, wird bei Solaranlagen der Anlagen-Akku (der bis auf Ausnahmen als Blei-Akku ausgelegt ist) mit einem zusätzlichen **Tiefentladeschutz** nach *Abb. 1.6 / 1.7* versehen. Seine Aufgabe ist einfach: Er schaltet alle angeschlossenen Verbraucher ab, wenn die Akkuspannung auf ein gefährliches Minimum gesunken ist und schaltet sie (ebenfalls automatisch) erst dann wieder zu, wenn der Akku vom Solarmodul etwas nachgeladen wurde.

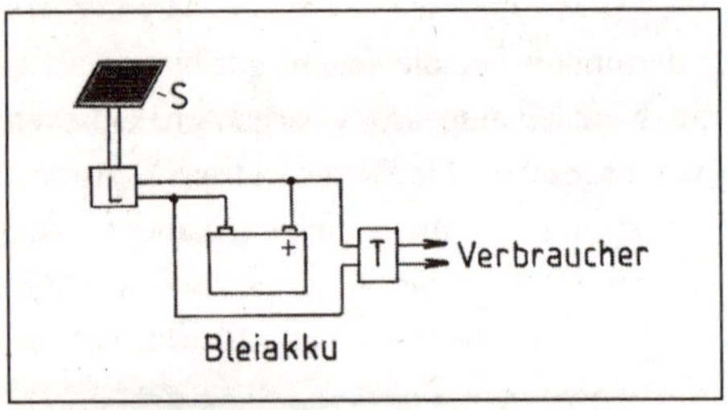


Abb. 1.6: Ein Bleiakku sollte grundsätzlich mit einem Tiefentladeschutz gegen zu tiefe Entladung geschützt werden; der Tiefentladeschutz **T** wird zwischen den Akku und die Verbraucher angeschlossen (**S** = Solarmodul, **L** = Laderegler)

Tiefentladeschutz-Geräte gibt es als selbstständige Bausteine, als Bausätze oder sie befinden sich – quasi als „Untermieter" – direkt im Gehäuse des Ladereglers (darauf ist beim Kauf eines Ladereglers zu achten). Sie sind vom Hersteller so ausgelegt, daß sie bei vorgegebenen Spannungsschwellen, die an sie angeschlossenen Verbraucher ab- und einschalten.

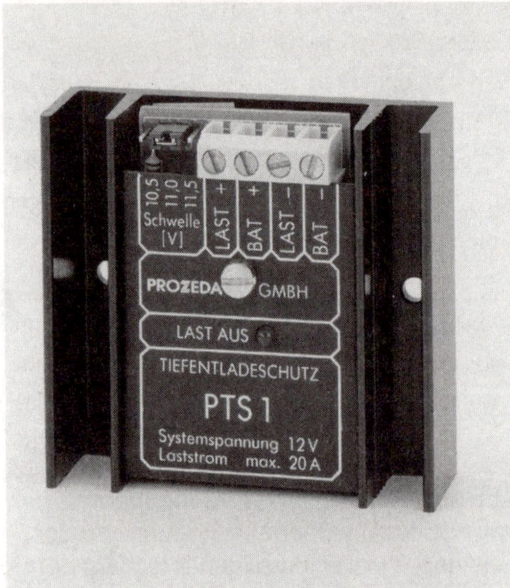


Abb. 1.7: Ausführungsbeispiel eines Tiefentladeschutz-Gerätes (Foto Conrad Electronic)

So geht z.B. aus den technischen Daten eines Tiefentladeschutzes hervor, dass die Verbraucher abgeschaltet werden, wenn die Batteriespannung (einer 12 V-Batterie) auf 11,1 V sinkt. Das ist die sogenannte *„Entlade-Schlussspannung"* (auch Entlade-Endspannung genannt). Der Tiefentladeschutz schließt hier die Verbraucher erst dann wieder an, wenn die Batteriespannung auf eine *Wiedereinschalt-Spannungsschwelle* von ca. 12,4 V nachgeladen wurde.

Zwischen der Spannungsschwelle, bei der es zum Abschalten kommt und der Spannungsschwelle, bei der die Verbraucher wieder zugeschaltet werden, liegt immer ein gewisser Spannungsunterschied. Dies ist dadurch bedingt, dass sich die Spannung eines Akkus nach Abschalten der Belastung immer automatisch etwas erholt, auch wenn kein Nachladen folgt.

Wenn der Tiefentladeschutz bereits direkt im Laderegler integriert ist, dann werden die Verbraucher nicht an den Akku, sondern an Klemmen am Laderegler angeschlossen. Den Anwender braucht dabei nicht zu interessieren, auf welche Weise hier die Schaltungen innen ausgeführt wurden.

> Manche Solarverbraucher sind mit einem eigenen Tiefentladeschutz bereits vom Hersteller ausgestattet. Wenn an den Anlagen-Akku *nur* derartig geschützte Verbraucher angeschlossen werden, braucht dieser verständlicherweise keinen zusätzlichen Tiefentladeschutz.

Dass eine Autobatterie im Fahrzeug nur dann nachgeladen wird, wenn der Motor läuft, dürfte sich wohl herumgesprochen haben. Bei einer Solarstrom-Versorgung übernimmt das Solarzellenmodul die Aufgabe der „Lichtmaschine" (die als elektrischer Stromgenerator fungiert). Den Motor ersetzt hier die Sonne und der Solargenerator arbeitet somit kostenlos und verdient einen Teil der Investition zurück.

Einige Leser werden sich wohl die Frage nach der Zuverlässigkeit von so einer „Solarstrom-Versorgung" stellen. Gewissermaßen berechtigt, denn nicht alle Solar-Produkte funktionieren so zuverlässig, wie die bereits etablierten Solar-Taschenrechner. Theoretisch dürfte hier gelten, dass es nur von der optimalen Dimensionierung so einer „Anlage" abhängt, wie zuverlässig sie immer den benötigten Strombedarf decken kann. Praktisch wird es im individuellen Ermessen liegen, ob es sich bei dem einen oder anderen Vorhaben lohnt, so eine „mobile" Stromversorgung ausreichend bis großzügig zu dimensionieren oder ob Kompromisse in Kauf genommen werden.

Wer „motorisiert" unterwegs ist, der wird zum Teil auch den Akku des Fahrzeuges für diverse Stromversorgung mitbenutzen oder einen Zweitakku auch von dessen Lichtmaschine aus direkt laden können.

## 1.1 Wie groß muss ein Solarmodul sein?

Schon für die Planungsüberlegungen ist es wichtig zu wissen, worauf man sich bei so einer mysteriösen Energiequelle „einläßt". Am interessantesten dürfte im Allgemeinen die Antwort auf die Frage sein, welche Leistung ein modernes Solarmodul pro Quadratmeter Modulen-Fläche aufbringen kann.

Gute moderne Solarmodule, die mit kristallinen Solarzellen bestückt sind, erbringen an einem sonnigen Tag eine Leistung von etwa 120 Watt pro Quadratmeter Modulen-Fläche. Auf nähere technische Details kommen wir noch in Kap. 7 zurück, aber vorerst hilft uns diese Auskunft weiter.

Es wurde bereits vorher erklärt, daß die benötigte Solarleistung auch davon abhängt, ob ein Direktbetrieb (vom Solarmodul zum Verbraucher) oder ein Betrieb über einen Zwischenspeicher (Akku) vorgesehen ist.

Wenn beispielsweise *nach Abb. 1.9 a* ein 12 V/3 A-Gleichstrom-Motor direkt vom Solarzellenmodul aus betrieben werden soll,

Abb. 1.8: Solarzellenmodule sind in verschiedenen Größen und mit verschiedenen elektrischen Kenndaten erhältlich (Foto Conrad Electronic)

müßte das angewendete Solarmodul eine **Nennspannung** von **12 V** und einen **Nennstrom** von **3 A** liefern können (die benötigte Modulenfläche würde ca. 0,33 $m^2$, die Modulen-**Nennleistung** ca. **36 W** betragen).

Wird derselbe Motor von einem Akku *nach Abb. 1.9 b* betrieben, kann das Solarzellenmodul üblicherweise wesentlich kleiner sein – vorausgesetzt, es handelt sich um einen Motor, der nur sporadisch benötigt wird. In unserem Fall müsste das angewendete Solarzellenmodul aber eine „angemessen" höhere Ladespannung liefern können (anders könnte der Akku nicht geladen werden), aber der Modulen-**Nennstrom** dürfte wesentlich niedriger dimensioniert werden (wie niedrig, das hängt nur von der täglichen Betriebs-Zeitspanne des Motors ab). Die Modulenfläche des in *Abb. 1.9 b* eingezeichneten 16,5 V/0,4 A-Moduls würde nur ca. 0,055 $m^2$ und die Modulen-**Nennleistung** nur ca. **6,6 W** betragen.

Der Hinweis auf die Flächengröße dient hier nur der Vorstellung in Bezug auf das Unterbringen des Moduls (am Fahrzeugdach, im Kofferraum des Autos u.ä.). Die Modulen-**Nennleistung** ist nur eines der drei wichtigsten, elektrischen Modulen-Parameter, die folgendermaßen zusammenhängen:

**Spannung [in Volt] x Strom [in Ampere] = Leistung [in Watt]**

Wenn einer von diesen drei Parametern von einem Hersteller (bei den technischen Daten

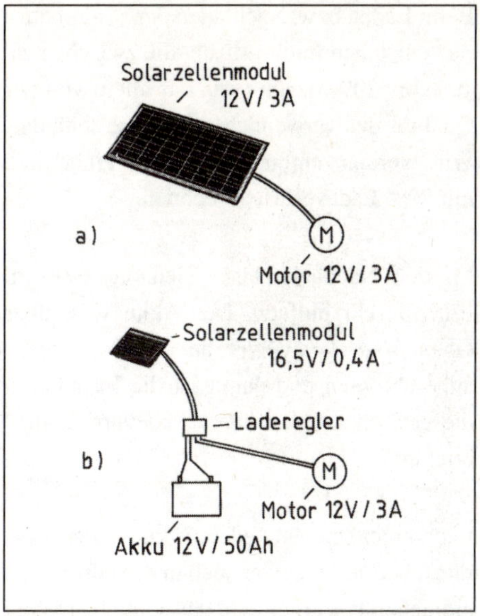


Abb. 1.9: Die optimale Spannung, Leistung und Größe eines Solarzellenmoduls hängt auch davon ab, ob ein Verbraucher (z.B. ein Motor) direkt oder über einen Akku betrieben wird: a) Beim Direktbetrieb muss das Modul die volle Nennspannung und den vollen Nennstrom des Motors liefern können. b) Wird der Motor über einen Akku (als Energiespeicher) betrieben, kann das Solarzellenmodul oft wesentlich kleiner sein.

eines Solarmoduls oder bei einem elektrischen Verbraucher) nicht angegeben ist, lässt er sich leicht ausrechnen:

**Leistung [in Watt] : Spannung [in Volt] = Strom [in Ampere]**

**Leistung [in Watt] : Strom [in Ampere] = Spannung [in Volt]**

So kann beispielsweise ein 12 V/30 W-Solarmodul folgenden Nennstrom liefern: *30 W geteilt durch 12 Volt =* ***2,5 Ampere***

Eine 12 V/20 W-Glühlampe hat einen Stromverbrauch von:

20 W geteilt durch 12 Volt = **1, 67 Ampere**

In der Praxis brauchen wir die Stromabnahme einzelner Verbraucher auch für die Berechnung der benötigten Akku-Kapazität *(in Amperestunden)*. Wenn wir z.B. bei einer elektrischen 12 Volt/40 Watt-Kühlbox nirgendwo eine Angabe über die Stromabnahme (in Ampere) finden, kein Problem! Wir rechnen sie einfach aus:

40 W **:** 12 V = 3,33 A

Wenn diese Kühlbox eine Stunde lang von einem Akku betrieben wird, verbraucht sie (maximal) 3,33 Ah *(3,33 Amperestunden)* von seiner Kapazität. Wird sie zwei Stunden lang betrieben, verbraucht sie (maximal) das Doppelte: 6,66 Ah (usw.). Sie bezieht elektrischen Strom allerdings nur solange, bis ihre Innentemperatur das eingestellte Niveau erreicht. Danach schaltet der Innenthermostat die Stromzufuhr ab und schaltet diese jeweils erst dann wieder ein, wenn die Innentemperatur gestiegen ist.

Ein voll aufgeladener 60 Ah-Akku könnte unsere Kühlbox (deren Stromabnahme 3,33 A beträgt) *mindestens* ca. 18 Stunden lang mit Strom versorgen (60 Ah : 3,33 Ah = 18 Betriebsstunden).

Auf dieselbe Weise lässt sich der Verbrauch einzelner Elektrogeräte und Leuchtkörper ausrechnen, die für eine solarelektrische Stromversorgung vorgesehen sind. Das Prinzip lässt sich am einfachsten mit Hilfe der

*Abb. 1.10* simulieren: Die Kapazität eines Akkus in Ah (Amperestunden) stellt seinen „energetischen Inhalt“ dar, der mit dem Inhalt eines Weinfasses (in Litern) vergleichbar ist. Je nachdem wie oft und wie kräftig der „Inhalt“ angezapft wird, steht er zur Verfügung (auf technisch orientierte Beispiele kommen wir noch in weiteren Kapiteln zurück).

Abb. 1.10: Die Kapazität eines Akkus stellt einen „energetischen Inhalt“ dar, der mit dem Inhalt eines Weinfasses vergleichbar ist

Der Verbrauch der Akku-Kapazität muß dann meistens voll von den Solarzellen „nachgeliefert“ werden – es sei denn, man nutzt zum Nachladen der „Solarbatterie“ teilweise auch die Pkw- oder Reisemobil-Lichtmaschine.

Beim Laden bzw. Nachladen der „Solarbatterie“ entstehen Ladeverluste, die zwischen ca. 10% bis 20% liegen (was vor allem von der Qualität der verwendeten Batterie abhängt). Wir werden einfachheitshalber einheitlich mit 20% Ladeverlusten rechnen.

Mit dem Nachladen eines Bleiakkus ist es im Prinzip sehr einfach: Der Akku wird über einen *Solar-Laderegler* an das Solarmodul angeschlossen und damit ist die Installation dieser „photovoltaischen Ladevorrichtung“ erledigt.

Laderegler sind entweder als kleine Fertiggeräte, als Bausätze oder auch in der Form eines einfachen ICs erhältlich, das ähnlich aussieht wie ein gängiger Spannungsregler und zudem auch auf dieselbe Weise angeschlossen wird – wie der *Abb. 1.11* zu entnehmen ist. Der hier aufgeführte integrierte Laderegler *Typ PB 137* ist für 12 Volt-Bleiakkus konzipiert und kann einen Ladestrom von max. 1,5 A verkraften (allerdings mit einem gängigen *TO-220*-Kühlkörper). Er verfügt jedoch über einen thermischen Überlastschutz und ist somit nahezu unzerstörbar.

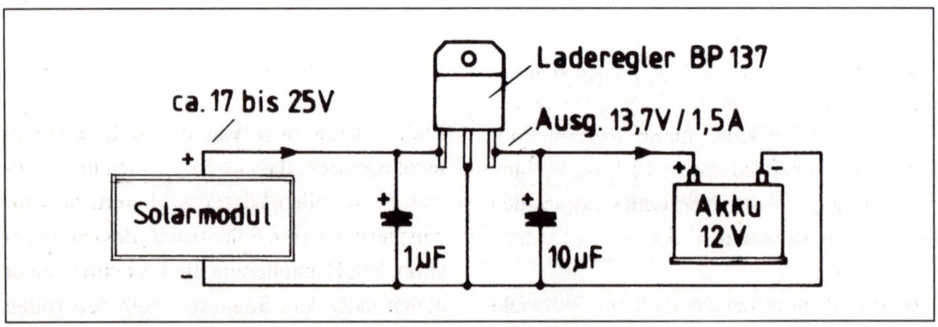


Abb. 1.11: Ein moderner integrierter Bleiakku-Laderegler unterscheidet sich äußerlich nicht von einem integrierten Spannungsregler.

Der an sich bescheidene maximale Ladestrom des integrierten Ladereglers beschränkt seine Anwendung auf kleinere Solarstrom-Versorgungen. Was unter dem Begriff „kleinere" zu verstehen ist, hängt von dem Nachladebedarf ab und lässt sich folgendermaßen erklären:

Beim „normalen" Laden (Nachladen) eines Bleiakkus darf der Ladestrom maximal 10% der Akku-Kapazität in Ah betragen. Es gibt zwar auch spezielle „Schnelllade-Verfahren", bei denen der Ladestrom wesentlich höher ist, aber die werden bei der Solartechnik nicht angewendet. Hier wird im Gegenteil oft ein wesentlich niedrigerer Ladestrom als die 10% der Akku-Kapazität eingeplant, um den Kostenaufwand für das Solarmodul zu drücken. Dann dauert jedoch das Nachladen des Akkus entsprechend länger – was wiederum nur bei einer Solarstromversorgung in Kauf genommen werden kann, bei der „pro Tag" nur ein kleiner Teil der Akku-Kapazität beansprucht wird.

Wir sehen uns die Sache einfachheitshalber anhand eines praktischen Beispieles an: Ein 12 V/36 Ah-Bleiakku darf maximal mit einem 3,6 A-Ladestrom (10% seiner Kapazität) geladen werden. Das Solarmodul müßte daher für den vorgesehenen Nennstrom von 3,6 A ausgelegt werden. Um einen leeren Akku voll aufzuladen, müsste das Solarmodul rein rechnerisch ganze 12 Stunden lang (in Hinsicht auf die 20% Ladeverluste) den vollen Ladestrom in den Akku laden können.

Das ist jedoch in der Praxis nicht so perfekt realisierbar. Wer etwas Erfahrung mit dem Laden einer Autobatterie hat, dem ist bekannt, dass die Ladestrom-Abnahme von der jeweiligen Batteriespannung (bzw. vom Stand der jeweiligen Entladung), von der Kapazität (in Ah) und von dem Laderegler abhängt.

Eine „ziemlich leere" Batterie zeigt sich in Hinsicht auf die volle Ladestrom-Abnahme sehr kooperativ. Nachdem sie jedoch „einigermaßen" nachgeladen ist, fängt ihre Ladestrom-Abnahme zu sinken an – was sich insbesondere in der Endphase des Ladens bemerkbar macht.

Von der zur Verfügung stehenden Ladespannung und von der Qualität des Ladereglers hängt dann in der Praxis ab, wie schnell und wie gut sich der Akku wieder voll auflädt. Innerhalb von den theoretischen 12 Stunden gelingt ein perfektes Nachladen zwar nicht, aber bei einer kleinen Solaranlage spielt dieser Aspekt keine zu wichtige Rolle – vorausgesetzt, die Akku-Kapazität wird von vornherein etwas höher dimensioniert und man lädt dann überwiegend nur noch in dem Bereich „fast leer/fast voll" auf. Die Philosophie dürfte sich hier an dem Beispiel des Weinfasses aus *Abb. 1.8* orientieren: Es kommt nicht nur darauf an, wie voll so ein Weinfass ist, sondern wie groß es ist.

Zudem kann man von einem Solarmodul nicht erwarten, dass es 12 Stunden hintereinander den vollen Ladestrom liefert. So wird beispielsweise ein Solarmodul, dessen Nennstrom laut Herstellerangabe 3 A beträgt, nicht gleich nach dem Sonnenaufgang den vollen Nennstrom liefern und dies bis zum Sonnenuntergang durchhalten.

Je nachdem, wie das Solarmodul gegen die Sonne ausgerichtet wird, fängt es auch an einem sonnigen Sommertag z.B. erst um 7 Uhr mit einem langsam ansteigenden Ladestrom zu laden an. Wenn das Solarmodul beispielsweise waagerecht am Caravandach liegt, wird es nur zwischen ca. 10 und 15 Uhr mit dem vollen (oder zumindest annähernd vollen) Ladestrom von 3 A den Akku laden. Danach (in diesem Fall zwischen ca. 15 und 19 Uhr) wird sowohl der Ladestrom als auch die Ladespannung gleitend sinken. Sobald die Solarspannung auf das Spannungs-Niveau sinkt, das in dem Moment der Akku (schon) hat, kann kein Ladestrom mehr vom Laderegler in den Akku fließen.

Je nachdem, wie gut der Akku an dem einen oder anderen Tag aufgeladen ist, nutzt er den Solarstrom als Ladestrom – also nur wenn er ihn benötigt bzw. wenn ein Ladestrom wetterbedingt vorhanden ist. Ist bei einem regnerischen Wetter kein Nachladen des Akkus möglich, muß er einfach warten, bis sich die Sonne wieder von ihrer „besten Seite“ zeigt.

Nun ist natürlich folgende Gegenfrage fällig: „Und was ist, wenn es etliche Tage lang regnet?“ Die Antwort ist einfach: „Da läuft nichts. Deshalb muß die Kapazität des Akkus bereits bei der Anlagenplanung ausreichend großzügig dimensioniert werden, um auch mehrere nacheinander folgende, sonnenarme Tage überbrücken zu können.“

Die Aussagekräftigkeit dieser an sich einfachen Antwort lässt sich naturbedingt nicht mit Tabellen oder Formeln untermauern. Es bleibt immer dem persönlichen Ermessen des Anwenders überlassen, wie er bei so einem Vorhaben den Energiebedarf und die Anzahl der nacheinander folgenden, „möglichen“ sonnenarmen Tage einschätzt. Dabei kommt es auch darauf an, wie wichtig es ihm erscheint bzw. wie wichtig es tatsächlich ist, dass der Akku als Energiequelle nicht versagt.

Theoretisch lässt sich zwar so ein Anliegen gar nicht in ein solides „Schema“ unterbringen, aber in der Praxis ist das Ganze gar nicht so problematisch, wie es auf den ersten Blick aussieht. In einem Caravan oder Reisemobil ist zum Beispiel der Bedarf nach elektrischem Lüften oder Kühlen am größten, wenn die Sonne kräftig scheint. Zudem kann ein leerer „Solar-Akku“ notfalls auf einem Campingplatz vom elektrischen Netz nachgeladen werden (danach kann man wieder weiter durch die Gegend streunen).

Außerdem gehört zu den Vorteilen einer jeder Solarstromversorgung, dass man problemlos jederzeit sowohl die Kapazität des Akkus (Bordakkus oder Zweitakkus), als auch die Leistung der Solarzellen durch weitere „Bausteine“ erhöhen kann.

Man muss sich allerdings darauf einstellen, dass hier die Technik den Naturkräften unterliegt und dass nicht immer alles so verläuft, wie man es gerne haben möchte. Trotzdem ist Solarstrom eine feine Sache, aber vor allem nur dann, wenn es keine bessere oder bequemere Alternative gibt.

Bei unseren bisherigen Ausführungen haben wir im Zusammenhang mit Akku-Laden die *Solarspannung* jeweils nur quasi „nebenbei“ erwähnt. Dies jedoch nur aus dem Grund, damit die Aufklärung nicht zu kompliziert wird.

Abb. 1.12: Ein solarbetriebenes elektrisches Heizkissen kann an so manchen kühleren Tagen das Wohlbefinden beim Liegen im Freien sehr steigern ...

In Wirklichkeit hat die Solar-Ladespannung *(Modulen-Nennspannung)* einen sehr wichtigen Stellenwert und verdient eine besondere Beachtung.

Bei einer Solarversorgung ohne Zwischenspeicher ist es mit der Wahl der Solarspannung einfach (wie bereits an anderer Stelle erklärt wurde). Hier ist auch in vielen Fällen die „Nutzungsdauer" der Solarenergie pro Tag wesentlich länger, wenn Verbraucher verwendet werden, die auch bei einer Unterspannung (und bei niedrigem Strom) arbeiten.

Darunter ist folgendes zu verstehen: Ein 12 V-Ventilator oder eine gute 12 V-Pumpe fangen beispielsweise schon bei einer Versorgungsspannung von ca. 3 V bis 5 V zu drehen an. Sie leisten zwar bei einer Unterspannung nicht die volle Arbeit, aber sie arbeiten dennoch.

Noch effizienter arbeiten in der Hinsicht Verbraucher, bei denen der Strom in Wärme (oder in Kälte) umgewandelt wird. Als Beispiel dürfte hier ein elektrisches Heizkissen dienen, das man sich an einem sonnigen (aber kühlen) Frühlingstag *nach Abb. 1.12* unter die Füße (oder unter den „Allerwertesten") legt. Hier wird jeder kleinste „Tropfen" des Solarstroms in Wärme umgewandelt und das Solarmodul kann vom Sonnenaufgang bis zum Sonnenuntergang genutzt werden (auch wenn der Solarstrom am frühen Morgen oder am späten Nachmittag nur sehr bescheiden wärmt).

Bei jeder Art eines solchen Direktbetriebes hängt die Nutzung des einen oder anderen Verbrauchers von seiner Art und seiner Funktionsweise ab. Damit ist Folgendes gemeint: Ein elektrisches Heizkissen oder ein Ventilator arbeiten beispielsweise zufriedenstellend auch bei einer Unterspannung, Lampen zeigen sich dagegen in der Hinsicht ziemlich „unkooperativ", denn ihre Leuchtkraft nimmt überproportionell ab, wenn ihre Versorgungsspannung um mehr als ca. 10 bis 15% sinkt.

Ähnlich ist es beim Laden mit Solarstrom: Eine Solaranlage, die mit einem Akku als Zwischenspeicher arbeitet, beginnt das Laden des Akkus erst dann, wenn die Ladespannung höher ist als die jeweilige Spannung des Akkus. Wenn an einem Vormittag die Akkuspannung z.B. nur noch 10,7 V beträgt, fängt das Laden erst dann an, wenn die Solarspannung am Laderegler-Ausgang auf mindestens 10,8 V gestiegen ist.

Soll eventuell ein noch ziemlich „voller" Akku nachgeladen werden, der eine Spannung von 12 V hat, beginnt das Laden erst dann, wenn die Ladespannung höher als 12 V ist. Solange jedoch die Ladespannung nur *geringfügig* höher ist als die jeweilige Akkuspannung, nimmt der Akku auch nur einen sehr niedrigen Ladestrom ab (ohne Rücksicht darauf, wieviel Strom das Modul tatsächlich in dem Moment liefern könnte).

Solarmodule, die fürs Nachladen von Akkus vorgesehen sind, müssen aus diesem Grund immer für eine wesentlich höhere *Nennspannung* ausgelegt sein als die Nennspannung des Akkus ist. Soweit nur zu der etwas allgemeinen Vorinformation. Näheres zu diesem Thema finden Sie im Kap. 7.

## 1.2 Akkus als Solarenergie-Speicher

Als Solarenergie-Speicher eignen sich im Prinzip alle handelsüblichen wiederaufladbaren Akkus. Die Spannung und die Kapazität des angewendeten (oder vorgesehenen) Akkus richtet sich nur nach dem Spannungs-, Leistungs- und Kapazitätsbedarf der „elektrischen Verbraucher", die er betreiben soll.

Für die Stromversorgung von kleinen Verbrauchern (elektronische Kleingeräte, kleine Lampen, Solar-Spielzeuge) genügt oft ein kleiner NiCd- oder NiMH-Akku bzw. ein sehr kleiner Bleiakku. Wenn eine größere „Speicherkapazität" benötigt wird, kommen größere Bleiakkus (worunter Autobatterien oder Solarbatterien) zum Einsatz. Als Bordbatterien im Caravan, Reisemobil, auf dem Boot oder auf einer Yacht werden z.B. oft mehrere Autobatterien miteinander parallel *nach Abb. 1.13* verbunden.

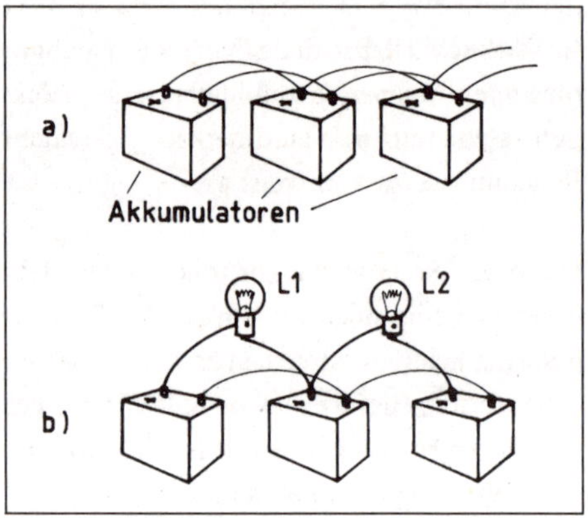


Abb. 1.13: Um eine höhere Kapazität zu erhalten, werden üblicherweise mehrere Akkus (derselben Marke und Größe) parallel betrieben: a) Prinzip der Verschaltung. b) Bevor man mehrere Akkus miteinander „leitend" verbindet, sollten ihre Spannungen erst mit Hilfe zusätzlicher Glühlampen aneinander angeglichen werden.

Die Anzahl der Batterien darf zwar theoretisch unbegrenzt sein, aber praktisch ist Folgendes zu berücksichtigen: Je mehr Batterien miteinander verbunden werden, desto genauer sollten sie parametrisch aufeinander abgestimmt sein. Dabei genügt nicht, dass es sich um Akkus derselben Marke und Leistung handelt. Sie sollten auch möglichst gleich alt sein und identisches Lade-/Entladeverhalten aufweisen. Andernfalls laden sie sich nicht ausgewogen auf und ein einziger „altersschwacher" Akku wirkt sich quasi als ein „Verbraucher" aus, der die anderen Akkus zu schnell entlädt. Dies muss nicht immer gleich kritisch sein, aber es ist darauf zu achten.

Eine einfache Kontrolle der Selbstentladung ist in der Hinsicht am aussagekräftigsten: Die Akkus werden erst (einzeln, gemeinsam oder kombiniert) mit einem Ladegerät voll aufgeladen, unbelastet abgestellt und nach ca. 4 bis 6 Wochen wird mit einem Voltmeter nachgemessen, ob keiner davon durch eine zu hohe Selbstentladung einen merkbar größeren Spannungsverlust aufweist als der Rest.

Darunter ist Folgendes zu verstehen: Die Spannung wird nach ca. 6 Wochen durch die Selbstentladung (markenabhängig) beispielsweise bei einem der Akkus auf 11,6 V, bei dem Rest nur auf 12,2 V sinken. Schon eine derartige Differenz beim Selbstentladen weist darauf hin, dass der eine zu tief entladene Akku etwas zu sehr „aus der Reihe" fällt, die restlichen Akkus gewissermaßen belastet und einen unnötig großen Teil des „kostbaren" Solar-Ladestroms für sich in Anspruch nimmt.

Hier hilft oft, wenn man alle Akkus auf gleiches Niveau mit destilliertem Wasser nachfüllt, evtl. den Elektrolyt nachkontrolliert (bzw. nachfüllen lässt), danach alle Akkus nochmals auflädt, auf ca. 10,5 V entlädt, neu auflädt und nochmals die Selbstentladung nach z.B. 8 Wochen nachmisst. In den meisten Fällen bringt dieser „Eingriff" Erfolg. Andernfalls hilft nur noch ein Austausch des schwachen Akkus.

Die eigentliche Wartung stellt bei modernen Autobatterien oder Solarakkus an den Anwender fast keine Ansprüche. Wer dazu genügend Zeit und Lust hat, sollte mindestens einmal oder zweimal pro Jahr Folgendes nachkontrollieren:

- ob eines der Batterieglieder nicht mit destilliertem Wasser nachgefüllt werden muss (die Elektroden sollen mindestens ca. 5 mm tief unter dem Elektrolyt-Spiegel sein). Zum Auffüllen des Akkus wird normalerweise nur destilliertes Wasser verwendet.
- ob seine Anschlussklemmen nicht grüne Korrosionsverschmutzungen aufweisen (sie werden mit einem trockenen Tuch gereinigt und neu eingefettet).

Bei Akkus, die als Solarenergie-Speicher dienen sollen, stellt die Problematik des Ladens etwas gehobenere Ansprüche an das fachorientierte Grundwissen des Anwenders. Es ist ja verständlich, dass man hier im Bilde darüber sein muss, für welche Spannung und Kapazität der Akku ausgelegt sein sollte und welche Spannung und welchen Ladestrom das verwendete Solarmodul liefern muss, um den Akku ausreichend nachladen zu können.

Ansonsten steht dem Anwender eine große Auswahl an diversen „normalen", handelsüblichen Bleiakkus aller Art zur Verfügung (worunter Autobatterien, Rollstuhl-Akkus, Modellbau-Akkus, usw.) und einige „speziellle Solar-Akkus".

Mit den „speziellen“ Vorteilen der oft übertrieben hochgepriesenen „echten Solarakkus“ ist es bei weitem nicht so toll, wie es so mancher Hersteller den Kunden gerne glaubhaft machen möchte. Oft werden hier als Vorzeige-Parameter *Eigenschaften* hervorgehoben, über die im gleichen Maße – oder zumindest annähernd gleichen Maße – *jede gute moderne Autobatterie* verfügt. Bei den Autobatterien werden jedoch diese Eigenschaften üblicherweise nur von den Autoherstellern beachtet und der Autofahrer wird mit eventuellen weiteren Parametern einfach verschont. Mit Recht, denn man hat ja als ein normaler Mensch kaum Interesse daran, wie es mit der Selbstentladung oder mit dem Ladeverhalten einer solchen Batterie steht. Hauptsache „das Zeug“ geht lange genug mit und funktioniert im Auto zuverlässig. Dafür hat hier allerdings der Autohersteller zu sorgen – was er auch macht.

Wenn heutzutage die Autobatterie eines normalen Mittelklasse-Wagens in der Praxis eine Lebensdauer von 10 Jahren erreicht (oder sogar überschreitet), ist es kein technisches Wunder mehr. Und wenn ein Hersteller eine vergleichbar lange Lebensdauer bei einem „Solarakku“ anpreist, ist es auch in Ordnung. Es spricht ja nichts dagegen, dass man z.B. Rassehunde anbietet und dabei hervorhebt, dass sie mit dem Schwanz wedeln können. Kann ja auch nicht jeder!

Anderseits verfügen viele der „echten“ Solarakkus tatsächlich über einige technische Parameter, die etwas besser sind, als die der normalen Autobatterien. Manche der Solarakkus sind z.B. völlig „wartungsfrei“ konzipiert, weisen eine erhöhte Frostunempfindlichkeit, eine etwas niedrigere Selbstentladung und niedrigere Ladeverluste auf. Das sind jedoch alles technische Eigenschaften, die auch jeder Autobatterien-Hersteller anstrebt – allerdings wird hier mehr darauf geachtet, dass eine geringe Qualitätsverbesserung nicht eine unangemessene Preiserhöhung zur Folge hat.

Die „echten“ Solarakkus sind üblicherweise drei- bis viermal teurer als die normalen Autobatterien. Das mag rein technologisch zum Teil dadurch gerechtfertigt sein, dass sie im Vergleich zu den Autobatterien in zu kleinen Serien hergestellt werden (was für den Kunden kaum als Trost gelten dürfte).

Für die meisten Anwendungen kommen daher als Solarenergie-Speicher bevorzugt in Frage die preiswerten „Autobatterien“ oder evtl. auch kleinere Bleiakkus, die z.B. für Motorräder, Aufsitz-Rasenmäher, Rollstühle, Modellbau u.ä. ausgelegt sind. Caravans, Reisemobile und Boote verfügen zudem ohnehin über Bord-Akkus (Autobatterien), die für die Solarstromversorgung üblicherweise nur mit weiteren parallel angeschlossenen Autobatterien nachgerüstet werden (um die Kapazität zu erhöhen).

**Bemerkung**

Ähnlich wie bei der Autoelektrik wird auch hier mit einer niedrigen Spannung, aber mit hohen Strömen gearbeitet und alle Leitungen, Klemmen und Schalter sollten daher entsprechend ausgelegt werden. Andernfalls entstehen in ihnen zu große Leistungs- und Spannungsverluste (siehe auch die Tabelle auf der hinteren Innenseite des Umschlags).

## 1.3 Wechselrichter

Wechselrichter *(Spannungswandler)* sind Geräte, die eine Gleichspannung in eine andere Gleichspannung (z.B. 12 V in 24 V) oder in eine Wechselspannung (z.B. 230 V~) umwandeln.

Als „Sonderzubehör“ von solarelektrischen Anlagen werden in den meisten Fällen Wechselrichter angewendet, die eine 12 Volt- oder 24 Volt-Solarspannung in eine 230 Volt-Wechselspannung umwandeln. Allerdings nur dann, wenn spezielle Verbraucher betrieben werden sollen, die nur als Netzgeräte erhältlich bzw. bereits vorhanden sind.

Bei der Anschaffung eines Wechselrichters ist auf Folgendes zu achten:

- Die *Eingangsspannung* muss identisch mit der Anlagenspannung bzw. Caravan, Reisemobil oder Bootspannung (12 V oder 24 V) sein.
- Die *Ausgangsleistung* sollte auf die vorgesehenen Verbraucher gut abgestimmt, aber nicht übertrieben hoch sein, denn das hat bei einfacheren Wechselrichtern einen unnötig hohen Eigenverbrauch zur Folge.
- Die *Ausgangsspannung* sollte 230 V~ (und nicht 220 V~) betragen.
- Der *Wechselrichter-Wirkungsgrad* sollte möglichst hoch sein (bevorzugt in der Nähe von ca. 95%, denn das verringert unnötige Solarleistungs-Verluste).
- Diverse preiswertere Wechselrichter liefern nur eine trapezförmige 230 V-Wechselspannung. Gehobenere Wechselrichter – die als „Sinuswechselrichter“ angeboten werden – liefern dagegen eine „netzidentische“ sinusförmige Wechselspannung, die vor allem für empfindliche elektronische Geräte (Computer, Videorekorder) empfehlenswert ist.
- Manche Wechselrichter sind speziell für Solaranlagen ausgelegt und beinhalten gleichzeitig einen Batterie-Laderegler und evtl. auch einen Tiefentladeschutz. Dies wirkt sich zwar nicht unbedingt als kosteneinsparend aus, aber vereinfacht die Installation – insofern dies als ein Kaufargument betrachtet wird.

# 2 Solarzellen am Strand

Ob am Meeresstrand, am Strand eines Sees oder am Ufer eines Flusses, wo man einen ganzen Tag oder nur einige Stunden gemütlich verbringen möchte: Solarstrom kann unter Umständen sehr willkommene Dienste leisten.

Um sich eine objektive Vorstellung von den praktischen Nutzungsmöglichkeiten dieser „Stromversorgung“ machen zu können, muss man sich allerdings die ganze Vielfalt dieser „Freizeitgestaltung“ in etwas bunteren Varianten vorstellen. Wie bunt? Das hängt nur von der individuellen Phantasie und der Beziehung zur Natur ab.

Was darunter zu verstehen ist, dürften die nun folgenden Beispiele zeigen, bei denen gleich praxisbezogene Anwendungs-Tipps erklärt werden.

## 2.1 Solarbetriebene Kühlbox

Elektrische Hand-Kühlboxen (die für 12 Volt-Batteriebetrieb ausgelegt sind) werden immer preiswerter und sind in verschiedenen Größen und Leistungen erhältlich. Sie eignen sich insbesondere im Sommer zum Kühlen von Getränken, Obst, Schokolade und solchen Lebensmitteln, die einigermaßen kühl aufbewahrt werden müssen.

Für welche Art der Ausflüge man so eine Kühlbox auch verwendet, ihr Vorteil besteht darin, dass sie während der Fahrt im Auto an die Autobatterie angeschlossen werden kann und bis ans „Ziel“ optimal kühlt. Das Auto muß jedoch oft weit entfernt vom Strand geparkt werden und der Rest des Weges wird gelaufen (mit der Kühlbox in der Hand).

Die Kühlbox bleibt dann noch eine Zeitlang kühl. Wie lang, das hängt sowohl von der Umgebungstemperatur, als auch davon ab, wie oft sie geöffnet wird. Wenn für die Box als „Stromgenerator“ ein leichtes, flexibles Solarmodul mitgenommen wird, kann es sie am Strand weiterhin mit Strom versorgen. Zwar nur dann, wenn die Sonne scheint, aber das genügt, denn wenn die Sonne nicht scheint, sinkt ja die Umgebungstemperatur und die Kühlbox bleibt ohnehin noch einige Stunden lang kühl.

***Welches Solarmodul wird benötigt?***

Am günstigsten eignet sich für solche Zwecke ein Leichtgewicht-Solarmodul, das entweder als flexibles Modul oder als in der Mitte zusammenklappbares Modul (Aktentaschen-Format) leicht transportierbar ist. Es sollte sich dabei bevorzugt um ein *kristallines* Modul, *nicht* um ein *amorphes* „Dünnschicht-Modul“ handeln. Amorphe (Dünnschicht) Solarzellen haben einen zu niedrigen Wirkungsgrad und das Modul muss daher

Abb. 2.1: Eine kleinere 12 Volt-Elektro-Kühlbox kann auch von einem „Leichtgewicht-Solarmodul“ ausreichend mit Strom versorgt werden

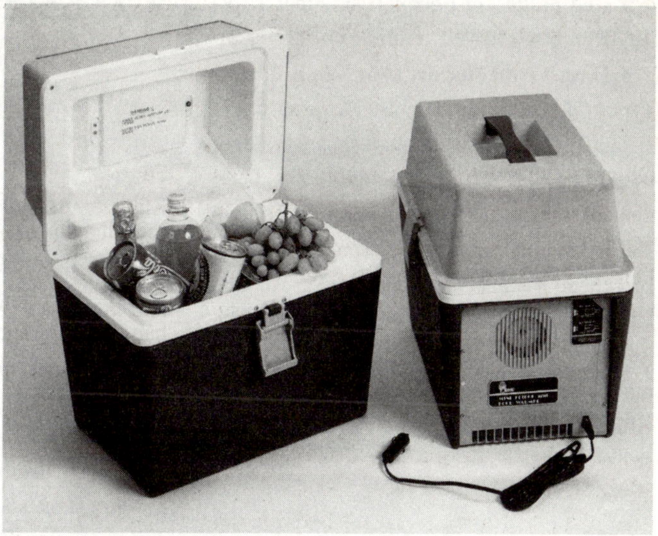

über eine etwa doppelt so große Zellenfläche verfügen, als ein kristallines Modul (siehe hierzu auch Kap. 7).

Die Nennleistung eines solchen Solarmoduls muß in diesem Fall nicht unbedingt auf die volle Nennleistung der Kühlbox abgestimmt sein. So kann zum Beispiel eine 12 V/3 A-Kühlbox sehr zufriedenstellend mit einem 12 V/2 A-Solarmodul betrieben werden. Wenn dabei die Kühlbox im Schatten steht, wird sie auch an heißen Sommertagen ihren Inhalt ausreichend kühl halten. Auch hier gilt, dass bei einer sehr großen Hitze die Kühlbox nicht allzuoft geöffnet werden sollte.

Andernfalls wäre hier ein großzügiger dimensioniertes Solarmodul nötig: in diesem Fall ein 12 V/3 A-Modul. Nichts spricht dagegen, wenn hier der Modulen-Nennstrom für mehr als 3 A ausgelegt ist. Im Gegenteil: die Zellen werden sich bei größerer Hitze weniger aufheizen.

Größere Modulenleistung bedeutet allerdings einen größeren Kostenaufwand und größere Abmessungen. Wenn wir mit ca. 1,25 W-Modulenleistung pro $dm^2$ rechnen, müßte ein 36 Watt-Solarmodul eine Fläche von ca. 29 $dm^2$ haben. Das ergibt z.B. ein 5 x 5,8 dm (50 x 58 cm) großes Solarmodul. Wenn sich so ein Modul in der Mitte zusammenklappen läßt – oder wenn zwei oder mehrere kleinere (flexible) Module verwendet werden – ist es immerhin noch problemlos transportierbar.

Das anfangs erwähnte „sparsamere“ 12 V/2 A-Modul hätte dagegen nur eine Leistung von 24 W, woraus sich eine Solarzellenfläche von ca. 19,2 $dm^2$ ergibt. Die Modulen-Abmessungen würden hier z.B. nur etwa 44 x 44 cm betragen.

Wir sind in diesem Beispiel von einer 12 V/3 A-Kühlbox (36 Watt-Kühlbox) ausgegangen. Das ist zwar eine der kleineren Kühlbox-Typen, aber für normale Bedürfnisse reicht sie aus (vor allem, wenn man sie auch länger tragen muss). Es spricht jedoch nichts dagegen, dass man sich eine wesentlich größere Kühlbox zulegt und das Solarmodul dementsprechend auch etwas großzügiger auf den Kühlbox-Verbrauch abstimmt. Wenn so eine „Anlage“ des Öfteren dort genutzt wird, wo man andernfalls Getränke auch an einem Kiosk kaufen kann, wird sie sich – bei den stolzen Kiosk-Preisen – sehr schnell amortisieren.

In manchen Fällen wird es möglich sein, die elektrische Kühlbox im Auto zu lassen und bedarfsbezogen die Getränke oder andere gekühlte Speisen jeweils zu holen. Die Tatsache, dass sich die meisten dieser Kühlboxen an den Zigarettenanstecker des Autos anschließen lassen, darf jedoch nicht zu der Annahme verleiten, dass die Autobatterie mit dieser zusätzlichen Energieversorgung wohl „automatisch“ zurechtkommt. Prinzipiell stimmt zwar eine solche Annahme in Bezug auf die eigentliche Kühlbox. Es kann jedoch leicht vorkommen, dass die Kühlbox zwar einwandfrei den ganzen Tag gekühlt hat, aber abends will dann das Auto nicht mehr starten, weil die Autobatterie von der Kühlbox „leergesaugt“ wurde.

Hier kann manchmal schon ein sehr kleines Solarmodul (z.B. am Autodach) das Energie-Manko auffangen – was sich ja leicht nachrechnen lässt.

## 2.2 Solarbetriebene Spielzeuge und Modelle

Viele Batterie-Spielzeuge und -Modelle lassen sich leicht mit einigen kleinen zusätzlichen Solarzellen nachrüsten, die entweder anstelle der Batterien als „sonnenscheinabhängige“ Energiequellen oder die nur für das Nachladen von den bestehenden Akkus angewendet werden.

Dem Bastler stehen zu diesem Zweck sowohl *„nicht gekapselte“ (kahle)*, als auch *„gekapselte“* Solarzellen und Solar-Minipaneele zur Verfügung.

Für den Modell- oder Spielzeugbau können diese Zellen – ähnlich wie Batterien – seriell, parallel oder auch seriell/parallel verschaltet und für die ersten Experimente mit einem dünnen Plexiglas abgedeckt werden.

**Gekapselte Solarzellen** sind *nach Abb. 2.2* ähnlich ausgeführt, wie kleine „Solarmodule“, in denen jeweils nur eine einzige Solarzelle untergebracht ist. Somit entspricht die Nennspannung dieser gekapselten Zellen der gängigen Nennspannung normaler kristalliner Zellen (meistens zwischen ca. 0,45 und 0,46 Volt). Abhängig von der Modulen-Größe liegt der Nennstrom zwischen ca. 0,1 A (bei einer Modulenfläche von 46 x 26 mm) und 0,7 A (bei Modulen-Abmessung von 96 x 66 mm).

Diese gekapselte Zellen können – ähnlich wie die nicht gekapselten Solarzellen – beliebig

Abb. 2.2: Gekapselte Solarzellen oder Minipaneele sind in verschiedenen Größen, und mit verschiedenen *Nennspannungen* und *Nennleistungen* erhältlich

zu Ketten oder Flächen verschaltet werden, um die benötigten elektrischen Nennwerte zu erhalten.

**Gekapselte Solar-Minipaneele** beinhalten mehrere Solarzellen und somit eine entsprechend höhere Spannung. Im Prinzip handelt es sich hier um kleine Solarmodule, die sowohl miteinander als auch mit gekapselten Einzelzellen verschaltet werden können, um die benötigte Spannung bzw. Leistung zu erhalten.

Wenn die **Solarstromversorgung** anstelle der Batterien vorgesehen ist, müssen die Solarzellen verständlicherweise zumindest dieselbe Spannung und denselben Strom liefern können, die andernfalls so ein Spielzeug von den Batterien erhält bzw. bezieht. Mit der Spannung ist es ja klar, denn hier richtet man sich einfach nach der Spannung der benötigten Batterien. Die Stromabnahme ist bei derartigen „Verbrauchern“ meistens nirgendwo angegeben, und sollte daher mit einem Amperemeter (Multimeter-Gleichstrombereich) ermittelt werden.

Der Solarzellen-Nennstrom wird dann – insofern es der Platz für die Zellen erlaubt – um ca. 10 bis 25% höher dimensioniert, als durchs Messen ermittelt wurde.

Wenn die Solarzellen nicht als Direktantrieb, sondern nur als Ladestrom-Quelle für die Akkus dienen sollen, muss die **Solarspannung** groß genug sein, um die Akkus nachladen zu können, aber nicht so groß, dass sie beim Laden „kaputtgekocht“ werden.

Viele der kleinen Batterie-Spielzeuge sind für wiederaufladbare Akkus ausgelegt bzw. können mit solchen Akkus betrieben werden. Zu diesem Zweck werden dann meistens NiCd-Akkus verwendet. Im Vergleich zu Bleiakkus liegt bei NiCd die „Gasungsspannung“ etwas höher: Bei ca. 1,55 V pro Glied, dessen *Nennspannung* 1,2 V beträgt. Für kontinuierliches Nachladen dieser Akkus sollte daher die Solarspannung *(= Modulen Nennspannung)* zwar in die Nähe der Gasungsspannung kommen, aber diese nicht überschreiten.

Theoretisch würde die Problematik des Ladens eine wesentlich aufwendigere Erklärung benötigen, aber in der Praxis dürfen wir davon ausgehen, dass die Nennspannung der Solarzellen (des Solarmoduls) ca. 20% höher liegen soll als die Nennspannung des geladenen NiCd-Akkus. Das ergibt eine Ladespannung von ca. 1,44 V pro NiCd-Glied bei maximaler Belastung der Solarzellen. Wenn der Ladestrom bei einem „fast aufgeladenen" Akku (am Ende des Ladevorgangs) sinkt, steigt die von den Zellen gelieferte Spannung „in Richtung" *Leerlaufspannung* und kann somit am Ende des Ladevorgangs den Akku fast perfekt aufladen.

Dies setzt jedoch voraus, daß alle Vorbedingungen optimal stimmen. Üblicherweise fehlt jedoch die theoretisch benötigte Ladezeit: Ein leerer NiCd-Akku müsste theoretisch 12 Stunden lang mit einem Ladestrom von *vollen* 10% seiner Kapazität geladen werden, um ganz voll nachgeladen zu sein. In der Praxis dauert es jedoch ca. 15 oder sogar 18 Stunden, bis ein leerer Akku wirklich voll aufgeladen ist (was u.a. vom Ladegerät abhängt).

Das Nachladen mit Solarstrom kann z.B. am Strand die Betriebszeit eines Spielzeuges verlängern oder eine etwas kürzere „Wiederbelebung" nach einer Ladezeit von einigen Stunden ermöglichen. Es sein denn, man hat mehrere geladene Zweitakkus und kann sie zusätzlich noch mit weiteren handelsüblichen Solar-Ladegeräten laufend nachladen.

Ansonsten ist es vorteilhafter, wenn der Spielzeugmotor direkt von Solarzellen betrieben wird, die am Spielzeug angebracht sind. Dies setzt jedoch manchmal eine Solarzellenfläche voraus, die wesentlich größer sein müsste als das Spielzeug selbst – was z.B. auch bei diversen Akku-Kinderautos, Traktoren oder Motorrädern zutrifft.

Diese Spielzeug-Fahrzeuge verfügen oft jeweils über zwei Elektromotoren, deren Leistung z.B. 2 x 140 W, 2 x 170 W oder 2 x 230 W beträgt. Dies würde demnach Modulenleistungen von 280 W bis 460 W voraussetzen. Ausgehend davon, dass ein modernes Solarmodul mit einer Fläche von 1 $m^2$ bestenfalls *nur* eine Leistung von ca. 120 bis 140 Watt aufbringt, würde auch ein kleines Kinderfahrzeug ein mindestens ca. 2 $m^2$ großes Solarmodul benötigen – und mit ihm herumfahren müssen. In dem Fall muß sich eventuell die Größe des Fahrzeuges der benötigten Solarzellenfläche unterordnen – wie es z.B. bei dem Solarfahrzeug aus *Abb. 2.3* gelöst wurde. Ein talentierter Tüftler dürfte ein derartiges Projekt als eine interessante Herausforderung einstufen ...

Wesentlich einfacher ist es mit dem solarelektrischen Nachladen des Fahrzeug-Akkus. Bei Kinderfahrzeugen, bei denen den Motorantrieb ein 12 V-Bleiakku versorgt, kann evtl. eine kleinere Solarzellenfläche (die beispielsweise auf der Motorhaube angebracht wird) über den integrierten Laderegler aus *Abb. 1.11* den Fahrzeug-Akku nachladen. Allerdings muss man auch hier davon ausgehen, daß z.B. ein siebenstündiges Nachladen nur etwa die Hälfte der verbrauchten Akku-Kapazität „nachliefern" kann.

## 2.3 Boote mit Solarantrieb

Boote bieten im Allgemeinen mehr Platz für Solarzellen. Nicht nur kleine Spielzeug-Boote, sondern auch größere Boote oder

Abb. 2.3: Prototyp eines modernen Solarautos (Foto Sharp)

andere schwimmende „Objekte" können mit Hilfe von Gleichstrommotoren solarelektrisch betrieben werden. Die Solarzellen können dann z.B. nach *Abb. 2.4* entweder auf den Bootkörper oder auf einem dazu erstellten Dächlein angebracht werden (das evtl. auch an ein Schlauchboot montiert werden kann).

Für derartige Vorhaben gibt es auch kleine, handelsübliche Gleichstrom-Motorantriebe (bzw. Elektro-Außenbordmotoren). In einigen dieser Antriebe ist auch ein Akku eingebaut, dessen Kapazität für eine gewisse Betriebsdauer (von z.B. einer Stunde) ausreicht. Andere benötigen einen größeren Akku, der separat im Boot unterzubringen ist. Wenn so ein Akku von einem Solarmodul laufend nachgeladen wird, kann sich die Betriebsdauer des Motors begrüßenswert verlängern – was insbesonders für kleinere Elektromotoren gilt.

Abb. 2.4: Boote bieten wesentlich mehr Platz für Solarzellen als Autos ...

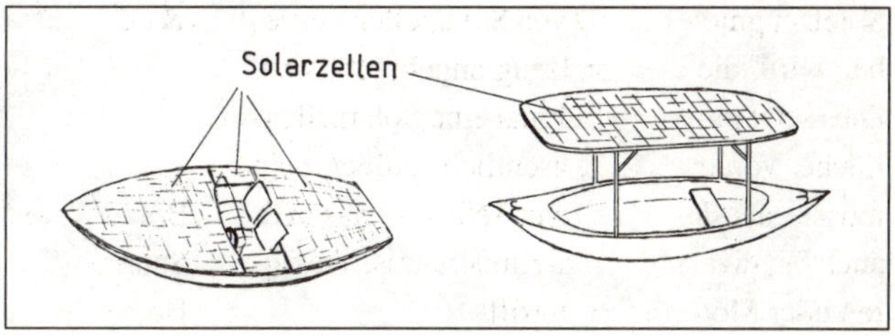

Ein Direktantrieb von Solarzellen kann bei einer ausreichend großen Solarzellenfläche an einem sonnigen Tag sehr praktisch sein. Ein rein solarbetriebenes Boot wird allerdings nicht zu einem Rennboot, sondern eher nur zu einem „Schleichboot“ (oder zu einer langsam schwimmenden „Sonnenbank“) – was für den Spaß an so einer laut- und mühelosen Fortbewegung genügt.

Die Leistungen der kleineren Schiffsmotoren – bzw. der Gleichstrommotoren, die sich für diese Zwecke eignen – liegen zwischen ca. 150 W und 500 W und sind meistens für eine 6 V- oder 12 V-Gleichspannung ausgelegt.

Die für einen Direktantrieb benötigte Solarzellenfläche fällt relativ groß aus. Ausgehend davon, daß bei einer optimalen Sonnenbestrahlung die energetische Ausbeute auch hier bei ca. 120 bis 140 Watt/m$^2$ Solarfläche liegt, würde auch ein kleiner 150 Watt-Motor eine Solarzellenfläche von mehr als 1 m$^2$ benötigen. Bei einem 300 Watt-Motor wäre es *eventuell* eine doppelt so große Fläche.

Das Wort *„eventuell“* hat dabei folgende Berechtigung: Ein Gleichstrommotor arbeitet auch bei einer wesentlich niedrigeren Spannung, als seiner offiziellen *Nennspannung* entsprechen würde (der Strombedarf passt sich der „Unterspannung“ an). Wenn also ein solarbetriebenes „Wasserfahrzeug“ nur mit einer etwas zu klein geratenen Solarzellenfläche ausgestattet wird, fährt es einfach nur entsprechend langsamer – aber es fährt.

Für Eigenbau-Konstruktionen eignen sich als Elektromotoren einige der kräftigeren Akkuschraubern, die z.B. für eine Spannung von 12 bis 18 V ausgelegt sind. So ein Antriebssystem kann wahlweise entweder nur mit einer direkten Stromversorgung arbeiten oder einen Akku als Zwischenspeicher nutzen.

Bei den meisten „Projekten“ dieser Art wird es sich wohl um keine seriösen „Nutzfahrzeuge“, sondern eher nur um „Spaßfahrzeuge“ oder spielzeugartige Fortbewegungsmittel handeln, die nicht für einen Meeresstrand, sondern für einen Teich oder einen ruhigen Flussarm vorgesehen sind.

Abb. 2.5: Der Solar-Katamaran der Fa. Schöne in Überlingen ist eine Kombination von Tretboot und Elektroboot: Als Elektroboot kann es an einem sonnigen Tag bis zu neun Stunden lang auf einem See fahren. (Foto AEG)

Die Art und die Größe derartiger „Wasserfahrzeuge“ kann sich sehr flexibel dem Anwendungszweck unterordnen, wobei der Einfallsreichtum und die Handfertigkeit des Erbauers für die Lösung bestimmend ist.

Insofern bei diesem Vorhaben die Solar-Betriebsspannung bei max. 24 V gehalten wird, besteht kein Sicherheitsrisiko in Hinsicht auf einen „Stromschlag“. Wenn der mechanische Teil des Antriebssystems im Eigenbau ausgetüftelt und erstellt wird, muss darauf geachtet werden, dass alle beweglichen Teile gut abgedeckt sind, um keinen Unfall zu verursachen.

Konkrete Selbstbauvorschläge würden den Umfang dieses Büchleins sprengen und wären zudem sehr fraglich in Hinsicht auf die Vorbedingungen der technologischen Möglichkeiten des einen oder anderen Erbauers. Wer z.B. über eine eigene Drehmaschine verfügt, der kann eine wesentlich aufwendigere (und professionellere) Konstruktion erstellen als einer, der sich nur unter den gängigen Fertigbauteilen aus dem Modellbau oder aus der Fahrzeug- und Antriebstechnik das Passende zusammensuchen muss.

Wer eine speziellere Eigenbau-Konstruktion entwerfen möchte, sollte vorher erst gut auskundschaften, was es für sein Vorhaben „momentan“ auf dem Markt gibt. Zu den „Bezugsquellen“ für elektrische Wasser-Antriebssysteme gehören auch Sportgeschäfte mit Taucher-Warensortiment.

## 2.4 Solarbetriebene kleinere Verbraucher

Die Anwendungsmöglichkeiten von kleineren, elektrisch betriebenen Verbrauchern am Strand sind im Prinzip fast genauso umfangreich wie zu Hause. Es wird zwar selten einen Grund dazu geben, dass man zum Strand eine Mikrowelle oder sogar einen Wäschetrockner mitschleppt, aber bei kleineren Geräten liegt die Sache anders.

Man darf sich jedoch unter dem Begriff „Strand“ nicht nur einen Meeresstrand mit glühender Sonne, heißem Sand und Tausenden vollbesetzten Liegestühlen vorstellen. Es gibt auch Strände, Fluss- oder Teichufer, an denen man auch während der kühleren Jahreszeit einen sehr erholsamen Tag verbringen kann. An solchen Plätzen werden auch verschiedenste Aktivitäten ausgeübt, die aus dem Rahmen des Klisches eines „Sonnenbank-Strandes“ fallen.

Ein ***elektrisches 12 V-Heizkissen*** kann an manchen sonnigen, aber dennoch etwas zu kühlen Tagen das Wohlbefinden steigern (oder retten), wenn es beim Liegen „am Wasser“ plötzlich zu kühl wird. Die Stromversorgung lässt sich hier ähnlich lösen, wie bei der solarbetriebenen Kühlbox. Auch hier muss das Solarmodul nicht auf die volle Leistung des Heizkissens dimensioniert sein. Wenn das Heizkissen nicht seine volle Nennspannung oder seinen vollen Nennstrom erhält, wird es einfach nur die Energie in Wärme umwandeln, die es aus dem Solarmodul bezieht. Es wird dann zwar nicht seine volle Heizleistung erbringen, aber das ist in der Praxis auch nicht unbedingt erforderlich. Oft genügt es, wenn das Heizkissen nur ein klein wenig dem Körper hilft, das Gefühl von aufkommender Kälte zu unterdrücken.

Wer auf seinen frischen Nachmittagskaffee nicht verzichten möchte, der wird sich vielleicht einen kleinen ***12 Volt-Wasserkocher*** anschaffen, um „an Ort und Stelle" seinen Kaffee mit Solarstrom kochen zu können. Hier ist – im Gegensatz zu dem Heizkissen bzw. zu einer Kühlbox – eine direkte Stromversorgung ohne einen Zwischenspeicher (Akku) etwas zu kritisch. Der Akku kann jedoch sehr klein und leicht sein, wenn er nur einen kleineren Wasserkocher ein einziges Mal mit Energie versorgen soll.

Ein praktisches Experiment hat folgendes gezeigt: Ein **12 Volt/300 Watt-Wasserkocher** brauchte 10 Minuten (= 0,166 Stunde), um ein ca. 15 °C kaltes Wasser für vier Tassen Kaffee zum Kochen zu bringen. Daraus lässt sich nun der Stromverbrauch ausrechnen: 300 W **:** 12 V = 25 A.

Bei einem Akku manifestiert sich der Stromverbrauch als *„Verbrauch der Akku-Kapazität in Ah (Amperestunden)"*. In unserem Fall sind es die 25 A multipliziert mit 0,166 Stunden. Das ergibt einen *„Kapazitäts-Verbrauch"* von 4,15 Ah. Mit anderen Worten: Um unter ähnlichen Vorbedingungen Kaffee kochen zu können, wird ein 12 V-Akku benötigt, dessen Kapazität „ausreichend" größer ist als die errechneten 4,14 Ah. Unter dem Begriff „ausreichende" Kapazität ist zu verstehen, dass der Akku während des Wasserkochens nicht zu tief entladen – und somit nicht vernichtet werden darf. Zudem hängt die ganze Kochprozedur von der Wassermenge, Wassertemperatur und von der Umgebungstemperatur ab. Im Prinzip wäre für so ein Vorhaben z.B. ein 12 V/9 Ah-Bleiakku empfehlenswert. Er wiegt nur etwa 2,4 kg, seine Abmessungen sind sehr bescheiden (ca. 13,5 x 7,5 x 13,5 cm) und ein gewisses Nachladen kann an einem sonnigen Tag auch ein kleineres Solarmodul ermöglichen (siehe hierzu auch Kap. 3).

Wer energiesparend frischen Kaffee kochen möchte, kann sich zu einem Tagesausflug heißes Wasser in einer Thermosflasche mitnehmen. Um dies zum Kochen zu bringen, wird nur eine sehr kurze Zeit benötigt und der Energiebedarf sinkt tief unter die Hälfte der vorhin angesprochenen 4,15 Ah. In dem Fall reicht dann ein kleiner 12 V/5 Ah-Bleiakku, der nur ca. 1,5 kg wiegt.

Dieses Beispiel hat selbstverständlich nur einen informativen Charakter. Wer auf derartige Anwendungen konkret eingehen möchte, der wird selber experimentell ermitteln können, wo die Grenzen der Konzeptlösungen liegen. Da es sich in diesem Fall meistens nur um Aufgabenlösungen spielerischer Art handelt, lassen sich eventuelle „Fehlplanungen" im Nachhinein noch problemlos modifizieren, ohne dass ein Schaden entsteht.

# Solarstromnutzung beim Campen



Unter den Begriff „Campen" fallen mehrere Arten der Freizeitgestaltung im Freien: Am Flußufer, im Wald oder auf dem Freizeit-Grundstück zu picknicken, im Freien oder auf einem Campingplatz zu zelten bzw. mit einem Caravan oder Reisemobil länger durch die Gegend herumstreunen, usw.

Mit einigen der aufgeführten Formen des Campens befassen sich selbstständige Kapitel, die jeweils spezieller auf die Solarstrom-Nutzung eingehen. Dieses Kapitel befasst sich daher vor allem mit der Solarstrom-Nutzung beim Campen allgemeiner Art (z.B. Zelten). Anwendungen, die bereits im vorhergehenden Kapitel behandelt wurden (oder noch anderweitig behandelt werden), lassen wir nun weg.

## 3.1 Solarbeleuchtung

Sowohl beim individuellen Zelten, als auch in einem Ferien-Zeltcamp ist eine gute Beleuchtung in und um das Zelt von großem Vorteil. Wer selber einmal, mit einer Taschenlampe zwischen den Zähnen, nachts längere Zeit nach etwas im Zelt suchen mußte, dem braucht man nicht zu erklären, dass eine kleine „Solarleuchte" an der „Zeltdecke" dem Wohlbefinden sehr dienlich ist. Dies gilt auch für eine Außenbeleuchtung (man muss ja ab und zu auch nachts das Zelt verlassen, denn Nachttöpfe gehören ja nicht zu der gängigen Zeltausstattung).

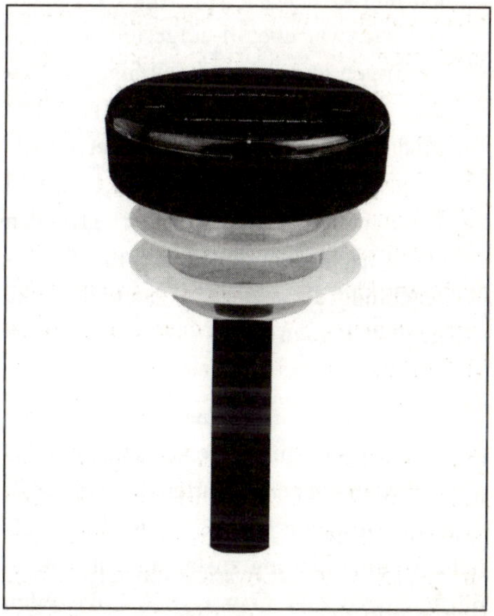

Abb. 3.1: Bei kleineren Solar-Außenlampen sind die Solarzellen oft direkt an der Oberseite des Lampenkörpers integriert

Solarleuchten gibt es für diese Zwecke in großer Auswahl (im Kap. 8.1 finden Sie diesbezüglich Näheres). Offen bleibt bei dieser Beleuchtung die Frage der Stromversorgungsart:

- Leuchten, die – wie in *Abb. 3.1* – bereits mit eigenen Solarzellen und einem internen Akku vorgesehen sind, eignen sich beim Campen vor allem dann, wenn sie gleichzeitig mit einem PIR-Bewegungsschalter ausgestattet sind, der das Licht jeweils nur für eine sehr kurze Zeitspanne (von z.B. fünf Minuten) einschaltet. Sie kommen jedoch nur für die Aufstellung auf unbeschatteten Standorten in Frage.

- Leuchten, die über keine eigene Solarzellen und keinen eigenen Akku verfügen, können zwar überall aufgestellt werden, benötigen jedoch ein Zuleitungskabel zu dem solarbetriebenen Akku. Das Solarmodul wird an einer unbeschatteten Stelle gegen den Süden ausgerichtet und kann bedarfsbezogen einen größeren Akku nachladen, der sowohl für die Beleuchtung als auch für andere Zwecke genutzt werden kann.

Abb. 3.2: Größere Solarlampen benötigen in der Regel auch eine entsprechend große Solarzellenfläche, die als Ladestrom-Quelle für einen leistungsstarken Akku dient, der wiederum als Energiespeicher entweder nur für seine eigene Lampe oder auch für mehrere Lampen zuständig ist

Natürlich spricht nichts dagegen, dass beide Arten der Solarstrom-Versorgung kombiniert werden können. Solarleuchten, die z.B. in einem größeren Camp nur für die nächtliche Wegmarkierung zuständig sein sollen, dürften bevorzugt über eigene Solarzellen (im Lampenkörper) und eigenen Akku verfügen. Das erleichtert die Installation. Hier sollten jedoch Leuchten benutzt werden, die sowohl über einen PIR-Bewegungsschalter als auch über einen Dämmerungsschalter verfügen.

Lampen, die kein eigenes Solarmodul haben, werden in der Regel von einem Akku (gemeinsamen Akku) betrieben. Was während der Nacht an Energie dem Akku entnommen wird, muss am kommenden Tag – oder während einiger der folgenden Tage – nachgeladen werden. Abhängig von der vorgesehenen „Aufenthaltsdauer" und von den Wetteraussichten muß die Kapazität des Akkus so gewählt werden, dass er auch bei einem teils regnerischen Wetter die Stromversorgung bewältigt.

Als Grundlage für die Berechnung der Akku-Kapazität dient hier der Stromverbrauch der Lampe(n) und die vorgesehene tägliche Leuchtdauer.

**Beispiel:** Eine 12 V/0,9 A-Lampe soll etwa 0,4 Stunden „pro Nacht" leuchten. 0,9 A x 0,4 Stunden = 0,36 Ah. Diese 0,36 Ah „entnimmt" die Lampe pro Nacht dem „Anlagen-Akku". Wenn zu diesem Zweck ein gut aufgeladener 4 Ah-Akku verwendet wird, hat er am nächsten Tag nur noch eine „Rest-Kapazität von 3,64 Ah (4 Ah – 0,36 Ah = 3,64 Ah).

Ohne jegliches Nachladen würde dieser Akku etwa 11 Nächte lang die Stromversorgung der Lampe bewältigen (4 Ah : 0,36 Ah Ý 11,1). Normalerweise wird der Akku jedoch „zwischendurch" (wetterabhängig) von einem Solarmodul nachgeladen.

Ein 4-Ah-Bleiakku darf mit einem Strom von max. 0,4 Ah (10% seiner Kapazität) geladen werden. In diesem Fall wären jedoch 0,4 A eigentlich „zu viel des Guten", denn somit wäre der tägliche Energieverbrauch innerhalb von ca. 65 Minuten nachgeladen (wobei beim Nachladen auch 20% auf Ladeverluste einbezogen sind).

Rein technisch ist gegen so ein promptes Nachladen zwar nichts einzuwenden, aber das Solarmodul wäre bei diesem „übertrieben hohen" Ladestrom unnötig teuer. Daher wäre es vernünftiger, wenn man sich mit einem etwas niedrigeren Ladestrom – von z.B. 0,2 A (200 mA) – zufrieden gibt.

Das Solarmodul wäre dann nur halb so groß und etwa halb so teuer als das „0,4 A-Modul". Die Ladezeit verdoppelt sich von den 65 Minuten auf ca. 130 Minuten (auf 2 Stunden und 10 Minuten).

Dies gilt natürlich nur in der Theorie. In der Praxis wird an so manchen Tagen der Himmel etwas bedeckt – bzw. zeitweise etwas bewölkt, usw. Bei diesem relativ kleinen Stromverbrauch dürfte man davon ausgehen, dass sich an „irgendeinem Tag" die Sonne wohl von ihrer besten Seite zeigen wird und der Akku dann wieder zumindest teilweise nachgeladen werden kann.

Wir sehen uns nun interessehalber an, wie es mit dem Nachladen wäre, wenn 7 Tage lang ein regnerisches Wetter herrschen würde und danach, am achten Tag, die Sonne 6 Stunden lang „perfekt" scheint (wobei der Akku vom Solarmodul mit einem Ladestrom von 0,2 A nachgeladen wird):

7 Tage x 0,36 Ah (an Energieverbrauch der Lampe) = 2,52 Ah

Dieser Verbrauch sollte nun wieder vom Solarmodul nachgeladen werden. Wenn in unserem Fall (am 8. Tag) die Sonne 6 Std. lang voll scheinen wird, ergibt sich daraus ein „Energievolumen" von 6 Std. x 0,2 A = 1,2 Ah. Davon entfallen ca. 0,2 Ah auf Ladeverluste und der Akku wird somit um 1 Ah (auf 3,52 Ah) aufgeladen.

Fazit: in diesem Fall müßte der Akku evtl. noch an einem der folgenden Tage etwas nachgeladen werden – falls inzwischen nicht die Heimkehr auf dem Programm steht.

Dieses einfache Beispiel lässt sich natürlich beliebig „ausbauen“: Es können mehrere Lampen, diverse andere Verbraucher, Betriebszeiten und dementsprechend auch andere Akku-Kapazitäten eingeplant werden. Was das benötigte Solarmodul angeht, finden Sie Näheres darüber in Kap. 7.

## 3.2 Heizen mit Solarstrom

Vor allem beim Zelten während der etwas kühleren Jahreszeit – oder im Hochgebirge – kann es nachts unangenehm kalt werden. Hier ist manchmal ein kleines elektrisches Heizkissen – das bereits im 1. Kapitel angesprochen wurde – sehr willkommen. Mit der Solarstromversorgung klappt es dabei allerdings nur auf die Art, dass tagsüber mit Solarstrom ein Akku geladen wird, der entweder für die Energieversorgung von mehreren Verbrauchern oder evtl. nur für ein oder zwei Heizkissen zuständig ist.

Die Dimensionierung einer solchen Mini-Solaranlage dürfte sicherlich auch von der Art des Fortbewegungsmittels abhängen, das die Batterie und das Solarmodul zu transportieren hat. Wer mit einem Auto fährt, der braucht sich in der Hinsicht nicht allzusehr einschränken. Wer dagegen einen Akku mit einem Fahrrad oder Motorrad transportieren muss, der wird den größten Wert darauf legen, dass der ganze Spaß die zumutbaren Grenzen nicht überschreitet.

In dem Fall dürfte z.B. ein kleiner 12 V/ 5 Ah-Bleiakku in Hinsicht auf sein geringes Gewicht (von ca. 1,5 kg) unter Umständen sehr gute Dienste leisten. Er würde ein kleines Heizkissen lange genug warm halten und eine Unterkühlung verhindern. Was „lange genug“ ist, dürfte natürlich vom Wetter abhängen und unter Umständen angezweifelt werden.

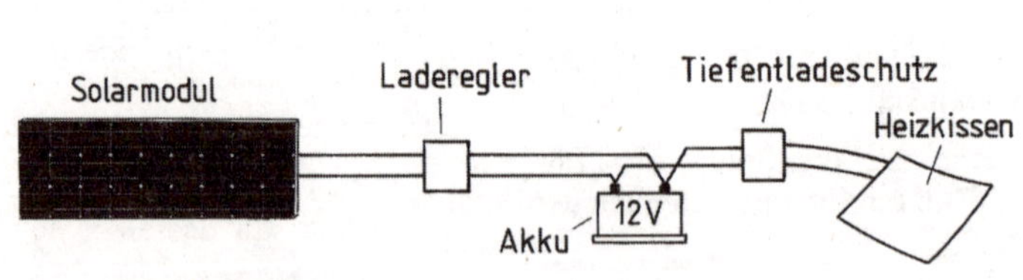


Abb. 3.3: Anordnung der Bausteine einer Mini-Solaranlage für die Solarstromversorgung eines (oder auch mehrerer) elektrischen Heizkissens bzw. anderer Geräte, die an den Akku (allerdings über den Tiefentladeschutz) angeschlossen werden

Wir sehen uns daher die Sache erst von der Seite der Energie-Kapazität an: Erfahrungsgemäß kann bereits ein 12 V/20 Watt-Heizkissen einen ausreichenden Beitrag dazu leisten, dass der Körper (in einem Schlafsack) genügend unterstützende Wärme erhält. 20 W geteilt durch 12 V ergeben eine Stromabnahme von 1,67 A. Unser 5 Ah-Akku könnte somit etwa 3 Stunden lang das Heizkissen mit Strom versorgen (5 Ah : 1,67 A = 2,99 Stunden). In der Praxis wird der Tiefentladeschutz vielleicht das Heizkissen etwas eher abschalten, aber der Unterschied dürfte bei einem gut aufgeladenen Akku „in erträglichem Rahmen“ bleiben.

Als Nächstes stellt sich die Frage des Nachladens: Ein 5 Ah-Akku darf maximal mit einem Ladestrom von 0,5 Ah (10% seiner Kapazität) geladen werden. Bei Berücksichtigung von den zusätzlichen 20% für Ladeverluste erhöht sich der Nachladebedarf von 5 Ah auf 6 Ah (6 Amperestunden). Der Akku muß demnach mindestens 12 Stunden lang mit einem Strom von 0,5 Ah geladen werden, um wieder auf seine volle Kapazität aufgeladen zu werden. Wir wissen inzwischen, dass so ein Akku in der Lade-Endphase nicht mehr den vollen Ladestrom, sondern nur einen geringeren Strom bezieht. Dadurch verlängert sich die Nachlade-Zeitspanne bestenfalls auf ca. 15 bis 16 Stunden. Das ist aber ungefähr doppelt so lange, als die Sonne pro Tag scheint.

Was nun? Im einfachsten Fall kann man sich damit zufriedengeben, daß der 5 Ah-Akku nur soweit nachgeladen wird, wie es das Wetter ermöglicht. An einem sonnigen Tag könnte man den Akku bei etwas Glück ca. 8 Stunden lang laden.

Während dieser „ersten“ 8 Stunden befindet sich der leere Akku noch in der „Durstphase“, bei der er mit Hilfe des Ladereglers *fast* den vollen Ladestrom von 0,5 A bezieht. Das hieße, dass der Akku während dieser Zeitspanne auf eine Kapazität von ca. 3 Ah nachgeladen wird – vorausgesetzt die Sonne schien tagsüber ununterbrochen und ausreichend kräftig.

Rechnerisch ergibt sich daraus (in vereinfachter Form) eine Ladung von 8 Stunden x 0,5 Ah (= 4 Ah), wovon 20% auf Ladeverluste verloren gehen. Das ergibt 3,2 Ah, die wir auf 3 Ah abrunden (es handelt sich ja nur um einen Ladestrom von *fast* 0,5 A).

Diese „nachgeladene“ Akku-Kapazität würde allerdings während der nächsten Nacht das 20-Watt-Heizkissen nicht mehr 3 Stunden lang, sondern nur etwa 1,8 Stunden lang mit Strom versorgen können (3 Ah : 1,67 ≈ 1,8 Stunden). Dasselbe dürfte dann in diesem Fall auch für alle darauffolgenden Tage und Nächte gelten – vorausgesetzt, das Wetter zeigt sich „kooperativ“.

Wir haben dieses nicht gerade „anwenderfreundliche“ Beispiel gezielt deshalb gewählt, weil sich hier auch eine interessante Lösungsalternative gegenüberstellen läßt:

Man nehme für dasselbe Anliegen anstelle des 12 V/5 Ah-Akkus einen 12 V/9 Ah-Akku. Wenn hier dasselbe 20 W/1,67 A-Heizkissen drei Stunden lang vom Akku versorgt wird, verbraucht es ebenfalls ca. 5 Ah der Akku-Kapazität. Ein 9 Ah-Akku darf jedoch mit einem Ladestrom von 0,9 A geladen werden (10% der Akku-Kapazität). Wenn hier das Solarmodul entsprechend dimensioniert wird (z.B. als ein 18 V/0,9 A-Modul), kann die vom Heizkissen verbrauchte Kapazität bei schönem Wetter bereits innerhalb von ca. 6,7 Stunden voll nachgeladen werden (6,7 Stunden x 0,9 Ah ≈ 6 Ah). In den 6 Ah sind auch die 20% auf Ladeverluste einbezogen.

Dieser „Trick" mit der „großzügigeren" Dimensionierung der Akku-Kapazität hat bei der Solaranlagen-Planung eine allgemeine Gültigkeit. Wir haben bei dieser Anwendung die Tatsache berücksichtigt, dass der Akku eventuell nur mit einem Fahrrad oder Motorrad transportiert wird und daher weder zu groß, noch zu schwer sein darf (ein 9 Ah-Akku wiegt immerhin ca. 2,4 kg). Wenn so ein Akku einfach im Auto mitgenommen werden kann, braucht man bei der Dimensionierung nicht so knauserig sein. Dann könnte z.B. ein noch größerer Akku sogar während einiger völlig regnerischen Tage das Heizkissen mit Strom versorgen und erst an einem darauffolgenden sonnigen Tag wieder nachgeladen werden.

Aus diesen Überlegungen geht hervor, dass die Dimensionierung einer solarelektrischen Stromversorgung ziemlich viel Spielraum bietet. Dabei kommt es verständlicherweise auch darauf an, wieviel Tage (bzw. Nächte) das Campen dauern soll oder welche Ansprüche an so eine „Solarheizung" gestellt werden. Es kann ja sein, dass mehrere Heizkissen betrieben werden sollen oder dass eine andere Betriebs-Zeitspanne vorgesehen ist. Auch in diesem Zusammenhang weisen wir auf Kap. 7 hin.

## 3.3 Kochen mit Solarstrom

Schnell zum Frühstück Kaffee oder Tee kochen? Mit einem kleineren elektrischen 12 Volt-Wasser- oder Kaffeekocher läßt es sich leicht machen. Als Stromquelle kommt dabei üblicherweise nur ein Akku in Frage, der „danach" mit Solarstrom nachgeladen wird.

Mit der Berechnung der benötigten Akku-Kapazität ist es nicht anders, als bei den vorhergehenden Beispielen. Die meisten elektrischen Kochgeräte dieser Art haben zwar einen relativ hohen Strombedarf, aber benötigen den elektrischen Strom wiederum nur eine ziemlich kurze Zeit.

Einiges darüber wurde bereits im Kap. 2.4 erklärt, aber dort handelte es sich um einen Direktbetrieb des Wasserkochers vom Solarmodul. Wird der Wasserkocher mit elektrischem Strom von einem Akku versorgt, interessiert uns sein „energetischer Bedarf" in Amperestunden (Ah), die er dem Akku „abzapft".

Ein 12 V/25 A-Wasserkocher, der 10 Minuten lang (≈ 0,17 Stunde) seinen Strom vom Akku bezieht, verbraucht

$$25\ A \times 0{,}17\ Std. = \underline{4{,}25\ Ah}$$

von der Akku-Kapazität

Dieser „Kapazitätsverlust" muss dem Akku wieder „bei der ersten besten Gelegenheit" nachgeladen werden.

Wer zu diesem Zweck seine Autobatterie anzapft, der muss vernünftig „durchkalkulieren", wieviel er ihr zumuten darf, ohne sich dabei der Gefahr auszusetzen, dass danach sein Auto nicht mehr startet. Wenn sich der Automotor erfahrungsgemäß immer leicht anlassen lässt und wenn die Autobatterie intakt, ausreichend groß und gut aufgeladen ist, wird sie ein derartig kleines „Anzapfen" durch einen externen Verbraucher problemlos verkraften.

Darunter dürfte man sich konkret Folgendes vorstellen: Angenommen, die Autobatterie hat eine Nennkapazität von 60 Ah und konnte während der letzten Fahrt „ziemlich gut" nachgeladen werden. Wie gut sie tatsächlich nachgeladen wurde, lässt sich „messtechnisch" (mit einem Voltmeter) nicht allzu genau feststellen, denn man kann nur ihre jeweilige Spannung, aber nicht ihren „energetischen Inhalt" (in Ah) messen.

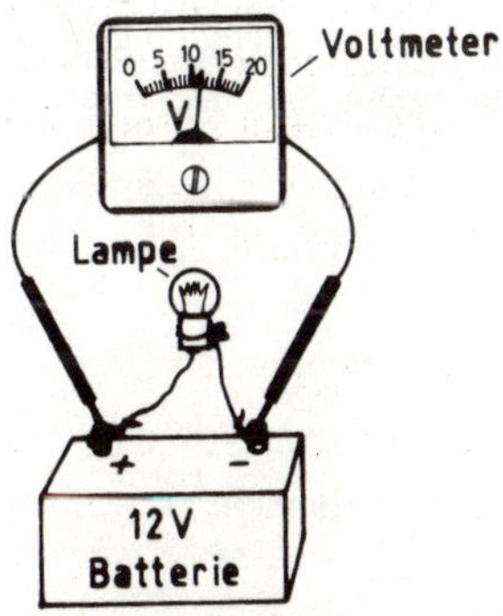


Abb. 3.4: Die Spannung eines Akkus soll grundsätzlich nur unter Belastung (mit z.B. einer kleineren 12 V-Lampe) gemessen werden (beim Messen der Spannung einer Fahrzeugbatterie kann z.B. das Parklicht eingeschaltet werden)

**Wichtig**

Wenn die Spannung eines Akkus (einer Autobatterie) mit einem Voltmeter kontrolliert wird, muß der Akku *grundsätzlich* mit einem Verbraucher (mit z.B. einer Lampe nach *Abb. 3.4*) belastet werden. Natürlich nicht derartig „schwer", dass er sich dadurch bereits während des Messens unnötig entlädt.

Die jeweilige Spannung weist bei einer Autobatterie (wie auch bei anderen Akkus) nur *ungefähr* auf ihre „zur Verfügung stehende" Kapazität hin. Die „offizielle" Nennspannung einer Autobatterie wird zwar mit 12 Volt angegeben, variiert jedoch – abhängig davon, ob sie voll oder nur geringfügig aufgeladen ist – zwischen ca. 10,5 und 13,6 Volt. Wenn ein Voltmeter an einer 12 V-Autobatterie eine 12 V-Spannung (unter Belastung) anzeigt, weist es eigentlich darauf hin, dass die Batterie „in etwa" nur noch „halb" geladen ist (und somit auch nur noch ca. die Hälfte ihrer offiziellen Kapazität zu bieten hat).

Bei allen diesen Überlegungen ist zu berücksichtigen, dass die Kapazität der Autobatterien kleinerer Personenautos oft nur bei 36 bis 40 Ah liegt. Die Batterie-Kapazität ist auf den Automotor so abgestimmt, dass sie auch in einem „halb geladenen" Zustand unter ungünstigen Bedingungen (Frost, Feuchtigkeit, alte Zündkerzen) ihre Aufgabe meistert. Darunter ist zu verstehen, dass der Fahrzeugmotor etwa fünfmal nacheinander (mit jeweils 10 Sekunden Pause) angelassen werden kann, bevor die Batterie-Restkapazität erschöpft ist.

Im Zusammenhang mit dem Campen hängt die Kapazität der Autobatterie am „Campingplatz" auch davon ab, wie gut die Batterie während der Anfahrt von der Lichtmaschine nachgeladen werden konnte. Wenn während der letzten Fahrt die Autolichter, Scheibenwischer und die Auto-Musikanlage voll eingesetzt wurden, konnte die Lichtmaschine bestenfalls nur sehr geringfügig die Autobatterie nachladen. Und falls dabei auch noch der Anlasser oft betätigt wurde, wird die Autobatterie wahrscheinlich nicht einmal mehr den Wasserkocher verkraften können.

In solchen Fällen erweist sich als sehr praktisch ein kleines Solarmodul, das z.B. am Autodach montiert wird und sowohl die Autobatterie als evtl. auch noch eine Zweitbatterie (z.B. eine preiswerte 12 V/36 Ah-Autobatterie) „mehr oder weniger laufend" nachladen kann.

Die Dimensionierung des Solarmoduls hängt auch hier davon ab, wie man die Wetterbedingungen während der „Anwendungsperiode" einschätzt. Der Ladestrom einer 36 Ah-Autobatterie (bzw. eines anderen vergleichbar großen Bleiakkus) darf max. 3,6 A betragen. Damit ist die Höchstgrenze des Solarzellen-Nennstroms festgelegt. Die Solarspannung dürfte bei ca. 17 V (im Sommer) bis 20 V (für die „trübere" Jahreszeit) liegen.

Wenn wir einfachheitshalber mit einer Solarspannung von 18,5 V rechnen, ergibt sich daraus bei einem 3,6 A-Ladestrom eine Modulen-Nennleistung von 66,6 Watt (18,5 V **x** 3,6 A = 66,6 W). Ausgehend davon, dass ein modernes Solarmodul etwa 120 bis 130 W/m$^2$ aufbringt, wäre die benötigte Modulenfläche etwa 0,5 m$^2$ groß (z.B. 50 x 100 cm oder 70 x 71 cm).

Eine derartig große Modulenfläche – bzw. Modulenleistung – würde unter optimalen Wetterbedingungen ein tägliches Nachladen der Batterie(n) um 25 Ah ermöglichen. Oft wird ein wesentlich bescheideneres Nachladen genügen und das Solarmodul kann dann in Bezug auf seine Größe und Nennleistung z.B. halbiert werden. Anderseits ist am Autodach auch für ein wesentlich größeres Solarmodul Platz genug und bedarfsbezogen kann somit auch eine entsprechend größere Zweitbatterie solarelektrisch geladen werden.

# Solarstromnutzung im Caravan und Reisemobil

4

Im Caravan oder Reisemobil kann unter Umständen die Anzahl der elektrischen Verbraucher sehr umfangreich sein: Leuchtkörper, Kühlschrank, Klimageräte, Umluftgebläse, Audio- und Videogeräte, Navigationssysteme, Mikrowelle, Elektrogrill, Wasser-/Kaffeekocher, elektrische Einstiegstufe, elektrisch verstellbare und beheizbare Spiegel, Staubsauger, Rückfahrkamera, elektrische Schreibmaschine, Computer, Alarmanlage, Geschirrspüler, usw. Einige der hier aufgeführten Verbraucher (worunter der Geschirrspüler) gehören zwar nur in Reisemobilen gehobener Preisklassen zum Inventar, aber sie kommen vor und müssen dann auch funktionieren.

Abb. 4.1: Zwei kleinere Solarmodule am Caravandach können die Bordbatterie auch während der Fahrt nachladen

Die meisten Caravans und Reisemobile verfügen bereits über eigene „Bord-Akkus" (Zweitbatterien), die zumindest zum Teil direkt vom Fahrzeugmotor geladen werden. Größere Caravans oder Reisemobile sind sogar mit einem zusätzlichen elektrischen Benzin- oder Dieselgenerator ausgerüstet, der für die Bordelektrik zuständig ist. An sich eine feine Sache, aber die Lärm- und Gestankentwicklung beschränkt die Nutzung an Standorten mit mehreren Teilnehmern.

Bei vielen Caravans und Reisemobilen hat der Zweitakku nur eine ziemlich niedrige Kapazität (oft nur zwischen ca. 60 und 90 Ah). Damit läßt sich in der Praxis nicht allzuviel anfangen. An vielen westeuropäischen Campingplätzen steht zwar ein elektrischer Netzanschluss zur Verfügung – allerdings nicht an allen. Zudem hat man keinen Stromanschluss während der Anfahrt, die manchmal einen ganz respektablen Teil des Urlaubs in Anspruch nimmt.

Abgesehen davon, ist es nicht gerade jedermanns Sache, dass er seinen ganzen Urlaub an einem einzigen Campingplatz verbringt. Wer etwas mehr herumfährt, wird in der Regel eine eigene unabhängige leistungsfähige Stromversorgung besonders begrüßen.

Abb. 4.2: Ein flexibles Solarmodul am Reisemobil- oder Caravandach hat den Vorteil, dass während der Fahrt keine zusätzlichen Luftgeräusche durch die Module entstehen

Als Erstes stellt sich hier die Frage der optimalen Kapazität des Zweitakkus, der für den „Wohnkomfort“ zuständig ist. Soweit es sich um einen Caravan-Zweitakku handelt, kann dieser zu einem Teil von der Pkw-Lichtmaschine geladen werden. Vor allem dann, wenn die eigentliche Autobatterie des Pkws während einer Fahrt am „helllichten“ Tag nur zum Anlassen des Motors benötigt wird und daher nur geringfügig nachgeladen werden muß. Somit kann fast die volle Leistung der Lichtmaschine zum Nachladen der Zweitbatterie (im Caravan) genutzt werden. Allerdings nur dann, wenn das Fahrzeug herstellerseits für diese Aufgabe ausgelegt ist. Ansonsten besteht die Gefahr, dass bei einer „Eigenbau-Modifizierung“ beim Nachladen des Zweitakkus der eigentliche Fahrzeugakku unter Umständen derartig tief entladen wird, dass er das Fahrzeug nicht mehr anlassen kann.

Zudem setzt so ein „kombiniertes Laden“ voraus, dass vor dem Start in den Urlaub die eigentliche Autobatterie möglichst voll geladen wird und dass im Auto selbst ein „Kontroll-Voltmeter“ installiert wird, der die Spannung der Autobatterie anzeigt.

Abb. 4.3: Ein „Mitnahme-Solarmodul“ hat den Vorteil, dass es evtl. auch anderweitig verwendet werden kann – allerdings wiederum nur für stationäre Nutzung in Frage kommt

So stellt in den meisten Fällen z.B. ein flexibles Solarmodul am Autodach die beste Lösung dar. Von ihm aus kann sowohl das Nachladen einer Caravan-Bordbatterie als auch evtl. das Nachladen der eigentlichen Autobatterie stattfinden. Dies ist vor allem dann sinnvoll, wenn während der Fahrt (oder während des Parkens) an die Autobatterie diverse „stromfressende“ Verbraucher (Kühlbox, Kaffeekocher, Unterhaltungselektronik) angeschlossen wurden und diese zu sehr „leergepumpt“ haben.

## 4.1 Kühlen und Lüften mit Solarstrom

Kühlen und Lüften mit Solarstrom hat verständlicherweise den großen Vorteil, dass es sich um ein Vorhaben handelt, dessen Bedeutung insbesondere tagsüber um so größer ist, je kräftiger die Sonne scheint.

Unter solchen Bedingungen kann der Solarstrom ohne eine Zwischenspeicherung direkt zum Betreiben von Klimaanlagen, Kühlgeräten oder Lüftern genutzt werden. Allerdings nur zeitlich beschränkt, denn an so manchen heißen Tagen hält die Hitze bis Mitternacht an (man kann dann nicht einmal einschlafen). In dem Fall ist es von Vorteil, wenn die Solaranlage bevorzugt so konzipiert ist, dass sie wahlweise sowohl für den Direktbetrieb der vorgesehenen Geräte als auch zum Nachladen des Bord-Akkus verwendet werden kann.

Theoretisch klingt das Ganze vernünftig, praktisch lässt es sich auch verwirklichen, kostet jedoch eine „Stange Geld“. Leider. Es ergibt aber keinen „tieferen Sinn“, wenn man mit einem Caravan oder Reisemobil durch die Gegend fährt, um Spaß am Leben zu haben und dabei „tierisch" unter der Hitze leidet.

Die eigentliche Solarstromversorgung kann bei derartigen Fahrzeugen sehr großzügig am Fahrzeugdach angelegt werden. Die Solarleistung lässt sich in dem Fall ausreichend dimensionieren, um einige der Verbraucher evtl. auch direkt betreiben zu können.

Die Summe des Strom- bzw. Energiebedarfs ergibt sich auch hier einfach aus der Stromabnahme einzelner Verbraucher, die betrieben werden sollen.

Ventilatoren arbeiten in der Hinsicht ziemlich „energiesparend". Wesentlich schlimmer ist es mit elektrischen Kühlgeräten bzw. Klimaanlagen (das sind echte Stromfresser). Es gibt jedoch spezielle Solar-Kühlschränke, die nur einen Energieverbrauch von ca. 300 bis 400 Wh pro Tag in Anspruch nehmen. Das sind umgerechnet 25 bis 33,3 Ah an täglichem Verbrauch von der „Bordbatterie-Kapazität".

Ein Kühlschrank benötigt verständlicherweise eine kontinuierlich zur Verfügung stehende Stromversorgung. Um Solarstrom zu sparen, der durch Ladeverluste verloren geht, können sowohl der Kühlschrank als auch diverse andere Verbraucher als wahlweise „umschaltbar" vom Solarmodul auf die Bordbatterie nach *Abb. 4.4* installiert werden.

Kap. 2.1 befasste sich mit einer solarbetriebenen Kühlbox, die themenbezogen nur im Direktbetrieb vom Solarmodul genutzt wur-

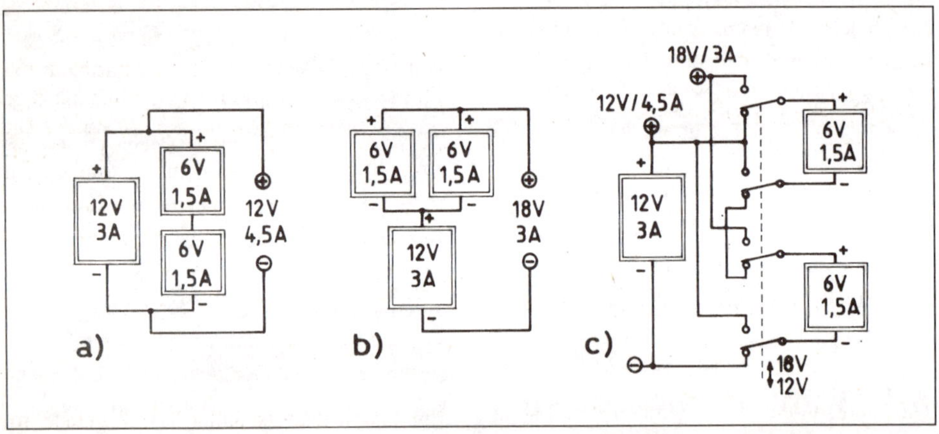


Abb. 4.4: Wenn die Spannungen und Leistungen der Solarmodule im Verhältnis von **1 : 2** aufeinander angepasst sind (wie hier dargestellt wurde), können die Solarzellen ohne Leistungsverluste sowohl für einen Direktbetrieb als auch zum Laden genutzt werden: a) Seriell-parallele Verschaltung der Module für einen Direktbetrieb von 12 V-Verbrauchern b) Durch Änderung der Verschaltung steht eine Ladespannung von 18 V zur Verfügung. c) Praktisches Lösungsbeispiel einer manuellen Modulen-Umschaltung mit Hilfe von einem 4xUM-Schalter

de. Bei einem kleineren Caravan oder Reisemobil kann evtl. anstelle eines Kühlschranks auch nur eine kleine Kühlbox verwendet werden. Allerdings nur um Raum zu sparen, denn auch eine der kleinsten tragbaren Auto-Kühlboxen verbraucht oft mehr Strom als ein vielfach größerer Solar-Kühlschrank. Das liegt bei der Kühlbox an ihrem preiswerten, aber „energieverschwendendem" Peltier-Kühlelement.

**Wichtig**

Kleinere handelsübliche Kühlschränke werden zwar größtenteils als Kompressor-Kühlschränke, teilweise jedoch auch als Absorptions-Kühlschränke konzipiert. Falls Sie für Ihr Vorhaben keinen „echten" Solarkühlschrank finden, achten Sie darauf, dass Ihnen nicht ein Absorptions-Kühlschrank unterläuft. Kühlschränke dieses Typs arbeiten zwar sehr leise (was für die Nachtruhe in einem Hotelzimmer von Vorteil ist), aber sie haben einen wesentlich größeren Stromverbrauch als Kompressor-Kühlschränke.

## 4.2 Solarstrom für die Beleuchtung

Die Berechnung des täglichen Verbrauchs von Leuchtkörpern wurde bereits im Kap. 3.1 ausreichend erklärt. Bleibt nur noch der Hinweis darauf, dass sowohl normale Glühlampen als auch Halogenlampen einen zu niedrigen Wirkungsgrad haben und in Kombination mit Solarstrom-Versorgung daher bevorzugt durch energiesparende Leuchtstofflampen ersetzt werden sollten (siehe hierzu Kap. 8.1).

Wenn ein Caravan oder Reisemobil nur während der Sommerzeit genutzt wird, ist der Bedarf an elektrischer Innenbeleuchtung minimal. Als Diebstahl- bzw. Einbruchssicherung kann jedoch eine energiesparende Außenbeleuchtung in Betracht gezogen werden (entweder als Dauerbeleuchtung oder in Kombination mit einem Infrarot-Bewegungsschalter und Dämmerungsschalter).

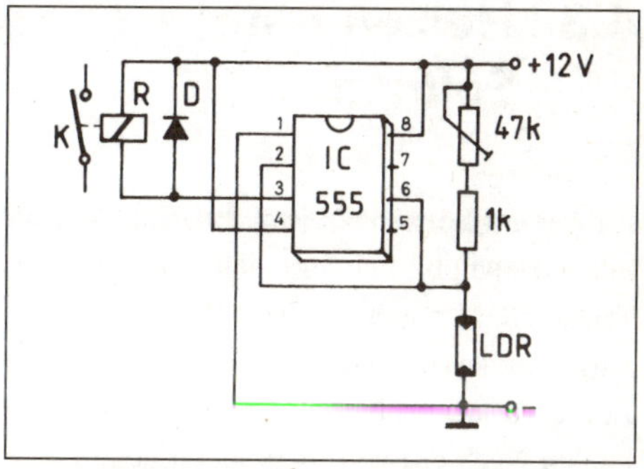


Abb. 4.5: Ein einfacher, aber perfekt funktionierender Dämmerungsschalter mit dem IC *555 (oder NE 555 bzw. ICM 7555 ):* Die erwünschte Lichtempfindlichkeit (Schaltschwelle) eines beliebigen preiswerten Fotowiderstandes *(LDR)* wird mit dem rechts eingezeichneten *47 kΩ*-Potentiometer (Trimmpoti) eingestellt. Der Schaltkontakt K des Relais R kann eine oder mehrere Lampen schalten. Diode *D = 1 N 4148 (Bauteilen Bezugsquelle: Conrad Electronic).*

Ein Dämmerungsschalter findet gerade im Zusammenhang mit der Solarbeleuchtung viele Anwendungsmöglichkeiten und lässt sich auch im Selbstbau sehr leicht, problemlos und preiswert nach dem Schaltplan in Abb. 4.5 erstellen. Diese Schaltung funktioniert auf Anhieb und wenn der Relaisspulen-

Widerstand überhalb von ca. 220 Ω liegt, kann anstelle des eingezeichneten Timer-ICs *„555“* das energiesparende IC *„ICM 7555“* verwendet werden (das IC *„555“* bzw. *„NE 555“* ist jedoch strapazierfähiger). Bei der Wahl des Relais ist auf die vom Hersteller angegebene Kontaktbelastung (in Ampere) zu achten. Der Relaiskontakt **K** sollte für eine *Dauerstrombelastung* ausgelegt sein, die *zumindest* etwa das Fünffache von dem geschalteten Strom beträgt.

## 4.3 Heizen mit Solarstrom

Heizen mit Solarstrom ist bei einem Caravan oder Reisemobil bei dem heutigen Stand der Technik leider nur in einem kleineren Umfang realisierbar. In der Praxis kommen (während der kühleren Jahreszeit oder an kühlen Nächten) vor allem elektrische Heizkissen oder Heizdecken zum Einsatz, die ihren Strom aus einer entsprechend dimensionierten Bordbatterie beziehen (dieses Thema wurde bereits im Kap. 3.2 behandelt).

Eine andere Möglichkeit bietet z.B. das Beheizen eines Innen-Sitzplatzes mit Hilfe von Infralampen, Infrastrahlern oder auch mit einem Kfz-Heizlüfter als Fußwärmer.

Kleine 12 V-Kfz-Heizlüfter, die z.B. nur eine Stromaufnahme von ca. 12,5 A (Leistungsaufnahme von 150 W) haben, leisten während der kühleren Jahreszeit auch tagsüber sehr willkommene Dienste. Wenn zudem die Sonne scheint, kann so ein Heizlüfter den Strom direkt vom Solarmodul beziehen. Dasselbe gilt z.B. für eine Infrarotlampe (die annähernd dieselbe Aufnahmeleistung hat).

Von der Größe der zur Verfügung stehenden Solarzellenfläche hängt dann ab, wieviel Wärme auf diese Weise erzeugt werden kann. Normalerweise lässt sich die Innentemperatur im Caravan oder Reisemobil *solarelektrisch* zwar angenehm erhöhen, aber eine „echte“ Beheizung des Innenraums wäre mit dieser Energiequelle nur bedingt realisierbar. Wenn z.B. die ganze Dachfläche eines Caravans oder Reisemobils mit Solarzellen (Solarmodulen) versehen ist, kann die Solarleistung an einem kalten, aber sonnigen Tag die Innenheizung bewältigen. Allerdings nur solange die Zellen optimal bestrahlt sind. Danach ist „der Ofen aus“. Eine Abhilfe bieten diverse zusätzliche Energiequellen – worunter auch Windgeneratoren.

## 4.4 Kochen mit Solarstrom

Ähnlich wie das Heizen beschränkt sich auch das Kochen (oder Aufwärmen) mit Solarstrom nur auf einige einfachere Aufgabenbereiche.

Ziemlich unproblematisch ist es mit dem Kaffeekochen, Teewasser-Kochen, beim Aufwärmen von Babynahrung, kleineren Mahlzeiten oder des Wassers fürs Waschen, Abwaschen und evtl. Rasieren.

Zur Vorinformation: Die kleinsten Wasserkocher sind als ca. 12 Volt/125 Watt-Geräte ausgelegt und haben einen Wasserinhalt von etwa 0,4 Liter. Das reicht für zwei Tassen Kaffee oder Tee bzw. fürs Aufwärmen von Babynahrung. Die Brühzeit nimmt hier – abhängig von der „Ausgangstemperatur" des verwendeten Wassers – ca. 20 Minuten (= $^1/_3$ Stunde) in Anspruch.

Sehen wir uns interessehalber kurz an, wie es hier mit dem Energiebedarf steht:

125 W **:** 12 V = 10,42 A
10,42 A **x** 0,34 Stunde ≈ 3,5 Ah

Aus diversen vorhergehenden Beispielen wissen wir bereits, dass hier die 3,5 Ah von der zur Verfügung stehenden Kapazität eines Akkus verbraucht werden.

Alternativ zu diversen Wasserkochern (die wahlweise für Spannungen von 12 V oder 24 V erhältlich sind) führt der Handel auch „echte" 12 Volt- bzw. 24 Volt-Kaffeemaschinen, die oft mit einem Anschluss an den Pkw-Zigarettenanzünder angeboten werden.

Wer auf sein Frühstück nicht verzichten möchte, der kann einen elektrischen Eierkocher auf die Reise mitnehmen. Diese sind jedoch in 12 V- oder 24 V-Ausführung nur schwierig auffindbar und oft bleibt keine andere Wahl, als den Eierkocher als „Netzgerät" über einen Wechselrichter 230 V zu betreiben.

Ein kleinerer elektrischer Eierkocher (für max. 7 Eier) verbraucht „pro Einsatz" etwa 2,9 Ah von der Akku-Kapazität. Wenn er über einen Wechselrichter betrieben wird, dessen Wirkungsgrad z.B. nur bei 92% liegt, steigt der Energieverbrauch um diesen Verlust (auf ca. 3,16 Ah). Damit lässt sich „leben".

Etwas umständlicher ist es mit der Ermittlung des Energieverbrauchs einer „Mikrowelle". Hier hängt einerseits vom Gerät selbst, andererseits auch von der Art und Menge der Speise ab, wie lange sie gegart oder erhitzt werden muss.

Als eine reine Vorinformation über die Größenordnung des Energieverbrauchs dürfte hier Folgendes gelten: Die benötigte Leistung liegt in den meisten Fällen zwischen ca. 300 und 600 Watt. Das Aufwärmen von vorbereiteten Speisen (Fertiggerichten) dauert zwischen etwa 3 bis 7 Minuten. Daraus ergibt sich ein Energieverbrauch von ca. 1,25 Ah bis 6,4 Ah von der Akku-Kapazität. Beim Garen von Fleisch (das 15 bis 40 Minuten in Anspruch nimmt), liegt der Energieverbrauch bei ca. 8,2 Ah bis 25 Ah der Akku-Kapazität.

Diese Angaben bzgl. der Mikrowellen-Anwendung beziehen sich auf einen Verbrauch inklusive der Verluste im Wechselrichter (12 V=/230 V~) und dienen nur der allgemeinen Vorinformation. Eine genauere Berechnung des tatsächlichen Energiebedarfs sollte sich grundsätzlich an den Geräten orientieren, die auch tatsächlich verwendet werden.

## 4.5 Alarmanlage

Auch der Caravan oder das Reisemobil übt auf die Einbrecher eine zunehmende Anziehungskraft aus und eine Alarmanlage gehört zu den mit Abstand besten Einbruchsschutz-Vorrichtungen (man will ja nicht durch die Gegend mit Panzertüren oder vergitterten Fenstern reisen).

Erwiesenermaßen brechen Diebe mit Vorliebe gerade dort ein, wo mehrere Caravans und Reisemobile geparkt sind: Auf Autobahn-Rastplätzen, verschiedenen kleinen Stellplätzen und sogar auf Campingplätzen. Hier ist eine Alarmsirene in Kombination mit einer Alarmbeleuchtung besonders wirkungsvoll, denn sie „alarmiert" die ganze Umgebung und die Diebe suchen logischerweise schnellstens das Weite.

Wer seinen Caravan oder sein Reisemobil abends vor einer Gaststätte abstellt, um dort gemütlich essen zu gehen, der sollte zusätzlich im Besitz eines kleinen Funk-Signalgebers sein, dessen Taschen- oder Gürtel-Empfänger ihm alarmiert, wenn Einbruchsversuche vorgenommen werden.

Handelsübliche Alarmanlagen oder andere Einbruchsschutz-Produkte gibt es in großer Auswahl entweder als komplette Bausätze oder auch als Einzelbausteine. Einige davon sind speziell als Kfz-Einbruchsschutz, andere als Heim-Alarmzentralen ausgelegt. Sie bestehen üblicherweise aus mehreren Alarmschaltern und Sensoren, die entweder mit Hilfe eines dünnen Kabels oder alternativ per Funk mit einer Bord-Alarmzentrale verbunden werden.

Ein Elektroniker wird sich in den meisten Fällen seinen Einbruchsschutz selber erstellen bzw. zusammenstellen. Er kann nach eigenem Ermessen diverse Mikroschalter, Magnetschalter, Bewegungsmelder, usw. an allen Türen und Fenstern anbringen, die für den Einbrecher „einladend" wirken könnten. Diese Einbruchsschutz-Bauteile sind inzwischen auch wahlweise mit integrierten Funksendern erhältlich, wodurch sich evtl. Verbindungsleitungen erübrigen.

Was den damit verbundenen Strombedarf anbelangt, kommt dieser im Standby-Betrieb nur bei den eigentlichen „Alarmgebern" (Sirene, Alarmbeleuchtung) zur Geltung. Die gängigen „Funk-Melder" sind für eine Batterieversorgung ausgelegt. Die Batterie ist direkt in diesen Kleingeräten untergebracht und geht oft länger als ein Jahr mit.

Der Stromverbrauch von diversen 12 V- oder 24 V-Sirenen liegt zwischen ca. 150 mA und 1,5 A. Der Stromverbrauch von „Alarmlampen" dürfte beispielsweise 2 x 1,1 A betragen (bei zwei Leuchtstofflampen, die evtl. auch als normale Außenbeleuchtung verwendet werden). Echte Flutlichtstrahler, die bei größeren Einbruchsschutz-Anlagen (Garten- und Hofanlagen) üblich sind, wären in diesem Fall überflüssig.

Der „kräftigere" Stromverbrauch beschränkt sich bei derartigen Schutzvorrichtungen nur auf einige Minuten, während denen die Sirene heult und die Lampen leuchten. Wenn die „Bewohner" des Caravans oder Reisemobils anwesend sind, schalten sie den ausgelösten Alarm nach einigen Minuten ab. Falls sie abwesend sind, sollte die Dauer des Alarms mit einem Zeitschalter (Timer) beschränkt werden – um die Nachbarn in der Umgebung nicht unzumutbar lange zu belästigen.

Am einfachsten lässt sich ein solcher Timer im Eigenbau nach *Abb. 4.6* erstellen: Wenn Pin 2 des Timer-ICs *„555" (oder ICM 7555)* über einen Alarmkontakt (**START**-Kontakt) kurz mit der Masse verbunden wird, kippt die

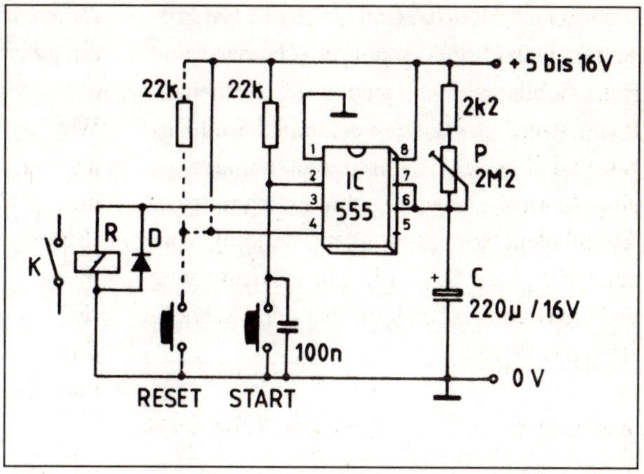


Abb. 4.6: Ein preiswerter Eigenbau-Zeitschalter (Timer) als „Herz" einer einfachen, aber sehr wirkungsvollen Alarmanlage: Das IC *555 (alternativ auch NE 555 und ICM 7555)* schaltet ein Relais ein, an dessen Arbeitskontakt **K** diverse Alarmgeber angeschlossen werden können; der ohmsche Widerstand der Magnetspule des Relais **R** sollte mindestens ca. *220 Ω* betragen, wenn das „energiesparende" IC *„ICM 7555"* verwendet wird; Diode *D =1 N 4148.*

Spannung an seinem Pin 3 von **L**ow auf **H**igh, das Relais **R** springt an und schaltet über seinen Schaltkontakt **K**, die an ihn angeschlossenen Alarmgeber ein. Die Einschaltdauer wird mit dem Einstellpotentiometer **P** auf ca. 4 bis 10 Minuten eingestellt. Mit der RESET-Taste kann der Timer (Alarm) abgestellt werden.

Der Relais-Schaltkontakt **K** sollte – ähnlich wie bei dem Dämmerungsschalter aus *Abb. 4.5* – ausreichend dimensioniert sein (z.B. für einen Dauerstrom von 8 bis 12 A), wenn Verbraucher mit größerer Stromabnahme geschaltet werden. Dieser Relaiskontakt, oder *einer* der Relaiskontakte – falls ein Relais mit mehreren Kontakten verwendet wird – kann eventuell auch einen Alarm-Funksender bedienen, dessen Empfänger bei Abwesenheit am besten bei einem Camping-Nachbarn deponiert wird.

Bei der Anschaffung eines solchen Funk-Alarmmelders ist auf die *Reichweite* zu achten. Am preiswertesten sind für derartige Zwecke auch diverse Funk-Türglocken erhältlich (von denen einige eine Reichweite von 100 m haben). Der Funk-Drucktaster beinhaltet einen Sender, der in dem kleinen Taschenformat-Empfänger ein elektronisches Klingeln oder eine Gong-Melodie auslöst.

Die vom Hersteller angegebene Reichweite hängt bei allen Funkverbindungen von der Art der Hindernisse zwischen dem Sender und dem Empfänger ab. Nicht nur nasse Mauern und Wände, sondern auch magnetische Störfelder (von u.a. Hochspannungsleitungen, Starkstromgeräten oder von diversen anderen Sendern) können die jeweilige Reichweite verringern. Daher sollte auf eine anwendungsbezogene Funktionskontrolle nicht verzichtet werden.

Da man einen Dieb kaum dazu bewegen kann, dass er freiwillig seinen Besuch durch Betätigung einer Klingeltaste anmeldet, muss diese von einem zusätzlichen Alarmkontakt (Mikroschalter) oder mit dem eben erwähnten Relaiskontakt betätigt werden.

Dass so eine Modifikation bei modernen Produkten üblicherweise nur mit Einsatz von etwas Gewalt gelingt, ist bekannt: das Gehäuse des Drucktasters muss oft brutal auseinandergebrochen werden, um den erwünschten Zugang zu den Anschlüssen des Tasterkontaktes zu finden. Macht nichts, denn es geht hier ja nur um den Sender, der bei etwas Handfertigkeit einen solchen vandalistischen Eingriff überlebt.

Die Versorgungsspannung der handelsüblichen Türglocken-Funksender beträgt sehr oft 12 V – womit das Gerät direkt von einer 12-V-Bordbatterie betrieben werden kann. Falls ein Funksender verwendet wird, der für eine niedrigere Versorgungsspannung (von z.B. 9 V) ausgelegt ist, oder wenn ein 12 V-Funksender an ein 24 V-Bordnetz angeschlossen werden soll, kann die Versorgungsspannung mit einer entsprechenden Zenerdiode (*wie in Abb. 4.7 links*) oder mit einem einstellbaren Spannungsregler (*wie in Abb. 4.7 rechts*) auf den gewünschten Wert reduziert werden. Dies gilt auch für diverse andere elektronische Kleingeräte.

Bei der Anwendung von Zenerdioden ist darauf zu achten, dass die Dioden-Leistung nicht überschritten wird. Über die in *Abb. 4.7* eingezeichnete 0,5-Watt-Zenerdiode *ZPD 3 V* kann beispielsweise ein Kleingerät einen Strom von (theoretisch) ca. 0,166 A beziehen (3 V **x** 0,166 A ≈ 0,3 W).

Einstellbare Spannungsregler sind in der Hinsicht leistungsfähiger und verkraften typenabhängig einen Strom von ca. 0,1 A bis ca. 10 A oder auch mehr. Die in *Abb. 4.7 rechts* aufgeführte Schaltung dürfte zwar als „typisch“ für annähernd alle Spannungsregler gelten, aber die Werte des 5 kΩ-Potentiometers **P** und des 240 Ω-Widerstandes gelten nur für die aufgeführten bzw. „verwandten“ Typen. Bei Anwendung anderer Regler ist auf die Herstellerangaben zu achten.

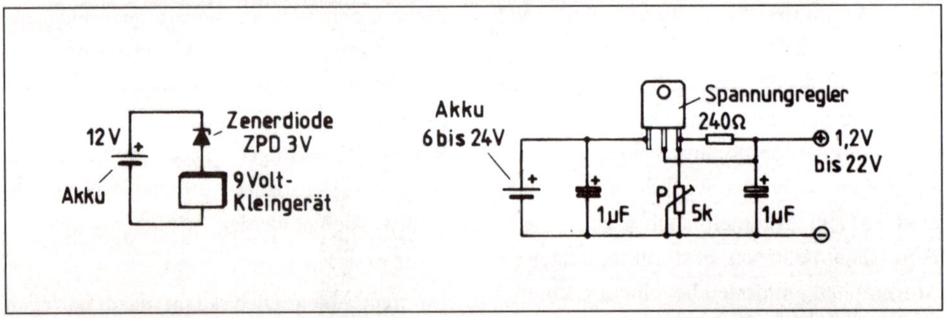


Abb. 4.7: Wenn der Funksender – oder ein anderes elektronisches Gerät – für eine niedrigere Versorgungsspannung ausgelegt ist als die Bordbatterie hat, kann die Spannung auf einfache Weisen reduziert werden: a) mit einer passenden Zenerdiode (was vor allem für Kleingeräte geeignet ist) b) mit einem einstellbaren kurzschlussfesten Spannungsregler *TL 317 LT (0,1 A) oder LM 350 T (3 A) Zu beachten: der Spannungsregler ist in Rückansicht gezeichnet.*

# Solarstrom auf dem Boot oder auf einer Yacht

5

Die eigentlichen Möglichkeiten der Solarstromnutzung auf einem Boot oder auf einer Yacht sind im Prinzip identisch mit denen, die im vorhergehenden Kapitel im Zusammenhang mit dem Caravan oder Reisemobil beschrieben wurden. Eine Ausnahme bilden hier noch diverse Navigations- und Kommunikationsgeräte, elektrische Ankerwinde, Such- oder Bugscheinwerfer, ein Autopilot oder sogar eine elektrische Waschmaschine mit Wäschetrockner. Hier nimmt der Strombedarf unter Umständen eine kleinere Bordbatterie sehr in Anspruch.

Größere Boote und Yachten verfügen allerdings sehr oft über einen separaten elektrischen Diesel- oder Benzin-Generator, der relativ leise läuft und das elektrische Bordnetz mit Strom voll versorgen kann. Wenn dagegen bei kleineren Booten nur eine etwas bescheidener dimensionierte Lichtmaschine die Stromversorgung bewältigen muss, hat es eine ziemliche Einschränkung der Anwen-

Abb. 5.1: Für ein kleines Solarmodul findet sich leicht irgendwo am Boot Platz ...

dung von elektrischen Geräten bzw. Werkzeugen zufolge. Zumindest solange die Bordbatterie nicht evtentuell vom Netz am Liegeplatz nachgeladen wird. Hier kann eine zusätzliche Solaranlage hervorragende Dienste leisten.

Bei der Planung einer Solaranlage, die evtl. im „Salzwasser“ gut funktionieren soll, müssen vor allem die Solarmodule entsprechend strapazierfähig (salzwassertauglich) ausgeführt werden.

*Abb. 5.1 und 5. 2* zeigen zwei Beispiele, wie und wo man auf einem Boot oder auf einer Yacht Solarmodule anbringen kann. Im Prinzip ist aber jeder Platz gut, der nicht beschattet wird. Wichtig ist, dass auch hier die Solarzellenfläche ausreichend groß angelegt wird. Hier kann oft zusätzlich zu dem Solarmodul auch noch ein Windgenerator als zweite Energiequelle installiert werden, der besonders in windreichen Gewässern einen wertvollen Beitrag zu der Energieversorgung des Bordnetzes leisten kann.

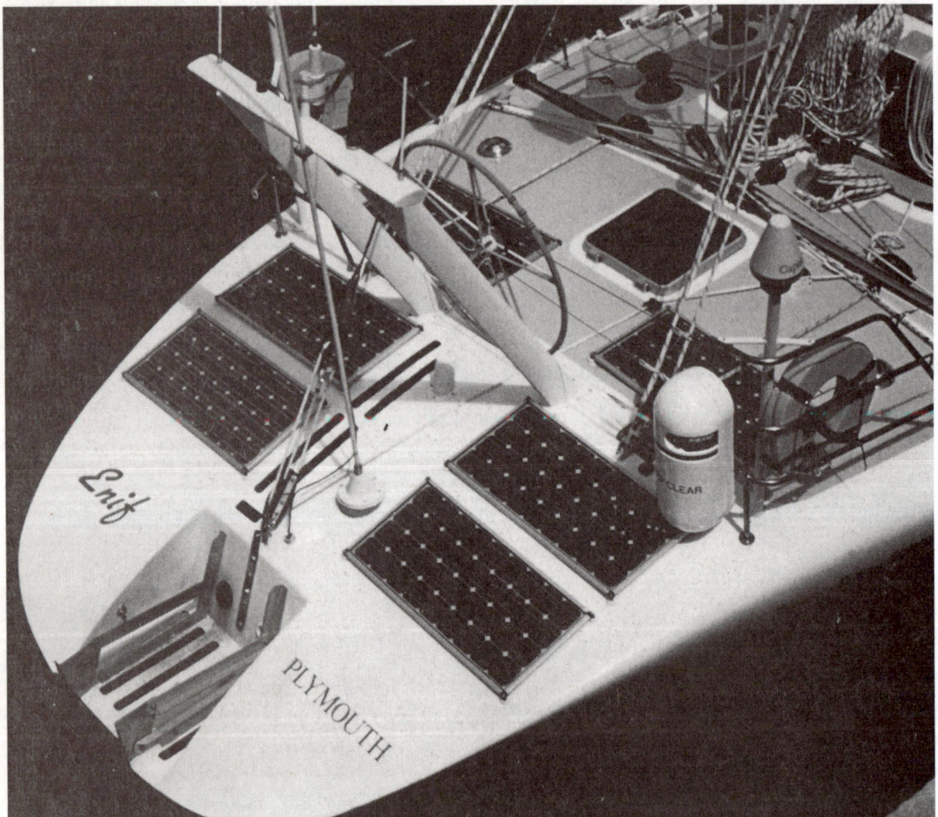


Abb. 5.2: Anordnungsbeispiel mehrerer leistungsfähiger Solarmodule

Abb. 5.3: Einige spezielle Solarmodule für „Wasserfahrzeuge" sind mit diversen schwenkbaren Haltekonstruktionen erhältlich, die eine leichte Verstellung der Modulen-Ausrichtung ermöglichen

# 6 Wie funktioniert eine Solarzelle?

Wir haben bereits am Anfang dieses Buches die Solarzelle mit einer normalen Batterie verglichen. Allerdings mit dem Unterschied, dass die jeweilige Spannung und Leistung einer Solarzelle von der jeweiligen Belichtung ihrer lichtempfindlichen Fläche abhängen. Sie reagiert auf Belichtung ähnlich wie beispielsweise ein Fahrraddynamo auf die Drehzahl des Rades: Je schneller gefahren wird, desto höhere Spannung, Strom und Leistung liefert der Dynamo an die Fahrradlampen.

Sowohl der Fahrrad-Dynamo als auch die Solarzelle sind elektrische Generatoren, die *eine* Art Energie in eine *andere* Art Energie umwandeln. Bei dem Fahrraddynamo muss der Mensch die benötigte Eingangs-Energie „eigenfüßig" aufbringen, bei der Solarzelle übernimmt diese an sich unsympathische Arbeit die Sonne. Zumindest dann, wenn sie dazu gerade Lust hat.

Als Nächstes stellt sich nun die Frage, welche der handelsüblichen Solarzellen sich für ein Vorhaben am besten eignen. Dies ist jedoch ziemlich unproblematisch: Das Angebot an Solarzellen (als Solarmodulen-Bausteine) beschränkt sich immer noch auf kristalline und amorphe (Dünnschicht-)Solarzellen.

Für die meisten langlebigen Anwendungen kommen nur kristalline Silizium-Solarzellen in Frage. Amorphe Dünnschichtzellen weisen noch zu viele Nachteile auf – worunter die bekannten Ermüdungserscheinungen – und eignen sich für Anwendungen im Außenbereich im Prinzip nur für experimentelle Zwecke.

Der Aufbau einer kristallinen Silizium-Solarzelle ist vom Prinzip her identisch mit dem Aufbau einer Siliziumdiode: eine dünne *Negativschicht* und eine „dickere" *Positivschicht* bilden nach *Abb. 6.1* zwei unterschiedlich dotierte Halbleiterteile, die bei Belichtung zu *Potentialfeldern* werden.

Die *Negativschicht* der Solarzelle bildet den Minuspol, die *Positivschicht* den Pluspol. Die Spannung und die Leistung der Zelle hängt von der Lichtintensität ab, der die obere Zellenschicht ausgesetzt ist. Bei absoluter Dunkelheit weist die Solarzelle kein Potential auf.

Theoretisch spielt es an sich keine Rolle, welche der Zellenschichten als die obere „Sonnenseite" präferiert wird. Auf jeden Fall muss aber die obere *Negativschicht* sehr dünn sein (ca. 0,02 mm), denn der funktionell wichtige *n/p-Übergang* darf nicht zu tief unter der vom Licht bestrahlten Oberfläche liegen.

Die „Sonnenseite" der Zelle wird üblicherweise mit einer zusätzlichen Antireflex-Schicht versehen (z.B. mit Titandioxyd) um Reflek-

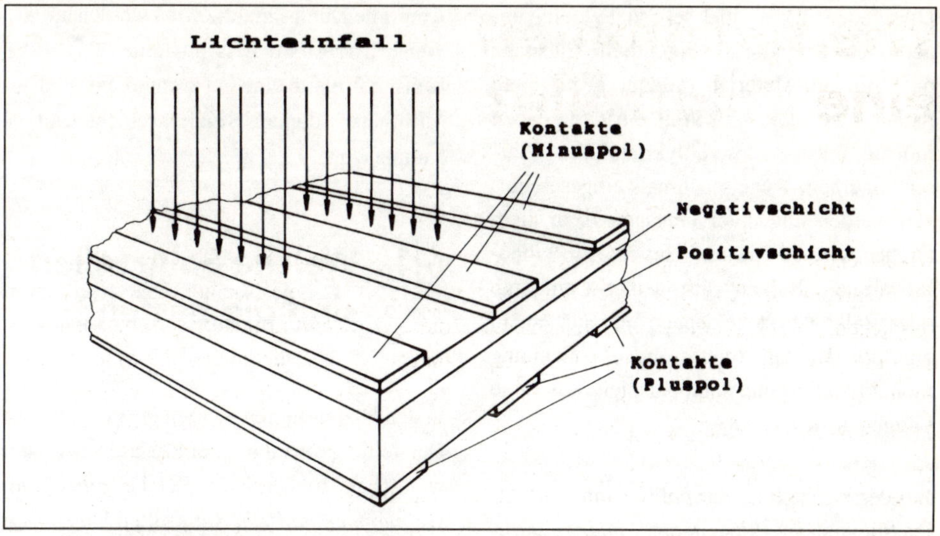


Abb. 6.1: Eine Solarzelle im Schnitt (stark vergrößert; in Wirklichkeit ist so eine Zelle nur ca. 0,4 mm dick)

tionsverluste zu vermeiden. Für einen hohen Umwandlungswirkungsgrad der Solarzelle ist ja wichtig, dass möglichst viele Photonen (Sonnenstrahlen), mit denen die *n-Schicht* bombardiert wird, in den Halbleiter auch eindringen.

Es wurde bereits erwähnt, dass für eine langlebigere Nutzung nur **kristalline** Solarzellen anzuraten sind. Es gibt jedoch auch kurzlebigere Produkte, bei denen gegen den Einsatz von den wesentlich preiswerteren, amorphen Dünnschicht-Zellen nichts einzuwenden ist.

Handelsübliche **kristalline** Solarzellen gibt es in zwei Ausführungsarten: **monokristalline** Zellen **und polykristalline (multikristalline**) Zellen.

Bei der Herstellung von *monokristallinen* Zellen werden monokristalline Blöcke „gezogen“ und mit etwa 0.5 mm dünnen Diamantsägen oder Laserstrahlen, wie die Wurst beim Metzger, in dünne Scheiben zersägt. Dasselbe monokristalline Grundmaterial wird bereits traditionell in der Halbleiter-technik bei der Herstellung von Dioden, Transistoren und integrierten Schaltungen (Chips) verwendet.

Ausgangsmaterial ist hier Quarzsand oder auch natürliche Quarzkristalle.

In einem Ofen wird aus dem Grundmaterial durch Reduktion mit Kohle ein metallurgisch reines Silizium gewonnen. Dieses weist allerdings immer noch etwa 2% Verunreinigungen auf, die noch durch ein weiteres aufwendiges Verarbeiten (Reduktion mit Salzsäure und Destillation) ausgeschieden werden müssen. Erst danach hat man ein hochreines Silizium zur Verfügung, das jedoch polykristallin ist.

Dies bedeutet, dass hier sehr viele kleine ungeordnete Kristalle die eigentliche Substanz des Silizium-Materials bilden. Wenn man daraus eine *monokristalline* Struktur haben möchte, müssen diese polykristallinen „Barren“ in einem Tiegel nochmals eingeschmolzen werden und unter langsamem, axialem Drehen wird aus dieser Schmelze ein monokristalliner „Balken“ gezogen. So ein Stab oder Balken besteht danach nur aus einem einzigen Kristall (daher die Bezeichnung monokristallin) und kann beispielsweise eine Länge bis zu 2 m haben.

Bei der Herstellung der *polykristallinen* Zellen (die manche Hersteller als *„multikristalline Zellen“* bezeichnen) wird flüssiges Silizium in Stahlformen gegossen. Es bildet nach der Erstarrung die typische marmorierte Eisblumenstruktur *nach Abb. 6.2.* So entstehen auch hier Siliziumblöcke, die ebenfalls in dünne Scheiben zersägt werden.

Amorphe Dünnschicht-Zellen werden auf die Weise hergestellt, dass auf eine Glas- oder Kunststoffplatte eine nur wenige Tausendstel Millimeter dünne Siliziumschicht aufgedampft wird.

## 6.1 Welche Solarzellen sind die besten?

In den letzten Jahren wurden die eigentlichen Herstellungsverfahren bei kristallinen Zellen weitgehend modernisiert. Bei der Herstellung von *monokristallinen* Solarzellen haben sich diverse Vereinfachungen ergeben, bei den *polykristallinen* Solarzellen wurde wiederum die Herstellungstechnologie perfektioniert. Die Unterschiede zwischen dem Wirkungsgrad der mono- und der polykristallinen Zellen wurden geringer.

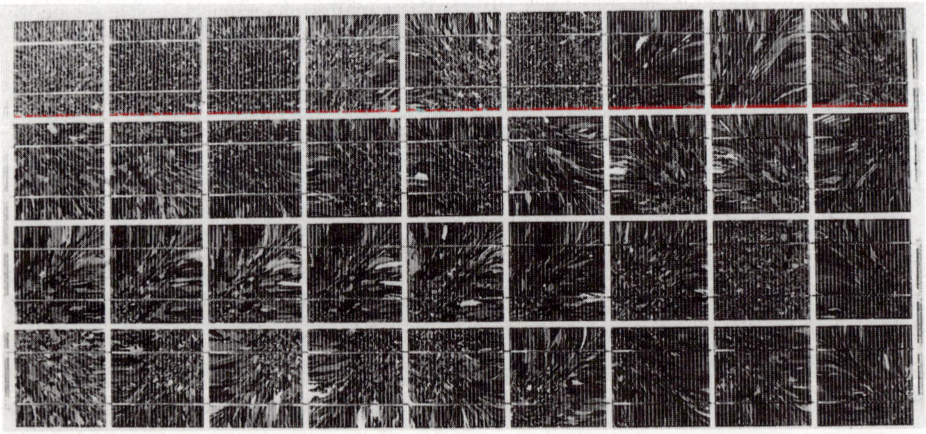

Abb. 6.2: Diese Solarzellenfläche, die aus 36 polykristallinen Solarzellen zusammengesetzt ist, zeigt wie unterschiedlich sich die „marmorierte Eisblumenstruktur“ in der Praxis bildet

So gibt es momentan hersteller- oder lieferantenbezogen so manche polykristalline Solarzellen, die es vom Wirkungsgrad her mit den monokristallinen Zellen aufnehmen können. Das muss nicht immer nur eine Frage des Herstellungsverfahrens, sondern auch des Mess- und Testverfahrens sein.

Es ist ja nicht jede Solarzelle parametrisch haargenau gleich. Herstellerbezogen halten sich die Parameter in Grenzen zwischen 5% und 10%.

Oft hängt die Streuung der technischen Zellenparamater auch davon ab, ob der eine oder andere Hersteller die Möglichkeit hat, seine „minderwertigeren" Zellen abseits des Standardangebots zu vermarkten. So gibt es z.B. in der fernöstlichen Spielzeugindustrie bzw. bei Kleinmodulen-Herstellern Abnehmer, denen es nichts ausmacht, wenn die preiswert erstandenen Zellen etwas schwächere Leistungen aufweisen. Anspruchsvollere Kunden können dann wiederum nur die qualitativ hochwertigeren Zellen erhalten (vorausgesetzt, sie sind bereit einen entsprechend höheren Preis zu zahlen).

Bei jeder elektrischen Energiequelle interessieren uns vor allem die Spannungs- und Stromwerte wie auch die Bedingungen, unter denen wir die elektrische Energie abnehmen können bzw. dürfen.

Alle technischen Angaben basieren bei Solarzellen – wie auch bei Solarzellenmodulen – auf folgenden internationalen Standard-Testbedingungen:

| |
|---|
| Sonneneinstrahlung von 1000 W/m² (wolkenloser sonniger Tag), Spektralverteilung von AM 1,5 (= die Photonen „bombardieren" die Zellenfläche optimal senkrecht) und Zellentemperatur von 25 °C |

Das sind Bedingungen, die in Deutschland überwiegend nur an sonnigen Sommertagen vorzufinden sind. Allerdings kann es sogar auch im Dezember oder im Januar um die Mittagszeit sonnige Tage geben, an denen die Sonneneinstrahlung nur geringfügig unterhalb der Testbedingungen liegt.

Die Herstellerangaben der Zellenparameter beziehen sich auf technische *Maximumwerte*, die oft auch als *„Nennwerte"* bezeichnet werden. Manche Hersteller und Anbieter benutzen auch noch die Bezeichnung *„Werte bei max. Leistung"*. Alle diese Bezeichnungen haben dieselbe Bedeutung und basieren auf Messungen, die nur unter den Standard-Testbedingungen erzielt werden.

Die wichtigsten technischen Daten einer Solarzelle sind:

- Nennspannung (Spannung bei max. Leistung)
- Nennstrom (Strom bei max. Leistung)
- Nennleistung (max. Leistung)
- Leerlaufspannung
- Kurzschlussstrom
- Wirkungsgrad

Die **Nennspannung** liegt bei monokristallinen Zellen zwischen ca. 0,47 V und 0,48 V und bei polykristallinen zwischen ca. 0,46 V und 0,47 V. Sie ist fast unabhängig von der

Zellengröße. Wenn Sie beispielsweise eine Zelle wie das Eis auf einer Pfütze zertreten, werden alle ihre Bruchstücke weiterhin annähernd dieselbe Spannung liefern, die ursprünglich die ganze Zelle hatte. Das gilt natürlich auch für Zellen, die z.B. nach *Abb. 6.3* mit Laserstrahl wie ein Kuchen in kleinere Stücke zerschnitten werden.

Der **Nennstrom** einer Solarzelle hängt von ihrer Größe wie auch von ihrem **Wirkungsgrad** ab. Viele handelsübliche Solarzellen haben eine Solarfläche von nur etwa 1 $dm^2$ (100 $cm^2$) und ihr Nennstrom liegt bei etwa 2,9 A bis 3,29 A (typen- bzw. markenabhängig). In letzter Zeit mehren sich jedoch Angebote an größeren Solarzellen. Die momentan größten Abmessungen liegen bei ca. 150 x 150 mm. Solche Zellen können dann einen Nennstrom von 5 bis 6 A liefern.

Die **Nennleistung** wird bei allen Solarzellen als reine *Multiplikation* von *Nennspannung* und *Nennstrom* errechnet und benötigt keine nähere Erklärung. Sehr erklärungsbedürftig ist dagegen die **Leerlaufspannung**. Darunter versteht sich die Spannung an einer unbelasteten Zelle.

Bei den meisten kristallinen Zellen ist die **Leerlaufspannung** typenabhängig etwa 23% bis 26% höher als die *Nennspannung*. In der Praxis wird man mit einer Art *Leerlaufspannung* konfrontiert, wenn z.B. eine leere unbelastete Batterie eine gewisse Spannung am Voltmeter anzeigt, die sich jedoch nur als eine *„Scheinspannung"* erweist, sobald eine Belastung angeschlossen wird.

Eine ähnliche Verhaltensweise trifft bei einer Solarzelle unter Umständen auch zu. Wenn an sie ohne jegliche Belastung ein hochohmiger Voltmeter angeschlossen wird, zeigt er auch bei einer geringeren Beleuchtung eine ziemlich hohe Leerlaufspannung an. In der Hinsicht ist die Leerlaufspannung als Indikator unbrauchbar.

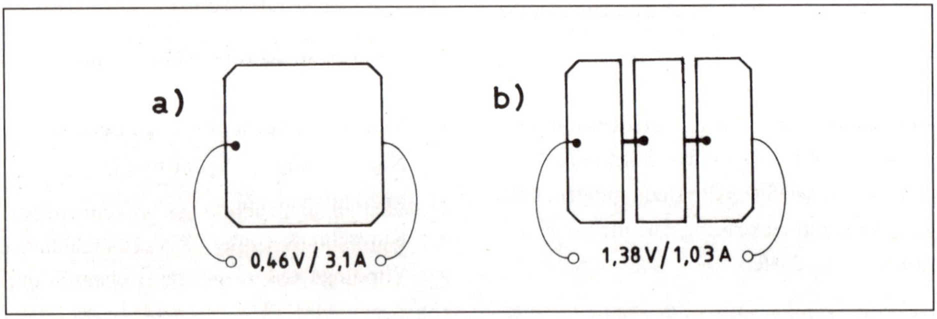


Abb. 6.3: Wenn eine Solarzelle in kleinere „Portionen" zerschnitten wird, behält jede der neu entstandenen kleinen Zellen die ursprüngliche *Nennspannung* (0,46 V), aber der *Zellen-Nennstrom* verteilt sich proportional zu der Zellenfläche: a) Eine „ganze" Solarzelle b) Wird eine Solarzelle in mehrere gleiche Teile zerschnitten, entstehen kleine „Einzelzellen", die miteinander in Reihe verlötet werden können.

Anderseits weist die *Leerlaufspannung* auf die obere Spannungsgrenze der Solarzelle hin. Diese Spannungsgrenze hat bei einer direkten Stromversorgung praktisch keine Bedeutung. Anders beim Laden von Akkus: Die volle Leistung der Solarzellen wird nur dann in Anspruch genommen, wenn der Akku ziemlich leer ist. Ansonsten sinkt der Ladestrom- und damit der Leistungsbedarf um so mehr, je mehr der Akku aufgeladen ist. Daher steigt insbesonders bei einer sehr niedrigen Stromabnahme die Zellenspannung etwas mehr in die Richtung der *Leerlaufspannung*. Die Solarspannung kann in dem Fall (bei optimaler Sonneneinstrahlung) an einer wenig belasteten Solarzelle etwas höher sein, als der offiziellen *Nennspannung* entspricht – was in der Endphase des Ladens eines Akkus eigentlich willkommen ist.

Der **Kurzschlussstrom** ist bei den meisten kristallinen Zellen nur etwa 6% bis 12% höher als der Nennstrom. Ein vorübergehender Kurzschluss an einer Solarzelle (oder an einem Solarmodul) führt demzufolge nicht zu ihrer Vernichtung oder Beschädigung – vorausgesetzt, wir geben ihr nicht die Zeit, dass sie sich zu sehr aufheizt. Da jedoch eine Solarzelle üblicherweise Temperaturgrenzen zwischen ca. – 40 °C und + 125 °C verkraftet, kann sie sogar zu einer Art Kochplatte werden, ohne daß es dadurch zu einer Beschädigung kommen müsste.

Bei eingebetteten Zellen im Modul wird jedoch bei zu intensiver Wärmeentwicklung die Vergussmasse in Mitleidenschaft gezogen, was zu Blasenbildung, Schleierbildung oder Verfärbung der Masse führen kann.

Der in den technischen Daten angegebene Kurzschlussstrom kommt natürlich nur bei einer Zelle vor, die laut Testbedingungen voll beleuchtet ist. Wenn dagegen die Sonneneinstrahlung beispielsweise nur etwa 900 W/m$^2$ statt 1000 W/m$^2$ erreicht, liegt der Kurzschlussstrom bereits unterhalb des tabellarischen Zellen-Nennstroms, und die Zelle wird sich in dem Fall nicht mehr aufheizen als während eines Normalbetriebs bei voller Leistungsabgabe.

Fazit: Durch den relativ niedrigen Kurzschlußstrom kann eine Solarzelle (oder ein Solarmodul) bei einem Kurzschluss nur dann beschädigt oder vernichtet werden, wenn sie (es) längere Zeit einer vollen Sonneneinstrahlung von 1000 W/m$^2$ ausgesetzt ist.

Der **Wirkungsgrad** (Umwandlungs-Wirkungsgrad) hängt eigentlich nur indirekt mit den elektrischen Eigenschaften einer Solarzelle oder eines Solarzellenmoduls zusammen und verdient Beachtung.

## 6.2 Der Zellen-Wirkungsgrad

Der *Solarzellen-Wirkungsgrad* wird auch als *Umwandlungs-Wirkungsgrad* bezeichnet, weil er angibt, wieviel Prozent der einwirkenden Strahlungsenergie (Sonnenstrahlungsenergie) in der Form von elektrischem Strom abgegeben wird.

Die modernsten, handelsüblichen Solarzellen weisen herstellerabhängig gegenwärtig (weltweit) folgenden Wirkungsgrad auf:

- monokristalline Solarzellen: 13–16%
- polykristalline Solarzellen: 10,6–15%
- amorphe Silizium-Dünnschichtzellen: 3–8%

Wichtig: den Wirkungsgrad einer Solarzelle können Sie problemlos selbst ausrechnen, wenn sie die in technischen Daten angegebene Nennleistung der Zelle (bzw. Zellenfläche eines Solarmoduls) auf ihre (seine) Fläche umrechnen und dieses mit den, laut Testbedingungen aufgeführten 1000 W/m$^2$ (= 10 W/dm$^2$ bzw. 0,1 W/cm$^2$) vergleichen.

**Beispiel:** Eine Solarzelle von 100 x 100 mm hat eine Fläche von 1 dm$^2$. Bei einem Wirkungsgrad von 14% muss sie (unter Testbedingungen) 1,4 W/dm$^2$ liefern können.

Wenn bei einer Solarzelle keine **Nennleistung** angegeben ist, kann sie durch einfaches Multiplizieren der **Nennspannung** (nicht der Leerlaufspannung!) mit dem **Nennstrom** ausgerechnet werden.

**Beispiel:** Die Nennspannung einer Solarzelle beträgt 0,46 V, der Nennstrom 3 A. Ihre Nennleistung ist 0,46 V x 3 A = 1,38 W. Wenn die Abmessungen dieser Zelle genau 100 x 100 mm betragen, ergibt es eine Zellenfläche von 1 dm$^2$ und der Wirkungsgrad wäre hier genau 13,8%. Sollte beispielsweise diese Zelle bei derselben Leistung Abmessungen von 105 x 105 mm haben, ergibt sich daraus eine Zellenfläche von 1,07 dm$^2$ und der Wirkungsgrad liegt dann nur bei ca. 12,9%. Dasselbe gilt für ein Solarmodul.

Der Wirkungsgrad der mono- und polykristallinen Solarzellen bleibt während der ersten 20 Betriebsjahre praktisch unverändert. Mit dem Wirkungsgrad der amorphen Dünnschichtzellen geht es insbesondere bei Aussenanwendung oft bereits nach kurzer Betriebszeit (von z.B. weniger als einem Jahr) bergab. Dies kann zwar herstellerabhängig (bzw. auch abhängig von der Art und Dauer der vorhergehenden Lagerung) variieren, aber der Anwender hat bei der Anschaffung eines solchen Moduls keine Möglichkeit, um die Grenzen zwischen Dichtung und Wahrheit zu entschlüsseln.

Bei einem kleinen Taschenrechner, der einen winzigen Stromverbrauch hat, kann so ein Handicap durch die Verdoppelung der Solarzellenfläche aufgefangen werden (was ja der Taschenrechner-Hersteller präventiv macht). Zudem kann der Hersteller davon ausgehen, dass hier der Kunde einerseits mit nur wenigen Betriebsjahren Genügen nimmt und anderseits ohnehin nicht dahinter kommt, inwieweit gerade die Solarzellen die Schuld daran haben, dass so ein Produkt nach einigen Jahren plötzlich nicht mehr funktioniert.

Inwieweit bei den kristallinen Solarzellen der Wirkungsgrad eine wichtige Rolle spielt, hängt vor allem von dem Einsatzgebiet ab. Im Grunde genommen muss hier dem Wirkungsgrad nicht immer ein zu hoher Stellenwert zugeordnet werden. Man braucht nur darauf hinzuweisen, dass unsere normalen Glühbirnen sozusagen in der Gegenrichtung oft nur einen Wirkungsgrad um die 4 bis 5% aufweisen (die restlichen 95 bis 96% der verbrauchten Energie wandeln sie in Wärme um).

Im Gegensatz zu anderen technischen Anlagen und Maschinen ist der Solarzellen-Umwandlungswirkungsgrad keine Konstante, mit der sich bei Nutzung der Sonnenenergie fest rechnen ließe. Es kann ja nur dann umgewandelt werden, wenn die Sonne – oder zumindest genügend Tageslicht – da ist.

Die launische Natur hält sich dennoch in längeren Zeitabschnitten an ein Schema, mit dem sich kalkulieren lässt. Man muss dabei nur die richtigen Schnittstellen zwischen dem Spendenumfang der Natur und dem Energiebedarf der technischen Verbraucher finden. Dabei wird Ihnen dieses Buch behilflich sein.

**Bemerkung**

Die angegebenen Wirkungsgrad-Grenzen der aufgeführten Zellentypen orientieren sich in unseren Publikationen an den jeweiligen Angeboten auf dem Weltmarkt wie auch an den neuesten Datenblättern der fernöstlichen und amerikanischen Hersteller bzw. der westeuropäischen Anbieter. Durch Unterschiede in der Herstellungstechnologie ergeben sich hersteller- oder anbieterbezogene Wirkungsgrad-Unterschiede bei derselben Zellenart.
Es gibt immer noch Solarzellen-Hersteller, die sich mit einem relativ niedrigen Wirkungsgrad zufriedengeben aber anderseits auch Vorreiter, die manchmal wiederum mehr versprechen, als letztendlich serienmäßig realisierbar ist.
Durch diese Schwankungen werden auch die in der Fachliteratur angegebenen aktuellen Solarzellen-Wirkungsgradgrenzen immer etwas variieren und sind daher nicht als absolute Festwerte zu betrachten.

Dass sich Solarzellen mit Hilfe von Diamantsägen oder mit einem Laserstrahl in beliebig kleine Stücke schneiden lassen, ist für einen kleineren Leistungsbedarf sehr nützlich, denn der *Nennstrom* und die *Nennleistung* einer Solarzelle lassen sich **nur** durch ihr Verkleinern verringern – wie aus *Tab. 1 und 2* hervorgeht.

Bei den sehr kleinen Zellen kommt es zu auffallenden Einbußen bei der Nennspannung, Nennleistung und beim Wirkungsgrad. Bei den größeren Zellen hat die Zellenteilung auf die Zellen-Nennspannung keinen Einfluss. Wohl auf die anderen technischen Parameter (aber es hält sich in akzeptablen Grenzen).

Solarzellen werden für die Herstellung von Solarmodulen mit „Lötfahnen" nach Abb. 6.4 versehen, die zum seriellen Verschalten der Einzelzellen zu Zellenketten dienen (um die erwünschte Modulen-Nennspannung zu erhalten). Auf die Weise hat ein aus 36 Zellen bestehendes Modul eine Nennspannung von z.B. 36 **x** 0,47 V (= 16,92 V). Der Modulen-Nennstrom entspricht dem Nennstrom der schwächsten Zelle in der Kette (wenn es sich um Zellen handelt, deren theoretischer Nennstrom z.B. 3 A beträgt, wird eine der Zellen durch Herstellungsstreuung möglicherweise nur einen Nennstrom von 2,8 A aufbringen, wodurch auch der *tatsächliche* Modulen-Nennstrom nur 2,8 betragen wird).

*Tabelle 1 Technische Daten von* ***polykristallinen*** *Solarzellen unterschiedlicher Größe*

| Abmessungen [ mm ] | Leerlaufspannung [ V ] | Kurzschlussstrom [ A ] | Max. Leistung [ W ] | Spannung bei max. Leistung [ V ] | Strom bei max. Leistung [ A ] | Wirkungsgrad [ % ] |
|---|---|---|---|---|---|---|
| 100,5 x 102 | 0,585 | 3,25 | 1,40 | 0,47 | 2,98 | 13,7 |
| 50,2 x 102 | 0,580 | 1,308 | 0,616 | 0,47 | 1,416 | 12,9 |
| 33,5 x 102 | 0,580 | 1,090 | 0,400 | 0,47 | 0,918 | 12,8 |
| 25,1 x 102 | 0,580 | 0,790 | 0,300 | 0,46 | 0,689 | 12,7 |
| 50,2 x 51 | 0,580 | 0,790 | 0,300 | 0,46 | 0,689 | 12,7 |
| 25,1 x 51 | 0,580 | 0,392 | 0,148 | 0,46 | 0,347 | 12,4 |
| 20,1 x 51 | 0,580 | 0,314 | 0,118 | 0,46 | 0,277 | 12,3 |
| 12,6 x 51 | 0,575 | 0,192 | 0,072 | 0,45 | 0,169 | 11,2 |

*Tabelle 2 Technische Daten von* ***monokristallinen*** *Solarzellen unterschiedlicher Größe*

| Abmessungen [ mm ] | Leerlaufspannung [ V ] | Kurzschlussstrom [ A ] | Max. Leistung [ W ] | Spannung bei max. Leistung [ V ] | Strom bei max. Leistung [ A ] | Wirkungsgrad [ % ] |
|---|---|---|---|---|---|---|
| 125 x 125 | 0,615 | 5,15 | 2,32 | 0,48 | 4,8 | 14,8 |
| 125 | 0,615 | 4,2 | 1,9 | 0,48 | 3,9 | 15,5 |
| 103 x 103 | 0,59 | 3,3 | 1,48 | 0,47 | 3,1 | 14,7 |
| 51,5 x 103 | 0,59 | 1,65 | 0,74 | 0,47 | 1,55 | 14,4 |
| 51,5 x 51,5 | 0,59 | 0,82 | 0,37 | 0,47 | 0,77 | 14,1 |
| 25,7 x 51,5 | 0,585 | 0,41 | 0,18 | 0,465 | 0,38 | 13,9 |

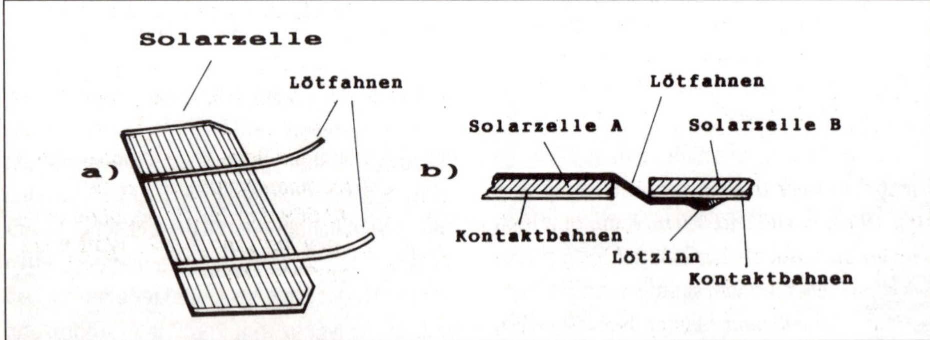


Abb. 6.4: Solarzellen werden für die Herstellung von Solarmodulen mit „Lötfahnen“ versehen, die zum seriellen Verschalten der Einzelzellen zu Zellenketten dienen.

# Welches Solarmodul ist das richtige?

Im vorhergehenden Kapitel haben wir darauf hingewiesen, dass sich für Anwendungen im Außenbereich nur *kristalline* Solarzellen(module) eignen. Theoretisch würden *monokristalline* Zellen Vorrang vor *polykristallinen (multikristallinen)* Zellen verdienen. Praktisch spielt es jedoch keine besondere Rolle, mit welchem Zellentyp das Modul bestückt ist. Vor allem deshalb nicht, weil hier sowohl durch die Herstellungs-Streuung als auch durch die Zwischenräume zwischen den im Modul eingegossenen Einzelzellen der zellentyp-bezogene Leistungsunterschied **„pro dm² Solarfläche"** kaum ins Gewicht fällt.

**Hinweis**

In der täglichen Praxis werden bei technischen Produkten die Abmessungen in Millimetern, gelegentlich in Zentimetern, aber kaum in Dezimetern angegeben. Bei Solarzellenflächen bzw. Solarmodulen erleichtert jedoch das Rechnen mit *Dezimetern* eine „greifbare" Vorstellung der Flächengröße.

Unter dem Begriff „1 dm²-Fläche" *(1 dm² = 10 x 10 cm = 100 x 100 mm)* kann man sich leichter die tatsächliche Größe (Modulengröße) vorstellen, als wenn stattdessen die Angabe z.B. *„77 000 mm²"* lautet. Nebenbei: Ein DIN-A4-Briefpapier (210 x 297 mm) hat eine Fläche, die etwas größer als 6 dm² ist *(genau genommen 62 370 mm², also ca. 6,24 dm²)*. Das erleichtert eine schnelle Größenordnungs-Vorstellung beim Kopfrechnen.

Bei dem Vergleich von Modulleistung kleinerer Module ist es von Vorteil, wenn man die Modulfläche in **dm²** umrechnet. Für den Anwender sind dabei logischerweise nur die tatsächlichen Abmessungen des ganzen Moduls maßgeblich. Wie gut der Wirkungsgrad der einzelnen Zellen ist, spielt dabei keine Rolle. Das einzige, was in dieser Hinsicht zählt, ist der Wirkungsgrad (bzw. die elektrische Leistung) des Moduls pro dm² (oder m²) seiner tatsächlichen Fläche.

**Beispiel**

*Ein 55 Watt-Solarmodul hat Abmessungen von 1293 x 330 x 36 mm. Die 36 mm lassen wir bei der Ermittlung der Leistung pro dm² außer Acht, denn das ist die Modulen-Dicke. Bleiben die 1293 x 330 mm. Wir rechnen sie in „dm²" (als 12,93 x 3,3 dm) um, woraus sich eine Modulenfläche von 42,669 dm² ergibt. Wenn wir nun die angegebenen 55-Watt-Modulenleistung durch die 42,669 dm² teilen, ergibt es eine Leistung von ca.* ***1,29 Watt pro dm²*** *Modulenfläche.*

Mit dem Modul-Wirkungsgrad ist es sehr einfach: Die Sonnenenergie, die laut „Testbedingungen" der Modul-Nennleistung zugrunde liegt, beträgt genau **10 Watt pro dm²** (als „energetische Leistung der Sonnenstrahlen). Wenn das Modul bei dieser Leistungsaufnahme (von 10 W/dm²) zum Beispiel nur die vorher ausgerechneten **1,29 W/dm²** in elektrische Energie umwandelt, ergibt sich daraus ein **Wirkungsgrad von 12,9%**.

Für die praktische Anwendung ist allerdings nicht der Modul-Wirkungsgrad, sondern die Modul-Nennleistung in W/dm² (oder in W/m²) von Bedeutung. Der eigentliche Modul-Wirkungsgrad hat dabei nur eine rein informative Funktion. Wer die Nennleistungen (in W/dm²) von mehreren „modernen" Solarmodulen vergleicht, der wird u.a. feststellen, dass eine Nennleistung von 1,25 bis 1,3 W/dm² schon seit mehreren Jahren so ungefähr das Maximum darstellt, das handelsübliche Solarmodule bieten können. Damit liegt auch die Wirkungsgrad-Höchstgrenze der Solarmodule real bei ca. 13% (was darauf zurückzuführen ist, dass die Zwischenräume zwischen den Zellen und dem Modul-Rahmen den eigentlichen Zellenwirkungsgrad verringern).

*Bemerkung*

Bei den technischen Daten der Solarmodule runden die Hersteller die angegebene Modulleistung etwas auf oder ab, um eine „runde Zahl" zu erhalten. So wird z. B. ein 17,1-V/5,62-A-Solarmodul als ein 100-Watt-Modul deklariert, obwohl 17,1 V x 5,62 A nur eine Leistung von 96,1 W ergibt. Darauf ist vor allem dann zu achten, wenn man die *tatsächlichen* Leistungen (in W/dm²) mehrerer Module miteinander vergleicht.

Anwendungsbezogen ist bei einem Solarmodul am wichtigsten, dass es sowohl die vorgesehene *Nennspannung* als auch den benötigten *Nennstrom* liefern kann. Die Modul-*Nennleistung* (die auch als *„max. Leistung"* bezeichnet wird) errechnet sich einfach durch Multiplizieren der *Nennspannung* mit dem *Nennstrom:* **Nennspannung [V] x Nennstrom [A] = Nennleistung [W]**

## 7.1 Mechanische Ausführung der Solarmodule

*Abb. 7.1* zeigt eine der gängigsten Ausführungen von handelsüblichen kristallinen Solarmodulen. Die Solarzellen werden hier wie eine Schmetterlings-Sammlung eingerahmt und zwischen zwei Glas- oder Kunststoffscheiben mit einer silikonartigen Gussmasse eingebettet.

Weder die Abmessungen, noch die technischen Parameter der Solarmodule unterliegen einer Norm. Die Qualität der „Einrahmung" kann auf den Modulpreis Einfluss haben. Am teuersten sind Solarmodule, die an der „Sonnenseite" eine thermisch gehärtete Glasscheibe haben (bei diesen Modulen geben die Hersteller in der Regel eine Lebensdauer von 20 Jahren an). Etwas preiswerter sind Solarmodule mit Kunststoffscheiben. Sie sind leichter, aber wiederum etwas empfindlicher gegen Bekratzen oder „Ermatten" der Scheibe. Hier geben die Hersteller meist nur eine Lebensdauer von 10 Jahren an, was sich jedoch auf eine kontinuierliche Außenanwendung bezieht. Einige Hersteller bieten diese Module in einer portab-

Abb. 7.1: Ein kristallines Solarmodul im Schnitt

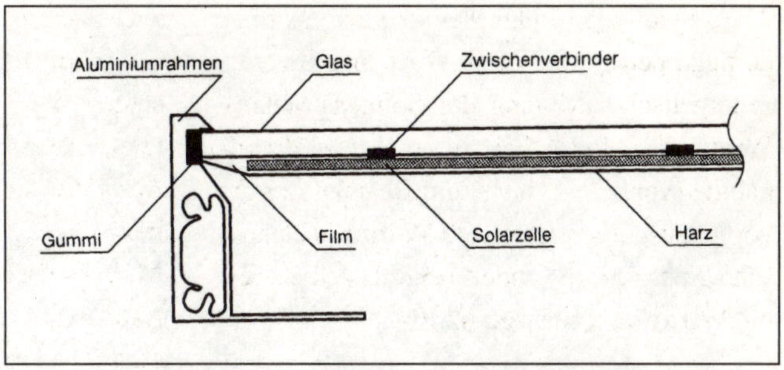

Abb. 7.2: Ausführungsbeispiele handelsüblicher flexibler Solarmodule

len zusammenklappbaren Ausführung an, die z.B. ein Aktentaschen-Format hat und auch fürs Campen gut geeignet ist.

Als Dritter im Bunde verdienen eine besondere Beachtung die flexiblen Solarmodule (*Abb. 7.2 und 7.3*). Abgesehen von dem Vorteil, dass sie sich biegen und evtl. an das Dach des Caravans, Reisemobils oder eines jeden Autos direkt aufkleben lassen, sind sie auch sehr leicht und damit bequem auch z.B. zum Zelten transportierbar. Sie sind allerdings

Abb. 7.3: Flexible Solarmodule lassen sich bis zu einem Radius von ca. 1,5 m biegen und an Caravan- oder Reisemobildächer direkt aufkleben

Abb. 7.4: Ein kleines flexibles Solarmodul kann als eine portable Stromquelle vielseitig genutzt werden

etwas empfindlicher gegen Beschädigungen der Schutzfolie, die es natürlich nicht mit einer thermisch gehärteten Glasscheibe aufnehmen kann. Diese Schwachstelle des flexiblen Solarmoduls dürfte jedoch überwiegend nur dann etwas Aufmerksamkeit verdienen, wenn das Modul z.B. auf ein Caravan-Dach fest angeklebt wird und über Jahre hinweg im Freien „überwintern“ muß.

Kleinere flexible Solarmodule sind ziemlich „steif“ und lassen sich auch ohne jegliche Hilfskonstruktionen, ausgerichtet gegen die Sonne, stützend aufstellen.

## 7.2 Richtige Ausrichtung und Nutzung der Solarmodule

Wir wissen inzwischen, dass die Leistung eines Solarmoduls auch davon abhängt, wie gut es gegen die Sonne ausgerichtet ist. Wenn sich das Solarmodul von Sonnenaufgang bis Sonnenuntergang schön gleitend nach der

Sonne drehen könnte, wäre es verständlicherweise am besten.

Technisch ist so ein Anliegen an sich leicht realisierbar – und es wird sogar gelegentlich auch wirklich gemacht. Die eigentliche elektromechanische Konstruktion ist dann z.B. nach *Abb. 7.5* konzipiert: Eine elektrische Drehbühne dreht das Solarmodul immer in der Richtung zur Sonne und ein zweiter Elektromotor stellt dabei den optimalen Neigungswinkel ein.

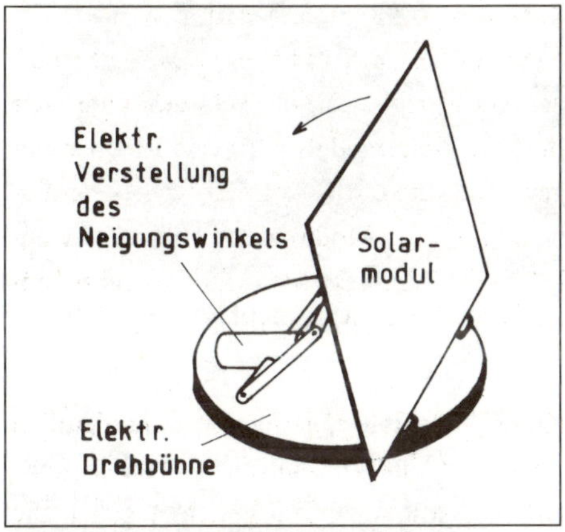


Abb. 7.5: Konstruktionsprinzip einer Modulen-Nachführungsvorrichtung

Die Art der Nachführung kann dabei beliebig gewählt sein: Im einfachsten Fall kann z.B. eine Schaltuhr einem Ringzähler (mit dem IC 4017) tagsüber jede Stunde einen Impuls geben, der jeden der zwei Motoren jeweils um einen „Schritt" weiter antreibt. Eine technisch elegantere Lösung bietet eine vollautomatische Nachführungs-Steuerung mit einem Mikroprozessor (oder mit einem PC), der Schrittmotoren steuert. Als eine andere Alternative kommt eine von der Sonne optisch (fotoelektrisch) gesteuerte Nachführung, die sich einfach an der jeweiligen Position der Sonne orientiert.

Alle diese Nachführungen sind ziemlich aufwendig und kommen nur für einen Tüftler in Frage, der sowohl über das benötigte technische Know-how als auch über die vorausgesetzten technologischen Möglichkeiten verfügt. Im Prinzip darf man die ganze Sache mit der Nachführung nur als eine Vorinformation betrachten, die beispielsweise auch demjenigen dienlich sein kann, der sein Solarmodul nach *Abb. 7.6* mit Hilfe einer wesentlich einfacheren Konstruktion gegen die Sonne ausrichten kann (zumindest ab und zu – soweit er die Lust dazu hat).

Normale Dachmodule werden bekanntlich nicht der Sonne nachgeführt, sondern nur einfach auf Dächer montiert, die möglichst genau zum Süden ausgerichtet sind und eine Neigung von ca. 40° bis 50° haben. Das hat seine Richtigkeit, denn eine Nachführung der Dachmodule nach der Sonne würde ja makabere (und zudem unbezahlbare) Konstruktionen voraussetzen.

Wenn sich dagegen ein Solarmodul beim Campen nach der Sonne ausrichten lässt (um z.B. schnell elektrisch einen Kaffee zu kochen), ergibt sich daraus eine geometrisch bedingt bessere Ausbeute der Sonnenenergie.

Mit Hilfe der *Abb. 7.7* lässt sich leicht der neigungsabhängige Unterschied der Sonnenbestrahlungs-Dichte begreifen: Wenn das Modul gegen die einfallenden Sonnenstrahlen optimal ausgerichtet ist, wird seine Solar-

Abb. 7.6: Eine einfache, aber stabile „portable“ Konstruktion kann leicht im Selbstbau aus Aluminium für ein „Mitnahme-Solarmodul“ erstellt werden.

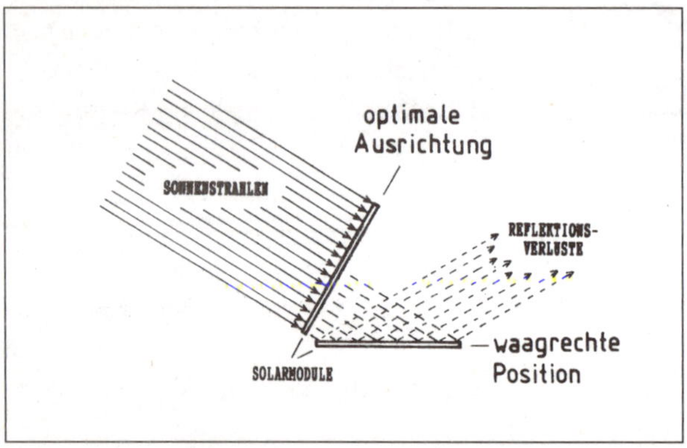


Abb. 7.7: Die Sonnenbestrahlungs-Dichte der „direkten Sonnenstrahlen“ hängt von dem Modulen-Neigungswinkel ab

fläche – geometrisch bedingt – mit fast doppelt so viel Photonen bombardiert, als wenn es waagerecht positioniert ist. Zudem kommt es bei dieser waagerechten Position noch zu gewissen Reflektionsverlusten.

Zur Beruhigung: Die in *Abb. 7.7* dargestellten Solarenergie-Verluste sind erstens nur als ein „Grenzfall“ zu verstehen, zweitens handelt es sich hier nur um Verluste in Hinsicht auf die *direkten Sonnenstrahlen*. Das Tageslicht –

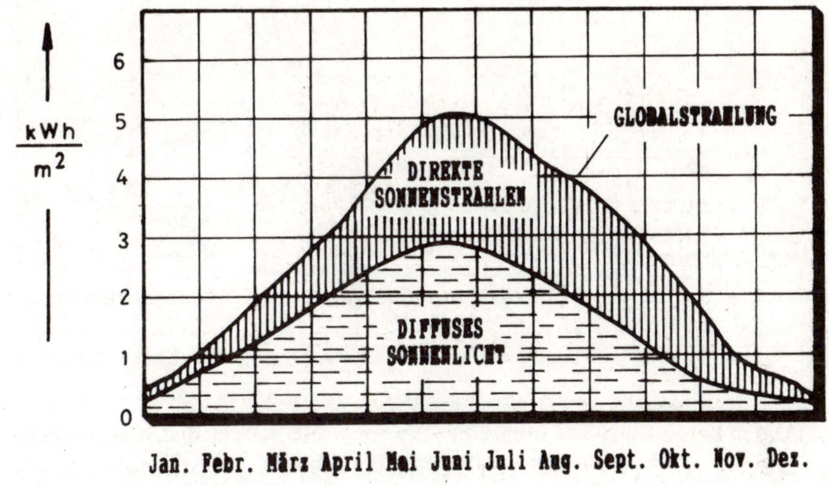


Abb. 7.8: Solare Energiedichte in Mitteleuropa: Die Globalstrahlung, die von Solarzellen in elektrischen Strom umgewandelt wird, setzt sich aus diffusem Sonnenlicht und aus direkten Sonnenstrahlen zusammen

und somit auch die Belichtung der Solarzellenfläche – besteht jedoch auch noch aus *diffusem Lichtanteil*. Die **Globalstrahlung**, die eine Solarzellenfläche unter normalen Bedingungen fotoelektrisch in Strom umwandelt, setzt sich – wie *Abb. 7. 8* zeigt – sowohl aus den direkten Sonnenstrahlen, als auch aus dem diffusem Sonnenlicht zusammen. Dieses Phänomen verringert die Abhängigkeit der Sonnenenergie-Ausbeute von der Ausrichtung des Solarmoduls zur Sonne, denn das diffuse Sonnenlicht hat einen etwas größeren Anteil an der Solarstrom-Erzeugung als die direkten Sonnenstrahlen.

Dennoch sollte eine optimale Ausrichtung der Solarzellenfläche zur Sonne angestrebt werden. Bekannterweise ändert sich die Umlaufbahn der Sonne mit der Jahreszeit: Während der Sommermonate läuft die Sonne senkrecht über unsere Köpfe, im Winter liegt ihre Bahn ziemlich tief in südlicher Richtung. Daraus ergibt sich auch die jahreszeitbezogene optimale Neigung von fest montierten Solarmodulen.

Für die Sommermonate ist ein waagrecht installiertes Solarmodul (worunter ein am Caravan- oder Autodach „liegendes" bzw. angeleimtes Modul) am vorteilhaftesten. Für Langzeit-Betrieb sollte die Modulenneigung nach *Abb. 7.9* der voraussichtlichen Anwendungs-Zeitspanne angepasst werden (evtl. auch nur manuell verstellbar).

Das Defizit an Solarausbeute sollte dabei mit einer höheren Modulen-*Nennspannung* und -*Nennleistung* kompensiert werden. Wir zei-

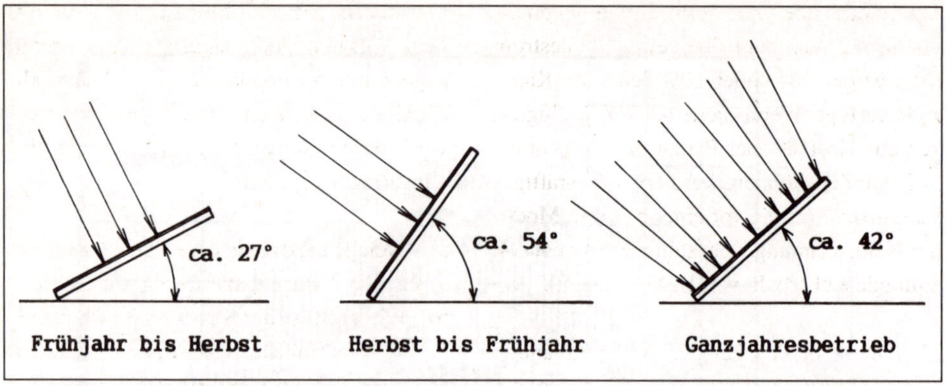


Abb. 7.9: Optimale jahreszeitbezogene Neigung bei fest montierten Solarmodulen

gen an konkreten Beispielen, was darunter zu verstehen ist:

Ist ein Solarmodul nur für das Laden eines 12-Volt-Akkus während der Sommermonate bestimmt, genügt es, wenn seine *Nennspannung* zwischen ca. 17 bis 18 Volt beträgt. Notfalls reichen auch 16 Volt aus, aber in dem Fall sinkt bei einem gering bewölkten Himmel die Solarspannung leicht unter das Niveau der Akkuspannung und es findet kein Nachladen statt. Von dem Standpunkt betrachtet, wäre es eigentlich von Vorteil, wenn das Solarmodul lieber für eine Nennspannung von z.B. 20 Volt ausgelegt wäre – oder noch höher. Das hat jedoch einen höheren Modulenpreis zur Folge und das Preis-Leistungs-Verhältnis wäre nur bedingt vertretbar.

Anders ist es bei einem Solarmodul, das im Frühjahr und/oder im Herbst in Mitteleuropa für denselben Zweck verwendet werden soll. Hier dürfte eine *Nennspannung* von ca. 18 bis 20 Volt sinnvoll sein. Auch der Modulen-*Nennstrom* dürfte etwas „kräftiger" gewählt werden als bei einem „Sommermodul". Er sollte allerdings „sicherheitshalber" nicht 10% der Akku-Kapazität überschreiten. Diese Bedingung wird in der Praxis leicht zu erfüllen sein, denn für diese „kältere" Jahreszeit wird in den meisten Fällen auch die Akku-Kapazität so gewählt, dass der Akku auch ohne Nachladen, z.B. eine Woche oder 10 Tage lang, die vorgesehenen Verbraucher versorgen kann.

Noch besser sollte eine Solaranlage für die Wintermonate dimensioniert sein. An manchen Tagen scheint zwar die Sonne traumhaft kräftig, an anderen Tagen zeigt sie sich überhaupt nicht oder spendet nur einige dünnere Alibi-Strahlen. Die Tage sind zudem kurz und somit ist auch die Dosierung der Sonnenenergie während mancher Winterwochen (und mancher Jahre) entsprechend bescheiden.

Es gibt zwar auch Wintermonate, während denen sich die Sonne wirklich von ihrer besten Seite zeigt, aber damit lässt sich nicht fest rechnen. Daher ist es von Vorteil, wenn das

Solarmodul über eine *Nennspannung* von ca. 20 bis 22 Volt und über einen Ladestrom *(Nennstrom)* von vollen 10% der Akku-Kapazität verfügt. Wenn diese beiden Bedingungen aus Kosten- oder Platzgründen nicht erfüllt werden können, verdient ein kräftiger Ladestrom Vorrang vor einer höheren Modulen-Nennspannung (sie sollte aber dennoch zumindest überhalb von 18 Volt liegen).

Man muss bereits bei der Anlagenplanung immer die Tatsache berücksichtigen, dass die in den technischen Daten angegebene *Nennspannung* des Solarmoduls nur beim Einhalten der „Testbedingungen“ (strahlender Sonnenschein, optimale Modulenausrichtung) zutrifft. Dazu kommt noch die Herstellungs-Streuung von bestenfalls 5%, die eine weitere Verringerung der offiziellen Nennspannung zur Folge haben kann. Dasselbe gilt auch für den Nennstrom und somit für die Nennleistung des Moduls. Alles ist halb so schlimm, wenn man dies von vornherein berücksichtigt und angemessen großzügiger dimensioniert.

Bleibt nur noch die Frage offen, was man unter dem Begriff „angemessen“ verstehen soll. Als Erstes ist anzustreben, dass der Solarzellen-Nennstrom die 10% der Akku-Kapazität *nicht unterschreitet*. Falls bei der Erfüllung dieses Anspruchs die zur Verfügung stehenden Flächen am Caravandach (oder an anderer vorgesehener „Nutzfläche“) schon ohnehin ausgeschöpft sind, bleibt nur noch die Frage der optimalen *Nennspannung* übrig (die bereits als geklärt betrachtet werden dürfte).

Die optimale Akku-Kapazität muss bei einer solarelektrischen Stromversorgung als Erstes überlegt und ausgerechnet werden. Das eigentliche „Planungsprinzip“ ist sehr einfach: Was dem Akku an elektrischer Energie abgenommen wird, das muss das Solarmodul nachliefern können. Der Stromverbrauch wird durch Antworten auf folgende Planungsfragen ermittelt:

a) Welche elektrischen Verbraucher werden an die Anlagenbatterie angeschlossen?
b) Wie groß ist der Stromverbrauch einzelner Verbraucher [in Ampere] und wie viele Betriebsstunden pro Tag oder pro Woche sind für einzelne Verbraucher vorgesehen?
c) Wird der Anlagen-Akku (Bord-Akku) ausschließlich vom Solarmodul geladen oder beteiligt sich am Laden auch eine andere Energiequelle (worunter z.B. die Fahrzeug-Lichtmaschine)?
d) Wie lange sonnenarme „Durststrecken“ sollte der Anlagen-Akku überbrücken?

In den vorhergehenden Kapiteln wurde bereits an praktischen Beispielen gezeigt und erklärt, wie sich diverse konkrete Vorhaben realisieren lassen und worauf es bei einzelnen Überlegungen ankommt. Hier muss allerdings jeder selber bestimmen, welche Verbraucher er mit Solarstrom betreiben möchte und um welche Zeitspannen es sich dabei handeln sollte.

Mit der Einschätzung der voraussichtlichen Wetterbedingungen kennen sich erfahrungsgemäß nicht einmal die professionellen Meteorologen aus. Hier gibt es leider auch keine solideren Tricks, als das man sich bei einer solchen Planung das Beste erhofft und dabei das Schlimmste nicht ausschließt. Anders formuliert: Es sollten immer noch Notlösungen zur Verfügung stehen – was ja beim Campen üblich ist.

**Bemerkung**

In unseren Beispielen einer optimalen Dimensionierung sind wir einfachheitshalber von einer Versorgungs-Gleichspannung von 12 V ausgegangen. Wenn anstelle von 12 V- eine 24 V-Spannung verwendet wird, verdoppeln sich auch die empfohlenen Modulen-Spannungen und halbiert sich der Modulen-Nennstrom bzw. auch die Stromabnahme der vorgesehenen Verbraucher.

## 7.3 Serieller und paralleler Betrieb mehrerer Solarmodule

Wir wissen inzwischen, dass sowohl Solarzellen als auch Solarmodule seriell (in Reihe), parallel oder seriell/parallel miteinander verbunden werden können, um eine höhere Nennspannung und/oder einen höheren Nennstrom zu erhalten, als handelsübliche Einzelmodule bieten.

*Abb. 7.10* zeigt drei prinzipielle Verschaltungsmöglichkeiten, wovon die Beispiele a) und b) als Lösungen üblich sind, Beispiel c) dagegen bestenfalls nur für evtl. Experimente in Frage kommt – denn hier verschenkt man einen zu großen Teil der Leistung (des oben und unten eingezeichneten Moduls).

Für parallelen Betrieb eignen sich am besten Solarmodule mit identischen Parametern – wie in *Abb. 7.11 a)* eingezeichnet ist. Die Lösung nach *Abb. 7.11 b)* ist zwar theoretisch ebenfalls zulässig, aber in der Praxis besteht hier die Gefahr, dass die Nennspannungen der „ungleichen“ Module Abweichungen aufweisen, die Leistungsverluste zufolge haben könnten.

Dies gilt jedoch nicht für die eigentlichen Sektionen einer seriell-parallelen Verschal-

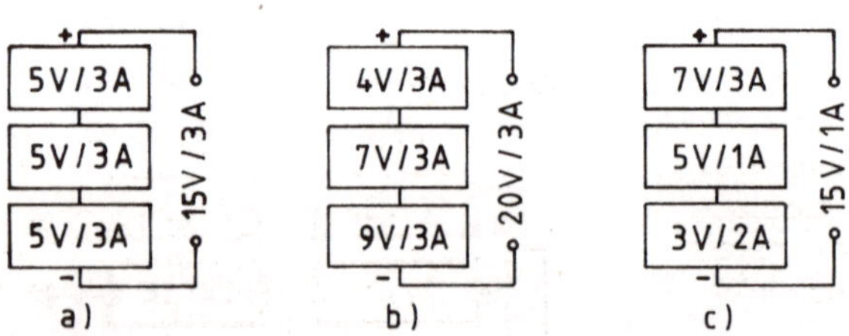


Abb. 7.10: Wenn mehrere Solarmodule in Serie geschaltet werden, sollten sie alle für denselben Nennstrom ausgelegt sein, denn für den Ausgangs-Nennstrom einer solchen „Kette“ ist immer das schwächste Modul bestimmend: a) Module mit identischen Parametern b) Module mit unterschiedlicher Nennspannung, aber mit gleichem Nennstrom c) Module, die einen unterschiedlichen Nennstrom haben, eignen sich nicht für eine serielle Schaltung

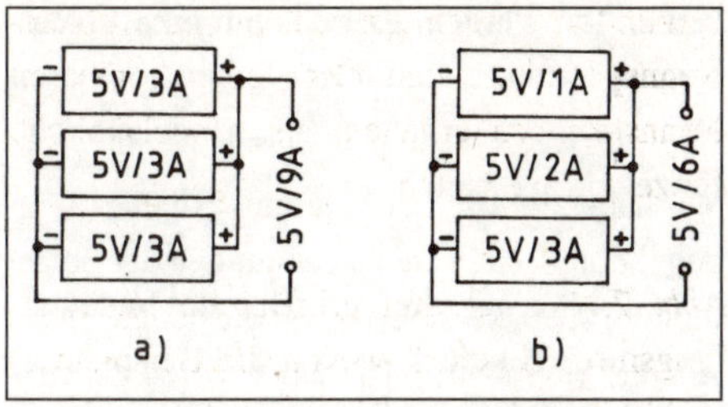


Abb. 7.11: Bei paralleler Verbindung mehrerer Solarmodule müssen alle Module für exakt dieselbe Nennspannung ausgelegt werden, aber der Nennstrom – und somit automatisch auch die Nennleistung – dürfen unterschiedlich sein

tung, die z.B. nach *Abb. 7.12* ausgelegt ist: Pro Sektion sind zwar jeweils zwei unterschiedliche Module in Serie geschaltet, aber beide Sektionen sind mit denselben Modulen (17 V/3 A und 2 V/3 A) bestückt (vollidentisch). Auch hier dürfte zwar theoretisch jede Sektion aus unterschiedlichen Solarmodulen zusammengesetzt werden, solange die Ausgangsspannungen aller Sektionen gleich sind. In der Praxis sollte man sich jedoch bei „bunteren" Kombinationen nicht mit den offiziellen Modulen-Nennspannungen zufrieden geben, sondern die tatsächlichen Ausgangsspannungen an belasteten Modulen nachmessen (als Belastung können z.B. Auto-Glühlampen verwendet werden).

Wir haben in diese Schaltung (*Abb. 7.12*) Dioden eingezeichnet, die in den vorhergehenden Abbildungen – der leichten Aufklärung wegen – vorerst außer Acht gelassen wurden. Dass hier zwei unterschiedliche Diodentypen aufgeführt sind, hat einen speziellen Grund, der eine Erklärung erforderlich macht.

Wir nehmen uns erst die **Schottky-Diode** vor und erklären ihre Funktion anhand von *Abb. 7.13:* Wenn eine Solarzelle oder ein Solarzellenmodul über einen Laderegler angeschlossen ist, durch den elektrischer Strom *in beiden Richtungen* fließen kann, würde sich der Akku über die Solarzellen entladen, sobald die Solarspannung niedriger als die Akkuspannung wird. Um dies zu verhindern, muss entweder der Laderegler so ausgelegt werden, dass er den Strom **nur** in Richtung vom Modul zum Akku durchlässt (und in der Ge-

Abb. 7.12: Bei seriell-parallelen Verschaltungen mehrerer Solarmodule sollten beide (bzw. alle) Sektionen bevorzugt aus denselben Modulen bestehen (Bezugsquelle der eingezeichneten Dioden: Conrad Electronic)

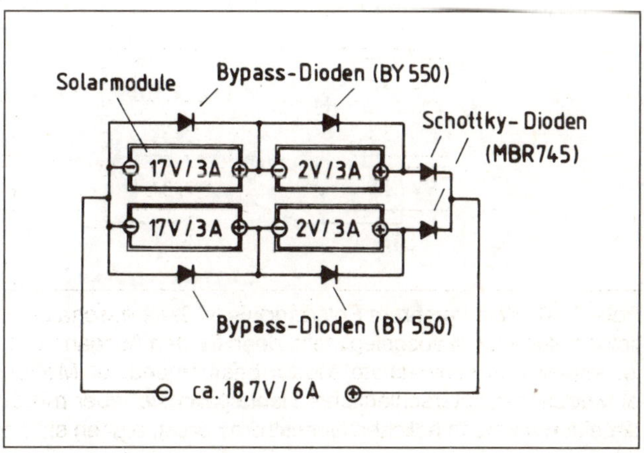

genrichtung sperrt) oder man behilft sich mit einer zusätzlichen *Schottky-Diode*.

Eine *Schottky-Diode* hat gegenüber normalen Siliziumdioden den Vorteil, dass an ihr ein Spannungsverlust von *nur* ca. 0,3 Volt entsteht (an normalen Siliziumdioden liegt der Spannungsverlust bei etwa 0,6 bis 1 V). In der Solarelektrik stellen auch die 0,3 Volt einen kostspieligen Spannungsverlust dar, denn ihm fallen etwa $^2/_3$ der Nennspannung einer Zelle (pro Kette) zum Opfer. Wenn jedoch anstelle der *Schottky-Diode* (= spezielle Metall-Halbleiterdiode mit einer Schottky-Sperrschicht) eine „normale" Silizium-Diode (Gleichrichter-Diode) wäre, würde der Spannungsverlust annähernd die Nennspannung von zwei Solarzellen „sperren".

Die *Schottky-Diode* stellt somit das kleinere Übel dar und wird daher für derartige Aufgaben in der Photovoltaik (Solarelektrik) verwendet.

Wir haben in *Abb. 7.12* „ordnungshalber" von den theoretischen Nennspannungen der Solarmodule die 0,3 V abgezogen, die in den eingezeichneten Schottky-Dioden verloren gehen – daher wird hier die Ausgangs-Nennspannung nicht als 19 V, sondern korrekt nur mit *18,7 V* angegeben.

Die Erklärung zu den hier (vollständigkeitshalber) eingezeichneten **Bypass-Dioden** heben wir uns noch auf und widmen uns nochmals der Schottky-Diode in *Abb. 7.13*. Die Qual mit der Aufklärung ist leider noch nicht ausgestanden. Der Grund: In vielen Solarmodulen ist die Schottky-Diode bereits herstellerseits eingelötet. Paradoxerweise sind aber auch viele handelsübliche Laderegler herstellerseits mit eine Schottky-Diode ausgestattet.

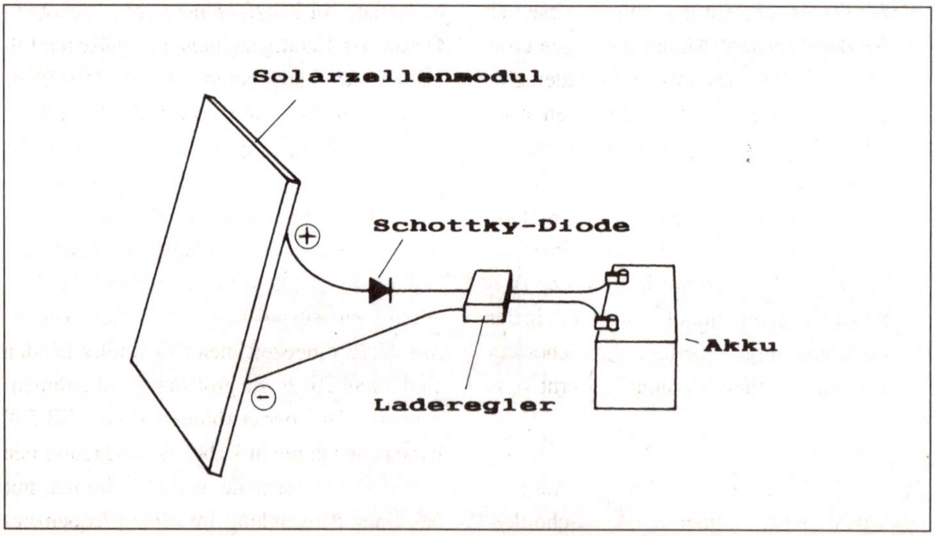


Abb. 7.13: Eine Schottky-Diode schützt den Akku gegen das Entladen über die Solarzellen

Der Slogan „Doppelt gemoppelt hält besser" läßt sich hier leider nicht interpretieren, denn eine zusätzliche Schottky-Diode bedeutet immerhin einen zusätzlichen Spannungsverlust von 0,3 V (für jede überflüssige Diode). Je höhere Nennleistung das Solarmodul hat, desto höher ist auch der daraus resultierende Modulen-Leistungsverlust. Bei dem „Solargenerator" aus *Abb. 7.12* verursacht jede zusätzliche Schottky-Diode einen Leistungsverlust von 0,3 V x 6 A (= 1,8 Watt). An sich „kein Weltuntergang", aber hier trifft das Sprichwort zu: „Kleinvieh macht auch Mist."

Man sollte daher grundsätzlich darauf achten, dass in einer Solaranlage nicht überflüssige Schottky-Dioden als Spannungs- und Leistungsfresser irgendwo im Verborgenen lauern:

- Wenn mehrere Solarmodule in Serie (in Reihe) geschaltet werden, an deren Ausgangsklemmen der Hersteller Schottky-Dioden angebracht hat, sollten diese nur bei dem „letzten" Modul der Reihe (von dem der Plus-Anschluss zum Laderegler führt) gelassen werden. Bei allen restlichen Modulen sind sie zu entfernen.
- Falls eine Schottky-Diode ohnehin im Laderegler untergebracht ist, bzw. falls der Laderegler elektronisch so konzipiert ist, dass er sowieso nur in Richtung zum Akku Strom durchlässt – aber nicht in der Gegenrichtung – sollten die Schottky-Dioden aus allen Modulen entfernt werden.

Dass in *Abb. 7.12* an den Modulen-Ausgängen nicht eine, sondern zwei Schottky-Dioden eingezeichnet sind, hat folgenden Grund: Sie verhindern, dass die eine der Sektionen die andere Sektion belastet, wenn die jeweiligen „Ausgangsspannungen" nicht exakt ausgewogen sind. Zu einer derartigen „Unausgewogenheit" der Ausgangsspannungen kommt es in der Praxis z.B. durch eine vorübergehende Teilbeschattung (bei ziehenden Wolken) oder durch Unterschiede in den Modulen-Neigungswinkeln, usw. Nebenbei: Durch eine solche parallele Anordnung mehrerer Schottky-Dioden erhöht sich der Spannungsverlust nicht – er bleibt bei den ca. 0,3 Volt.

Es wäre noch darauf hinzuweisen, dass der „Solargenerator" aus *Abb. 7.12* an einem Laderegler angeschlossen werden soll, in dem (eingangsseits) keine Schottky-Diode als Schutzdiode herstellerseits angebracht wurde (andernfalls sollte sie entfernt oder kurzgeschlossen werden).

Mit der Wahl der richtigen Schottky-Diode ist es einfach. In Kurzfassung werden Schottky-Dioden (in Katalogen) beispielsweise nur folgendermaßen angeboten: *„MBR 745 • 7,5 A/ 45 V • DM 2,–" oder „SB 530 • 5 A/30 V • DM 3,–". Das genügt (für unsere Zwecke).* Es geht uns ja nur darum, dass diese Diode für einen Maximumstrom ausgelegt ist, der zumindest ca. 50% höher liegt als der Modulen-Nennstrom und dass die Diode auch die Modulen-Leerlaufspannung verkraftet. Die in *Abb. 7.12* eingezeichneten Schottky-Dioden sind zwar etwas zu großzügig „überdimensioniert". Die hier erwähnten Typen SB 530 hätten auch gereicht – aber sie sind teurer (sie bieten einige spezielle Vorteile, die u.a. nur bei einer Anwendung im GHz-Frequenzbereich an Bedeutung gewinnen).

## 7.4 Beschattungsempfindlichkeit der Solarmodule

Ein Solarmodul besteht aus einer in Reihe (in Serie) geschalteten Solarzellen, die eine Kette bilden, bei der der Nennstrom des schwächsten Gliedes für den Ausgangs-Nennstrom – und somit auch für die Ausgangsleistung – des Moduls bestimmend ist.

Es muß sich dabei nicht unbedingt nur um eine herstellungsbedingte „Schwäche" eines Gliedes handeln. Wenn z.B. während des Betriebs eine der Zellen beschattet wird, sinken automatisch ihre Spannungs- und Stromwerte (womit auch die Leistungswerte) auf ein Niveau, das mit der Abnahme der Bestrahlungsintensität übereinkommt. Die Beschattung bzw. Teilbeschattung einer einzigen Zelle hat somit einen Leistungsrückgang der ganzen Zellenkette (des ganzen Moduls) zur Folge.

In der Praxis kann so etwas gelegentlich vorkommen: Eine oder mehrere Zellen des Moduls werden am Reisemobildach durch einen Zweig oder durch angewehtes Laub beschattet. Neben dem Leistungsverlust gibt es bei einer beschatteten Solarzelle noch ein weiteres kritisches Phänomen: die Zelle kann sich bei kräftigerem Sonnenschein umpolen, eine Sperrspannung erzeugen und durch darauffolgendes Aufheizen das Solarzellenmodul beschädigen oder sogar zerstören.

Das Ganze klingt nun ein wenig zu abenteuerlich und verdient deshalb eine kurze Erklärung: wenn sich eine beschattete Zelle wie ein verstopftes Wasserrohr verhält, versuchen die anderen Zellen der Kette ihren Nennstrom durch diese „Verstopfung" durchzudrücken – vorausgesetzt, dass am Kettenausgang eine entsprechende Belastung vorhanden ist. Falls die Zelle derartig beschattet ist, dass ihr Kurzschlussstrom niedriger ist, als der momentane Nennstrom der restlichen Zellen der Kette, kann dies unter Umständen (bei intensiverem Sonnenschein) zur Folge haben, dass die Zelle umpolt. Sie stellt somit der treibenden Spannung der restlichen Zellen ihre Sperrspannung entgegen. Dadurch heizt sie sich überproportional auf und kann gegebenenfalls die Vergussmasse im Modul derartig aufwärmen bzw. „anbraten", dass sich diese verfärbt oder dass sie sogar Blasen bildet.

Beides hat zur Folge, dass die Lichtdurchlässigkeit der Vergussmasse abnimmt, wodurch die betroffene Zelle neben der Beschattung auch noch diesem zusätzlichen Handicap ausgesetzt wird. Das führt – soweit das Solarmodul weiterhin während der Sommerhitze von der Sonne voll bestrahlt wird – zu weiterem Aufwärmen der Zelle, usw. Wenn der ganze Vorgang länger dauert, wird das Solarzellenmodul völlig unbrauchbar.

Um diese Gefahr zu bannen, werden entweder nach *Abb. 7.14 a*, parallel zu jeder Solarzelle oder nach *Abb. 7.14 b*, parallel zu einer Sektion der Solarkette *Bypass-Dioden* beigefügt. Einige moderne Solarmodule werden mit speziellen Solarzellen bestückt, in deren Siliziumschicht Bypass-Dioden direkt integriert (eingeätzt) sind.

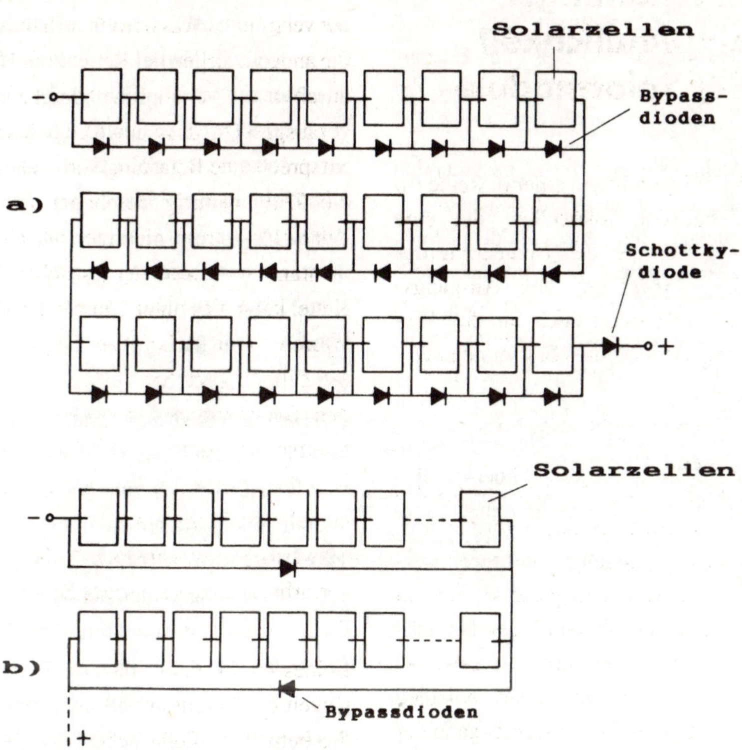


Abb. 7.14: Anordnungsbeispiele von Bypass-Dioden im Solarmodul: a) jede Solarzelle verfügt über eine eigene Bypass-Diode b) mehrere Solarzellen werden nur mit einer einzigen Bypass-Diode überbrückt

Eine Bypass-Diode fungiert quasi wie eine Baustellen-Umleitung: Wenn eine der Zellen in *Abb. 7.14 a*, beschattet wird, leitet „ihre" Bypass-Diode den Strom der restlichen Zellen um und am Modulen-Ausgang wirkt sich die Beschattung der Zelle nur als ein Spannungsverlust (von z.B. 0,46 V) aus. Dieser Spannungsverlust hat zwar auch einen Rückgang der Modulenleistung zur Folge, aber nur in einem mathematischen Verhältnis laut Formel **„Spannung x Strom = Leistung"**.

**Beispiel:** Bei einem 17,5 V/3 A/52,5 W-Modul wird eine der Zellen beschattet. Das hat einen Spannungsrückgang von 0,46 V zur Folge, wodurch das Modul nur noch eine Spannung von etwa 17,04 Volt aufbringt. Daraus ergeben sich:

17,04 V **x** 3 A = 51,12 Watt als Modulen-Nennleistung

Wenn gleichzeitig mehrere Zellen des Moduls beschattet oder teilbeschattet werden, addieren sich verständlicherweise die einzelnen Spannungsverluste zu einem entsprechend größeren Spannungs- und Leistungs-Endverlust.

Viele Hersteller wenden die Bypass-Dioden gar nicht an, andere nur relativ „sparsam" – sie überbrücken mit einer Diode jeweils mehrere Zellen, wie in *Abb. 7.14 b* dargestellt ist. Eine solche Lösung schützt zwar das Solarmodul vor einer Beschädigung bzw. Zerstörung (was ja immerhin besser ist, als gar nichts), eine stärkere Beschattung setzt dann jedoch so ein Modul eventuell völlig außer Betrieb (die „Umleitung" über die Bypass-Diode ist zu weit und die ganze dazugehörende Zellenkette fällt als „Solargenerator" weg).

In unserem Beispiel nach *Abb. 7.12* wurden bestehende Solarmodule mit zusätzlichen Bypass-Dioden überbrückt. Es handelte sich hier offensichtlich um Module, in denen der Hersteller keine Bypass-Dioden integriert hat. Wenn hier z.B. eine der Sektionen voll im Schatten liegt und von der anderen nur das kleinere 2 V/3 A-Modul beschattet wird, kann sein größeres „Partnermodul" immerhin noch eine Spannung von ca. 16,7 V und einen Strom von ca. 3 A an den Batterie-Laderegler liefern.

Bei der Neuanschaffung von Solarmodulen, die für Camping-Fahrzeuge vorgesehen sind, sollten bevorzugt Module mit Solarzellen verwendet werden, in denen bereits in jeder Zelle eine Bypass-Diode integriert ist. Hier handelt es sich jedoch um spezielle Solarzellen – bzw. Solarmodule – die sich aus Kostengründen bisher nicht auf breiterer Basis durchgesetzt haben. Natürlich auch deshalb nicht, weil der Vorteil dieser Zellen den meisten Kunden nicht mit einigen einfachen Sätzen erklärt werden kann. Zudem verfügen diese speziellen Zellen momentan nur über einen einzigen „Bypass" pro ganze Zelle. Aus dem Grund werden sie nur in Solarmodule eingesetzt, die mit „ganzen" Zellen bestückt sind und deren Nennstrom oberhalb von ca. 3 A liegt.

In Hinsicht auf diesen „Stand der Technik" kommt eigentlich das zusätzliche Anbringen von Bypass-Dioden nur bei kleineren oder älteren Solarmodulen in Frage. Bei Neuanschaffungen von größeren Solarmodulen sollte der Kunde darauf achten, dass jede der Einzelzellen mit integrierter Bypass-Diode versehen ist. Verzichtet dürfte auf diese Eigenheit im Prinzip nur bei Solarmodulen werden, die z.B. als tragbare (portable) Module dienen sollen.

Für den Kaufinteressenten ist oft nicht nachvollziehbar, ob oder wie viele Bypass-Dioden in dem einen oder anderen Solarmodul herstellerseits angebracht wurden. Man kann sich diese Information jedoch zusätzlich vom Anbieter „erzwingen".

Wer über das Phänomen der Zellenbeschattung Bescheid weiß, der wird beim Parken seines Caravans oder Reisemobils darauf achten, dass er auch einer kleineren Teilbeschattung des Moduls (die bereits durch einen Mast verursacht werden kann) aus dem Weg geht.

## 7.5 Solaranlagen-Berechnung

Bei den meisten konkreten Anwendungen wird es sich nur um eine geringere Anzahl von elektrischen Verbrauchern handeln, bei denen der Stromverbrauch beispielsweise in der Form einer Tabelle aufgelistet werden kann (siehe Tabelle 3).

Der hier ermittelte Stromverbrauch von 8,1 Ah pro Tag ist als Verbrauch der zur Verfügung stehenden Akku-Kapazität zu betrachten. Dieser Kapazitätsverlust sollte vom Solarmodul wenn möglich täglich oder zumindest ausreichend oft nachgeladen werden.

Wenn wir nun einfachheitshalber annehmen, dass während der ganzen Zeit täglich die Sonne scheinen wird, bleibt nur noch die Frage offen, wie viele Stunden pro Tag das Solarmodul seinen annähernd vollen Nennstrom (als Ladestrom) liefern dürfte. Dies hängt natürlich von der Jahreszeit ab. Angenommen es ist Sommer, können wir damit rechnen, dass das Modul bis zu 9 Stunden täglich den benötigten Ladestrom (annähernd) liefern wird.

Einen kleinen Schönheitsfehler hat das Laden eines „normalen" Bleiakkus: die Ladeverluste betragen bis zu 20% (es handelt sich ja um eine ziemlich komplizierte chemische Umwandlung). Macht nichts! Wir müssen einfach um diese 20% den „Nachladebedarf" erhöhen und das Problem ist gelöst: Anstelle von den 8,1 Ah fallen daher 9,72 Ah an Tagesverbrauch an, die „irgendwann" nachgeladen werden müssen, denn 8,1 Ah **x** 1,2 = 9,72 Ah.

Wenn wir nun diese 9,72 Ah durch die 9 Ladestunden teilen, ergibt sich daraus ein Ladestrom von 1,08 Ah. Dies ist jedoch ein absolutes Minimum, das theoretisch vom Solarmodul täglich nachgeliefert werden müsste – was in der Praxis nur bedingt zutrifft.

Das ist allerdings eine utopische Voraussetzung, denn die Sonne geht zwar täglich auf (darauf war bisher immer Verlass), aber der Himmel kann bewölkt sein oder es kann sogar regnen.

Dieser unsichere Faktor lässt sich nicht mathematisch definieren und so bleibt eine reine Ermessenfrage, wie lange so ein Anlagen-Akku seinen „Mann" stehen muss, um auch einige sonnenarme Tage überbrücken zu kön-

*Tabelle 3 Aufstellung des vorgesehenen Stromverbrauchs*

| Verbraucher: | Strombedarf: | Betriebsstunden pro Tag: | Stromverbrauch pro Tag: |
|---|---|---|---|
| Innenleuchte | 0,9 A | 0,4 Std. | 0,36 Ah |
| Außenleuchte | 1,2 A | 0,2 Std. | 0,24 Ah |
| Kaffeekocher (150 W) | 12,5 A | 0,6 Std. | 7,5 Ah |
| | | | insgesamt 8,1 Ah |

nen. Solche Planungsüberlegungen hängen selbstverständlich auch davon ab, wie lange der „Ausflug" dauern soll, wie wichtig die Stromversorgung für einige der vorgesehenen Anwendungen ist, usw. Wer beispielsweise die solarelektrische Versorgung nur für die eigentliche zwei- oder dreitägige Anfahrt und Rückfahrt zu/von einem Campingplatz benötigt, dem könnte für ein derartiges Vorhaben auch ein relativ kleiner Akku mit einer Kapazität ab ca. 36 Ah völlig ausreichen.

Wird von dem Akku verlangt, dass er ohne Nachladen z.B. 7 Tage lang als Energiequelle dienen kann, müsste bei dem hier aufgeführten Verbrauch (von 7 x 8,1 A) die Akku-Kapazität „theoretisch ca. 56,7 Ah, praktisch jedoch mindestens ca. 80 bis 90 Ah betragen. Wenn nach evtl. 7 sonnenarmen (oder regnerischen) Tagen wieder die Sonne scheint, müssten die verbrauchten 56,7 Ah nachgeladen werden (wir runden es auf 57 Ah auf).

Angenommen, es steht ein Solarmodul zur Verfügung, dessen *Nennstrom (Ladestrom)* laut technischen Daten „max. 3 A" beträgt: An einem sonnigen Tag könnte das Modul im Idealfall bis zu 9 Stunden die 3 A Ladestrom liefern. Das ergibt 27 Ah, von denen bis zu 20% auf Ladeverluste entfallen. Bleiben ca. 21,6 Ah übrig, um die der Akku im Optimalfall nachgeladen werden könnte. So haargenau wird die Sache mit dem Nachladen nicht klappen, denn das Solarmodul bringt keine vollen 3 A an Ladestrom auf, sondern möglicherweise ca. 10% weniger. Und das auch nicht volle 9 Stunden, sondern vielleicht nur 8 Stunden pro Tag. Auch gut. Es genügt ja, wenn wir zumindest ungefähr davon ausgehen können, dass das Nachladen des Akku „in etwa" drei sonnige Tage dauern könnte. Genauer braucht man bei derartig „launischen" Naturkräften nicht zu rechnen.

Wer in solchen Fällen etwas weniger Vertrauen in die Natur oder in seine Einschätzung des Verbrauchs hat, der kann einfach einen Akku mit einer wesentlich höheren Kapazität (von z.B. 200 Ah) und ein Solarmodul mit einem etwas höheren Nennstrom (von z.B. 5 A) einplanen (die optimale Nennspannung des Solarmoduls wurde bereits im Kap. 7.2 erklärt).

Wenn der vorgesehene tägliche Strombedarf höher wird als in unserem Beispiel berechnet wurde, erhöht sich entsprechend sowohl die Kapazität des Akkus als auch der Ladestrombedarf (der Modulen-Nennstrom) – und umgekehrt.

Die Höchstgrenze des Stromverbrauchs wird in den meisten Fällen einfach von der Anzahl der Solarmodule abhängen, die sich für das Vorhaben z.B. auf einem Fahrzeugdach, an einem Boot, im Auto-Kofferraum oder im Rucksack unterbringen lassen. Die Berechnung des Stromverbrauchs wird einfach immer als „Kapazitäts-Verbrauch des Akkus" berechnet, wobei man von dem Prinzip des Weinfass-Inhalts (aus Kap. 1.1) ausgeht.

## 7.6 Die Wahl der optimalen Modulen-Parameter

Wir haben bereits an anderen Stellen das Problem mit der optimalen Modulen-Nennspannung kurz angesprochen und einige Aspekte der richtigen Dimensionierung an praktischen Beispielen gezeigt.

Theoretisch ist es mit der Bestimmung der richtigen Nennspannung eines Solarmoduls am einfachsten, wenn der vorgesehene Verbraucher direkt vom Solarmodul aus (ohne einen Zwischenspeicher) betrieben wird. Die Modulen-Nennspannung sollte möglichst identisch mit der vom Hersteller angegebenen Versorgungsspannung des Verbrauchers sein. Es versteht sich von selbst, dass das Solarmodul auch für eine entsprechende Nennleistung ausgelegt werden muss. Gegen eine höhere Modulen-Nennleistung ist dabei nichts einzuwenden. Im Gegenteil: eine Erhöhung der Nennleistung um ca. 20 bis 25% schützt das Modul davor, dass es an einem heißen, sonnigen Tag zu einer Kochplatte wird und unter Umständen sogar einen Schaden davonträgt.

Solarmodule mit einer 12 Volt-Nennspannung (für eine direkte Stromversorgung von 12 V-Verbrauchern) gehören leider nicht gerade zu den gängigen Produkten. Die Spannung der meisten handelsüblichen Module ist für netzgekoppelte Dachanlagen vorgesehen und liegt überwiegend zwischen ca. 15 und 20,7 V. Dann folgt eine „Lücke" und danach gibt es noch Module, die für Spannungen ab ca. 33,8 Volt ausgelegt sind (diese Information bezieht sich allerdings nur auf die gegenwärtige Marktsituation).

Die meisten netzunabhängigen Solaranlagen (Inselanlagen) werden jedoch mit einem Akku als Energie-Zwischenspeicher ausgelegt, denn eine direkte Stromversorgung vom Solarmodul zum Verbraucher ist zu wetterabhängig und nur bedingt sinnvoll.

Die meisten Solarverbraucher – oder auch diverse andere Gleichstromverbraucher – sind für Spannungen von 6 V, 9 V, 12 V und 24 V konzipiert (die größte Auswahl bilden davon die 12 Volt-Verbraucher).

Die Suche nach einem passenden 12 Volt-Solarmodul für einen direkten Betrieb (ohne Zwischenspeicher) kann manchmal zu einer Geduldsprobe werden. Eine rein serielle – oder seriell-parallele – Schaltung von mehreren „kleineren" Solarmodulen ist für die angesprochenen Vorhaben weniger geeignet, denn die meisten der kleinen Module sind für zu kleine Leistungen ausgelegt.

Hypothetisch gibt es die Möglichkeit, dass man sich ein passendes Solarmodul im Selbstbau erstellt (siehe hierzu den Hinweis auf die dazu geeignete Literatur am Buchende).

Als eine andere Alternative bietet sich für einen Direktbetrieb die Anwendung eines „erhältlichen" Solarmoduls, dessen abweichende Nennspannung für den vorgesehenen Verbraucher zumutbar ist.

Da für einen „leistungskräftigeren" Direktbetrieb in der Praxis überwiegend nur Ventilatoren, Pumpen oder ausnahmsweise auch Kühl- und Heizkörper in Frage kommen, lässt sich hier etwas improvisieren. Die Gleichstrommotoren der meisten Ventilatoren und Pumpen sind ohnehin für einen Spannungsbereich konzipiert, der z.B. zwischen 10 und 18 Volt liegt. Dies ist natürlich „produktbezogen" zu prüfen bzw. durch Anbieter-Auskunft in Erfahrung zu bringen. Solche Verbraucher können dann bedenkenlos von einem Solarmodul aus betrieben werden, dessen Nennspannung z.B. zwischen 15 V und 18 V liegt.

Bei einer elektrischen 12 V-Auto-Kühlbox, deren Kühlsystem mit Peltier-Element(en) arbeitet, sollte dagegen die Versorgungsspannung (in unserem Fall die Solarspannung) nicht mehr als ca. 13,5 V betragen. Andernfalls heizt sich das Peltier-Element einseitig zu sehr auf und wird zu einer Heizplatte, die die Kühlbox vernichten kann.

Relativ ungefährlich ist bei so einer Kühlbox eine Unterspannung. Einige dieser Kühlboxen sind auch für eine 24 V-Versorgungs-Gleichspannung ausgelegt und können dann von einem 17,5 V- oder 18 V-Solarmodul direkt betrieben werden. Die Kühlleistung ist in dem Fall allerdings geringer: Bei einer Versorgungsspannung von nur 17,5 V sinkt die Kühlleistung einer 24 Volt/40 Watt-Kühlbox auf ca. 25 Watt – was noch eine „brauchbare" Kühlleistung darstellt.

Einfacher ist es mit diversen elektrischen Heizkissen oder Heizdecken, die manchmal auch direkt vom Solarzellen-Modul betrieben werden (wie im 1. Kap./*Abb. 1.12* bildlich dargestellt wurde).

Oft ist es von Vorteil, wenn man hier für die Solarstrom-Versorgung ein Solarmodul benutzt, dessen Nennspannung z.B. zwischen ca. 17,5 und 18,5 V liegt und anderweitig als Ladestrom-Quelle dienen kann. Das Problem der „Überspannung" lässt sich auch hier damit umgehen, dass zu diesem Zweck ein 24 V-Heizkissen *nach Abb. 7.15 a* oder zwei 12 V-Heizkissen in Serie *nach Abb. 7.15 b* verwendet werden.

Wir sehen uns nun interessehalber an, wie sich eine Spannung von 17,5 V auf die tatsächliche Wärmeleistung eines 24 V/45 W-Heizkissens auswirkt:

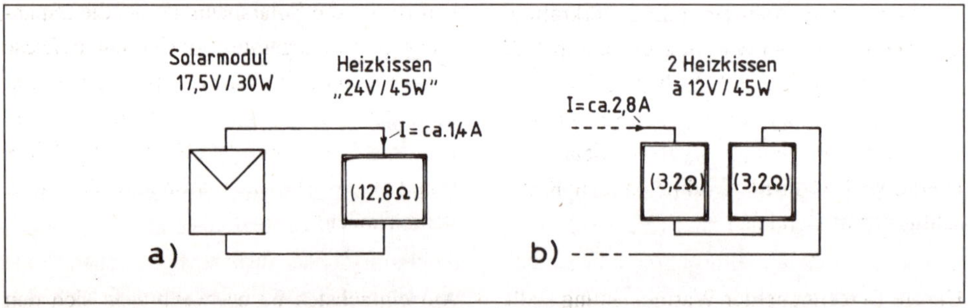


Abb. 7.15: Elektrische Heizkissen und Heizdecken können bei der Versorgung mit einer „Unterspannung" schlicht als Ohmsche Widerstände betrachtet werden: a) liegt die Spannungsversorgung eines 24 V/45 W-Heizkissens nur bei 17,5 V, ergibt sich aus seinem Ohmschen Widerstand (von 12,8 Ω) eine Heizleistung von nur ca. 24,5 W; b) anstelle eines 24 V-Heizkissens können zwei 12 V-Heizkissen in Serie an ein Solarmodul angeschlossen werden (siehe weiter im Text)

45 W : 24 V = **1,875 A** (Heizkissen-Strom)
24 V : 1,875 A = **12,8 Ω** (Heizkissen-Widerstand)

Den Ohmschen Widerstand des Heizkissens benötigen wir um feststellen zu können, wie sich dieser auf die Heizleistung auswirkt, wenn die Versorgungsspannung nur 17,5 V anstelle der vorgesehenen 24 V beträgt:

17,5 V : **12,8 Ω ≈ 1,4 A** (Heizkissen-Strom)
17,5 V x **1,4 A = 24,5 W** (Heizleistung)

Die errechneten 24,5 Watt beziehen sich auf die Wärmeleistung des in *Abb. 7.15 a* eingezeichneten 24 V/45 W-Heizkissens, wenn es nur eine 17,5 V-Versorgungsspannung erhält.

Alternativ können zwei in Serie geschaltete 12 V-Heizkissen an ein 17,5 V-Solarmodul angeschlossen werden, wie es in *Abb. 7.15 b* eingezeichnet ist. Hier käme jedoch der Leistungsbedarf beider Heizkissen auf ca. 48 Watt. Ein 30 Watt-Solarmodul könnte diesen Leistungsbedarf verständlicherweise nicht bewältigen und nur bedingt verkraften. Die Solarzellen würden sich in diesem Fall durch den niedrigen Ohmschen Heizkissen-Widerstand (von 6,4 Ω) bei kräftigerem Sonnenschein zu sehr aufheizen, denn der überhöhte Strombedarf käme in den Kurzschlussstrom-Bereich.

Unsere Berechnung der Wärmeleistung stellt allerdings nur eine vereinfachte Methode dar, die nur ungefähr die Größenordnung des Leistungsunterschiedes transparenter macht. Es wurden hier zwei wichtige „Unbekannte" negiert, die einen Einfluss auf die tatsächliche Wärmeleistung haben: Erstens gilt der Ohmsche Widerstand des Heizkissens (12,8 Ω) nur für die volle Heizleistung. Wenn die Heizleistung sinkt, sinkt auch die Temperatur des Heizkissen-Widerstandsdrahtes und damit sein Ohmscher Widerstand (wodurch die Heizleistung etwas höher wird, als wir ausgerechnet haben).

Die zweite „Unbekannte" stellt die wetterabhängige Modulen-Spannung dar. Daher zeigen alle Planungsberechnungen nur optimale Ergebnisse, bei denen in der Praxis mit Abstrichen zu rechnen ist.

Wir haben nun der direkten Solarstromversorgung bewusst viel Aufmerksamkeit gewidmet, um die ganze Problematik etwas durchschaubarer zu machen. Viele der angesprochenen Aspekte dürften auch demjenigen dienlich sein, der eine Solaranlage mit einem Akku als Zwischenspeicher plant.

Wenn das Solarmodul als „Ladestrom-Quelle" für z.B. einen 12 Volt-Bleiakku vorgesehen ist, ist die Solarspannung als die „Spannung eines Ladegerätes" zu betrachten: Diese muss bekannterweise „wesentlich höher" liegen als die Spannung eines voll aufgeladenen Bleiakkus, denn andernfalls kann vom Laderegler in den Akku kein ausreichender Ladestrom fließen.

Am einfachsten ist es, wenn man sich den ganzen Ladevorgang so vorstellt, als ob anstelle des Akkus nur ein Widerstand an das Solarmodul angeschlossen wäre. Sehen Sie sich bitte erst den Schaltkreis in *Abb. 7.16 a* an:

Hier ist ein 5 Ohm-Widerstand an eine 17,5 V-Batterie angeschlossen. Würden wir die Zenerdiode weglassen, würde der Widerstand von der Batterie (laut Ohmschen Gesetz) einen Strom von 3,5 A beziehen (17,5 V : 5 Ω = 3,5 A). Die eingezeichnete Zenerdiode verringert die Spanungsdifferenz zwischen der Batterie und dem Widerstand auf 6,5 Volt (17,5 V – 11 V = 6,5 V). Damit bezieht der Widerstand von der Batterie nur einen Strom, bei dem in die Formel **„I = U : R“** als Spannung nur die Differenzspannung von 6,5 V eingesetzt wird (6,5 V : 5 Ω = 1,3 A).

Auf dieselbe Weise wirkt sich der Innenwiderstand eines Anlagenakkus auf den Solar-Ladestrom aus. Der Schaltkreis in *Abb. 7.16 b* ist im Prinzip elektrisch identisch mit dem Schaltkreis links: Als Spannungsquelle fungiert hier ein Solarmodul und anstelle der Zenerdiode ist hier ein Anlagen-Akku eingezeichnet, dessen „momentane“ Spannung 11 V beträgt (es kann sich dabei um eine 12 V-Autobatterie handeln, die auf 11 Volt entladen ist). Der Innenwiderstand des Akkus beträgt in diesem Beispiel 5 Ω (er hängt von der Kapazität und von dem elektrischen Zustand des Akkus ab).

In der Praxis ist der Innenwiderstand eines Akkus dem Anwender unbekannt und somit stellt er keine „Planungsgrundlage“ dar (es sei denn, man misst den jeweiligen Ladestrom mit einem Amperemeter und rechnet sich danach „spaßhalber“ mit Hilfe des Ohmschen Gesetzes den jeweiligen Innenwiderstand des Akkus aus). Für unsere Aufklärung genügen jedoch die aufgeführten 5 Ω, um die Problematik des Ladens greifbarer darzustellen.

Auf diese Weise können wir uns u.a. Folgendes vorstellen: Wenn z.B. bei einem leicht bewölkten Himmel die Solarspannung auf 14 Volt sinkt und der Anlagen-Akku ist zu dem Zeitpunkt bereits auf 12 Volt aufgeladen, beträgt (bezugnehmend auf *Abb. 7.16 b*) die Spannungsdifferenz nur 2 Volt. Der Ladestrom sinkt in dem Fall auf 0,4 Ampere (2 V : 5 Ω = 0,4 A).

Wichtig bei allen diesen Überlegungen ist die Frage der optimalen Modulen-Nennspannung und des „angemessenen“ Modulen-Nennstroms. Ein noch so großer Modulen-Nennstrom wirkt sich jedoch auf das Laden nicht aus, wenn die Solarspannung nicht ausreichend hoch ist.

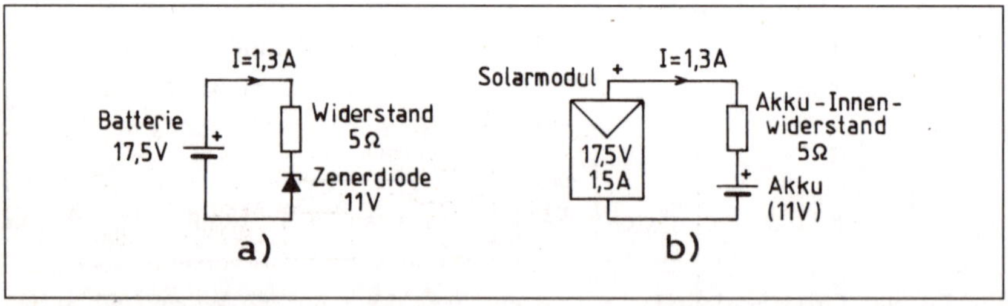


Abb. 7.16: Die elektrischen „Verhältnisse“ beim Laden eines Akkus lassen sich am einfachsten begreifen, wenn man sich den Akku als einen reinen Ohmschen Widerstand vorstellt, der vom Solarmodul einen Ladestrom bezieht (siehe weiter Text)

So ändert sich der Ladestrom in der Schaltung nach *Abb. 7.16* nicht, wenn da z.B. ein 17,5 V/**5 A**-Solarmodul eingesetzt wird. In der Praxis würde man da einen größeren Akku (der einen niedrigeren Innen-Widerstand hat) bzw. mehrere parallel verbundene Akkus verwenden, um den vollen Solar-Ladestrom nutzen zu können.

In unserem Breitengrad liegt die Schwachstelle der meisten erhältlichen Solarmodule bei einer zu niedrigen Nennspannung. Man darf ja nicht vergessen, dass die offizielle Modulen-Nennspannung lediglich ein Optimum darstellt, mit dem nur bei idealen Wetterbedingungen gerechnet werden kann. Zudem gehen ca. 0,3 V der Solarspannung in der Schottky-Diode verloren und abgesehen davon ist die Modulen-Nennspannung in den Datenblättern manchmal etwas nach oben aufgerundet. Wenn dann der Himmel gering bewölkt ist, sinkt sowohl die Modulenspannung als auch die Modulenleistung prompt um 25 bis 30%. Ein 17,5 V-Solarmodul bringt dann nur eine Ladespannung von ca. 10,2 bis 12,7 V auf die Waage.

Diese Funktionsweise verdient vor allem dann etwas mehr Beachtung, wenn die netzunabhängige Solarstrom-Versorgung für die etwas kühlere (und trübere) Jahreszeit vorgesehen ist. Die Nennspannung des Solarmoduls sollte dann – wie bereits an anderer Stelle angesprochen wurde – möglichst höher als bei den „handelsüblichen" 17,5 oder 18 V liegen.

Bei Zweifel lassen sich sowohl der Ladestrom als auch die Ladespannung messen, um sich zu vergewissern, dass der Ladestrom einigermaßen proportionell zu der jeweiligen Ladespannung steht. Wenn sich dabei herausstellt, dass dieser zu niedrig ist, sollte die Modulenspannung erhöht werden. Dies kann notfalls auch mit einem einfachen kleinen Eigenbau-Modul geschehen, das mindestens für denselben Nennstrom wie das „Hauptmodul" ausgelegt ist.

Im Zusammenhang mit diesen Beispielen ist nochmals darauf hinzuweisen, dass der Anlagen-Akku vom Solarzellenmodul über einen passenden Laderegler (*nach Abb. 7.17*) geladen werden soll. Wir wissen in-

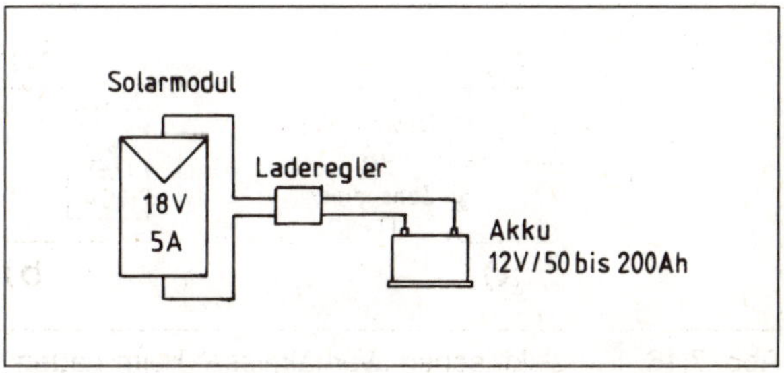


Abb. 7.17: Vollständigkeitshalber: die in vorhergehender Abbildung eingezeichneten Akkus werden normalerweise über einen Laderegler „schonend" geladen

zwischen, dass ein Laderegler weder die Solarspannung noch den Ladestrom erhöhen kann, sondern nur den Ladestrom drosselt, wenn am Ende des Ladens die Akkuspannung in die Nähe eines vorgegebenen Maximums (von z.B. 13,6 V) steigt. Damit soll verhindert werden, dass der Akku am Ende des Ladevorgangs zu kochen anfängt und gewährleisten, dass das Laden optimal verläuft. Allerdings nur in Abhängigkeit von der Solarspannung, Solarleistung und von dem Innenwiderstand des Anlagen-Akkus.

Mit der zunehmenden Größe (Kapazität) des Anlagen-Akkus sinkt sein Innenwiderstand. Somit ermöglicht ein „größerer" Akku eine bessere Nutzung der Solarleistung. Anderseits steigen mit der Akku-Kapazität auch seine Selbstentlade-Verluste, was wiederum dagegen spricht, dass die Akku-Kapazität unangemessen groß gewählt wird.

# Solarprodukte und Solarverbraucher

8

Für die Anwendung in solarelektrischen (photovoltaischen) Anlagen eignen sich vor allem solche Produkte und Verbraucher, die als „Solarprodukte“ bzw. energiesparende „Solarverbraucher“ angeboten werden. Auch viele der gängigen Geräte, Werkzeuge, Lampen und Materialien, die als Autozubehör, als Campingartikel oder als „kabellose“ Haushaltsgüter im Handel erhältlich sind, eignen sich mehr oder weniger für Solaranlagen. Weniger dann, wenn sie (als Verbraucher) nicht gezielt energiesparend ausgelegt sind oder wenn sie als Netzgeräte nur über einen zusätzlichen Wechselrichter betrieben werden können.

## 8.1 Solarlampen

Am preiswertesten sind hier natürlich normale Glühlampen, die es für Spannungen ab ca. 1,2 V im Handel gibt. Als Mini-Glühlampen, Skalenbeleuchtung, Fahrrad-, Motorrad- und Autolampen, usw. Sie haben jedoch einen niedrigen Wirkungsgrad (von 4–7%) und eignen sich daher bestenfalls nur für Anwendungen, bei denen eine Beleuchtung von sehr kurzer Dauer vorgesehen ist.

Einen *etwas* besseren Wirkungsgrad als die „normalen“ Glühlampen haben Halogenlampen. Sie sind auch als Mini-Lampen für Spannungen ab ca. 2,8 V erhältlich. Der Wirkungsgrad ist bei kleineren Halogenlampen nicht immer angegeben und liegt ca. 50% bis 100% höher als bei vergleichbaren Glühlampen (was markenabhängig variiert).

Den mit Abstand besten Wirkungsgrad haben energiesparende Leuchtstofflampen, worunter auch die speziellen Solar-Neonlampen. Sie geben – markenabhängig – bei demselben Stromverbrauch ca. drei- bis sechsmal so viel

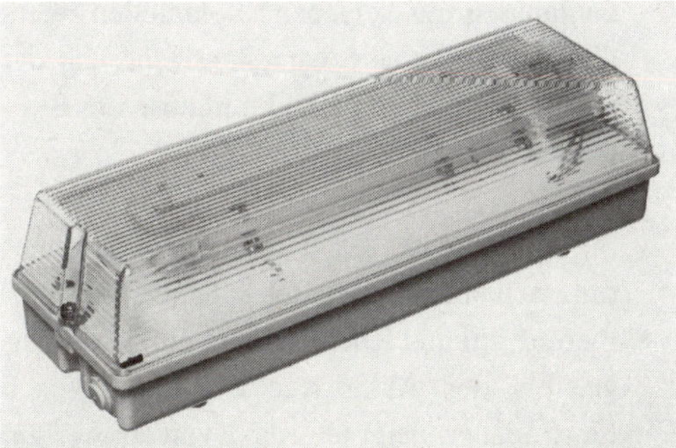

Abb. 8.1: Ausführungsbeispiel einer handelsüblichen energiesparenden 12 V-Solarlampe

Licht wie die herkömmlichen Glühbirnen bzw. Autolampen.

Leuchtstofflampen benötigen ein Vorschaltgerät, das entweder als separater Baustein erhältlich oder direkt in dem auswechselbaren Leuchtkörper (Energie-Sparlampe) untergebracht ist.

Diese energiesparenden Leuchtkörper haben drei gemeinsame Merkmale: einen hohen Wirkungsgrad (der oft mit der Lampenleistung steigt), eine wesentlich längere Lebensdauer als Glühbirnen und unsympathisch hohe Preise.

Wer diesen Verlockungen aus dem Weg gehen will, der kann oft im Autohandel energiesparende 12 V-Leuchtstofflampen als kostengünstige „Montagelampen" erhalten. Allerdings ohne Angabe des Wirkungsgrades und somit ohne eine Garantie, dass sie optimal energiesparend ausgelegt sind.

Eine „gute" 4 Watt-Leuchtstofflampe hat *beispielsweise* eine Lichtleistung von 120 Lumen, eine 8 Watt-Leuchtstofflampe von 430 Lumen und eine **16 Watt-Leuchtstofflampe** von **1300 Lumen** (zum Vergleich: eine gute 230 V/**100 W-** herkömmliche **Glühbirne** bringt **ebenfalls nur 1300 Lumen** an Lichtausbeute). Dieses Beispiel hat zwar keine Allgemeingültigkeit, aber in den meisten Fällen haben leistungsstärkere Leuchtstofflampen einen höheren Wirkungsgrad als kleine Leuchtstofflampen.

Wo viel Licht benötigt wird, sollte deshalb bevorzugt eine einzige größere Leuchtstofflampe anstatt mehreren kleineren Leuchtstofflampen verwendet werden. Wenn gelegentlich weniger Licht genügt, kann auf zusätzliche kleine Lampen umgeschaltet werden, die „daneben" installiert sind. Ein Lichtdimmer ist nicht zu empfehlen, denn der funktioniert nicht energiesparend (bei halber Lichtintensität liegt z.B. der echte Energieverbrauch noch bei etwa 82%).

Nebenbei: Einen sehr hohen Wirkungsgrad weisen auch „superhelle" Leuchtdioden (LEDs) auf. Achten Sie jedoch beim Vergleich der Leuchtstärkeangaben auf den Abstrahlwinkel! Je kleiner er ist, desto höher ist natürlich die Leuchtstärke.

LEDs eignen sich z.B. gut vor allem für diverse Solar-Warnsysteme. Sie begnügen sich mit einer Spannung zwischen ca. 1,6 V bis 2,7 V und lassen sich auch in Reihenschaltungen an 12 V-Akkus direkt anschließen.

Solarleuchten als Fertigprodukte gibt es im Handel oft in der Form von Gartenlampen bzw. Außenleuchten, die entweder für den Anschluss an eine externe Stromquelle (Akku) ausgelegt sind oder eigene Solarzellen im Lampenkörper haben.

Bei den meisten handelsüblichen Solar-Außenlampen mit „eigenen" Solarzellen reicht die viel zu kleine Solarzellenfläche und der viel zu kleine interne Akku in unserem Breitengrad nicht aus.

Sie sind in der Regel mit einem Dämmerungsschalter ausgestattet, schalten bei Dämmerung ein und leuchten dann einfach solange, bis der Akku leer ist. Die tägliche Leuchtdauer hängt jeweils davon ab, wie gut sich der Akku tagsüber wetterbedingt aufladen konnte. Als Außenbeleuchtung kommen derartige Lampen eigentlich nur dann in Frage, wenn sie mit einem infraroten Bewegungsmelder kombiniert werden.

## 8.2 Elektromotoren für Solarbetrieb

Als Elektromotoren für Solarbetrieb eignen sich im Grunde genommen alle Gleichstrommotoren, die im Fach- und Versandhandel erhältlich sind.

Die meisten Gleichstrommotoren werden als universale Grundbausteine – mit oder ohne Getriebe – gehandelt. Es gibt jedoch auch Spezialmotoren, die gezielt für vorbestimmte Funktionen – wie Pumpen, Kinderfahrzeuge, Modellbau, usw. – ausgelegt sind.

Die kleinsten Solarmotoren *(Abb. 8.2)* arbeiten bereits bei einer Versorgungsspannung von ca. 0,45 V (eine Solarzelle). Die größten handelsüblichen Gleichstrommotoren benötigen Versorgungsspannungen von bis zu 100 V und ihr Leistungsbereich erstreckt sich gegenwärtig bis zu etwa 10 kW.

Für individuelle Spezialkonstruktionen eignen sich oft Gleichstrommotoren, die in Akkuwerkzeugen verwendet werden oder als Kfz-Zubehör erhältlich sind. Für die Erstellung einfacher Solarantriebe lassen sich in vielen Fällen auch komplette Akkuschrauber, Akkubohrmaschinen, elektrische Autofensterheber oder andere Antriebe aus dem

Abb. 8.2: Die kleinsten „Solar-Elektromotoren" sind für Spannungen von 0,45 V ausgelegt und können somit bereits mit einer einzigen Solarzelle betrieben werden

Autozubehör wie auch aus dem Modellbauzubehör nutzen.

Auch hier ist der Wirkungsgrad ein wichtiger Parameter. Es gibt einige spezielle Solarmotoren, die einen wirklich hohen Wirkungsgrad haben. Andere Solarmotoren schmücken sich nur mit diesem Namen und weisen Parameter auf, die schon vor einigen Jahrzehnten ihre Vorgänger hatten, welche man schlicht nur als Standard-Gleichstrommotoren deklarierte.

Hier lässt sich nur durch den Vergleich von technischen Daten ermitteln, wie es mit dem Wirkungsgrad konkret aussieht. Entweder an der eigentlichen Leistung des Solarmotors oder an der Leistung des Endprodukts – wie z.B. an der Fördermenge einer Solarpumpe in Bezug auf den Leistungsverbrauch.

Im Vergleich zu einem Wechselstrommotor arbeitet ein Gleichstrommotor oft in einem breiten Spannungsbereich. Manche Hersteller geben den vollen Spannungsbereich – z.B. als

5 bis 16 V – an, andere führen nur eine einzige Nennspannung auf, bei der die Leistung den besten Wirkungsgrad ergibt. Hier handelt es sich manchmal um konstruktiv bedingte Daten, manchmal nur um empfehlenswerte Angaben.

Für die praktische Anwendung dürften anstelle komplizierter Diagramme folgende Hinweise ausreichen:

- Ein Gleichstrommotor, dessen „Arbeitsspannung" im Datenblatt mit breitem „Von-bis-Bereich" angegeben wird, hat bei niedrigerer Spannung eine entsprechend niedrigere Drehzahl wie auch eine niedrigere Leistung (bei halber Spannung sinkt die Leistung auf nur ca. 25%).
- Der optimale Wirkungsgrad liegt bei den meisten Gleichstrommotoren unterhalb der obersten Leistungsgrenze in einem vom Hersteller definierten Gebiet (z.B. durch Angabe der optimalen Spannung).
- Wenn die dem Motor zugeführte Spannung oberhalb der erlaubten Spannungsgrenze liegt, wird seine Lebensdauer strapaziert oder er verbrennt; wenn dagegen die Spannung derartig niedrig wird, dass der Motor ganz zu drehen aufhört, wärmt bzw. heizt ihn der zugeführte Strom weiterhin auf und kann ihn – abhängig von seiner Konstruktion und der Belastung – sogar vernichten.

Soweit man einen Elektromotor als „Baustein" kauft, sind in dem Datenblatt üblicherweise die vom Hersteller empfohlenen Spannungsgrenzen angegeben (z.B. als Betriebsspannung von 4,8 bis 15 Volt). Mit steigender Versorgungsspannung steigen normalerweise kräftig auch die Drehzahl und die Leistung.

Etwas fraglicher kann es mit den zulässigen Grenzen der Versorgungsspannung bei einem Fertigprodukt sein. Bei einem Ventilator oder Akkuschrauber ist nur eine einzige Betriebsspannung angegeben. Es kann dabei vorkommen, daß z.B. in einem 9 Volt-Ventilator ein Gleichstrommotor eingebaut ist, der laut Hersteller für eine Betriebsspannung von 4,5 bis 15 Volt konstruiert wurde. Es kann sich hier aber auch um einen Motor handeln, der sich nur für einen Spannungsbereich von 3 bis 9 Volt eignet. Soweit man also bei einem solchen Motor nicht weiß, welche Maximumspannung für ihn noch zumutbar ist, sollte die vom Hersteller angegebene Spannung nicht überschritten werden.

Mit dem Unterschreiten der Spannung ist es dagegen etwas einfacher, denn hier lässt sich probeweise ermitteln, wann der Motor nicht mehr bereit ist mitzumachen.

**Bemerkung**

Im technischen Datenblatt diverser Gleichstrommotoren gibt der Hersteller manchmal nur eine Drehrichtung an. Dabei ist ja allgemein bekannt, dass die entgegengesetzte Drehrichtung eines Gleichstrommotors einfach durch Änderung der Spannungspolarität zu erreichen ist.

In der Praxis ist es folgendermaßen: Auch wenn der Hersteller für den einen oder anderen Motor nur *eine* Drehrichtung angibt, darf der Motor dennoch auch in der anderen Richtung betrieben werden. Allerdings werden dann die angegebenen Leistungsdaten und die Lebensdauer nicht ganz erreicht.

Abb. 8.3: Spezielle „Solarpumpen" weisen einen hohen Wirkungsgrad auf und können bei relativ niedriger Stromabnahme hervorragende Förderleistungen erbringen.

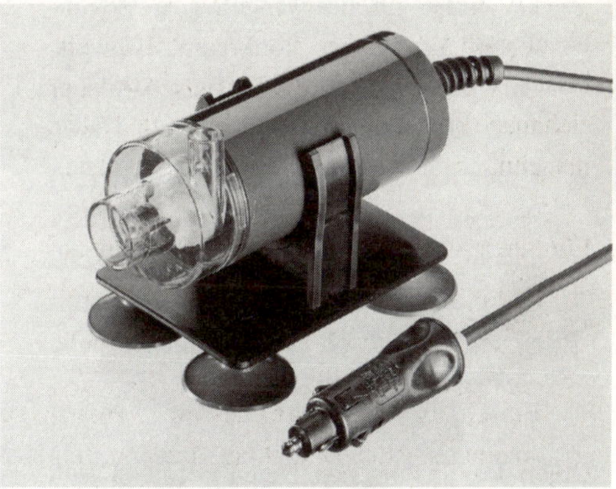

Fast alle Gleichstrommotoren der Akku-Handwerkzeuge – worunter auch die in beide Richtungen drehenden Akkuschrauber – sind eigentlich nur für eine Haupt-Drehrichtung konzipiert. Wenn also ein Motor dieser Bauart für einen Antrieb mit zwei Drehrichtungen eingesetzt wird, sollte seine angegebene (bzw. seine anwendungsorientierte Haupt-Drehrichtung) ebenfalls bevorzugt als Haupt-Drehrichtung genutzt werden.

## 8.3 Solar-Ventilatoren

Als Solar-Ventilatoren (Lüfter) eignen sich die meisten Gleichstrom-Ventilatoren, soweit es mit ihren technischen Daten stimmt. Anhand von technischen Daten lassen sich hier die Förderleistungen (Luftleistungen) in $m^3/h$ bei einzelnen Produkten vergleichen.

Ventilatoren laufen üblicherweise bereits bei einer ziemlich niedrigen „Unterspannung" an und wärmen sich dabei in den meisten Fällen nicht derartig auf, dass es zu einer Beschädigung des Motors kommen könnte.

## 8.4 Solar-Pumpen

Ähnlich wie bei Elektromotoren ist auch hier die Bezeichnung „Solar" nicht unbedingt dafür bestimmend, ob sich das eine oder andere Erzeugnis für den Solarantrieb eignet.

Prinzipiell spricht nichts dagegen, dass anstelle einer echten Solarpumpe eine beliebige Gleichstrompumpe verwendet wird, die nicht als „Solar" bezeichnet ist. Bei derartigen „normalen" Pumpen muss jedoch auf Folgendes geachtet werden:

- Einige dieser Pumpen eignen sich nicht für Dauerbetrieb und benötigen Arbeitspausen. Bei diesen Pumpen findet sich dann unter den technischen Daten ein entsprechender Hinweis. Der kann im einfachsten Fall nur z.B. „50% ED" lauten. Das bedeutet 50% Einschaltdauer. So eine Pumpe arbeitet eigentlich in einem Flip-Flop-Rhythmus und muss abwechselnd jeweils nach einer kurzen Laufzeit abgeschaltet werden und abkühlen.

Manchmal gibt der Hersteller zu der Einschaltdauer einen konkreten Hinweis. Zum Beispiel: „50% ED; Einschaltdauer max. 90 Sekunden."

- Viele der einfacheren (preiswerteren) Pumpen benötigen für dieselbe Förderleistung bis zu doppelt so viel elektrische Energie als „echte" Solarpumpen. Somit eignen sie sich oft nur für gelegentliche oder sehr kurzfristige Einsätze.

Unter den technischen Daten befinden sich bei Pumpen u.a. immer Angaben über Fördermenge in Liter pro Minute (oder pro Stunde), max. Förderhöhe bei Tauch- und Brunnenpumpen bzw. Wassersäulen-Höhe bei Springbrunnenpumpen.

Hiermit können die Leistungen und der Verbrauch diverser Produkte verglichen werden. Es ist nicht schwierig auszurechnen, wieviel Wasser man wohin pumpen möchte und welche Pumpe sich aus den Angeboten dafür am besten eignet.

Solarpumpen gibt es inzwischen in vielen Ausführungen. Für kleinere Fördermengen bzw. Förderhöhen gibt es diverse kleine Springbrunnen- oder Weiherwasserfall-Pumpen, zu denen auch das übliche Zubehör (Sprinkler, Filter) erhältlich ist.

## 8.5 Elektrogeräte und Elektrowerkzeuge

Elektrogeräte und Elektrowerkzeuge gibt es zwar selten als echte Solarprodukte, aber als „solartauglich" kann hier im Grunde genommen alles betrachtet werden, was für Batteriebetrieb konstruiert wurde, bzw. als Autozubehör erhältlich ist.

Besonders vorteilhaft eignen sich hier 12 V-Akkuwerkzeuge. Statt über das übliche netzabhängige Ladegerät können diese Werkzeuge beispielsweise über den Anlagen-Laderegler oder direkt vom Anlagen-Akku (z.B. über einen Schutzwiderstand von 47 Ohm) geladen werden. Akkuwerkzeuge, die für niedrigere Spannungen ausgelegt sind, können einfach über einen einstellbaren Spannungsregler direkt vom Solarzellenmodul oder vom Akku geladen werden.

Bei der Anwendung von Netzgeräten, die für die 230 V-Wechselspannung ausgelegt sind, sollte man darauf achten, dass sie nicht als ausgesprochene „Stromfresser" den Energievorrat einer Solaranlage im Handumdrehen leersaugen.

Wer sich z.B. im Caravan einen 230 V~/**1000 Watt**-Staubsauger (anstelle eines kleinen Auto-Staubsaugers) auf die Reise mitnimmt, sollte darüber Bescheid wissen, dass es sich bei dieser Leistung *nur* um die *Aufnahmeleistung* des Staubsauger-Motors handelt. Diese wird bei manchen Produkten aus „marketingtechnischen" Gründen einfach dadurch erhöht, dass man den Motor billig konzipiert: Eine große Luftspalte zwischen Rotor und Stator, schlechte Lagerung und zu große Saugverluste sind die bekanntesten Ursachen dafür, dass so mancher 1000 Watt-Sauger nicht einmal die doppelte Leistung eines „uralten" 100 W-Staubsaugers aufbringt.

Dasselbe kann unter Umständen auch bei diversen elektrischen Kochgeräten – wie Wasserkocher, Kaffeekocher oder Eierkocher – vorkommen. Bei Wasserkochern sind die Wärmeverluste prinzipiell dann am niedrigsten, wenn die Heizspirale direkt (sichtbar) vom Wasser umschlungen ist. Bei Wasserkochern, bei denen die Heizspirale unsichtbar unter dem Boden des Kochers untergebracht ist, geht logischerweise ein wesentlich größerer Teil der Wärme verloren. Denselben Nachteil weist auch eine jede normale elektrische Kochplatte auf.

Elektrische Kaffeekocher verbrauchen generell mehr Strom als Wasserkocher. Daher eignen sich Wasserkocher auch zum Kaffeekochen besser (Wasser kochen – übergießen – fertig). Auf die Art geht es zudem auch schneller und der Kaffee ist genauso gut).

Bei der Suche nach einem speziellen 12 V-Reise-Eierkocher wird man in unserem Lande meistens keinen Erfolg haben. Hier sollte dann zumindest nach einem möglichst kleinen Netz-Eierkocher (mit niedrigem Stromverbrauch) Ausschau gehalten werden. Dieser muss jedoch über einen zusätzlichen Wechselrichter betrieben werden, dessen Stromverbrauch nicht nur von seinem offiziellen Wirkungsgrad, sondern auch von *dem* Wirkungsgrad abhängt, der z.B. bei einer kleinen Belastung eines größeren Wechselrichters ausgesprochen ungünstig sein kann.

Das Hauptproblem eines Wechselrichters besteht ja darin, dass er einen gewissen Eigenverbrauch hat, der markenabhängig ohne Rücksicht auf die jeweilige Abnahmeleistung ziemlich hoch sein kann. Dies unabhängig davon, ob der Wechselrichter automatisch auf Standby umschaltet, sobald keine Stromabnahme stattfindet.

**Wer an weiterer themenbezogener Literatur interessiert ist, dem empfehlen wir folgende Literatur vom Franzis Verlag (Autor Bo Hanus):**
„Solaranlagen richtig planen, installieren und nutzen"/300 Seiten
„Das große Anwenderbuch der Solartechnik"; 2. Auflage/367 Seiten
„Wie nutze ich Solartechnik in Haus und Garten?"; 3. Auflage/97 Seiten
„Das große Anwenderbuch der Windenergie-Technik"/319 Seiten
„Wie nutze ich Windenergie in Haus und Garten?"/97 Seiten
„Drahtlos schalten, steuern und regeln in Haus und Garten" (mit solarbetriebenen Garagentoren u.v.a.)/270 Seiten

**Oder zum „Auffrischen"**
**der Elektronik-Kenntnisse:**
„Der leichte Einstieg in die Elektronik"; 2. Auflage/363 Seiten
„Das große Anwenderbuch moderner Elektronik"/334 Seiten
„So steigen Sie leicht in die Elektronik ein"/97 Seiten

**Lieferantenhinweis**
(auch für Katalog-Anforderung):
Conrad Electronic, Klaus-Conrad-Straße 1
92240 Hirschau

Tel. 0180/531 2111, Fax 0180 / 531 2110

Internet: www.conrad.de

# Sachverzeichnis

# Sachverzeichnis

# Sachverzeichnis

# TEIL 3

Ulrich E. Stempel

# Das kleine Solar-Werkbuch

FRANZIS

# Vorwort zu Teil 3

Am meisten Freude und Befriedigung empfinde ich beim Basteln immer dann, wenn irgend etwas, das von anderen weggeworfen wird, nutzlos erscheint und in den Müll wandern soll, obwohl es wieder verwendet werden kann und dadurch für die Bastelei ein wertvolles und nützliches Teil wird.

Abgesehen davon, dass es Geld spart, Ressourcen schont und die Müllmenge dadurch reduziert wird, hat es auch was mit Respekt und Achtung vor der Materie und damit unserer Umwelt zu tun.

Etwas wieder zu reparieren und damit weiter nutzen zu können, geht in die gleiche Richtung

Viele meiner Basteleien wurden dadurch befruchtet!

Es ist eine verbindende Resonanz, die da schwingt. Es bedeutet – kein Bekämpfen der Wegwerfgesellschaft sondern eine Unterstützung der Gesellschaft, welche die Welt liebt .

Andererseits ist es auch kein Dogma für mich, jetzt nur Müll verwenden zu müssen.

Auf der Suche nach realisierbaren Konzepten behelfe ich mir so auch immer wieder z.B. mit Restposten. Teile die einmal für einen bestimmten Zweck produziert wurden, die dann aber nicht zur Ausführung kamen oder sich nicht verkauften.

Auch da ist diese oben erwähnte Freude wieder da.

Daher sind die in diesem Teil des Buches aufgeführten Themen und Bastelwerke oft eine Mischung aus Weggeworfenem, Wiedergefundenem, Restposten und ein wenig Luxus (neuen Teilen).

Manche denken, damit etwas gut funktioniert, muss es total aufwendig sein, so nach dem Motto viel hilft viel.

Meine Philosophie ist eher, das richtige Teil sparsam am richtigen Platz zu verwenden – und auch, je weniger Teile zur Verwendung kommen, desto weniger können kaputt gehen.

Es gibt 7 Themenschwerpunkte

1. Zustandsanzeigen für solare Ladeeinrichtungen preiswert selbst gebastelt
2. Allerlei Taschenlampen. Direkt solar geladene und andere, die an der „grossen“ Solar- oder Windanlage geladen werden können
3. Solare Direktladegeräte für kleine Akkus
4. Solare Ladestationen „Im Koffer und für die Reise“
5. Solare Audiostromversorgung
6. Zubehörteile und Extras
7. Solaranwendungen im Direktbetrieb

Dieser Buchteil versteht sich bildlich gesprochen als Werkzeugkasten, in dem es Werkzeuge wie einfache Ladeüberwachungssysteme, Ladeeinrichtungen, Anregungen und Beispiele gibt. Beispiele, wie die Werkzeuge anzuwenden sind und damit ein eigenes, neues Produkt zu schaffen ist. Die vorgestellten Schaltungen lassen sich auch in vielen Kombinationen verwenden.

Was ich mir wünsche, ist, dass jeder für sich und nach seinen eigenen Bedürfnissen und Möglichkeiten diese Werkzeuge nutzt und seine ganz eigene Kreation daraus entstehen lässt.

So z.B. seine ganz eigene Taschenlampe oder seine ganz eigene mobile Solarstation entwickelt. Oft ergibt sich dies schon aus den zur Verfügung stehenden Komponenten.

In meinen Vorträgen und Workshops über regenerative Energien kam immer wieder der Einwand – Solarenergieversorgung sei nur was für den Hauseigentümer wegen der ganzen Installationen usw. Ich hatte dann angefangen, Konzepte zu entwickeln, um die Solarversorgung in meiner Mietwohnung zu realisieren.

Zuerst kam ein kleines Solarpaneel am Fensterbrett, zum Laden von Akkus und dann hat es sich immer weiter ausgebreitet. Zuletzt wurde die ganze Wohnungsbeleuchtung und im Sommer auch der Kühlschrank damit versorgt.

Auch die ganzen Kleingeräte wie Anrufbeantworter, drahtloses Telefon usw. arbeiten mit Niederspannung und werden über ein Steckernetzteil beitrieben. Wenn ihr an das Gehäuse des Steckernetzteiles fasst, ist es warm, d.h. durch die Energieumwandlung von 230 V auf den Niederspannungsbereich entsteht Wärme. Die Trafosteckernetzteile verbrauchen so im Jahr ca. 20 – 30 kWh ohne dass diese Energie genutzt wird. Habt ihr eine Solar- oder Windanlage lohnt es sich, all diese Geräte direkt mit Niederspannung zu versorgen.

Selbst in einer Mietwohnung könnt ihr mit einer ganz einfachen Solarversogung anfangen, z.B. mit der in diesem Teil des Buches beschriebenen regelbaren Spannungs-/Stromquelle und einem – aussen an Fensternähe angebrachten Solarpaneel – oder einfach damit die immer wieder benötigten Kleinakkus zu laden.

Ulrich E. Stempel

# Inhalt

# Inhalt

# Ausstattungsvoraussetzungen



Was sind die Grundvoraussetzungen für die Solarbasteleien? Grundsätzlich braucht ihr dazu relativ wenig. Jeder Mensch, ob weiblich oder männlich, der Lust dazu hat, kann es angehen. Durch die kleinen Spannungen und Ströme ist es auch nicht gefährlich, sollte mal was falsch gepolt sein, d.h. Plus – oder Minuspol verwechselt werden, passiert nicht viel – das Ganze funktioniert halt nicht. Schlimmstenfalls geht ein Elektronikbauteil dabei kaputt – das kann aber wieder leicht ersetzt werden. Trotzdem sollte darauf geachtet werden, dass sich die Drähtchen der unterschiedlichen Polaritäten nicht berühren um die Funktion nicht zu gefährden. Die Schaltungen sind einfach gehalten und damit auch leicht nachzuvollziehen, wenn es dann nicht gleich funktioniert, ist zuerst einmal alles abklemmen, eine Pause machen und dann mit neuer Lust und Geduld wieder daran gehen. Die verwendeten Teile sind meist sehr preiswert und Allerweltsteile, die leicht zu beschaffen sind (siehe auch im Anhang – Liefernachweise). Alles was in diesem Buch aufgeführt wird, habe ich selbst gebaut und in zahlreichen Fällen erprobt und optimiert.

## 1.1 Grundausstattung an Werkzeugen

Lötkolben mit mind. 20 W bis max. 30 W und einer schmalen Spitze, am besten mit einer Dauerlötspitze – Kupferlötspitzen korrodieren sehr schnell.

Feinlötzinn – Elektronik – Lötzinn mit mindestens 60% Zinnanteil.

Kein zusätzliches Lötflussmittel und Lötwasser verwenden, das führt zu schlechten Kontakten (kalte Lötstelle)

Kleiner Seitenschneider

Einfaches Digitalmessgerät (gibt's schon ab 15 DM)

Bohrmaschine, gut mit Bohrständer, muss aber nicht sein

Bohrer von 1,5 mm bis 10 mm

Allerlei Schraubendreher

Flachzange

Metallsäge mit feinem Sägeblatt oder eine Stichsäge mit verschiedenen Sägeblättern ist ganz prima

Ein Schraubstock ist klasse z.B. um Metallteile zu biegen

Dritte Hand, mit schwerem Standfuss und Klemmen zum Halten von Solarzellen, Drähtchen und kleinen Bauteilen

Regelbare Spannungs – und Stromquelle (hier im Buch als Bauplan) oder ein Labornetzgerät

Bastelkiste mit Teilen vom Sperrmüll, alten Radios, Fernseher, Bleche von Waschmaschine und Antennenteile usw.

## 1.2 Umgang mit dem Lötkolben

Wenn der Lötkolben heiß ist und auch immer wieder zwischendurch beim Löten sollte die Lötspitze mit einem weichen Baumwolltuch abgewischt werden – ich mache das mit einem alten Taschentuch – wische ganz kurz darüber, so ist die Spitze sauber.

Dann etwas Lötzinn an die Spitze am besten mit silberhaltigem Lötdraht Sn95 Ag3 oder auch umweltfreundlichem Lötdraht wie z.B. Sn 60 Pb32 Cu2, es gehen aber auch andere Lötdrähte, mindestens jedoch Elektronikzinn Sn60 Pb d.h. mit wenigstens 60% Zinnanteil! Gut ist es, einen dünnen Lötdraht d.h. mit 0,8 mm bis 1,0 mm Durchmesser zu verwenden, es lötet sich damit leichter.

Die Lötdrähte haben eine Kolophoniumseele, die zugleich als Flussmittel dient, also brauchen wir kein weiteres Flussmittel mehr.

Beim Löten ist es gut, zugleich Bauteiledraht oder Kabel, Leiterbahn und Lötzinn zu berühren und zwar so, daß sich auf der einen Seite der Lötkolben, in der Mitte der Bauteiledraht und auf der anderen Seite der Lötdraht befindet und das ganze möglichst zügig. Wenn das Lötzinn schmilzt, kann der Lötdraht entfernt werden und solange weiter gelötet werden bis das Lot an der Lötstelle gut verlaufen ist (in der Regel 1-2 sec.). Während des Lötvorganges das zu lötende Teil still halten – d.h. nicht wackeln und zwar so lange bis das Lötzinn erkaltet ist – sonst gibt es keinen guten Kontakt. Eine gute Lötstelle glänzt und eine Schlechte ist matt.

Solarzellen und Halbleiter sind besonders empfindlich, auch was die Hitze anbelangt und sollten nicht mehr als max. 5 sec. gelötet werden, sonst sind sie hin! Ist die Lötstelle auf Anhieb nicht gelungen – etwas warten – und dann nochmals löten.

Bei Dioden und Transistoren ist auch darauf zu achten, dass die Lötstellen nicht zu dicht am Bauteil sind, d.h. dass die Anschlussdrähte wenigstens einen halben cm lang sind.

## 1.3 Messen an der Solarzelle

Für Messungen an der Rohsolarzelle, d.h. ohne Abdeckung und Gehäuse ist es vorteilhaft, eine leitende Platte, am besten eine Kupferplatte (z.B. die Kupferseite einer Pertinaxplatte), eine Messingplatte oder zur Not auch ein Stück Alufolie als Messanschluss für den Pluspol (unten an der Solarzelle ) zu benutzen. Die Solarzelle kann dann einfach darauf gelegt werden und mit der anderen Messpitze am oberen Minuspol gemessen werden. Ansonsten ist es etwas umständlich, beide Pole gleichzeitig zu messen, da ja die Solarzelle bei der Messung zu dem noch vom Sonnenlicht beschienen werden sollte.

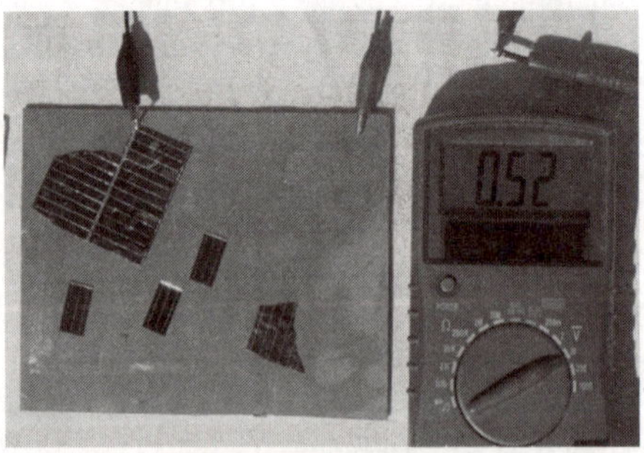


Abb. 1.3.1 Messen von Solarzellen

## 1.4 Prüfen von gebrauchten Dioden und Transistoren

Gerade bei Teilen aus der Bastelkiste ist es sinnvoll, vor dem Einbau die Funktionstüchtigkeit zu prüfen. Bei neu gekauften Teilen ist dies nicht notwendig. Die meisten Digitalmultimeter besitzen eine Prüfmöglichkeit zum Abprüfen von Dioden und eine Steckfassung für Transistoren – es geht aber auch ganz einfach – mit jedem Messinstrument im Bereich Durchgangsprüfung bzw. im Messbereich KOhm.

Auch bei der Prüfung sind die Grenzwerte der Halbleiter zu beachten!

Mit dem Durchgangsprüfer messen wir die Diode in der Sperrrichtung und in der Durchlassrichtung. Wie die Namen schon sagen, sperrt die Diode in der einen Richtung und in der anderen leitet sie.

Wenn in der Sperrichtung ein Wert angezeigt wird, ist die Diode kaputt

**Transistorprüfung:**
Der Transistor ist im Prinzip wie zwei Dioden aufgebaut , wir sollten nur wissen, ob es sich um einen sog. PNP ( pos. neg. pos. ) Typen oder um einen NPN (neg. pos. neg. ) Typen handelt. Dann können wir auch hier die Durchgangsprüfmethode anwenden. Zunehmend werden in neueren Geräten nur noch NPN Transistoren verwendet.

Beim Umpolen d.h.. Basis des NPN an Minuspol und Kollektor/Emitter an Pluspol – muss die Anzeige unendlich anzeigen, da dies die Sperrrichtung wie bei der Diode ist. Das gleiche gilt quasi spiegelverkehrt für den PNP Typ.

Treffen beide Messungen für den Transistor zu, so ist er in Ordnung.

Wer öfters Transistoren prüfen möchte, für den lohnt es sich, ein einfaches Prüfgerät für

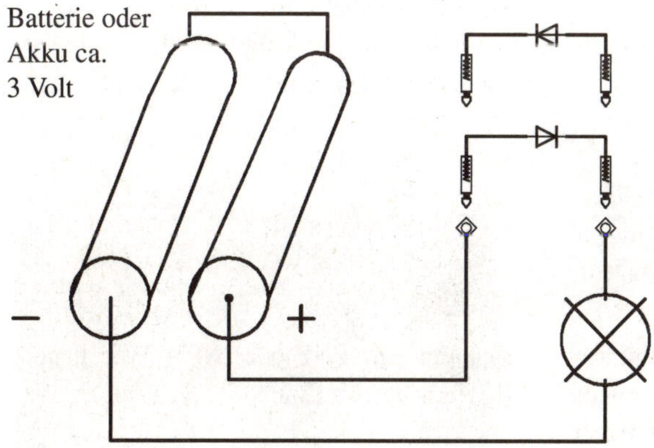


Abb. 1.4.1 Diodenprüfung

**Diodenprüfung:**

Sperrichtung:
Lampe ist dunkel

Durchgangsrichtung:
Lampe brennt

Birnchen (z.B. 3 V) darf nicht mehr Strom brauchen, als Diode aushält, d.h. für eine 100mA Diode wie z.B. die 1N 4148 darf die Stromangabe des Birnchens nicht mehr als 0,07 A sein.

Analoges oder digitales Messinstrument mit Messbereich KOhm

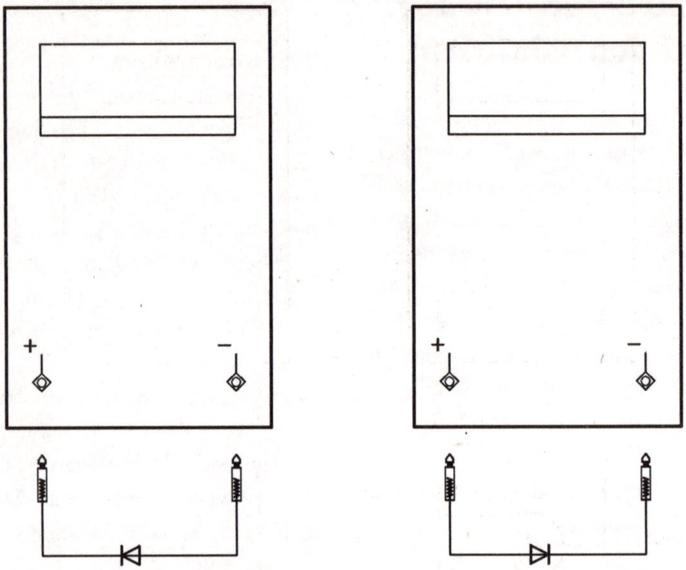


Sperrichtung: Anzeige unendlich  Durchlassrichtung: Anzeige z.B. 300-500 KOhm

Abb. 1.4.2 Diodenprüfung mit Messinstrument

Transistorprüfung:

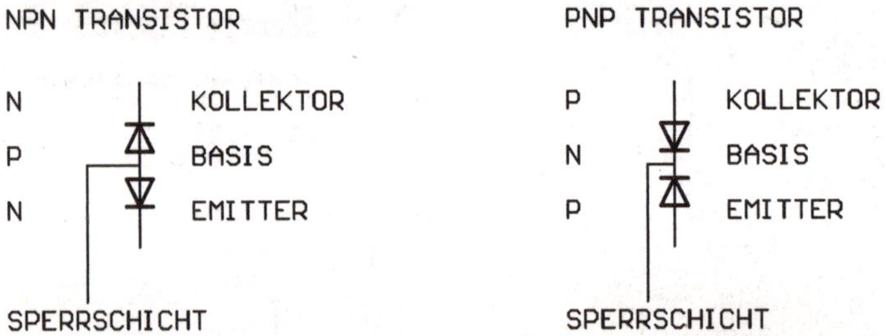


Abb. 1.4.3

wenig Geld als Bausatz vom Elektronikhandel zu kaufen. Mit dem im Bild gezeigten können Dioden und Transistoren geprüft werden und es zeigt auch durch Leuchtdioden an, ob der Transistor in Ordnung ist und ob es sich um eine PNP oder NPN Type handelt (Liefernachweis Conrad – Electronic).

Analoges oder digitales Messinstrument mit Messbereich KOhm

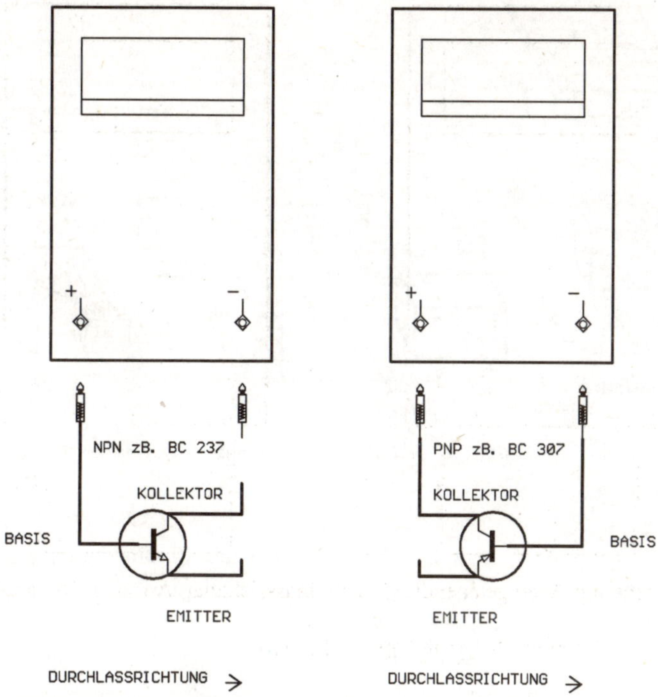


Abb. 1.4.4

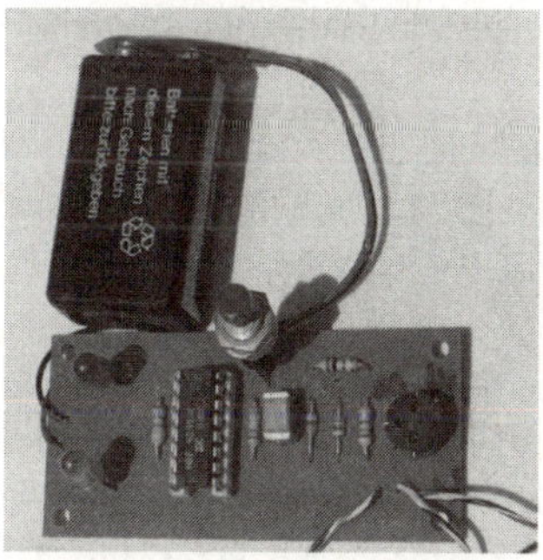

Abb. 1.4.5 Transistortester

## 1.5 Regelbare Spannungs- und Stromquelle

Um Messinstrumente und Ladeeinrichtungen zu eichen und abzugleichen benötigen wir zumindestens eine regelbare Spannungsquelle. Oft ist es sinnvoll, auch den Strom einstellbar vorzuwählen – dann können wir auch Ladestromanzeigen damit eichen und überprüfen und Akkus mit definierten Ladeströmen laden.

Wer nicht schon ein Labornetzgerät in seinem Fundus hat, oder wer Lust hat sich ein ener-

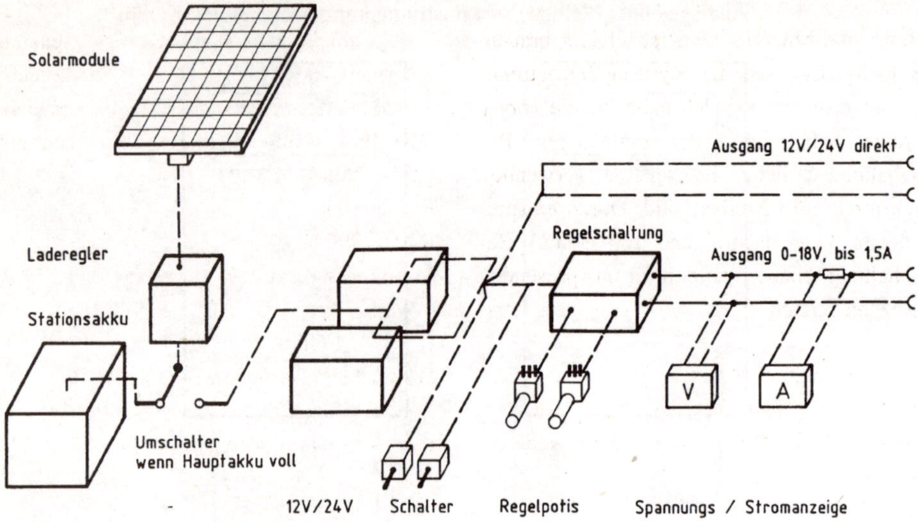


Abb. 1.5.1 Prinzipschaltbild

gieunabhängiges zu basteln, dem nachfolgend eine Bauanleitung mit einer einfachen Schaltung – mit einem Regel IC. Die Schaltung kann gut z.B. mit zwei 12 V Gelakkus in Reihe (24 V) betrieben werden. Natürlich geht es auch mit Trafo und Gleichrichter – wobei ich die Akkuvariante bevorzuge – da die Energie bei mir von Sonne und Wind kommt. Die weiteren Vorteile der Akkuvariante sind auch absolute Brummfreiheit z.B. bei dem Betrieb von Musikanlagen sowie die Unabhängigkeit von jeglicher Steckdose.

Meine Anforderung an diese Regelbare Spannungs-Stromquelle war es auch, einen Spannungsregelbereich in Richtung bis herunter zu 1,5 Volt zu erhalten.

Normalerweise ist es mit dem Regel-IC L 200 möglich, bis etwa 2-3 V abwärts zu regeln, da die Referenzspannung des IC 2-3 V positiv ist. Eine Möglichkeit wäre den Fusspunkt des IC um diesen Spannungsbetrag quasi ins Negative herunterzudrücken.

Hier für unsere Anwendung um minus 3 Volt.

Die negative Spannung wird üblicherweise bei Labornetzgeräten durch einen zusätzlichen Abgriff am Trafo bereitgestellt.

Der Einfachheit halber verwenden wir 2 Siliziumdioden, um die Ausgangsspannung auf ca. 1,5 V bis 1,6 V herunterzubringen.

Für die Spannungs- und Stromanzeige ist es sinnvoll, Digitalinstrumente zu verwenden, da es beim Eichen auch wirklich auf 1/10 Volt und Ampere ankommt. Im Elektronikhandel gibt's da sowohl Instrumente, deren Stromversorgung direkt an die zu messende Quelle angeschlossen werden können (weniger Schaltungsaufwand aber dafür teurer) oder andere, die eine extra Stromversorgung benötigen. Die mit der extra Stromversorgung sind sehr viel günstiger, leider braucht jedoch jedes Instrument seine eigene getrennte Stromversorgung. Ich habe für die vorgestellte Schaltung der einfacheren Beschaltung zuliebe, Instrumente verwendet, die direkt zu betreiben sind. Durch entsprechende (wie nachfolgend angegeben) Beschaltung erhalten wir den für uns passenden Anzeigebereich.

Zur Verwendung kommen:

IC 1 L 200 Spannungsregler

IC 2 L 7805 CV Spannungsregler für die Instrumentenversorgung

R1 47 Ohm

R2 750 Ohm

R3 Potentiometer 5 K lin. + Knopf

R4 22 Ohm für 20 mA Strombegrenzung

R5 4,7 Ohm für 90 mA Strombegrenzung

R6 0,8 Ohm für 380 mA Strombegrenzung

R7 0,45 Ohm für 680 mAStrombegrenzung

R8 0,3 Ohm für 1,2 A Alternativ: Drahtbrücke für 1,8 A Strombegrenzung

Alternativ zu R4 bis R8 Draht- Potentiometer 25 Ohm Messwiderstände als Widerstandsteiler für den Bereich 20 Volt, Toleranz mind. 0,5 % mind. ½Watt

R9 10 k

R10 990 K

Strommesswiderstand für den Bereich 2 A, 4 Watt

R11 0,1 Ohm

D1 Schottkydiode SB 530 bis 5 A

D2 Siliziumdiode, z.B. 1 N5400

D3,D4 Siliziumdiode, z.B. 1 N5400 um die Ausgangsspannung zu reduzieren

S1 Hauptschalter 1x EIN

S2 Umschalter 1xUM

S3 Umschalter 2 x UM

S4 Messumschalter 1x 5

B 2 Gelakkus 12 V 7 Ah

M1 Messinstrument für Spannung 0-20 V (durch Spannungsteiler)

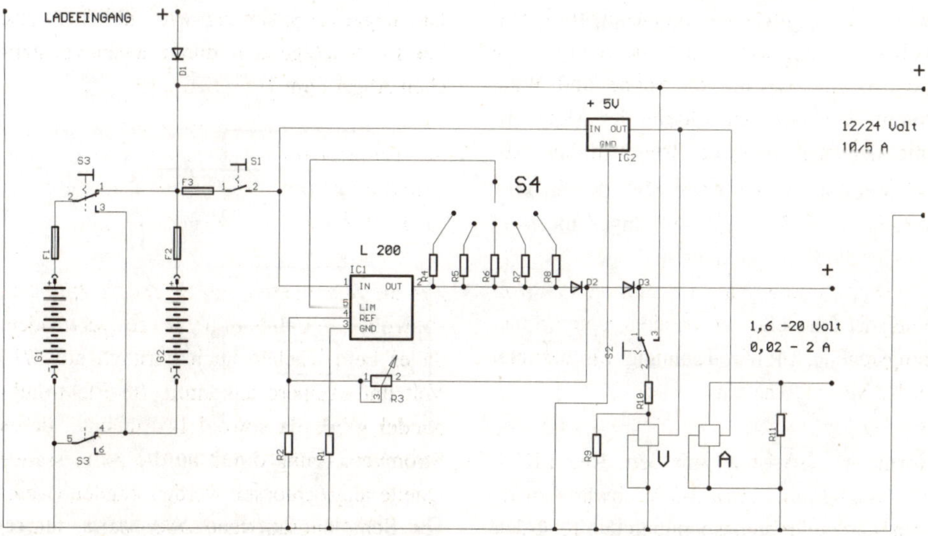


Abb. 1.5.2 Schaltplan Regelbare Strom- und Spannungsquelle

M2 Messinstrument für Strom 0-2 A (durch Shunt)
Si1,Si2 Sicherung 5 A
Si3 Sicherung 2 A

Wenn wir das digitale Einbaumessinstrument mit LCD – Anzeige kaufen, wird es mit den Grunddaten geliefert:

| | |
|---|---|
| Eingangswiderstand: | 100 MOhm |
| Messbereich: | 200 mV Endausschlag |
| Auflösung: | ca. 0,1 mV |

Für unsere Anwendung ist es damit noch nicht einsetzbar und muss zuerst entsprechend der Instrumentenbeschaltung des Herstellers konfiguriert werden.

Bei den Instrumenten für die Spannungsanzeige wird der Dezimalpunkt mit DP 2 durch Lötbrücken gewählt, die Auflösung beträgt damit 0,01 V.

Den Spannungsbereich für 0 –20 V erreichen wir durch den Spannungsteiler mit R9 und R 10.

Bei dem digitalen Messinstrument für die Stromanzeige wird der Dezimalpunkt mit DP 3 gewählt und zur Messung des Stromes an den Widerstand R 11 angeschlossen . Hierfür die Berechnungsgrundlage :

Nach der Formel:
U = R x I nach R umgewandelt

R = U / I
R = 0,2 V / 2 A = 0,1 Ohm

Der L 200 muss ausreichend gekühlt werden, am besten an der Gehäuserückseite mit einer Glimmerscheibe an einem Kühlkörper befestigt.

Alublech für Gehäuse:
Es gibt zwar wundervolle Gehäuse zu kaufen, aber meistens passen sie nicht so recht für unsere Anwendung, außerdem sind sie auch ganz schön teuer!

Die Gehäuseab-messungen werden am besten in Bezug auf die Akkuabmessungen gewählt . Für die von mir verwendeten Bleigel – Akkus, 12 V, 7 Ah, mit den Abmessungen: L = 15 cm, B = 6,5 cm und H = 9,5 cm. Die Gehäuseabmessungen sind, wenn die Akkus liegend eingebaut sind, ca. Tiefe 26,0 Breite 17,0 Höhe 9,0 cm. Gut zu bearbeiten und ausreichend stabil ist ein Alublech mit einer Dicke von 2-3 mm. Die Aussparungen und Bohrungen werden am besten vor dem Biegen (im Schraubstock) angebracht.

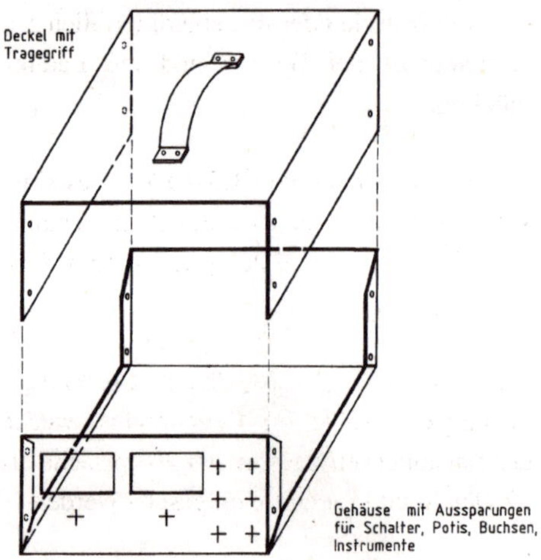


Abb. 1.5.3 Gehäuseabmessungen

Die Einheit – Regelbare Spannungs- Stromquelle – kann z.B. mit einem Laderegler an

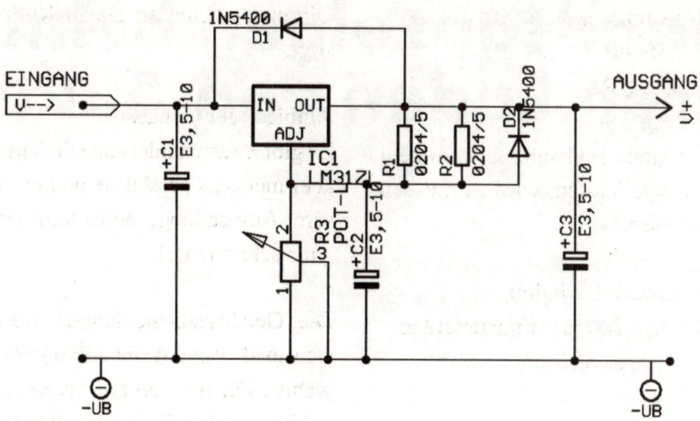


Abb. 1.5.4 Schaltplan Spannungsreglerschaltung

der Solar/Windanlage geladen werden, vorzugsweise dann, wenn die Stationsakkus voll sind. Entweder mit einem gekauften Solarladeregler oder auch entsprechend der Bastelvorschläge hier im Buch.

Auch im KFZ, Wohnmobil oder im Garten an der Autobatterie oder mit einem mobilen Solarmodul ist der Betrieb und die Ladung möglich.

Im Betriebsbereich von 1,5-10 V ist es sinnvoll, die beiden Akkus parallel zu schalten (weniger Wärme- und damit Leistungsverlust am Regler).

Das „Werkzeug“ Regelbare Spannungs-Stromquelle sollte im Regelmodus, wegen des Leistungsverlustes, in der Hauptsache als Abgleich- und Eichhilfe eingesetzt werden

Wem die Stromeinstellungs – Variante immer noch zu aufwendig erscheint oder weiß, diese nicht zu brauchen, dem sei hier noch eine Spannungsregler-Schaltung mit dem IC LM 317 gezeigt, die es als ähnlichen Schaltungsaufbau auch als Bausatz im Handel gibt (Liefernachweis, Conrad – Electronic).

Zur Verwendung kommen:

R 1 = Poti 5 K lin.

R 2 = 2,2 K

R 3 = 270 Ohm

C 1 = 10 uF 35 V

C 2 = 2,2 uF 35 V

C 3 = 4,7 uF 35 V

D 1 = 1 N 4148

D 2 = 1 N 4148

IC = Spannungsregler LM 317 T oder K

# 2 Zustandsanzeigen beim solaren Laden von Akkus

Das solare Laden von Akkus ist eine feine Sache, schön und gut – aber woher wissen wir – wieviel reingeladen wurde, ob der Akku voll ist? – oder nur halbvoll?

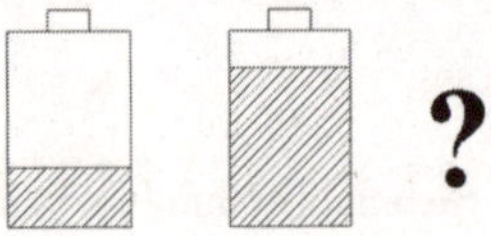

Abb. 2.1 Akkuzustand

Bei 230 V Netzbetriebenen Akkuladegeräten geht's oft nach Zeit, d.h. mit 1/10 der Akkuladekapazität und es gibt total aufwendige, ausgetüftelte Mess-und Überwachungsmethoden mit Mikrochips usw.

Beim direkten solaren Laden könnte dies auch realisiert werden, wir wollen jedoch die einfacheren, preiswerten und nachvollziehbaren Systeme nutzen. Da mal mehr und mal weniger Sonne scheint, sind Kontrollanzeigen nützlich und sinnvoll.

Folgende Kriterien und Überlegungen ergeben sich dabei:

- Die Zustandsanzeige der Akkus erfolgt grundsätslich unter Last d.h. der Akku wird entsprechend der angegebenen Kapazität – z.B.. in mAh – mit einem Verbraucher bzw. einem Widerstand belastet und gleichzeitig die Spannung gemessen. Die

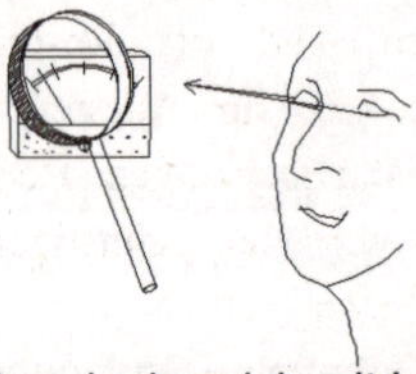

Abb. 2.2 Anzeigebereich mit Lupe?

meisten Batterieprüfgeräte messen nur die Spannung ohne Belastung.
- Der für uns interessante Anzeigebereich bewegt sich bei Spannungen von 1/10 Volt, also brauchen wir die Lupe oder... Eine andere Möglichkeit ist die Messung mit einem Digitalvoltmeter – muss aber nicht sein! eine andere, von mir bevorzugte Vorgehensweise ist die, preiswerte und optisch passende Messwerke (Analoginstrumente) entsprechend des benötigten Messbereiches umzugestalten.
- Oft genügt auch die Information Akku ist leer – gut – voll und es ist im Grunde unwichtig ob die Akkuzelle jetzt 1,25 oder 1,32 Volt hat.
- In der Regel werden Zeigerinstrumente für einen bestimmten Spannungs-oder -Strombereich konfektioniert, so z.B. 0-15 V , 0-30 V, 1-5 A usw. die sind dann aber auch nicht ganz billig
- Bei 12 Volt-Solaranlagen ist der Bereich von 9,5 – 16 V von besonderem Interesse, da spielt die Musik d.h. bei einem Instrument von 0 – 15 V werden mehr als die Hälfte des Anzeigeweges verschenkt

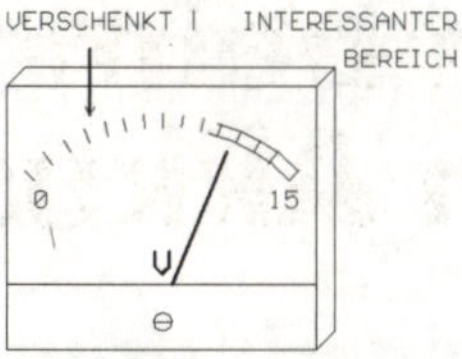


Abb. 2.3 Anzeigebereich

- Desweiteren sind oft Restposteninstrumente wie z.B. für Aussteuerungsanzeigen,Wasserstandsanzeigen, Belichtungsanzeigen, usw. viel günstiger als die konfektionierten
- Die Eckdaten der Instumente werden in der jeweiligen Empfindlichkeit,
- meist in uA, mA und mit dem entsprechenden Innenwiderstand angegeben

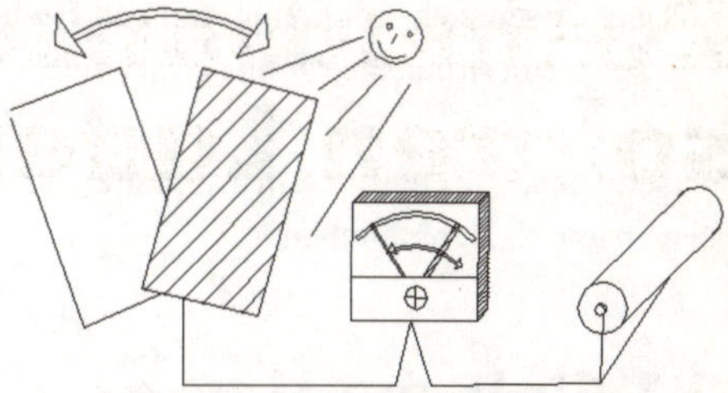

Abb. 2.4 Ladestromanzeige

- Ebenso verhält es sich mit dem Ladestrom. Beim Sonnenladen ist in der Regel von Interesse – ist das Paneel optimal zur Sonne ausgerichtet, d.h. schlägt der Zeiger mehr oder weniger aus. Quasi als Zusatzinfo können wir dann noch ablesen ob der Akku mit 50 mA oder 100 mA geladen wird und ob der Ladevorgang überhaupt funktioniert!

Abb. 2.5 Foto Zeigerinstrumente

2

- Daher lassen sich mit wenig Aufwand die Restposteninstrumente für uns prima nutzen!

Verschiedene Zeigermessinstrumente und ausgebaute Skalenblättchen.

## 2.1 Einfache Umgestaltung von Zeigerinstrumenten

Was wir brauchen:

Analoge Messinstrumente, Widerstände und Zenerdiode, eine regelbare Spannungsquelle und ein Digitalmultimeter, um die neue Anzeige zu eichen.

Spannungsanzeige:

Die Z-Diode liegt in Reihe zum Messinstrument. Ein Strom fließt erst wenn die Zenerspannung (Spannung der Zenerdiode) überschritten wird. Da gegen Ende der Ladung die Akkuspannung nur noch geringfügig ansteigt, ist z.B. bei einer 12 -V Anlage der Bereich von 10 – 14 V von besonderem Interesse, also wählen wir bei einer 12 V Anlage eine Z-Diode von z.B. 9,1 V d.h. ZPD 9,1.

Der „Nullpunkt„ des Messinstrumentes liegt somit bei einer Spannung von ca. 9,5 V. Mit einem Vorwiderständ oder Trimmpoti erreichen wir die Anpassung an das jeweilige Instrument.

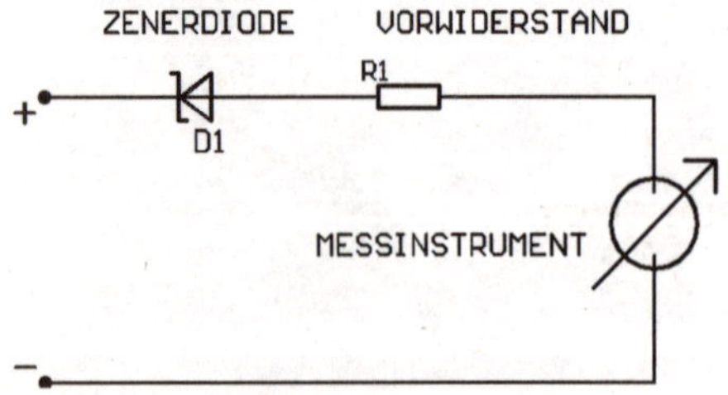


Abb. 2.1.1 Prinzipschaltbild

## 2.2 Zeigerinstrumente eichen

Beispiel für eine 12 V Lade- und Vorratsanzeige

1. Trimmpoti P 1 und P 2 ganz zum Punkt „x“ drehen.
2. Anstatt Akku, regelbare Spannungsquelle (siehe auch Bauanleitung im Buch) anschließen und auf 10,5 V einstellen.
3. P 2 langsam Richtung „y“ drehen, bis der Zeiger des Instrumentes sich im ersten linken Drittel befindet.
4. Regelbare Spannungsquelle auf 16,5 V einstellen und mit P 1 Richtung „y“ drehen bis der Zeiger sich kurz vor dem Maximalanschlag befindet.
5. Dann nochmals nachjustieren wie 2. + 3.
6. Evtl. nochmals wie 4. nachjustieren
7. Mit regelbarer Spannungsquelle versch. Zwischenwerte einstellen, wie z.B. 12,2 V – 12,5 V – 13,8 V und Zwischenwerte auf vorhandener Skala ablesen und damit neue Skala erstellen
8. Natürlich lässt sich die Skala auch in Prozent Akkuladezustand eichen, wobei darauf zu achten ist, ob die Akkuspannung unter Last gemessen werden soll.

Das Gehäuse des Instrumentes lässt sich in der Regel auseinandernehmen, Vorsicht beim Zeigerchen! Die angefertigte, neue Skala mit einem Kleber wie z.B. Fixo-gumm fixieren und einkleben.

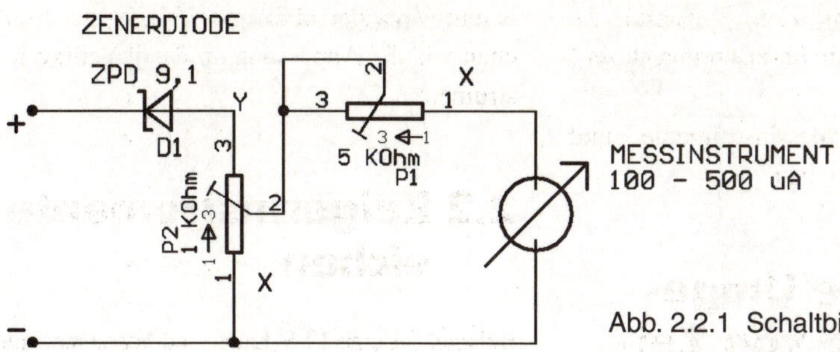


Abb. 2.2.1 Schaltbild

Oben vorhandene, unten neue Skala.

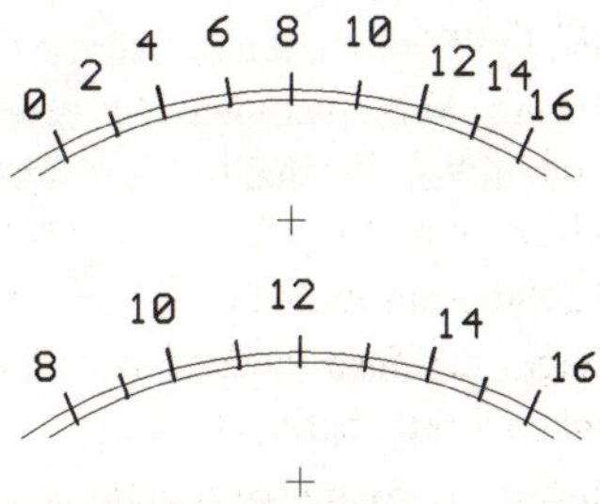


Abb. 2.2.2: Skalendarstellung

Soll der Ladezustand von nur einer Akkuzelle (1,2 oder 1,5 V) erfasst werden, reichen normalerweise 2 – 3 Siliziumdioden in Reihe „vor“ dem Instrument. Bei einem NiCd Akku spielt sich alles – ob voll oder halbvoll – zwischen 1,1 V und 1,4 V ab, also ist es gut, die ganze Skala für diesen Bereich zu nutzen!

## 2.3 Ladestromanzeige, Beschaltung und Skala

Das Prinzip zeigt die Zeichnung. Ein Teil des Stromes fließt über den sog. Shuntwiderstand am Instrument vorbei, d.h. das Instrument misst eigentlich die Spannungsdifferenz am Widerstand.

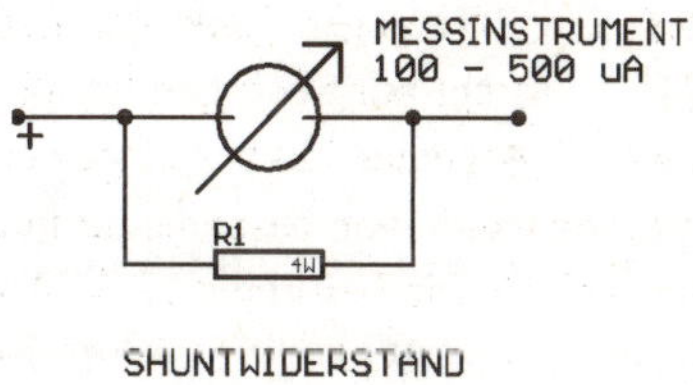


Abb. 2.3.1 Prinzipschaltbild

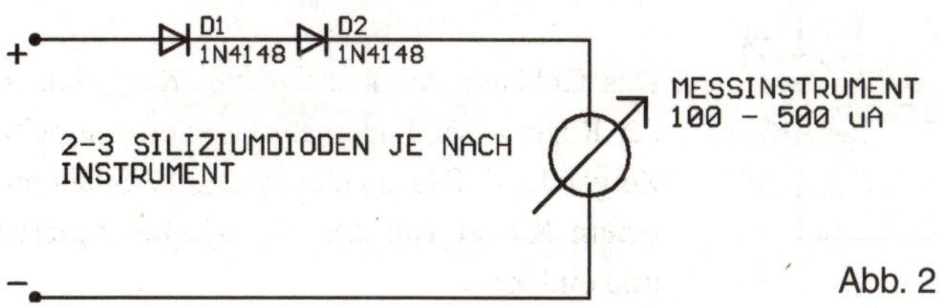


Abb. 2.2.3 Anzeige für 0,9 V – 1,5 V

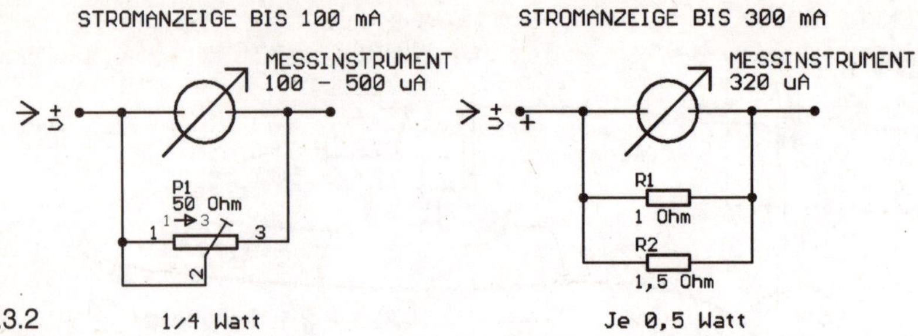


Abb. 2.3.2

Konkret: Anzeige für 100 mA und 300 mA Ladestrom.

Schaltbilder:
Durch Parallel – oder Reihenschaltung der Widerstände erhalten wir den exakten Widerstandswert oder wir verwenden einen Trimmpotentiometer. Auf jeden Fall muß der Widerstand für die Strombelastung ausreichend bemessen sein. Spannung mal Strom = Watt des Widerstandes. Beispiel: 13 V x 0,3 A = 0,39 W d.h. es ist ein Widerstand von ½ Watt erforderlich.

Berechnung bei Parallelschaltung von zwei oder mehreren Widerständen:
Rges = 1/ (1/ R1) + (1/ R2) + (1/ Rn)

**Strom-Durchflussanzeige mit Leuchtdiode**

Wenn es auf die Spannungsdifferenz zwischen Eingangs- und Ausgangsspannung von 1 – 2 V nicht ankommt, eignet sich die folgende Schaltung als Kontrollanzeige dafür, ob überhaupt Ladestrom fließt.

Bei einer Siliziumdiode fällt 0,5 bis 0,9 V (Schwellenspannung) je nach Typ, Temperatur und Durchlasstrom ab. D.h. wir haben eine Spannungsdifferenz ähnlich wie beim Widerstand. Je nach Anzahl der Dioden erhalten wir so eine Spannung, die zur Versorgung einer Leuchtdiode ausreicht.

Eine rote LED leuchtet schon schwach bei 1,4 V. Eine gelbe oder grüne LED ab 1,8 V. So ist es möglich, eine Ladestromanzeige oder eine Verbrauchsanzeige entsprechend folgendem Prinzipschaltbild anzufertigen:

Schaltbild:

LED = Leuchtdiode

D 1 – D 3 Dioden entsprechend des zu erwartenden Stromflusses. Beispiel: Siliziumdiode P 600 für bis zu 6 A.

Die Schaltung ist geeignet für einen Stromfluss von 20 mA (Leuchtdiodenstrom ) mit entsprechenden Dioden bis weit über 10 A. Bei höheren Strömen reichen zwei Dioden.

Große Ströme lassen sich einfach am Kabel messen, wie in Abb. 2.3.4 dargestellt, da der Leiter (das Kabel) im Prinzip auch einen Widerstand hat bzw. ist. Beispiel: Kabel, 1m lang, Querschnitt 2,5 mm² = 0,0072 Ohm *100 A

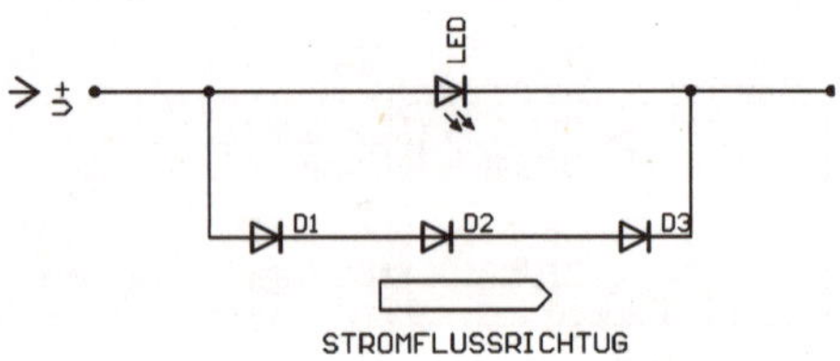


Abb. 2.3.3 Strom-Durchflussanzeige mit Leuchtdiode

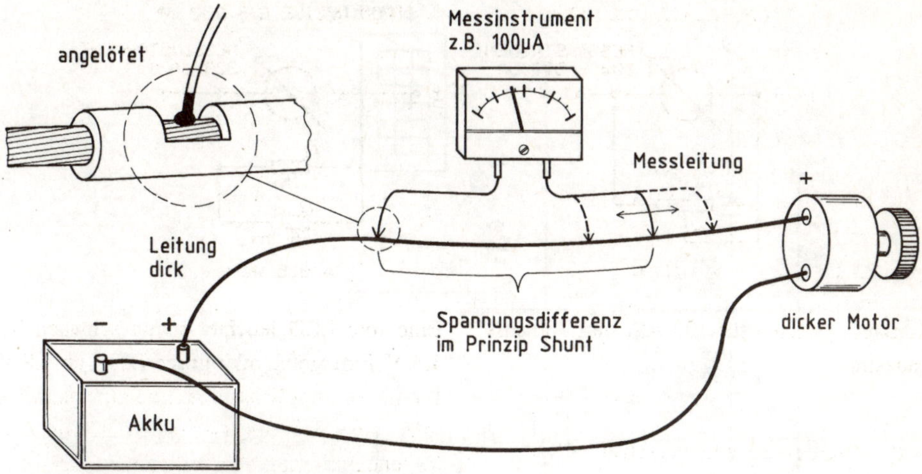


Abb. 2.3.4 Messung großer Ströme am Kabel

= 0,72 V Spannungsdifferenz. Je nach Empfindlichkeit des Instrumentes wählen wir die Kabellänge. Weiter im Beispiel: Instrument 100 uA, Innenwiderstand 1000 Ohm = Vollausschlag bei 0,1 V ergibt ca. 14 cm Kabel.

Weitere Kabelwiderstände: 4 mm² = 0,0045 Ohm; 6 mm² = 0,003 : 10 mm² = 0,0018; 25 mm² = 0,00072 Ohm.

Die Skala des Instruments wird mit einem Multimeter geeicht. Oft kann die vorhandene Skaleneinteilung weiter verwendet werden, da die Anzeige weiterhin linear ist.

Sehr schön ist auch die Skalenbeschriftung mit sog. Abreibebuchstaben zu realisieren. Die

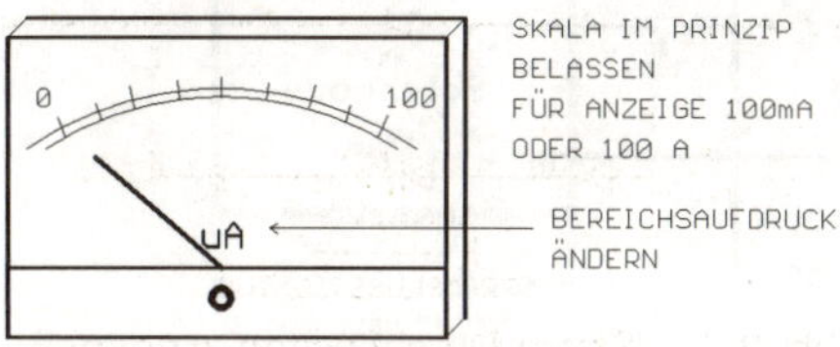


Abb. 2.3.5 Skalenbeschriftung

Bögen mit entsprechenden Zahlen und Buchstabengrössen gibt es in guten Schreibwarenhandlungen. Die Zahlen werden mit einem weichen Bleistift auf die Skala aufgerieben.

## 2.4 Anzeige von Strom und Spannung mit einem Instrument

Mit einem zweiebenen Umschalter (2 x UM) können wir aus Kosten- oder Platzgründen Strom und Spannung mit einem Instrument messen. Dies hat außerdem den Vorteil, dass die Spannungsanzeige bei Stellung Strom ausgeschaltet ist. Die Spannungsanzeige verbraucht zwar wenig Energie – das ist aber alles eine Frage der Zeit!

| | |
|---|---|
| D 1: | Schottkydiode, z.B. SB 130 |
| Trimmpoti: | R1+R2 1K-5K |
| Z: | ZD 9,1 |
| R3: | 1 Ohm |
| R4: | 1,5 Ohm |

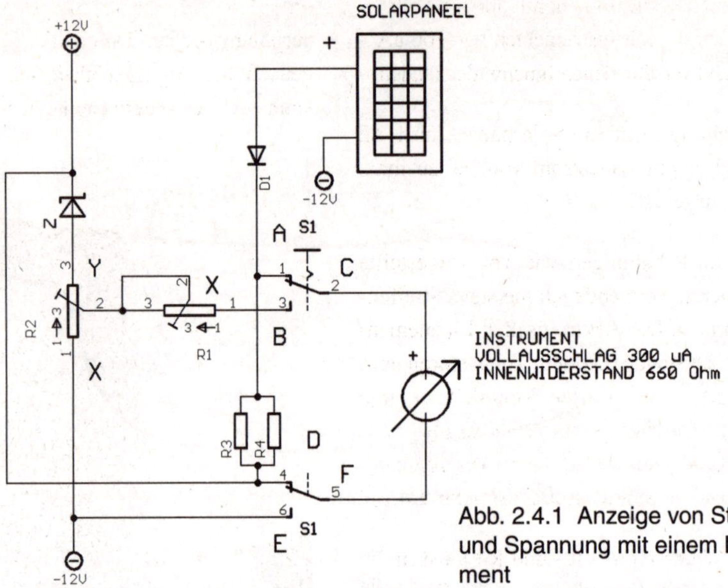


Abb. 2.4.1 Anzeige von Strom und Spannung mit einem Instrument

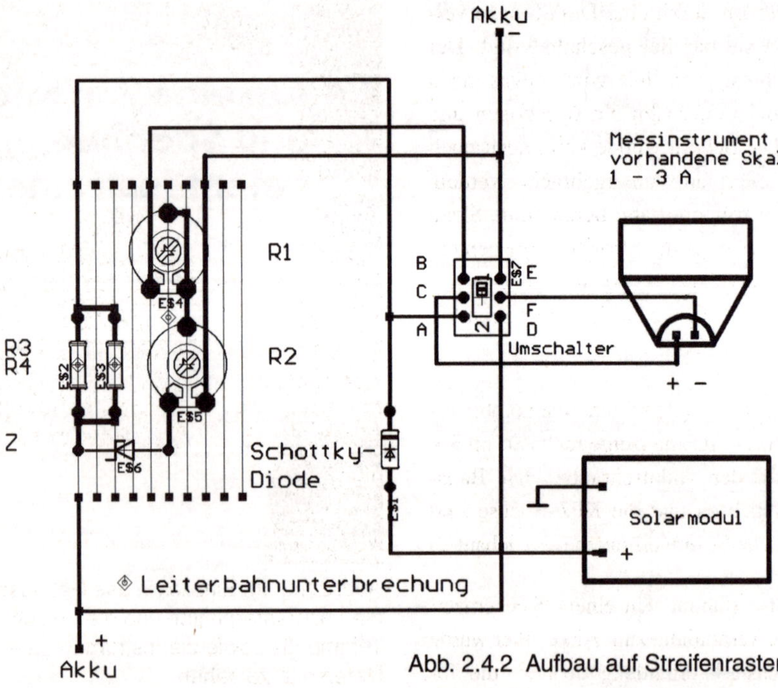


Abb. 2.4.2 Aufbau auf Streifenrasterplatine

Angabe für Messinstrument mit 300 uA Vollausschlag. Getestet mit Instrumenten von 100 uA – 300 uA und verschiedenen Innenwiderständen.

Die Schaltung ist für ein Solarpaneel mit 1 – 2 Watt und einem Ladestrom von bis zu max. 500mA ausgelegt.

Um solche Schaltungen wie vor vorgestellte zu realisieren, verwende ich meistens Streifenrasterplatinen. Die elektronischen Bauelemente wie Widerstände, Dioden, Transistoren usw. passen in die gerasterten Leiterbahnen und brauchen nur noch verlötet zu werden. Als Beispiel und zum Aufbau der Anzeigeschaltung nachfolgend die Zeichnung (Abb. 2.4.2).

Bei den Widerständen R3 und R4 müssen die Leiterbahnen unterbrochen werden. Dies geht am besten mit einem 3 – 4 mm Bohrer. R3 und R4 werden durch eine Drahtbrücke verbunden, da sie parallel geschaltet sind. Der Mittelanschluss von R1 wird etwas nach rechts in die Leiterbahn Nr. 6 gebogen und gesteckt. Die Schottkydiode kann auch noch auf der Leiterplatte untergebracht werden. Das Messinstrument hatte bereits eine Skala von 1 – 3 A, die für die Stromanzeige genutzt werden kann (hier 1 – 300 mA Ladestrom). Nur für die Spannungsanzeige muss die Skala neu erstellt werden.

Die Fotos (Abb. 2.4.3) zeigen eine kombinierte Spannungs – Stromanzeige realisiert im Solarkoffer für den Akkuschrauber. Die Bananensteckerbuchsen und die KFZ-Buchse sind für zusätzliche Stromverbraucher eingebaut.

Das Gehäuse stammt von einem Steckernetzteil. Für die Verbindung zum Akkuhalter wurde eine Chinchsteckverbindung benutzt, die für die relativ kleinen Ströme gut geeignet ist, da verpolungssicher. Durch die Steckverbindungen ist die Anzeigeeinheit sehr variabel und kann auch für andere Geräte benutzt werden.

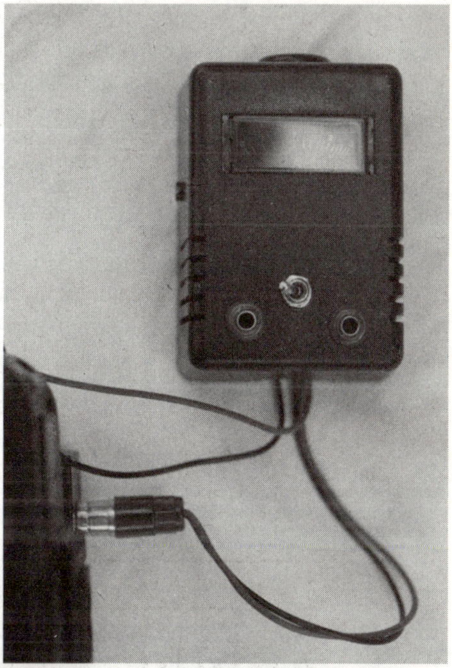

Abb. 2.4.3 Im Einblick in das Gehäuse sind die Lochrasterplatine und die beiden Trimmpotis sowie die Instrumenten – Unterseite zu sehen

## 2.5 Belastungswiderstand für große Ströme

Wollen wir Ströme ab mehreren Ampere messen, so ist es günstig, diese mit einem definierten Belastungswiderstand abzugleichen. Eine Anordnung mit mehren KFZ – Biluxbirnen bei denen z.B. ein Glühfaden durchgebrannt ist – und die im KFZ nicht mehr verwendet werden können – hilft dabei sehr.

Die Autobirnen werden auf einen stabilen Winkel montiert, indem je nach Anzahl Bohrungen im Winkelblech, entsprechend des unteren Durchmessers des Lampensockels, angebracht werden. Die Leuchten können dann einfach mit Zwei-Komponenten-Kleber befestigt werden.

Des weiteren wird der Winkel mit Bananensteckerbuchsen ausgestattet und so verschaltet, dass entweder eine, zwei, drei oder vier Lampen durch Umstecken angeschlossen werden können. Damit haben wir einen variablen Belastungswiderstand.

Die Verschaltung der Birnen und Buchsen habe ich so gemacht, dass die einzelnen Birnen durch kräftige Dioden verbunden sind – somit ist es durch einfaches Umstecken möglich – eine, zwei oder ...... Birnen zu wählen und damit den Belastungswiderstand in diesen Schritten zu erhöhen.

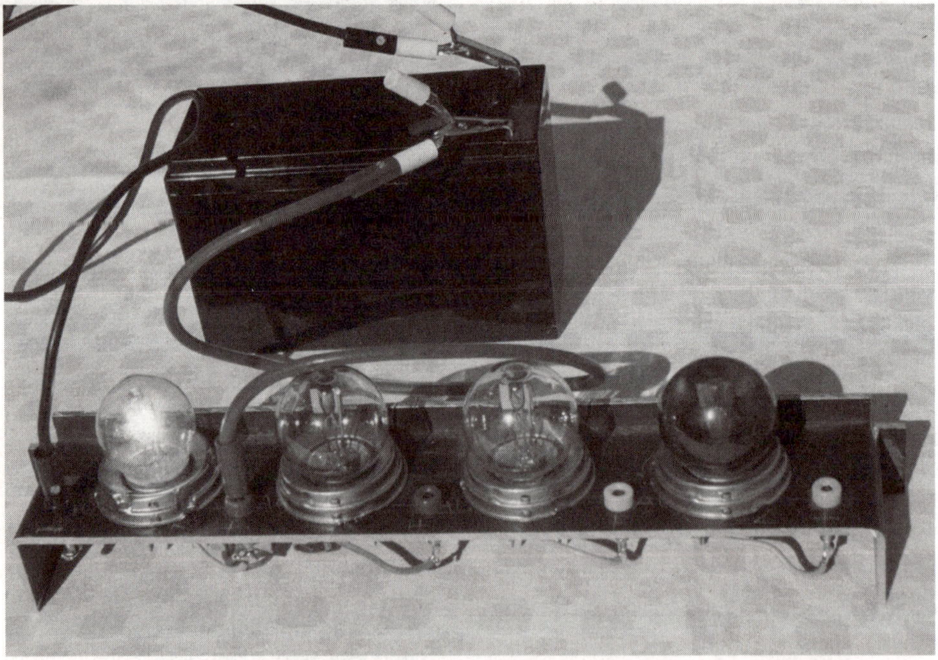

Abb. 2.5.1: Aufbau Belastung Widerstand

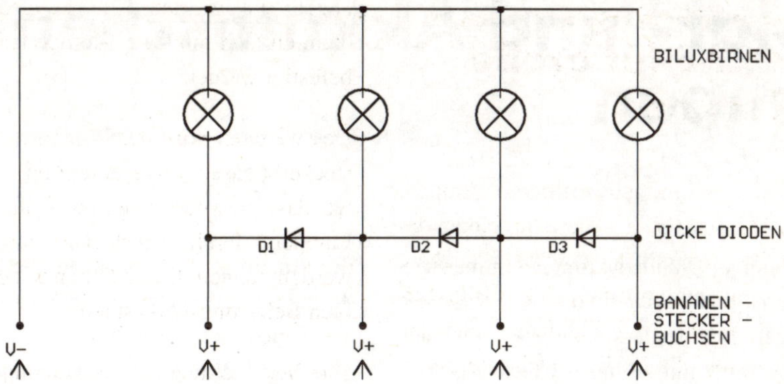


Abb. 2.5.2: Schaltbild Belastungswiderstand

## 2.6 Kapazitätsprüfeinrichtung für große Akkus

Mit Hilfe des Belastungswiderstandes einer Autouhr oder eines Betriebsstundenzählers und einer Unterspannungsabschaltung (siehe Kapitel Extras) können wir auf einfachste Weise die zur Verfügung stehende Kapazität des Akkus ermitteln.

Je nach zu prüfender Belastung wählen wir die Anzahl der Birnen, schließen das Ganze an den Akku an – schauen auf die Uhr – und los geht's. Die Unterspannungsabschaltung trennt dann Akku und Uhr bei Erreichen der Unterspannung, z.B. bei 10,8 V, wir lesen die Zeit ab und können anhand der Zeit und des Belastungswiderstandes die aus dem Akku verfügbare Kapazität berechnen. Beispiel:

3 h mit 90 W = 270 Wattstunden (Wh )/ Akkuspannung z.B. 12 V ergibt 22,5 Ah Akkukapazität.

Spannend ist es dann auch festzustellen, welche Kapazität der Akku bei welcher Belastung hat. Prinzip:

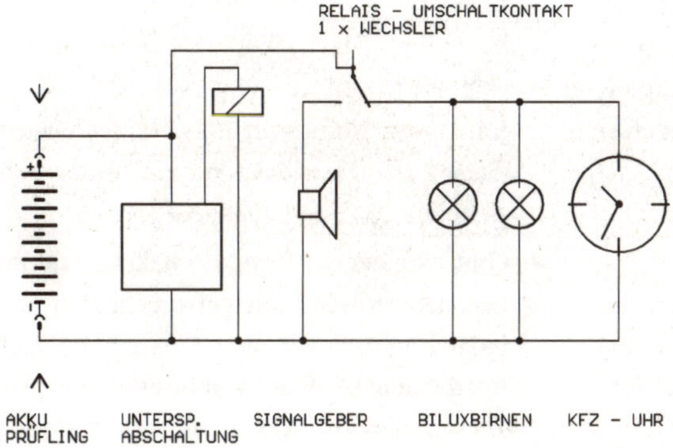


Abb. 2.6.1: Prinzipschaltbild Kapazitätsprüfeinrichtung

# 3 Solar- und Akkutaschenlampen

Es gibt einige Gründe warum ich immer wieder alle möglichen Arten von Taschenlampen konstruiere und bastle. Ich liebe es, unabhängiges Licht bei mir zu haben. Viele Taschenlampen liegen nutzlos herum, sei es, weil die Batterien leer sind oder das Batterieformat nicht mehr passt. Ein weiterer Grund ist der, dass ich die bewegungsaktiven Außenleuchten hasse – ich gehe irgendwo vorbei und klack das Licht geht an.

Wenn die Leute wüssten, wieviel Energie für diese wachsame Bereitschaft dahintröpfelt – so gut 60 – 100 KWh pro Jahr!

Da gibt's doch so schöne, pfiffige Taschenlämpchen, die tagsüber in der Sonne liegen – und nachts – satt vor Energie – ein wenig Licht auf unseren Weg bringen.Und vor allem – das Licht ist genau dort, wo ich es brauche!

Auch beim Basteln! sonst musst du die Kabeltrommel suchen, wo ist die Steckdose? durchs Fenster oje und die Birne ist kaputt. Da schnapp ich mir doch meine 6 V Powertaschenlampe – und schon geht's los ruck – zuck und die Sonne lacht noch in der Nacht.

Für mich wichtig ist, nachladbar sollten die Taschenlampen sein. Entweder direkt mit einem Minisolarmodul oder mit einer Steckverbindung zu einem anderen Energiesystem.

Im Prinzip geht das bei allen Taschenlampenformen. Für den Umbau zur Solartaschenlampe eignen sich flache Formen besonders gut wie z.B. die Blocktaschenlampe und der Handscheinwerfer. Stabtaschenlampen eignen sich eher für die Variante mit Steckverbindung.

## 3.1 Solartaschenlampe mit Direktladeeinrichtung vom Minimodul

Zuerst ist es gut, folgende Punkte abzuprüfen:

1. Hat die Taschenlampe ebene Flächen zur Montage des Minimoduls?
2. Wie groß ist die Fläche, d.h. welche Anzahl von Minimodulen können montiert werden –danach richtet sich die Akkuspannung
3. Sind gute Voraussetzungen am Gehäuse da, um die Taschenlampe zur Sonne aufzustellen bzw. aufzuhängen
4. Gibt es günstige Restpostenakkus, die ins Gehäuse passen mit entsprechender Kapazität und Spannung? Gut eignen sich Restpostenakkus mit Lötanschlüssen. Ansonsten normale Akkus mit Akkuhaltern.

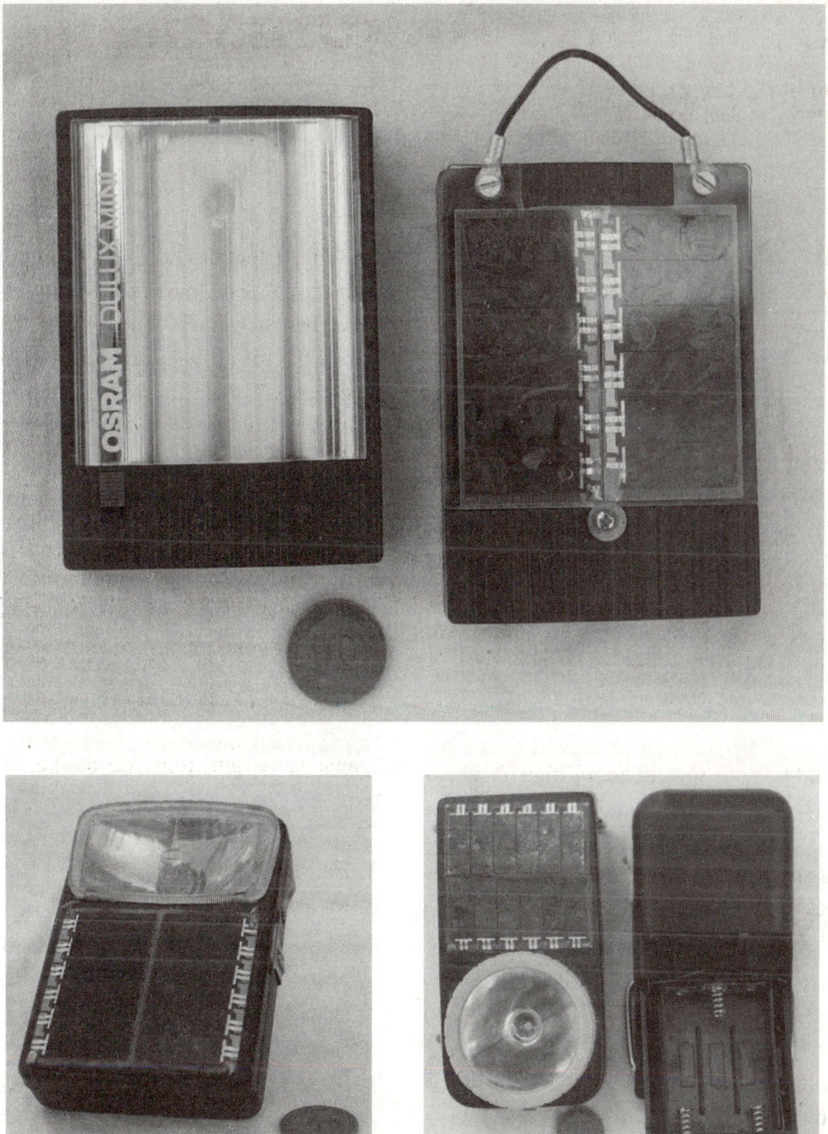


Abb. 3.1.1 Umbau zu Solartaschenlampen

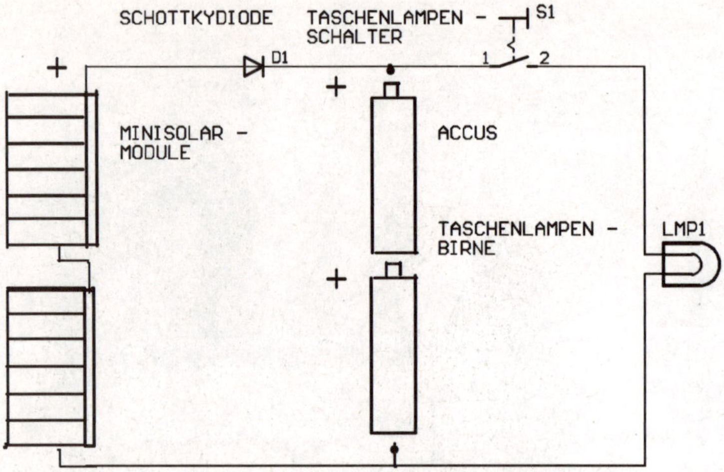


Abb. 3.1.2 Das Prinzip der Beschaltung ist einfach: Minisolarmodul, Schottkydiode und Akkus

Bei der Verwendung von 2 Minimodulen – entsprechend der Bauanleitung von Kapitel „Anfertigen von Solar- Minimodulen" sind 2-3 Akkus der Größe Mignon gut geeignet. die Kapazität der Akkus sollte für Dauerladung mindestens 500 mA sein. Bei dieser Dimensionierung kann man eine weitere Überwachung der Akkus getrost vergessen. Bei höheren Kapazitäten verlängert sich die Ladedauer dementsprechend.

Ganz besonders geeignete Akkus für die oben aufgeführten Taschenlampen sind nachladbare Alkali – Mangan Batterien. Einzelheiten hierzu im Kapitel „Ladegeräte"

## 3.2 Akkutaschenlampen mit Ladeschluss

Im Prinzip kann jede Batterietaschenlampe zur Akkulampe werden, indem die Batterien durch Akkus ersetzt werden. Komfortabler ist es jedoch, wenn die Akkus nicht mehr jedes Mal gewechselt werden müssen und die Taschenlampe einfach eingesteckt wird.

Der Handscheinwerfer rechts im Bild war mit einer sog. Laternentrockenbatterie (6 V) ausgestattet. Diese Form gibt es nicht als Akku. Aber wie der Zufall wollte, gab es einen Restpostenbleigelakku mit 6 V , 4 Ah für unter 10 DM, der ganz prima reingepasst hat. Die Leuchte ist mit einer integrierten Ladeschaltung ausgestattet und kann in einer 12 V – Zigarettensteckdose eingesteckt und aufgeladen werden.

Der andere Handscheinwerfer war mit 6 Monozellen bestückt – diese sind als Akku sehr teuer. Also wurde hier ebenfalls der 6 V , 4 Ah Akku reingebastelt und das Lämpchen gegen eine bewährte 6 V Fahrradbirne getauscht.

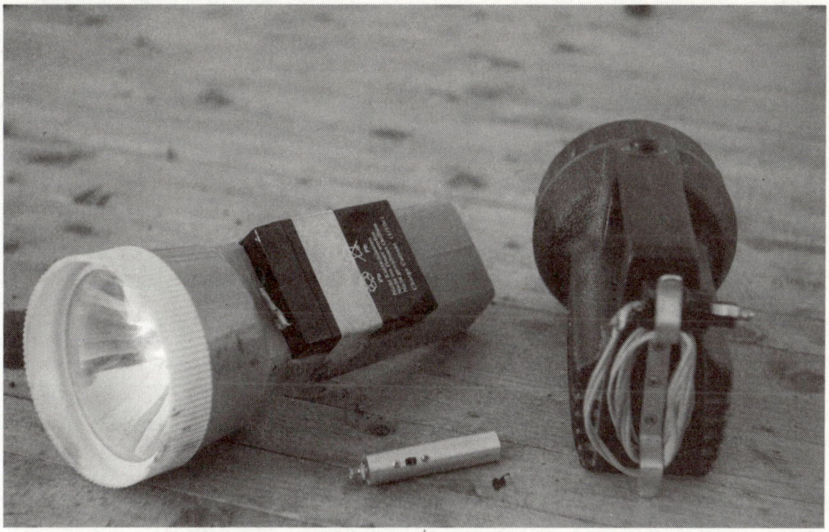

Abb. 3.2.1 Akkutaschenlampe mit Ladeanschluss

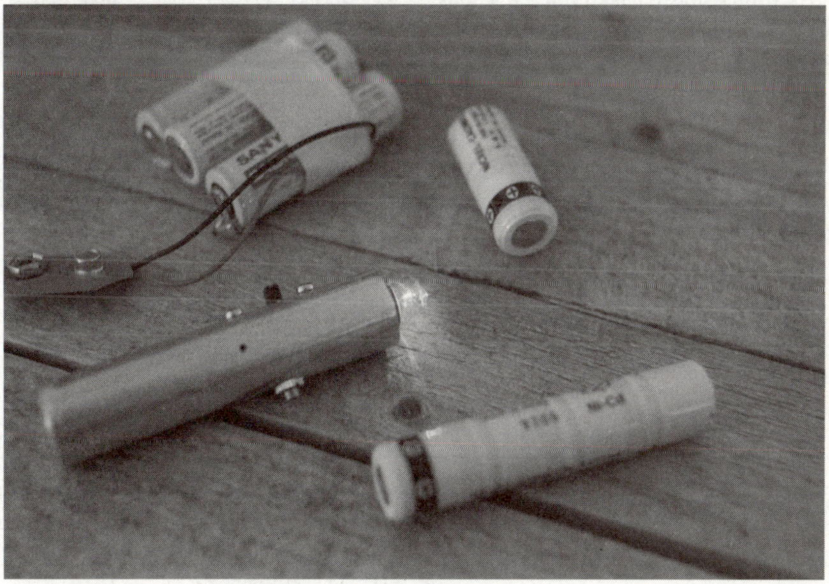

Abb. 3.2.2 Akkutaschenlampe und Restpostenakkus

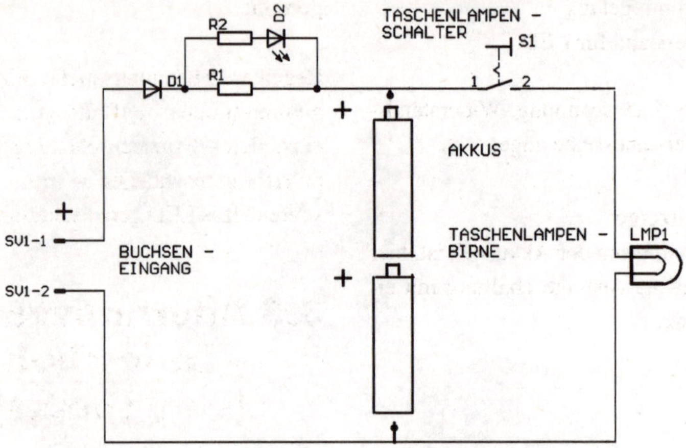


Abb. 3.2.3 Prinzip mit integrierter Ladeüberwachung

Das kleine Lämpchen unten im Bild besteht aus einem Minirestpostenakku mit 2,4 V, das Ganze in eine Aluhülle reingebastelt und mit Birnchen, Schalter und Ladebuchsen versehen – eine echte Taschen – Lampe!

Entscheiden sollten wir uns hierbei, ob die Ladeüberwachung gleich mit in das Taschenlampengehäuse integriert wird oder die Ladeelektronik außerhalb ist.

Teile und Dimensionierungen:
D 1 = BAT 43 bis zu einem maximalen Ladestrom von 100 mA , sonst z.B. SB 130 (bis 1 A)

Durch die Diode wird Falschpolung vermieden und es ist auch, ausser an einem 12V Akku, der direkte Anschluss eines Solarmodules möglich.

| Anzahl Akku-zellen | Spannung Volt | R 1 in Ohm Ladestrom 20 mA | R 1 in Ohm Ladestrom 50-60 mA | R 1 in Ohm Ladestrom 100-120 mA | R 2 in Ohm Vorwiderst. LED, 10 mA |
|---|---|---|---|---|---|
| 1 | 1,2 | 470 | 180 | 82 | 820 |
| 2 | 2,4 | 390 | 150 | 82 | 680 |
| 3 | 3,6 | 330 | 120 | 68 | 560 |
| 4 | 4,8 | 270 | 120 | 56 | 470 |
| 5 | 6,0 | 220 | 82 | 39 | 390 |
| 6 | 7,2 | 150 | 56 | 27 | 270 |
| 7 | 8,4 | 82 | 33 | 15 | 220 |

D 2 = LED
R 1 = Ladestromregelung
R 2 = Vorwiderstand für LED

Werte für 12 V Ladespannung. Widerstandswerte der Widerstandsreihe angepasst.

**Akku Voll-Anzeige**
Um zu erkennen, wann der Akku voll ist, hier noch eine einfache Anzeigeschaltung mit einer Leuchtdiode:

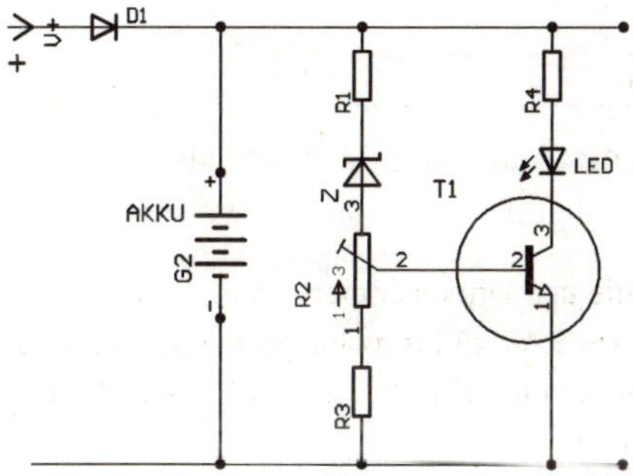


Abb. 3.2.4 Akku Voll-Anzeige

Teile und Dimensionierungen:
R 1 = 0,5 – 1 KOhm
R 2 = Trimmpoti 10 KOhm
R 3 = 0,5 – 1 KOhm
R 4 = je nach Akkuspannung: V Akku –2,4 V / 0,01

T = Transistor, z.B. BC 237 B
Z = Zenerdiode: ca. 2 Volt unter dem Spannungswert der Akkus. Beispiel: bei einer Akkuspannung von 7,2 Volt wird eine ZD 5,6 verwendet.

Mit dem Trimmpoti R 2 und einer regelbaren Spannungsquelle sowie einem Digitalmultimeter wird die Anzeigeschaltung wie folgt geeicht:

Regelbare Spannungsquelle mit Hilfe des Digitalmultimeters auf die Akkuendspannung einstellen – Anzeigeschaltung ohne Akkus polrichtig anschließen – Trimmpoti so einjustieren, dass LED gerade anfängt zu leuchten.

## 3.3 Alternativvariante – Ladeschaltung (very simple)

Anstatt des Vorwiderstandes verwenden wir ein Birnchen, welches den Ladestrom begrenzt und gleichzeitig als Ladeanzeige fungiert. Siehe auch Ladestrombegrenzung im Kapitel: Solare Ladeverfahren.

Diese Variante eignet sich besonders gut für Ladung von Akku zu Akku, mit großer Kapazität, z.B. Motorradakkus oder Bleigelakkus, da der Ladestrom schon fast in den Amperebereich geht und ein Widerstand ziemlich heiß werden würde.

Da Glühbirnen meist in Watt ( W ) angegeben sind, berechnen wir den Ladestrom mit der Formel: I = W : V
I = Ladestrom
W = Leistung der Glühbirne in Watt
V = Akkuspannung in Volt
Beispiel: Akku 12 V, 7 Ah; Birne 5 W : 12 V = 0,416 A Ladestrom bzw. 416 mA.

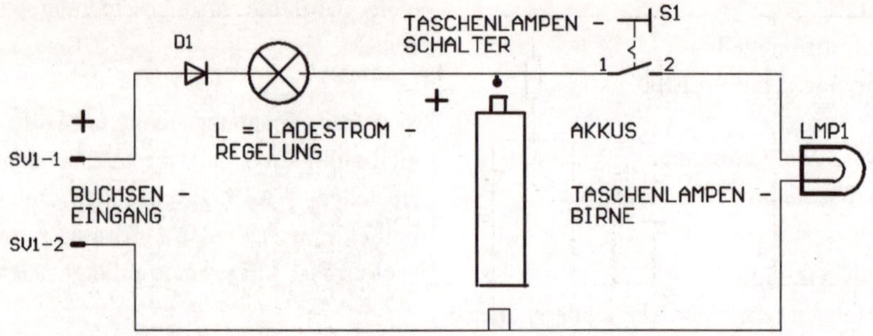


Abb. 3.3.1 Prinzipschaltbild: Ladeschaltung very simple

## 3.4 Taschenlampen-dimmer

Zu guter Letzt in diesem Kapitel noch ein Bonbon – ein – nein – sogar zwei Taschenlampendimmer!

Ein Dimmer ist deshalb nützlich und sinnvoll, da er erstens die Betriebszeiten des Akkus und zweitens die des Lämpchens erhöht. Außerdem wird ganz oft die volle Leuchtkraft der Taschenlampe eigentlich gar nicht gebraucht, im Gegenteil – manchmal ist es sogar störend wenn die Taschenlampe zu hell ist. Man denke nur an die Situation – nachts im Zelt – wenn die Mitschläferinnen nicht gestört werden sollen!

In einem alten Elektorheft von 1975 hatte ich folgende Schaltung entdeckt. Sie ist problemlos und kostengünstig mit Bastelkistenteilen nachzubauen und funktioniert klasse!

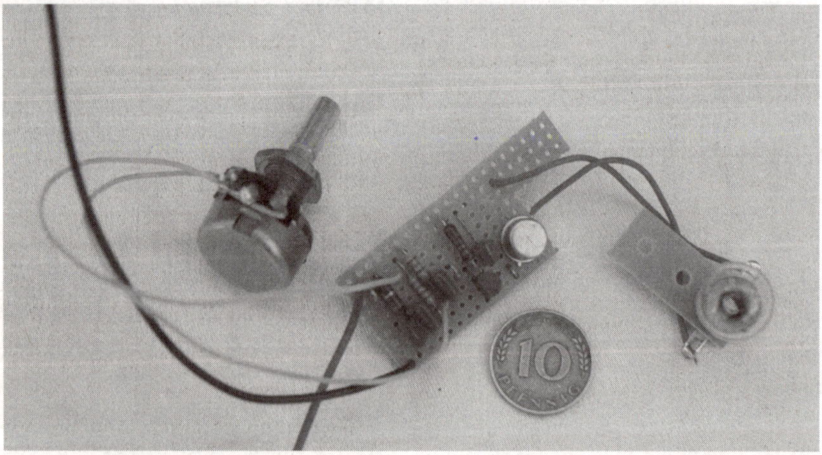

Abb. 3.4.1 Taschenlampendimmer

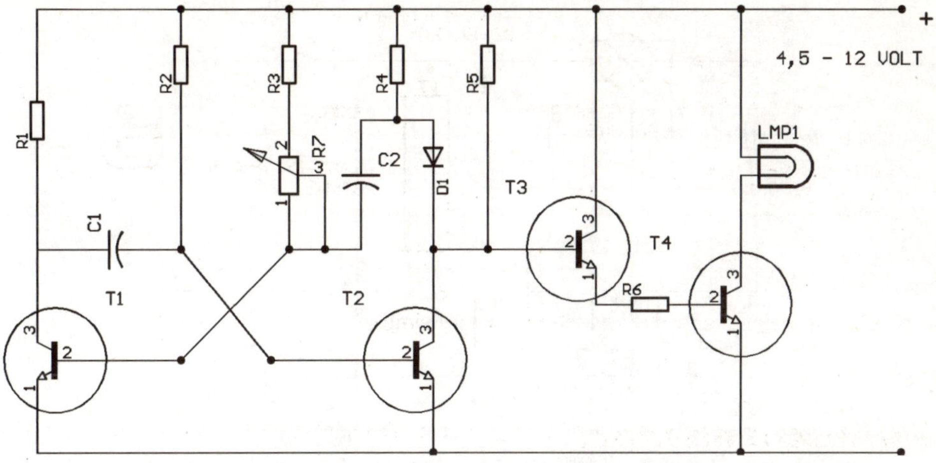


Abb. 3.4.2 Schaltbild Taschenlampendimmer

Die Schaltung ist als astabiler Multivibrator aufgebaut. Die Frequenz und damit die Helligkeit des Lämpchens wird mit dem Drehpoti R7 eingestellt.

Der Transistor T 4 muss nicht gekühlt werden, da er als Schalter arbeitet, d.h. mit Impulsen. Somit wird bei gedimmter Helligkeit keine Energie verbraten! Die Schaltung funktioniert von 4,5 – 12 Volt – ich habe sie in dem 6 V Handscheinwerfer mit Fahrradbirne – eingebaut.

Zur Verwendung kommen:

R1 = 8,2 K
R2 = 33 K
R3 = 4,7 K
R4 = 8,2 K
R5 = 5,6 K
R6 = 390 Ohm
R7 = 100K lin. (Poti )
C1 = 47 nF
C2 = 47 nF
D1 = 1 N 4148 oder eine andere Siliziumdiode
T1 = BC 237, BC108
T2 = wie T1
T3 = wie T1
T4 = BC 141
L = Lämpchen entspr. Spannungsquelle

Damit ihr auch diese , etwas aufwendigere Schaltung, problemlos hinkriegt, auch hier der Aufbau mit Lochrasterplatine:

**Dimmerschaltung 12 V / bis 24 W**

Die zweite Dimmerschaltung ist auch sehr simpel zu realisieren – allerdings weniger aus der Bastelkiste sondern mit einem integrierten Schaltkreis; trotzdem liegen die Materialkosten des gesamten Dimmers unter 10 DM. Diese Schaltung ist für stärkere Leuchten bis 24 Watt Leistung und 12 Volt Betriebsspannung sehr gut geeignet. Sie kann z.B. in eine 20 W Halogen – Tischleuchte eingebaut werden.

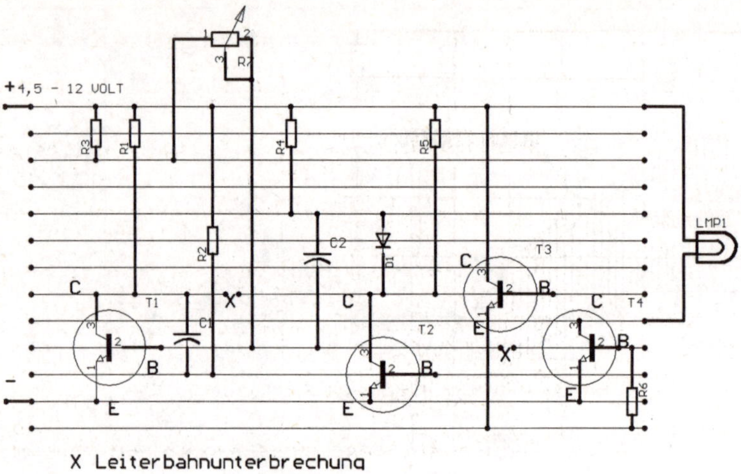


Abb. 3.4.3 Aufbau auf Streifenrasterplatine

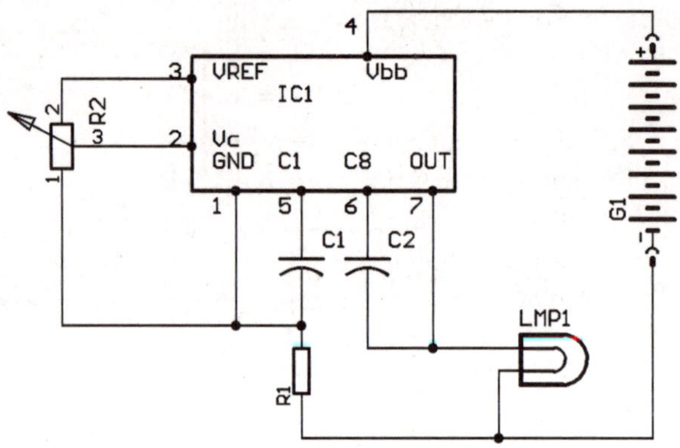


Abb. 3.4.4 Dimmerschaltung 12 V/24 W

Zur Verwendung kommen:
IC = BTS 629 A
R1 = 150 Ohm
R2 = 2,2 – 2,5 K lin. ( Poti)
C1 = 68 – 100 nF
C2 = 22 nF
L = z.B. Halogenbirne bis max. 24 W

Die Schaltung habe ich der Einfachheit halber auf einer Lochrasterplatine aufgebaut. Ansonsten ist es ein wenig kompliziert, die sieben Beinchen des ICs anzuschließen.

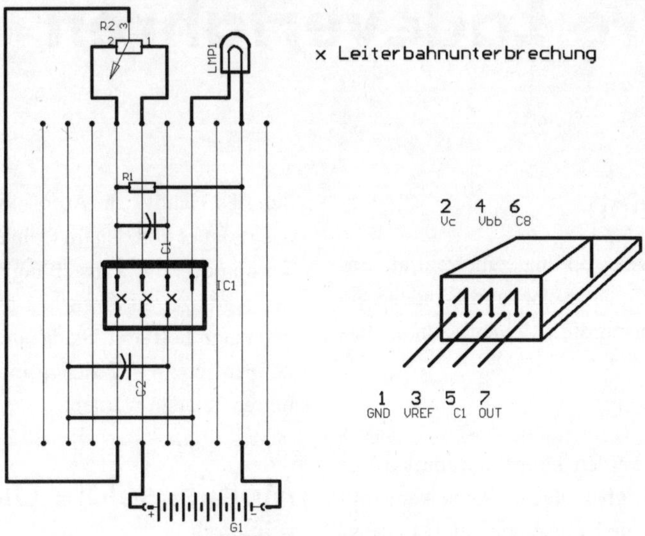


Abb. 3.4.5 Dimmerschaltung 12 V/24 W auf Streifenrasterplatine

4

# Solare Ladeverfahren

## Heimstation

Ohne Zweifel ist es optimal, eine zentrale Energiespeicherung aus Solar- und Windenergie zu haben und dann die „kleinen“ Akkus daraus zu laden.

Die Vorteile hiervon sind, dass die Akkus dann geladen werden können, wenn sie leer sind, d.h. auch über Nacht. Auch kann mit großem Strom und entsprechenden Ladesystemen sehr schnell geladen werden.

Im Bereich meiner solaren Heimstation mache ich das auch so. Die Mignonakkus werden innerhalb von 1-2 Stunden mit Ladeimpulsen vollgeladen.

Dazu habe ich mir ein Restposten – Handyladegerät (2,50 DM), vorgesehen für das Laden des Handys im Auto – mit Akkuhaltern ausgestattet und den im Gehäuse befindlichen Trimmpoti zur Einstellung der Ladespannungsgrenze, an einen neu am Gehäuse eingebauten Poti mit Skala angeschlossen. Es können jetzt 4 – 7 Zellen im Impulsladeverfahren geladen werden.

## Mobile, solare Direktladegeräte

Das folgende Kapitel befasst sich vorwiegend mit kleinen, kompakten, direkten, mobilen Solarladegeräten. Für unterwegs oder für Akkuzellen, die im Moment nicht gebraucht werden. Sie liegen da so rum. Genauso kann ich sie in ein kleines Solarladegerät stecken und das liegt oder hängt am Fenster, die Sonne scheint drauf, der Akku wird entweder

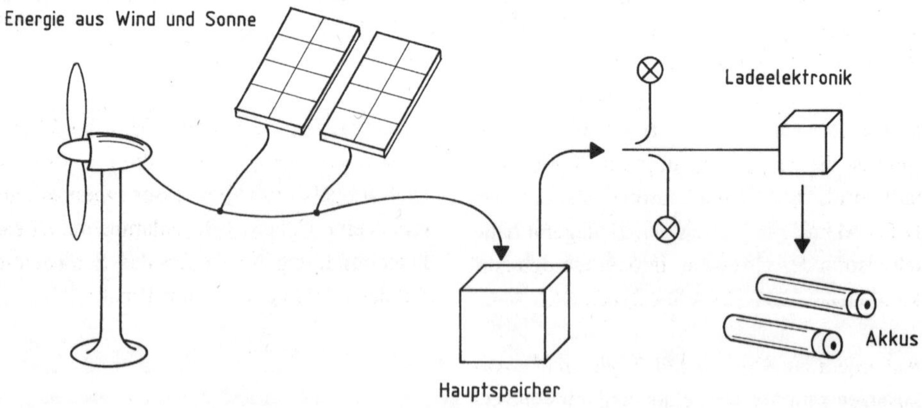


Abb. 4.1 Symbolische Darstellung Heimstation

Abb. 4.2 Handyladegerät, umgebaut

langsam aber sicher geladen oder die Ladung bleibt erhalten.

Die Dimensionierung der Solarzellen ist gerade so gewählt, dass eine schonende Dauer- und Erhaltungsladung stattfindet.

Was viele nicht wissen, die Selbstentladung der Akkus wird mit zunehmender Kapazität (Energiedichte) größer, d.h. ein 1000 mAh Mignonakku entlädt sich schneller als ein 500 mAh Mignonakku. Nach meiner Erfahrung ist die Selbstentladung von NMH (Metallhydrid) Akkus noch größer als die von NiCd Akkus. Durch das Solarladegerät habe ich also in dem Moment, in dem ich den Akku brauche, einen der voll geladen ist.

Außerdem auf Reisen: mit 2 oder mehr Akkusätzen kann ich die geladenen mit den verbrauchten Akkus immer wieder tauschen.

Aber auch Menschen, die keine zentrale solare Heimstation haben, müssen so nicht an die Steckdose.

Bei mir sind ein paar Saugnapfhaken am Fenster – daran hängen Solarladegeräte und genauso hängen da die Solartaschenlampen – allzeit bereit für den nächsten Leuchteinsatz und alles wird immer dann, wenn die Sonne scheint, geladen.

Links oben im Bild (Abb. 4.3) ist das Miniladegerät zu sehen, daneben die auf Solarbetrieb umgebaute Dulux Taschenlampe, dann rechts eine weitere Taschenlampe mit Direktladeeinrichtung und unten das Schindelmodul der solaren Ladestation Typ 4.

Abb. 4.3 Solares Laden am Fenster

## 4.1 Enttäuschung bei gekauften Solarladegeräten, warum?

Vielleicht besitzt der eine oder andere ein gekauftes Solarladegerät und ist nicht so recht zufrieden damit?

Tja, es gibt da so manche Typen, die sind ein bisschen problematisch. Dies liegt oft daran, dass zum einen minderwertige Solarzellen verwendet wurden – oft sind's nur Solarzellensplitter und der Rest ist unter der wenig durchsichtigen Abdeckung dazugemalt.

Zum anderen liegt es an der Sperrdiode. Hier wollten die Hersteller sparen und haben anstatt der wirkungsvolleren Schottkydiode eine etwas billigere Siliziumdiode eingebaut, mit dem Erfolg, dass mindestens 0,4 V weniger Ladespannung zur Verfügung stehen!

Sollte dies der Fall sein, so könnt ihr die Diode einfach austauschen und das Ladegerät funktioniert besser. Was die Leistung der So-

Abb. 4.1.1 Gekauftes Solarladegerät

larzellen anbelangt, so kann man angeblich in diesen Ladegeräten z.B. 4 Akkus gleichzeitig laden – wenn ihr nur einen zum Laden reintut ist es besser. Auch deshalb, weil die Gefahr besteht, dass durch die Parallelschaltung schlechte Akkus die besseren herunterziehen. Alle vier Akkuhalter sind nämlich parallel geschaltet und so muss die schon schwach dimensionierte Solarzelle leisten, was sie gar nicht kann.

## 4.2 Anfertigung von Mini-Solarmodulen

Für die hier vorgestellten Bastelwerke verwende ich eine Größe, die sowohl für die kleinen Ladegeräte wie auch für Taschenlampen, Messgeräte usw. eingesetzt werden kann. Der Vorteil, das Minisolarmodul passt ladetechnisch ideal zu einer Mignonzelle. Der Ladestrom beträgt 22 mA, sodass Dauerladung möglich ist. Ausserdem gibt es auch das fertige Teil preiswert als Restposten. (Bezugsquelle: Lemo-Solar Adr. Im Anhang)

Jede Solarzelle, die irgendwo rumliegt ohne im Einsatz zu sein, nützt nichts! Und selbst

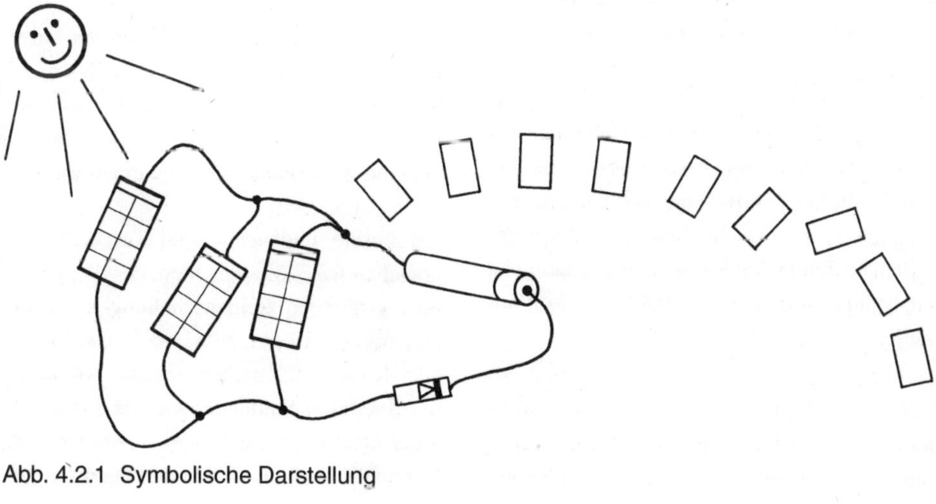

Abb. 4.2.1 Symbolische Darstellung

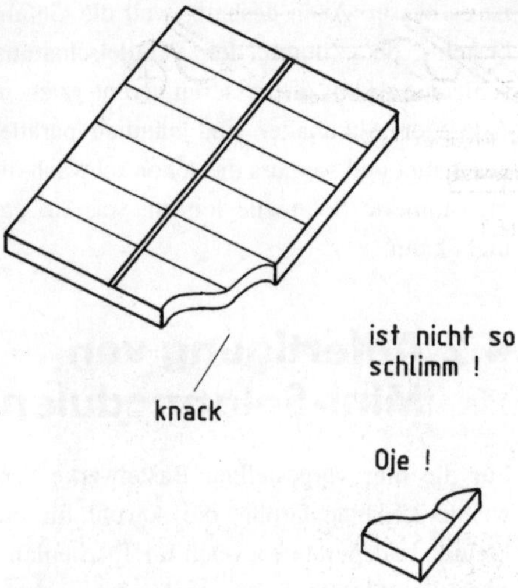


Abb. 4.2.2

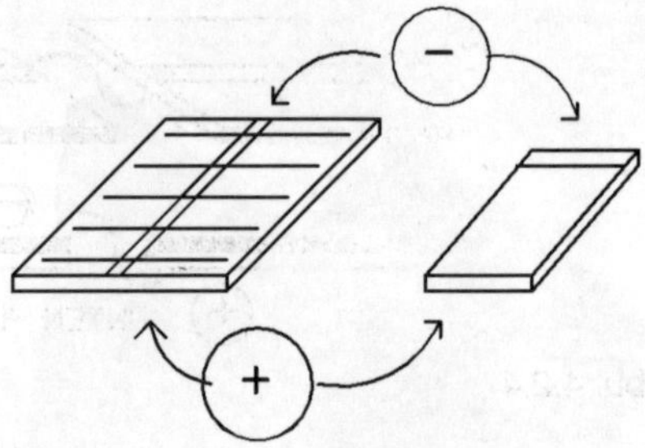


Abb. 4.2.3

wenn sie im Laden rumliegt ...... auf den Basteltisch damit!! Nach dem Motto: Restposten, die nicht viel kosten... her damit.

Solarzellen können mit Spiritus, Alkohol oder destilliertem Wasser, vorsichtig gereinigt werden. Vorsicht! Sie sind sehr dünn und etwas bruchempfindlich. Anfassen am besten nur am Rand wie ein Foto oder eine CD.

Die Oberfläche sollte entweder mit Klarlack, Glas oder Plexiglas für den Gebrauch geschützt werden. Bei Aussenbetrieb ist die Randausbildung luft- und wasserdicht mit Acrylmasse zu verschließen. Die Größe der Zellen bestimmt den Strom. Die Spannung ist unabhängig von der Größe 0,45 – 0,5 Volt pro Zelle.

Beim Zusammenstellen des Minimoduls sollten die einzelnen Zellen also alle gleich groß sein. Die kleinste Zelle bestimmt den Strom.

Wenn aber mal irgendwo ein Eckchen fehlt, so ist das nicht so schlimm.

An der dem Licht zugewandten Fläche (dunkelblau) ist der Minuspol. Der Strom wird durch einen dünnen Rechen aus der Fläche oder einem schmalen Streifen am Rand abgenommen. Es gibt da etwas breitere, verzinnte Bahnen, an denen vorsichtig und möglichst kurz gelötet werden kann.

Die Unterseite ist voll flächig silizium-silbern und kann überall, entsprechend vorsichtig und möglichst kurz, gelötet werden.

Zum Verbinden und Anschließen der einzelnen Zellen eignen sich verzinnte, hochflexible Kupferbandstreifen 1-2 mm breit, sog. Lötverbinder, die mit der Lötkolbenspitze kurz auf die Kontaktfläche gedrückt werden.

Für unsere Ladegeräte und Taschenlampen brauchen wir 5-6 Solarzellen, ca. 10 x 25 mm oder größer, in Reihenschaltung verbunden und auf eine Unterlage wie Pertinax, Epoxyd oder Kunststoffplättchen geklebt. Am besten mit einem Graphikkleber wie z.B. Fixogumm – der kann auch wieder gelöst werden – zur Not geht's auch mit dickerem doppelseitigem

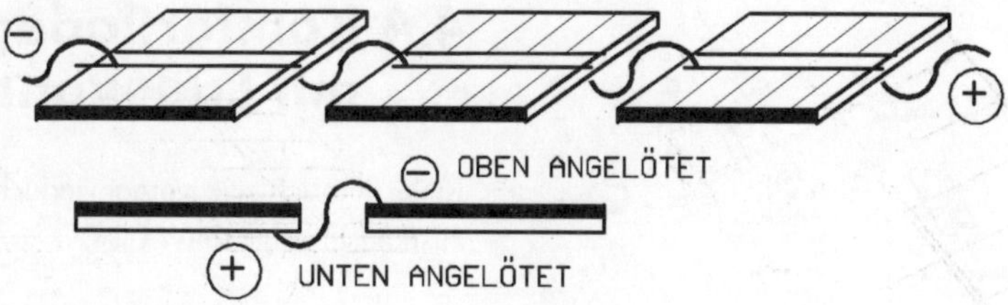


Abb. 4.2.4

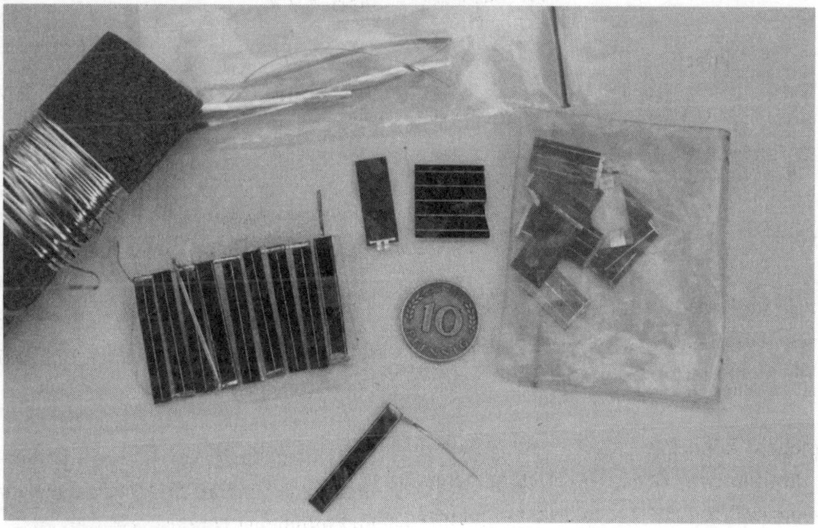

Abb. 4.2.5 Lötverbinder und Solarzellen

Klebeband aber Vorsicht – wenn es einmal klebt, ist es gelaufen!!

Bevor die Zellen aufgeklebt und versiegelt werden – noch einmal nachmessen ob die Kontaktierung in Ordnung ist.

Das Foto zeigt links die Kupferbandstreifen, daneben Solarzellenblättchen und zu einem kleinen Modul zusammengelötete Solarzellen.

## 4.3 Solares Miniladegerät

Es folgt: Das kleinste Solarladegerät der Welt, Ich nenne es so, weil es auf ein Minimum an Teilen und Aufwand beschränkt ist. Einfach das doppelseitige Klebeband auf den Akkuhalter geklebt, den Akkuhalter etwas außer der Mitte auf die Rückseite des Minimodules geklebt, um die Sommer- Winterstellung möglich zu machen – Minuspol vom Minimodul mit dem Akkuhalter verbunden. Pluspol des Ak-

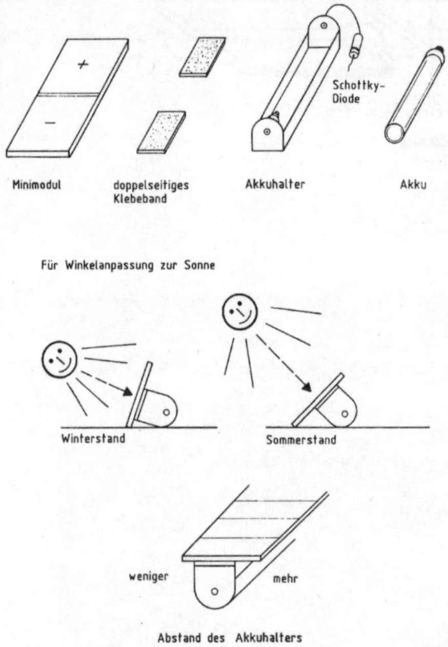


Abb. 4.3.1 Solares Miniladegerät

kuhalters mit einer Schottkydiode (z.B. BAT 43) mit dem Minimodul verbunden – Achtung, Strich der Diode beim Akkuhalter, damit sich der Akku bei Nacht nicht wieder entlädt und vielleicht noch eine Schlaufe zum Aufhängen angelötet – und fertig ist es! Nun an ein sonniges Plätzchen stellen oder an das Fenster hängen und der Akku wird geladen!

## 4.4 Komfortladegerät mit Ladekontrolle

Lader ähnlich wie vorher, jedoch mit Akkuzustandsanzeige unter Last.

Das Ladegerät können wir in ein würfelförmiges Sperrholzgehäuse einbauen. Die Kantenlänge richtet sich nach den Abmessungen der Mimimodule. Mein Prototyp hat eine Kantenlänge von 6,5 cm x 6,5 cm x5,5 cm, eine Seite ist kürzer für die Sommer-Winterstellung.

Bei beiden Stellungen können wir mit den Tastschaltern jeweils den Akkuzustand des linken oder rechten Akkus abfragen. Die Akkuhalter werden am besten auf das Gehäuse geschraubt. Die Minimodule können

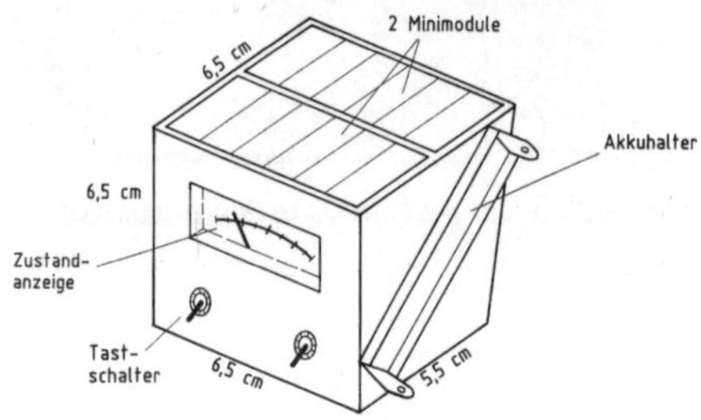


Abb. 4.4.1 Komfortladegerät

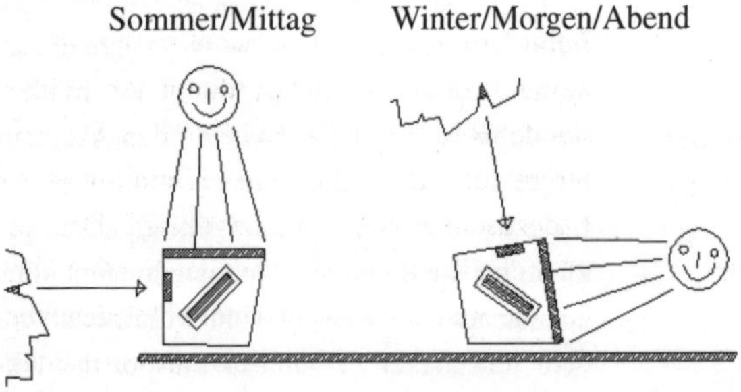


Abb. 4.4.2

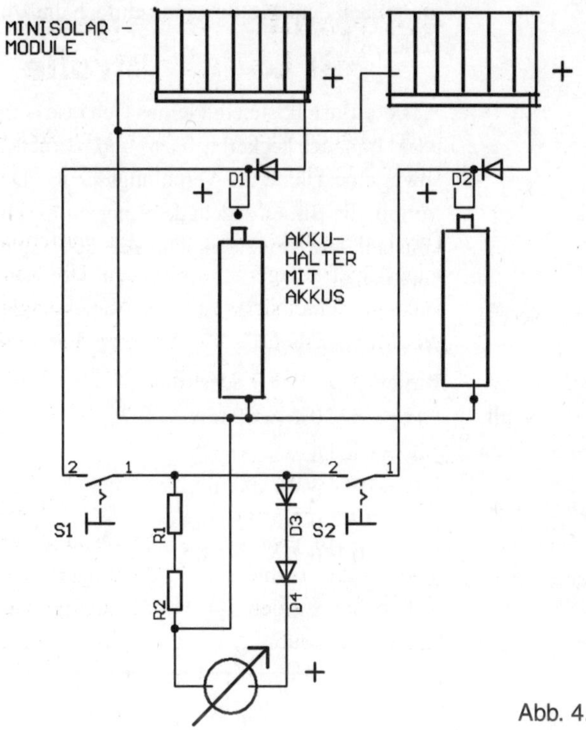


Abb. 4.4.3 Schaltplan Komfortladegerät

mit doppelseitigem Klebeband montiert werden. Das Sperrholzgehäuse kann bis auf die Vorderseite verleimt werden. Die Vorderseite mit dem Messinstrument und den zwei Tastschaltern schrauben wir nach der Verdrahtung auf das Gehäuse.

Zur Verwendung kommen:
Sperrholz
2 Minimodule
2 Akkuhalter
D1 + D2 Schottkydiode, z.B. BAT 43
Messinstrument, hier 300 uA
Belastungswiderstände in Reihe je 1 Watt
R1 = 2,2 Ohm
R2 = 0,22 Ohm
D3 + D4, 2-3 Dioden zur Anpassung des Messinstrumentes an die Akkuspannung, z.B. 1N4148
Drahtbrücke für den Fall, dass öfters nur ein Akku geladen wird (dann laden beide Minimodule den einen Akku)
Ta 2 Taster (Schließer)

Beim Drücken der Taster wird der Akkuladezustand unter Belastung (durch die Widerstände R1 und R2) gemessen mit einem Strom von ca. 500 – 600 mA. Damit wird der Ladezustand realistisch angezeigt. Der zusätzliche Komforteffekt: mit den Tastern können die Akkus auch vollständig entladen werden, um den Memoryeffekt zu vermeiden.

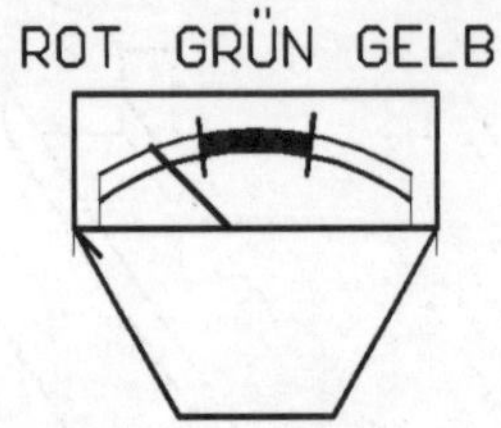


Abb. 4.4.4 Skalengestaltung

Akkus die nach dem mehrtägigen solaren Laden beim Drücken des Tasters sofort abstürzen, sind unbrauchbar geworden. Unter Umständen hilft es dann noch, die Akkus mit einem Impulsladegerät aufzufrischen.

Die Skala des Messinstrumentes wird noch entsprechend neu geeicht und eine neue Skala angefertigt, z.B. mit den Bereichen: leer (rot), gut (grün) und voll (gelb).

## 4.5 Ladeeinrichtung für zentrale Energiesysteme

Die in der Folge beschriebenen Ladeeinrichtungen sind für ein 12 Volt – System konzipiert, nach dem Motto – ganz einfach und zuverlässig!

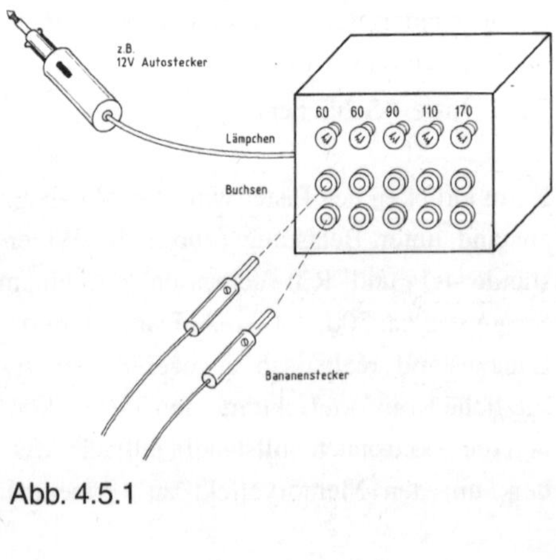


Abb. 4.5.1

Aus der Bastelkiste ein kleines Gehäuse – ein paar Bananensteckerbuchsen und Birnchen sowie eine Diode als Verpolungsschutz. Der Vorteil, die Birnen regeln den Ladestrom sehr konstant und zeigen gleichzeitig den Ladevorgang an.

Anwendungsbeispiel:

| Birnchen | | Ladestrom |
|---|---|---|
| L1 | = 18 V 0,1 A | 60 mA |
| L2 | = wie L1 | 60 mA |
| L3 | = 19 V 3 W | 90 mA |
| L4 | = 7 V 0,1 A | 110 mA |
| L5 | = 10 V 0,2 A | 170 mA |
| D1 | = SB 130 | |

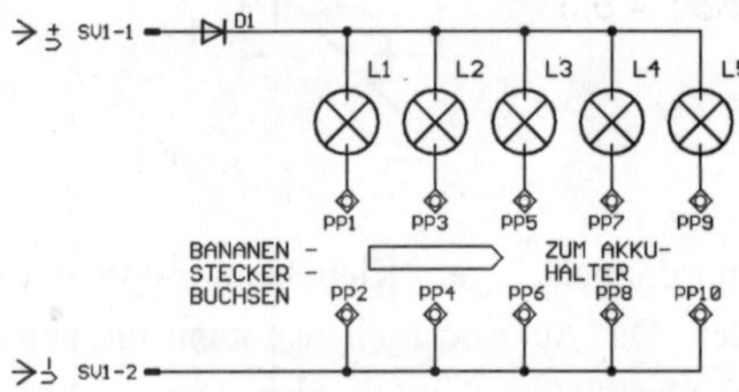


Abb. 4.5.2 Beschaltung

Gemessen an 12 V und bei der Ladung von NiCd – Mignonakkus. Im Prinzip können wir den Ladestrom anhand der Glühlampenwerte errechnen, muss aber nicht sein. Die oben beschriebene Box genügt, mit ein paar Birnenfassungen bestückt – und einfach die Birnchen ausprobiert. Mit einem Digitalmultimeter messen wir den Ladestrom direkt und wählen die entsprechenden Birnen aus. Dann das Ganze beschriften und in Zukunft nur noch einstecken und die Akkus laden.

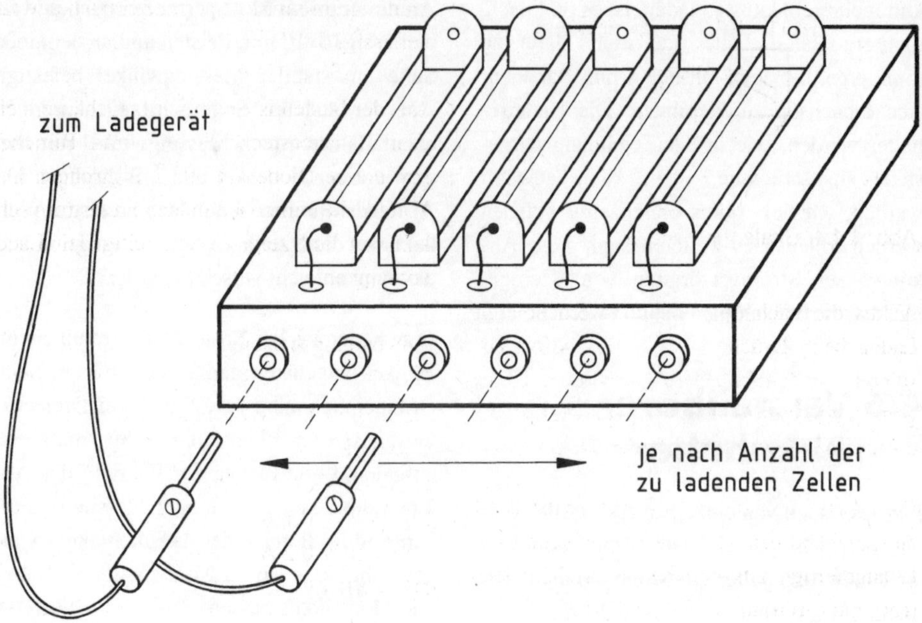


Abb. 4.5.3

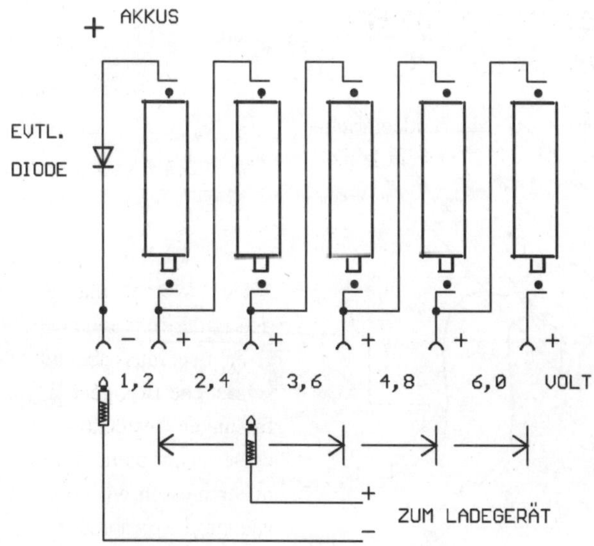


Abb. 4.5.4 Beschaltungsprinzip

Um mehrere Akkus zu laden, ist es praktisch, mehrere Batteriehalter auf eine Platte zu montieren und auch mit den 4 mm Bananensteckerbuchsen zu verbinden. Die Batteriehalter werden, wie in der Zeichnung dargestellt angeschlossen, dann kann gewählt werden, wieviel Akkus gleichzeitig geladen werden sollen. Des weiteren kann diese Akkubox zur Stromversorgung von Kleingeräten wie z.B. Walkman benutzt werden.

## 4.6 Verstellbarer Akkuhalter

Für das Laden von einzelnen Akkuzellen eignet sich sehr gut ein selbstgemachter, verstellbarer Akkuhalter, für Mono – Baby – Mignon – Mikro- und Sonderzellenformate.

An ein 4mm starkes Sperrholzbrettchen werden zwei 10x10 mm Leisten und an der einen Seite ein stabiler Messingwinkel befestigt. Auf der anderen Seite wird ein Langloch ebenfalls mit einem Messingwinkel mit langem unteren Schenkel und 2 Bohrungen mit Abstandsröhrchen 4 mm lang an einem Winkel unter der Sperrholzplatte befestigt, sodass der Winkel leicht verschiebbar ist.

Eine Feder aus der Bastelkiste wird unten am Winkel eingehängt und an der anderen Seite an einer Schraube befestigt. Zwei Dreiecksleisten werden oben auf das Sperrholzbrett aufgeleimt und dienen zur Führung der Akkus. Lötpunkte, Kerben oder Messingschrauben sind im Bereich der Akkukontakte so angebracht, dass sie zu Mini- Mignon- Baby- und Monoakkus passen.

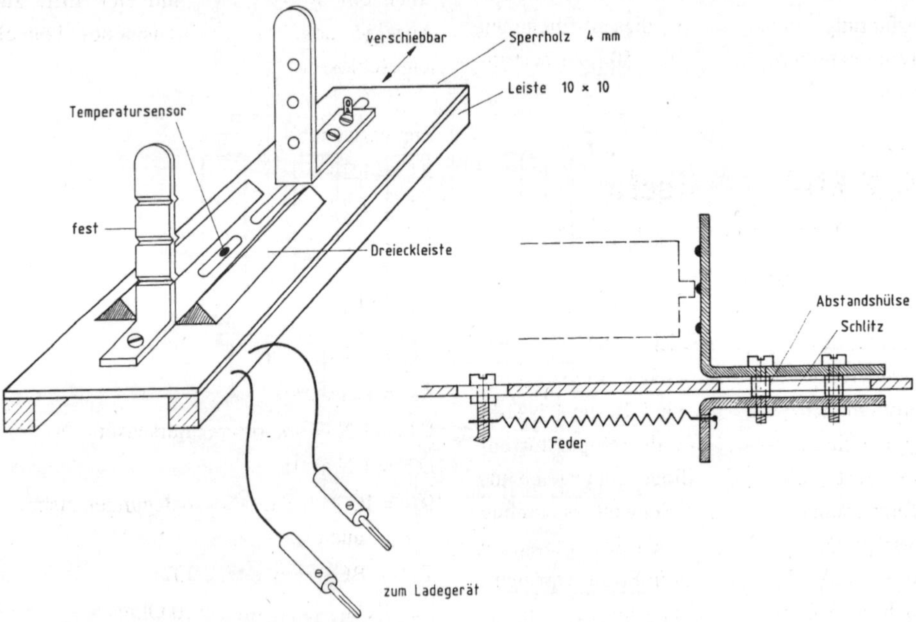


Abb. 4.6.1 Verstellbarer Akkuhalter

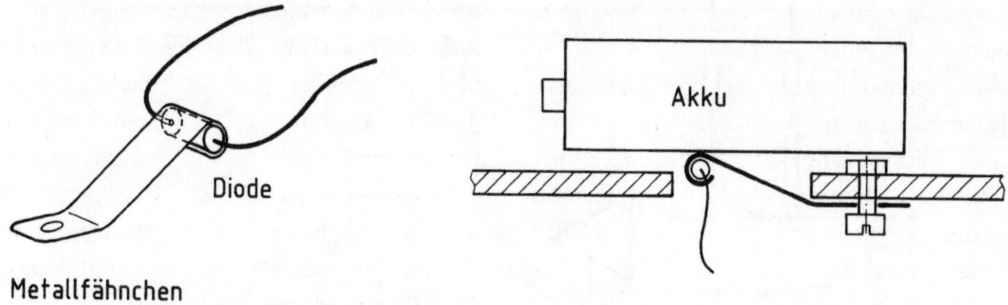


Abb. 4.6.2 Diode als Temperatursensor im Akkuhalter

Sinnvoll ist es, den Akkuhalter zusätzlich mit einer Temperaturabschaltung auszustatten.

Gerade wenn Akkus sehr schnell, d.h. mit höheren Strömen (1/5 – 1/2 der Kapazität) geladen werden, sollte das Warmwerden der Akkus vermieden werden.

Die Abschaltung kann mit einem Bimetallthermostat erfolgen, wobei es nach meiner Erfahrung schwierig ist, diesen für einen Temperaturbereich von 30 – 50 ° zu bekommen.

## 4.7 Elektronische Temperaturüberwachung

Hier wird eine einfache Elektronikschaltung eines Temperaturschalters beschrieben. Eine ordinäre Siliziumdiode wie z.B. die 1 N4148 eignet sich hervorragend als Temperatursensor (fast jede Siliziumdiode eignet sich als Temperatursensor). Die Schwellenspannung beträgt ca. 600 mV bei einem Durchlasstrom von 1 mA. Bei konstantem Strom verringert sich die Schwellenspannung um ca. 2 mV je 1 °C Temperaturerhöhung.

Die Diode wird mit einem kleinen Metallfähnchen umwickelt und im Akkuschacht montiert, sodass das Akkugehäuse beim Laden darauf liegt.

Mit der Temperaturschaltung kann ein Relais angesteuert werden, welches die Ladestromzuleitung unterbricht.

Auch ein Warnsummer und eine LED zur Anzeige des Temperaturzustandes können angeschlossen werden.

Zur Verwendung kommen:

R1 = 1,2 K
R2 = 4,7 K
R3 = 1 K, Trimmpoti
R4 = 4,7 K
R5 = 1,2 K
R6 = 2,7 K
Z = Zenerdiode ZD 5,6
D1 = 1 N 4148, Temperatursensor
D2 = 1 N 4001
IC = IC 741, Anschlussbelegungen siehe auch im Anhang
T = BC 177 oder BC 307
Rel. Relais 12 V mind. 120 Ohm
1 Wechsler

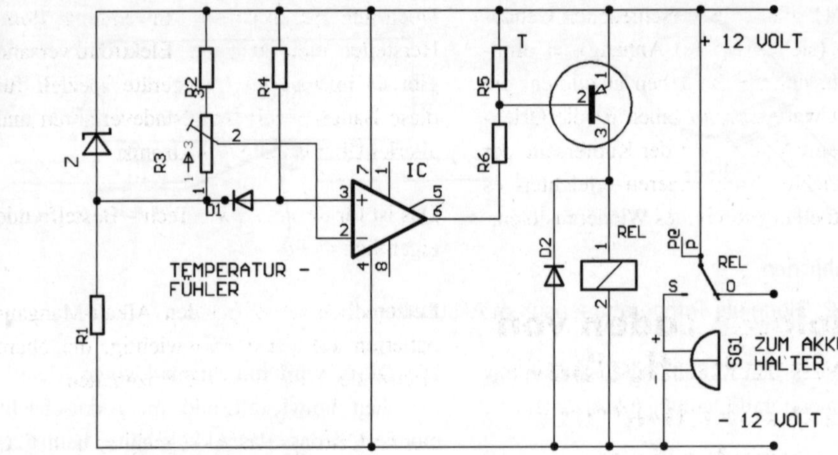


Abb. 4.7.1 Schaltplan Temperaturüberwachung

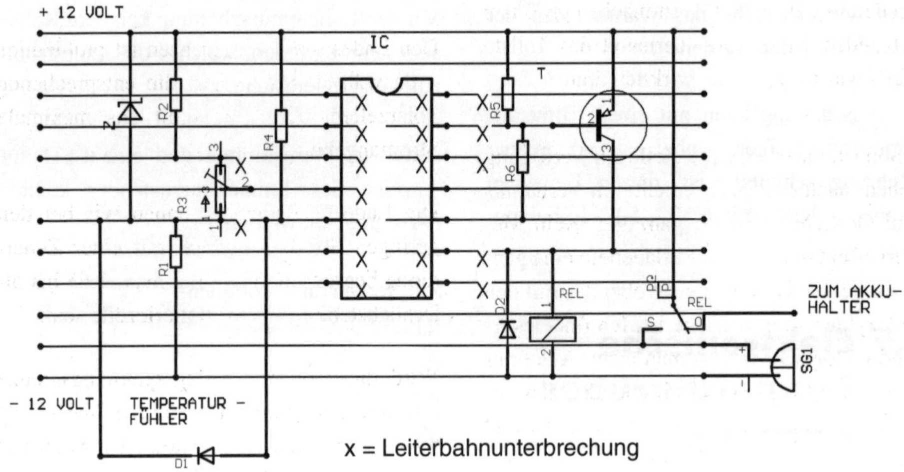


Abb. 4.7.2 Aufbau der Temperaturüberwachung auf einer Streifenrasterplatine

Eichen: auf ca. 40°C z.B.. mit Warmwasser und Fieberthermometer.

Vor dem Anschließen der Schaltung Trimmpoti in Mittelstellung bringen. Zum Ausprobieren den Trimmpoti Richtung R 2 drehen, bis Relais anzieht, dann wieder ein Stück zurückdrehen, bis das Relais gerade abfällt. Jetzt die Wärmequelle in die Nähe von der Diode bringen z.B. den unteren Teil der Lötkolbenspitze (ohne die Diode zu berühren), das Relais muss jetzt anziehen und wenn die Wärmequelle wieder entfernt wird, wieder abfallen. Die Stromaufnahme (Ruhestrom/ Bereitschaft) beträgt ca. 6 mA, bei angezogenem Relais (abhängig von Relaistyp) ca. 20 – 50 mA.

Das IC 741 gibt es in verschiedenen Gehäuseformen (siehe auch im Anhang), es empfiehlt sich, nur die Beinchen anzulöten, die gebraucht werden. Zum einen ist die Orientierung beim Anlöten auf der Kupferseite der Platine leichter, zum anderen erleichtert es ein eventuell erforderliches Wiederauslöten.

## 4.8 Solares Laden von wiederaufladbaren Alkali-Manganbatterien

Wiederaufladbare Batterien machen groß von sich reden. Sie sollen überhaupt das Tollste sein – was ist denn nun wirklich dran ?

Schön ist, dass 1,5 V pro Zelle zur Verfügung stehen, auch die Energiedichte im Verhältnis zum Gewicht ist schon ganz gut. Kein Memoryeffekt und je nach Entladetiefe eine ganze Reihe von Ladezyklen. Wobei das mit den Ladezyklen so eine Sache ist. Ich finde es irgendwo logisch – wenn man einen Akku nur zu einem ganz kleinen Teil entlädt – dass es dann viel öfter möglich ist. Aber mal Hand aufs Herz. Gehen wir denn nicht davon aus – der Entladezyklus bedeutet, den Akku so ziemlich ganz zu entladen? Falsch – die Hersteller der wiederaufladbaren Batterie sagen – wenn die Batterie nur ganz, ganz wenig entladen wird, kann sie über tausende von Zyklen geladen werden.

Eigentlich doch ideal für die solare Anwendung – da wird ja ständig nachgeladen. Wenn diese Teile nur nicht so teuer wären .....

Doch nun zur konkreten Anwendung. Beim Hersteller und auch im Elektronikversand gibt es inzwischen Ladegeräte speziell für diese Batterien mit Impulsladeverfahren und allerlei Überwachungselektronik.

Das ist für unsere Low – Tech – Bastelfreude eigentlich nichts.

Letztendlich ist es bei den Alkali-Manganbatterien auf jeden Fall wichtig, die obere Grenze der Ladespannung einzuhalten.

Der Ladestrom sollte nicht mehr sein als C 1/10 bis max. C 1/5 d.h. 10 – 20 % der angegebenen Batteriekapazität.

Den Ladestrom zu begrenzen ist problemlos – da wählen wir einfach die entsprechende Solarzellengröße und damit das maximale Stromangebot aus.

Die Ladeendspannung können wir bei den geringen Strömen einfach mit einer Zenerdiode begrenzen. Sie sollte max. 1,65 bis allerhöchstens 1,7 V pro Batteriezelle sein.

Wird diese obere Ladungsspannungsgrenze (vor allem mit höheren Strömen), überschritten, so wird die Zelle zerstört. Am Minuspol tritt eine ätzende Flüssigkeit aus und das war es dann!

Zur Verwendung kommen:
Minisolarmodul oder Solarzellen entsprechend der Batteriekapazität (z.B. bei einer Batteriekapazität von 1800 mAh bis max. 90 mA Ladestrom)

D 1 = Schottkydiode, z.B. BAT 43 bis max. 100 mA Ladestrom

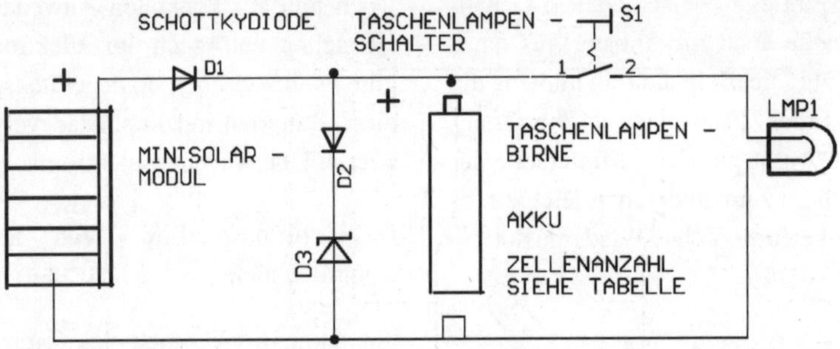


Abb. 4.8.1 Prinzipschaltbild

D 3 = Zenerdiode da wird's bei nur einer Batteriezelle etwas schwierig, da es keine Z 1,7 gibt. Daher der Trick mit der Diode D 2, z.B. einer 1 N 4001 welche die Zenerspannung von 1 V auf ca.1,6 V erhöht.

Wenn wir nur eine Zelle verwenden, können wir jede beliebige Zenerdiode anders herum verwenden, da die Sperrspannung von ca. 0,7 bis 0,8 V + die Diode D2 eine Spannungsbegrenzung von ca. 1,5 bis 1,6 V ergibt. Sinnvoll z.B. bei alten Zenerdioden von denen wir den Wert nicht kennen.

Bei 2 Batteriezellen in Reihe ist es schon einfacher. Wir verwenden dann eine ZPD 3,3 (passt genau).

Ein Solar- Minimodul ist dann aber von der Spannung her zu wenig, da sollten es schon 2 Module sein. Bei 3 Batteriezellen in Reihe reichen zwei der hier im Buch beschriebenen Solar- Minimodule aus und wir verwenden die ZPD 5,1 (geht gerade noch so).

Durch dieses einfache Ladeverfahren wird zwar die Leistungsfähigkeit der wiederaufladbaren Alkali-Manganzelle nicht zu 100 % ausgenutzt, wie beim Impulsladeverfahren, doch immerhin zu 80 % und dies ganz mitweltfreundlich!

Hinweis: Um die Alkali-Manganzelle möglichst lange nutzen zu können, ist es gut, nur bis max. 1,2 V zu entladen.

*Tabelle für Ladeendspannungsregelung wiederaufladbare Alkali-Mangan*

| Zellenanzahl | Ladeendspannung | Zenerdiode | Zusatzdiode |
|---|---|---|---|
| 1 1,5 V | 1,65-1,7 V | ZPD / ZPY 1 | 1N 4001 |
| 2 3,0 V | 3,3 V | ZPD / ZPY 3,3 | - |
| 3 4,5 V | 3 * 1,7 = 5,1 | ZPD / ZPY 5,1 | - |
| 4 6,0 V | 4 * 1,7 = 6,8 | ZPD / ZPY 6,8 | - |
| 5 7,5 V | 5 * 1,65 =8,2 | ZPD / ZPY 8,2 | - |

ZPD bis max. 0,5 Watt Modulleistung ZPY bis max. 1,0 Watt Modulleistung

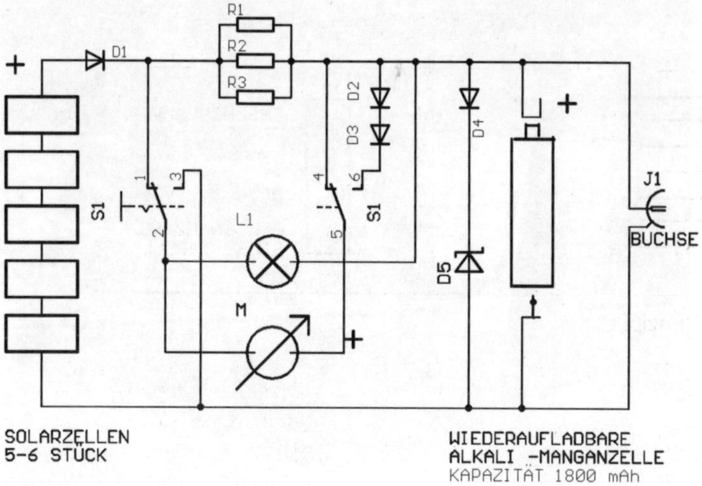


Abb. 4.8.2 Ladestrom – und Zustandsanzeige für eine wiederaufladbare Alkali – Manganzelle

Zur Verwendung kommen:

D1 = Schottkydiode, z.B.. SB 130 (bis 1 A Ladestrom)
D2 , D3 = Siliziumdiode 1 N 4148
D4 = Siliziumdiode + N 4001
D5 = Zenerdiode ZPY 1 (1 W )
R1 = 1 Ohm
R2 = 1,5 Ohm
R3 = 1,5 Ohm R1+R2+R3 = 0,43 Ohm
L1 = Birnchen, 1,5V;0,3A

Durch das Birnchen wird die Zellenspannung unter Last angezeigt

S1a + S1b = Umschalter 2x UM
M = Messinstrument ca. 300 uA
Solarzellen ca. 300 – 500 mA
Buchse, z.B. Chinchbuchse
Akkuhalter, Metallblech für Solarzellen und Teilemontage, Scharnierchen

Die Dioden D 3/ D4 sollten mit der Regelbaren Spannungs- Stromquelle vor der Ladeanwendung auf die praktische Spannungsbegrenzung hin abgeprüft werden, da die Zenerspannung u.U. abweichen könnte.

Abb. 4.8.3 Foto von der Rückseite des Ladegerätes

Auf dem Foto ist zu sehen:
Unten die Rückseite der Solarzellenplatte, die Scharnierchen, Umschalter (im Mustergerät

Abb. 4.8.4 Foto Solarer Alkali-Manganlader

gibt es noch einen zweiten Umschalter, der die Solarzellen in Reihe und parallel schaltet – dies hat sich aber nicht bewährt), Rückteil vom Messinstrument, Akkuhalter mit der aufladbaren Alkali-Manganzelle und rechts oben die Buchse für die Stromversorgung eines Kleingerätes.

Durch diesen Aufbau kann das Ladegerät mit verschiedenen Winkeln zur Sonne aufgestellt und zum Transport zusammen geklappt werden. Die Solarzellen wurden relativ groß (vom Strom her gesehen)gewählt, sodass die Zelle an 1 bis 2 Tagen locker geladen werden kann.

## 4.9 Mobile Solarsysteme

Im Anschluss sind einige Typen von mobilen Solarsystemen aufgeführt. Es stellt sich die Frage, warum so viele verschiedene Teile? Der Grund ist, ich bin viel unterwegs. Auf meinen Reisen im südlichen Europa gab es immer wieder unterschiedliche Situationen. Einige Male war ich mit der Bahn und mit dem Flugzeug unterwegs. Da musste das Gepäck von der Menge und dem Gewicht stimmen. Dann gab es Situationen im Süden, bei denen kein elektrischer Strom vorhanden war. Alle 4 Typen lassen sich entsprechend der jeweiligen Bedürfnisse nachbauen. Die Messeinrichtungen sind im Detail im Kapitel – Zustandsanzeigen beim solaren Laden von Akkus, und die Ladeeinrichtung ist im Kapitel über Ladegeräte beschrieben.

Abb. 4.9.1 Foto v. l. n. rechts: Solarkoffer Typ 1, Typ 2 und Typ 3 (Powerbox)

## 4.10 Solarkoffer Typ 1

Für die erste Stromlieferung war der Solarkoffer Typ 1 eine praktische und ausreichende Stromversorgung. Auch ist da noch genug Platz für Kleingeräte, Werkzeuge und Unterlagen. Der Koffer ist ausgestattet mit 2 Solarmodulen, einem 12 Volt, 7 Ah Bleigelakku, Akkuspannungs und Ladestromanzeige und einer Unterspannungsabschaltung sowie verschiedenen Buchsen zum Anschluss von Geräten.

Der Akku und die Ladeüberwachung können aus dem Koffer herausgenommen werden, so dass der Koffer zum Laden auch ins Freie gestellt werden kann und sich die Akkus und die Ladeüberwachung im Zelt oder Haus befinden können.

## 4.11 Solarkoffer Typ 2

Typ 2 ist eine etwas reduzierte Ausführung für den schnellen Einsatz unterwegs, auch gut geeignet für die Baustelle. Ich habe da einen

Sperrmüllkoffer genommen – ein Solarpaneel mit doppelseitigem Klebeband draufgeklebt und eine umschaltbare Spannungs – Stromüberwachung mit weiteren Buchsen eingebaut, das Ganze mit einer Steckverbindung an den Akkuladehalter der Akkubohrmaschine angeschlossen und zwar so, dass der Akku auch für andere Verbraucher genutzt werden kann. Jetzt ist es möglich, auf der Baustelle zu arbeiten, den Schrauberakku mit Hilfe der Sonne aufzuladen, und auch andere Verbraucher wie z.B. eine Lampe oder ein Radio zu betreiben. Auch ist noch genügend Platz für Werkzeuge und Kleinteile im Koffer.

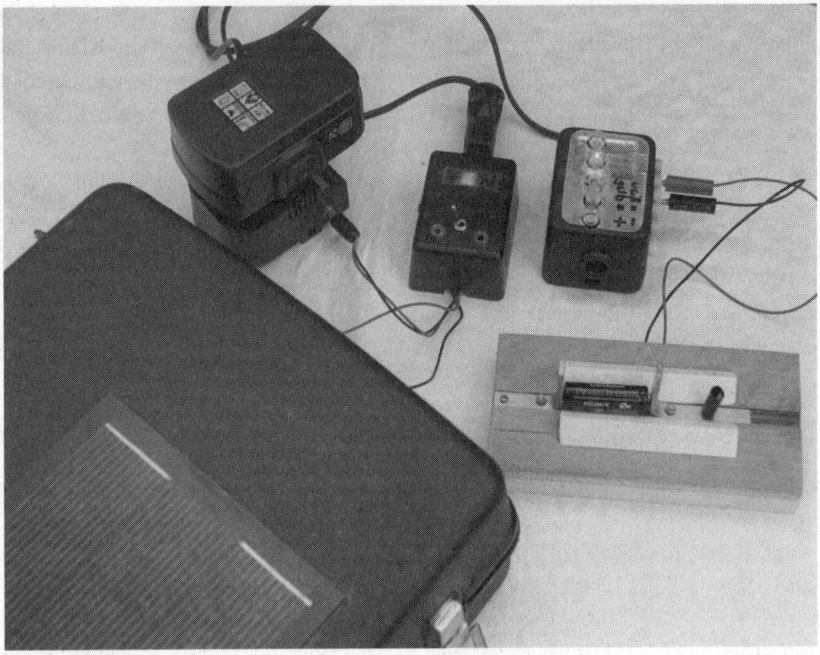

Abb. 4.11.1 Solarkoffer Typ 2 mit Ladeeinrichtungen

## 4.12 Powerbox

Typ 3, die Powerbox, war eines meiner ersten Produkte der solarmobilen Stromversorgung mit der Motivation, eine vom Stromnetz unabhängige Energiequelle zu haben, die von der Sonne nachgeladen wird. Ich hab sie für einen Baukurs – für Jugendliche – entwickelt und zwar für die solare Schreibtischlampe zu Hause, für das Zeltlager, für die Geschirrhütte und den Garten. Die Powerbox kann ständig am Fenster stehen und der Akku wird geladen bzw. voll gehalten. Sie kann wie das Komfortladegerät in Sommerstellung (flach) und in Winterstellung (steil) aufgestellt werden. Bestückt ist sie mit einem 12 V, 7 Ah Bleigelakku, einem 3,5 Watt Solarmodul, umschaltbarer Lade – und Akkuüberwa-

Abb. 4.12.1 Solarpowerbox

chung, 12 V KFZ und Bananensteckerbuchsen und einem 20 W Scheinwerfer mit Schalter.

## 4.13 Ladestation

Typ 4 das neueste Bastelwerk, ist ganz leicht und klein, auf das Nötigste reduziert. Ein System für Fuß – und Fahrradreisende und Wanderungen.

Die Ladestation ist mit einem herausnehmbaren Solarmodul ausgestattet, welches z.B. hinten am Rucksack oder am Zugfenster oder am Fahrrad aufgehängt werden kann. Sie ist mit 5 Mignonakkuhaltern bestückt, die über 2 mm Buchsen flexibel verschaltet werden können. Außerdem mit 2 Messinstrumenten zur Ladestrom- und Akkuzustandsanzeige und mit verschiedenen Adapterkabeln für den Betrieb und zum Laden von Kleingeräten wie z.B. Walkman, Taschenlampe, Fahrradlampe, Rasierapparat, Wecker, Radio, Funkgerät usw.

Auf dem Foto ist zu sehen: links das herausnehmbare Solarmodul in Schindeltechnik (6 V, 180 mA; Liefernachweis Fa Lemo-Solar), d.h. die einzelnen Solarzellen sind wie ein Schindeldach übereinandergelötet. Abgedeckt mit einer Plexiglasscheibe und Randabdichtung.

Oben am Modul ist ein Scharnier mit Druckknopf angebracht – zum einen als Verschluss an der Ladestation – zum anderen zum Aufhängen z.B. mit einem Saugnapf am Fenster.

Das Gehäuse wurde aus 0,5 mm dickem Sperrholz (erhältlich in Modellbaugeschäf-

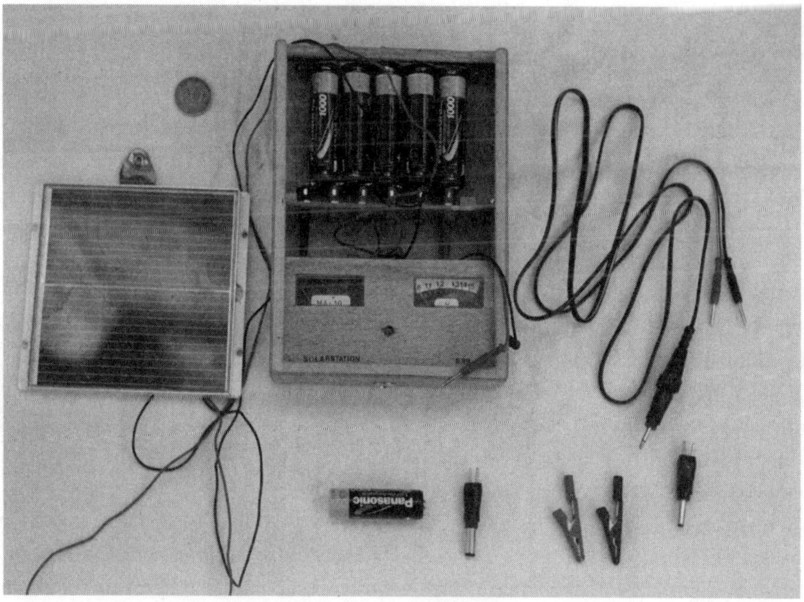


Abb. 4.13.1 Solarstation Typ 4 mit Adapterkabel

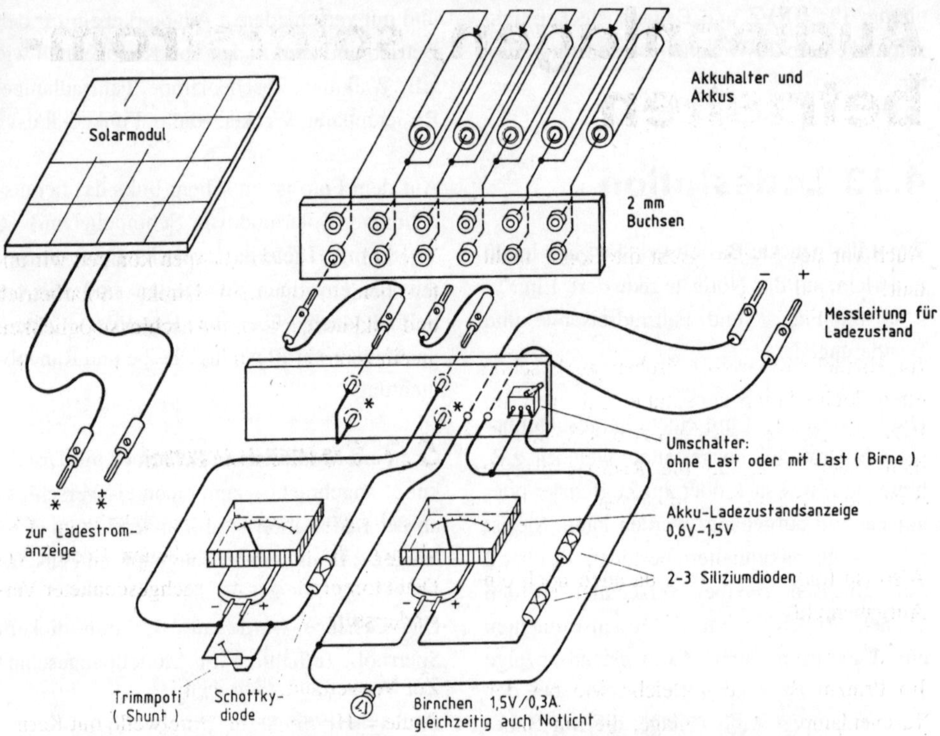


Abb. 4.13.2 Isometrisches Schaubild der Anschlußverdrahtung

ten) – mit 5x5 mm Leisten verstärkt, die zugleich als Führungsschiene für das Solarmodul dienen, zusammengeleimt. Es ist dadurch sehr leicht und stabil.

Die Abmessungen sind: 3,5 cm x 12 cm x 16 cm. Weiterhin zu sehen sind die 2 mm Buchsen, die Akkuhalter mit 1000 mA NiCd Akkus. Es sind immer jeweils 2 Buchsen pro Akkupol, um gleichzeitig zu laden und einen Verbraucher betreiben zu können. Auch kann dadurch jeder einzelne Akku von der Spannung her überwacht werden.

Weiterhin sind die Adapterkabel und Adapterstecker im Bild zu sehen. Damit ist es z.B. auch möglich das Solarmodul direkt in eine Taschenlampe einzustecken. Zwischen den Buchsen und den Messinstrumenten ist noch genügend Platz, um das Solarmodulkabel und das Adapterkabel unterzubringen.

Das eingebaute Birnchen mit 1,5 V / 0,3 A dient zum einen zur Ladezustandsanzeige unter Last und kann auch als Notlicht verwendet werden.

Die Verdrahtung ist in Form einer Isometrie dargestellt. Ladestrom- und Spannungsmesseinrichtung sind im Kapitel Zustandsanzeigen ausführlich beschrieben.

# Audioanlagen, solarstrom-betrieben

5

Auch vor der Musik macht die Sonne nicht halt!

Im Handel gibt es inzwischen auch schon einige kleine Solarradios mit eingebauten Solarzellen, die aber meist etwas zu schwach dimensioniert sind, um die Radios wirklich praxisgerecht betreiben zu können.

Also, so finde ich, gibt es da auch noch ein Aufgabenfeld.

Im Prinzip ist es das gleiche wie bei den Taschenlampen. Jede Anlage, die mit Batterien oder am Autoakku betrieben werden kann, kann auch für den solaren Betrieb durch den Einbau von Akkus verwendet werden.

Wie bei den Taschenlampen könnten wir unterscheiden zwischen Direkt- Solarbetrieb und Akkubetrieb mit Anschlussmöglichkeit an ein zentrales System.

## 5.1 Solarradios

Nachfolgend eine einfache Schaltung eines kleinen, direkt solarbetriebenen Radios, ein Detektorempfänger mit nachgeschalteter Verstärkerstufe.

Zur Verwendung kommen:

| | |
|---|---|
| Spule = | HF Spule für Mittelwelle mit Kern |
| R 1 = | 100 K |
| C 1 = | Drehkondensator 500 pF mit Drehknopf |
| C 2 = | 3,3 uF 15 V |

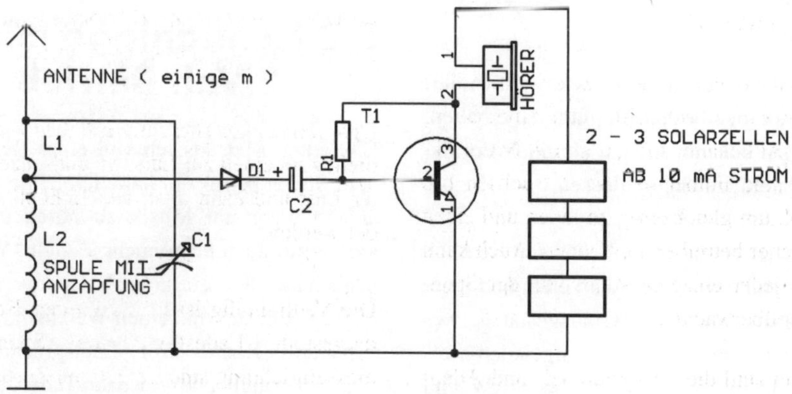


Abb. 5.1.1 Dedektorenempfänger mit Solarstromversorgung

Abb. 5.1.2 Käufliche Solarradios

D 1 = Germaniumdiode, z.B. OA 80, OA 81, OA 180

T 1 = Transistor BC 237

Hörer = Telefonkapselhörer

Solarzellen: 2-3 Stück, Stromlieferung ab 10 mA

Mit dem einfachen Radio könnt ihr 1-2 starke Mittelwellensender in guter Lautstärke empfangen.

Mit der Antenne muss etwas experimentiert werden, um den besten Empfang zu erhalten, ich hab sie bei mir einfach an einen Pol der Heimsolaranlage angeschlossen.

Links im Bild der Abb. 5.1.2 ein ziemlich witziges Teil. Es ist mit Solarzellen und einer aufklappbaren Handkurbel ausgestattet, womit die eingebauten Akkus aufgeladen werden können. Ansonsten bietet es UKW und Mittelwelle mit Lautsprecher.

Das rechte hat mich viele Jahre auf Reisen begleitet und hat auch wirklich gut und ausschließlich mit Sonnenladung funktioniert. Es ist ausgestattet mit UKW Stereo und Mittelwelle über Kopfhörer.

Die Antenne funktioniert über das Kopfhörerkabel.

## 5.2 Heimanlage mit 12 Volt Betrieb

Das letzte Mal, als ich von einer Reise aus dem Süden heimkam, hatte ich keine Stereoanlage mehr um Musik zu hören und ich wollte mir auch keine mehr kaufen . Was ich noch hatte, war ein alter Autoendverstärker, ein sog. Booster und einen Walkman mit eingebautem Radio. Mit Lautsprecherboxen vom Sperrmüll und ein paar Teilen hab ich mir dann daraus folgendes gebastelt.

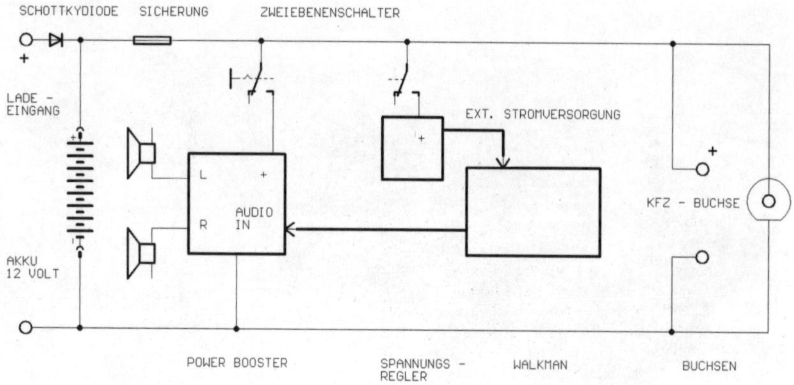


Abb. 5.2.1 Prinzip Heimstereoanlage

In eine Holzkiste hab ich den Autoverstärker und einen Bleigelakku gestellt sowie ein senkrechtes Brettchen mit Anzeigeinstrument, Schalter und Buchsen. Der Walkman steht außerhalb, da er auch öfters anderswo benutzt wird, ist aber über Steckbuchsen mit der Anlage verbunden. Die Stromversorgung wird mit dem gleichen Schalter wie die Anlage über einen Spannungsregler geschaltet.

Weiterhin sind da noch Bananensteckerbuchsen und eine KFZ – Buchse für diverse Verbraucher.

Abb. 5.2.2 Heimstereoanlage mit Solarstromversorgung

## 5.3 Stereoanlage für unterwegs mit Akkubetrieb

Die solar betriebene Heimanlage hat mir soviel Spaß gemacht, dass ich gleich darauf noch was Leichtes zum mitnehmen haben wollte. In einer Sonderliste habe ich total günstige, sog. Aktivlautsprecher zum Anschließen an den Computer, entdeckt.

Ich habe einen 7,2 V Restpostenakku eingebaut, obwohl am Gleichrichter 12 V zu messen waren und das Gerät hatte unverändert gute Leistung. Im Gegensatz zu vorher war der deutlich hörbare Brumm jetzt verschwunden, .d.h. die Musikqualität war nach dem Umbau deutlich besser!

Für den Fall, dass ein werkseitiger Batteriebzw. Akkubetrieb nicht vorgesehen ist, ist es möglich, wie im Beispiel aufgeführt, hinter dem Gleichrichter die Ladebeschaltung und einen Akku anzuschließen.

Abb. 5.3.1 Innenansicht der Aktivboxen mit Akkuversorgung

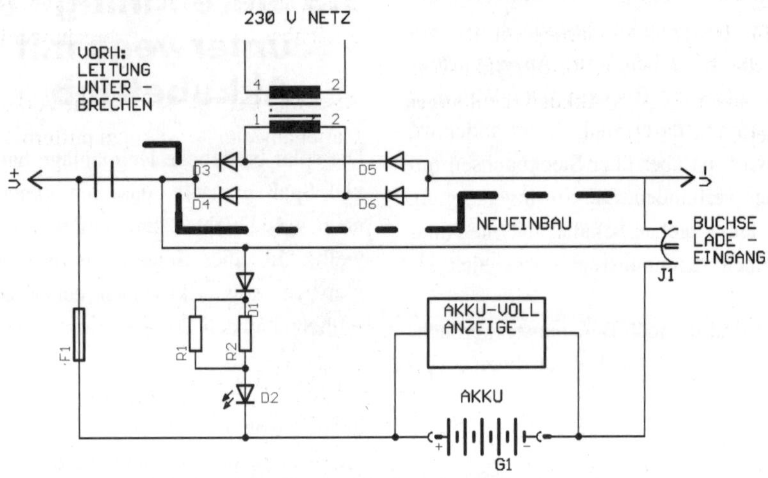


Abb. 5.3.2 Beschaltungsprinzip des „Eingriffs“ bzw. Umbaus

Es ist zu beachten: beim Eingriff in das Gerät erlischt ein eventuell bestehender Garantieanspruch!

Achtung: Vorsicht im Umgang mit Netzspannung ist geboten – so einen Eingriff sollten nur Fachleute vornehmen. Vor dem Auseinanderbau des Gerätes ist unbedingt der Netzstecker auszustecken.

Nach dem Umbau kann der Akku sowohl anhand des eingebauten Netzteiles als auch über die 12 V Ladebuchse geladen werden.

Der obere Teil des Beschaltungsprinzipes zeigt den im Gerät vorhandenen Einbau. Unterhalb der gestrichelten Linie ist der Neueinbau dargestellt. Die Ladeschaltung des Akkus ist mit Widerständen und Leuchtdioden realisiert.

Zur Verwendung kommen:

D 1 = Siliziumdiode wie 1 N 4001 (bis 1 A Ladestrom)

LED = Leuchtdiode

Sicherung je nach Betriebsstrom 0,5 A ist meist o.k.

R 2 = Vorwiderstand für die LED 10 mA

R 1 = Ladestrombegrenzung

Tabelle für die Dimensionierung von R 1 und R 2 und die Bauanleitung für die Akku-voll-Anzeige, siehe Kapitel Akkutaschenlampen – integrierte Ladeschaltung.

Die beiden Leuchtdioden für die Anzeigen und die 12 V Ladebuchse können im hinteren Teil des Gehäuses in der Nähe des neu eingebauten Akkus montiert werden.

## 5.4 Drahtloses Telefon mit Solarladeausstattung

Die Idee, das Mobilteil des drahtlosen Telefons mit Solarzellen auszustatten, kam daher: Freunde von mir hatten so ein Teil, waren aber gar nicht damit zufrieden, da immer wenn sie längere Zeit im Garten waren, die Akkus leer waren und das Telefon der Aufgabe im Garten erreichbar zu sein nicht gerecht wurde!

Also was liegt näher – als die Akkus für die Gartenanwendung solar zu puffern.

Abb. 5.4.1 Drahtloses Telefon mit Solarladeausstattung

Abb. 5.4.2 Minisolarmodule am drahtlosen Telefon

Das Gehäuse bot sich dafür an, zwei Minimodule (wie im Buch beschrieben) auf die schräge Rückseite aufzukleben und über eine Schottkydiode an die Akkus anzuschließen. Das Gerät ist mit drei Akkuzellen ausgestattet, sodass der Aufwand sehr gering ist.

Bei all den Geräteumbauten ist zu bedenken, dass eine evtl. noch zu erwartende Garantieleistung bei einem Eingriff in das Gerät verfällt. Dies spielt natürlich bei Restposten, die sehr preiswert sind, nicht die Rolle. Speziell bei dem kabellosen Telefon, bei denen kein Eingriff vorgenommen werden sollte, ist es gut vorstellbar, einen zweiten Ladehalter mit Solarzellen ausgestattet, beispielsweise für die Gartennutzung, aufzubauen.

## 5.5 Walkman und CD-Player, solarbetrieben

Bei Walkman und CD-Player gibt es in aller Regel eine Ladebuchse, an der die Solarladeeinrichtung angeschlossen werden kann. Dummerweise schaltet, sobald der Ladestekker eingesteckt wird, die Ladebuchse die interne Batterie ab. Aber auch da ist es möglich, eine extra Einheit – bestehend aus – Akkus und kleinen Solarmodulen extern aufzubauen und in den Walkman einzustecken, um dann einen Betrieb zu haben, bei dem der Walkman von den Akkus versorgt wird und die Akkus gleichzeitig von der Sonne aufgeladen werden können.

Hierzu eignen sich ganz besonders gut die schon beschriebenen wiederaufladbaren Alkali – Manganbatterien, siehe Kapitel „Solare Ladeverfahren“

Abb. 5.5.1 Gleichzeitiger Betrieb und Solarladung für den Walkman

# 6 Zubehör und Extras

## 6.1 Solarzellenexperimentierbrett

Gerade bei Solarzellen aus Restposten ist es spannend, welche Leistung herauszuholen ist. Dazu habe ich mir eine Einrichtung gebastelt und mit verschiedenen Solarzellen bestückt. Die Zellen sind an der Unterseite mit den ebenfalls auf dem Brett montierten Bananensteckerbuchsen verdrahtet. An der Frontseite können z.B. Messinstrumente, auch an Bananensteckerbuchsen angeschlossen, montiert werden, sodass durch Umstecken die verschiedenen Zellen bei gleichen Lichtverhältnissen getestet und geprüft werden können. Mit dem hier vorgestellten Akkuhalter können auch Akkus geladen werden. Klasse ist es z.B. auch, unterschiedliche Kleinmotoren in Verbindung mit den Solarzellen zu testen. Wir können schnell ermitteln, welcher Motor bei welchen Lichtbedingungen anläuft, usw.

Durch die Steckverbindungen ist es möglich, auch die vorhandenen Zellen parallel oder in Reihe zu verschalten, um damit einen höheren Strom oder eine höhere Spannung zu erhalten.

Abb. 6.1.1 Solarzellenexperimentierbrett

## 6.2 Solarstromversorgung für Fahrradtacho und Messgeräte

**Fahrradtacho**

Fahrradtachos gibt es schon total preiswert, wenn dann allerdings die kleine Knopfzellenbatterie leer ist, zeigt sich, dass eine Ersatzbatterie in etwa soviel kostet wie der Fahrradtacho (vielleicht war er deshalb so preiswert ?). So ist es mir ergangen und ich hatte keine Lust, wieder eine neue Batterie zu kaufen. Zudem es eine Spezialbatterie mit 3 V sein sollte. Mit dem Fahrrad bist du viel in der Sonne – also was liegt näher, als eine dauerhafte Solarstromversorgung zu basteln. Im Prinzip ist es möglich, einfach ein Minimodul direkt an den Fahrradtacho anzuschließen – dann sind eingegebene Daten wie Uhrzeit oder Gesamtstrecke aber spätestens am nächsten Morgen entschwunden! Um die eingefangene Energie zu puffern, ist es eine gute Lösung den Fahrradtacho mit einem Kondensator – am besten mit einem Gold Cap – auszustatten. In meinem Fall ist der Batterieschacht groß genug, um einen 1 F Gold Cap unterzubringen. Das Minimodul habe ich direkt am Fahrradlenker befestigt, möglich wäre auch eine Befestigung seitlich am Fahrradtacho. Oder besonders schön, Solarstromversorgung über extra Schleifkontakte zum Halter.

Damit sich der Gold Cap nicht über die Solarzellen entlädt, braucht es noch eine kleine Schottkydiode dazwischen.

Für den, der die Überbrückungszeit des Gold Cap für den Fahrradtacho oder andere Messgeräte berechnen möchte, hier die Formel:

$$T = \frac{(U1 - U2) \times C}{I}$$

T = Überbrückungszeit in sec.
U1 = Ladespannung in Volt
U2 = Zulässige Minimalspannung des Gerätes in Volt
I = Stromaufnahme des Gerätes in Ampere
C = Kapazität des Gold Cap in Farad ( F )

Beispiel für den Fahrradtacho:
Stromaufnahme Fahrradtacho: 0,05 mA
Minimalspannung: ca. 1 V
Ladespannung mit Minisolarmodul: ca. 3 V
Kapazität von Gold Cap: 1F

Wir errechnen: Differenz von U1 und U2 = 2 V x 1 F / 0,00005 = 40.000 sec.

Um auf die Stunden zu kommen, teilen wir durch 3600 und erhalten damit 11,11 Stunden Überbrückungszeit.

Steht das Fahrrad mit dem solarbetriebenen Fahrradtacho im Freien, so reicht diese Zeit aus, um den Gold Cap über Tag wieder aufzuladen:

**Digitalmessgerät**

Dasselbe Thema hatte ich bei einem sehr preiswerten kleinen Digitalmessgerät. Dieses war mit zwei 1,5 V Knopfzellen ausgestattet, die relativ zügig leer waren!

Da war es aber so, dass die 2 x 1,5 V extra gebraucht wurden (Dual-Stromversorgung). Mit einem einfachen IC wie z.B. mit dem IC

Abb. 6.2.1 Fahrradtacho – Zu sehen ist hier das Solarzellen – Messbrett, mit deren Hilfe der Gold Cap im Versuch geladen wurde, ganz links die Originalbatterie, daneben der Fahrradtacho und der noch nicht eingebaute Gold Cap, rechts der digitale Multimeter mit Anzeige der momentanen Ladespannung

741 hätte ich da was basteln können aber ich habe zwei Minimodule dran gemacht – dafür ohne Energiespeicher. Das Messgerät arbeitet, sobald das Licht an ist – schon mit der Arbeitsplatzbeleuchtung – so muss es auch nie mehr aus- und eingeschaltet werden!

Die Leistung des Minimoduls ist sehr üppig für den geringen Stromverbrauch des Messgerätes, d.h. es könnten auch kleinere Zellen oder auch amorphe Solarzellen verwendet werden.

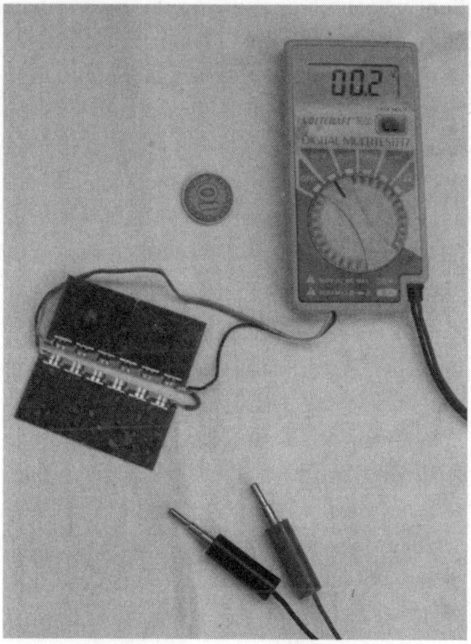

Abb. 6.2.2 Solarstrombetriebenes Digitalmessgerät

## 6.3 Sonnennachführung Marke einfach und billig



Zum einen gibt es ja die raffinierten Nachführungen mit einem Solargetriebemotor und zwei antiparallelen Solarzellen, der Motor dreht sich dann so lange, bis beide Solarzellen direkt zur Sonne stehen.

Was ich hier beschreiben möchte, ist jedoch eine andere Idee.

Ich hatte ein elektrisches Einbauuhrwerk und dachte, damit müsste sich doch was machen lassen. Dummerweise dreht sich der Stundenzeiger zwei Mal in 24 Stunden.

Also habe ich nach 2 Zahnrädern aus der Bastelkiste geschaut, die eine Untersetzung von 2

Abb. 6.3.1 Sonnennachgeführtes Komfortladegerät

zu 1 bewirken. Auch dachte ich an eine Potiuntersetzung, die untersetzt jedoch meist mehr. Das eine Zahnrad (20 Zähne) hab ich soweit aufgebohrt, dass es auf die Stundenachse des Uhrwerkes passt und es mit 2-Komponentenkleber draufgeklebt. Das andere Zahnrad (40 Zähne) wurde auf eine 4 mm Achse montiert und diese wiederum in eine Bananensteckerbuchse gesteckt. Die Buchse ist in einer Aluplatte montiert und die Aluplatte, mit einem Loch versehen, auf das Zentralgewinde des Uhrwerks geschraubt. Durch die Untersetzung hat sich jetzt aber die Drehrichtung geändert d.h. die Achse dreht sich links herum. Wenn die Bananensteckerbuchse unten, wo normalerweise das Kabel angelötet wird, abgesägt wird, können wir die Achse durchstekken und den Drehteller auf der anderen Seite befestigen d.h. das Uhrwerk wird mit der Rückseite nach oben aufgestellt! Dann noch ein rundes Holzbrettchen an die 4 mm Achse geklebt, mit einer Unterlegscheibe zwischen Uhrwerksrückseite und Drehteller damit das Zahnrad unten nicht rausrutscht, etwas Unterbau damit das ganze gut steht und fertig ist die Sonnennachführung (dreht sich in 24h einmal um die Achse wie die Erde um die Sonne, d.h. das Ladeteil ist immer genau zur Sonne ausgerichtet). Wenn die Sonne scheint einmal danach ausrichten. Mit der Batterie des Uhrwerkes läuft das Ganze 1-2 Jahre. Wer möchte, kann einen Akku ins Uhrwerk einlegen und den mit einem Minisolarmodul an der Sonne laden lassen.

Quasi als Funktionsanzeige für die Nachführung wurde der Sekundenzeiger noch auf die Sekundenachse aufgesteckt. Das obere Zahnrad an der Holzplatte dient der besseren Befestigung und Zentrierung. Die beiden Untersetzungszahnräder brauchen nur ganz leicht ineinander einzugreifen.

## 6.4 Laderegler für 12 Volt Bleigelakkus

Bleigelakkus sind sehr empfindlich, was Überladung anbetrifft. Daher sollte dafür ge-

Abb. 6.3.2 Nachführungsmechanik von der Seite

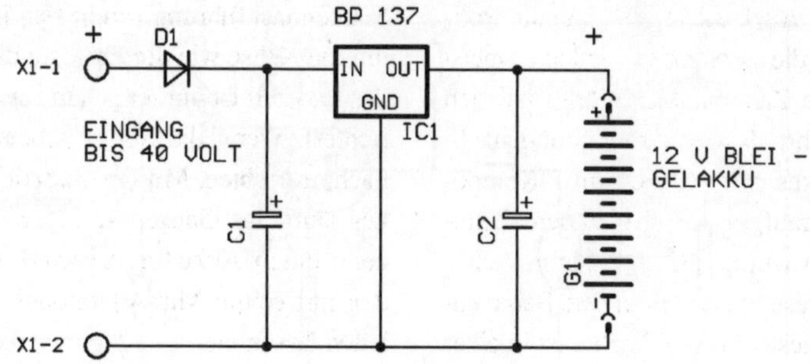


Abb. 6.4.1 Ladereglerschaltung für 12 V Bleigelakku

sorgt werden, dass die Endspannung beim 12 V Akku nicht mehr als 13,8 V beträgt. Hier nun ein einfach aufzubauender Laderegler:

Das IC PB 137, eine Schutzdiode als Verpolungsschutz und zwei Elkos.
Zur Verwendung kommen:
IC = PB 137
C1 = 1 uF, 40 V
C2 = 10 uF, 40 V
D1 = Schottkydiode, z,B. SB 550

Technische Daten des IC
Ausgangsspannung: 13,7 V
Max. Eingangsspannung: 40 V
Ladestrom max.: 1,5 A
Bei Vollast Kühlkörper verwenden!

## 6.5 Unterspannungsabschaltung für 6 V und 12 V Akkus

Damit beispielsweise 12 V Blei-Akkus beim Entladen nicht zerstört werden, sollten sie ab einer Spannung von 11 V bzw. minimal 10,5 V vom Verbraucher getrennt werden. Die meisten käuflichen Solarladeregler sind daher mit einer Unterspannungsabschaltung ausgestattet. Eingebaut z.B. im Solarkoffer Typ 1.

Nachfolgend eine einfache Schaltung:
Vorteil der Schaltung ist, dass sie in Ruhestellung sehr wenig Strom verbraucht und das Relais erst anzieht, wenn die Abschaltung des Verbrauchers durch Erreichen der Unterspannungsschwelle erforderlich ist.

Die Schaltung ist mit zwei verschiedenen Spannungsbereichen realisierbar:

A. Unterspannungsabschaltung: 6 V bis 10 V
B. Unterspannungsabschaltung: 10 V bis 12 V

Zur Verwendung kommen:
C 1 = 5-10 uF 15 V
R 1 = 10 K
R 2 = Poti 10 K lin.
R 3 = 3,3 K (A) und 50 K (B)
R 4 = 100 Ohm
R 5 = 1,5 K
R 6 = 4,7 Ohm
R 7 = 330 Ohm (A), 680 Ohm (B)
D 1 = ZD 5,6 V (A) und ZD 10 V (B)
D 2 = 1N 4001

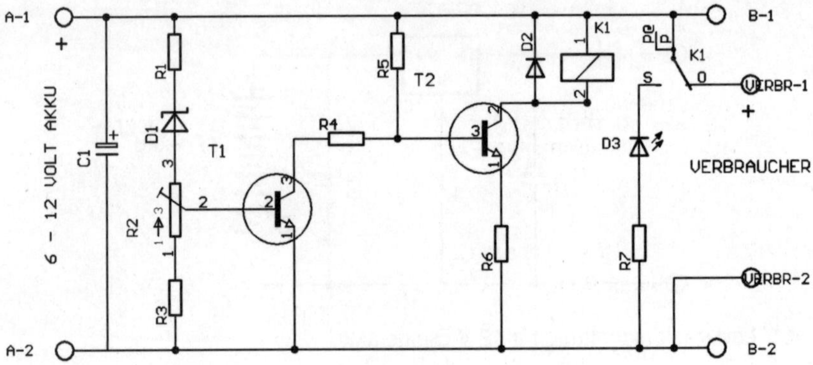


Abb. 6.5.1 Schaltplan Unterspannungsabschaltung

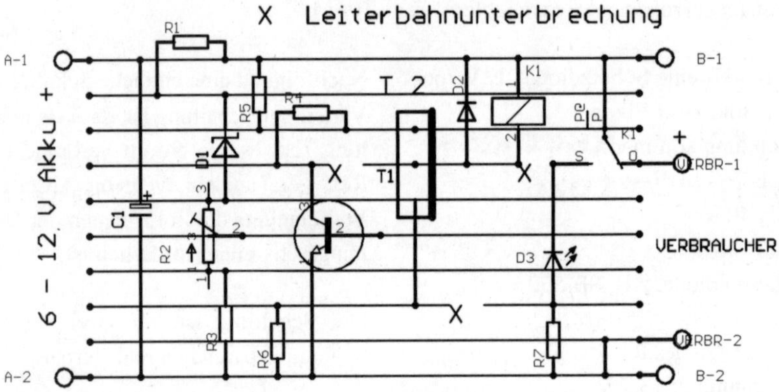


Abb. 6.5.2 Aufbau der Unterspannungsabschaltung auf einer Streifenrasterplatine

T 1 = Transistor BC 108 (Vergleichstypen siehe Anhang)

T 2 = Transistor BD 137

LED = Leuchtdiode

R = Relais 6 V (A) und 12 V (B) 1 Wechsler

Auch hier ist der Aufbau auf einer Lochrasterplatine sinnvoll und praktisch:

Die LED und der dazu erforderliche Vorwiderstand sind hier als Beispiel eingezeichnet, es könnte aber genauso ein Warnsummer sein. Die Wechsleranschlüsse des Relais sind im Platinenaufbau nicht exakt eingezeichnet, da diese je nach Relaistyp unterschiedlich angeordnet sind.

Die Schaltung wird wie folgt geeicht:

Trimmpoti in Mittelstellung bringen, regelbare Spannungsquelle auf die Abschaltspannung einstellen z.B. 10,5 Volt, mit Schraubendreher Trimmpoti Richtung Zenerdiode bringen, bis Relais gerade anzieht. Dann durch Verändern der Spannung abprüfen, ob die Schaltschwelle bei der gewählten

Spannung ist – evtl. nochmals nachjustieren.

Niedrigere Spannung d.h. zu 6 V (A) bzw. 10,5 V (B) hin, Trimmpotischleifer Richtung Zenerdiode.

Höhere Spannung d.h. zu 10 V (A) bzw. 12 V (B) hin, Trimmpotischleifer Richtung R 3.

Die Unterspannungsabschaltung ist sehr empfehlenswert bei Akkugeräten die unbeabsichtigt angelassen werden können und ideal für die im Kapitel „Zustandsanzeigen" beschriebene Kapazitätsprüfeinrichtung.

## 6.6 Zangenakkumessgerät de Luxe

Mit einem Zeigermessinstrument, 2-3 Dioden, einem Birnchen mit Fassung sowie 2 Blechteilen und einem Stück Pertinaxplatte, lässt sich ein praktisches Akku – und Batteriemessgerät basteln.

Zusatzeffekt – eine Falschpolung ist nicht möglich, da ja durch die Dioden das Instrument nur anzeigt, wenn der Akku polrichtig gemessen wird. Ein roter Aufkleber hilft den Akku gleich polrichtig zu prüfen. Ein Stück Fahrradschlauch hält die Polzangen für einen Dauertest am Akku. Sollte die Akkuspannung sehr schnell abfallen, ist der Akku nicht richtig vollgeladen oder kaputt.

Ein gut geladener Akku bleibt unter Last des Birnchens lange Zeit bei 1,05 – 1,1 V also etwa in der Mitte unserer Anzeige.

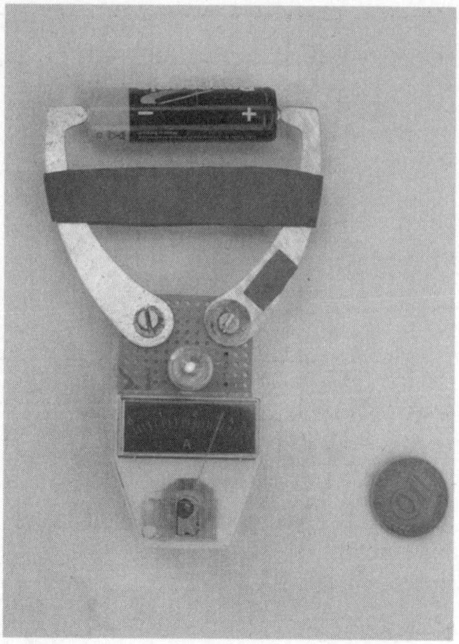

Abb. 6.6.1 Zangenakkumessgerät im Messeinsatz

Eichen wie folgt:

Voll geladenen Mignonakku und Digitalmultimeter polrichtig anschließen. Vorhandene Skala des Messinstrumentes und Werte des Digitalmultimeters bei abfallender Akkuspannung ablesen und notieren. Danach neue Skala anfertigen und in das Instrument kleben, oder ein Klebeetikett unterhalb des Meßinstrumentes anbringen wo die vorhandenen Skalenwerte und die abgelesenen notiert sind.

Im Prinzip reicht es oft auch zu sehen, wie weit der Zeiger ausschlägt und er bei Belastung konstant stehen bleibt. Wenn das Birnchen ein Stück rausgeschraubt wird und ausgeht – zeigt sich, wie schnell der Zeiger weiter ausschlägt. Da ist gut zu sehen, wie unsinnig eine Messung ohne Last ist! Bei-

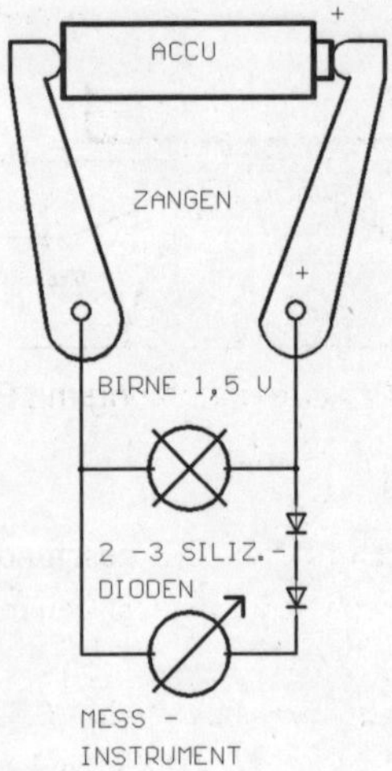


Abb. 6.6.2 Prinzipschaltbild Zangenakkumessgerät

0 = 0,6 V
1 = 0,95 V
2 = 1,1 V
3 = 1,16 V
4 = 1,23 V
5 = 1,4 V

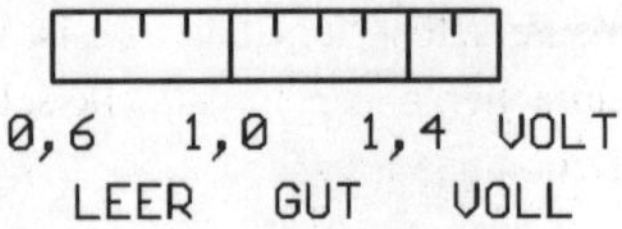


Abb. 6.6.3 Beispiel Skalengestaltung

spiel: mit Last 0,7 V, ohne Last 1,1 V.

## 6.7 Batterieprüfer mit LCD-Balken

Ein neueres Produkt mit einer exakten teilgraphischen Anzeige für 0,7 bis 1,5 V und 1,8 bis 9,0 V. Das Teil lässt sich durch Vorschalten einer Zenerdiode z.B. auch zum Prüfen von 12 V Akkus verwenden (mit neuer Skala).

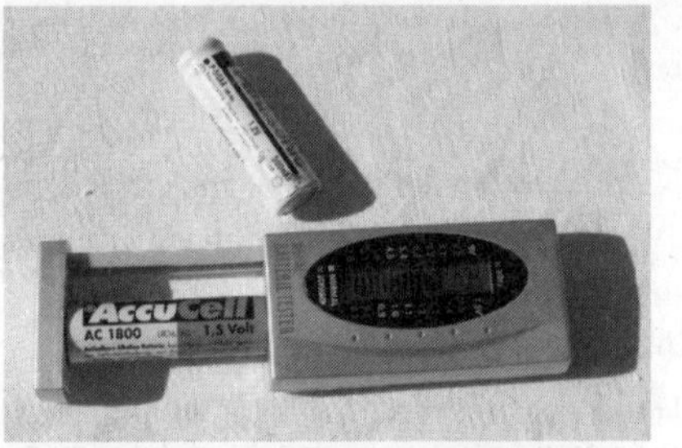

Abb. 6.7.1 Batterieprüfer mit LCD-Balken

## 6.8 Ladeeinrichtung mit einem Peltierelement

Vor einiger Zeit habe ich zufällig eine sog. Campingkühlbox auf dem Sperrmüll gefunden. Das Gehäuse war ziemlich unappetitlich und auch mechanisch kaputt, sodass ich das ganze Teil auseinandergenommen habe. Zum Vorschein kam ein Peltierelement und ein Lüfter.

Üblicherweise ist die Kühlbox mit einem Umpolschalter ausgestattet, sodass sie auch als Warmhaltebox verwendet werden kann. Was viele nicht wissen, das Peltierelement wandelt nicht nur Strom in Kälte/Wärme um, sondern das Ganze geht auch umgekehrt! Das Peltierelement über einer Wärmequelle angeordnet und mit entsprechender Kühlvorrichtung liefert Strom!

Ganz schnell hab ich mir ein Teil gebastelt, das – auf einem Kaminrohr eines Holzofens aufgesteckt – Strom liefert, um z.B. Akkus zu laden.

Auch mit einem Teelicht lässt sich so Strom erzeugen. Die Anordnung wurde so konstru-

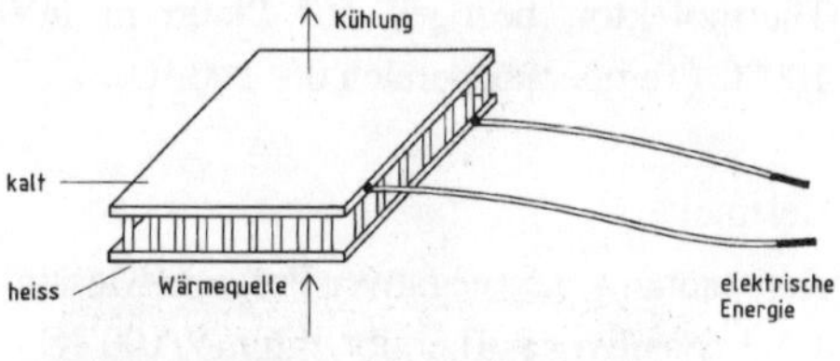


Abb. 6.8.1 Peltierelement

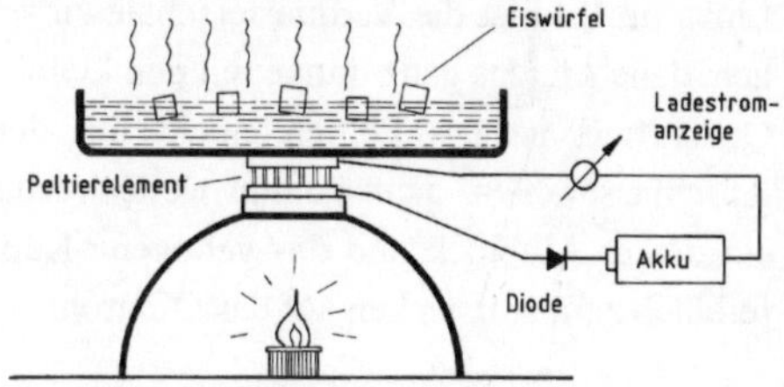


Abb. 6.8.2 Ladeeinrichtung mit Peltierelement

iert, dass unten ein Teelicht stehen kann und oben eine Verdunsterschale mit Wasser und einem Duftoel gefüllt – für die nötige Temperaturdifferenz sorgt – und auch gleichzeitig als Duftlampe arbeitet. Am besten ist es, in die Verdunsterschale Eis einzufüllen, da die Temperaturdifferenz zwischen unten und oben entscheidend ist. So z.B. an kalten lichtarmen Winterabenden an denen es das Eis draußen umsonst gibt.

Bei meinem ersten Versuch mit einer Teekerze brachte die Anordnung ab einer 10-minütlichen Aufwärmzeit einen Ladestrom von 80 mA und eine Spannung von 1,45 V, Tendenz steigend bis das Eis geschmolzen war – dann ging es wieder zurück – aber immerhin!

Das Teil auf dem Foto (Abb. 6.8.3) hab ich für den Kachelofen gebaut und zum Laden von Akkus benutzt.

Für einen richtig guten Peltiergenerator braucht es natürlich mehrere solcher Elemente. Im Prinzip könnte man die Peltierelemente selbst herstellen. Es ist zumindestens einfacher, als eine Solarzelle selbst anzufertigen.

Abb. 6.8.3 Peltierelement mit Verdunsterschale, Alublock und Kupferadapter fürs Ofenrohr

Links im Bild ist die Verdunsterschale zu sehen, daneben, das ganz dünne mit den kleinen Querstiften, ist das Peltierelement mit den Anschlussdrähten, dann kommt weiter rechts ein dicker Alublock und das gebogene Kupferblech zum Aufstecken auf das Ofenrohr.

## 6.9 Anregungen zum Experimentieren mit dem Peltier/ Thermoelement

Nachfolgend einige experimentelle Aussichten und Beispiele.

Grundsätzlich geht es beim Thermoelement darum, zwei unterschiedliche Metalle zu verbinden. Durch den Spannungsunterschied fließt Strom. Je weiter die Metalle in der Reihe des Thermofaktors auseinander sind, desto größer ist der Effekt. Anbei einige Metalle sowie deren Werte:

Thermofaktor, bezogen auf Platin in mV/ 100°C (Temperaturbereich 0 – 100 °C)

Beispiel:

Konstantan – 3,5 (negativer Pol) und Messing + 1,1 (positiver Pol) ergibt 4,6 mV/100 °C

Schön wäre das Paar mit Konstantan und Silizium, für uns einfacher realisierbar sind eher Konstantan / Kupfer und Konstantan /Messing, da sie sich auch verlöten lassen.

Mit einem Konstantandraht und einem Kupferdraht, die zusammen gedrillt oder verlötet sind, können wir den Effekt selbst nachvollziehen.

Ein einzelnes Thermoelement liefert zwar nur eine sehr kleine Spannung, doch dafür verhältnismässig hohe Ströme.

Die in Abb. 6.9.1 und 6.9.2 aufgezeigte Versuchsanordnung könnt ihr ohne Probleme

| METALL | THERMOFAKTOR | METALL | THERMOFAKTOR |
|---|---|---|---|
| Wismut | - 6,5 | Zink | + 0,7 |
| **Konstantan** | **- 3,5** | Gold | + 0,7 |
| Nickel | - 1,5 | **Kupfer** | **+ 0,75** |
| Natrium | - 0,2 | Wolfram | + 0,8 |
| Quecksilber | 0,00 | Kadmium | + 0,9 |
| **Platin** | **0,00** | **Messing** | **+ 1,1** |
| Blei | + 0,4 | Eisen | + 1,8 |
| Aluminium | + 0,4 | Nickelchrom | + 2,2 |
| Manganin | + 0,6 | Antimon | + 4,8 |
| Silber | + 0,7 | **Silizium** | **+ 45,0** |

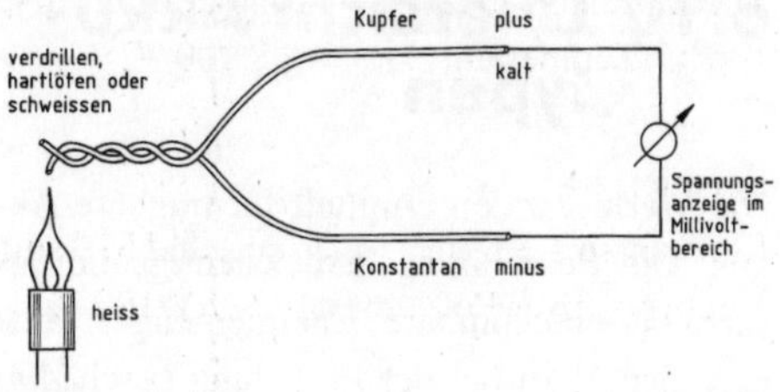


Abb. 6.9.1

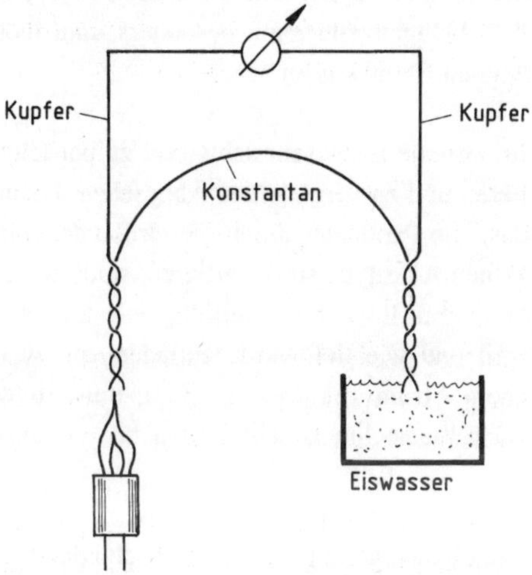


Abb. 6.9.2

nachbauen. Der Konstantandraht lässt sich von einem alten, dicken Widerstand abwickeln. Was ihr noch dazu braucht, ist ein empfindliches Messinstrument mit Anzeigebereich: Millivolt.

Die Anordnung wie in Abb. 6.9.3 mit einem 10 mm dicken Kupferdraht und dazwischen hartgelötete Konstantanstreifen bringt es immerhin zu einem Stromfluss von an die 40 Ampere – nein, kein Druckfehler!

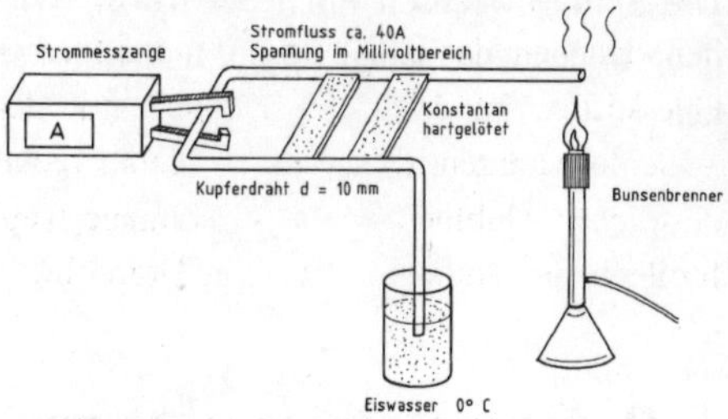


Abb. 6.9.3

Der Strom lässt sich durch die magnetische Kraft oder mit einer Strommesszange nachweisen (Abb. 6.9.4).

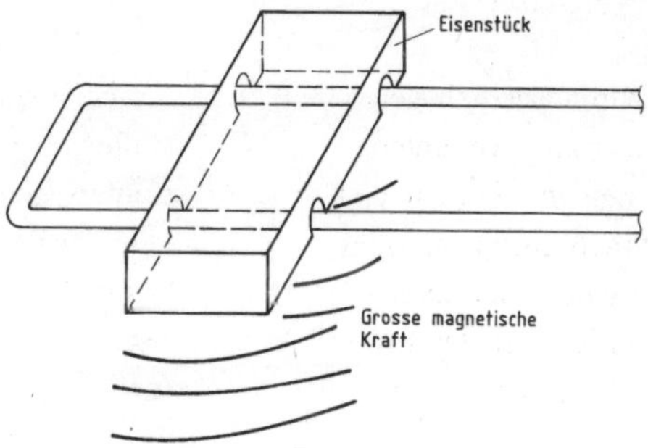


Abb. 6.9.4

Denkbar wäre z.B. eine Anordnung dieser Vorrichtung mit einem Parabolspiegel, zur Sonne hin ausgerichtet.

Ein Freund von mir hat mit einer Spirale abwechselnd mit Konstantan und Kupfer experimentiert, wobei die eine Seite in einem Parabolspiegel (zur Sonne ausgerichtet) und die andere in einer Wasserschale eingetaucht war.

6

Die Spirale wechselt mit jeder halben Windung in den Materialien Kupfer und Konstantan.

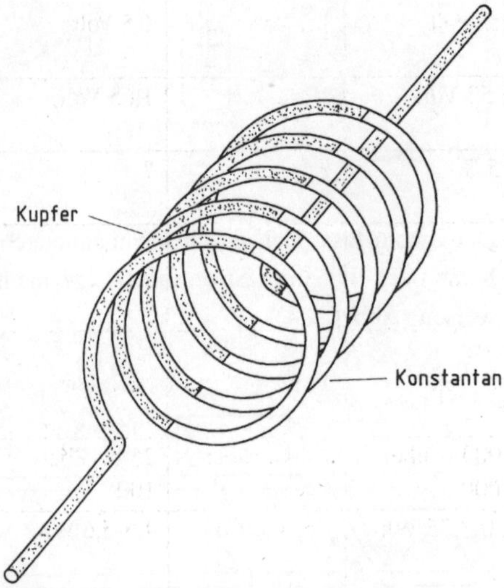


Abb. 6.9.5

## 6.10 Übersicht Akkutypen

Die Werte wurden ermittelt für tragbare Akkus. Die Berechnung berücksichtigt die tatsächlich entnehmbare Energiemenge, ohne dass der Akku bei der Entladung geschädigt wird bzw. die Zyklenhäufigkeit darunter leidet. Dies ist bei der wiederaufladbaren Alkali – Manganzelle ganz besonders und auch bei den Bleiakkus zu beachten.

Im Grunde ist es sehr schwierig zu pauschalieren und zu vergleichen. Abgesehen davon, dass die Parameter durch die Größe des einzelnen Akkutyps stark variieren, sind die äußeren Einflüsse sehr vielfältig wie z.B. wie weit und wie tief wurde entladen, mit welchem Strom bei welcher Temperatur usw. Dasselbe nochmals beim Laden, beim Lagern usw.

Die eigene, verantwortliche Entscheidung ist auf jeden Fall gefragt und auch die eigenen Erfahrungen!

| AKKUTYPE<br><br>EIGEN-<br>SCHAFT | BLEI-SÄURE<br><br>Bis Gr. 10 Ah | BLEI-GEL<br><br>Bis Gr. 10 Ah | NiCd<br><br>Bis Gr. 5,5 Ah | NiMh<br><br>Bis Gr. 7 Ah | Alkali-Mang.<br>wiederauflad-<br>bar bis 8 Ah |
|---|---|---|---|---|---|
| Akkuspan-<br>nung<br>Pro Zelle | 2 Volt | 2 Volt | 1,2 Volt | 1,2 Volt | 1,5 Volt |
| Ladeendspan-<br>nung | 2,35 Volt | 2,3 Volt | 1,52 Volt | ? | 1,65 Volt |
| Wirkungs-<br>grad | 80 % | 80 % | 65 % | ? | ? |
| Selbstentla-<br>dungsrate<br>21°C / Monat | 12-15 % | 2-5 % | Ca. 20 % | 20-25 % | Ca 0,2 % |
| Stromfähig-<br>keit über<br>Nennkapazität | Sehr gut | Sehr gut | Sehr gut | Nicht gut | Nicht gut |
| Ladezyklen | 200 bis über<br>500 | 200 bis über<br>500 | 500 bis über<br>1000 | 100 bis über<br>500 | 25 bis über<br>100 |
| Kapazität be-<br>zogen auf 100<br>Gramm | 1,90-2,95 Wh | 1,70-2,45 Wh | 2,0-3,75 Wh | 3,5-5,5 Wh | 4,5-5,6 Wh |
| Kapazität be-<br>zogen auf<br>Blei-Säure | 100 % | 86 % | 118 % | 185 % | 208 % |
| Ladeart Min-<br>destanforde-<br>rung | Spannungs-<br>begrenzung | Spannungs-<br>begrenzung | Strom- Be-<br>grenzung | Impulsladung | Spannungs-<br>begrenzung |
| Temperatur<br>Eigenschaft<br>kalt | Proble-ma-<br>tisch | gut | Sehr gut | ? | Problematisch |
| Temperatur<br>Eigenschaft<br>warm | gut | gut | Proble-ma-<br>tisch | ? | Sehr gut |
| Mitweltver-<br>träglichkeit | Wenn recy-<br>celt gut | Probl. bis gut | Sehr proble-<br>mat. | Sehr gut | Sehr gut |
| Entladetiefe | 0,7 | 0,7 | 0,9 | 0,9 | Max. 0,5 |
| Solar ladefä-<br>higkeit | gut | Sehr gut | gut | Problemat. | Sehr gut |
| Memory-<br>Effekt | keiner | keiner | ja | gering | keiner |

# 7 Solaranwendung im Direktbetrieb

Bisher wurden die Anwendungen mit Solarladung immer in Verbindung mit einem Energiespeicher wie Akku oder Gold Cap beschrieben. Besonders praktisch ist es, wenn der Energiespeicher entfallen kann.

Ein Beispiel: der Solarventilator. Ein ganz einfaches und sehr praktisches Prinzip. Immer wenn es heiß ist und die Sonne scheint, gibt es auch viel Strom von der Solarzelle, um den Ventilatormotor anzutreiben.

## 7.1 Solarventilator

Der Solarventilator besteht aus einer oder mehreren Solarzellen einem Kleinmotor und einem Ventilatorflügel. Entscheidend für den Wirkungsgrad ist vor allem der Kleinmotor:

Im Handel gibt es spezielle Solarmotoren die sich durch niedrige Anlaufspannung (0,3 V) und niedrigen Anlaufstrom (30 – 50 mA) auszeichnen.

Ganz besonders effektiv sind die Glockenankermotoren mit eisenlosem Rotor und freitragender Wicklung. Dadurch ergibt sich ein geringes Massenträgheitsmoment. Anlaufspannungen von 0,1 Volt und Leerlaufströme von ab 1mA sowie hoher Wirkungsgrad von bis zu 90 % sind die weiteren Vorteile. (Liefernachweis : Fa. Lemo – Solar im Anhang).

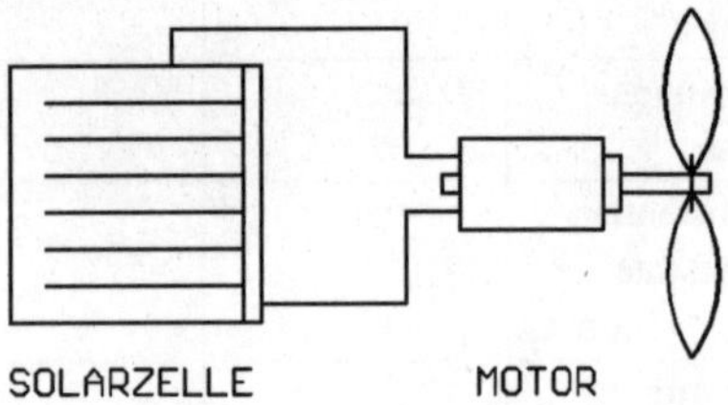


Abb. 7.1.1 Prinzipschaltbild Solarventilator

Der Ventilatorflügel kann aus dünnem Alublech ausgeschnitten und auf die Motorachse mit Zweikomponenten Kleber befestigt werden, wichtig ist dabei eine gewichtsmäßige Symmetrie, um keine Unwucht zu erhalten. Beim Anschließen die Drehrichtung beachten, damit der Propeller den Wind in die richtige Richtung bringt.

Der Solarventilator eignet sich z.B. total gut in einem Gewächshaus zur Luftumwälzung und für all die anderen energieautarken Ent- und- Belüftungsmaßnahmen im Wochenendhaus, Wohnwagen und Garten.

## 7.2 Solarpumpe

Das gleiche Prinzip ergibt sich auch bei einer kleinen Pumpe. Die Solarzellen müssen nur so dimensioniert werden, dass die Solarzelle genügend Strom zur Überwindung des Anlaufwiderstandes der Pumpe und damit des

Im Bild sind zu sehen, links oben ein Solarventilator aus Restpostenmaterial, links unten, eine Restpostensolarzelle mit einer Kolbenpumpe kombiniert und rechts ein Solarventilator mit einer 10 x 10 cm monokristallinen Solarzelle und einem Solarmotor mit selbst angefertigtem Alupropeller.

Abb. 7.2.1 Solarventilatoren und Pumpe

Anlaufdrehmomentes des Motors liefern kann.

Hier ist die Kopplung ein bisschen schwieriger. Eine Möglichkeit ist die Verwendung einer kleinen Kolbenpumpe und der Antrieb mittels eines Exzenters, der über ein Untersetzungsgetriebe auf die Motorachse montiert wird. Eine andere Möglichkeit sind Membranpumpen oder die Kopplung mit Magneten. Die eigentliche Pumpe ist dabei in einem wasserdichten Gehäuse, versehen mit zwei Magneten – der Motor befindet sich außerhalb des Gehäuses mit magnetisch anders herum gepolten Magneten.

Solarpumpen sind gut geeignet für all die Bewässerungsaufgaben im Garten, für Teichbelüftung, Springbrunnen und Umwälzeinrichtungen.

# 8 Verwendete Bauelemente

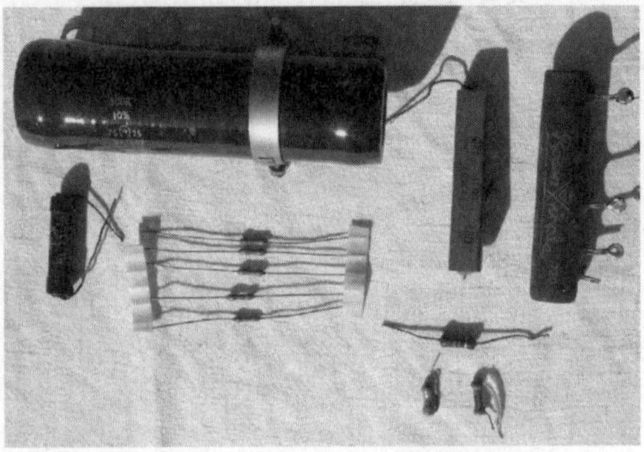

Abb. 8.1 Widerstände

| Widerstandswert | 1. Farbring | 2. Farbring | 3. Farbring | 4. Farbring = Toleranz |
|---|---|---|---|---|
| 0,1 Ohm | braun | schwarz | silber | silber 10% gold 5% |
| 0,22 Ohm | rot | rot | silber | |
| 1 Ohm | braun | schwarz | gold | |
| 1,5 Ohm | braun | grün | gold | |
| 2,2 Ohm | rot | rot | gold | |
| 150 Ohm | braun | grün | braun | |
| 390 Ohm | orange | weis | braun | |
| 470 Ohm | gelb | violett | braun | |
| 1K (Kilo-Ohm) | braun | schwarz | rot | |
| 1,2 K | braun | rot | rot | |
| 2,7 K | rot | violett | rot | |
| 4,7 K | gelb | violett | rot | |
| 5,6 K | grün | blau | rot | |
| 8,2 K | grau | rot | rot | |
| 10 K | braun | schwarz | orange | |
| 33 k | orange | orange | orange | |
| 100 K | braun | schwarz | gelb | |

## Widerstände

In den Schaltungen mit R bezeichnet. In der Regel sind es vier Farbringe, die den Widerstandswert angeben. Der erste und zweite geben den Wert in 0-9, der dritte den Multiplikationsfaktor und der vierte die Toleranz des Widerstandes an. Die Fertigungstoleranz ist für unsere Bastelwerke mit Silber = 10 % und Gold = 5 % gut und ausreichend. In der Praxis ist es sinnvoll, den Farbcodeschlüssel mit einem Vitrohmeter oder einer sog. Widerstandsuhr zu ermitteln. Das ist ein Pappteil für 2,50 DM mit drei oder vier Rädchen, an dem die Farben eingestellt werden können und der dazugehörende Wert angezeigt wird.

Nachfolgend die Farbcodes für die im Buch verwendeten Widerstände:

## Potentiometer, kurz auch Potı

Der Poti ist ein stufenlos veränderbarer Widerstand, mit Alu- oder Kunststoffachse, die auch entsprechend unseren Erfordernissen abgesägt werden kann.

Abb. 8.2

Trimmpotis lassen sich mit dem Schraubendreher einstellen und werden für Justierungen, z.B. für die Messeinrichtungen verwendet.

## Kondensatoren

In den Schaltungen mit C angegeben. Die Werte sind meist durch Aufdruck angegeben, selten auch durch Farbringe.

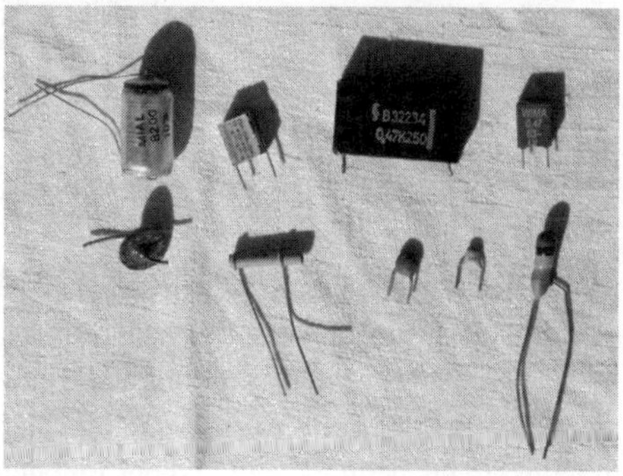

Abb. 8.3

Beispiel für den Aufdruck:
Des weiteren ist die Spannungsfestigkeit aufgedruckt, sie sollte ca. 20% über der Betriebsspannung liegen.

| Aufdruck | Angabe in uF (micro- Farad ) | mal 1000 = nF (nano-Farad) | mal 1000 = pF (pico-Farad) |
|---|---|---|---|
| n22 | | 0,22 nF | 220 pF |
| 2n2 | | 2,2 nF | |
| 0,01 | 0,01 uF | 10 nF | 10.000 pF |
| 0,022 | 0,022 uF | 22 nF | |
| 0,047 | 0,047 uF | 47 nF | |
| 0,068 | 0,068 uF | 68 nF | |
| 0,22 | 0,22 uF | 220 nF | |
| 0,47 | 0,47 uF | 470 nF | |
| 0,68 | 0,68 uF | 680 nF | 680.000 pF |

## Elektrolytkondensatoren, kurz Elko

In der Schaltung auch mit C angegeben. Wert durch Aufdruck. Zu beachten ist hier die Polung, meist angegeben durch Pfeil und Minus –Symbol, bei liegender Ausführung durch eine Einkerbung beim Pluspol und bei Tantalelkos durch + Zeichen und längerem Anschlussdraht beim Pluspol.

Auch hier sollte die Spannungsangabe 20% über der Betriebsspannung liegen.

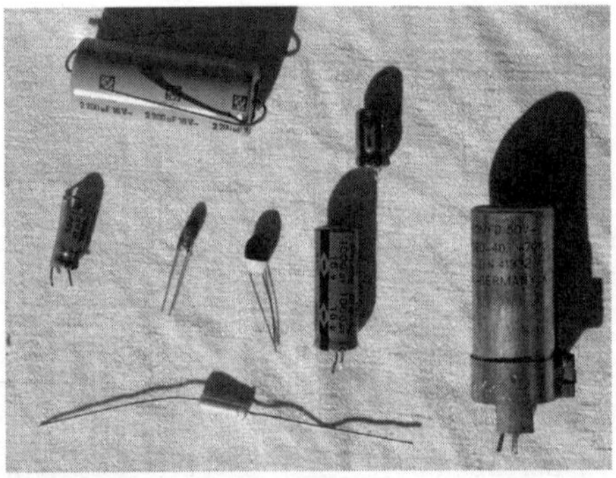

Abb. 8.4

## Gold-Caps

Kondensatoren mit sehr hoher Kapazität. Aufdruck wie bei den Elkos, Werte im Handel von 0,1 uF bis 50 F !! (Farad), Spannungsbereich jedoch nur von ca. 2 V-5,5 V. Eignen sich hervorragend als Pufferelement im Solarbereich und zwar dort, wo niedrige Verbrauchsströme zu erwarten sind – benötigt keinerlei Laderegelung, da der Gold–Cap nicht überladen werden kann und den Ladestrom automatisch durch seinen internen Widerstand begrenzt, auch Tiefentladung und Kurzschluss sind unproblematisch.

Abb. 8.5

Die als Aufdruck angegebene Spannung darf allerdings nicht überschritten werden! Es ist aber problemlos Reihen- und Parallelschaltung möglich.

Die Teile werden z.B. in Solaruhren, Programmspeichern und solarbetriebenen Messgeräten verwendet – in Japan läuft sogar ein Versuchsbus damit!

Leider zur Zeit noch um einiges teurer als ein Akku mit gleicher Kapazität, dafür aber von der Lebensdauer her unschlagbar.

## Dioden

In der Schaltung mit D angegeben. Aufdruck der Typenbezeichnung, damit können anhand der Listen die Werte für den max. zulässigen Strom und die Spannung ermittelt werden. Es gibt verschiedene Arten von Dioden, z.B. Silizium- und Germaniumdioden und andere, die sich in den charakteristischen Eigenschaften unterscheiden.

Dioden arbeiten im Prinzip wie ein Ventil, sie lassen den Strom in der einen Richtung durch und in der anderen Richtung sperren sie.

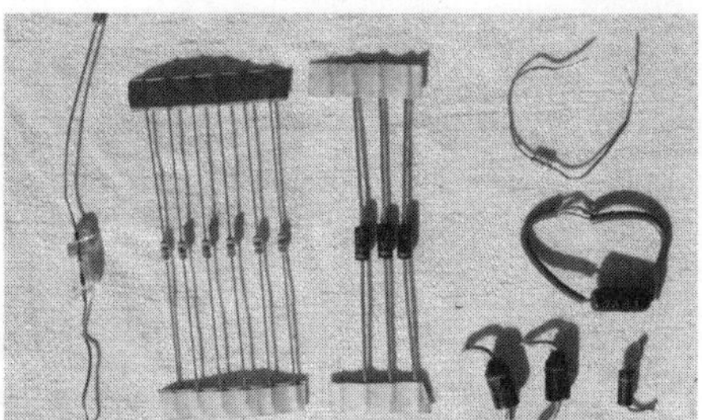

Abb. 8.6

Für die Schalt- und Messmethoden, wie sie in diesem Buch beschrieben sind, verwenden wir die Siliziumdiode. In der Durchlassrichtung beträgt die Schwellenspannung der Siliziumdiode 0,6 – 0,7 Volt, d.h. wenn wir die Eingangsspannung und die Ausgangsspannung der Diode messen, kommt 0,6 V weniger raus.

Die beiden Anschlussseiten werden im Schaltbild Anode (beim Pfeil) und Kathode (beim Querstrich) genannt. Der Kathodenanschluss ist am Gehäuse der Diode durch einen Ring oder ein Farbring markiert. Fehlt ein Hinweis auf die Durchlassrichtung, so können wir diese mit einem Durchgangsprüfer ermitteln (siehe am Anfang des Buches: Prüfen von Dioden).

## Schottkydioden

Schottkydioden unterscheiden sich nicht in Gehäuseart, Aufdrucksart, Markierung und Symbol von den oben beschriebenen Dioden, aber in den Eigenschaften.

Die Durchlass- bzw. Schwellspannung beträgt nämlich nur 0,3 Volt. Daher sind sie für Solaranwendung besser geeignet als die Siliziumdiode da mindestens 0,3 V mehr hinten rauskommen!

Das heißt, überall dort, wo es auf jedes bisschen der Energie ankommt, ist die Schottkydiode sehr willkommen.

## Leuchtdioden, kurz LED

In der Schaltung mit LED bezeichnet. Anschlussdrähte sind Anode und Kathode, die

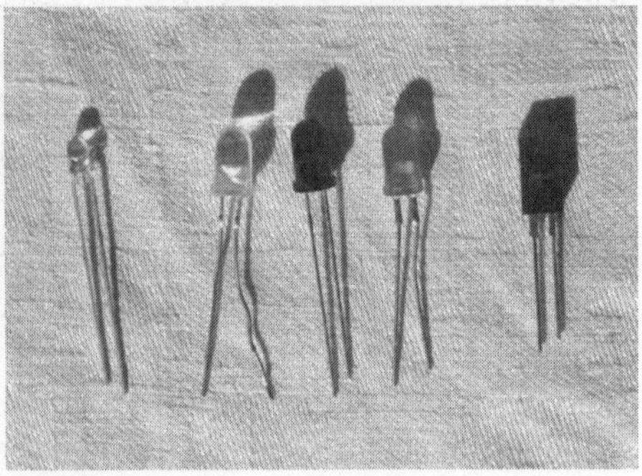

Abb. 8.7

Kathode ist an einem kürzeren Anschlussdraht und einem sichtbar größeren Dreieck in der Leuchtdiode zu erkennen.

Die Werte für die Spannung liegen bei 1,4 bis 2,0 Volt (rote LED) und 1,8 bis3,4 Volt (gelbe –grüne LEDs) und der Stromverbrauch bei 2 mA bis 30 mA je nachdem ob es sich um eine sog. Low current LED (niedriger Strom) oder um eine ordinäre Leuchtdiode handelt.

Die Leuchtdioden gibt es in unterschiedlichen Farben wie beispielsweise rot, gelb, grün und inzwischen gibt es sogar blaue LEDs. Es gibt auch Duo – LEDs mit drei Anschlüssen und mehreren Farben in einer LED und noch viele andere Arten von LEDs.

Beim Experimentieren mit der LED muss darauf geachtet werden, daß sie zum einen beim Einlöten sehr hitzeempfindlich ist, zum anderen, dass sie immer mit einem Vorwiderstand betrieben werden sollte, sobald die Spannung höher als 2,4 V ist.

## Zenerdioden

In der Schaltung mit D angegeben. Der Aufdruck auf dem Gehäuse gibt die Sperrspannung an und die Ringmarkierung ist wie bei den Dioden. Zenerdioden sperren ab der angegebenen Spannung, wenn sie entgegen der Stromflussrichtung verwendet werden. Je nach Leistungsklasse gibt es verschiedene Typen z.B. für 0,5 W, 1,0 W, 10 W usw. Im Buch werden Zenerdioden in Verbindung mit Messinstrumenten und Spannungsbegrenzung beim Laden, verwendet.

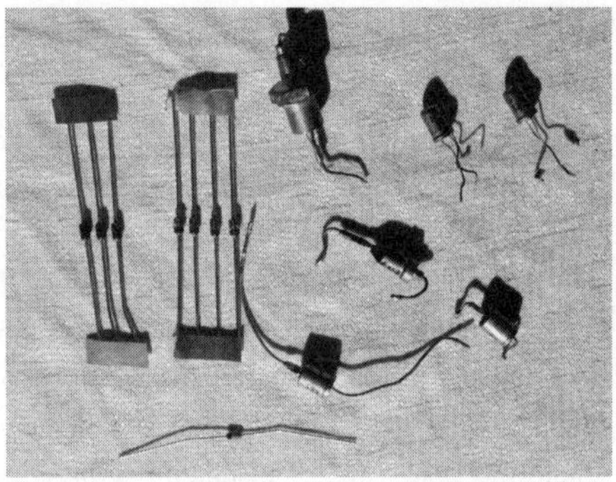

Abb. 8.8

## Transistoren

In der Schaltung mit T bezeichnet. Aufdruck der Typenbezeichnung, damit können in den Listen die Daten herausgelesen werden. Grundsätzlich werden PNP und NPN Typen unterschieden. Die drei Anschlüsse werden mit Kollektor, Basis und Emitter bezeichnet. Bei PNP Typen liegt der Emitter an +, bei NPN Typen der Emitter an -. Der kleinere Basisstrom beeinflusst den größeren Stromfluss vom Emitter zum Kollektor bzw. beim NPN vom Kollektor zum Emitter. Je nach Vorgaben an den zu re-

Abb. 8.9

gelnden Strom gibt es kleinere Transistoren bis hin zu dicken Leistungsbrummern. Auch unterscheiden sich die Typen hinsichtlich Verstärkungsfaktor und Spannungsbereich.

## Integrierte Schaltkreise, kurz IC

In der Schaltung als IC bezeichnet. Typenbezeichnung auf dem Gehäuse, das in entsprechenden Listen Auskunft über die Eigenschaften und Leistungsdaten gibt. In integrierten Schaltkreisen sind komplette Schaltungsteile auf kleinstem Raum zusammengefasst. Es gibt unzählige Typen von ICs und damit auch unzählig viele verschiedene Gehäuseausbildungen und Anschlussbelegungen. Grundsätzliches Prinzip: Die erste oder letzte Ziffer der Pins ist mit einer Markierung oder Kerbe versehen und die Zählrichtung ist – von unten auf die Beinchen gesehen – im Uhrzeigersinn.

## Solarzellen

Die im Handel erhältlichen Solarzellen lassen sich in drei Hauptgruppen unterteilen:

**Amorphe Solarzellen**, meist rötlich homogen schimmernde Solarzellenfläche, zu finden in Taschenrechnern, Solaruhren und Messeinrichtungen. Einfachere Herstellung im Vergleich zu den zwei anderen Typen. Direktes Aufdampfen auf Trägermaterial wie z.B. Glas und Kunststoff.

Guter Wirkungsgrad auch bei diffusem Licht. Gesamtwirkungsgrad liegt unter dem von den poly- und monokristallinen Zellen bei ca. 10%.

Leistungsfähigkeit nimmt im Laufe der Jahre ab – Haltbarkeit und Leistungsgarantie 5-10 Jahre. Aufgrund des geringeren Wirkungsgrades sind größere Einzelmodule erforderlich. Meist intern auf Betriebsspannung verschaltet.

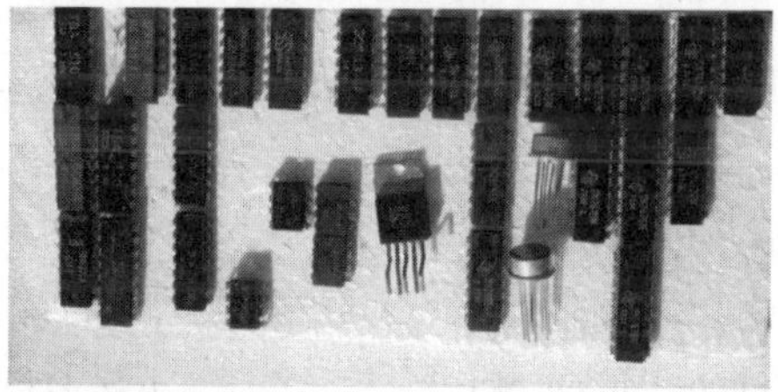

Abb. 8.10

Abb. 8.11 Amorphes Solar Modul

Fertig konfektionierte Einheiten sind preiswert und für Bastelzwecke geeignet, vor allem als Restpostenangebote. Unter Umständen schwierig anzulöten (etwas Silberlack auf die Kontaktstelle hilft).

Energieamortisation, d.h. der Zeitraum, bis die zur Herstellung aufgewendete Energie wieder von der Sonne geerntet wurde, liegt unter einem Jahr.

**Poly- oder multikristalline Solarzellen**, bläulich, glimmerig mit willkürlichen Kristallstrukturen in den unterschiedlichsten Richtungen. Weitverbreiteste Zellenart, da vom Preis/Leistungsverhältnis am günstigsten. Herstellung aufwendiger als amorphe Zellen. Gießen in rechteckige Blöcke, die in 0,4-0,5 mm dicke Scheiben zersägt werden, auf der Oberfläche dotiert, d.h. gezielt verunreinigt werden, um die negative Schicht zu erhalten. Dann bedarf es noch der Leiterbahnen zur Abnahme des Stromes.

Wirkungsgrad ca. 11-15 %. Haltbarkeit über 30 Jahre, Leistungsgarantie 20-30 Jahre. Energieamortisation 1-5 Jahre.

**Monokristalline Solarzellen**, bläulich, homogen, die Kristalle liegen im Bereich von Tausendstel Millimetern und sind mit dem bloßen Auge nicht zu erkennen. Herstellung aufwendig, z.B. Tiegelziehverfahren mit inzwischen quadratischen Stangen (früher rund) dann weiter mit dem Zersägen usw. wie bei den polykristallinen Zellen. Haltbarkeit und Leistungsgarantie wie bei polykristallinen Zellen. Wirkungsgrad 13,5-18 %. Energieamortisation 2-8 Jahre.

| **Länge mm** | **Breite mm** | **Fläche cm²** | **U-Pmax V** | **I-Pmax mA** | **P-max mW** | **Wir-kungs-grad** | **Art** |
|---|---|---|---|---|---|---|---|
| 9,6 | 6,5 | | 0,46 | 14 | 6 | 10% | p |
| 9,6 | 8,8 | | 0,46 | 19 | 8 | 10% | p |
| 20 | 10 | | 0,46 | 49 | 22 | 11% | p |
| 25 | 12,5 | | 0,46 | 78 | 340 | 11% | p |
| 40 | 20 | | 0,5 | 240 | | Mf | m |
| 50 | 25 | | 0,46 | 328 | 148 | 11,8 | p |
| 51 | 25 | 12,7 | 0,5 | 420 | 210 | 16% | m |
| 50 | 50 | | 0,46 | 652 | 300 | 12% | p |
| 50 | 50 | | 0,5 | 500 | | Mf | m |
| 51 | 51 | 26 | 0,5 | 840 | 420 | 16% | m |
| 103 | 25 | 26 | 0,5 | 840 | 420 | 16% | m |
| 100 | 50 | | 0,5 | 950 | | Mf | m |
| 103 | 51 | 52,6 | 0,5 | 1680 | 840 | 16% | m |
| 100 | 100 | | 0,46 | 2820 | 1300 | 13% | p |
| 100 | 100 | | 0,5 | 1800 | | Mf | m |
| 103 | 103 | 106 | 0,5 | 3360 | 1680 | 16% | m |

Abmessungen und Leistungsmerkmale von im Handel erhältlichen poly- und monokristallinen Solarzellen (Kyocera, Siemens usw.).

Liefernachweise siehe im Anhang.

Standardmessbedingungen: 1000 Watt/m²

U-Pmax = Spannung bei maximaler Leistung
I-Pmax = Strom bei maximaler Leistung
P-max = maximale Leistung
Art = p = Polykristallin / m = Monokristallin
Mf = mit leichten Fertigungsfehlern (billiger, da Restposten)

Darüberhinaus gibt es noch eine Reihe von Entwicklungen wie beispielsweise

Galium-Arsenidzellen, Tandemzellen, die Graezelzelle und noch einige andere, die entweder sehr teuer oder von der Praxistauglichkeit für unsere Basteleien nicht brauchbar sind.

# 9 Anschlussbilder und Vergleichstypen einiger gebräuchlicher Dioden, Transistoren und ICs

| Diodentyp | Bezeichnung | Vergleichstypen | Bis Spannung | Bis Strom/Leistung |
|---|---|---|---|---|
| Silizium | 1 N 4148 | | 100 V | 100mA / 500 mW |
| Silizium | 1 N 4001 | Alle der Reihe 4000 | 50 V | 1 A |
| Silizium | 1 N 5400 | Alle der Reihe 5400 | 50 V | 3 A |
| Silizium | BY 550 – 50 | Alle der Reihe 550 - | 50 V | 5 A |
| Schottky | BAT 43 | BAT 41, BAT 46 | 30 V | 100 mA ( 0,1 A ) |
| Schottky | SB 130 | DQ 10 , 1 N5817 | 30 V | 1 A |
| Schottky | SB 530 | SB 550 , SB 560 | 50 V | 5 A |
| Schottky | MBR 1645 | | 45 V | 16 A |
| Germanium | OA 182 | | 80 V | 150 mA |

**Dioden**

Grundsätzlich können immer stärkere Typen für schwächere verwendet werden.

| Transistortyp | Bezeichnung | Vergleichstypen | bis Spannung ca. für A-Typ | bis Strom ca. für A-Typ/P tot |
|---|---|---|---|---|
| NPN | BC 237, BC 238 BC 239 | BC 107, BC 108 BC 109 ,BC 147 BC 148 BC 149 BC 547 ,BC 548 BC 549 | 30 –50 V | 100 mA/220 mW |
| NPN | BC 141 | | | |
| PNP | BC 177 , BC178 BC179 | BC 557 , BC558 BC 559 , BC 307 BC 308, BC 309 BC 251 , BC 252 BC 253 | 25-50 V | 100 mA / 300 mW |
| PNP | BD 138 | BD 136, BD 140 | 45 – 80 V | 1,5 A / 6,5 W |
| NPN | BD 137 | BD 135, BD 139 | 45 – 80 V | 1,5 A / 6,5 W |
| NPN | 2 N 3055 | | 60 V | 15 A / 115 W |

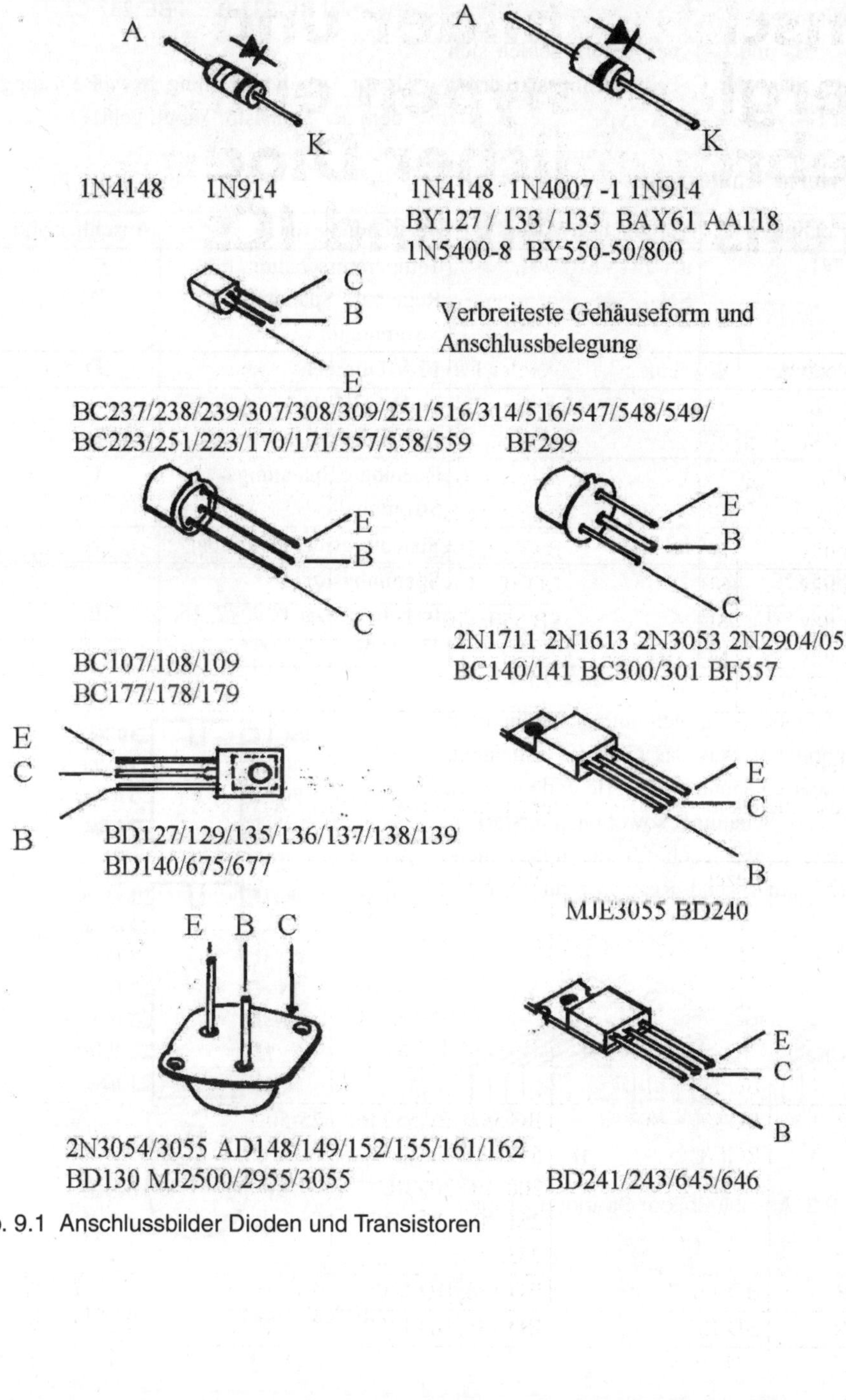


Abb. 9.1 Anschlussbilder Dioden und Transistoren

**Transistoren**
Die A-, B- und C-Typen unterscheiden sich dadurch, dass der C-Typ leistungsstärker ist als der B-Typ bzw. der A-Typ.

Beispiel BC 237 B...... BC 237 C.

P tot ist die Leistung bzw. Belastung, bei dem der Transistor kaputt geht!

**Integrierte Schaltkreise**

| Bezeichnung | Vergleichstyp | Verwendung für : | Anschlussbild |
|---|---|---|---|
| LM 741 | uA 741 , MC 741, SN 42741 | Temperaturschalter Regelbare Spannungs- Stromquelle | **A** |
| BTS 629 A | | 12 V Dimmer | **D** |
| PB 137 | | Laderegler für 12 V Gel-Akkus | **B** |
| L 200 | | Regelbare Spannungs- Stromquelle | **C** |
| L 317 | L317 T | Spannungsregler variabel | **B** |
| L 7805 CT Bis 7824 CT | | Spannungsregler fest: 1 A; 5, 6, 8, 9, 12, 15, 18, 24 V | **B** |

Das IC gibt es in den unterschiedlichsten Ausführungen, was das Gehäuse anbelangt. Es ist aber eine total preiswerte und vielseitig einsetzbare Schaltung, sowohl als Verstärkerkomponente wie auch für die unterschiedlichsten Schalt – und Regelanwendungen.

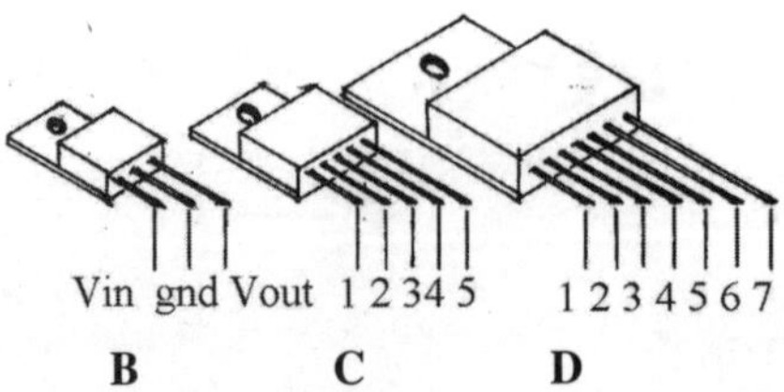


Abb. 9.2 Anschlußbilder Spannungsregler

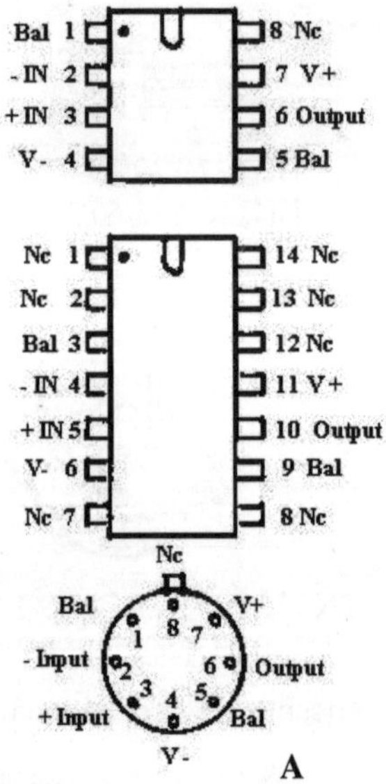


Abb. 9.3 Anschlußbild LM 741

# Literaturverzeichnis

Ergänzende Literatur zum Thema:

Praxis mit Solarzellen, Urs Muntwyler, Franzis

Transistor Vergleichs Handbuch, S. Negsseog, Verlag für technische Literatur Conrad

IC Vergleichs Handbuch, S. Negsseog, Verlag für technische Literatur Conrad

So steigen sie erfolgreich in die Elektronik ein, Bo Hanus, Franzis

# Lieferhinweise

Conrad elektronic GmbH Klaus - Conrad - Str. 1 92240 Hirschau Tel. 09604 /408988
Sonderliste!

Lemo –Solar Lehnert Modellbau Solartechnik GmbH Postfach 1231 74899 Bad Rappenau Tel 07264 /4248
Solar - Minimodul, Solarzellen (auch Restposten)

Pollin electronic GmbH Postfach 28 85102 Pförring Tel 08403 /920-920
Sonderliste! (Restposten)

Fa. AccuCell – Deutschland Wilhelmstrasse 36 73650 Winterbach Tel. 07181/46341
Wiederaufladbare Alkali – Manganbatterien

# Sachverzeichnis

# Teil 4

Bo Hanus

# Spass & Spiel
## mit der Solartechnik

FRANZIS

# Vorwort zu Teil 4

Ein Spiel, egal welches, macht nur dann richtig Spaß, wenn man die Spielregeln und alle Tricks kennt und möglichst auch gut beherrscht. Dann wird der eigentliche Spaß beim Spielen auch mit Erfolgserlebnissen gekrönt.

Ob Ihr Experimentieren mit der Solartechnik einen ausgesprochen spielerischen Charakter haben sollte oder ob dabei als Zielsetzung die Errichtung von praktischen und nützlichen Vorrichtungen ins Auge gefasst wird: Spaß wird es Ihnen machen, wenn es funktioniert. Und es wird funktionieren!

Um Ihnen einen reibungslosen Einstieg in die ganze Problematik zu erleichtern, haben wir alles in einer lockeren erzählerischen Form verfasst. Sie brauchen nichts zu lernen, nur lesen. Wenn Sie konkrete Vorhaben ins Auge fassen, können Sie sich die dafür zutreffenden Themen in diesen Kapiteln nochmals durchlesen. Das spart Zeit und unnötigen Ärger.

Viel Spaß und viel Erfolg wünschen Ihnen
Bo Hanus
und seine Co-Autorin (& Ehefrau)
Hannelore Hanus-Walther

# Inhalt

# Inhalt

# Schon gewusst?



Die „technische Nutzung“ der Sonnenenergie spaltet sich bei den gängigsten Anwendungen in zwei völlig unterschiedliche Arten: In **solarelektrische** (fotovoltaische) und in **solarthermische** Systeme.

Solarelektrische Systeme wandeln die **Sonnenstrahlung** – oder auch jede andere **Lichtenergie** – mit Hilfe von Solarzellen in elektrischen Strom um.

Solarthermische Systeme nutzen die **Sonnenwärme** zum direkten Aufwärmen von Wasser, Luft oder anderen Flüssigkeiten

Abb. 1.1 Solarbetriebene Gartenspringbrunnen gehören zu den bekanntesten privaten solarelektrischen Vorrichtungen, die oft als Fertigbausteine erhältlich sind

und Gasen. Dazu werden üblicherweise Dach- oder Fassadenkollektoren verwendet. Kleine „solarelektrische Generatoren" haben sich inzwischen erfolgreich bei den meisten Taschenrechnern etabliert: Winzige Solarzellen ersetzen hier die herkömmlichen Batterien (oder laden diese ständig nach) und übernehmen die Stromversorgung der internen Elektronik. Auf eine ähnliche Weise arbeiten diverse Solar-Gartenlampen, Solar-Gartenspringbrunnen, solarbetriebene Verkehrsschilder oder die am Hausdach installierten Solarzellenmodule, die für kräftigere Leistungen ausgelegt sind. Auch Satelliten und Raumfähren wenden Solarzellen als Generatoren für die elektrische Stromversorgung an.
Solarthermische Systeme werden in unserem Lande vor allem als Dachkollektoren genutzt, die während der wärmeren Jahreszeit das Wasser im Heizungsraum-Boiler aufwärmen und somit den Gas- oder Ölverbrauch etwas verringern. Alternativ kann ein thermischer Solarkollektor beispielsweise auch das Wasser in einem Gartenplanschbecken aufwärmen.

Abb. 1.2 Solarzellenmodule sind in verschiedenen Ausführungen erhältlich und – ähnlich wie z.B. Batterien – für verschiedene Spannungen und Leistungen konzipiert (Foto: Conrad Electronic)

## 1.1. Solarzellen und Solarzellenmodule

Solarzellen und Solarzellenmodule sind im Einzel- und Versandhandel in verschiedenen Ausführungen und Abmessungen *(Abb. 1.2, 1.6, 1.7)* erhältlich. Auf einen wichtigen technologischen Unterschied ist bei der Anschaffung zu achten: Preiswertere Solarzellen werden als so genannte **amorphe Dünnschicht-Solarzellen**, teurere, qualitativ wesentlich hochwertigere Solarzellen, werden als **kristalline Solarzellen** bezeichnet.

In der Fachliteratur – wie auch in populären Artikeln – werden zwar laufend verschiedenste neue Technologien von vielversprechenden Solarzellen beschrieben, aber das fällt nur unter die Rubrik „Dichtung". In die Rubrik „Wahrheit" fällt, dass dem interessierten Anwender im Handel nur drei interessante und bezahlbare Solarzellentypen zur Verfügung stehen:

Abb. 1.3 Für „mobile“ Anwendungen oder für den Solarantrieb von kleineren Verbrauchern reicht oft die Leistung eines einzigen Solarzellenmoduls aus

a) monokristalline Solarzellen (Wirkungsgrad ca. 13,5 bis 16,5 %)

b) polykristalline (multikristalline) Solarzellen (Wirkungsgrad ca. 10 bis ca. 14 %)

c) amorphe Dünnschicht-Siliziumzellen (Wirkungsgrad ca. 4 bis ca. 8 %)

Der hier aufgeführte „circa-Wirkungsgrad“ bezieht sich darauf, einen wie großen Teil der Sonnenenergie die Zellen konkret in elektrische Energie umwandeln können. Als Grundlage dafür gelten die internationalen Testbedingungen: Sonneneinstrahlung von 1000 Watt/m$^2$ (= schöner sonniger Tag), Spektralverteilung von AM 1,5 und Zellentemperatur von 25°C.

Für die praktische Anwendung genügt, wenn wir die Testbedingungen mit dem Wirkungsgrad auf folgende Art interpretieren: Wenn eine 1 m$^2$-große Solarzellenfläche angemessen stark von der Sonne bestrahlt wird, kann sie eine elektrische Energie von ca. 40 bis 165 Watt liefern. Die meisten amorphen Dünnschicht-Zellen werden unter günstigen Bedingungen etwa 40 bis ca. 60 Watt/m$^2$ (ausnahmsweise sogar bis zu 80 Watt/m$^2$) liefern können. Die kristallinen Solarzellen bringen zwischen ca. 100 und 165 Watt/m$^2$ auf.

Diese oberen Grenzwerte des Zellen-Wirkungsgrades hängen jedoch immer von den Zellentypen und „verkaufswirksamen“ Hersteller-Angaben ab und können von Jahr zu Jahr auch im Zusammenhang mit der „Fertigungsstreuung“ etwas variieren.

Schon die sogenannte „herstellungsbedingte Fertigungsstreuung“, die die Hersteller sowohl bei den kahlen Solarzellen auch als bei kompakten Solarzellenmodulen ohnehin mit 5 bis 10% Abweichungen vom theoretischen Wirkungsgrad angeben, verschleiert eine genauere produktbezogene Auswertung. Konkret beinhaltet diese Tatsache, dass so manche „gute“ polykristalline Solarzelle (die alternativ auch als *multikristal-*

Abb. 1.4 Ausführungsbeispiel einer monokristallinen Solarzelle ( Abmessungen ca. 103 x 103 x 0,3 mm, Nennspannung ca. 0,46 Volt, Nennstrom 3,1 A, Nennleistung ca. 1,43 Watt); die Zellenoberfläche ist – je nach Lichteinfall – einheitlich bläulich-grau; im Vordergrund die „Sonnenseite“ der Zelle, im Hintergrund die „Schattenseite“ (Rückseite) der Zelle. Die schönen Gittermuster auf beiden Zellenflächen bilden die Anschlüsse (Pole) der Zelle. Das Sonnenseiten-Gitter ist der Minuspol, das Schattenseiten-Gitter der Pluspol. Die benötigten Anschlüsse können an beliebigen Stellen (der breiten verzinnten Kupferbahnen) des Gitters angelötet werden

*line Zelle* bezeichnet wird) denselben Wirkungsgrad haben kann, wie eine „schlechtere“ *monokristalline Zelle.*

In der Praxis spielt aber der Zellenwirkungsgrad nur dann eine wichtigere Rolle, wenn Wert darauf gelegt wird, dass die So-

Abb. 1.5 Polykristalline / multikristalline Solarzellen haben ähnliche Abmessungen wie die monokristallinen Solarzellen; ihre Nennspannung liegt jedoch oft nur zwischen ca. 0,45 und 0,46 V und die Zellenoberfläche weist eine marmorierte Eisblumen-Struktur auf, die von blau bis zu silbrig glänzend variiert

larzellenfläche oder der Platz, der für diese Fläche zur Verfügung steht, optimal genutzt werden soll.

Bei der Anschaffung von Solarzellenmodulen, in denen jeweils mehrere Solarzellen wie eine Schmetterlingssammlung eingerahmt (und eingegossen) sind, hängt der flächenbezogene Wirkungsgrad ohnehin *nicht nur* vom Wirkungsgrad der eigentlichen Solarzellen, sondern auch von der Größe der Zwischenräume zwischen den einzelnen Zellen ab. Hier ist für die Berechnung der Energieausbeute „pro Solarfläche" nur die tatsächliche Solarleistung der vorgesehenen Zellenmodule bestimmend.

Erwähnenswert wäre, dass die *amorphen* Dünnschichtzellen neben dem relativ bescheidenen Wirkungsgrad auch noch eine relativ kurze Lebensdauer aufweisen (vor allem beim Betrieb im Außenbereich) und daher bevorzugt nur für experimentelle Einsätze geeignet sind. Sie ermüden wetterbedingt ziemlich schnell und ihre Leistung sinkt manchmal bereits nach weniger als einem Jahr bis um 1/3 (dies allerdings nur einmal und danach geht es mit der Solarleistung „bergab" nur in kleineren Schritten). An neuen Herstellungstechnologien wird bei diesen kostengünstigen Solarzellen laufend gebastelt und es besteht eine Hoffnung auf bessere Ergebnisse.

Etliche Anbieter schöpfen – ähnlich wie bei vielen anderen Produkten – allerdings auch hier den Spielraum zwischen Dichtung und Wahrheit voll aus. Der Kunde kann dann zwar ausrechnen oder nachmessen welche Solarleistung ein neues Modul bei der Inbetriebnahme erbringt, aber er wird nur im Nachhinein feststellen können, wie lange das Modul seine Aufgabe zufriedenstellend erfüllen kann.

Bei vielen preiswerteren oder kleineren Produkten, zu denen u.a. auch Solartaschenrechner gehören, kann man akzeptieren, wenn nach einigen Jahren Gebrauch das an sich billige Gut plötzlich nicht mehr funktioniert. Ein „normaler" Anwender kann ja ohnehin nicht nachvollziehen, weshalb so ein Solartaschenrechner seinen Geist aufgegeben hat und inwieweit daran die Ermüdung der eingebauten amorphen Dünnschicht-Solarzellen schuld ist.

Kristalline Solarzellen weisen dagegen eine fast uneingeschränkte Lebensdauer auf und somit verdienen sie bei Anwendungen, bei denen auf eine längere Lebenserwartung Wert gelegt wird, Vorrang. Bei Solarzellenmodulen hängt die Lebenserwartung u.a. davon ab, mit welchem Material die Solarzellenfläche an der „Sonnenseite" abgedeckt wird. So geben z.B. die meisten Hersteller bei Modulen mit Glasabdeckung eine Lebensdauer von 20 Jahren, bei einer Abdeckung mit Kunststoff eine Lebensdauer von nur 10 Jahren an.

Im Allgemeinen haben die meisten Solarmodule einen Rahmen aus Metall oder Kunststoff (mit Ausnahme biegsamer Module nach *Abb.1.6*). Die Rahmen „fester" Module sind bei kleineren Modulen nur etwa 10 mm, bei größeren Modulen bis zu etwa 40 mm hoch (dick). Sie lassen sich als kompakte Einheiten entweder direkt oder mit Hilfe eines Montagegestelles nach *Abb.1.7* befestigen. Die Solarzellen sind in einer Gussmasse eingebettet und einseitig (ausnahmsweise auch zweiseitig) durch eine gehärtete Glasabdeckung geschützt.

Es gibt aber auch kleinere amorphe Dünnschicht-Module, bei denen die dünne Solarzellenschicht nur auf einer rahmenlosen, ca. 3 mm dicken Glasscheibe angebracht ist.

## Schon gewusst?

Abb. 1.6 Biegsame Solarzellenmodule haben ein sehr niedriges Gewicht und lassen sich z.B. problemlos auf gebogene Autodächer aufkleben

Was die Abmessungen der Module anbelangt, gibt es keine einheitlichen Normen. Die meisten Hersteller bieten hier gleich mehrere Formen und Größen an. Dasselbe gilt auch für die technischen Parameter (Leistungen und Spannungen) der Module.

Sowohl einzelne Solarzellen als auch kompakte Solarzellenmodule können – ähnlich wie Batterien – in beliebig langen Reihen bzw. in beliebig großen „Feldern" seriell, parallel oder seriell-parallel miteinander verschaltet werden.

Die Spannung *(Nennspannung)* der *einzelnen* kristallinen Solarzellen ist für die meisten Anwendungen unzureichend niedrig, ihre Leistung *(Nennleistung)* und ihr Strom *(Nennstrom)* sind dagegen für viele Anwendungen unnötig hoch. Diese Solarzellen haben jedoch eine sehr interessante Eigenschaft: sie können in beliebig kleine Stücke zerschnitten oder sogar „brutal" zerbrochen werden und alle diese Bruchstücke *(Abb. 1.8)* behalten die ursprüngliche Nennspannung von ca. 0,45 bis 0,46 Volt. Nur die Leistung der Zellen sinkt danach proportionell mit der Zellenfläche.

Wird z.B. die Solarzelle aus *Abb. 1.4* in drei gleich große Stücke (mit einem Laserstrahl) zerschnitten, die danach miteinander nach *Abb. 1.9* verlötet werden, verdreifacht sich die Ausgangsspannung und der Strom sinkt auf 1/3 des ursprünglichen Zellennennstroms.

Für die meisten experimentellen oder spielerischen Anwendungen können zwar auch „kahle" Solarzellen verwendet werden, aber wesentlich bequemer lässt sich mit „gekapselten Solarzellen" nach *Abb. 1.10* oder mit

Abb. 1.7 Leistungsstarke Solargeneratoren werden durch Zusammensetzen von mehreren Solar-Einzelmodulen errichtet, für die auch Bodengestelle erhältlich sind (Foto Siemens)

Abb. 1.8 Solarzellenbruch kann für experimentelle Zwecke gute Dienste leisten (Anbieter/Foto: Conrad)

## Schon gewusst?



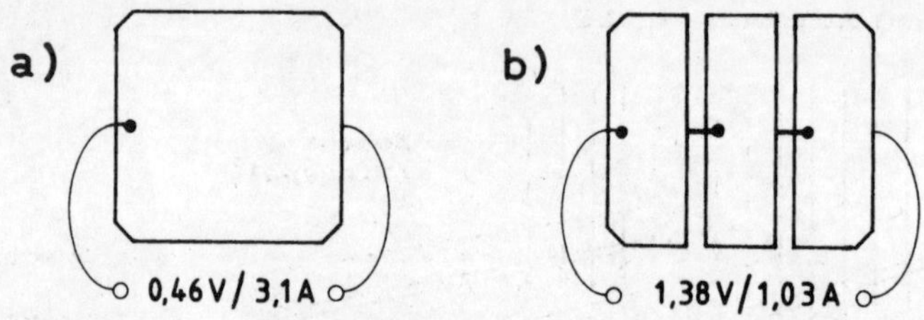


Abb. 1.9 Werden kleinere Leistungen und höhere Spannungen benötigt, als einzelne Solarzellen liefern können", zerschneiden die Solarzellen-Hersteller die einzelnen Zellen wie einen Kuchen in beliebig kleine „Portionen" und verlöten diese zu beliebig langen Reihen (so beinhaltet z.B. ein 17-Volt-Solarzellenmodul stolze 37 Einzelzellen à 0,46 V oder 36 Einzelzellen à 0,47 V)

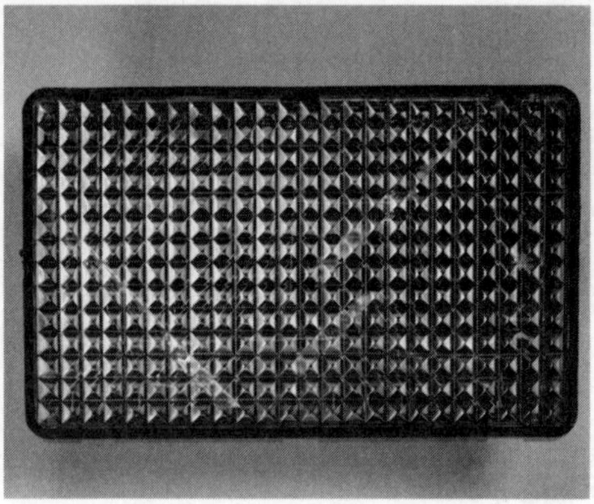

Abb. 1.10 Ausführungsbeispiel einer *gekapselten Solarzelle*, die z.B. bei einer Nennspannung von 0,45 V typenabhängig einen Strom zwischen ca. 0,1 A (= 100 mA) und 1 A liefert (Foto: Conrad Electronic)

ähnlich aussehenden Solar-Minipaneelen experimentieren. Das sind in beiden Fällen „eingerahmte" und vergossene Solarzellen, die mit einer durchsichtigen (lichtdurchlässigen) und strapazierfähigen Kunststoffabdeckung versehen sind.

Gekapselte Solarzellen sind wahlweise als Einzelzellen oder als mehrere Zellen erhältlich (Abb. 1.10). Aus den technischen Daten solcher „gekapselten Zellen" geht u.a. die *Nennspannung*, der *Nennstrom,* und die *Nennleistung* hervor.

Nun sind wir an dem Punkt angelangt, an dem die Funktion und die technischen Parameter der Solarzellen bzw. Solarzellenmodule erläutert werden müssen. Es würde ja keinen Spaß machen, wenn die Erfolgserlebnisse nur deshalb ausbleiben, weil man beim Experimentieren nicht weiß, was man eigentlich tut und worauf es ankommt.

Wir sehen uns daher das Ganze etwas näher an:

Eine Solarzelle ist ein „aktiver Halbleiter", der Sonnenlicht in elektrische Energie umwandelt. Wenn wir nun eine solche Solarzelle im Schnitt rein interessehalber in *Abb. 1.11* vergrößert zeichnen, zeigt sich, dass die an sich schon sehr dünne Zelle – ähnlich wie eine Halbleiterdiode – aus zwei Schichten besteht: aus einer Negativschicht und einer Positivschicht. Wird die Solarzelle mit Lichtstrahlen bestrahlt (= mit Photonen bombardiert), setzen sich in der oberen Ne-

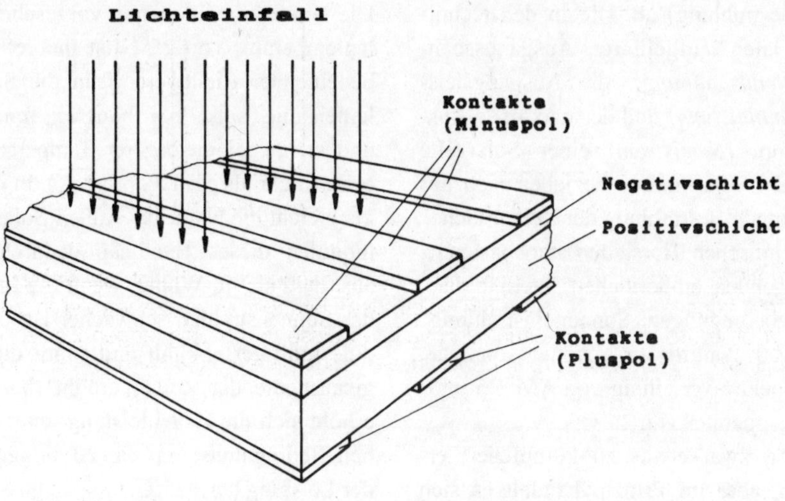


Abb. 1.11 Stark vergrößerte kristalline Solarzelle im Schnitt

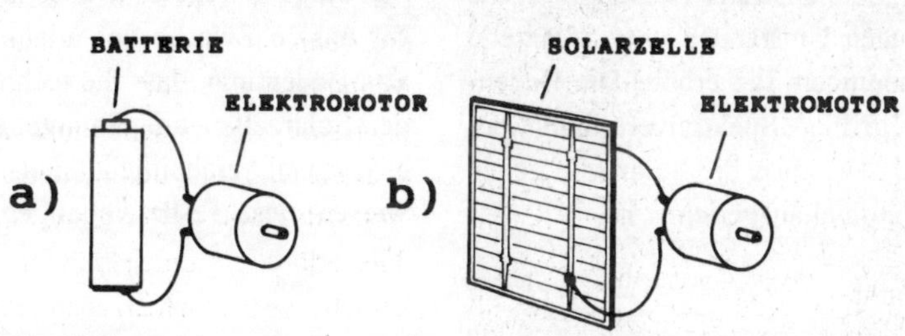


Abb. 1.12 Ähnlich wie eine Batterie hat auch eine Solarzelle zwei Pole: einen an der Vorderseite (Sonnenseite) und einen an der Rückseite; Ein Verbraucher (in diesem Beispiel ein kleiner Gleichstrom-Elektromotor) kann auf jede dieser „Energiequellen“, wie abgebildet, angeschlossen werden.

gativschicht, wie auch in der unteren Positivschicht so genannte *Ladungsträger* frei, geraten in das mittlere elektrische Feld und an den zwei äußeren Oberflächen der Zelle entsteht ein elektrisches Potential.

Solarzellen können mit Batterien verglichen werden *(Abb. 1.12)*, die jedoch ihre *Nennspannung* und *Nennleistung* nur dann aufbringen, wenn sie angemessen kräftig beleuchtet werden. Unter dem Begriff „Beleuchtung“ muss man sich hier vorstellen, dass es bei der *Intensität der Beleuchtung* darauf ankommt, dass die Solarzellenfläche mit möglichst vielen *Photonen* bombardiert wird, denn sie sind die eigentlichen Energieträger und „Energielieferanten“.

Im Gegensatz zu einer Batterie hängt bei einer Solarzelle die jeweilige Ausgangsspannung und Ausgangsleistung von der *momentanen* Intensität der Beleuchtung (der

Sonnenbestrahlung) ab. Die in den technischen Daten aufgeführte Ausgangsspannung *(Nennspannung),* die Ausgangsleistung *(Nennleistung)* und der maximale Ausgangsstrom *(Nennstrom)* einer Solarzelle oder eines Solarmoduls beziehen sich auf eine optimale Bestrahlung der Zellenfläche.

Die technischen Herstellerdaten basieren auf folgenden einheitlichen internationalen Testbedingungen: Sonneneinstrahlung von 1000 Watt/m$^2$ (= schöner sonniger Tag), Spektralverteilung von AM 1,5 und Zellentemperatur von 25°C.

Dies mag zwar etwas zu kompliziert erscheinen, aber im Prinzip handelt es sich hier um nichts anderes, als um eine exakt definierte „Sonnenschein-Dosierung", die unter normalen Umständen eine Solarzelle an einem sonnigen Tag erhält. Die Bedeutung des Begriffes „Spektralverteilung" bezieht sich darauf, dass die Solarzelle gegen die Sonne optimal ausgerichtet ist.

Die laut Testbedingungen vorgesehene Zellentemperatur von 25°C ist theoretisch ein bedeutender Richtwert, denn die Solarzellenleistung sinkt bei höherer Temperatur und steigt bei niedrigerer Temperatur (um etwas mehr als ca. 1 % pro 2°C). In der Praxis gleicht die Natur bei Außen-Solarzellenmodulen dieses Handicap dadurch etwas aus, dass sie im Winter, wenn die Intensität der Sonnenstrahlen schwächer ist, die Module kräftiger abkühlt und somit die Energieausbeute der Zellen erhöht (bei –15°C erhöht sich die Zellenleistung unter denselben Bedingungen um ca. 20 % gegenüber der Leistung bei +25°C).

Fazit: es ist gut zu wissen, worum es sich hier ungefähr handelt, aber letztendlich ist für unsere Zwecke vor allem die Tatsache von Bedeutung, dass die technischen Daten der Solarzellen und Solarzellenmodule international einheitlich sind. Gleichzeitig weisen diese Testbedingungen darauf, dass

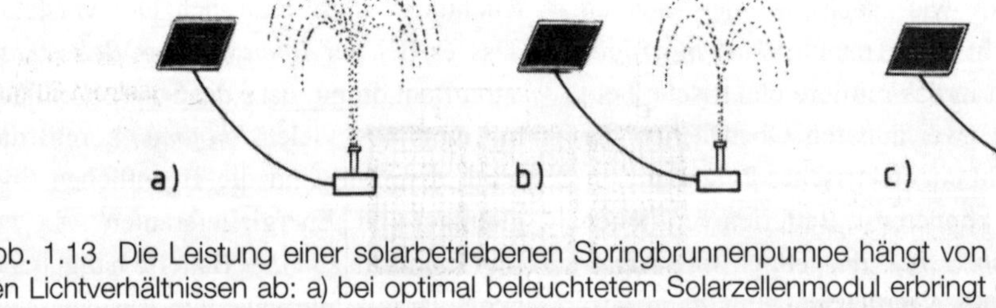


Abb. 1.13 Die Leistung einer solarbetriebenen Springbrunnenpumpe hängt von den jeweiligen Lichtverhältnissen ab: a) bei optimal beleuchtetem Solarzellenmodul erbringt die Elektropumpe volle Leistung; b) wenn Wolken am Himmel die Sonne teilweise verdecken, wird die Pumpenleistung schwächer; c) bei zunehmenden Wolken verringert sich die Pumpenleistung bis auf Null.

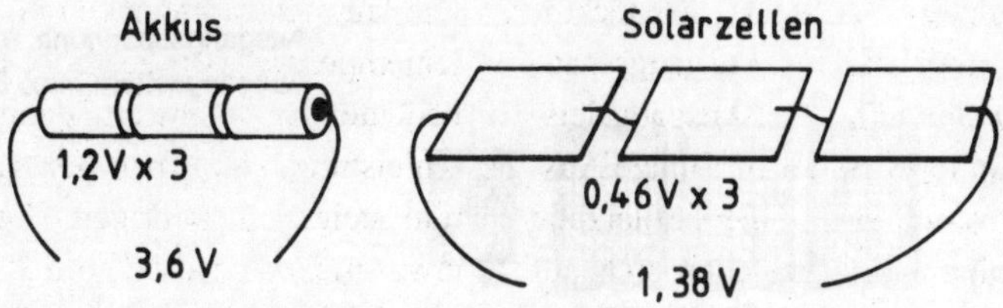


Abb. 1.14 Beim Verschalten von mehreren 1,2-Volt-Akkus in Reihe entspricht die Endspannung der Summe einzelner Spannungen und ergibt eine Ausgangsspannung von 3,6 Volt; auf dieselbe Weise können auch beliebig viele Solarzellen in Reihe geschaltet werden, um eine erforderlich hohe Ausgangsspannung zu erhalten.

die Solarzelle nur dann optimal funktioniert, wenn ihre Fläche auch optimal beleuchtet wird.

Die Ausgangsspannung und der Ausgangsstrom einer belasteten Solarzelle (oder eines belasteten Solarzellenmoduls) sinken „linear" mit abnehmender Bestrahlung von den theoretischen Nennwerten bis auf Null. Einfach formuliert: Viel Sonne = hohe Spannung, wenig Sonne = niedrigere Spannung, keine Sonne = keine Spannung. Was es für die Praxis beinhaltet, zeigt *Abb. 1.13*.

Die in den technischen Daten angegebenen *Nennwerte* der Solarzellen bzw. Module (die oft auch als *„Werte bei max. Leistung"* bezeichnet werden), gelten zwar nur für die bereits erklärten optimalen Bedingungen (= sonnige Tage), bilden aber dennoch die Planungsgrundlage. Dabei dürfen die *Nennspannung,* der *Nennstrom* und somit auch die *Nennleistung* einer Solarzelle oder eines Solarmoduls einfach ähnlich betrachtet werden, als würde es sich um eine Batterie mit denselben Parametern handeln.

Kahle Solarzellen liefern eine *Nennspannung*, die zwischen ca. 0,45 und 0,47 Volt pro Zelle liegt (typen- und herstellerabhängig). Wir werden in unseren Beispielen einfachheitshalber mit einer einheitlichen Nennspannung von 0,46 V pro „kristalline" Zelle rechnen. *Abb. 1.14* zeigt, dass einzelne Solarzellen, ähnlich wie Batterien, in Reihe geschaltet werden, um entsprechend höhere „Spannungsquellen" zu erhalten.

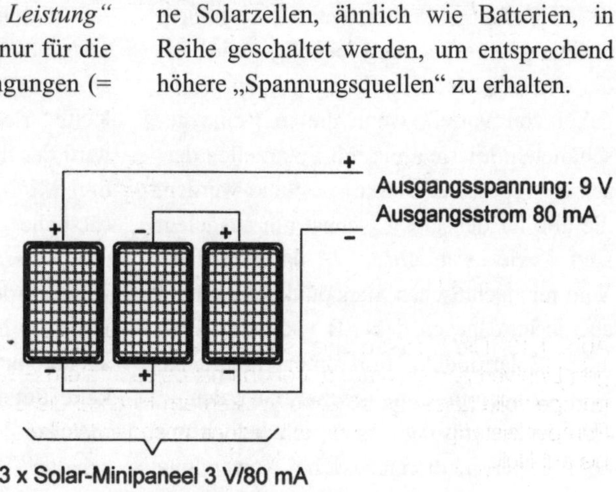


Abb. 1.15 Ähnlich wie Batterien oder einzelne Solarzellen können auch Solarzellenmodule und „Solarzellen-Minipaneele" seriell geschaltet werden, um eine höhere Solarspannung zu erhalten

## Schon gewusst?



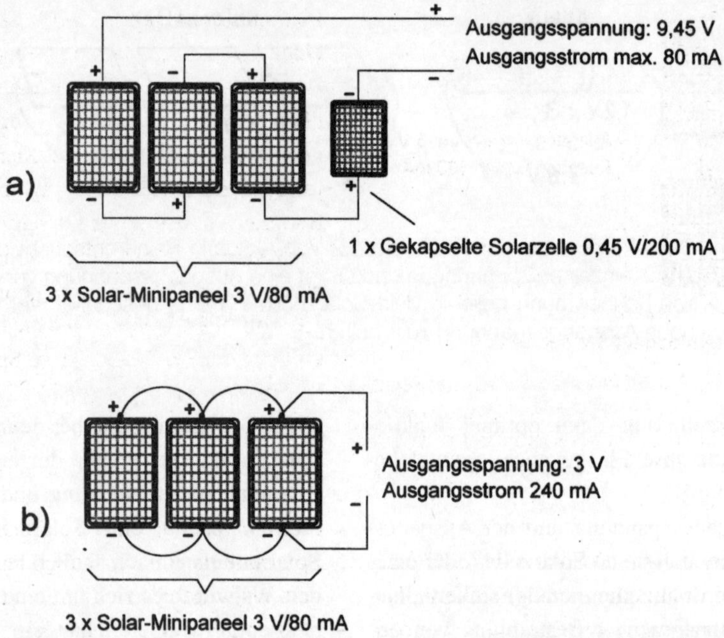


Abb. 1.16 a) In Reihe (seriell) dürfen im Prinzip Solarzellenmodule, Solar-Minipaneele und Solarzellen mit beliebig unterschiedlichen Spannungs- und Stromparametern geschaltet werden; b) für paralleles Verschalten sollten grundsätzlich nur Module derselben Parameter und derselben Bauart verwendet werden

Ähnlich wie die Einzelzellen, werden auch Solarzellenmodule oder „Solar-Minipaneele" in Reihe geschaltet, wenn eine höhere Ausgangsnennspannung benötigt wird als ein einziges Modul aufbringen kann. Es ist dabei von Vorteil, wenn die in Reihe geschalteten Solarmodule mit Solarzellen derselben Type (und Marke) bestückt werden, die alle für denselben Nennstrom ausgelegt sind – wie es in *Abb. 1.15* dargestellt ist. Vom rein technischen Standpunkt aus spricht aber nichts dagegen, dass z.B. nach *Abb. 1.16a* auch Solarmodule mit unterschiedlichen Nennströmen in Reihe geschaltet werden.

Eine solche Lösung eignet sich jedoch nur beim Experimentieren bzw. bei Anwendung von bereits vorrätigen Modulen, denn der Strom (und damit die Leistung) der stärkeren (und teureren) Module wird in dem Fall *nicht* voll genutzt, da sich die max. Stromabnahme nach dem „schwächsten Glied der Kette" richten muss. In unserem Beispiel wird der maximale Ausgangsstrom von den drei Mini-Solarpaneelen bestimmt. Die zusätzliche gekapselte Solarzelle ist hier unnötig überdimensioniert (eine 80-mA-Solarzelle würde ausreichen).

Falls ein höherer Solarstrom benötigt wird, als eine einzige Solarzelle bzw. Solarzellenkette liefern kann, werden zwei oder auch mehrere Zellen parallel nach *Abb. 1.16b* geschaltet. Sehr wichtig ist, dass für solche

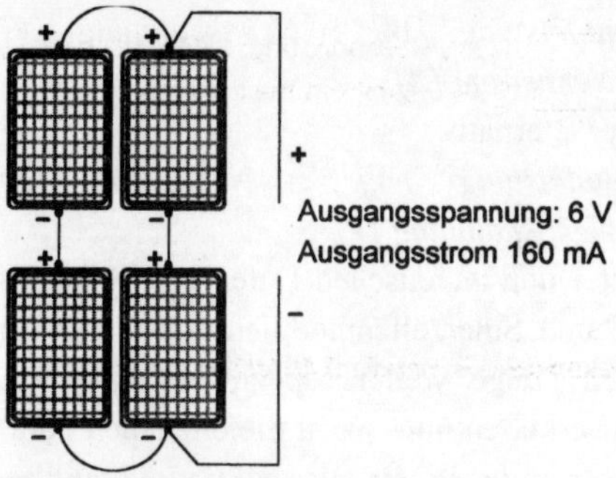


**4 x Solar-Minipaneel 3 V / 80 mA**

Abb. 1.17 Mit Hilfe einer seriell-parallelen Verschaltung kann aus mehreren kleineren Modulen (gleicher Type) ein kräftigerer „solarelektrischer Generator“ zusammengesetzt werden

Zwecke baugleiche Solarzellen bzw. Solarzellenmodule mit möglichst *exakt gleichen Ausgangsspannungen* verwendet werden. Nur dann wird sich der maximale Ausgangsstrom auch relativ verlustfrei addieren (die Belastung verteilt sich ausgewogener unter allen Zellen).

Wird sowohl eine höhere Solarspannung als auch ein höherer Solarstrom benötigt, als ein Modul liefert, können nach *Abb. 1.17* mehrere Module (derselben Bauart) seriell-parallel verschaltet werden.

In den noch folgenden Bauanleitungen kommen wir auf weitere Lösungsbeispiele zurück.

## 1.2 Die technischen Parameter

Die elektrische **Spannung** und der elektrische **Strom**, die eine Solarzelle – oder ein Solarmodul – liefern kann, sind die zwei wichtigsten technischen Parameter für eine Planungsüberlegung. Leider kann man aus einer Solarzelle – im Gegensatz zu einer Batterie – weder eine konstante Spannung, noch einen konstanten Strom beziehen, denn diese Werte hängen immer nur von der jeweiligen Zellenbestrahlung ab.

Batterien haben zwar, genau genommen, auch keine ausgesprochen konstante Spannung. Wenn wir als Beispiel einen gängigen 1,2-Volt-NiCd-Akku nehmen, hat dieser in voll geladenem Zustand eine Spannung von bis zu etwa 1,4 Volt und seine Spannung sinkt dann während des Betriebes evtl. unterhalb von 0,6 Volt. Die *Nennspannung* eines solchen NiCd-Akku-Gliedes wird jedoch „offiziell“ mit **1,2 V** angegeben. Die *Nennspannung* einer der gängigsten „1,5-Volt-Wegwerfbatterien“, die u.a. in den meisten Fernbedienungen oder Spielzeugen verwendet werden, ist auch bei einer neuen Batterie (typenabhängig) höher als die offiziellen **1,5 V** und sinkt ebenfalls während des Betriebes (oder auch durch „Selbstentladung“) bis auf Null. Dennoch steht hier die „vorhandene“ elektrische Energie jederzeit zur Verfügung und solange eine Batterie brauchbar ist, kann von ihr jederzeit zumindest annähernd die *Nennspannung* bezogen werden, für die sie konzipiert wurde.

Wir wissen inzwischen, dass eine Solarzelle oder ein Solarmodul die vom Hersteller angegebene *Nennspannung* nur „unter Umständen“ liefern kann. In den technischen Daten mancher Hersteller wird anstelle von *„Nennspannung“* die Bezeichnung *„Spannung bei max. Leistung“* angewendet – was dasselbe zu bedeuten hat. Im Grunde genommen müsste diese Spannung korrekterweise als *„Spannung bei maximaler Leis-*

*tung und optimaler Belichtung"* heißen – was jedoch etwas zu aufwändig wäre.
Dasselbe gilt hier auch für den *Nennstrom*, der alternativ als *„Strom bei max. Leistung"* bezeichnet wird.
Die Leistung einer Solarzelle oder eines Solarmoduls wird in Watt (W) angegeben und lässt sich mit Hilfe der bekannten Formel ausrechnen:
**Nennspannung** (in Volt) **x Nennstrom** (in Ampere) = **Nennleistung** (in Watt)
Diese Formel können Sie sich leicht merken, denn sie ist identisch mit der Formel, mit der z.B. eine Fläche (z.B. die Fläche Ihres Wohnzimmers) durch Multiplizieren seiner Länge mit seiner Breite ermittelt wird.
Achten Sie bei den Berechnungen in der Elektrotechnik darauf, dass Sie jeweils alle Werte als „volle" Volt, Ampere oder Watt in die Formel eingeben. Wenn z.B. bei einem Solarmodul eine *Nennspannung von 4,5 Volt* und ein *Nennstrom von 300 mA (Milliampere)* angegeben wird und Sie möchten seine *Nennleistung (in Watt)* ausrechnen, muss der Nennstrom als 0,3 A in die Formel eingegeben werden. Mit der Umrechnung von mA oder mV in „volle" Volt oder Ampere ist es ähnlich wie bei der Umrechnung von Millimetern in Meter. In unserem Beispiel rechnen wir die Solar-Nennleistung wie folgt aus:
**4,5 V x 0,3 A = 1,35 W**
Manchmal kommt es vor, dass bei einem kleinen Solarmodul im Katalog nur die *Nennspannung* und die *Nennleistung* angegeben werden. Kein Problem, denn ähnlich wie bei der Berechnung einer Fußbodenfläche ist die „dritte Unbekannte" leicht zu ermitteln:
*Nennleistung [W] : Nennspannung [V] = Nennstrom [A]*
oder alternativ
*Nennleistung [W] : Nennstrom [A] = Nennspannung [V]*
Unter den technischen Daten von Solarzellen und Solarzellenmodulen erscheinen oft noch einige weitere speziellere Angaben. Wir erklären nun, wozu die einzelnen Parameter in der Praxis gut sind und worauf bei der Anschaffung von Zellen oder Modulen zu achten ist.

***Die Nennspannung:***
**Für den direkten Solarantrieb** von Gleichstrom-Elektromotoren oder Verbrauchern, bei denen nur der eigentliche Elektromotor mit der Spannung versorgt wird – wie z.B. bei Springbrunnenpumpen, Weiherbelüftern oder Ventilatoren – wird die „Versorgungsspannung" auf den Verbraucher abgestimmt.
Was darunter zu verstehen ist, zeigt *Abb. 1.18a:* das Solarzellenmodul für den Direktantrieb eines 12-V/1-A-Gleichstrommotors (worunter z.B. eines Pumpenmotors) sollte möglichst für dieselbe Solarnennspannung und mindestens für denselben Solarnennstrom ausgelegt sein. Da der Motor (sowie auch ein anderer elektrischer „Verbraucher") immer nur den Strom abnimmt, für den er ausgelegt ist, bzw. der sich aus seiner mechanischen Belastung ergibt, kann der Modulennennstrom beliebig höher sein, als der Motor tatsächlich benötigt.
Die Nennspannung des Solarzellenmoduls wird – wie bereits erklärt – einfach auf den Spannungsbedarf des Verbrauchers abgestimmt. Wenn es um die Frage geht, ob sich der eine oder der andere Verbraucher auch

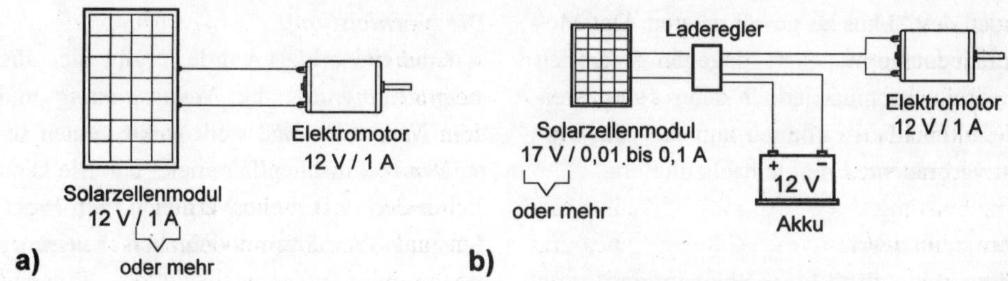


Abb. 1.18 a) Für einen direkten Solarantrieb ist ein Solarzellenmodul erforderlich, dessen Spannung und Strom auf den Verbraucher – in diesem Fall auf den Elektromotor (Gleichstrommotor) – abgestimmt ist; b) wenn das Solarzellenmodul nur einen Akku als Zwischenspeicher der Solarenergie nachladen soll, muss zwar seine *Nennspannung* angemessen höher sein, als die Akku-Nennspannung, sein *Nennstrom* muss dagegen bei den meisten Akkus unterhalb von 10 % der Akku-Kapazität liegen

noch mit einer niedrigeren Nennspannung zufrieden gibt, kann dies evtl. erst mit Batterien oder mit Hilfe eines Netzgerätes ausprobiert werden. Ansonsten wird bei einem direkten Solarantrieb der Verbraucher direkt (bzw. über einen Ein/Aus-Schalter) an das Solarzellenmodul angeschlossen.

Die meisten Gleichstrommotoren sind herstellerseits für einen breiteren Versorgungsspannungsbereich ausgelegt (z.B. von 4,5 bis 12 Volt). Insofern dies aus den zur Verfügung stehenden technischen Informationen ersichtlich ist, erübrigt sich eventuelles Experimentieren. Viele der Gleichstrommotoren, die in einem Akku-Handwerkzeug oder in einem Spielzeugauto eingebaut sind, vertragen in den meisten Fällen auch wesentlich höhere Versorgungsspannungen. Oft sind sie sogar für einen breiteren Spannungsbereich konzipiert – auch wenn der Hersteller des „Endproduktes“ eine etwas niedrigere Versorgungsspannung in Anspruch genommen hat.

So wird es Ihnen z.B. ein ausgedienter 6-Volt-Akkuschrauber in den meisten Fällen nicht übel nehmen, wenn Sie ihn an eine 10-Volt-Spannung anschließen (er wird nur wesentlich schneller drehen und eine entsprechend höhere Leistung aufbringen). Und wenn er es Ihnen doch übel nimmt? Das erkennen Sie daran, dass sich der Motor zu sehr aufheizen wird. Konkret ist so ein Motor als überstrapaziert zu betrachten, wenn er nach kurzem Betrieb nicht nur warm, sondern fühlbar heiß wird.

**Hinweis:** bei der fotovoltaischen Versorgungsspannung von elektrischen Spielzeugen mit Elektroantrieb(en) ist darauf zu achten, dass durch eine zu hohe Solarspannung nicht die eventuelle Steuerelektronik (falls vorhanden) Schaden nimmt. Eine einfache zusätzliche Selbstbau-Spannungsregelung für die eigentliche Steuerelektronik (nach Abb. 7.9/Kap. 7) ist in dem Fall zu empfehlen.

Bei einem **indirekten Solarbetrieb**, der *(nach Abb. 1.18b)* über einen Akku als Zwischenspeicher verfügt, muss die Nennspannung des Solarzellenmoduls hoch genug sein, um ein möglichst reibungsloses Nachladen des Akkus zu gewährleisten. Der Modulennennstrom darf dagegen ziemlich niedrig sein, muss jedoch den Akku ausreichend nachladen können, um die vom Motor verbrauchte Energie nachzuliefern.

***Der Nennstrom:***

**Für den direkten Solarantrieb** von Gleichstrom-Elektromotoren oder Verbrauchern, bei denen nur der eigentliche Elektromotor mit der Solarspannung nach *Abb. 1.18a* versorgt wird, ergibt sich der Strombedarf aus den technischen Daten des Verbrauchers. Vorausgesetzt, die technischen Daten ste-hen zur Verfügung. Wenn nicht, dann bleibt oft nichts anderes übrig, als z.B. den „Verbraucher" an eine Batterie anzuschließen und seine Stromabnahme mit einem Multimeter zu messen (siehe hierzu Kap. 7).

Bei einem **indirekten Solarbetrieb**, der nach *Abb. 1.18b* über einen Akku als Zwischenspeicher verfügt, fungiert der Solarstrom als *Ladestrom* des Akkus. Dieser darf bei Bleiakkus oder NiCd-Akkus zwar nicht mehr als 10 %, bei NiMH-Akkus nicht mehr als 20 % der Akku-Kapazität betragen, darf jedoch beliebig niedrig sein. Ein niedrigerer Ladestrom hat hier nur zufolge, dass das Nachladen des Akkus entsprechend länger dauert. Das Laden eines Akkus kann mit dem Einlassen des Wassers in die Badewanne verglichen werden: fließt aus dem Wasserhahn nur ein schwacher Strom, dauert es länger, bis die Badewanne voll ist – und umgekehrt (auf konkrete Vorschläge kommen wir noch in weiteren Kapiteln zurück).

***Die Nennleistung:***

Wie bereits erklärt wurde, ergibt sich die *Nennleistung* aus der *Nennspannung* und dem *Nennstrom* und stellt somit keinen separaten technischen Parameter dar. Sie kann sich jedoch z.B. beim Vergleich vom Preis-Leistungs-Verhältnis als nützlich erweisen.

***Die Leerlaufspannung:***

Die in den technischen Daten angegebene *Nennspannung* einer Solarzelle bzw. eines Solarzellenmoduls wird – wie bereits an anderer Stelle erwähnt wurde – von einigen Anbietern als *„Spannung bei max. Leistung"* bezeichnet. Das trifft den Nagel gut auf den Kopf, denn wenn die Solarzelle(n) nicht voll belastet werden (= wenn von ihnen nicht der *volle* Strom bezogen wird), **steigt ihre Ausgangsspannung mit sinkender Belastung** bis eventuell **in die Nähe der *Leerlaufspannung***.

Für gängige Anwendungen brauchen wir uns mit der *Leerlaufspannung* nicht zu befassen. Es ist aber gut zu wissen, dass es sie gibt, denn wenn wir z.B. an einer unbelasteten Solarzelle bzw. an einem unbelasteten Solarzellenmodul die Spannung messen, handelt es sich nur um eine „Scheinspannung". Dennoch hat aber diese Eigenheit den praktischen Vorteil, dass z.B. bei einem leicht bewölkten Himmel die Modulenspannung etwas steigt, wenn der vom Akku bezogene Ladestrom niedriger wird, als das Modul unter diesen Umständen liefern könnte.

***Der Kurzschlussstrom:***

Der in den technischen Daten aufgeführte **Kurzschlussstrom** bezieht sich ebenfalls auf eine optimal belichtete Solarzelle. Das ist vor allem beim Experimentieren sehr beruhigend, denn ein versehentlicher Kurzschluss an einer Solarzelle kann diese nur dann vernichten, wenn sie dabei längere Zeit kräftiger bestrahlt wird. Wenn aber die Sonne um etwa 10 bis 15 % schwächer strahlt und anstelle der in Testbedingungen vorgesehenen 1000 W/m$^2$ beispielsweise nur ca. 850 W/m$^2$ auf die Waage bringt, heizt sich die Zelle bei einem Kurzschluss ungefähr nur ähnlich stark auf, wie bei einer maximalen Leistungsabgabe.

***Der Solarzellenwirkungsgrad***

wird meist nur in den technischen Daten von „kahlen" Solarzellen, seltener bei Solarzellen-Fertigmodulen aufgeführt. Wir können ihn jedoch sowohl bei den Solarzellen als auch bei Solarzellenmodulen einfach selber aus der Nennspannung und dem Nennstrom ausrechnen, die die eine oder andere „Solarfläche" laut technischer Daten liefern kann.

Da sich auch hier der Wirkungsgrad auf die Testbedingungen der Sonnenstrahlenleistung bei 1000 W/m$^2$ (= 10 W/dm$^2$) „eingangsseitig" bezieht, lässt sich leicht rechnerisch feststellen, was „ausgangsseitig" an Solarleistung prozentuell geliefert wird. Folgende Beispiele erläutern die Vorgehensweise am schnellsten:

**Beispiel A**

Eine Solarzelle hat Abmessungen von 10 x 10 cm ( = 1 dm$^2$). Ihre Nennleistung beträgt 1,38 Watt. Die laut Testbedingungen vorgesehene Leistung der Sonnenstrahlen beträgt 10 W/dm$^2$ (eingangsseitig). Der Zellen-Wirkungsgrad beträgt demnach 13,8 % (also 13,8 % der eingestrahlten Energie).

**Beispiel B**

Die Nennleistung eines 1297 x 329 mm (= 1,297 x 0,329 m) großen *kristallinen* Solarzellenmoduls wird herstellerseits mit 55 Watt angegeben. Wir rechnen uns hier die Solarzellenfläche in m$^2$ um: 1,297 x 0,329 m = 0,4267 m$^2$. Wenn die „Test-Standardleistung" der Sonnenstrahlen (von 1000 W/m$^2$) bei einer Modulenfläche von 0,4267 m$^2$ theoretisch 426,7 Watt betragen soll – was sich aus dem Flächenverhältnis automatisch ergibt, weist die Ausgangs-Solarnennleistung (von 55 Watt) einen Wirkungsgrad von genau 12,8896 % auf (55 W : 426,7 W = 0,128896).

**Beispiel C**

Die Nennleistung eines (nur) 122 x 115 mm großen *amorphen* Solarmoduls wird mit 0,686 Watt (686 mW) angegeben. Der besseren Vorstellung wegen, rechnen wir diesmal die Solarzellenfläche in dm$^2$ um: 1,22 x 1,15 dm = 1,403 dm$^2$. Die „Standard-Sonnenleistung" beträgt 10 W/dm$^2$, die hier berechnete Modulenfläche von 1,403 dm$^2$ kann eine Nennleistung von 0,686 Watt liefern. Das sind 0,489 Watt pro dm2 (0,686 : 1,403 $\approx$ 0,489). Daraus ergibt sich ein Wirkungsgrad von 4,89 % (denn 0,489 Watt sind 4,89 % von den 10 Watt der flächenbezogenen Sonnenenergieleistung.

# 2 Spielereien mit Solarzellen

Wie sich eine Solarzelle unter verschiedenen Bedingungen in der Praxis verhält, lässt sich am besten durch einfaches Experimentieren nachvollziehen. Um rein optisch feststellen zu können, wieviel Spannung oder Leistung eine Solarzelle in Abhängigkeit von Sonnenbestrahlung ungefähr liefert, muss an so eine Zelle etwas angeschlossen werden, was das jeweilige Ergebnis sichtbar macht.

Dieses „Etwas" kann bevorzugt ein kleiner Elektromotor aus *Abb. 2.1* oder *2.2* sein, der nach *Abb. 2.3* an eine kleine gekapselte Solarzelle mit zwei feinen Drähtchen oder Litzen direkt angeschlossen werden kann.

So ein winziger Solarmotor beginnt zu laufen, sobald die Solarzelle gegen die Sonne ausgerichtet wird. Durch langsames Wegdrehen der Solarzelle von der Sonne kann danach der Punkt gefunden werden, bei dem der Motor stoppt (bei dem seine „Energieversorgung" unzureichend tief gesunken ist).

Welches der zwei Drähtchen vom Motor an die Plus- oder Minusseite der Solarzelle angeschlossen wird, spielt für das Experimentieren keine Rolle, ist jedoch für die Drehrichtung des Motors bestimmend. Durch Änderung der Polarität (Umwechseln der Anschlussdrähte) kann die Drehrichtung der Achse (Welle) des Motors geändert werden.

Neben den kleinen Solarmotoren bietet der Handel (und Versandhandel) auch noch diverse komplette Solarspielzeuge, solarbetriebene spielerische Vorrichtungen, Baukästen und Bausätze, bei denen in den meisten

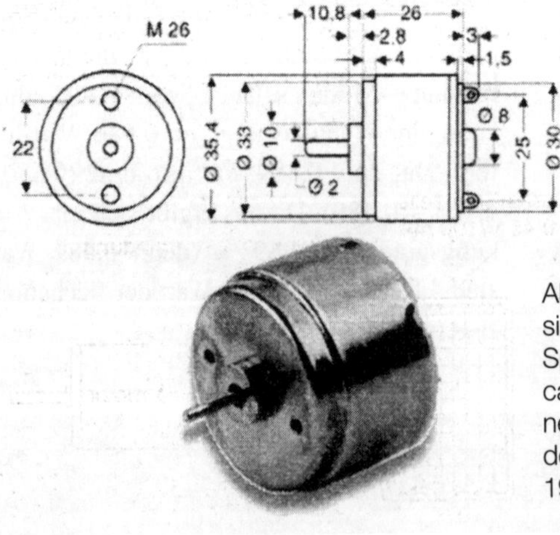


Abb. 2.1 Die kleinsten Solar-Elektromotoren sind so konzipiert, dass sie bereits bei einer Spannung von 0,4 Volt und einem Strom von ca. 10 mA anlaufen und somit bereits von einer einzigen kleinen Solarzelle betrieben werden können (Conrad Electronic, Bestell-Nr. 19 80 80)

Fällen ebenfalls ein Solarmotor als „die treibende Kraft" angewendet wird.

## 2.1 Antriebe mit kleinen Solarmotoren

Das „Beschnuppern" der Solarzellenleistung unter verschiedenen Wetterbedingungen macht viel Spaß, wenn sich abhängig von der „Kraft der Solarenergie" etwas dreht oder bewegt.

Eine solarelektrisch erwirkte Bewegung lässt sich am einfachsten mit einem kleinen Solarmotor bewerkstelligen, der sich mit einer niedrigen Versorgungsspannung und einem niedrigen Strom zufrieden gibt. Wie schon im Zusammenhang mit *Abb. 2.1* angesprochen wurde, gibt es kleine Solarmotoren, die sich bereits mit einer Versorgungsspannung von ca. 0,4 Volt in Bewegung setzen und unbelastet nur einen winzigen Strom zwischen ca. 10 und 20 mA benötigen.

Dass ein Elektromotor – ähnlich wie z.B. eine Glühbirne – ebenfalls für eine vorgegebene Betriebsspannung ausgelegt ist und dass er dabei elektrischen Strom (in Ampere oder in Milliampere) verbraucht, ist klar. Zum Glück ist jedoch so ein Solar-Gleichstrommotor in Bezug auf seine Versorgungsspannung wesentlich strapazierfähiger, als eine Glühbirne und arbeitet in einem viel größeren Spannungsbereich ohne kaputtzugehen.

So läuft zwar der kleine Solarmotor aus *Abb. 2.2* bereits bei einer Solarspannung von 0,4 Volt, aber er genießt es sichtbar, wenn er eine wesentlich höhere Spannung (von bis zu 3 Volt) erhält: seine Leistung und seine

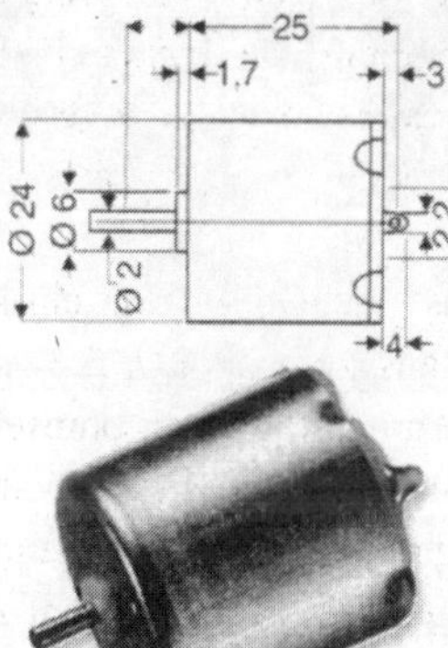


Abb. 2.2 Ausführungsbeispiel eines kleinen „leistungsstarken" Solarmotors, der für eine Betriebsspannung zwischen 0,4 V und 3 V ausgelegt ist und unbelastet einen Strom von ca. 80 mA bezieht (Conrad Electronic, Bestell-Nr. 19 83 58)

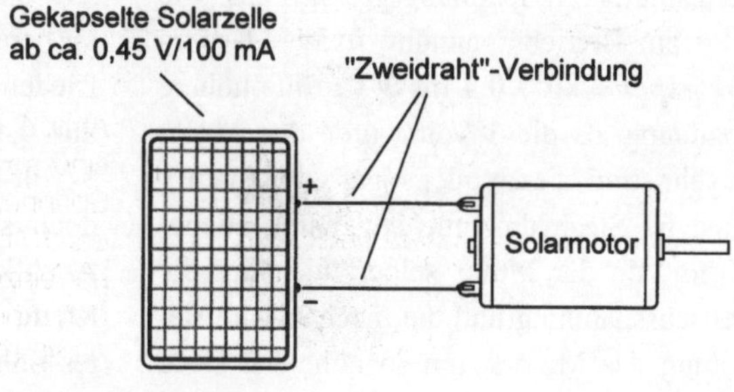


Abb. 2.3 Für die ersten Experimente kann ein kleiner Solarmotor einfach direkt mit einer einzigen kleinen Solarzelle verbunden werden und man braucht dabei nicht einmal auf die richtige Polarität zu achten, denn diese ist nur für die Drehrichtung des Motors bestimmend

Abb. 2.4 Diverse spitzfindige Solarbaukästen erleichtern auch Kindern und unerfahrenen Einsteigern den Umgang mit der Solartechnik; bei diesem „Kunstwerk" ist die bunte Drehscheibe direkt an der Welle (Achse) des Solarmotors befestigt und dreht um so schneller, je intensiver die mit dem Motor verbundene Solarzelle von der Sonne bestrahlt wird (Foto: Conrad Electronic)

Drehzahl steigen. Diese Eigenschaft weisen praktisch alle Gleichstrommotoren auf. Bei vielen dieser Motoren gibt der Hersteller die zumutbaren Spannungsgrenzen z.B. wie folgt an: Betriebsspannung *(oder „Versorgungsspannung")* **0,4 bis 3 V**. Eine höhere Spannung als die 3 Volt würde den Motor zu sehr strapazieren oder sogar vernichten.

Was die Stromabnahme anbelangt, so bestimmt sie der Motor selber. Je höher die Betriebsspannung und die mechanische Belastung des Motors, um so höher ist seine Stromabnahme. Er frisst den Strom aus einer Batterie oder aus einer Solarzelle ähnlich in sich hinein, wie Kater Fridolin das Katzenfutter aus dem Fressnapf. Da hat in beiden Fällen ein Außenstehender nicht viel zu melden.

Und ähnlich wie dem Kater Fridolin, sollte auch dem Solarmotor die vorgesehene Menge an Futter zur Verfügung stehen. Im Gegensatz zu Kater Fridolin – der notfalls noch ab und zu eine Maus oder einen anderen Leckerbissen irgendwo ergattert – kann sich allerdings ein Solarmotor nur aus der „Energiequelle" ernähren, die ihm zur Verfügung steht. Das ist in unserem Fall die Solarzelle.

Es spielt dabei keine Rolle, ob es sich hier nur um eine „kahle" Solarzelle oder um eine „gekapselte Solarzelle" handelt, die wie ein Foto eingerahmt ist und als ein Minipaneel oder Solarzellenmodul *(bzw. kurz „Solarmodul")* bezeichnet wird. Worauf es dem Motor ankommt ist, dass er aus dieser „Energiequelle" die benötigte Solarspannung und den benötigten Solarstrom erhält.

Mit dem „benötigten Solarstrom" ist es bei den meisten kleinen Solarmotoren etwas undeutlich, weil in der Praxis die Stromabnahme zu sehr von der mechanischen Belastung des Motors abhängt. So gibt sich z.B. unser Minimotor aus Abb. 1.1 *unbelastet* bereits mit einem Strom von 10 mA zufrieden, wenn seine Versorgungsspannung nur 0,4 Volt beträgt. Falls wir ihn an ein 3-Volt-Solarmodul anschließen, steigt jedoch sein Strombedarf auf etwa 80 mA. Auch kein Problem, denn gerade zu diesem Motor bietet *Conrad* ein kleines, preiswertes Solar-Minipaneel *(Abb. 2.5)* an, das für

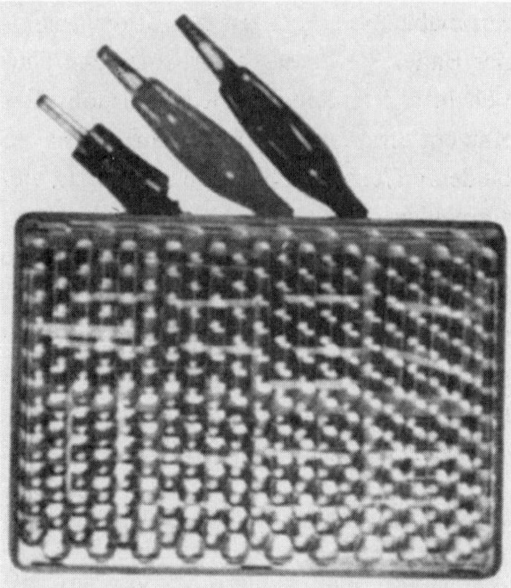

Abb. 2.5 Das „gekapselte 3 V/ 80 mA-Solar-Minipaneel" von *Conrad* verfügt über 1,7 m lange Anschlüsse mit Krokoklemmen, die eine schnelle und einfache Verbindung (ohne Löten) mit u.a. dem kleinen Solarmotor aus Abb. 2.2 ermöglichen (*Conrad Bestellnummer 19 47 60)*

eine Solarnennspannung von 3 Volt und einen Solarnennstrom von 80 mA ausgelegt ist.

Die Inbetriebnahme eines Solarmotors ist einfach: der Solarmotor wird mittels eines Zweidraht-Anschlusses mit dem Solarpaneel nach *Abb. 2.3* verbunden, und wenn gerade die Sonne scheint, läuft der Motor sofort an (falls nicht, kann erst mit einer 1,5-V-Batterie ausprobiert werden, ob er intakt ist). Die Drehrichtung des Motors (jedes Gleichstrommotors) hängt dabei von der Polarität der Versorgungsspannung ab. Sie wird bei Bedarf einfach durch das Umwechseln der zwei Zuleitungsdrähte (bzw. Zuleitungslitzen) geändert.

Die tatsächliche Solarspannung, die eine Solarzelle oder ein Solarpaneel liefern, hängt bekannterweise von der jeweiligen Stärke des Sonnenscheins und von der Ausrichtung der Zelle zur Sonne ab. Mit der Zunahme und Abnahme der Sonnenbestrahlung steigt oder sinkt die Spannung einer Solarzelle gleitend (halbe Beleuchtung = halbe Spannung usw.). Auch der maximale Strom, der aus einer Solarzelle bezogen werden kann, steigt und sinkt proportional mit der momentanen Solarspannung.

Wie bereits angesprochen wurde, sind die meisten der kleinen Solarmotoren für eine Betriebsspannung ausgelegt, die zwischen ca. 0,4 V und 3 V liegen darf. Falls Wert darauf gelegt wird, dass der Motor seine Höchstleistung erbringt, sollte seine Betriebsspannung in die Nähe von 3 Volt kommen. Seine Stromabnahme wird bei dieser Betriebsspannung bei größerer Belastung auf ca. 200 mA bis 500 mA steigen – was jedoch sowohl von der Type des Motors als auch von der angetriebenen Vorrichtung abhängt *(siehe hierzu auch Kap. 8)*.

Reicht für ein Vorhaben der *Nennstrom* eines kleinen Solarpaneels nicht aus, können mehrere solche Paneele nach *Abb. 2.6a* parallel verschaltet werden. Alternativ bietet der Fach- und Versandhandel für größere Solarleistungen auch gekapselte Solar-Einzelzellen an, die typenabhängig für Nennströme zwischen ca. 0,1 A und 1 A ausgelegt sind. Solche Einzelzellen können bedarfsgerecht nach *Abb. 2.6.b* auch in beliebig lange Reihe geschaltet werden, um eine erforderliche Solarspannungs-Quelle für einen kleinen Elektromotor (als Summe einzelner Zellenspannungen) zu bilden.

2

## 2.2 Antriebe mit Getriebemotoren

Charakteristisch für die meisten Gleichstrommotoren ist ihre hohe Drehzahl. Auch die kleinen Solarmotoren sind für eine Drehzahl von 5000 U/Min (Umdrehungen pro Minute) ausgelegt und daher für Direktantriebe nur über zusätzliche Getriebe geeignet.

Für kleinere Selbstbau-Vorrichtungen, wie Drehbühnen, Solar-Minifahrzeuge, solar angetriebene Windmühlen, Spielzeugkarusselle, solar angetriebene Hampelmänner und „Hampeltiere“ u.ä. bietet *Conrad* einen kleinen Solarmotor mit Getriebe *(nach Abb. 2.7)* an. Bei einer Versorgungsspannung von ca. 0,45 V und einer Übersetzung von 27:1 liegt seine Drehzahl bei etwa 15 U/Min. Bei der Übersetzung von 9:1 erhöht sich die Drehzahl auf das Dreifache (45 U/Min). Durch Erhöhung der Betriebsspannung (bis auf etwa 3 Volt) erhöht sich die Drehzahl auf mehr als das Doppelte – allerdings abhängig von der Belastung und zudem auch abhängig davon, ob der damit zusammenhängend erhöhte Solarstrom zur Verfügung steht.

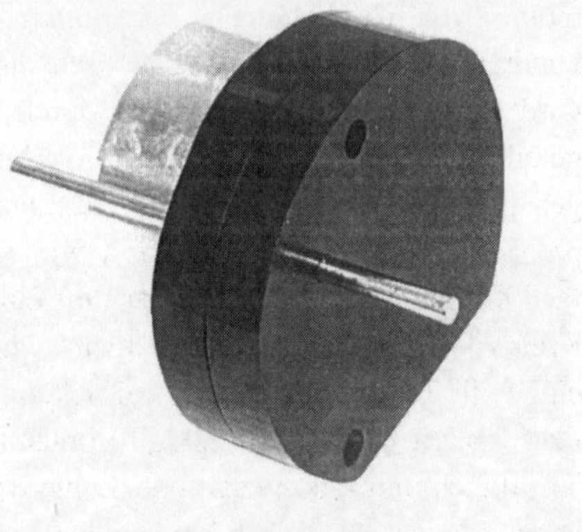

Abb. 2.7 Der Solar-Getriebemotor von *Conrad-Electronic (Bestellnummer 13 04 41)* verfügt über eine einstellbare Übersetzung von 9:1 oder 27:1 und ist für Eigenbau-Vorrichtungen oder Modelle vorgesehen, die langsam drehen sollen. Technische Daten: Solarmotor Mabuchi RF300CA, Anlaufspannung ca. 0,4 V, Anlaufstrom ca. 20 mA, Durchmesser der Antriebswelle (der Getriebeachse) Ø 2 mm.

**Hinweis:** Bei der Planung eines im Selbstbau erstellten Solarantriebes ist es von Vorteil, wenn die Drehzahl des Getriebe-

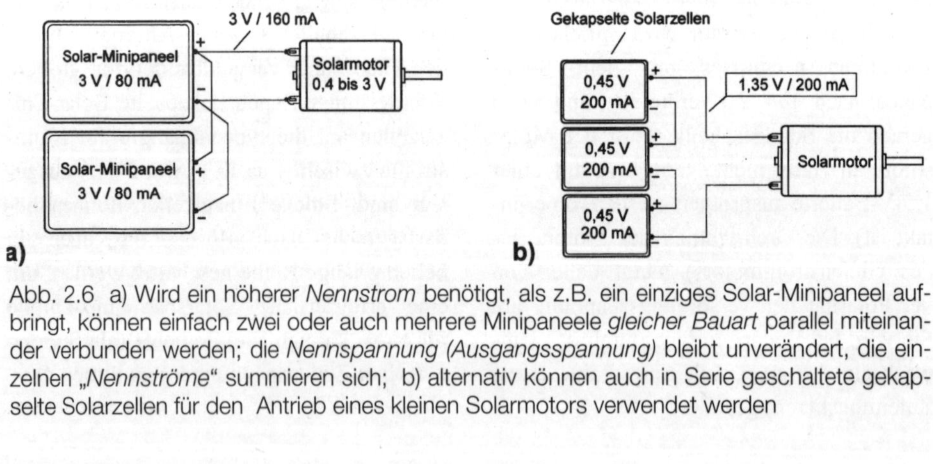


Abb. 2.6 a) Wird ein höherer *Nennstrom* benötigt, als z.B. ein einziges Solar-Minipaneel aufbringt, können einfach zwei oder auch mehrere Minipaneele *gleicher Bauart* parallel miteinander verbunden werden; die *Nennspannung (Ausgangsspannung)* bleibt unverändert, die einzelnen „*Nennströme*“ summieren sich; b) alternativ können auch in Serie geschaltete gekapselte Solarzellen für den Antrieb eines kleinen Solarmotors verwendet werden

motors von Umdrehungen *pro Minute* in Umdrehungen *pro Sekunde* umgerechnet wird (die U/Min werden einfach durch 60 geteilt). Wenn wir uns z.B. 30 Umdrehungen pro Minute in eine halbe Umdrehung pro Sekunde umrechnen, können wir einfach mit dem Zeigefinger in der Luft einen Kreis derartig langsam „zeichnen", dass eine volle Umdrehung etwa zwei Sekunden lang dauert. Das lässt sich problemlos bewältigen und mit etwas Vorstellungskraft kann man dann beurteilen, ob die Drehzahl für das eine oder andere Vorhaben geeignet ist.

## 2.3 Solardrehbühnen

Solardrehbühnen sind oft als Fertigprodukte mit bereits eingebauter Solarzelle erhältlich und sind z.B. nach *Abb. 2.9* ausgeführt.

Mit dem kleinen Solar-Getriebemotor aus *Abb. 2.7* lässt sich jedoch eine derartige Solardrehbühne auch eigenhändig leicht erstellen: In die Mitte einer viereckigen, achteckigen oder runden Platte wird nach *Abb.*

Abb. 2.8 Kleine Getriebemotoren mit unterschiedlichen bzw. wählbaren Übersetzungen sind auch als Modellbauzubehör erhältlich

Abb. 2.9 Kleine Solardrehbühnen sind auch als Fertigprodukte erhältlich (Foto: Conrad Electronic)

*2.10* mit einem Metallbohrer Ø 2 mm ein „Loch" hineingebohrt. Die Platte kann z.B. aus Plexiglas, Holz (Balsa-Holz) oder für die ersten Experimente auch nur aus einer dünnen Pappe oder einem leichten Kunststoffdeckel angefertigt werden.

Nebenbei: In der Technik wird zwar anstelle der Bezeichnung „Loch" die edlere Bezeichnung „Bohrung" verwendet, aber im wirklichen Leben findet man kaum einen Menschen, der etwas anderes bohrt als „ein Loch" (wenn er schon bohrt). Falls einer eine solche Tätigkeit etwas eleganter als „Ausführung einer Verbohrung" bezeichnet und das Ergebnis nicht als ein Loch, sondern als eine „Bohrung" deklariert, ist es auch in Ordnung.

Ob man nun die Absicht hat eine Bohrung durchzuführen oder schlicht ein Loch zu bohren, derartige „bedeutende Löcher" sollten grundsätzlich mit einer stabilen Tischbohrmaschine gebohrt werden. Mit einer Handbohrmaschine geht es garantiert in die Hose und die Drehbühne wird eher zu einer Wackelbühne – es sei denn, die Drehbühne wird auf die Welle des Getriebemotors präzise aufgeleimt. Dazu sollte jedoch für die ersten Experimente nur ein Leim verwendet werden, der sich später leicht wieder entfernen lässt (also kein zu kräftiger Sekundenkleber).

Das Gewicht, die Größe und Dicke der Drehbühne muss auf die Leistung des Solarmotors und auf das Gewicht des auf der Bühne aufgestellten Gegenstandes abgestimmt werden.

## 2.4 Solarkarussell

Eine Drehbühne kann leicht zu einem attraktiven Solarkarussell nach dem Prinzip in *Abb. 2.11* ausgebaut werden. Das hier abgebildete Beispiel darf dabei nur als eine Inspiration dienen, denn die individuelle Gestaltung kann jeder selber bestimmen und seinen Vorstellungen anpassen. Für die Inspiration können sich dabei als sehr sachdienlich diverse Karussellabbildungen aus Spielzeugkatalogen erweisen.

Die benötigten Karusellfiguren – z.B. Pferde und andere Tiere – können z.B. aus Kinderbüchern oder Spielzeugkatalogen kopiert und aus Papier ausgeschnitten bzw. auf ein ca. 2 mm-dünnes Birken-Flugzeugsperrholz aufgeleimt, danach mit einer Laubsäge ausgesägt und auf das Podium (auf die untere Drehscheibe) des Karussells festgeleimt werden.

Die eigentliche Drehbühne und die „Decke" des Karussells können aus 2 bis 4 mm dünnem Birken-Flugzeugsperrholz oder „normalem" Birken-Sperrholz nach *Abb. 2.11* als zwei runde Scheiben *(Durchmesser ca. 20 bis 25 cm)* mit einer Laubsäge ausgesägt werden. Die Scheibenmitte sollte – der besseren Stabilität wegen – etwas verstärkt

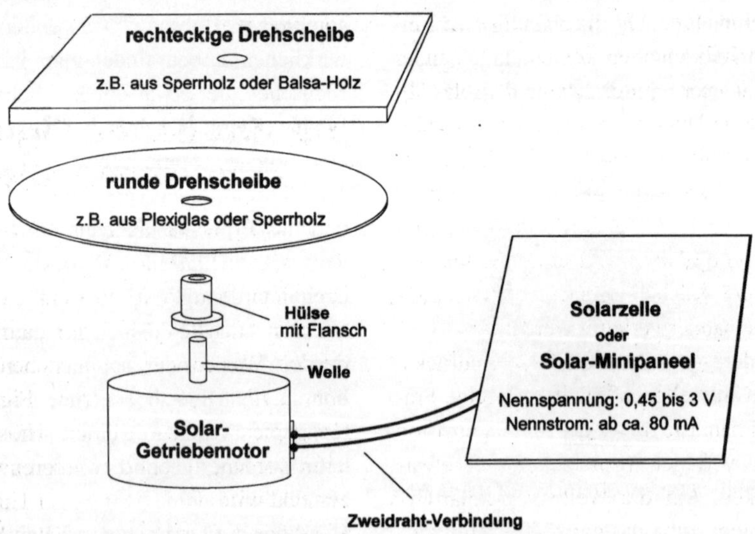


Abb. 2.10 Ausführungsbeispiel einer einfachen Selbstbau-Solardrehbühne

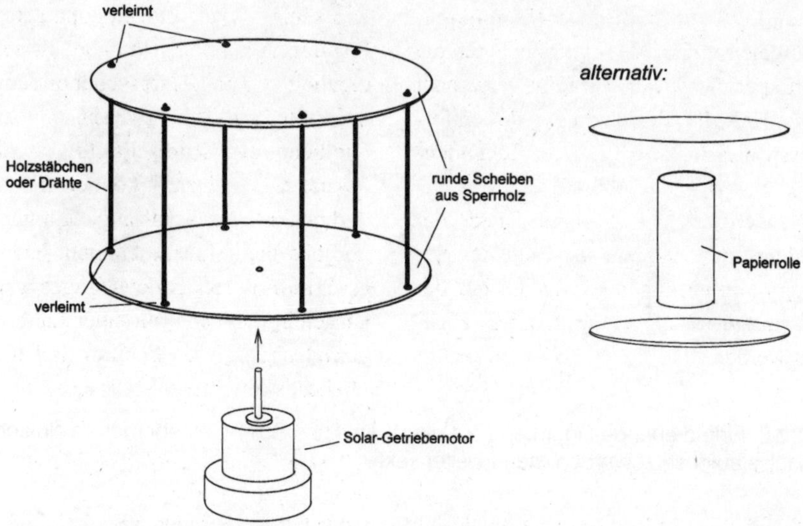


Abb. 2.11 Ausführungsbeispiel eines kleinen Selbstbau-Solarkarussells aus ca. 2 mm bis 3 mm dünnen Birken-Sperrholz (2 mm dünnes Birken-Flugzeugsperrholz ist im Modellbauladen oder bei *Conrad*-[Modellbau] unter Bestell. Nr. 23 55 63; 3 mm dünnes „normales" Birken-Sperrholz unter Bestell. Nr. 23 55 71 erhältlich)

sein. Am besten mittels einer ähnlichen Hülse, wie die Drehbühne in *Abb. 2.10.*

Die zwei in *Abb. 2.11* eingezeichneten runden Sperrholzscheiben können miteinander am einfachsten mittels dünnen Holzstäbchen oder Drähten verbunden werden (dünne runde Holzstäbchen sind in Gartenzentren erhältlich). Alternativ können die zwei Sperrholzscheiben – anstelle der links eingezeichneten Stäbe – mit einer Hartpapierrolle (leere Küchen- oder Toilettenpapierrolle) aneinander verleimt werden.

Alles andere – worunter auch ein eindrucksvolles „Karusselldach" bleibt ein reine Frage der Phantasie bzw. der Fähigkeit, von diversen Vorlagen (Spielzeugfotos) etwas abzugucken. Auf die Welle des Solar-Getriebemotors sollte das ganze Karussell aufgesteckt und mit einem Tröpfchen Leim oder Nagellack (bevorzugt „abnehmbar") erst dann festgeleimt werden, nachdem es komplett fertig ist.

## 2.5 Drehende Figuren und Dekorationen

Auf die Welle des kleinen Solar-Getriebemotors aus *Abb. 2.7* kann auch ohne eine Drehbühne eine Figur oder eine andere Dekoration (Fensterdekoration) „aufgesteckt" werden. Was darunter zu verstehen ist, zeigt *Abb. 2.12.* Diverse leichtere Figuren aus Hartpapier können auf eine Hülse aufgeleimt werden, die auf die Motorenwelle aufgesteckt wird. Die Bohrung der Hülse sollte allerdings auf die (Ø 2 mm dünne Welle des Solarmotors passen.

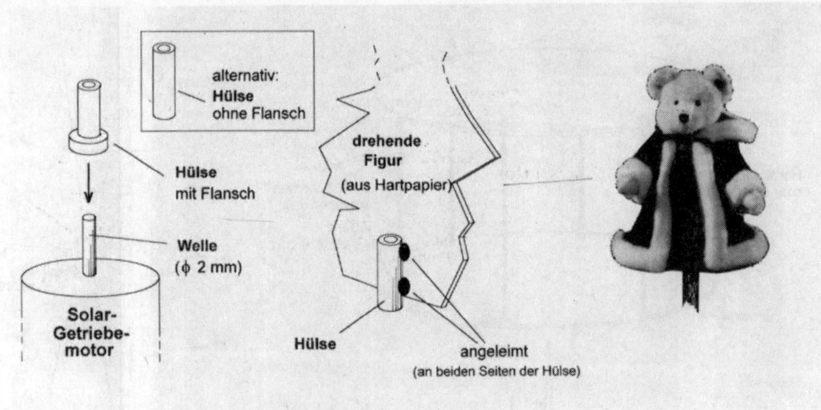


Abb. 2.12 Eine drehende Figur kann auf die Welle eines Solar-Getriebemotors einfach mittels einer Hülse aufgesetzt werden (siehe weiter Text)

Wer für eine eigenhändige Anfertigung solcher Hülsen nicht ausreichend technologisch ausgestattet ist (über keine Bohrmaschine oder keinen 2-mm-Bohrer verfügt), der kann sich mit einer passenden Hülse behelfen, die oft unter der Bezeichnung *Reduzierhülse* oder *Ausgleichshülse* als Modellbauzubehör erhältlich ist.

Notfalls kann man sich zu Hause auf die Suche begeben, um eine brauchbare Hülse aus einem ausrangierten Haushalts- oder Bürogegenstand zu finden. Gut passend sind u.a. diverse Kunststoffröhrchen, die z.B. als Pinselstielchen an Nagellackpinseln – bzw. auch an anderen Kosmetikpinseln – verwendet werden.

Die benötigten Figuren können u.a. aus alten Prospekten, Kinderbüchern u.a. als Papierfiguren ausgeschnitten und bei Bedarf vollflächig, bzw. nur mit einem Streifen Hartpapier unterklebt werden. Auch ein kleines Kunststoff- oder Stofftier, ein Osterhase oder ein Weihnachtsengel kann „jahreszeitorientiert“ auf diese Weise am Fenster drehen, wenn die Sonne die dafür benötigte Solarenergie spendet.

## 2.6 Solar-Windmühlen

Auch Solar-Windmühlen gehören oft zu den Konstruktionen, die sich mit Hilfe von

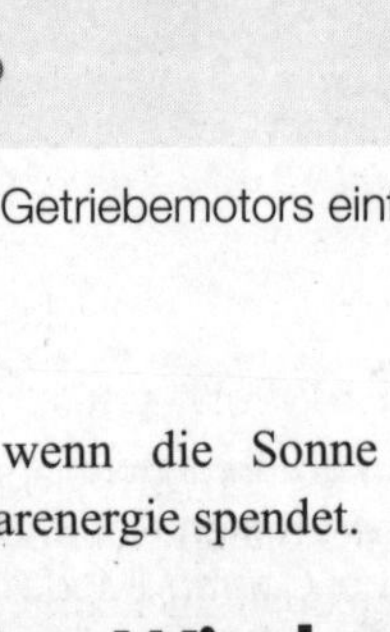


Abb. 2.13 Die hier abgebildete Solar-Windmühle ist nur eine der Konstruktionen, die sich z.B. mit dem Solar-Metallbaukasten zusammenbasteln lassen (Foto und Anbieter: Conrad Electronic)

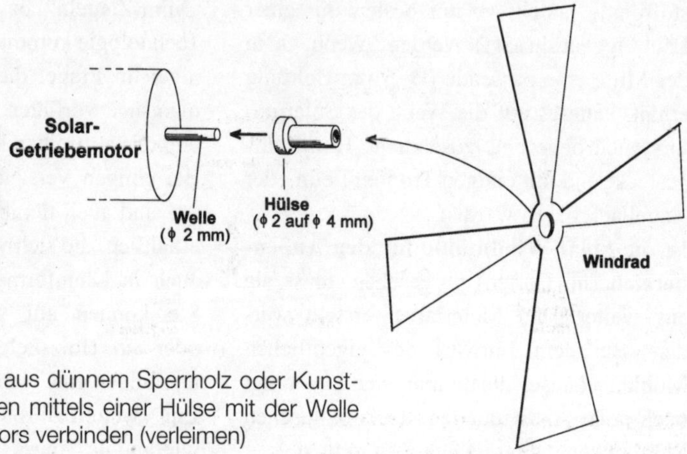


Abb. 2.14 Ein Windrad aus dünnem Sperrholz oder Kunststoff lässt sich am besten mittels einer Hülse mit der Welle eines Solar-Getriebemotors verbinden (verleimen)

verschiedenen Solar-Baukästen erstellen lassen. Eines der Beispiele zeigt *Abb. 2.13*. Wesentlich dekorativere Solar-Windmühlen lassen sich jedoch auch ohne die Verwendung eines Baukastens im Selbstbau erstellen. Auch hier bildet das „Herzstück" der kleine Solar-Getriebemotor aus den vorhergehenden Bauanleitungen. Das Windrad kann z.B. aus einem 2 bis 3 mm dünnen Sperrholz oder aus dünnem Kunststoff angefertigt (mit Laubsäge ausgesägt) werden. Wie der *Abb. 2.14* entommen werden kann, ist so ein Anliegen ziemlich einfach: Das Windrad wird mit der Welle des Solar-Getriebemotors auf dieselbe Weise verbunden, wie die Platte der bereits beschriebenen Drehbühne.

Wenn die Windmühle im Innenbereich (z.B. am Fenster) geschützt stehen wird, kann sie evtl. nur aus Pappe oder aus ca. 2 mm dünnem Balsa-Holz zusammengeklebt werden. Das Windrad kann z.B. aus Pappe, einem ca. 2-mm-dünnen Birken-Flugzeugsperrholz oder aus einer ca. 1 mm dünnen Kunst-

Abb. 2.15 Ausführungsbeispiel einer Solar-Windmühle, die z.B. als eine romantisch verspielte Garten- oder Wintergarten-Dekoration gedacht ist

stoffplatte erstellt (= am besten mit einer Laubsäge ausgesägt) werden. Wenn es in der Mitte eine passende (Ø 2 mm-Bohrung erhält, kann es auf die Welle des Solarmotors auch ohne eine zusätzliche Hülse aufgesteckt und mit einigen Tropfen Leim oder Nagellack fixiert werden.

Ist die **Solar-Windmühle für den Außenbereich** (im Garten) vorgesehen, muss sie aus wetterfesten Materialien erstellt werden. Bei dem Entwurf des eigentlichen Mühlengehäuses dürfte man sich bevorzugt nach den individuellen technologischen Möglichkeiten und Fähigkeiten richten.

Wer gut mit Blech zurechtkommt, kann das Mühlengehäuse z.B. auch aus einem ca. 0,6 bis 0,7 mm dünnen verzinkten Stahlblech, Kupferblech oder Konservenblech zusammenlöten und danach bemalen. Fenster – falls vorgesehen – können z.B. aus eingeleimten Plexiglas maßgerecht erstellt und evtl. auch solar beleuchtet werden.

Wer sich ein „echtes" Mauerwerk zutraut, der kann das Mühlengehäuse aus kleinen Ziegelresten, Beton und/oder Steinchen zusammenmörteln bzw. mit einem preiswerten Fliesenkleber (aus dem Baumarkt) zusammenkleben und eventuell auch noch mit einem echten *Kalk-Zement-Putz* verputzen (den er bei einem kleineren örtlichen Bauunternehmen preiswert erhält).

Ziegelreste bzw. Bruchziegel lassen sich leicht mit einem Winkelschleifer maßgerecht zuschneiden (bevorzugt mit einer Diamantscheibe). Auch eine der kleinen Tisch-Fliesensägen mit Diamantscheibe, die bereits seit mehreren Jahren in den Baumärkten sehr preiswert erhältlich sind, eignet sich hervorragend zum Verkleinern größerer Ziegel- oder Klinkerstücke zu „Mini-Ziegeln" bzw. zu Riemchen. Diese Technologie kommt allerdings nur für diejenigen in Frage, die über eine solche Diamantsäge verfügen bzw. diese im Bekanntenkreis auftreiben können.

Bei einigen Versandhäusern und Baumärkten sind auch flexible Kunststoff-Riemchen erhältlich, die sich vor dem Verkleben leicht auch in Kleinformate zerschneiden lassen. Sie können auf gemauerten Untergrund oder auf Holzskeletten aufgeleimt werden und bilden eine wetterfeste Haut.

Ein „wetterfestes" Windrad einer Außenwindmühle muss aus wetterbeständigen Materialien angefertigt werden, die Regen, Gewitter oder eventuell auch Hagel verkraften. Da auch dieses Windrad nicht vom Wind, sondern vom Solarmotor angetrieben wird, brauchen seine Flügel nicht schräg zu stehen (wie bei einem Ventilator), und das ganze Windrad mit seinen vier Flügeln kann daher z.B. mit der Laubsäge aus einer ca. 2 mm starken Makrolon- oder Plexiglas-Platte als ein kompaktes Stück nach *Abb. 2.14* herausgesägt oder – ähnlich, wie in *Abb. 2.15* skizziert ist, aus Kupferdraht zusammengelötet werden.

Nebenbei: Manche Modellbau- oder Spielwarenanbieter, Gartenzentren und Versandgärtner führen auch fertige Kunststoffwindmühlen, deren Windradantrieb für die eigenhändige Umrüstung auf Solarstrom geeignet ist. Das erfordert in den meisten Fällen eine zusätzlich erstellte Verbindung zwischen dem Solar-Getriebemotor und der Achse des Windrades, die sich z.B. mittels eines *Bando-Zahnkeilriemen-Antriebes* oder *Modellbau-Zahnrad-Sets* leicht im Selbstbau bewerkstelligen lässt.

## 2.7 Bewegliche Fensterfiguren

Eine solarangetriebene Bewegung macht Spaß und kann zum Beispiel in der Form einer Eigenbau-Fensterfigur aus härterem Papier als „spielerisches Versuchsobjekt" konzipiert werden. Was für eine Figur man sich hierzu aussucht bzw. einfallen lässt, bleibt der individuellen Fantasie und evtl. künstlerischen Begabung überlassen.

So kann z.B. aus einem ausgedienten Bilderbuch, Katalog, Prospekt oder aus dem Internet die passende Figur auf einen etwas härteren Untergrund (Pappe, dünnes Sperrholz oder Kunststoff) aufgeleimt und danach mit einer Laubsäge ausgeschnitten werden. Falls die Figur auf der Vorlage zu klein ist, kann sie evtl. erst auf einem Kopierer auf das erforderliche Maß vergrößert werden.

Am einfachsten – und dennoch sehr wirkungsvoll – sind winkende Figuren aus Hartpapier oder aus dünnem Sperrholz. Hier genügt oft, wenn eine solche Figur solarbetrieben nur mit der Hand winkt. Es kann sich dabei um einen winkenden Clown handeln, der ähnlich wie der bekannte Cowboy auf dem Dach eines Las-Vegas-Casinos den Vorbeigehenden zuwinkt.

Wie sich der Antrieb des winkenden Armes prinzipiell bewerkstelligen lässt, zeigt *Abb. 2.16*. Auch für diesen Zweck eignet sich der inzwischen so oft empfohlene Solar-Getriebemotor von Conrad *(aus Abb. 2.7)*. Bei der Übersetzung von 9:1 hat die Antriebswelle des Motors eine Drehzahl von ca. 48 U/min bis 60 U/min (abhängig von der Solarspan-

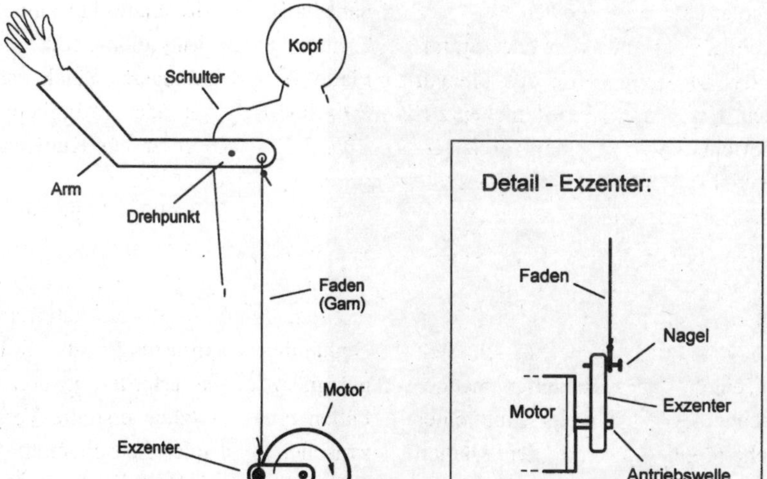


Abb. 2.16 Mittels eines zusätzlichen Exzenters an der Welle des Getriebemotors kann eine winkende oder schwenkende Bewegung – z.B. das hier abgebildete Winken eines Armes – bewerkstelligt werden

nung). Der winkende Arm einer Fensterfigur – oder auch eine beliebige andere Bewegung dieser Art – würde eine volle Bewegung innerhalb von etwa einer Sekunde vollziehen, was für diesen Zweck optimal ist.

Die Verbindung des beweglichen Körperteiles der Fensterfigur mit der Antriebswelle des Motors ist vom Prinzip her sehr einfach: Ein Nähgarn oder ein dünnes Drähtchen wird von einem Exzenter angetrieben, der aus einem Stückchen Sperrholz, Massivholz oder Kunststoff eigenhändig anzufertigen ist.

Für Figuren, die einen waagerecht angeordneten Antrieb benötigen, kann anstelle des angesprochenen Nähgarns ein fester Hebel in der Form eines Kunststoff- oder Sperrholzstreifens verwendet werden.

## 2.8 Solar-Springbrunnen

Betriebsfertige Solar-Springbrunnen werden wahlweise als kompakte schwimmende Springbrunneninseln *(Abb. 2.17)* oder komplette Bausätze angeboten.

Schwimmende Springbrunneninseln bieten durch ihre kompakte Ausführung verständlicherweise wenig Spielraum zum Experimentieren, denn man kann an ihnen nicht viel verändern. Bausätze sind in der Hinsicht vorteilhafter, da man im Nachhinein evtl. einen Akku als Zwischenspeicher ein-

Abb. 2.17 Ausführungsbeispiel einer schwimmenden Solar-Springbunneninsel (Foto: Conrad Electronic)

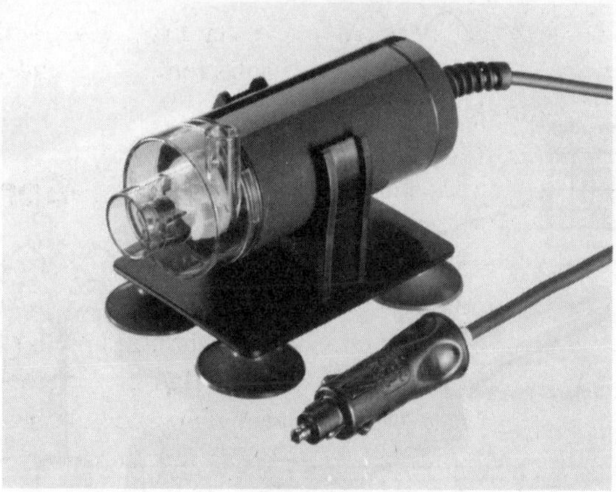

Abb. 2.18 Spezielle Solar-Tauch- und Springbrunnenpumpen SXT 500 und SXT 1000 arbeiten energiesparend, nahezu verschleißfrei (Foto: Conrad Electronic)

setzen kann, um den Springbrunnen „abrufbereit" betreiben zu können. Wenn die Springbrunnenpumpe verschlissen ist, kann sie problemlos ersetzt werden (die Lebenserwartung der Springbrunnenpumpe ist wesentlich kürzer als die des Solarzellenmoduls).

Wer sich seinen Solarspringbrunnen aus handelsüblichen „Bausteinen" selber aufbauen möchte – was in Hinsicht aufs Experimentieren am vorteilhaftesten ist – dem stehen passende Springbrunnenpumpen *(Abb. 2.18)*, Solarzellenmodule und evtl. anderweitige „Solarbausteine" zur Verfügung.

In die Planungsüberlegungen sollte bei einem Springbrunnen die Frage einbezogen werden, ob evtl. ein Akku als Energie-Zwischenspeicher nicht Vorrang vor einem Direktantrieb erhalten sollte.

Die Konzeptlösung dürfte sich daran orientieren, ob der Springbrunnen vor allem als eine Vorrichtung für die Sauerstoffanreicherung des Weiherwassers dienen soll, oder ob er als Beitrag zum gartenarchitektonischen Ambiente und zum Spaß an den Wasserspielen vorgesehen ist.

Für die Sauerstoffanreicherung des Weiherwassers ist es am effizientesten, wenn der Springbrunnen im Direktantrieb arbeitet und möglichst jeden Sonnenstrahl nutzt, der jeweils zur Verfügung steht. Eine „echte" Weiherbelüftungspumpe erfüllt diese Aufgabe zwar wesentlich effizienter, aber trägt wiederum zu der Gartenromantik oder zu dem Spaß an dem „Wasserspiel" nicht gerade bei...

Für das Wohlbefinden der Hausbewohner ist es wiederum von Vorteil, wenn sich der Springbrunnen „auf Abruf" auch an trüberen Sommertagen, am späten Nachmittag bzw. am Abend in seiner „vollen Pracht" zeigt. In dem Fall braucht er nicht unbedingt z.B. an Vormittagen aktiv sein, während denen das Haus unbewohnt ist (da kann der Pumpenakku mit Solarstrom geladen werden).

Aus diesen Überlegungen ergibt sich dann

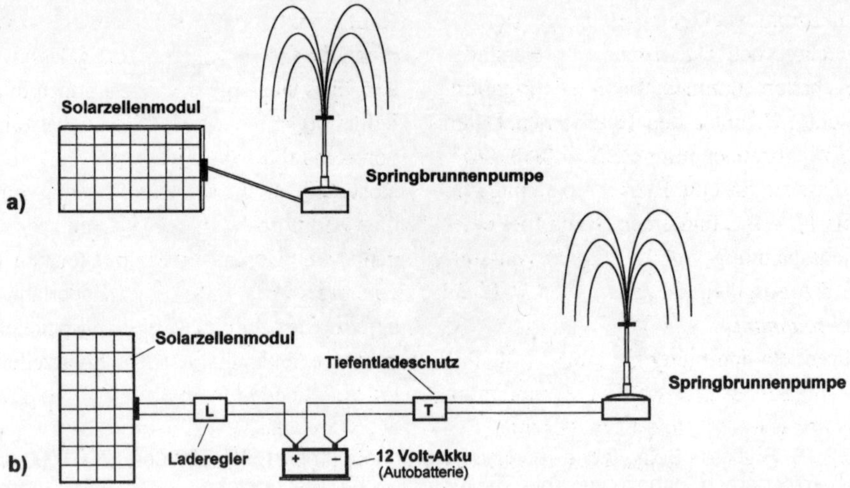


Abb. 2.19 Ähnlich wie viele andere Solarvorrichtungen und Antriebe, kann auch der Solarspringbrunnen entweder für einen Direktantrieb vom Solarzellenmodul oder für einen Antrieb über einen Akku ausgelegt sein: a) ein Direktantrieb vom Solarzellenmodul ist unkompliziert; b) ein Solarantrieb mit einem Akku als Energie-Zwischenspeicher benötigt dagegen mehrere „Einzelbausteine", die aufeinander gut abzustimmen sind

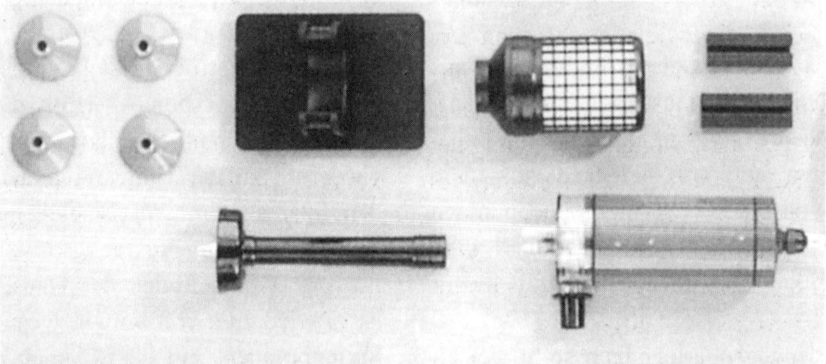

Abb. 2.20 Die Solar-Springbrunnenpumpe SXT 2000 ist für eine Betriebsgleichspannung von 2,1 bis 17 Volt ausgelegt, ihr Strombedarf beträgt bei einer Versorgungsspannung von 12 V etwa 1,5 Ampere (Foto: Conrad Electronic)

die Konzeptlösung und die damit zusammenhängende Dimensionierung des Solarzellenmoduls.

Wir wissen inzwischen, dass für einen direkten Solarantrieb das Solarzellenmodul bevorzugt über eine Nennspannung und

Nennleistung verfügen sollte, die sich an den technischen Daten der vom Hersteller angegebenen Pumpenparameter orientiert. So steht z.B. unter den technischen Daten der Springbrunnenpumpe **SXT 2000** *(Abb. 3.8)*, dass sie für eine Betriebsspannung von 2,1 bis 17 V **DC** und einen Strom (bei einer Betriebsspannung von 12 V **DC**) von stolzen 1,5 A ausgelegt ist *(das „DC" steht für Gleichspannung)*.

Zu dieser Pumpe bietet Conrad ein 50 W/-17,3 Volt/2,9-Ampere-Solarzellenmodul an. Die Solarspannung stimmt mit der max. Betriebsspannung der Pumpe überein (die 0,3 Volt mehr, die das Modul unter optimalen Bedingungen theoretisch liefern kann, dürfen negiert werden).

Der Modulensolarstrom von stolzen 2,9 A mag vielleicht auf den ersten Blick unnötig hoch sein, aber er ist betriebsbedingt vertretbar. Der in den technischen Daten angegebene Strom von 1,5 A, den die Solarpumpe bei **12-Volt**-Betriebsspannung abnimmt, erhöht sich bei einer **17-Volt**-Betriebsspannung auf etwa 2,2 bis 2,5 A (abhängig von der jeweiligen Belastung der Pumpe, die z.B. bei Verschmutzung des Wassers zunimmt). Zudem sinkt der Nennstrom eines Solarzellenmoduls in der Sommerhitze bis um etwa 15 % (wenn es zusätzlich von der Sonne aufgeheizt ist).

Die hier angeführten Modulenparameter dürften als ein Referenzbeispiel für eine optimale Dimensionierung dienen, bei der die Springbrunnenpumpe ihre maximale Leistung erbringt. In der Praxis bleibt es jedoch dem Anwender überlassen, inwieweit er sich evtl. mit einem kleineren Solarzellenmodul zufrieden gibt und eine etwas bescheidenere Pumpenleistung bzw. Fontänenaktivität in Kauf nimmt. Dabei darf selbstverständlich nicht die Tatsache außer Acht gelassen werden, dass sich so ein Springbrunnen in allen Fällen <u>nur</u> bei optimaler Sonnenbestrahlung von seiner besten Seite zeigt.

Kostengünstiger kann die Lösung mit einem Akku nach *Abb. 2.19b* sein. Vor allem dann, wenn ein preiswerter Bleiakku (z.B. eine preiswerte Auto- oder Kinderfahrzeugbatterie) als Energie-Zwischenspeicher genommen und ein kleineres Solarzellenmodul verwendet wird. Hier kommt es nur darauf an, welches Solarzellenmodul eventuell „gerade noch" ausreichen dürfte, um den Nachladebedarf des Akkus zu bewältigen.

Der Nachladebedarf hängt in diesem Fall sowohl von den vorgesehenen Betriebsstunden des Springbrunnens als auch von der vorgesehenen Häufigkeit der sonnigen Tage ab. Da es sich hier um keine ausgesprochen lebenswichtige Anlage handelt, darf man sich mit einer groberen Schätzung der Vorbedingungen zufrieden geben.

Dennoch muss bereits im Planungsstadium überlegt werden, welche Versorgungsspannung (= Akku-Nennspannung) in Frage kommt. Am vorteilhaftesten ist bei derartigen „Projekten" eine 12-V-Spannung. Auch deshalb, weil die gängigen Solarladeregler (mit Tiefentladeschutz) für 12-V-Akkus ausgelegt sind.

Aus den technischen Daten der Solarpumpe SXT 2000 geht hervor, dass sie bei einer 12-V-Versorgungsspannung einen Stromverbrauch von 1,5 A hat. Wenn diese Pumpe eine Stunde lang in Betrieb ist, verbraucht sie demzufolge „1,5 Ah" von der im Akku gespeicherten Energie. <u>Vereinfacht gerechnet</u> ergibt sich daraus Folgendes: würden wir diese Pumpe beispielsweise an einen voll aufgeladenen 12 V/15-Ah-Akku anschließen, würde sie etwa 10 Stunden lang pumpen können, bevor sie den Akku „leerpumpt".

Diese vereinfachte Berechnung stimmt mit der Praxis nicht haargenau überein, denn der Tiefentladeschutz wird die Pumpe oft etwas eher abschalten und keinesfalls zulassen, dass der Akku tatsächlich „leergepumpt" wird (wir wissen ja, dass ein Bleiakku einen solchen „Aderlass" nicht überleben würde).

Bei einer solarelektrischen Anlage, bei der ohnehin die Sonne immer das letzte Wort hat, geht es bei der Berechnung des Energieverbrauchs nur um grob eingeschätzte Zahlen. Wenn wir hier die „brauchbare" Kapazität des 15-Ah-Akkus beispielsweise um ca. 15 % (auf 13 Ah) korrigieren, verringert sich die Gefahr, dass die Dimensionierung zu optimistisch berechnet wurde. In der Praxis werden wir jedoch nicht dahinterkommen, inwieweit wir uns eventuell verrechnet haben, denn die Anzahl der sonnigen Tage bzw. Stunden (als Ladestunden) kann nicht kalkuliert, sondern nur geschätzt werden.

Die Einschätzung der Anzahl sonniger Tage bzw. sonniger Stunden, während denen der Akku nachgeladen wird, ist im Prinzip ein Anliegen für einen Wahrsager. Erfahrungsgemäß dürfte man in diesem Fall dennoch davon ausgehen, dass während der wärmeren Jahreszeit innerhalb von zwei Wochen mindestens etwa drei bis vier Tage die Sonne „ausreichend stark" scheinen wird. Das wären abgerundet etwa 30 bis 40 „Ladestunden", während denen der Akku zumindest annähernd voll nachgeladen werden dürfte bzw. sollte.

Falls es mehr sonnige Tage geben wird als der Planung zugrunde liegt, wirkt es sich automatisch auch auf die Häufigkeit des Nachladens positiv aus. Falls es dagegen während zwei Wochen weniger als drei sonnige Tage geben sollte, wird man sich wiederum weniger im Garten aufhalten und der Springbrunnen dürfte dann ebenfalls des Öfteren pausieren.

Diese „Überlegungsschleifen" sind bei einer solarelektrischen Versorgung wichtig, denn normalerweise ist man beim Umgang mit elektrischem Strom nicht daran gewöhnt, dass dabei die Natur auch ein bedeutendes Mitspracherecht erhält.

Wir behelfen uns nun wieder mit einem konkreten Beispiel: Angenommen, unsere Springbrunnenpumpe soll während der normalen Wochentage im Durchschnitt etwa eine Stunde täglich, am Samstag und Sonntag je 2 Stunden täglich betrieben werden. Das ergibt 18 Betriebsstunden während einer vierzehntägigen Periode.

18 Betriebsstunden x 1,5 A Strombedarf ergeben einen „gespeicherten Energiebedarf" von 27 Ah. Eine preiswerte 36-Ah-Autobatterie dürfte in diesem Fall als Energie-Zwischenspeicher erfahrungsgemäß ausreichen (die 36 Ah stellen eine „handelsübliche Standardkapazität" dar und daher brauchen wir nicht detaillierter herumzurechnen).

Die 27 Ah, die während der wärmeren Jahreszeit schätzungsweise „verpumpt" werden sollen, müsste laut unserer vorhergehenden Überlegungen das Solarzellenmodul innerhalb von ca. 30 bis 40 Stunden nachladen. Um Ladeverluste und Verluste durch die Selbstentladung des Akkus zu kompensieren, rechnen wir zu dem Nachladebedarf von den verbrauchten 27 Ah noch etwa

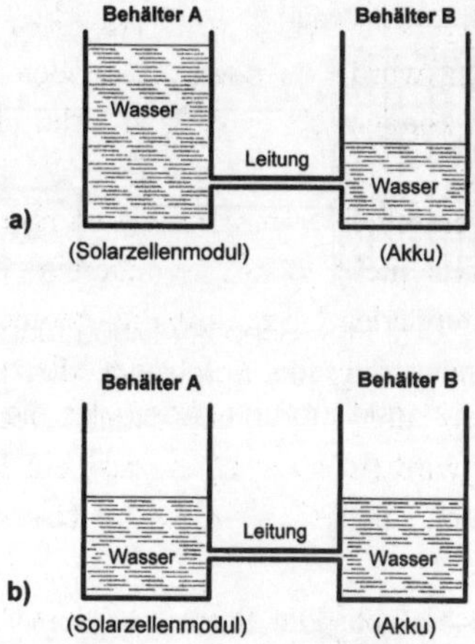


Abb. 2.21 Das Wasser kann von dem einen in den anderen Wasserbehälter nur dann fließen, wenn die Höhe der Wasserspiegel unterschiedlich ist: a) Solange der Wasserspiegel im Behälter A höher ist als im Behälter B, „strömt“ das Wasser vom Behälter A in den Behälter B; b) Wenn die Wasserspiegel beider Behälter gleich hoch sind, fließt kein „Wasserstrom“ mehr...

20 % (also 5,4 Ah) dazu und runden den Nachladebedarf auf 33 Ah auf.

Diese 33 Ah sollte das Solarzellenmodul innerhab von den angesprochenen 30 bis 40 Ladestunden aufbringen. Das dürfte bei etwas Glück (mit dem Wetter) z.B. ein Solarzellenmodul bewältigen, dessen Nennstrom bei ca. 1 A liegt, da 33 Ladestunden x 1 Ampere die erforderlichen „33 Ah“ ergeben.

Die Modulen-Nennspannung sollte dabei mindestens ca. 16,5 Volt betragen, aber eine etwas höhere Nennspannung – von z.B. 17,5 bis 22 V – wäre vorzuziehen, denn bereits bei einem sehr gering bewölkten Himmel sinkt die Solarspannung eines Moduls um ca. 25 % bis 30 % (dies ist aber nur ein rein informativer Richtwert). Ein Modul mit höherer Nennspannung liefert auch bei weniger günstigen Wetterbedingungen eine „brauchbare“ Ladespannung.

Bei einem Modul, dessen „offizielle“ *Nennspannung* schon sowieso relativ niedrig ist, sinkt die Solarspannung bei etwas schwächerem Sonnenschein viel zu oft unterhalb das Niveau der Akkuspannung. Somit kann vom Modul aus in den Akku kein Strom fließen, denn der fließt in den Akku nur dann, wenn die Solarspannung höher ist, als die jeweilige Akkuspannung.

Genau genommen, müssen bei diesen Überlegungen auch die Spannungsverluste in der Leitung und im Laderegler in Betracht bezogen werden, die etwa 0,5 Volt betragen. Wenn demnach die Solarspannung (am Ausgang des Solarzellenmoduls) wetterbedingt *nur* etwa 0,5 Volt höher ist, als die jeweilige Akkuspannung, ist ein Nachladen des Akkus nicht möglich, weil die ihm zugeführte *Ladespannung* in dem Fall nur genau so hoch ist, wie seine jeweilige Spannung.

Hier gilt dasselbe Prinzip, wie beim Ausgleich des Wasserspiegels von z.B. zwei miteinander verbundenen Wasserbehältern nach *Abb. 2.21*: das Wasser kann von dem einen in den anderen Behälter nur dann fließen, wenn die zwei Wasserspiegelhöhen unterschiedlich sind. Ähnlich ist es mit dem Laden eines Akkus von einem Solarzellenmodul: Der elektrische *Ladestrom* fließt vom Modul in den Akku nur solange die Solarspannung höher ist, als die jeweilige Spannung des Akkus.

Nun wäre folgende Frage fällig: Was geschieht, wenn die Solarspannung niedriger ist, als die Spannung des Akkus? Die Ant-

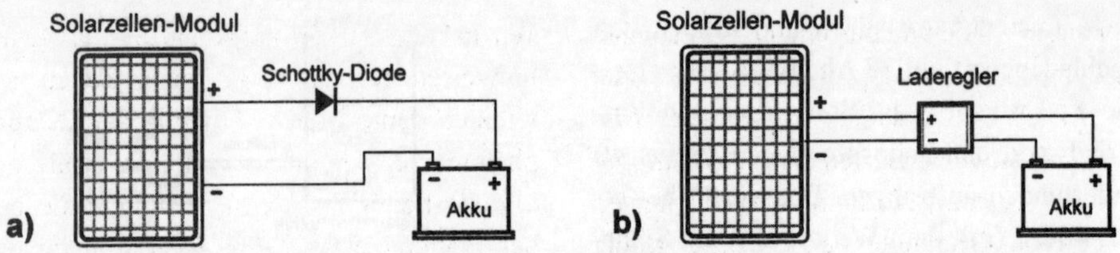


Abb. 2.22 a) Eine Schottky-Diode fungiert als ein Ventil, das den Strom nur in der Richtung vom Modul zum Akku durchlässt, aber in der Gegenrichtung voll sperrt; b) ähnlich funktionieren auch handelsübliche Laderegler, die zusätzlich auch noch für die Laderegelung zuständig sind

wort ist einfach: Der Strom aus dem Akku würde – ähnlich wie bei dem Beispiel mit den zwei Wasserbehältern – vom Akku so lange in das Solarzellenmodul zurückfließen, bis sich beide Spannungen ausgleichen. Im Gegensatz zu den Wasserbehältern – in denen die vorhandene Wassermenge nur durch Verdunsten „schrumpfen" kann, würde sich der Strom in einem „leeren" Solarzellenmodul (z.B. nachts) in Wärme umwandeln und der Energievorrat würde sich somit quasi in der Luft „auflösen". Dagegen gibt es zum Glück eine sehr einfache Abhilfe nach *Abb. 2.22:* zwischen das Solarzellenmodul und den Akku wird eine Diode geschaltet, die sich als ein Ventil auswirkt, das den Strom nur in einer Richtung (vom Modul in den Akku) durchlässt.

Nun zurück zu den Planungsüberlegungen: Sie beruhen auf einer täglichen bzw. wöchentlichen Betriebsstunden-Zeitspanne des Solarspringbrunnens, die als eine greifbare Referenz dient. Sie kann leicht auch für andere Anwendungen umgerechnet und auf andere „Projekte" maßgerecht angepasst werden.

Da sich diese Pumpen auch für andere Arten von Wassertransport einsetzen lassen – z.B. als Wasserzufuhr für den Wasserfall, für die Gartenbewässerung usw. – kann an den Pumpenausgang anstatt des Sprinklers ein Wasserschlauch aufgesetzt werden, der z.B. einem kleinen Wasserfall oder einem Gartenbachlauf das Wasser zuführt (siehe hierzu nächstes Kap. 2.9).

Die meisten „echten" Solar-Tauch- und Springbrunnenpumpen arbeiten sehr energiesparend, haben oft einen integrierten Überhitzungs- und Verpolungsschutz und sind für Förderleistungen von 1000 l/h oder mehr (das sind immerhin etwa 5 volle Badewannen) konzipiert. Sie sind aber noch ziemlich teuer im Vergleich zu „normalen" Gleichstrom- oder Wechselstrom-Tauchpumpen.

**Zu beachten:** An sich spricht nichts dagegen, dass man sich anstelle einer echten Solar-Tauchpumpe nur eine einfache Gleichstrom-Tauchpumpe zulegt, die nicht als „solar" bezeichnet wird. Bei derartigen „normalen" Tauchpumpen ist jedoch auf Folgendes zu achten:

- Einige dieser Pumpen eignen sich nicht für Dauerbetrieb und benötigen Arbeitspausen. In den technischen Daten solcher Pumpen steht dann z.B. *„ED 50 %“* oder *„ED 25 %“*. Das *„ED“* bedeutet *„Einschalt-Dauer“*. Bei einer *Einschaltdauer von 50 %* darf die Pumpe jeweils nur eine vom Hersteller angegebene Dauer (von z.B. 30 Minuten) pumpen, danach jeweils eine 30 Minuten lange Pause machen, dann wieder pumpen usw. Bei einer *Einschaltdauer von 25 %* müssen die Ruhepausen (Abkühlpausen) der Pumpe dreimal länger sein, als ihre Betriebszeiten.

- Manche der preiswerten Pumpen benötigen für dieselbe Förderleistung bis zu doppelt so viel elektrische Energie als echte Solarpumpen. Somit eignen sie sich oft nur für gelegentliche oder sehr kurzfristige Einsätze – es sei denn, ein ausreichend großes Solarzellenmodul steht sowieso zur Verfügung.

Wir haben den hier aufgeführten Planungshinweisen bewusst etwas mehr Zeilen gewidmet, denn die Kombination der „Naturphänomene“ mit der Technik hat viele erklärungsbedürftige Schwachstellen, die bei der Planung einer jeden Solarstromversorgung berücksichtigt werden müssen. Alle diese Hinweise gelten zudem auch für Solarantriebe anderer Art.

## 2.9 Kleine Wasserfälle und Bachläufe

Ein kleiner Wasserfall an einem Gartenweiher ist eine romantische Augenweide, hält das Weiherwasser sauber, versorgt es mit zusätzlichem Sauerstoff und kann zudem als eine „Badeanstalt“ für Vögel dienen (daran kann man als Beobachter viel Spaß haben, denn die Vögel benehmen sich beim Baden sehr komisch). Dasselbe gilt für einen kleinen künstlichen Gartenbachlauf.

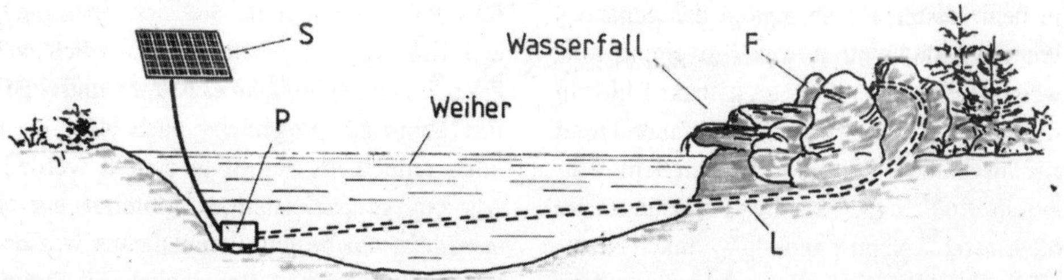


Abb. 2.23 Anlagenbeispiel eines Weihers mit kleinem Wasserfall. Die Wasserleitung L zwischen der Tauchpumpe P und der Rückseite des Wasserfalls wird hier unter der Erdoberfläche geleitet. An die Rückseite des Wasserfalls führt ebenfalls eine unterirdische Wasserzuleitung aus der Dachrinne. Damit wird der Weiher automatisch mit Regenwasser versorgt, das somit auch bei Regen dekorativ über die Kaskaden des Wasserfalls fließt. Die einzelnen Kaskaden sind als Minipools für Vögel gemacht und erfreuen sich bei ihnen größter Beliebtheit. Das Solarmodul S sollte im Garten unauffallend untergebracht werden (siehe hierzu folgende Abbildungen).

Bei einem kleinen Gartenwasserfall ist von Vorteil, wenn auch das Dachrinnen-Abflussrohr in das Projekt einbezogen wird. Die Realisierbarkeit hängt zwar von den jeweiligen Gegebenheiten ab, es lohnt sich aber, dass auch eine evtl. ziemlich lange Wasserzuleitung in Kauf genommen wird. Regenwasser ist immer noch umsonst (zumindest vorerst) und naturbelassener als Leitungswasser. Daher sollte angestrebt werden, dass es nach Möglichkeit für das Nachfüllen des Weihers genutzt wird, denn auch ein kleiner Wasserfall verursacht eine zusätzliche Wasserverdunstung. Das kommt zwar dem Garten zu Gute, nicht aber dem Bankkonto. Zudem bietet eine Regenwasserzufuhr zu dem „Quellenpunkt" des Wasserfalls den Vorteil, dass während des Regens der Wasserfall „läuft" – auch wenn dabei die Solarpumpe außer Betrieb ist.

Im Gegensatz zu einem Springbrunnen braucht man bei einem Wasserfall oder bei einem kleinen Gartenbachlauf nicht unbedingt anzustreben, dass die angewendete Wasserpumpe ihre volle Leistung erbringt. In den meisten Fällen genügt es, wenn das Wasser einfach nur etwas Bewegung aufweist. Eine Wetterabhängigkeit darf hier in Kauf genommen werden und daher bietet ein Direktantrieb der Pumpe nach dem Prinzip in *Abb. 2.19a* die beste Lösung. Die niedrigsten Nennspannungs- und Nennstromwerte des Solarzellenmoduls sind so gewählt, dass das Wasser nur ziemlich ruhig fließt, die maximalen Modulenwerte orientieren sich an der maximalen Leistung der verwendeten Pumpe (die SXT-Pumpe eignet sich zu diesem Zweck am besten).

Bei solchen Anlagen stellt sich oft die Frage: Wohin mit dem Solarzellenmodul, das ja kaum als Gartendekoration tauglich ist? Zwei Lösungen zeigen *Abb. 2.24* und *2.25.* Ein derartiges Vogelhaus nach *Abb. 2.24* muss jedoch im Selbstbau erstellt werden. Als ein strapazierfähiges Material eignet sich dazu am besten 3 mm dickes wasserfestes Sperrholz („Betonschalungs-Sperrholz", das auch in Betonwerken verwendet wird) oder Birken-Flugzeugsperrholz (Modellbaubedarf).

Als „Standbein" des Vogelhäuschens kann bevorzugt ein Alu- oder Kupferrohr verwendet werden (z.B. ein Ø 22-mm-Kupferrohr, das u.a. in Baumärkten als Wasserlei-

Abb. 2.24 Auf das Dach bzw. in das Dach eines Selbstbau-Vogelhäuschens kann ein ausreichend großer „Solargenerator" integriert werden, der das Gartenambiente nicht optisch stört

Abb. 2.25 Auch ein Rosenbogen kann als ein unauffälliger Ständer für z.B. mehrere kleinere Solarzellenmodule dienen (man darf aber die Solarzellenflächen nicht von Rosenzweigen zuwachsen lassen)

tungsrohr erhältlich ist). Diese Lösung bietet gleich zwei Vorteile: die Zuleitung zum Solarmodul kann „unsichtbar" innen im Rohr verlegt werden und Katzen können an einem Metallrohr nicht hochklettern.

**Unser Tipp**: Die Felsen **F** können Sie sich eigenhändig als hohle Ziegelbauten (aus Bruchziegeln) herstellen. Mit normalem Maurermörtel oder preiswertem Fliesenkleber ist der Rohbau im Nu fertig. Zwei Tage später kann dieser Rohbau „verputzt" werden. Als Putz kann wahlweise ein „echter" Kalk-Zement-Putz (Sackware aus dem Baumarkt) oder ein Putz aus 9 Teilen Sand und 3 Teilen Zement und 1 Teil Kalk verwendet werden.

Dieser wird in einem Eimer (10-Liter-Baueimer) erst trocken, danach nass mit einer kleinen Maurerkelle zu einer „erdnussbutterweichen" Masse gemischt, mit der Kelle auf den „Rohbau" wie die Butter aufs Brot aufgeschmiert und mit der Hand (mit einem Gummihandschuh) so geglättet, dass das Kunstwerk die Form eines Steines bekommt. Die Putzschicht sollte an keiner Stelle dünner sein als ca. 0,8 mm. Anstelle von normalem grauen Zement (= graue Felsen) kann Weiß-Zement verwendet werden, wenn leuchtend weiße Felsen erwünscht sind. Ein Zementputz mit normalem grauen Zement ergibt jedoch graue Steine, die sich von normalen Steinen optisch nicht unterscheiden.
Der Hohlraum in einem der Felsen kann als Unterkunft für den Solarakku, die anderen Hohlräume können z.B. als Unterkunft für Igel, Kröten und andere Tiere dienen (für die Igel sollte die Eingangsöffnung ca. 11 x 11 cm groß sein).

Ist bei einem solchen Solarwasserfall oder -bachlauf eine „abrufbereite" Funktion erforderlich, muss die Anlage – ähnlich wie bei dem Springbrunnen in *Abb. 2.19b* – mit einem Akku als Energie-Zwischenspeicher konzipiert werden. Eine solche Lösung dürfte z.B. vor allem für Freizeitgrundstücke, Schrebergärten oder Wochenendhäuser sinnvoll sein.

## 2.10 Solar-Wasserspiele

Fließendes Wasser bringt Romantik und Leben in den Garten, Wintergarten oder sogar in das Wohnzimmer (wo es als dekorativer

Abb. 2.26 Ausführungsbeispiel einer romantischen Selbstbau-Mühle, bei der das Wasser (für das Mühlrad) solarelektrisch gepumpt wird

Luftbefeuchter in der Form von einem kleinen Zimmerspringbrunnen o.ä. seine Anwendung findet).

Auch im Garten oder Wintergarten muss ein Solarwasserspiel nicht unbedingt als ein großzügig angelegter Wasserfall oder Bachlauf gestaltet sein. Wenn zum Beispiel eine winzige Elektropumpe „solarelektrisch" ein kleines Mühlrad antreibt, das z.B. nach *Abb. 2.26* den Bestandteil einer dekorativen Mini-Mühle bildet, ist es sicherlich romantischer, als wenn im Garten einer der handelsüblichen Wassertroge aufgestellt wird, in den eine Umlaufpumpe das Wasser nur aus einem Wasserhahn quasi sinnlos hineinpumpt.

Abb. 2.27

Eine solche Garten-Dekoration (nach *Abb. 2.26* oder ähnlich) muss man allerdings eigenhändig erstellen. Wenn an dem Bau Kinder – oder einfach alle Familienmitglieder – beteiligt werden, kann so ein Projekt zu einer schönen gemeinsamen Herausforderung werden. Das eigentliche Solarzellenmodul darf hier ziemlich bescheiden klein sein, denn ein leicht drehendes Mühlrad benötigt nur wenig Wasser um in Bewegung zu bleiben.

Wer sich für einen derartigen Selbstbau nicht begeistern kann, der kann sich in Gartenzentren nach anderen dekorativen Fertigprodukten umsehen, die z.B. nach *Abb. 2.27* oder *2.28* zur romantischen Unterstützung des Ambiente fließendes (= elektrisch gepumptes) Wasser nutzen.

Derartige Dekorationen sind jedoch oft nur mit Elektropumpen erhältlich, die für eine 230-Volt-Netzspannung ausgelegt sind. Wenn ein Solarbetrieb erwünscht oder erforderlich ist (weil ein Netzspannungsanschluss nicht vorhanden und evtl. kaum machbar ist), kann die bestehende 230-Volt-Pumpe einfach durch eine kleine Solarpumpe ersetzt werden. Für die ursprüngliche 230-V-Pumpe findet sich oft eine andere Anwendung.

Ähnlich, wie z.B. bei den Springbrunnen, bleibt es auch hier dem Errichter überlassen, ob er sich für einen Direktantrieb oder für einen Antrieb über einen Zwischenspeicher entscheidet.

Abb. 2.28

# 3 Solarbetriebene Spielzeuge

Solarbetriebene Spielzeuge können sowohl vollständig im Selbstbau erstellt werden oder man rüstet bestehende batteriebetriebene Spielzeuge auf Solarspielzeuge um. Abhängig davon, ob es die Anwendung und die Art des Spielzeuges erlauben, kann das Spielzeug entweder nur auf einen Solar-Direktantrieb umgerüstet werden, oder der Solarstrom wird nur zum Nachladen der bestehenden Spielzeugbatterie genutzt.

Anhand der nun folgenden Beispiele erklären wir, wie sich konkrete Vorhaben bewerkstelligen lassen.

## 3.1 Kleine Spielzeuge

Fast alle batteriebetriebenen Spielzeuge können zwar im Prinzip auf Solarbetrieb umgerüstet werden, aber am einfachsten geht es mit Spielzeugen, die ihren Standort nicht verlassen und somit das Solarzellenmodul nicht unbedingt „huckepack" mit sich herumschleppen müssen. Das Solarzellenmodul kann dann beliebig groß und schwer sein, denn es wird mit dem Spielzeug nur mittels einer Zweidraht-Stromzuleitung verbunden.

Zu solchen Spielzeugen gehören z.B. diverse Spielzeugkarusselle, Eisenbahnen, Autorennbahnen, musizierende Stofftiere, Kinder-PCs u.ä. Die Anwendung von Solarstrom kann selbstverständlich vor allem dann von großem Vorteil sein, wenn das Spielzeug an einem sonnigen Ort länger betrieben werden soll, als die Batterien verkraften würden. Wer jedoch ohnehin bereits ein Solarzellenmodul besitzt, das z.B. gelegentlich auch für andere Zwecke verwendet wird, der kann einfach nur spaßeshalber eine experimentelle Solarstromversorgung in Angriff nehmen.

Bei einem Direktantrieb eines Spielzeuges, in dem sich *nur* ein einfacher Elektromotor und keine weitere Elektronik befindet (die z.B. für Klangerzeugung, Beleuchtung oder Steuerung zuständig ist), darf die offizielle Nennspannung des angewendeten Moduls bedenkenlos um etwa ein Drittel höher oder um ein Viertel niedriger sein, als die Versorgungsspannung aus den Spielzeugbatterien. Wenn jedoch das Spielzeug noch zusätzliche Elektronik beinhaltet, sollte die Versorgungsspannung vorsichtshalber nicht um mehr als ca. ±15 % von der Nennspannung der vorgesehenen Spielzeugbatterien abweichen (ein Gleichstrommotor ist strapazierfähiger als eine zusätzliche Steuerelektronik oder Beleuchtung).

Ein Spielzeugmotor, der beispielsweise für eine 6-Volt-Spannungsversorgung vorgesehen ist, dürfte somit theoretisch von einem Solarzellenmodul direkt angetrieben werden, dessen offizielle Nennspannung zwischen ca. 4 Volt und 8 Volt liegt. In der Praxis würde jedoch ein 4-Volt-Solarzellenmodul nur unter optimalen Bedingungen die vollen 4 Volt auch liefern, aber bei einem leicht bewölkten Himmel wäre die Solarspannung unbrauchbar niedrig. Daher sollte für ein solches Vorhaben die Modulennennspannung lieber etwas überhalb der 6 V (wohl aber unterhalb von 8 V) liegen.

*Bemerkung für „nicht Eingeweihte“:* Soweit die Spannungsversorgung eines Spielzeuges mit den gängigsten „runden“ Batterien ausgelegt ist, handelt es sich (ohne Rücksicht auf ihre Größe) um Batterien, deren einzelne Glieder eine Spannung von 1,2 bis 1,5 Volt pro Glied haben. Wiederaufladbare Batterien (Akkus) dieser Art haben – bis auf seltene Ausnahmen – eine Nennspannung von 1,2 Volt, bei Wegwerfbatterien beträgt die Spannung 1,5 Volt pro Glied. Aus der Anzahl der (seriell verbundenen) Batterien, die ein Spielzeug benötigt, lässt sich leicht die Versorgungsspannung ausrechnen: 4 Batterien à 1,5 Volt weisen auf eine Versorgungsspannung von 6 Volt hin usw.

Wir wissen, dass jeder elektrische „Verbraucher“ einen Strom bezieht, der „kräftig“ genug sein muss, um die elektrische Leistung erbringen zu können. Die Stromabnahme eines Gleichstrommotors hängt dabei von seiner jeweiligen mechanischen Belastung ab. Wenn z.B. ein Spielzeugfahrzeug „bergauf“ fährt, bezieht der Motor aus der Batterie einen höheren Strom, als wenn das Fahrzeug „bergab“ fährt.

Eine solche Information hat natürlich keinen anwendungsbezogenen Nutzen und bei den Spielzeugen wird man meist vergeblich nach einer Information über den Strombedarf suchen. So bleibt nur das individuelle Ermitteln des Strombedarfs. Am einfachsten geht es mit Hilfe eines Multimeters (siehe hierzu Kap. 7), aber oft genügt nur eine Einschätzung der Stromabnahme.

Eine solche Einschätzung kann bei vielen Spielzeugen mit einer „brauchbaren Treffsicherheit“ auch ohne Messen einfach anhand der Größe (= der Kapazität) der Batterien erfolgen, die für das Spielzeug vorgesehen sind. Die handelsüblichen Abmessungen

Abb. 3.1 Ausführungen, Abmessungen und informative Kapazitäten der 1,5-Volt-Rayovac-Batterien.
Von links nach rechts:
Mono – Abmessungen ø 34,2 x 61,5 mm; 1,5 V / 10,9 Ah
Baby – Abmess. ø 26,2 x 50 mm; 1,5 V / 5 Ah
Mignon – Abmess. ø 14,5 x 50,5 mm; 1,5 V / 1,9 Ah
Micro – Abmess. ø 10,5 x 44,5 mm; 1,5 V / 840 mAh (= 0,84 Ah)
(Foto/Anbieter: Conrad Electronic)

und Typenbezeichnungen *(Mono, Baby, Mignon, Micro)* der „normalen" Batterien sind einheitlich. Mit Hilfe der *Abb. 3.1* können Sie sich bei Bedarf darüber kundig machen, zu welcher Type *die* Batterien gehören, die in das Spielzeug passen, dessen Strombedarf geschätzt werden soll.

Die Kapazitäten der handelsüblichen Batterien weisen marken- und altersschwächenabhängig Abweichungen auf. Da auf den meisten Batterien weder ein Verfallsdatum, noch die Kapazität angegeben werden, ist es gewissermaßen nur eine reine Glückssache, ob man beim Kauf nicht an solche gerät, bei denen bereits durch Selbstentladung ein größerer Teil der Energie verloren gegangen ist.

Wir haben in der *Abb. 3.1* eine etwas spezielle Batterietype abgebildet, die zwischen ca. 25mal bis 100mal nachgeladen werden kann. Diese eignen sich daher hervorragend als Ersatz für die *nicht wiederaufladbaren* Wegwerfbatterien, die bei so manchem Spielzeug viel zu schnell „den Geist aufgeben" und damit den Spaß am Spielen verderben.

Die in *Abb. 3.1* angegebenen Kapazitäten der „Rayovac-Batterien" kommen ungefähr mit den Kapazitäten der meisten „besseren" Batterien überein. Für unsere Zwecke dient diese Abbildung u.a. dazu, dass die hier aufgeführten Abmessungen als ein Indiz für die Einschätzung des Strombedarfs eines Spielzeuges dienen können.

Darunter ist Folgendes zu verstehen: Ist ein Spielzeug für *Micro-Batterien* erbaut, hat es meist eine relativ niedrige Stromabnahme von ca. 0,3 bis 0,8 Ampere. Benötigt es *Mignon-Batterien*, könnte die Stromabnahme etwa doppelt so groß sein. Werden *Baby-Batterien* angewendet, weist es auf eine Stromabnahme von ca. 1,5 bis 3 Ampere und bei einem Spielzeug, das für *Mono-Batterien* ausgelegt ist, kann die Stromabnahme zwischen ca. 3 und 6 Ampere betragen.

Diese Angaben beziehen sich nur auf durchschnittliche Erfahrungswerte und treffen nicht unbedingt auf alle Spielzeuge zu, da auch die von den Herstellern vorgesehene Betriebsdauer von Fall zu Fall sehr unterschiedlich sein kann. Wir wissen aber inzwischen, dass jeder elektrische Verbraucher jeweils nur den Strom bezieht, den er benötigt und somit darf das Solarzellenmodul für einen beliebig höheren *Nennstrom* ausgelegt werden, als das eine oder andere Spielzeug braucht. Hauptsache, die *Nenn-*

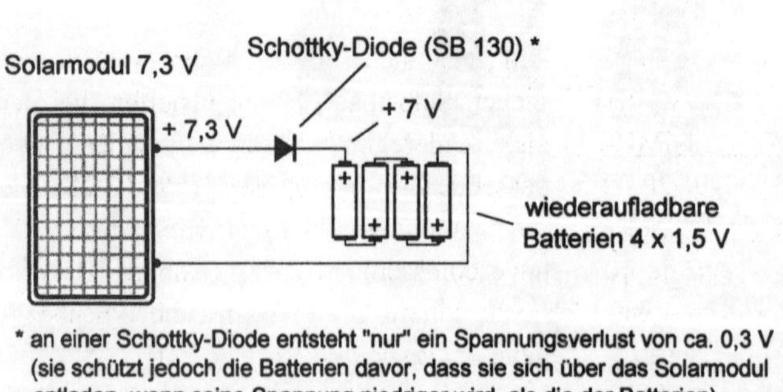


Abb. 3.2 Wenn sich der „Solargenerator" so zusammenstellen lässt, dass seine Nennspannung genau auf die erforderliche Ladespannung der Batterien abgestimmt ist, erübrigt sich zwar der Bedarf einer Laderegelung, aber das optimale Nachladen findet nur an sonnigen Tagen statt

*spannung* überschreitet dabei nicht die bereits angesprochene zulässige Höchstgrenze.

Die Stromabnahme eines Spielzeuges interessiert uns jedoch nur im Zusammenhang mit einem direkten Solarantrieb (siehe hierzu Kap. 2). Soll der Solarstrom nicht für den Direktantrieb des Spielzeuges, sondern nur zum Nachladen seiner Batterien nach dem Prinzip aus *Abb. 3.2* dienen, ist auf die Einhaltung folgender Maßnahmen zu achten:

1. Nachgeladen können nur wiederaufladbare Batterien werden. Neben diversen „echten" wiederaufladbaren Akkus (meist NiCd- oder schlicht NC-Akkus) gibt es auch noch die bereits angesprochenen Rayovac-Batterien die bis zu etwa 25mal (bei regelmäßiger Ladung sogar bis zu 100mal) nachgeladen werden können. Sie sind preiswert und haben den Vorteil, dass sie über eine Spannung von 1,5 V pro Zelle verfügen (gegenüber der 1,2-V-Spannung eines NiCd oder NiMH-Akkus). Mit ihnen lassen sich daher die normalen „Wegwerfbatterien" vorteilhaft ersetzen und sie weisen zudem eine höhere Kapazität „pro Körpergröße" auf, als die meisten handelsüblichen NiCd-Akkus.
2. Der Ladestrom (= Nennstrom des Solarzellenmoduls) sollte <u>unterhalb</u> von 10 % der Kapazität der NiCd-Akkus (bzw. der Rayovac-Batterien) liegen. <u>Bei NiMH-Akkus</u> darf der Ladestrom bis auf 20 % der Kapazität erhöht werden. Der Ladestrom darf beliebig niedriger als die 10 bzw. 20 % der Akkukapazität sein – was sich jedoch auf die Ladezeit auswirkt – denn hier gilt dasselbe Prinzip, wie beim Einlassen der Badewanne: je schwächer der Wasserstrom ist, desto länger dauert es, bis die Badewanne voll wird.

Die Ladespannung sollte pro Batterieglied einer 1,5-V-Zelle (Rayovac) ein Maximum von ca. **1,75 Volt**, bei einer 1,2-V-Zelle ca. **1,4 V bis 1,44 V** nicht überschreiten. Wenn z.B. ein Spielzeug von vier „normalen" 1,5-V-Batterien (Zellen) betrieben wird, dürfte demnach die Ladespannung maximal ca. 7 V betragen (denn 1,75 V x 4 = 7 V).

Da jedoch zwischen dem Solarmodul und der Batterie eine Schottky-Diode *(nach Abb. 3.2)* nicht fehlen darf – an der ein Spannungsverlust von ca. 0,3 V entsteht – sollte die Modulennennspannung in diesem Fall optimal ca. 7,3 V betragen. Wenn das Solarmodul eine höhere Spannung hat, ist eine zusätzliche Laderegelung erforderlich.

Wir lernten bereits die handelsüblichen „Laderegler" kennen, die einfach zwischen das Solarzellenmodul und den Akku angeschlossen werden, um die Ladespannung automatisch zu regeln. Sie stellen eine Art Spannungswehr dar, das keine höhere Spannung durchlässt, als der geladene Akku verkraften würde.

Leider sind solche handelsüblichen Laderegler nur für 12-Volt- oder 24-Volt-Bleiakkus ausgelegt und für andere wiederaufladbare Batterien nicht geeignet. Zum Glück kann man sich aber mit einer ziemlich einfachen Selbstbau-Lösung behelfen, bei der als „Laderegler" (Spannungsregler) eine passende *Zenerdiode* nach *Abb. 3.3* als eine Art Spannungswehr funktioniert, das an die angeschlossene wiederaufladbare Batterie keine höhere Spannung als die typenbezogene *Zenerspannung* durchlässt.

In diesem Beispiel frisst die Zenerdiode

**Bildliche Darstellung einer einfachen Laderegelung:**

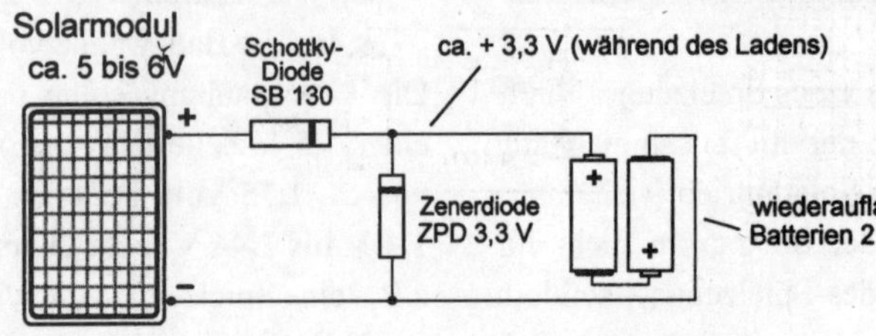


**"Professionelle" Darstellung des vorhergehenden Schaltplanes mit Hilfe von Elektronik-Schaltzeichen (Schaltsymbolen):**

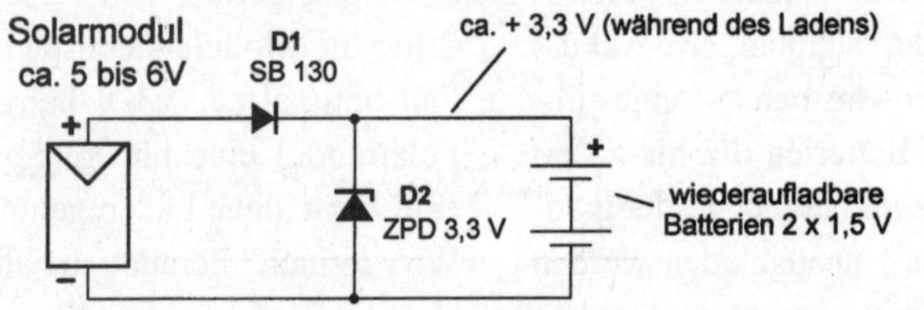


Abb. 3.3 Mit Hilfe einer Zenerdiode kann auf eine einfache Art die Ladespannung geregelt werden

*ZPD 3,3 V* alle Spannungen überhalb von 3,3 Volt quasi in sich hinein und wandelt sie in Wärme um. Die 3,3 Volt stellen annähernd die maximal zulässige Ladespannung dar, die wir für diese zwei wiederaufladbaren 1,5-Volt-Batterien benötigen. Genau genommen dürfte hier die Ladespannungs-Obergrenze theoretisch die bereits erwähnten 2 x 1,7 V (= 3,4 V) betragen. Die kleine Differenz dürfen wir einfachheitshalber (ohne zu komplizierte Aufklärungen) außer Acht lassen.

Die Funktion der Schottky-Diode *(SB 130)* in *Abb. 3.2* wurde bereits bei der *Abb. 2.22 (Kap. 2)* erklärt.

Angesprochen dürfte in Zusammenhang mit der *Abb. 3.2* werden, dass wir hier zwei Arten der Schaltungsdarstellung aufgeführt haben. Die bildliche Darstellung dürfte so manchem „Einsteiger" das Thema verständlicher machen. Wir werden aber auch in diversen weiteren Schaltungen einige der Bausteine bevorzugt bildlich darstellen, weil es die Übersicht erleichtert und keine technischen Nachteile zufolge hat.

Somit wäre das Thema „Laderegelung" fast abgeschlossen – gäbe es nicht das Problem, dass es für manche der erforderlichen Spannungen keine passenden Zenerdioden gibt. Möchte man beispielsweise die Ladespan-

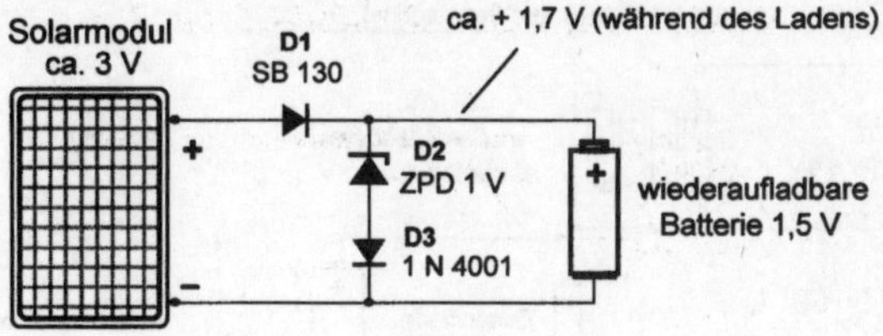


*Anordnung der Dioden "in natura":*

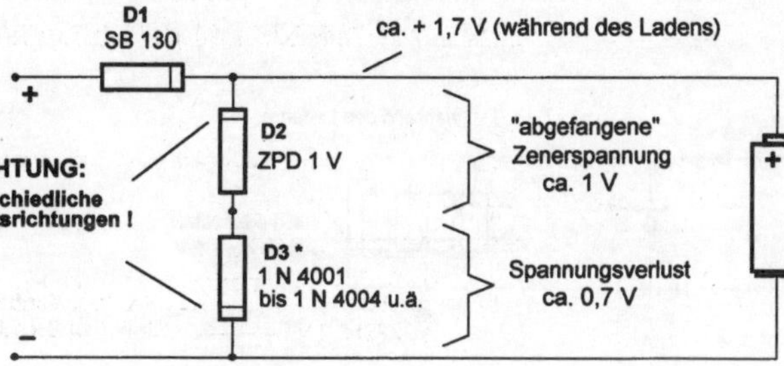


Abb. 3.4 Mit einer zusätzlichen Siliziumdiode 1 N 4001 (D3), an der ein Spannungsverlust von ca. 0,7 V entsteht, kann die 1-V-Spannung der Zenerdiode ZPD 1 V (D2) auf die erforderliche Ladespannung von 1,7 V erhöht werden

nungsregelung für eine wiederaufladbare 1,5-V-Batterie erstellen, wäre die Suche nach der erforderlichen 1,7-V-Zenerdiode vergeblich. Es gibt aber einen einfachen Trick, den wir in der Schaltung in *Abb. 3.4* angewendet haben.

Dieser Trick beruht darauf, dass an einer „normalen“ Siliziumdiode ein Spannungsverlust von etwa 0,6 bis 0,8 Volt entsteht. Er variiert zwar etwas von Diode zu Diode, aber bleibt meist in den Grenzen der erwähnten 0,6 bis 0,8 Volt (was sich evtl. auch probeweise mit einem Multimeter „ausselektieren“ lässt). Wir haben in der *Abb. 3.4* in Reihe mit der 1-Volt-Zenerdiode **D2** *(ZPD 1 V)* noch eine Silizium-Gleichrichterdiode geschaltet, an der ein Spannungsverlust von ca. 0,7 V entsteht. Wären es 0,6 V oder 0,8 V, würde es auch nichts ausmachen, aber falls erwünscht, kann man sich die optimale Diode (z.B. aus mehreren preiswerten „Restposten-Dioden“) aussuchen.

Die tatsächliche Zenerspannung weicht jedoch bei den Zenerdioden von ihrem „idealen Nennwert“ ebenfalls ab. Daher ist es von Vorteil, wenn die Zenerdiode und die Siliziumdiode einfach so aufeinander abgestimmt werden, dass sie als „Duo“ die Ladespannung auf das vorgesehene Maximum

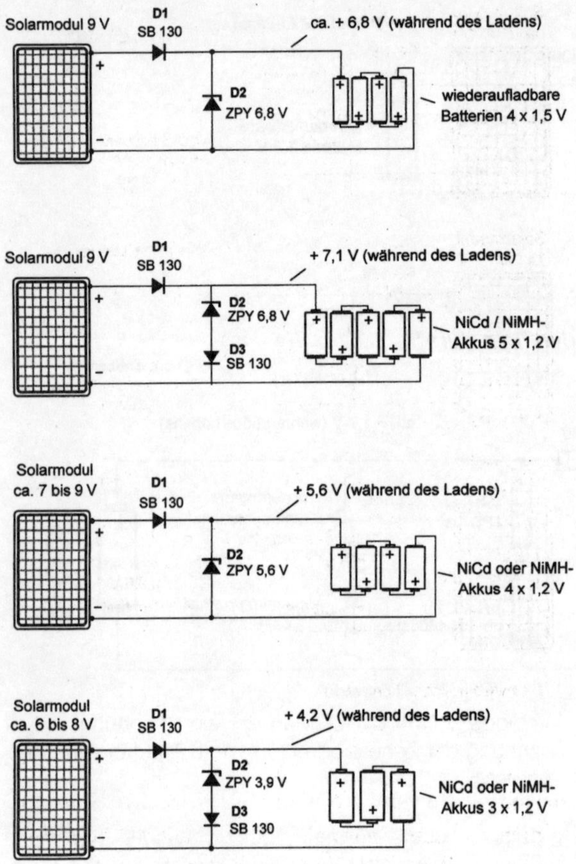


Abb. 3.5 Vier Beispiele der Ladespannungsregelung für die gängigsten Spielzeug-Betriebsspannungen

„herabregeln“ – was sich mit einem Multimeter leicht überprüfen lässt. Falls sich dabei herausstellt, dass an der Zenerdiode (an ihren zwei „Füßchen“) die Verlustspannung wesentlich höher ist, als theoretisch angenommen wird, kann anstelle der Siliziumdiode **D3** eine Schottky-Diode (z.B. Typ SB 130) eingelötet werden, die eine Verlustspannung von nur ca. 0,3 V „abfängt“.

Diese Lösung wurde auch bei der zweiten und vierten Schaltung in *Abb. 3.5* gehandhabt, denn da sind die angewendeten (handelsüblichen) Zenerdioden für Spannungen ausgelegt, die jeweils nur ca. 0,3 V unterhalb der erforderlichen Ladespannung liegen.

Achten Sie bitte darauf, dass die Polarität der Zenerdioden – im Gegensatz zu allen anderen „normalen“ Dioden – in Richtung des „Gegenverkehrs“ ausgerichtet werden muss – worauf in *Abb. 3.4* hingewiesen wird.

In *Abb. 3.5* und *3.6* finden Sie Spannungsregelungen für die gängigsten wiederaufladbaren Batterien, die in Spielzeugen, Uhren, Wetterstationen und diversen Haushalts-Kleingeräten angewendet werden. Bitte

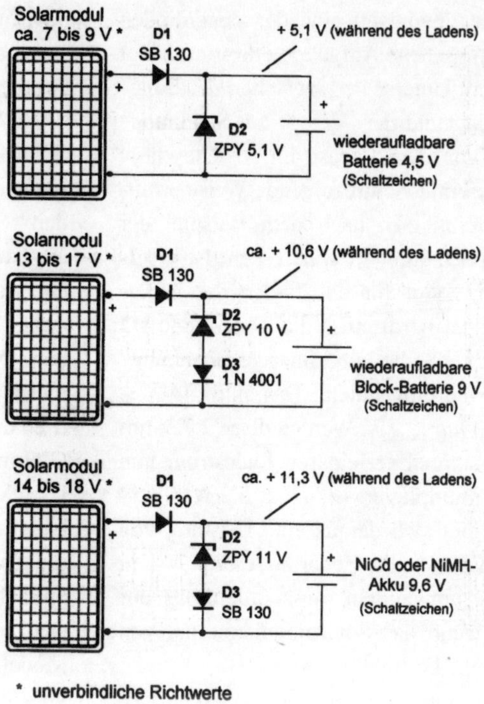


Abb. 3.6 Drei weitere Beispiele der Ladespannungsregelung für die gängigsten Spielzeug-Betriebsspannungen (hier haben wir die Batterien zur Abwechslung nur mit ihren Schaltzeichen dargestellt)

nicht vergessen: Die normalen „handelsüblichen" 1,5-V-Batterien eignen sich nicht zum Nachladen und müssen im Rahmen unserer Anleitungen durch wiederaufladbare Batterien *(z.B. der Type Rayovac aus Abb. 3.1)* ersetzt werden. Es sei denn, bei dem einen oder anderen Spielzeug wird darauf hingewiesen, dass es wahlweise sowohl mit 1,5-V-Batterien, als auch mit derselben Anzahl von 1,2-V-Akkus betrieben werden darf. In der zweiten und vierten Schaltung der *Abb. 3.5* ist anstelle einer „normalen" Siliziumdiode die Schottky-Diode **D3** *(SB 130)* eingezeichnet. Auch das gehört zu den „Tricks": Der Spannungsverlust an Schottky-Dioden beträgt nur ca. 0,3 V, die sich zu der Zenerspannung addieren.

In *Abb. 3.6* wird bei der zweiten Schaltung eine normale Siliziumdiode (optimaler Spannungsverlust ca. 0,6 V), in der dritten Schaltung eine Schottky-Diode (Spannungsverlust ca. 0,3 V) verwendet.

**Wichtig:** Die in *Abb. 3.4 bis 3.6* aufgeführten Ladespannungsregler mit Zenerdioden eignen sich nur für Ladeströme unterhalb von ca. 150 mA. Bei höheren Ladeströmen müssten die eingezeichneten Zenerdioden durch leistungsstärkere Typen ersetzt werden (die *ZPD-Zenerdioden* verkraften nur eine max. Leistung von 0,5 Watt und die *ZPY-Typen* eine max. Leistung von 1 Watt.

Ob oder inwieweit eine der Zenerdioden die vorgesehene Aufgabe verkraftet, hängt von dem Unterschied zwischen der Solarspannung und der „geregelten Spannung" sowie von dem Ladestrom ab. Dies lässt sich vereinfacht auf folgende Weise ermitteln: Wenn z.B. nach dem Beispiel der letzten Schaltung in *Abb. 3.6* ein **14 V/0,2-A**-Solarmodul für das Laden der Akkus verwendet wird, muss die Zenerdiode **D2** *(ZPY 11 V)* die „überflüssige Spannung" in Wärme umwandeln. Das sind (**14 V** – 11,3 V) *nur* 2,7 V. Werden diese 2,7 V mit dem maximal erzielbaren Ladestrom von **0,2 A** multipliziert (2,7 V x 0,2 A = 0,54 W), ergibt sich daraus eine Leistung von **0,54 Watt,** die die Zenerdiode *ZPY 11 V* in Wärme umwandeln muss (allerdings nur dann, wenn das Solarmodul optimal von der Sonne bestrahlt wird).

Wird für das vorhergehende Anliegen z.B. ein **18 Volt/0,15-A**-Solarmodul angewendet, hat es eine Belastung der Zenerdiode zufolge, die sich aus der „überflüssigen Spannung" von 6,7 V (18 V – 11,3 V) und dem max. Ladestrom von 0,15 A ergibt: das wären stolze 1,005 Watt, die die Zenerdiode in Wärme umwandeln müsste – was ihre Lebenserwartung in Frage stellen dürfte (diese „etwas mehr als 1 Watt" liegen zu sehr an ihrer Leistungshöchstgrenze. Hier wäre demzufolge ein Solarmodul mit einer niedrigeren Nennspannung oder Nennleistung – von z.B. 100 mA (0,1 W) – erwünscht.

Aus den vorhergehenden Beispielen geht u.a. hervor, dass man durch die richtige Wahl des Solarmoduls (in Hinsicht auf seine Nennspannung und seinen Nennstrom) das Anliegen problemlos in den Griff bekommt – insofern stattdessen nicht leistungsstärkere Zenerdioden bevorzugt werden.

Wenn die Fotovoltaik zum Nachladen eines kleinen *fahrenden* oder „standortwechselnden" Spielzeuges (oder Modellfahrzeuges) angewendet werden soll, ist es verständlicherweise erforderlich, dass die Solarzellen direkt an dem Spielzeug angebracht werden. Die zur Verfügung stehende Fläche ist meistens derartig klein, dass ein Direktantrieb des Motors kaum realisierbar ist.

Gibt man sich damit zufrieden, dass die Solarzellen nur zum Nachladen der Spielzeugbatterien (Akkus) verwendet werden, kann die dafür zur Verfügung stehende Fläche einfach in dem Umfang genutzt werden, der sich aus der Form des Spielzeuges oder Modells ergibt. Für so ein Anliegen sind verständlicherweise keine passenden Solarzellenmodule erhältlich. Hier kann aber im Selbstbau aus einzelnen kleinen Solarzellen ein improvisiertes Solarzellenmodul erstellt werden.

So können z.B. bei einem Elektroboot kleine Einzelzellen am Kabinendach untergebracht werden. Dies entweder in der Form eines kleinen kompakten Selbstbau-Moduls oder nur mittels transparenten Fugensilikons nach *Abb. 3.7* vollflächig angeleimt (= in das Silikon sehr vorsichtig mit einem maßgerechten Holzblöckchen hineingedrückt – ansonsten zerbrechen sie wie eine dünne Eispfütze).

***Bemerkung:*** Manche „kahle" Solarzellen sind oft mit Lötfahnen erhältlich, mit denen sie nach *Abb. 3.8* verbunden werden können. Zellen, die nicht bereits herstellerseits mit Lötfahnen versehen sind, können auf

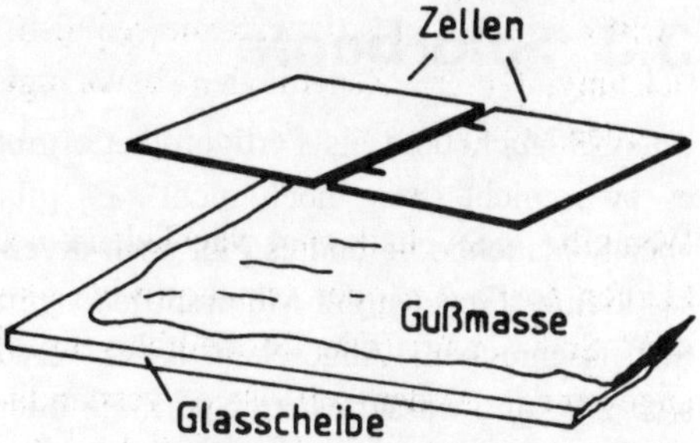


Abb. 3.7 Selbstbau-Solarmodule, die z.B. an Spielzeugen oder Modellen in Innenräumen, bzw. nur ab und zu im Freien, verwendet werden, können auf die hier abgebildete Art erstellt werden (als Gussmasse eignet sich ein normales transparentes Bau-/Fugensilikon und anstelle der eingezeichneten Glasscheibe kann z.B. auch Plexiglas verwendet werden

dieselbe Weise mit z.B. dünnen verzinnten Kupferdrähtchen miteinander durchverbunden werden, bevor man sie definitiv in die „Gussmasse“ einbettet.

Die „Sonnenseite“ der Solarzellen sollte zwar theoretisch mit einer gut durchsichtigen Glas- oder Kunststoffabdeckung geschützt werden, aber dann wäre es bei einer Anwendung im Freien erforderlich, dass zwischen den Zellen und der Abdeckung eine gut durchsichtige Vergussmasse vollflächig angebracht wird. Andernfalls beschlägt sich (wetterabhängig) die Abdeckung von innen, wodurch die Lichtdurchlässigkeit stark sinkt.

Echte Vergussmasse ist leider in kleinen Portionen für diese Zwecke nicht erhältlich. Daher ist es einfacher, wenn die Solarzellen am Spielzeug nicht abgedeckt werden. Mit einem weichen Pinsel können sie bei Bedarf ab und zu etwas saubergehalten werden.

## 3.2 Kinderfahrzeuge

Am einfachsten können zu Solarfahrzeugen solche Kinderfahrzeuge umgerüstet werden, die bereits als Elektrofahrzeuge ausgelegt sind und zudem über ausreichende Leerflächen für das Anbringen von Solarzellen bzw. Solarzellenmodulen verfügen.

Bei den meisten Kinderfahrzeugen wird die Solarenergie nicht zum Direktantrieb, sondern nur zum Nachladen des Fahrzeugakkus ausreichen. Es sei denn, man würde überhalb des Fahrzeuges ein Flachdach

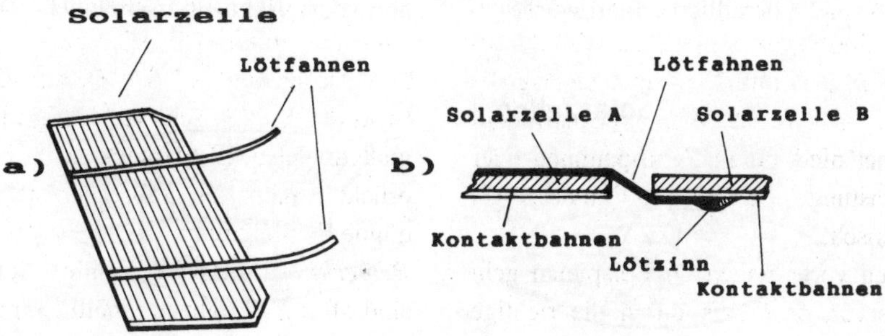


Abb. 3.8 Solarzellen sind gelegentlich auch mit bereits angelöteten (oder separat lieferbaren) Lötfahnen erhältlich, die das Durchverbinden erleichtern

bzw. eine Art „Gepäckträger“ anbringen, an das eine Solarzellenfläche von etwa 1,5 $m^2$ bis 2 $m^2$ montiert werden kann.
Die Abnahmeleistung der Elektromotoren in den Kinder-Elektroautos liegt meist zwischen ca. 150 und 250 Watt (marken- und modellabhängig). Ausgehend davon, dass ein Quadratmeter Solarzellenfläche eine Maximumleistung von ca. 120 bis 130 Watt erbringt, ist es deutlich, dass bei einem Direktbetrieb die Solarzellenfläche größer sein müsste, als das Fahrzeug selbst.
Wird die Solarenergie nur zum Nachladen der Fahrzeugakkus genutzt, kann auch eine kleine Solarzellenfläche (die z.B. an der Motorhaube des Fahrzeuges angebracht ist) nützliche Dienste leisten. Man stellt das Kinderfahrzeug einfach einige Stunden in die Sonne und wird von den üblichen Strapazen des Nachladens (Kabeltrommel ausrollen, Verbindungen erstellen usw.) erlöst.
Die meisten Kinderfahrzeuge sind für eine 12-V-Gleichspannung konzipiert und ihre Bleiakkus können daher über einen handelsüblichen Laderegler solar geladen bzw. nachgeladen werden. Die konkrete Lösung ist identisch mit der, die bereits im Zusammenhang mit Springbrunnen-Solarantrieben im Kap. 2.8 detailliert erklärt wurde.

## 3.3 Solarboote

Solarschlauchboote als Fertigprodukte gibt es zwar nicht (bzw. noch nicht). Es gibt aber Schlauchboote und es gibt auch diverse kleine Gleichstrom-Motorantriebe mit Schiffsschrauben. Abgesehen davon lässt sich z.B. aus wasserfestem Sperrholz oder aus diversen Glasseidengeweben *(die Conrad in Modellbaukatalogen anbietet)* z.B. im Selbstbau ein Boot nach eigenem Entwurf bauen. Ein solches Boot kann dann mit einem Selbstbau-Solarantrieb versehen werden.
Gegenüber einem Fahrzeug mit Rädern hat ein Boot den Vorteil, dass genügend Platz für das Anbringen von Solarzellen zur Verfügung steht. Zudem wird bei einem Wasserfahrzeug auch eine relativ geringe Fahrtgeschwindigkeit in Kauf genommen.
Als Elektromotor für ein derartiges Selbstbau-Boot kann z.B. ein „wassertauglicher“ 12-V-Elektroantrieb mit Schiffsschraube verwendet werden, der in verschiedenen Ausführungen für Wassersportler und Taucher in dem dafür spezialisierten Sporthandel erhältlich ist. Alternativ eignet sich als Motorantrieb für diese Zwecke auch ein normaler Akku-Bohrschrauber. Der darf

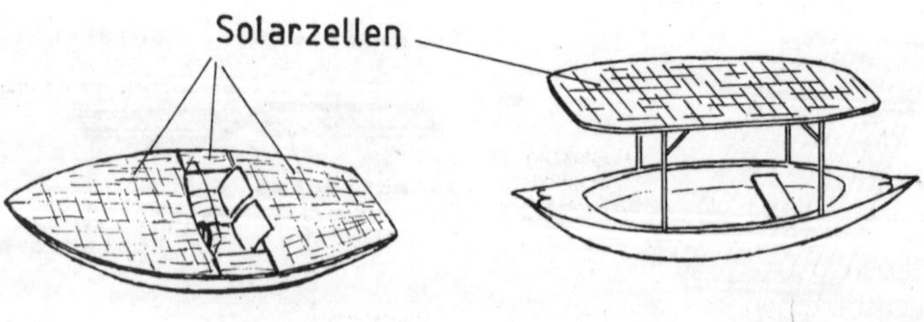


Abb. 3.9 Sowohl auf Spielzeugbooten als auch an Selbstbau-Booten beliebiger Größe lassen sich unter Umständen sehr viele Solarzellen unterbringen, womit die Leistung der Sonnenenergie optimal genutzt werden kann

natürlich nicht mit Wasser in Berührung kommen und eignet sich daher z.B. für „tretbootartige"Antriebe.

## 3.4 Modelleisenbahn solar betrieben

Eine solarelektrische Versorgung eignet sich im Prinzip nur für Modelleisenbahnen und Spielzeugeisenbahnen, die für einen Gleichspannungsbetrieb (Batteriebetrieb) ausgelegt sind. Solarstrom dürfte sich dabei als sehr nützlich vor allem für Anwendungen im Freien oder in Räumlichketen erweisen, in denen es keinen Stromanschluss gibt: auf Freizeitgrundstücken oder am Strand, in einem Schrebergartenhäuschen, im Kinderspielhaus (im Garten) usw.

Abgesehen von den echten elektrischen Eisenbahnen führt gegenwärtig der Handel eine große Menge an verschiedenen Autorennbahnen und ähnlichen Spielzeugen, die für einen „energiefressenden" Batteriebetrieb ausgelegt sind. Sie geben erfahrungsgemäß oft gerade dann den Geist auf, wenn das Spiel am interessantesten wird und keine Ersatzbatterien mehr vorhanden sind.

Die Batteriehalterungen befinden sich meist in einem unbeweglichen Teil des Spielzeugs und können somit problemlos von einem provisorisch aufgestellten Solarmodul nachgeladen werden. Dabei kann z.B. eine der Lösungen von *Abb. 3.5* und *3.6* angewendet werden. Sollten Sie unter diesen Lösungen nicht die benötigte Versorgungsspannung finden (was sehr unwahrscheinlich ist), können Sie sich die erforderliche Laderegelung nach der im Kap. 3.1 erklärten Vorgehensweise selber zusammenstellen (Sie finden z.B. im Katalog von Conrad Electronic u.a. auch das Angebot an handelsüblichen Zenerdioden für Spannungen zwischen 1 V und ca. 160 V).

Die in *Abb. 3.5* und *3.6* eingezeichneten Dioden **D1** bis **D3** können z.B. direkt am Solarmodul bzw. an beliebiger Stelle seiner Zuleitung eingelötet werden. Die Verbindung der Solarstromzuleitung mit den Spielzeugbatterien kann z.B. nach *Abb. 3.10* „abnehmbar" ausgeführt werden: Zwischen die Batterien und den Kontakt der Batteriehalterung (im Spielzeug) wird einfach bei dem „ersten" Plus-Anschluss und dem „letzten" Minus-Anschluss ein dünner zusätzlicher Kontakt eingesteckt, der mit der Zuleitung verbunden ist. In den meisten Fällen wird zwar wegen einer solchen im-

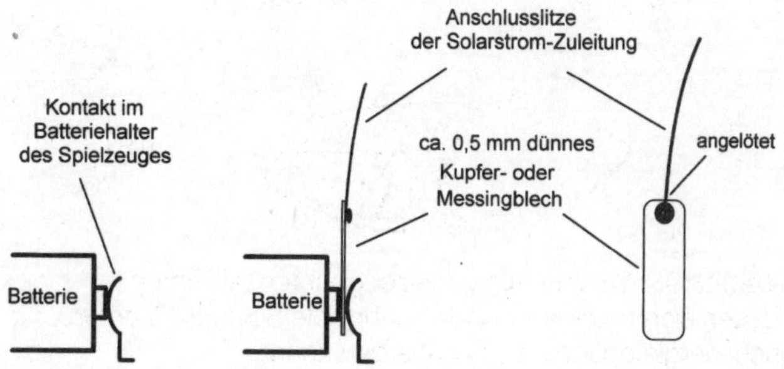


Abb. 3.10 Lösungsbeispiel für einen zusätzlichen Solarstromanschluss an Spielzeugbatterien in der Batteriehalterung

provisierten Zuleitung der „Original-Deckel" der Batterienhalterung vorübergehend nicht auf die Batterien passen, aber das dürfte kaum ein Problem darstellen (man kann den Deckel evtl. entsprechend „modifizieren").

# Es werde Licht...



Spielereien mit Solarlicht sind etwas dadurch erschwert, dass man tagsüber – wenn die Sonne scheint – mit Licht nicht allzuviel anfangen kann. In einem hellen Raum eignet es sich kaum als ein Blickfänger und kann daher tagsüber nur unter besonderen Umständen sinnvoll angewendet werden.

Abends oder nachts dürfte sich dagegen eine spielerische oder auch funktionelle Solarbeleuchtung als sinnvoll erweisen – wobei natürlich alles auch dann einen Sinn hat, wenn es bloß Spaß macht.

Abgesehen vom reinen Spaß an der Sache, kann sich so eine solar betriebene Beleuchtung vor allem dort als praktisch erweisen, wo kein Stromanschluss zur Verfügung steht und wo man den halben Garten umgraben müsste, um tief unter der Erde eine Stromzuleitung anlegen zu können.

Außerdem kann Solarstrom als eine völlig gefahrenfreie Stromversorgung für ein Kinderspielhaus, für Gartenwege, für eine Gartenlaube oder einen Geräteschuppen verwendet werden.

Abb. 4.1 Beleuchtung bringt Romantik in den Garten und bei Anwendung der Solarsenergie kassiert bei dem Stromverbrauch niemand mit ...

Das Sonnenlicht muss allerdings über den Umweg mit Solarzellen und deren Energiespeicher konserviert werden, denn ein Direktantrieb wäre auch am Tag ziemlich unpraktisch, da bei jeder vorbeiziehenden Wolke das Licht erlöschen würde.

Wir zeigen an einigen konkreten Beispielen, welche Leuchtkörper sich für die Solarbeleuchtung oder auch für andere Zwecke am besten eignen und wie man am einfachsten (und am preiswertesten) die fotovoltaische Stromversorgung in den Griff bekommt.

## 4.1 Die richtigen Solar-Leuchtkörper

Der Kauf einer fertigen Solarleuchte, die üblicherweise als Gartenleuchte bzw. Außenleuchte erhältlich ist, erleichtert unter Umständen die Realisierung eines Vorhabens. Allerdings nur unter Umständen, denn viele der handelsüblichen Gartenleuchten erweisen sich im Nachhinein als eine herbe Enttäuschung: sie funktionieren zwar, aber nur dann, wenn es ihnen passt.

Das sind vor allem solche Leuchten, die laut Werbetext angeblich tagsüber fleißig die Sonnenenergie speichern, um nachts mit ihrem Licht die Hausbewohner zu beglücken. Was nicht in den Werbetexten steht: Man muss das Glück haben, dass sich vorher tagsüber die Sonne von ihrer besten Seite zeigte und die Speicherbatterie der Leuchte ausreichend mit Energie vollpumpen konnte. Genau genommen braucht man dazu sehr viel Glück, denn die in den Leuchten integrierten Solarzellen sind oft viel zu schwach, um die Leuchtenbatterie während eines Tages so aufladen zu können, dass sie danach die Leuchte die ganze Nacht mit Strom versorgen kann. Noch frustrierender verhält sich eine solche Beleuchtung nach mehreren sonnenarmen Tagen (da geht nichts mehr...).

Als etwas weniger ärgerlich erweisen sich diese naturbedingten Launen bei solchen Leuchten, die mit einem Annäherungsschalter (Bewegungsmelder) versehen sind und jeweils nur einige Minuten täglich zu leuchten brauchen.

Wer jedoch bereits Erfahrungen mit Leuchten machen konnte, die mit solchen Infrarot-Annäherungsschaltern versehen sind,

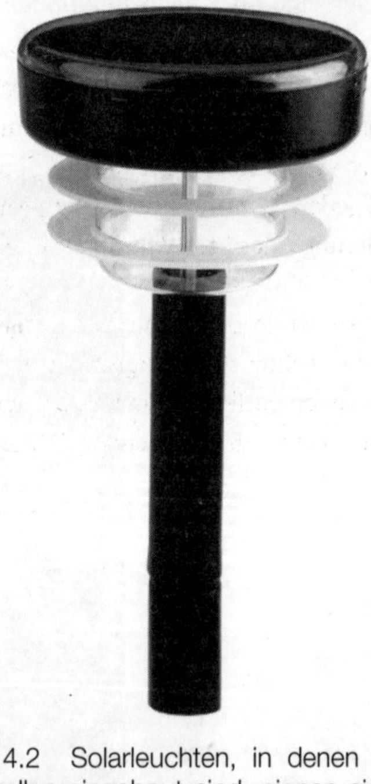

Abb. 4.2 Solarleuchten, in denen (oben) Solarzellen eingebaut sind, eignen sich bevorzugt nur für „Beleuchtung auf Abruf“, denn ihre kleinen Akkus (die ebenfalls in den Leuchten eingebaut sind) halten es bei einer nächtlichen Dauerbeleuchtung nur selten lang genug durch

Abb. 4.3 Solarwandleuchten mit integriertem Annäherungsschalter (Bewegungsmelder) arbeiten energiesparend, sind aber manchmal zu empfindlich auf warme „Windstöße" oder auf zu nahe liegende Baumzweige und Kletterpflanzenblätter

der ist von dieser Technik nicht allzu sehr begeistert, denn solche Leuchten schalten ein, wenn eine Katze vorbeiläuft, eine Fledermaus vorbeifliegt oder sie reagieren sogar auf jeden Windstoß (der eine plötzliche Veränderung der Lufttemperatur zufolge hat).

Das liegt hier in der Natur der Infrarotsensoren, die technisch bedingt nicht zwischen einem weiter entfernten menschlichen Wesen und einer nahe fliegenden Fledermaus (oder sogar einem nahe fliegenden vollgefressenen Nachtfalter) unterscheiden können.

Allen diesen Problemen kann man gezielt aus dem Wege gehen, wenn man sich die Solarbeleuchtung selber errichtet. Dazu wird erstens eine energiesparende Solarleuchte benötigt, die den vorgesehenen Ansprüchen gerecht ist. Es sollte sich dabei bevorzugt um eine „Solarleuchte" handeln, in der keine Solarzellen integriert sind.

Abb. 4.4 Ausführungsbeispiel einer Solarleuchte, die mit einer energiesparenden Leuchtstoffröhre ausgelegt ist

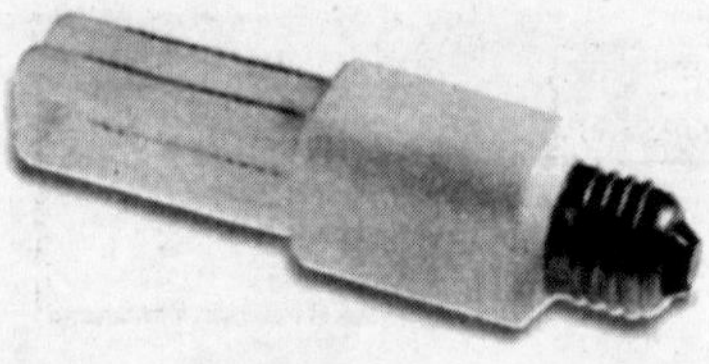

Abb. 4.5 Energiesparende Niedervoltlampen, die für eine 12-V-Gleichspannung konzipiert sind, können in „normale" Leuchten eingeschraubt werden

Die Bezeichnung „solar" bezieht sich bei so einer Leuchte nur darauf, dass sie energiesparend konzipiert und für eine niedrige 12- oder 24-Volt-Gleichspannung ausgelegt ist. Alternativ sind auch energiesparende 12-Volt-Niedervoltlampen nach *Abb. 4.5* erhältlich, die anstelle einer „normalen" Glühbirne in jede handelsübliche Leuchte – oder auch nur in eine Glühbirnenfassung – eingeschraubt werden.

Für dekorative Festbeleuchtung, für blinkende Ornamente, Deckenmosaiken oder für die weihnachtliche Beleuchtung eines Garten-Christbaumes, einer Hauswand oder eines Fensters eignen sich als Leuchtkörper sowohl kleine Glühlämpchen „herkömmlicher Bauart" als auch Leuchtdioden (LEDs).

Leuchtdioden haben im Vergleich zu den herkömmlichen Glühlämpchen einen wesentlich niedrigeren Energieverbrauch aber auch einen kleineren Abstrahlwinkel, wodurch ihr Licht, nicht wie bei einem Glühlämpchen von allen Seiten, sondern nur von vorne sichtbar ist. Bei Decken- oder Wandornamenten macht dieser Nachteil nichts aus bzw. fällt gar nicht auf, wenn LEDs mit einem „angemessen" großen Abstrahlwinkel verwendet werden.

Der Abstrahlwinkel liegt bei den gängigen LEDs typenabhängig zwischen ca. 5° und 120°, wird jedoch nicht immer angegeben. Hier können evtl. vor der Anschaffung erst nur einige Muster ausgetestet bzw. miteinander verglichen werden. Worauf dabei zu achten ist, erklären wir noch näher im Zusammenhang mit den folgenden Bauvorschlägen.

Für leuchtende Hausnummern, Namensschilder auf dem Gartentürpfosten oder

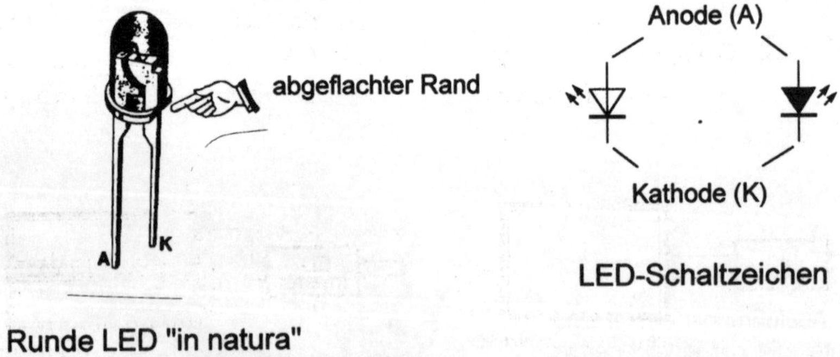


Abb. 4.6 Leuchtdioden (LEDs) leuchten nur dann, wenn sie polaritätsgerecht (Plus-Spannung auf die Anode) angeschlossen werden; verkehrte Polarität macht ihnen aber nichts aus (sie leuchten nur nicht)

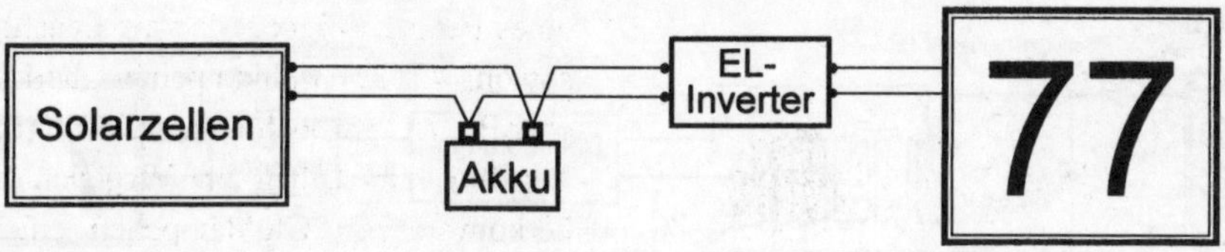


Abb. 4.7 EL-Leuchtfolien eignen sich hervorragend für eine vollflächige Hintergrundbeleuchtung von kleineren Schildern, Hausnummern u.ä. (Prinzipschaltung

kleinere Solarhinweisschilder eignen sich am besten spezielle EL-Leuchtfolien, die nach *Abb. 4.7* als leuchtender Hintergrund von z.B. schwarzen aufgeklebten Ziffern oder Buchstaben fungieren. Bei diesen Leuchtfolien handelt es sich um „Kaltlichtquellen", die eine Phosphor-Leuchtschicht bildet.

Diese Leuchtschicht muss jedoch durch ein wechselndes elektrisches Feld zum Leuchten angeregt werden, wofür ein spezieller „EL-Inverter" erforderlich ist (der als Zubehör zu den Folien erhältlich ist). Dieser Inverter ist für einc 5-Volt-Betriebsgleichspannung ausgelegt und benötigt einen „Eingangsstrom" von z.B. max. 50 mA. Seine Ausgangswechselspannung (die als Versorgungsspannung der Folie dient) beträgt ca. 110 Volt und die Ausgangsfrequenz ca. 700 Hz.

**Hinweis:** Achten Sie bitte bei der Bestellung des passenden Inverters auf seine max. Leistung! Der hier angesprochene Inverter *(Anbieter: Conrad Electronic, Bestellnummer 18 40 05)* ist für Folienflächen von 30 $cm^2$ bis 105 $cm^2$ dimensioniert. Somit kann an ihn z.B. nach *Abb. 4.8* eine einzige größere Leuchtfolie (von z.B. 11,2 x 7,8 cm) oder es können an ihn z.B. auch zwei kleine Leuchtfolien mit Abmessungen von z.B. 13,8 x 3,4 cm parallel angeschlossen werden (13,8 cm x 3,4 cm = 46,9 $cm^2$ Fläche).

## 4.2 Solar-Hausnummer

Nachdem wir nun bei der Beschreibung diverser „solartauglicher" Leuchtkörper bei den Leuchtfolien gelandet sind, sehen wir uns gleich näher an, wie sich mit einer Leuchtfolie eine leuchtende Hausnummer erstellen lässt. *Abb. 4.9* zeigt die dafür benötigte Grundschaltung mit dem erforder-

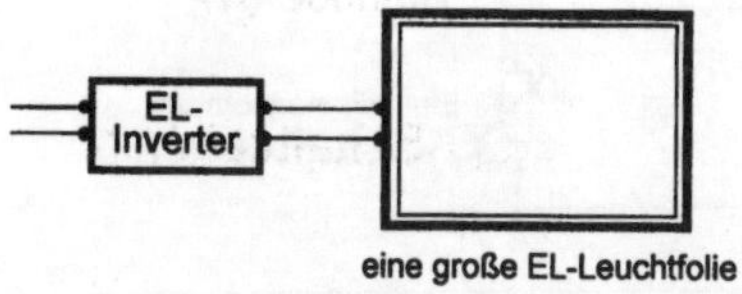


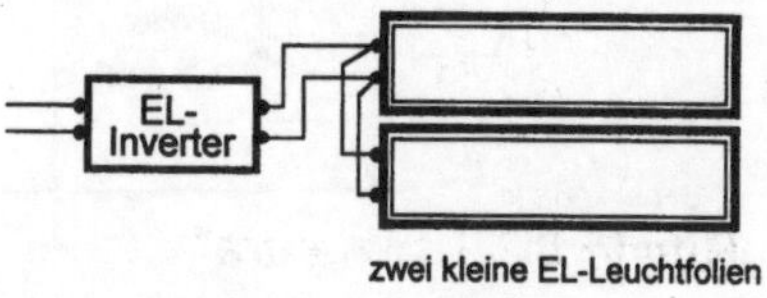


Abb. 4.8 An einen EL-Inverter, der für eine maximale Leuchtfolienfläche von 105 $cm^2$ ausgelegt ist, kann wahlweise entweder nur eine einzige größere EL-Leuchtfolie oder auch zwei kleinere Leuchtfolien (parallel) angeschlossen werden

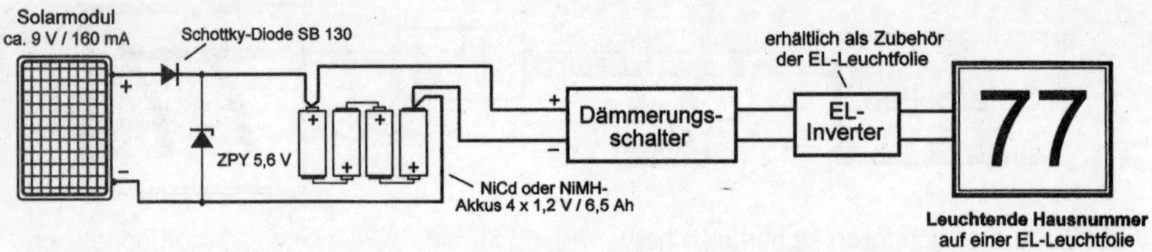


Abb. 4.9 Grundschaltung einer solarbetriebenen „leuchtenden" Leuchtfolien-Hausnummer

lichen Zubehör. Die Laderegelung der Solarspannung ist uns schon bekannt *(aus Abb. 3.6)*, zu der Leuchtfolie ist auch keine weitere Erklärung erforderlich. Dass nicht die eigentliche Hausnummer als solche, sondern nur die Hintergrundfolie leuchtet, dürfte auch klar sein.

Bleibt nur noch der Dämmerungsschalter als ein neuer Baustein übrig. Seine Aufgabe ist aber ebenfalls deutlich: er ist dafür zuständig, dass sich die Beleuchtung der Hausnummer jeweils erst automatisch nach Eintritt der Dämmerung einschaltet und am nächsten Morgen wieder abschaltet. Andernfalls würde die Hausnummer unter Umständen unnötig viel Solarstrom verbrauchen. Allerdings nur dann, wenn der Stromverbrauch einer LED-Hausnummer höher wäre, als der Stromverbrauch des zusätzlichen Dämmerungsschalters.

Auf diesen Aspekt ist im Planungsstadium zu achten, denn der tägliche Energieverbrauch des Dämmerungsschalters aus *Abb. 4.10* liegt in Bezug auf den „Verbrauch der Akku-Kapazität" bei ca. 0,5 Ah pro Tag. Das könnte eventuell einen höheren Solarenergieverbrauch zufolge haben, als wenn so eine Hausnummer einfach ohne einen Dämmerungsschalter auch tagsüber durchlaufend leuchtet.

Vollständigkeitshalber wäre darauf hinzuweisen, dass auch im Selbstbau ein Dämmerungschalter so konzipiert werden kann, dass sein Verbrauch nur einen Bruchteil

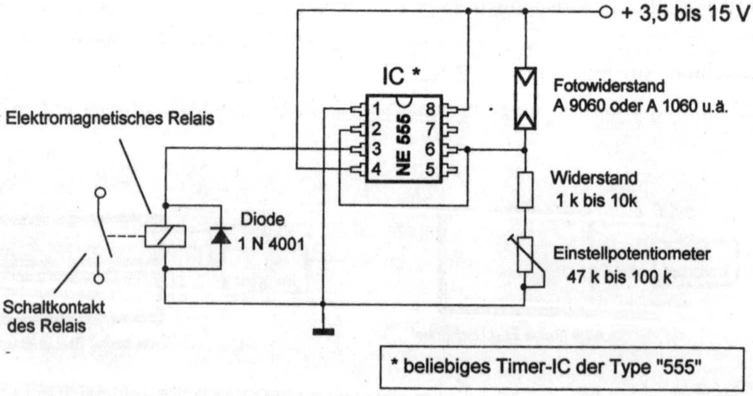


Abb. 4.10 Nachbauleichte Schaltung eines kostengünstigen Dämmerungsschalters mit dem IC NE 555

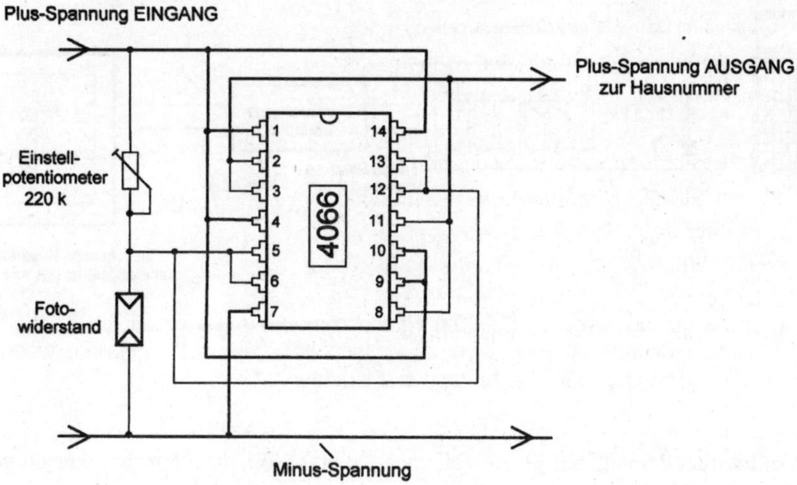


Abb. 4.11 Schaltung eines einfachen Dämmerungsschalters mit dem IC 4066

dessen beträgt, was der Dämmerungsschalter aus *Abb. 4.10* beansprucht.

Handelsübliche Dämmerungsschalter bzw. Bausätze, die sich mit einer Versorgungsspannung von nur ca. 4,8 V zufrieden geben und zudem energiesparend arbeiten, sind ziemlich „dünn gesät". Zum Glück kann so ein Dämmerungsschalter nach *Abb. 4.10* oder *4.11* im Selbstbau problemlos erstellt werden.

Die Dämmerungsschalter aus *Abb. 4.10* und *4.11* finden eine vielseitige Anwendung, und können bei Bedarf auch an Versorgungsspannungen bis zu 15 V angeschlossen werden, ohne dass die in den Schaltplänen angegebenen Bauteile geändert werden müssen. Nur die Magnetspule des Relais bei dem Dämmerungsschalter nach *Abb. 4.10* ist an die jeweilige Versorgungsspannung anzupassen. Dabei sollte immer angestrebt werden, dass die Magnetspule des angewendeten Relais nicht nur für die vorgesehene Versorgungsspannung ausgelegt ist, sondern dass sie auch einen möglichst hohen Ohmschen Widerstand (und somit einen niedrigen Stromverbrauch) hat .

Für unsere Batteriespannung von 4,8 Volt (*Abb. 4.9*) eignet sich z.B. sehr gut ein Reed-Relais, das z.B. Conrad Electronic unter den Bestellnummern 50 45 99 führt. Dieses Relais ist für eine 5-Volt-Versorgungsspannung ausgelegt und der Spulenwiderstand beträgt 500 Ohm (Ω).

Bei dem Dämmerungsschalter aus *Abb. 4.11* wird das preiswerte Schalt-IC **4066** angewendet, das vier selbstständige elektronische „Einzelschalter" (Gatter) beinhaltet. Da jeder dieser Gatter nur einen Strom von max. 25 mA schalten kann, haben wir seine vier Einzelschalter parallel miteinander durch-verbunden, wodurch theoretisch bis zu 100 mA „pro IC" geschaltet werden dürfte.

In der Praxis belastet man bekanntlich kein elektronisches Bauteil (auch kein Maschinenbauteil) bis an seine Höchstgrenze und

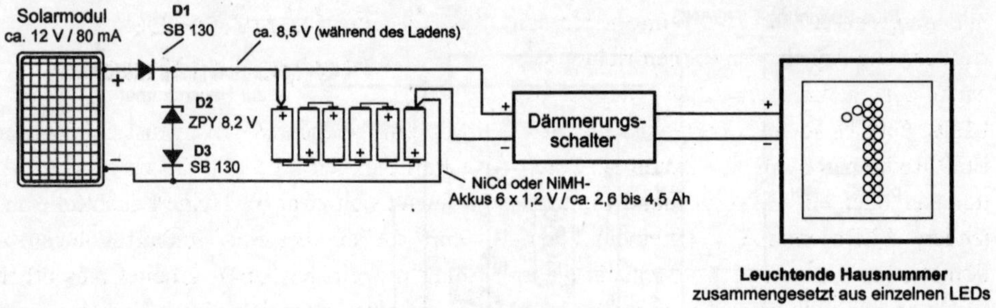


Abb. 4.12 Schaltung einer leuchtenden Hausnummer, die aus einzelnen LOW-CURRENT-LEDs zusammengesetzt ist (der Dämmerungsschalter kann evtl. entfallen, wenn in Kauf genommen wird, dass die LEDs auch tagsüber leuchten)

daher sollte man dem IC bei einem Dauerbetrieb höchstens nur etwa 60 bis 70 mA zumuten (ansonsten wird es zu heiß und verabschiedet sich von seinem Dasein). Da man jedoch beliebig viele dieser ICs einfach parallel miteinander verbinden kann, können sie auf diese Weise auch höhere Ströme schalten.

Über den Schaltkontakt des Dämmerungsschalter-Relais aus *Abb. 4.10* oder über die elektronischen „Gatter" des Schalt-ICs aus *Abb. 4.11* wird der Plus-Pol der Spannungszuleitung zu dem EL-Inverter *(Abb. 4.7)* oder zu den LEDs *(Abb. 4.12)* automatisch ein- und abgeschaltet.

Alternativ zu der Lösung mit Leuchtfolie kann eine leuchtende Hausnummer auch aus einzelnen LEDs zusammengestellt werden – was vor allem bei einstelligen Nummern relativ einfach ist. Für derartige Zwecke eignen sich am besten energiesparende „LOW-CURRENT-LEDs. Die Leistungsaufnahme dieser LEDs liegt nur bei ca. 10 % der Standard-LEDs (bei annähernd identischer Leuchtkraft). Vor allem die roten und gelben LEDs strahlen bereits bei einer Stromabnahme von bescheidenen 2 mA mit voller Leuchtkraft. Nur die grünen LOW-CURRENT-LEDs haben eine etwa doppelt so hohe Stromabnahme (4 mA), aber für eine Hausnummer eignen sich ohnehin am besten gelbe LEDs.

Wir haben in unserem Selbstbau-Vorschlag in *Abb. 4.12* eine Versorgungsspannung von 7,2 Volt gewählt. So können (erprobterweise) jeweils vier LEDs in Serie an diese

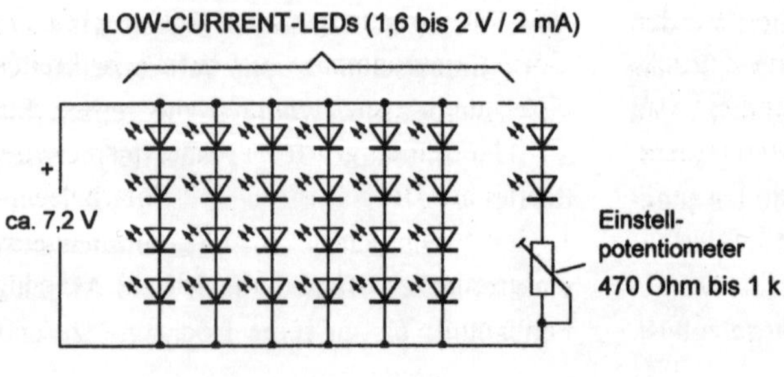


Abb. 4.13 Abhängig von der angewendeten Versorgungsspannung können jeweils mehrere LEDs in Serie geschaltet werden

Spannung nach *Abb. 4.13* angeschlossen werden. Die Anzahl der Reihen richtet sich nach der bedarfsbezogenen Menge der LEDs. Falls es so auskommt, dass die letzte LED-Reihe nicht voll wird, kann ein Potentiometer oder ein Festwiderstand die „fehlenden“ LEDs ersetzen. Mit einem Potentiometer kann erst die Lichtintensität dieser LEDs an die anderen LEDs angepasst werden.

Die Kapazität der Batterie und der Nennstrom des Solarmoduls sind auf den Stromverbrauch der LEDs – bzw. der LED-Ketten – abzustimmen. Der Stromverbrauch jeder der in *Abb. 4.13* eingezeichneten LED-Ketten liegt ebenfalls bei 2 mA. Werden für eine Hausnummer z.B. 40 LEDs benötigt, ergibt es *(nach dem Prinzip aus Abb. 4.13)* 10 Ketten à 4 LEDs und der Strombedarf beträgt somit ca. 20 mA (10 Ketten x 2 mA). Wenn z.B. im Winter die Hausnummer bis zu 14 Stunden pro Nacht leuchten soll, beansprucht es eine Akku-Kapazität von 14 x 20 mA = 280 mAh (Milliampere-Stunden).
Zu diesem Energieverbrauch käme allerdings auch noch der Energieverbrauch des Dämmerungsschalters. Der Dämmerungsschalter aus *Abb. 4.10* beansprucht bei diesem elektromagnetischen Relais bis zu etwa 0,13 Ah pro 24 Stunden von der Akku-Kapazität (was vor allem auf den Stromverbrauch der Relaisspule zurückzuführen ist). Das ist bei Anwendung von energiesparenden LOW-CURRENT-LEDs etwas zu viel. Hier sollte der Dämmerungsschalter aus *Abb. 4.11* Vorrang erhalten.

## 4.3 Beleuchtetes Namensschild

Für ein beleuchtetes Namensschild – das natürlich auch im Selbstbau zu erstellen ist – bietet sich zwar die kleine Leuchtfolie aus *Abb. 4.8* an, aber eine Hintergrundbeleuchtung mit einigen LEDs arbeitet wesentlich energiesparender. Für dieses Vorhaben sollten die angewendeten LEDs sowohl für eine ausreichend große Leuchtkraft, als auch für einen möglichst großen *Abstrahlwinkel (von z.B. 120°)* ausgelegt sein.
Die Solarstromversorgung richtet sich hier nach der Stromabnahme der LEDs und das eigentliche Nachladen kann nach *Abb. 3.4* bis *3.6* aus dem vorhergehenden Kapitel konzipiert werden.

## 4.4 Gartenlauben-Beleuchtung

Eine Gartenlauben-Beleuchtung wird bevorzugt mit einer oder mehreren 12 Volt-Solarleuchten realisiert. Das erleichtert den Selbstbau, da es für diese Zwecke auch 12-Volt-Laderegler als Fertigprodukte oder alternativ spezielle Laderegler-ICs *(nach Abb. 4.17)* gibt.
Eine solche Anlage wird ähnlich ausgelegt, wie z.B. der Springbrunnen *Abb. 2.19b (Kap. 2.8)*. Dort haben wir jedoch die Frage der Solarspannung offen gelassen, da der Springbrunnenmotor für einen sehr breiten Spannungsbereich ausgelegt ist, was dem Errichter einen größeren Planungsspielraum einräumt. Bei einer 12-Volt-Solarbeleuchtung ist dagegen die Versorgungsspannung vorgegeben, nach denen sich die Planung richten muss.

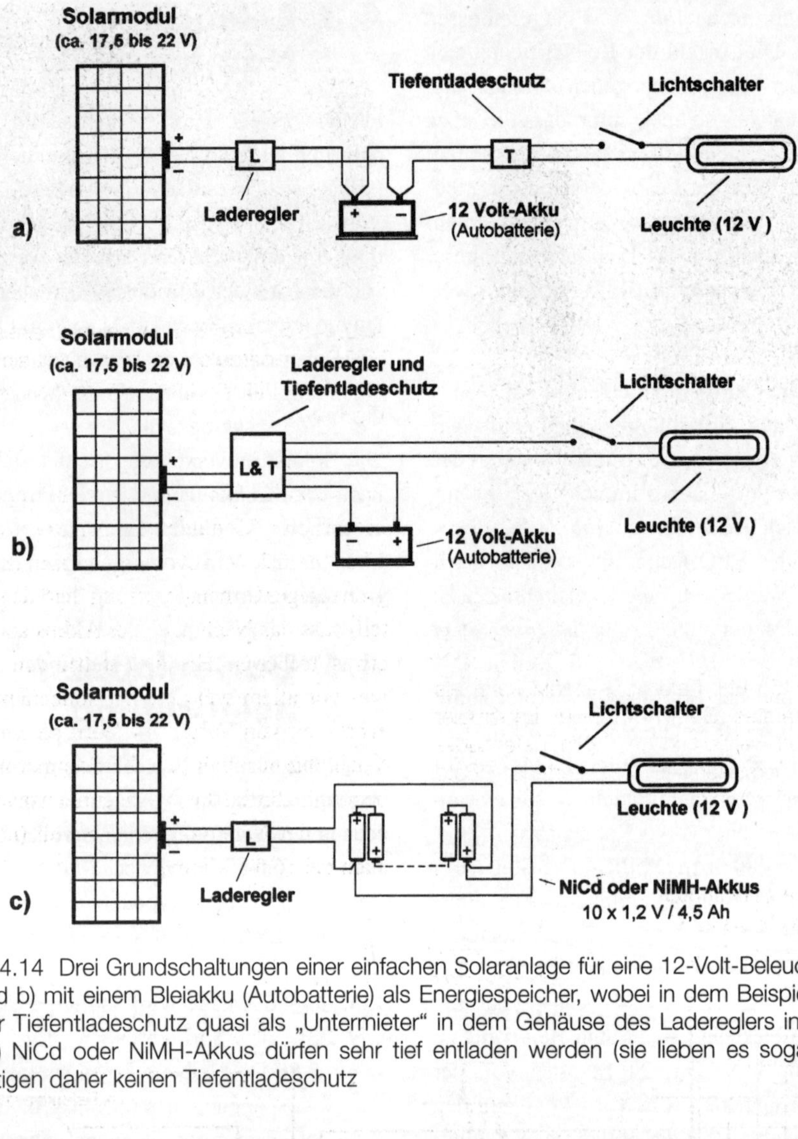


Abb. 4.14 Drei Grundschaltungen einer einfachen Solaranlage für eine 12-Volt-Beleuchtung: a) und b) mit einem Bleiakku (Autobatterie) als Energiespeicher, wobei in dem Beispiel nach b) der Tiefentladeschutz quasi als „Untermieter" in dem Gehäuse des Ladereglers integriert ist; c) NiCd oder NiMH-Akkus dürfen sehr tief entladen werden (sie lieben es sogar) und benötigen daher keinen Tiefentladeschutz

Welche Bauteile für so eine Anlage konkret erforderlich sind, zeigt *Abb. 4.14*. In *Abb. 4.14**a*** und ***b*** ist als Energiespeicher eine 12-Volt-Autobatterie eingezeichnet, die ein *Tiefentladeschutz* vor einer zu tiefen Entladung schützt. Dieses kleine Gerät *(Abb. 4.15)* schaltet automatisch die Stromzufuhr zu der Leuchte ab, wenn die Akkuspannung unterhalb von ca. 10,8 bis 11 Volt sinkt, denn eine noch tiefere Entladung überlebt ein Bleiakku nicht.

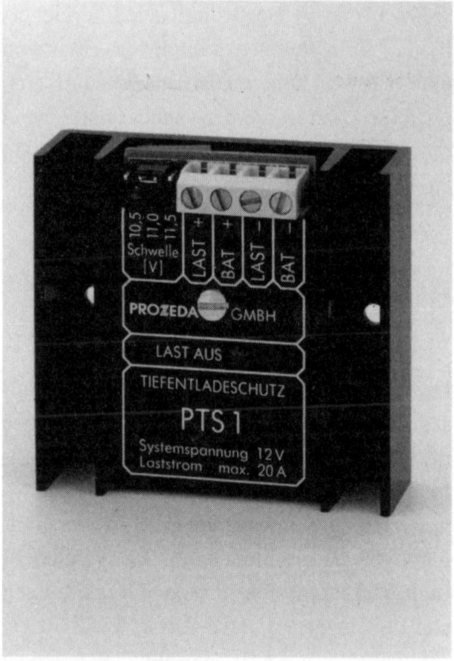


Abb. 4.15 Ein Tiefentladeschutz kann als ein separates Gerät zu einem Laderegler zugekauft werden, in dem kein Tiefentladeschutz herstellerseits integriert ist (Foto Conrad Electronic)

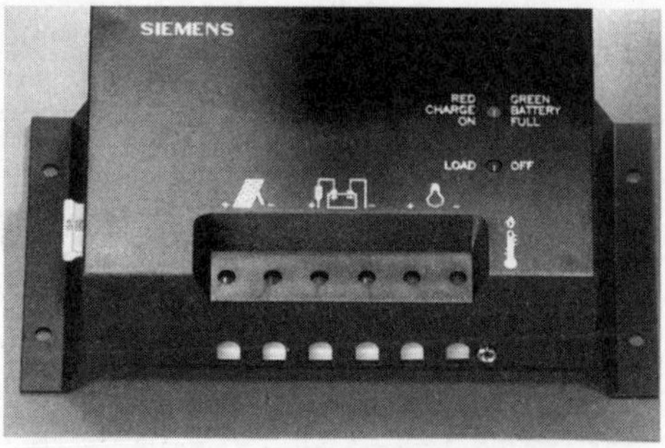


Abb. 4.16 Ausführungsbeispiel eines 12-Volt-Solarladereglers in dem auch ein Tiefentladeschutz integriert ist (Foto: Conrad Electronic)

Wir haben in *Abb. 4.14* bei allen drei Alternativen eine Modulennennspannung von ca. 17,5 bis 22 V angegeben. Eine derartig großzügige Dimensionierung hat den Vorteil, dass das Nachladen des Akkus auch bei etwas trüberem Himmel stattfinden kann, was vor allem während der sonnenärmeren Jahreszeit von Vorteil ist. Wird so eine Beleuchtung nur während der Sommermonate benötigt, dürfte die Modulennennspannung eher in der Nähe von ca. 17,5 Volt (notfalls auch bei 16,5 V) liegen.

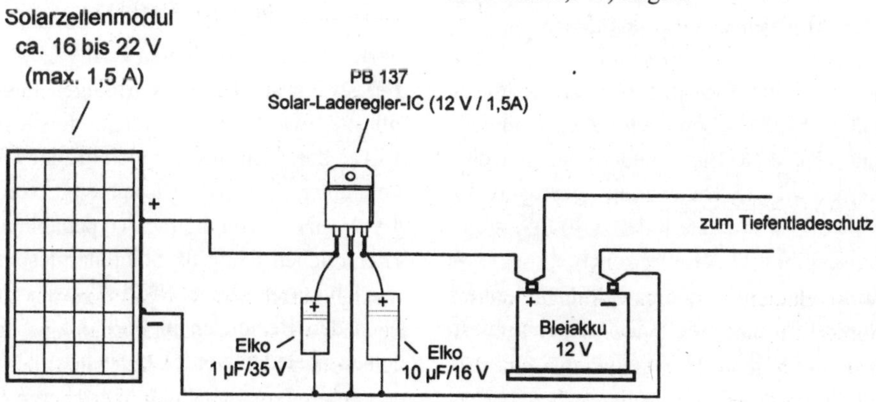


Abb. 4.17 Mit dem speziellen „Laderegler-IC“ PB 137 (Anbieter: Conrad Electronic) und zwei zusätzlichen Elkos kann ein preiswerter Selbstbau-Laderegler für das Nachladen eines Bleiakkus (= einer Autobatterie) erstellt werden

Der eigentliche **Modulen-Nennstrom** muss auch hier hoch genug sein, um die verbrauchte Energie ausreichend flott nachladen zu können. Der Energieverbrauch hängt verständlicherweise von der Leistung und der vorgesehenen Leuchtdauer der Leuchte(n) ab, die pro Woche, pro 14 Tage oder einfach „pro Zeitspanne" eingeschätzt wird.

**Beispiel:** Eine 12 V/0,7-A-Solarleuchte („Energiesparlampe"), die ungefähr dieselbe Leuchtleistung, wie eine herkömmliche 40-W-Glühlampe aufbringt, soll voraussichtlich etwa zwei bis drei Stunden pro Woche betrieben werden. Der daraus resultierende Verbrauch der Energiereserve des Akkus beträgt demnach wöchentlich etwa 1,4 bis 2,1 Ah (0,7 A x 2 Stunden = 1,4 Ah und 0,7 A x 3 Stunden = 2,1 Ah).
Für ein derartig bescheidenes Anliegen könnten als Energiespeicher sogar nur 10 kleinere NiCd- oder NiMH-Akkus mit einer Kapazität von 4,5 Ah ausreichen – wie in *Abb. 4.14c* eigezeichnet ist.
Der vierzehntägige Energieverbrauch würde einen solchen Akku fast „leerpumpen". Daher sollte bei der Planung des Nachladens angestrebt werden, dass dieser innerhalb von etwa 4 sonnigen Tagen (= innerhalb von ca. 40 Ladestunden) nachgeladen werden müsste. Das wären – grob gerechnet – die 4,5 Ah geteilt durch 40 Ladestunden (ergibt 0,11 A Ladestrom).
Fazit: das Solarmodul sollte für einen Nennstrom ausgelegt sein, der zumindest 0,11 A (= 110 mA) beträgt.

Dieses Planungsbeispiel lässt sich leicht auch für andere vergleichbare Vorhaben anwenden und in Bezug auf den Energieverbrauch umrechnen. Dadurch, dass wir von einem etwas höheren Nachladebedarf ausgegangen sind, werden auch ausreichend die Lade- und Selbstentladeverluste (von ca. 20 %) aufgefangen.

## 4.5 Kinderspielhaus-Beleuchtung

Die Solarbeleuchtung eines Kinderspielhauses kann entweder auf dieselbe Weise wie die vorhergehende Gartenlauben-Beleuchtung errichtet werden oder man gibt sich – vor allem bei einem kleineren Kinderspielhaus mit einer einfacheren LED-Beleuchtung zufrieden. Für diesen Zweck eignen sich am besten diverse *leuchtstarke weiße („superhelle") LEDs,* die auch in diversen modernen Taschenlampen anstelle der herkömmlichen Glühlämpchen angewendet werden.
Unter dem Begriff „Taschenlampenlicht" kann man sich leicht vorstellen, wie sich die Ausleuchtung einer bestimmten Fläche „pro LED" ungefähr auswirkt – was sich auch vorher leicht ausprobieren lässt.
Für so ein spielerisches Anliegen genügen oft nur zwei bis vier solche leuchtstarke LEDs, deren Stromverbrauch oft nur 20 mA bei einer Versorgungsspannung von ca. 1,9 V bis 4 Volt beträgt (typenabhängig). Hier reichen dann als Solarenergiespeicher zwei bis vier kleine NiCd-Akkus aus, die nach den Beispielen in *Abb. 3.5/3.6 (Kap. 3)* solar geladen werden können.

Bei der Planung einer solchen Mini-Anlage ist ähnlich vorzugehen, wie bei jeder

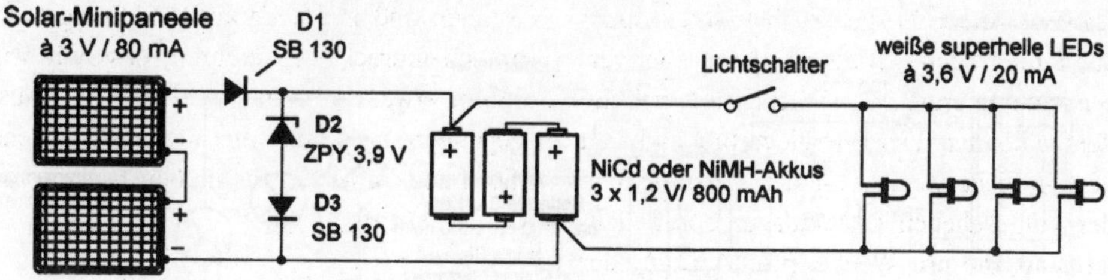


Abb. 4.18 Auf diese Weise kann eine einfache Solarbeleuchtung des Kinderspielhauses ausgelegt werden

anderen Solarbeleuchtung auch. Der Stromverbrauch von 20 mA (= 0,02 A) pro LED ist derartig gering, dass eine sehr kleine Solarzellenfläche für das Nachladen ausreicht – wie auch *Abb. 4.18* zeigt.

## 4.6 Solarbeleuchtung für das Puppenhaus

Die Solarbeleuchtung eines Puppenhauses hat vor allem einen dekorativen Charakter, bei dem es nicht so sehr um den Aspekt der funktionellen Ausleuchtung geht. Hier können daher sowohl verschiedene energiesparende LEDs (mit größerem Abstrahlwinkel) als auch kleine Taschenlampen- oder Modellbau-Glühlämpchen verwendet werden. Ähnlich wie bei der Beleuchtung eines Kinderspielhauses kann auch hier eine niedrige Versorgungsspannung (zwischen ca. 2,4 und 6 V) eingeplant werden.

Wenn die angewendeten LEDs eine etwas niedrigere Versorgungsspannug benötigen, als die verwendete Batterie liefert, kann z.B. nach *Abb. 4.19* mit Hilfe einer Schottky-Diode **D2** die Spannung um die erforderlichen 0,3 V auf 2,1 V reduziert werden. Wir haben hier den Solargenerator aus einem Minipaneel und einer gekapselten Solarzelle zusammengestellt, um die Solarnennspannung – und somit die Ladespan-

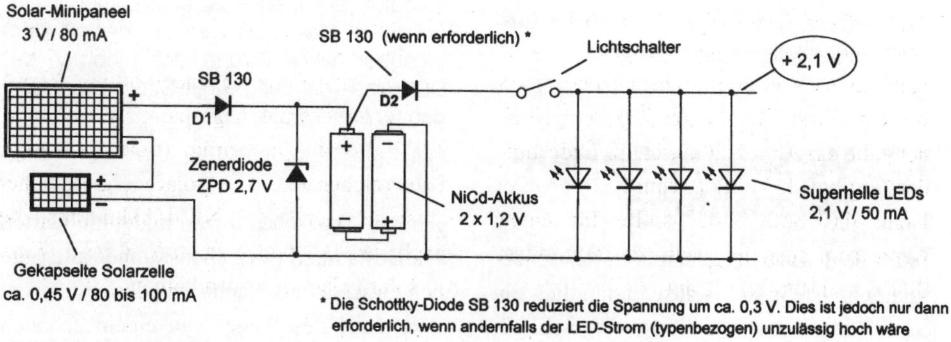


Abb. 4.19 Schaltplan einer Puppenhaus-LED-Beleuchtung (die LEDs sind hier mit ihren Schaltzeichen dargestellt)

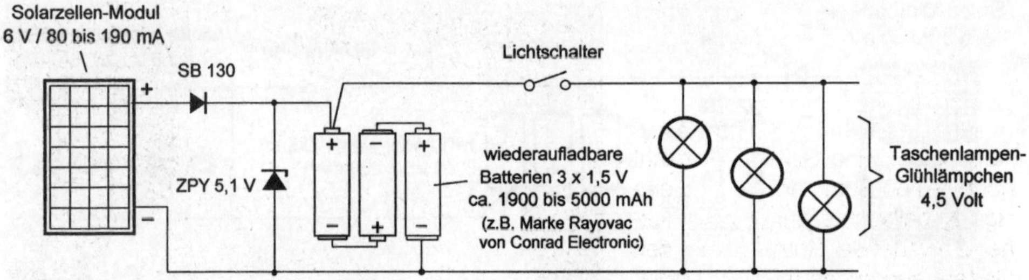


Abb. 4.20 Schaltplan einer Puppenhaus-Beleuchtung mit Taschenlampen-Glühlämpchen

nung – auf 3,45 V zu erhöhen. Gegen eine weitere Erhöhung der Ladespannung (z.B. durch Zufügung von einer oder zwei weiteren gekapselten Solarzellen in Serie mit der bereits eingezeicheten Solarzelle) ist nichts einzuwenden. Es hätte aber nur dann einen „tieferen Sinn", wenn diese Solarbeleuchtung mehr beansprucht wird, als bei dieser relativ niedrigen Solarspannung nachgeladen werden kann.

Taschenlampen-Glühlämpchen sind in Hinsicht auf ihren sehr breiten Abstrahlwinkel für solche Zwecke attraktiver als LEDs, haben jedoch einen wesentlich höheren Energieverbrauch. Sie können evtl. vorteilhaft mit diversen winzigen Modellbau-Glühlämpchen kombiniert werden, für die u.a. diversen handelsübliche Puppenhaus-Leuchten ausgelegt sind.

Abb. 4.21 Ausführungsbeispiel einer Solar-Garten-Kugelleuchte, in deren Edelstahlstandfuß ein kleines Solarzellenmodul eingebaut ist, das einen „lampeneigenen" Akku tagsüber nachlädt, um nach Einbruch der Dunkelheit die Lampe mit Strom zu versorgen (Anbieter/Foto: ELV)

## 4.7 Verspielte Gartenbeleuchtung

Unter dem Begriff „verspielte Gartenbeleuchtung" stellt sich selbstverständlich ein jeder von uns etwas anderes vor. Schließlich sind die Gärten sehr unterschiedlich und werden auch auf verschiedenste Weise genutzt. Abgesehen davon bildet ein Garten den Bestandteil des Lebensraumes aller, die sich entweder als Nachbarn oder einfach als „Wanderer des Weges" an einem schönen Garten als an einem schönen Stückchen Natur erfreuen.

Abb. 4.22 Eine Schwalbe macht noch keinen Sommer und eine einzige Kugelleuchte bringt noch keine umwerfende Romantik in den Garten, aber wenn mehrere solche Solarleuchten verspielt im Garten aufgestellt werden, können sie zur Gartenromantik enorm beitragen (Anbieter/Foto: ELV)

Die einfachste „verspielte" Gartenbeleuchtung kann mit diversen handelsüblichen Solarleuchten dekorativ gestaltet werden. Manche dieser Leuchten sind wie große Seifenblasen *(Abb. 4.21/4.22)* ausgelegt, die einfach im Garten auf die Erde oder auf ein niedriges Mäuerchen hingestellt werden – und den Rest übernimmt die Natur (in solchen Leuchten sind die Solarzellen mit kleinen Akkus, sowie auch ein Dämmerungsschalter eingebaut).

Die Vielfalt der Leuchten, die sich für solche Zwecke eignen, ist groß. Manche von ihnen sind zwar nicht direkt als Solarleuchten konstruiert, können aber leicht für den Solarbetrieb umfunktioniert werden: In die Leuchte wird einfach eine 12-Volt-Energiesparlampe eingeschraubt und „irgendwo" in der Nähe werden ein Solarmodul und ein 12-V-Akku plaziert, die evtl. gleich mehrere solche Leuchten mit Solarstrom versorgen können.

In die Kategorie der verspielten Beleuchtung gehören auch diverse bunte Unterwasserleuchtkörper, bei denen die Anwendung von niedriger Solarspannung (von 12 oder 24 Volt) auch aus Sicherheitsgründen sehr empfehlenswert ist. Der Handel führt zwar nur selten „echte" Solar-Unterwasserreflektoren, aber alle solche Leuchten und Reflektoren, in die eine energiesparende Lampe mit einem gängigen *E-27-* oder *E-14-Gewinde* passt, kann einfach durch das Anbringen dieser Lampe zu einer Solarleuchte ummodifiziert werden.

Verspielte Gartenbeleuchtung kann auch einen kleinen Garten oder einen kleinen Gartenweiher (z.B. nach *Abb. 4.23)* zu einer märchenhaft romantischen Kulisse umgestalten: Das Solarmodul **SM** lädt auf die uns bereits bekannte Art über einen Laderegler **LR** (mit Tiefentladeschutz) einen Akku nach, der sowohl für die Beleuchtung als auch für den Springbrunnen als Energielieferant dient. Eine jede Kandelaber-Gartenlampe (**GL**) kann zu einer Solarlampe einfach dadurch umgewandelt werden, dass in ihre Fassung eine 12-Volt-Energiesparlampe eingeschraubt wird.

Dasselbe gilt, wie bereits an anderer Stelle angesprochen, auch für die Unterwasserleuchten **UL**. Die eingezeichneten Schalter **SCH** können eventuell auch als *Gleichspannungs-Funkschalter* ausgelegt werden,

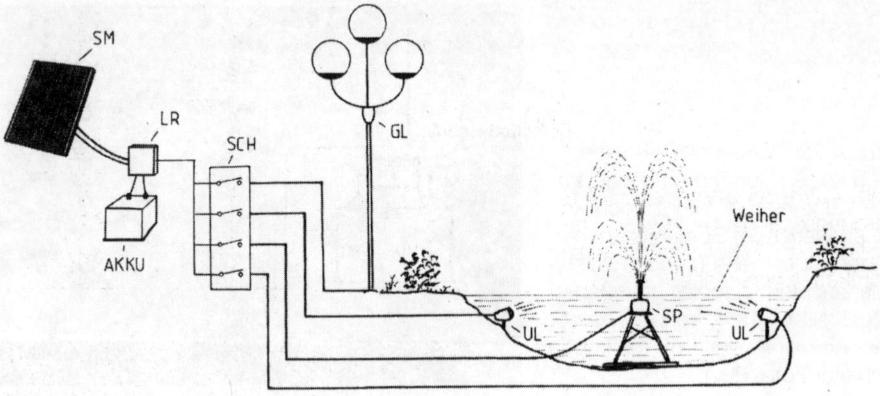


Abb. 4.23 Ausführungsbeispiel einer romantischen Solarbeleuchtung am und im Gartenweiher

die im Garten neben dem Akku installiert werden und vom Wohnzimmer oder von der Terrasse aus über eine Funkfernbedienung bedarfsbezogen geschaltet werden können (das spart sowohl die kostbare Solar- als auch die kostbare Körperenergie).

Die Nennspannung des Solarmoduls dürfte hier zwischen ca. 17,5 und 19 Volt betragen. Der Solarnennstrom muss sich nach der Kapazität des Akkus (Autobatterie) richten, die wiederum auf den vorgesehenen Amperestundenbedarf aller angeschlossenen Verbraucher abzustimmen ist (wir wissen ja inzwischen, wie man so etwas macht, denn an konkreten Beispielen hat es bisher nicht gefehlt).

## 4.8 Solarbeleuchtung für den Weihnachtsbaum

Eine Solarbeleuchtung wird in den meisten Fällen nur für Weihnachtsbäume in Frage kommen, die im Freien an Stellen stehen, in deren Nähe es keinen Stromanschluss gibt. In Hinsicht auf die ziemlich große Anzahl der benötigten „Lämpchen" ist von den herkömmlichen Glühlämpchen abzuraten, denn das sind hungrige Energiefresser. Hier sollte man bevorzugt den bereits des Öfteren angesprochenen Low-Current-LEDs Vorrang geben. Am besten nur den roten und den gelben, denn die haben einen Stromverbrauch von nur ca. 2 mA (die grünen verbrauchen doppelt so viel und sind für einen grünen Weihnachtsbaum sowieso nicht passend).

Wenn als Energie-Zwischenspeicher ein 12 Volt-Bleiakku verwendet wird, können die einzelnen Lichtketten jeweils aus 6 bis 7 LEDs *(nach Abb. 4.24)* erstellt werden (was typenabhängig auszuprobieren ist). Hinzuweisen wäre an dieser Stelle darauf, dass die meisten handelsüblichen LEDs für derartige „Kettenschaltungen" nicht vorselektiert werden müssen, denn sie weisen erfahrungsgemäß eine ausgewogene Lichtintensität auf. Alles im Leben hat jedoch seinen

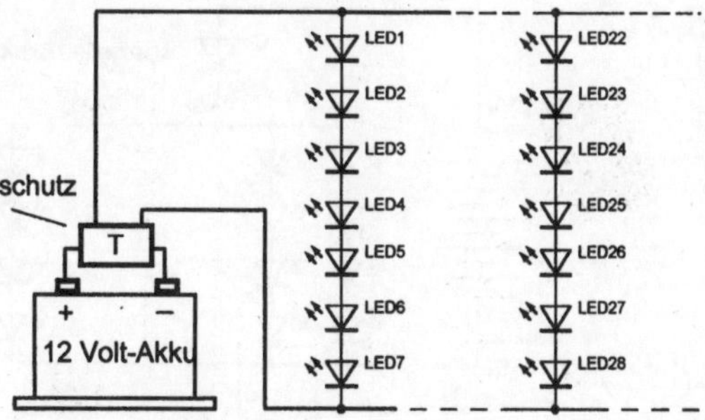


Abb. 4.24 Bei einer 12-Volt-Versorgungsspannung können jeweils bis zu 7 LEDs in Serie zu Lichtketten verschaltet werden

Abb. 4.25 Auf eigenhändig zusammengelöteten Konstruktionen aus Kupferdraht (Elektroinstallations-Kupferdraht 2,5 mm² oder 4 mm²) können diverse Minilämpchen oder LOW-Current-LEDs zu leuchtenden Ketten zusammengesetzt werden

Preis und wer solche LEDs für einen besonders günstigen Preis ersteht, der wird eventuell auch eine Vorselektion auf eine „zumutbar ausgewogene Lichtintensität" in Kauf nehmen.

Abb. 4.26 Auf Plexiglas-Platten werden erst mit einem „Permanent-Filzstift" diverse Figuren oder Ornamente vorgezeichnet, danach werden in den vorgezeichneten Bahnen dicht nebeneinander Löcher gebohrt, deren Durchmesser dem Außendurchmesser der angewendeten LEDs entspricht und das Kunstwerk kann in Angriff genommen werden...

## 4.9 Weihnachtliche Solardekorationen

Neben der Solarbeleuchtung für den Weihnachtsbaum kann die weihnachtliche Solardekoration in einem beliebig großen Umfang ausgebaut werden. Sie eignet sich – ähnlich wie die Beleuchtung des Weihnachtsbaumes – vor allem für dekorative weihnachtliche Ornamente, märchenhafte Figuren (Drahtfiguren) nach *Abb. 4.25* und *4.26* und kaleidoskopische Blickfänger, die u.a. als Fenster-, Garten-, oder auch als Schaufensterdekoration ihre Anwendung finden. Derartige Dekorationen eignen sich auch als edukativ wertvolle Handarbeit-Projekte für Schulen oder sogar für Kindergärten.

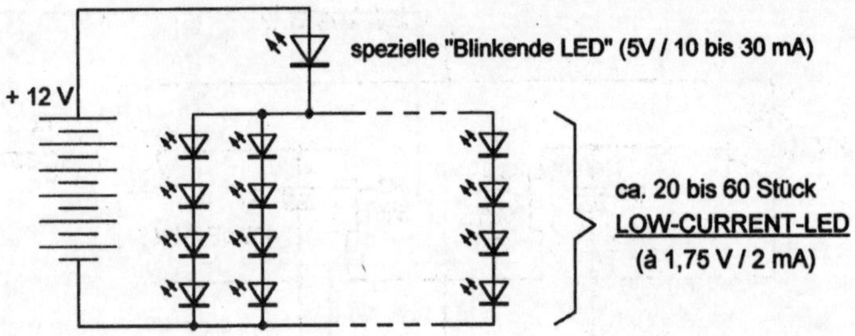


Abb. 4.27 Alle „normalen" LEDs, die an eine „blinkende LED" angeschlossen werden, blinken mit ihr mit

Bei dem, was wir alles bereits über die Alternativen der Solarbeleuchtung erklärt haben, braucht man an dieser Stelle nicht mehr viel hinzufügen. Einen Hinweis verdient höchstens noch die Anwendungsmöglichkeit einer speziellen *blinkenden LED*: schaltet man sie in Reihe mit anderen „normalen" LEDs, blinken dann alle. Eine solche spezielle „Blink-LED" benötigt jedoch einen höheren Strom, als z.B. die Low-Current-LEDs. Daher müssen ausreichend viele solcher LEDs (bzw. LED-Ketten) nach *Abb. 4.27* nebeneinander verschaltet werden, um den erforderlichen „Stromkreislauf" für die „Blink-LED" zu gewährleisten.

Für kleinere leuchtende Weihnachtssterne oder Ornamente eignen sich auch sehr gut zweifarbige Duo-LEDs, auf deren Anwendungsmöglichkeiten das folgende Kapitel hinweist.

## 4.10 Duo-LEDs

Duo-LEDs *(nach Abb. 4.28)* sind meist nur in einer „Standardausführung" (nicht in Low-Current-Ausführung) erhältlich und haben daher einen Stromverbrauch von 20 mA.

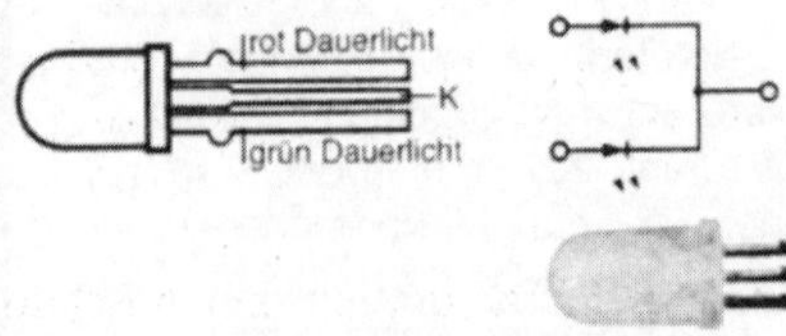


Abb. 4.28 In zweifarbigen LEDs sind jeweils zwei LEDs nebeneinander untergebracht: eine rote und eine grüne: wird die Plus-Spannung an das obere LED-Füßchen angeschlossen und die Minus-Spannung an das mittlere (an die Kathode), leuchtet die LED rot; wird die Plus-Spannung an das untere LED-Füßchen angeschlossen, leuchtet die LED grün

Die Versorgungsspannung liegt bei den meisten dieser LEDs – abhängig von der Type und Farbe – zwischen ca. 2 und 2,4 Volt.

Bitte beachten: Einige der zweifarbigen LEDs sind nur mit zwei Anschlüssen (zwei Füßchen) ausgelegt und der Farbwechsel erfolgt durch Umpolung der Versorgungsspannung. Das macht die Anwendung für „unsere" Zwecke zu umständlich. Achten Sie bitte bei der Bestellung der zweifarbigen LEDs auf diese Eigenheit!

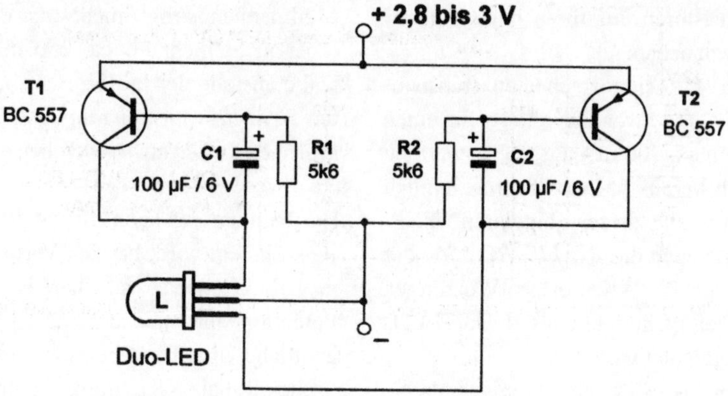


Abb. 4.29 Ein einfacher Selbstbau-Blinker für Duo-LEDs (anstelle der einen eingezeichneten LED können mehrere solcher LEDs parallel aneinander angeschlossen werden)

Zweifarbige LEDs, die mit drei Anschlüssen *(nach Abb. 4.28)* ausgelegt sind, werden oft als „dreifarbige LEDs" deklariert, weil beim gleichzeitigen Leuchten beider LEDs eine dritte Farbe entsteht. Diese Farbe wird in den Prospekten oft als „gelb" bezeichnet, wirkt aber in der Praxis typenabhängig oft eher bräunlich (womit sie nicht unbedingt als dekorativ eingestuft werden kann). Zudem verdoppelt sich der Stromverbrauch, wenn beide LEDs in dem einen Gehäuse gleichzeitig leuchten. Wir dürfen daher diese dritte Farbe bei unseren verspielten „Kunstwerken" einfachheitshalber negieren.

Bei der Anwendung von zweifarbigen LEDs geht es eigentlich nur um zwei „Planungsfragen": Wozu zwei Farben gut sein können und wie man sie automatisch umschalten kann.

Zweifarbige LEDs können z.B. für die Erstellung von zwei ineinander liegenden Sternen, Figuren *(wie z.B. in Abb. 4.26)* oder verschiedenen weihnachtlichen Phantasiegebilden angewendet werden. Ein angemessen langsamer *automatischer* Farbenwechsel wirkt dabei sehr eindrucksvoll.

Um eine automatische Abwechslung der Farben zu erzielen, kann z.B. ein einfacher Blinker nach *Abb. 4.29* erstellt werden. Es handelt sich hier um die Schaltung eines „guten alten" Multivibrators, der mit PNP-Transistoren aufgebaut ist. Wir haben für dieses Beispiel die bekannten *BC 557* verwendet (weil sie zu den bekanntesten PNP-Transistoren gehören), aber Sie können praktisch alle nur denkbaren Restposten-PNP-Transistoren verwenden.

Wir haben in *Abb. 4.29* – der leichteren Übersicht wegen – nur eine Duo-LED eingezeichnet, aber es können auch mehrere – bzw. sehr viele – LEDs **parallel** miteinander verbunden werden (seriell geht es wegen der gemeinsamen Kathode des LED-Lämpchens nicht). Bei einer Parallelschaltung von mehreren LEDs summiert sich natürlich der Stromverbrauch einzelner LEDs. Daher ist bei der Wahl der angewen-

deten Transistoren auf ihren max. zulässigen Strom zu achten.
Die in *Abb. 4.29* eingezeichneten Transistoren *BC 557* sind zwar theoretisch für einen Strom von max. 200 mA ausgelegt, wärmen sich jedoch bereits bei ca. 80 mA ziemlich auf (was für alle dieser „bipolaren" PNP-Typen – wie auch die *BC 177, BC 556* oder *BC 558* – zutrifft). Allen diesen Winzlingen sollten daher nicht mehr als 4 Duo-LEDs parallel zugemutet werden.
Wenn mehr als ca. 4, aber weniger als ca. 10 Duo-LEDs parallel betrieben werden, eignet sich dazu u.a. der 400-mA-Transistor *BC 516.* Für kräftigere Belastungen eignen sich z.B. die Transistoren *BC 161 (1 Ampere Type), BD 136* und *BD 138 (2 A)* oder der *BD 240 (4 A).*
Die eigentliche Solarstromversorgung für eine solche Blinkschaltung kann z.B. nach dem Beispiel in *Abb. 3.3 (Kap. 3)* ausgelegt werden. Der Nennstrom des Solarmoduls wäre jedoch auf den jeweiligen Strombedarf anzupassen, der sich aus der Anzahl der betriebenen Duo-LEDs ergibt. Wenn der Modulennennstrom mehr als ca. 80 mA (aber nicht mehr als ca. 250 mA) beträgt, sollte anstelle der in *Abb. 3.3* eingezeichneten *500-Milliwatt-Zenerdiode ZPD 3,3 V* ihr kräftigeres 1-Watt-Brüderchen *Type ZPY 3,3 V* verwendet werden.
Ein Blinker, der nach *Abb. 4.30* mit einem IC ausgelegt wird, hat den Vorteil, dass seine Blinkfrequenz regelbar ist (mit dem Potentiometer **P**). Zudem leistet hier die eigentliche Umschaltarbeit ein elektromagnetisches Relais (**R**), dessen Kontakte sehr strapazierfähig sind.
Wir haben in diese Prinzipschaltung übersichtshalber nur eine einzige Duo-LED eingezeichnet, obwohl hier quasi beliebig viele solcher LEDs parallel zueinander angeschlossen werden können – was in der Praxis der Sinn der Sache ist (und worauf wir gleich anschließend zurückkommen).
**Beschreibung der Schaltung:** Der eigentliche Blinker, in dem das IC – wie üblich – in Ansicht von oben zeichnerisch dargestellt ist, arbeitet normalerweise auf Anhieb. Wenn der Ohmsche Wert des Einstellpoten-

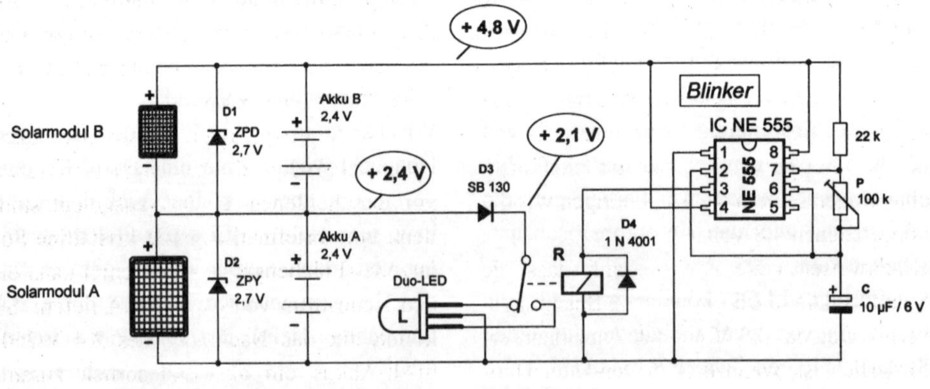


Abb. 4.30 Prinzipschaltung eines Blinkers mit dem IC *NE 555,* der für den automatischen Farbenwechsel von Duo-LEDs geeignet ist

tiometers **P** auf das Doppelte oder Vierfache erhöht wird, erhöht sich damit der Regelbereich in Richtung von länger andauernden Zyklen. Dasselbe wird durch die Erhöhung der Kapazität des Kondensators (Elkos) **C3** erzielt.

Das Relais **R** sollte aus „Solarenergie-Spargründen" über eine Magnetspule verfügen, die einen möglichst hohen Ohmschen Widerstand hat – und zudem natürlich für eine Betriebsspannung von 4,8 Volt (bzw. 5 V) ausgelegt ist. Diesen Anforderungen entsprechen unter den gegenwärtigen Conrad-Relais u.a. das *Ultra-Miniaturrelais 5 V/370 Ω (Bestell-Nr. 50 42 82)* oder *5 V/320 Ω (Bestell-Nr. 50 42 85).*

Die neben dem Relais eingezeichnete Diode **D4** darf nicht fehlen, denn sie schützt das IC *NE 555* gegen Spannungsstöße, die es andernfalls vernichten würden.

Soweit zu dem eigentlichen Blinker. In dem Schaltungsteil links vom Relais **R** befindet sich eine etwas eigenartige Spannungsversorgung, die aus zweimal zwei 1,2-Volt-Batterien (NiCd oder NiMH) besteht und somit eine Spannung von 2 x 2,4 Volt liefert. Diese Lösung ist deshalb erforderlich, weil die eigentlichen Duo-LEDs nur eine Spannung von ca. 2 bis 2,2 Volt benötigen, aber den Blinker würde diese Spannung nicht zum Leben erwecken können. Er selber ist zwar ab ca. 3,5 Volt „arbeitsfähig", aber wegen seinem Relais benötigen wir die vorgesehenen 4,8 Volt.

Hinzuweisen wäre noch darauf, dass die Schottky-Diode **D3** (auf der ein Spannungsverlust von ca. 0,3 V entsteht) nur dann erforderlich ist, wenn die verwendeten Duo-LEDs bei einer vollen Akku-Spannung der Akkus „**A**" einen „existenzbedrohend" hohen Strom beziehen würden (siehe hierzu auch Kap.7.2).

Die eingezeichneten Akkus „**B**" können für eine wesentlich niedrigere Ah-Kapazität ausgelegt sein, als die Akkus „**A**", denn schon eine einzige Duo-LED hat einen doppelt so hohen Stromverbrauch, als der eigentliche Blinker (samt seinem Relais).

Wenn mehrere Duo-LEDs im Parallelbetrieb arbeiten – wie z.B. in *Abb. 4.31* dargestellt ist – beziehen sie einen erheblich höheren Strom (in diesem Fall einen zwanzigfach höheren Strom) als der Blinker. Daher ist der Nennstrom der Solarzellen (= Solarladestrom für die links eingezeichneten Akkus der LEDs) ebenfalls zwanzigmal höher als der Nennstrom der rechts eingezeichneten Solarzellen, die nur für die zusätzliche Spannung des Blinkers benötigt werden. Dementsprechend sind auch die Kapazitäten der 5-Ah- und 250-mAh-Akkus im Verhältnis von 20:1 gewählt.

Die in *Abb. 4.31* aufgeführten Parameter der Solarzellen und Module entsprechen nur den theoretischen Anforderungen. In der Praxis wird man sich diese „Solargeneratoren" einfach aus den erhältlichen Bausteinen so zusammenstellen müssen, wie es das jeweilige Angebot an Solarzellen oder Solar-Minipaneelen erlaubt.

Es wird kaum gelingen, gekapselte Solarzellen zu finden, die für einen Nennstrom von bescheidenen 10 mA ausgelegt sind, denn eine briefmarkengroße kristalline Solarzelle (Flächengröße von 5 cm$^2$) kann einen Nennstrom von ca. 150 mA liefern. So könnte für das Nachladen des 2,4 V/250-mAh-Akkus ein aus Zellenbruch zusammengelötetes kahles Mini-Modul verwendet werden, wobei sogar Solarzellen-Bruch-

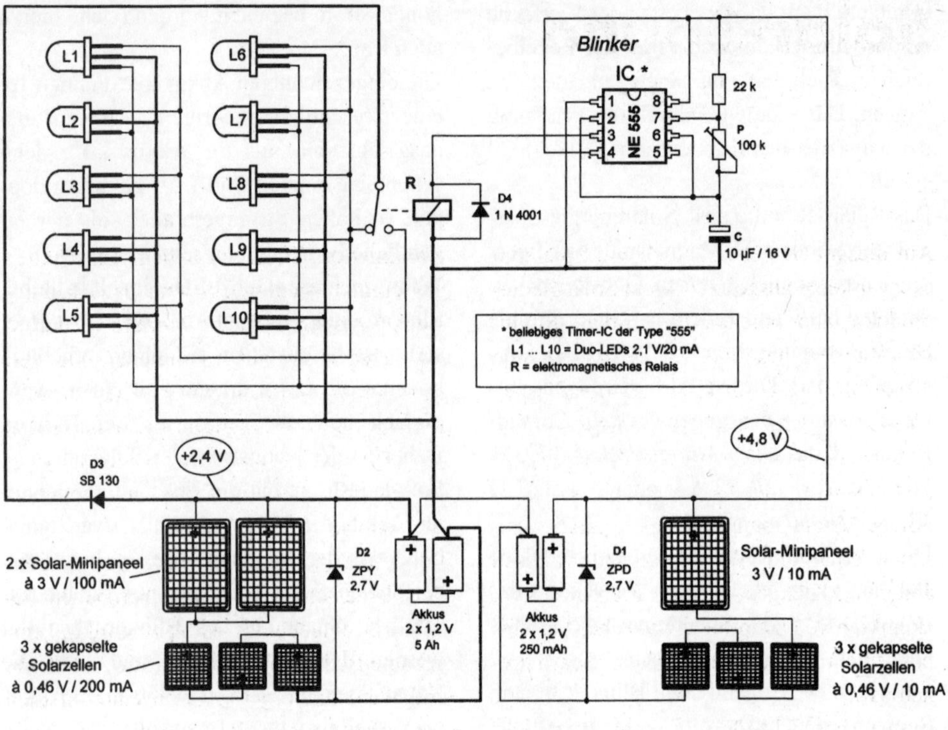


Abb. 4.31 Duo-LEDs im Parallelbetrieb

stücke in der Größe eines Fingernagels immer noch einen ausreichend hohen Ladestrom liefern würden (die kleinste der Zellen in einer Zellenkette ist dabei für den maximal erzielbaren Nennstrom bestimmend).

Nebenbei: dass wir hier Minipaneele und „gekapselte Solarzellen" kombiniert haben, dient nur als Beispiel für die Kombinationsmöglichkeiten verschiedener Einzelbausteine, braucht aber nicht vorgenommen zu werden, wenn Solarmodule zur Verfügung stehen, die den Anforderungen entsprechen. Abgesehen davon bietet sich für größere LED-Lichtflächen als eine Alternative die Anwendung von Duo-LEDs an, die nur mit zwei Anschlüssen (zwei Füßchen) ausgelegt sind und bei denen der Farbwechsel durch Polaritätswechsel erfolgt. Wenn z.B. das Relais **R** in *Abb. 4.31* über zwei Umschaltkontakte verfügt, kann es die Polarität der Versorgungsspannung für solche Duo-LEDs problemlos umschalten. Diese können dann – ähnlich wie z.B. die LEDs in *Abb. 4.24* – zu längeren Reihen verschaltet und z.B. an eine 12-V- bis ca. 15-V-Betriebsspannung angeschlossen werden (die auch als Versorgungsspannung für den „IC-Blinker" geeignet ist).

# Solar-Sound



Auf diesem Gebiet von Spaß und Spiel gibt es zwar keine ausgesprochenen Solar-Fertigprodukte, aber etliche kleine „Sound-Module". Zu den bekanntesten Repräsentanten dieser Module gehören die verschiedensten „musizierenden" Glückwunschkarten, die z.B. nach dem Öffnen eine Melodie wie „Hoch soll er leben" von sich geben.

Solche Module sind auch als separate Bausteine erhältlich. Wahlweise mit diversen anderen Klängen, z.B. Pferdewiehern, Hahnkrähen, Dampflockgeräusche, Maschinengewehrsalven, Detonationen, Schiffsirenen usw.

Einige dieser Module sind als besprech- bzw. bespielbar ausgelegt. Sie funktionieren im Prinzip wie kleine digitale Rekorder und ermöglichen meist Aufnahmen von 10 bis 20 Sekunden. Das ist erprobt eine ausreichend lange Zeitspanne, um auch relativ längere Hinweise, Warnungen oder andere Arten von Mitteilungen wiedergeben zu können. Wozu so etwas gut sein kann, wird anschließend noch erläutert.

Die Angebotspalette variiert zwar bei diesen „Voice-Modulen" von Jahr zu Jahr, aber die Funktionsprinzipien bleiben ziemlich unverändert. Die eigentliche Funktionsweise hat jedoch einige spezifische Unterschiede, die bereits beim Kauf beachtet werden sollten: So sind beispielsweise diverse Module so konzipiert, dass sie die einprogrammierte Melodie bzw. einen anderen einprogrammierten Klang nach dem Einschalten nur einmal wiedergeben und danach automatisch stoppen. Andere Module wiederholen dagegen den aufgenommenen oder fest einprogrammierten Inhalt in einer unendlichen Schleife so lange, bis sie abgeschaltet werden oder bis die Batterie leer ist (was für die hier beschriebenen Zwecke unerwünscht ist).

Bei dem Zubehör der Module gibt es ebenfalls Unterschiede: Manche beinhalten bereits ein eingebautes Aufnahmemikro, eingebaute Bedienungstasten für die Aufnahme und Wiedergabe, sowie auch einen kleinen Lautsprecher als Standardzubehör. Viele Module werden zwar ohne den benötigten Lautsprecher geliefert, aber das ist kein Problem: Man kann an sie einen beliebigen kleinen Lautsprecher (z.B. einen 8-Ω-Lautsprecher) anschließen, der evtl. aus einem ausrangierten Kleingerät oder unbrauchbaren Geschenkartikel ausgebaut werden kann.

In Kombination mit der solarelektrischen Stromversorgung können die besprechbaren Module z.B. als „Spaßvögel" oder „Informationsträger" vor allem dort verwendet werden, wo kein Netzanschluss zur Verfügung steht oder wo man sich die Probleme mit dem Batteriewechsel ersparen möchte.

Die meisten der kleineren „Voice-Module" sind für niedrige Versorgungsspannungen (von ca. 3 bis 5 Volt) ausgelegt und haben einen niedrigen Stromverbrauch. Wir haben

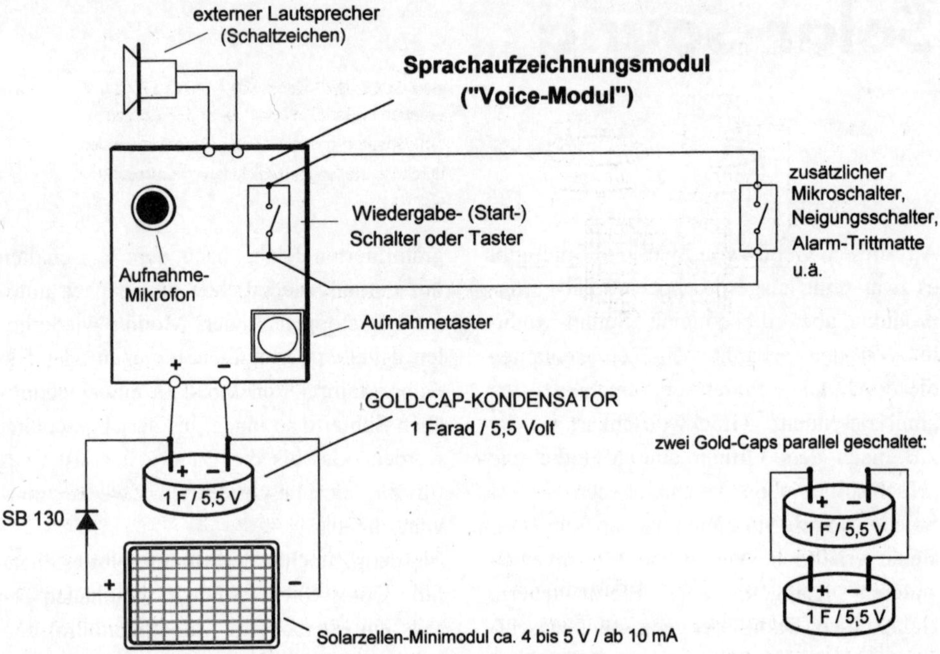


Abb. 5.1 Schaltplan eines „Voice-Moduls" mit Solarspannungsversorgung, bei der ein „Gold-Cap-Kondensator" als Energiespeicher angewendet wird: der Energievorrat eines 1-Farad-Kondensators reicht für etwa 25 bis 33 Wiedergaben eines kürzeren Textes oder einer Tierstimme

daher speziell für dieses Buch eine „universelle Bauanleitung" *(Abb. 5.1)* entwickelt, wobei das Voice-Modul als Energie-Zwischenspeicher nicht einen Akku, sondern einen *Gold-Cap-Kondensator* verwendet. Die Bezeichnung *Gold-Cap (oder auch Super-Cap)* wird für einen Kondensator mit einer sehr hohen Kapazität angewendet (die z.B. ca. 0,1 bis 22 Farad beträgt). Die meisten der handelsüblichen *Gold-Caps* sind nur für niedrige Betriebsspannungen (zwischen ca. 2 V und 5,5 V) ausgelegt und sind vor allem für Überbrückungs-Stromversorgung von z.B. Programmspeichern in Geräten vorgesehen.

Für unsere Zwecke eignet sich so ein kleiner *Gold-Cap* hervorragend als Solarenergiespeicher eines kleinen Sprachaufzeichnungsmoduls oder eines vergleichbaren „Voice-Moduls", auf dem bereits diverse Tierstimmen, Geräusche (u.a. Schüsse) oder Melodien fest einprogrammiert sind (wie bereits erwähnt kennen wir solche Module auch von den spielenden Glückwunschkarten).

Den meisten Spaß kann man jedoch bei etwas Phantasie vor allem mit dem „Sprachaufzeichnungsmodul" haben – wobei auf so ein Modul nicht nur Sprache, sondern auch andere witzig anwendbare Geräusche auf-

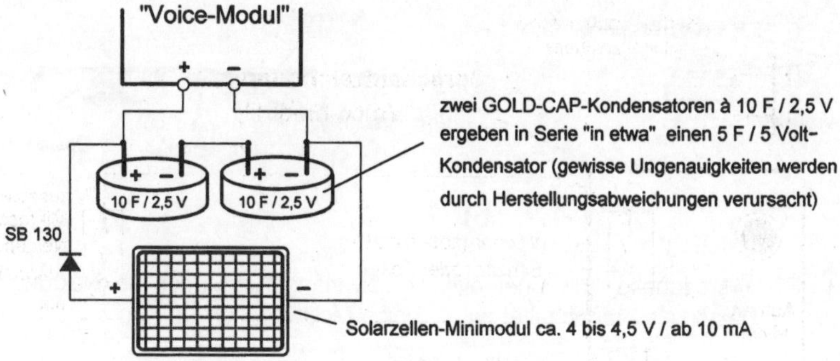


Abb. 5.2 Wenn zwei Kondensatoren – darunter auch die Gold-Caps – in Serie geschaltet werden, halbiert sich ihre Endkapazität, aber es verdoppelt sich dadurch die maximal zulässige Spannung, die sie speichern dürfen

genommen werden können. Der in dem in *Abb. 5.1* eingezeichnete 1-Farad-Gold-Cap kann erprobterweise einen Energievorrat aufnehmen, der (ohne Nachladen) für etwa 25 bis 33 Wiedergaben von kürzeren Texten, Tierstimmen oder anderen Geräuschen ausreicht.

Falls ein größerer Energievorrat erwünscht ist, können z.B. zwei oder mehrere Gold-Caps parallel miteinander verbunden werden, wie in *Abb. 5.1 rechts* gezeigt wird. Damit verdoppelt sich die gespeicherte elektrische Energie.

Alternativ können z.B. nach *Abb. 5.2* auch zwei 10 F/2,5-V- oder 22 F/2,5-V-Gold-Caps in Serie geschaltet werden, wodurch sie für die Speicherung einer Spannung von bis zu *etwa* 5 Volt „umgerüstet" sind (ihre Kapazität sinkt dadurch aber jeweils *etwa* auf die Hälfte). Das zweimal wiederholte *„etwa"* im vorhergehenden Satz bezieht sich darauf, dass die Herstellungstoleranzen bei solchen Kondensatoren ziemlich groß sind. Das wirkt sich bei einer Serienschaltung nicht nur auf die Abweichung in der tatsächlichen Endkapazität aus, sondern auch auf die Spannungsverteilung (die sich nach dem Verhältnis der Kapazitäten richtet).

Der Hersteller hält zwar immer einen Sicherheitsabstand zwischen dem angegebenen und dem tatsächlichen Spannungsmaximum, das so ein Kondensator verkraften darf, aber auch hier kommt es durch die Herstellungsstreuung zu Abweichungen. Es wäre daher zu gefährlich, mehr als zwei „baugleiche" Kondensatoren in Serie zu schalten (bei einer Parallelschaltung sind dagegen die angesprochenen Abweichungen in der Praxis nicht von Bedeutung).

Alle diese Module verfügen über eine „Starttaste" an deren Lötanschlüsse man nach *Abb. 5.1* einen zusätzlichen Schalter anschließen kann, der das Modul startet. So ein Schalter kann z.B. an einer Gartentür, in einem Briefkasten, unter einer Gartenbank, an eine Trittmatte u.ä. unauffällig angebracht werden und kann sich bei Betätigung „outen".

Da es sich hier vor allem um den Spaß an der Sache handelt, braucht so ein „Projekt" nicht unbedingt tierisch ernst genommen zu werden. Wenn beispielsweise der Briefträ-

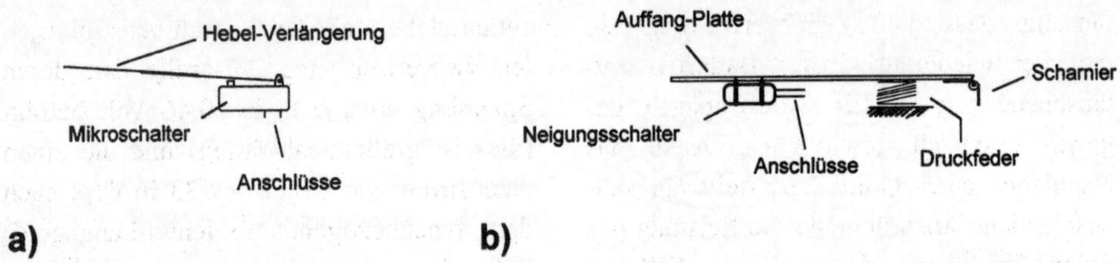


Abb. 5.3 Ein Mikroschalter mit einer evtl. Hebelverlängerung oder ein Neigungsschalter eignen sich am besten als Startschalter für ein Voice-Modul

ger in einen Briefkasten am Gartentor die Post einwirft und der Briefkasten bedankt sich dafür höflich, macht es sicher Spaß. Natürlich kann der Briefkasten bereits beim Öffnen dem Briefträger mitteilen, dass er keine Prospekte einwerfen soll.

Ein Mikroschalter an der Gartentür kann z.B. ein Voice-Modul starten, das den Besucher – oder auch den Hausbewohner – höflich begrüßt. Macht auch Spaß! Ein Elektroniker könnte zu diesem Zweck sogar zwei Voice-Module verwenden: eines für die Begrüßung eines „Ankommenden" und eines für die Verabschiedung von einem, der weggeht. Da müsste jedoch ein zusätzlicher Sensor (z.B. eine Lichtschranke oder Trittmatte) die „Gehrichtung" erkennen und dementsprechend das passende Modul starten. Das ist jedoch ein Anliegen für einen Tüftler, der sich mit „der Sache" auskennt und dem daher dieser Hinweis als Inspiration genügt (für einen „Einsteiger" wäre so ein Anliegen zu kompliziert und würde den Rahmen dieses Büchleins sprengen).

Ein Solarschaukelpferd, das jeweils wiehert, wenn sich das Kind draufsetzt, eine Gartenbank, unter der z.B. unanständige Geräusche erklingen, wenn sich der harmlose Besucher auf ihr niederlässt usw., bieten sich – abhängig von den jeweiligen Gegebenheiten – für den eigentlichen Spaß an. Und wenn man die Tür des Gartenschuppens öffnet und eine Stimme meldet: „Eine Maus ist in der Falle, eine Maus ist in der Falle", kann es schließlich auch zu dem Spaß an der Solartechnik beitragen (allerdings nicht aus der Sicht der Maus).

Man könnte noch hunderte Beispiele von solchen Anwendungen auflisten, aber es hätte wenig Sinn, denn jeder von uns lebt in einer anderen Welt seiner persönlichen Umstände, Maßstäbe und Träume, die auch für das Ausbrüten des einen oder anderen Blödsinns (oder Spaßes) maßgebend sind.

Somit dürfte es genügen, wenn wir im Zusammenhang mit diesem Thema noch darauf hinweisen, dass man z.B. nach *Abb. 5.3a* den Hebel eines Mikroschalters durch Auflöten von einem Draht oder einem Konservenblechstreifen verlängern, oder seine Auffangfläche (im Briefkasten) auf diese Weise vergrößern kann. Alternativ eignet sich für derartige Zwecke sehr gut auch ein Neigungsschalter, der auf eine scharnierende Auffangplatte auf den Briefkastenboden montiert wird.

Anstelle der Gold-Caps können als Energiespeicher für Voice-Module selbstverständlich auch wieder aufladbare Batterien verwendet werden. Wir wissen jedoch aus Erfahrung, dass die „Lebenserwartung“ so mancher wiederaufladbarer Batterien enttäuschend kurz ist. Ein Gold-Cap geht dagegen praktisch „ewig“ mit. Auch das Nachladen eines Gold-Caps stellt nur sehr bescheidene Ansprüche an die Leistung des Solar-Minipaneels, das in diesem Fall nur etwa halb so groß zu sein braucht, wie eine Briefmarke.

Mit den Bezugsquellen für so winzige Solar-Minipaneele ist es etwas schwierig. Zur Not kann man sich mit Solarzellen aus ausrangierten Solartaschenrechnern oder mit in Serie zusammengelöteten kleinen Zellen-Bruchstücken behelfen.

Wir sehen uns bei dieser Gelegenheit gleich genauer an, wie klein das kleinste Zellenbruchstück sein dürfte, um die vorgesehenen 10 mA liefern zu können: 1 $cm^2$ Solarzellenfläche stellt bei kristallinen Solarzellen theoretisch eine Solarzelle dar, deren Spannung etwa 0,45 bis 0,46 Volt beträgt (dies ist größenunabhängig) und die einen Nennstrom von ca. 26 bis 33 mA (je nach dem typenbezogenen Zellenwirkungsgrad) liefern kann.

Für unser Vorhaben würde somit theoretisch eine „Kette“ von ca. 10 Mini-Solarzellen (oder Zellen-Bruchstücken) ausreichen, die jeweils eine Fläche von weniger als 0,5 $cm^2$ haben dürften. Bei ungleich großen, in Serie verschalteten Zellenbruchstücken dürfte somit die Fläche des kleinsten der einzelnen Zellen nicht kleiner als ca. 0,5 $cm^2$ (= 50 $mm^2$) sein, denn sie bestimmt – als das schwächste Glied der Kette – den maximalen Solarladestrom.

# 6 Solarantrieb für Uhren und Kleingeräte

Von Jahr zu Jahr vermehren sich in unseren Haushalten batteriebetriebene Uhren, Fernbedienungen und andere Geräte. Kaum hat man in einer Uhr oder in einem anderen Kleingerät die Batterien erneuert, funktioniert prompt ein weiteres Gerät nicht mehr, weil seine Batterien leer sind. Üblicherweise ist die benötigte Batterie gerade nicht vorrätig oder die vorrätigen Batterien haben inzwischen ihr Rentenalter erreicht.

Zum Glück kann man zumindest unter dem Motto „Kleinvieh macht auch Mist" einige der batteriebetriebenen Geräte oder Uhren auf einen „Do it yourself-Solarantrieb" umbauen.

Welche der Geräte sich für einen solchen Umbau eignen, hängt vor allem von ihrem Standort und von der Anwendungsart ab. Eine Wanduhr, Standuhr, Wetterstation oder andere Kleingeräte, die einen festen Standort haben, lassen sich verständlicherweise leichter zu „Solargeräten" umbauen als ein Vibrator oder Blutdruckmesser – obwohl, wie in der Bibel steht „wo der Wille ist, ist auch ein Weg".

Den Weg des kleinsten Widerstandes bietet auf diesem Gebiet beispielsweise eine batteriebetriebene Wand- oder Standuhr, die an ihrem Standort (oder „Hängeort") zumindest ab und zu von der Sonne oder von einem intensiveren künstlichen Licht beleuchtet wird. Direkt oder indirekt. Je schwächer und seltener die Beleuchtung ist, desto weniger Spannung und Strom werden die angewendeten Solarzellen liefern.

Das stellt aber kein so großes Problem dar, denn mit einer etwas erhöhten Anzahl der Solarzellen lässt sich notfalls auch ein reflektiertes Tageslicht als eine Solarenergiequelle nutzen.

Wenn zudem als Energiespeicher ein Gold-Cap verwendet wird, der zum Nachladen nur einen sehr geringen Strom benötigt, wird auch *die* Zellenspannung genutzt, die bei niedriger Stromabnahme in die Nähe der *Leerlaufspannung* kommt und daher etwas höher ist, als die offizielle Nennspannung.

Bei größeren Wand- oder Standuhren können die Solarzellen nach *Abb. 6.1**a*** direkt unter das Glas an das Uhren-Zifferblatt angebracht (auf Fugensilikon angeleimt) werden. Die Anordnung der Zellen auf dem Zifferblatt bleibt dem eigentlichen Geschmack überlassen. Die unterhalb der Uhr eingezeichnete serielle Verbindung von 6 Einzelzellen mit der Schottky-Diode *SB 130* und den zwei weiteren Dioden, die für die Spannungsregelung zuständig sind, erfordert keine zusätzliche Aufklärung (das ist nur eine weitere Variante zu den Beispielen aus *Abb. 3.4* bis *3.6* im *Kap. 3)*.

Die Ladespannung dürfte hier bis zu etwa 1,7 V betragen. Sollte das Diodenduo, das aus der *1 N 4148* und *ZPD 1 V* besteht, diese Spannung nicht zumindest annähernd auf

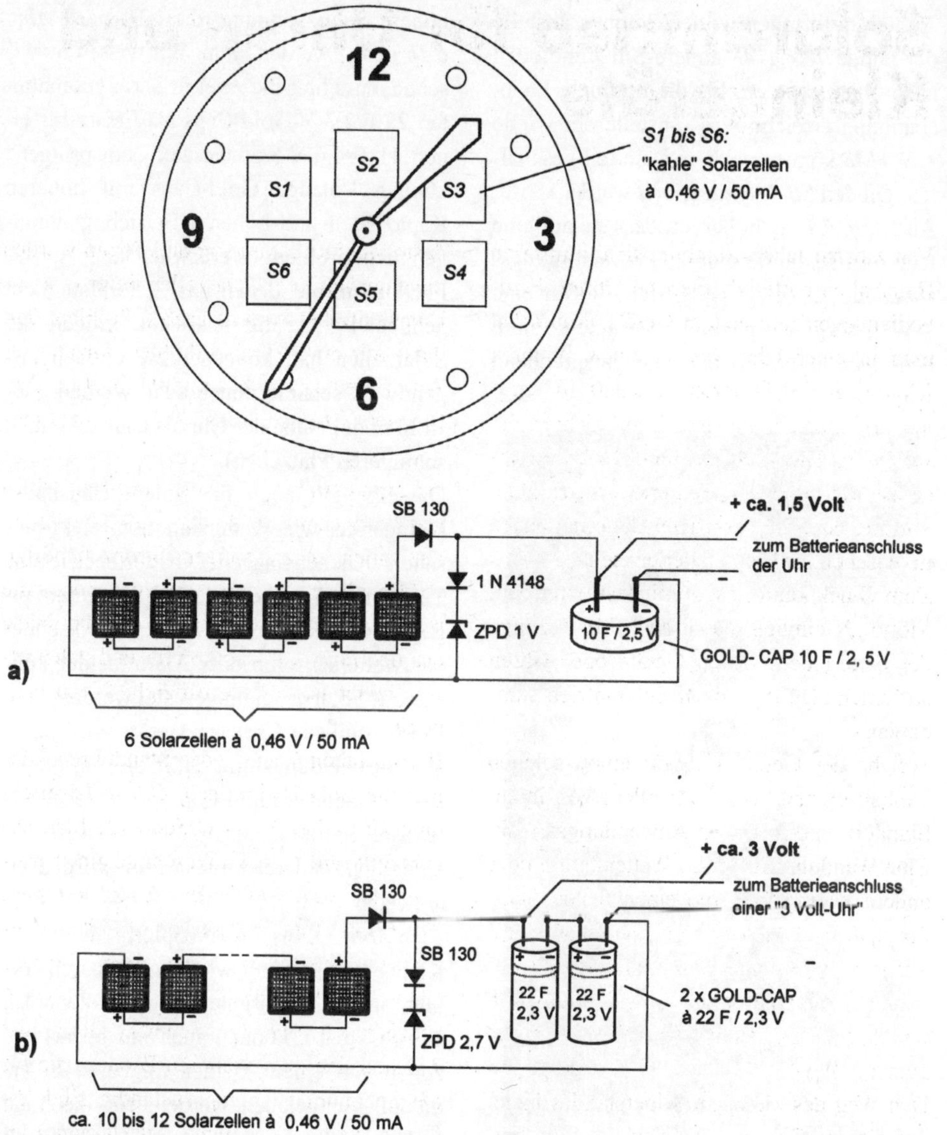


Abb. 6.1 Am einfachsten kann zu einer Solaruhr eine Wanduhr oder Standuhr umgebaut werden, deren Zifferblatt zum Süden ausgerichtet ist und über eine ausreichend große Fläche für zusätzliche Solarzellen *(S1 bis S6)* verfügt

Anhieb aufbringen wollen, können anstelle der Diode *1 N 4148* andere Siliziumdioden ausprobiert werden, bis die optimale Ladespannung erreicht wird (anstelle der Diode *1 N 4148* können auch zwei seriell geschaltete Dioden *SB 130* eingelötet werden).

Aus *Abb. 6.1a* geht hervor, dass sie auf eine Uhr zutrifft, die für eine 1,5-V-Versorgungsspannung ausgelegt ist. Uhren, die für eine 3-V-Versorgungsspannung ausgelegt sind, benötigen logischerweise eine entsprechend höhere Solarspannung, die z.B. nach *Abb. 6.1b* gelöst werden kann. Wir wissen inzwischen, dass hier die zwei in Serie geschalteten 22 F/2,3-V-Gold-Caps als Ersatz für einen 11 F/4,6-V-Kondensator „einspringen" können, solange Gold-Caps mit höheren Kapazitäten und höheren Betriebsspannungen nicht problemlos erhältlich sind.

Abb. 6.2 Ein kleines, tragbares Solarmodul kann als „Solar-Nachladegerät" auch für mehrere Kleingeräte und elektronische Spielzeuge verwendet werden, die im Freien oder im Autobahnstau laufend nachgeladen werden können

Für Uhren, auf denen das Zifferblatt nicht genügend Platz für das Unterbringen der Solarzellen hat, können diese einfach „irgendwo" separat angebracht werden (sowohl in der Nähe der Uhr als auch an einem sonnigeren Plätzchen).

Dasselbe gilt auch für andere Haushaltskleingeräte, wie Wetterstationen, elektronische Küchenwaagen, batteriebetriebene Türglocken-Funksender und Funkempfänger usw. Auch diverse Außen-Funksender der Wettersensoren oder Alarmmelder können auf Solarstrom umgerüstet werden.

Der Strombedarf solcher Geräte wird dabei als Entscheidungshilfe dafür dienen, ob als Energiespeicher Gold-Caps oder wiederaufladbare Batterien genommen werden. Der eigentliche solarelektrische Teil wird dann entweder nach *Abb. 5.1, 5.2* und *6.1* oder nach *Abb. 3.4* bis *3.6* konzipiert.

Kleingeräte, die mit wiederaufladbaren Akkus arbeiten (darunter auch Notebooks, Tab-PCs u.ä.), können auch nur bedarfsbezogen von einem kleinen tragbaren Solarmodul nachgeladen werden, für das man mehrere auswechselbare Laderegler nach *Abb. 3.5* und *3.6* erstellt. Solche Laderegler können zu diesem Zweck z.B. in kleine ausgediente Kosmetikdosen eingebaut und an beiden Seiten mit Steckverbindungen nach *Abb. 6.3a* versehen werden.

Für derart vielseitige Anwendungen wird

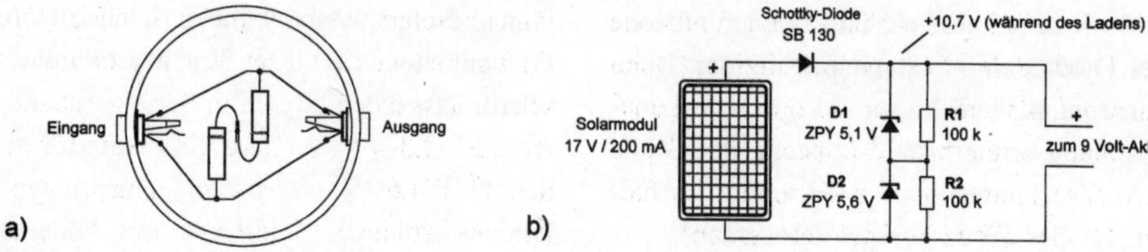


Abb. 6.3 a) Ausführungsbeispiel eines auswechselbaren Selbstbau-Ladereglers, der bedarfsbezogen als Solar-Nachladevorrichtung für diverse Kleingeräte dienen kann; b) Wenn die Solarnennspannung zu hoch ist, um sie einer einzigen 1-Watt-Zenerdiode zumuten zu können, bieten zwei in Serie geschaltete Zenerdioden eine Abhilfe (die zwei 100-k-Widerstände R1/R2 unterstützen den „Aufbau" der Zenerspannung)

sich die Nennspannung des Solarmoduls nach dem Verbraucher mit der höchsten Betriebsspannung richten. Das heißt, dass die Modulennennspannung etwa um 50 % höher sein sollte, als die Betriebsspannung des Verbrauchers. Somit kann die „Ausgangsspannung des Solarmoduls für Verbraucher mit wesentlich niedrigerer Versorgungsspannung viel zu hoch werden, was sich unter Umständen „lebensbedrohlich" für eine spannungsregelnde Zenerdiode auswirken kann. Wie bereits erklärt wurde, kann z.B. eine 1-Watt-Zenerdiode höchstens nur eine „Einwattleistung" in Wärme umwandeln – und sie wird dabei schon derartig heiß, dass man ihr lieber nicht mehr als ca. 2/3 dieser Leistung (= 660 mW) im Dauerbetrieb zumuten sollte.

Da es meist schwierig ist, Zenerdioden für höhere Leistungen (überhalb von 1 Watt) im Einzel- oder Versandhandel ausfindig zu machen, kann man die „Wärmeleistung" nach *Abb. 6.3**b*** zwischen zwei Zenerdioden verteilen. Auf die Weise wird bei Bedarf das erforderliche Ladespannungsmaximum auf den optimalen Wert eingestellt – was allerdings nur mit Hilfe eines Multimeters (Voltmeters) machbar ist.

Wie groß die voraussichtliche elektrische Leistung sein wird, die jedes der Zenerdioden-Duos *(nach Abb. 6.3**b**)* in Wärme umwandeln müsste, wird vereinfacht auf folgende Weise nachgerechnet:

Das Solarmodul ist für eine Nennspannung von 17 V ausgelegt. Davon werden an der Schottky-Diode 0,3 V und an den zwei Zenerdioden 10,7 V „abgefangen". Das sind insgesamt 11 V. Von den 17 V der Solarnennspannung bleiben 6 V übrig. Bei einem maximalen Solarstrom von 200 mA (= 0,2 A) beträgt die überschüssige Leistung 1,2 W (6 V x 0,2 A = 1,2 W).

Diese Leistung müssen die zwei Zenerdioden **D1/D2** in Wärme umwandeln. Wären sie beide für dieselbe Zenerspannung ausgelegt, würden sich die 1,2 Watt je zur Hälfte (0,6 Watt pro Diode) zwischen sie verteilen.

In unserem Fall wird der Unterschied nur relativ gering sein, aber ob das stimmt, kann man auch einfach nachrechnen: Die 1,2 Watt verteilen sich hier zwischen die Dioden **D1/D2** im Verhältnis ihrer Spannungen – also 5,1 zu 5,6:

5,1 + 5,6 = 10,7; 1,2 Watt : 10,7 = <u>0,112</u>; 0,112 x 5,1 = ca. 0,57 Watt für Diode **D1** und 0,112 x 5,6 = ca. 0,62 Watt für Diode **D2**. Der kleine Unterschied in der Belastung ist nicht schlimm.

Auf dieselbe Weise können auch andere Diodenketten auf ihre Strapazierfähigkeit überprüft werden.

# Messen macht Spaß!

Das Experimentieren mit der Fotovoltaik macht viel mehr Spaß, wenn man über ein Messgerät verfügt, mit dem sich der unsichtbare elektrische Strom und die ebenfalls unsichtbare Spannung „sichtbar" machen lassen. Da zeigt sich, was in so einer Leitung oder in einer Solarzelle in Wirklichkeit vorgeht und man tastet sich nicht wie ein Blinder durch verschiedene Bausteine und ihre Verbindungen, die sich ansonsten nach außen wie tot stellen.

Es gibt Messgeräte, die nur Spannungen messen können *(Voltmeter)*, Messgeräte, die nur Ströme messen können *(Amperemeter)* usw. Solche Messgeräte sind meistens als Einbau-Paneel-Messinstrumente *(nach Abb. 7.1 bis 7.3)* ausgelegt und sind für den Einbau in verschiedenen Vorrichtungen vorgesehen. Es gibt aber auch universale Messgeräte, die für die Spannungsmessung, Strommessung, Messung des Ohmschen Widerstandes und evtl. auch noch für andere Messungen konzipiert und die als *Multimeter (nach Abb. 7.4)* in großer Auswahl erhältlich sind.

Unter diesen *Multimetern* gibt es auch sehr preiswerte Geräte, die schon für einen Preis, den man z.B. für zwei Becher Cola an einem Kiosk hinblättern muss, sehr vielseitige Messungen ermöglichen und bei etwas Glück „lebenslang" ihren Besitzern dienen

Abb. 7.1 Ausführungsbeispiel eines Einbau-Analog-Amperemeters

Abb. 7.2 Einige Analog-Paneel-Messgeräte sind z.B. sowohl für Spannungs- als auch für Strommessung ausgelegt und verfügen über eine Doppelskala

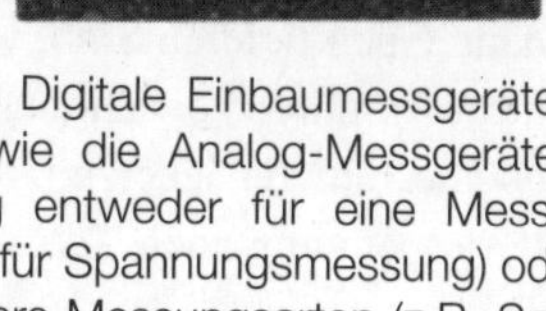


Abb. 7.3 Digitale Einbaumessgeräte sind – ähnlich wie die Analog-Messgeräte-typenabhängig entweder für eine Messungsart (z.B. nur für Spannungsmessung) oder auch für mehrere Messungsarten (z.B. Spannung & Strom) ausgelegt

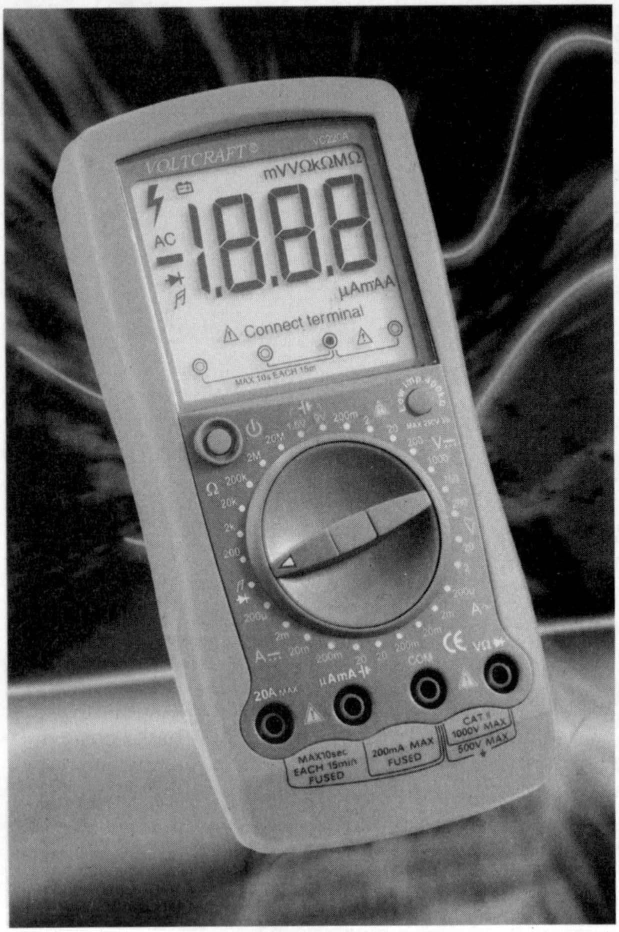


Abb. 7.4 Auch ein preiswerter Digital-Multimeter verfügt über viele Messbereiche, die mit seinem Umschalter (unterhalb des Displays) ausgewählt werden können

können. Sie sind in einfacheren, aber völlig ausreichenden Ausführungen manchmal sogar preiswerter, als reine Voltmeter.

Die Anschaffung eines „nur Voltmeters" (das meist in der Form eines Einbau- bzw. Paneel-Messgerätes erhältlich ist) ergibt daher nur dann einen tieferen Sinn, wenn man ihn irgendwo in einer Vorrichtung fest einbauen möchte, um da jederzeit die Solar- oder Batteriespannung nach *Abb. 7.5a* messen zu können.

Der Umschalter am Voltmeter ermöglicht hier das Umschalten des Voltmeters zwischen dem Solarmodul und dem Laderegler-Ausgang (der mit den Akkuklemmen verbunden ist). Wenn z.B. abends der Laderegler keine Spannung liefert, kann so die tatsächliche Akkuspannung kontrolliert werden – wobei jedoch an den Akku zumindest ein kleiner Verbraucher (eine kleine Glühlampe o.ä.) angeschlossen werden muss, denn ein unbelasteter Akku zeigt immer nur eine *Scheinspannung* an.

Nach *Abb. 7.5b* kann evtl. auch noch ein

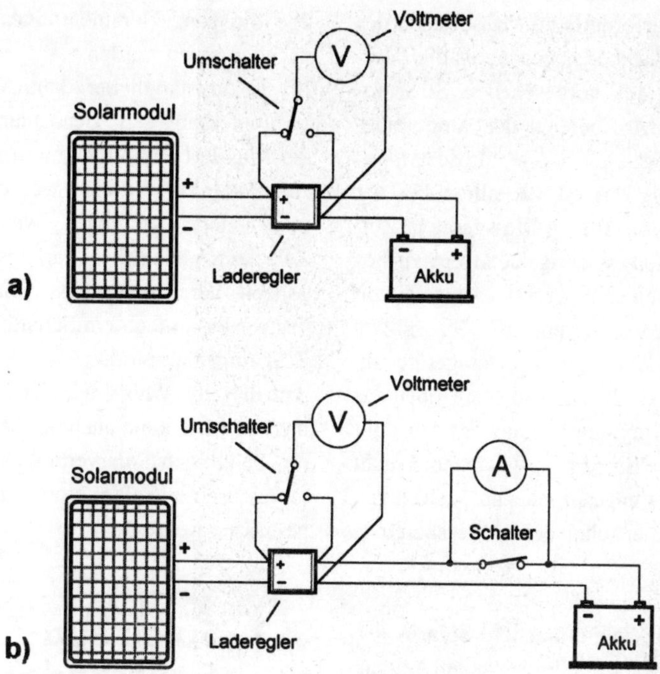


Abb. 7.5 Mit eingebauten Paneel-Messinstrumenten kann an einer Solaranlage jederzeit ermittelt werden, welche Spannung das Solarmodul jeweils liefert und welcher Ladestrom in den Akku fließt: a) Ein Umschalter am eingebauten Voltmeter ermöglicht die Messung der jeweiligen Solarspannung *vor* dem Laderegler oder am Akku; b) Ein zusätzliches Amperemeter zeigt den jeweiligen Ladestrom an (der eingezeichnete Schalter schließt das Amperemeter kurz, wenn keine Strommessung erfolgt)

Amperemeter für die Ladestromkontrolle angeschlossen werden. Wenn nicht gemessen wird, sollte es jedoch bevorzugt mit dem eingezeichneten Schalter kurzgeschlossen (überbrückt) werden, den andernfalls entstehen an ihm unnötige Energieverluste. Das Amperemeter wird in Serie mit dem Akku geschaltet (ein Amperemeter muss immer in Reihe mit dem Verbraucher angeschlossen werden, denn es arbeitet ähnlich wie ein Wasserzähler und der Strom muss ***durch ihn*** in den Verbraucher fließen).

Vor der Anschaffung solcher Einbaumessgeräte sollte bekannt sein, welche Spannungs- oder Strommaxima voraussichtlich gemessen werden. In *analoger* Ausführung sind solche Messgeräte oft nur für Messungen in einem einzigen Strombereich (z.B. in einem Bereich zwischen 0 und 1 A) ausgelegt und müssen daher „nach Maß“ ausgelegt sein. Digitale Einbaumessgeräte verfügen dagegen meist über mehrere umschaltbare Messbereiche. Dennoch sollte bereits im Planungsstadium gut überlegt werden, für welche Messbereiche die vorgesehenen Messgeräte ausgelegt werden sollten.

So sollte der erforderliche Messbereich des Voltmeters etwas höher liegen, als die *Leerlaufspannung* des vorgesehenen Solarmoduls und der Messbereich des Amperemeters müsste etwas höher sein, als der *Modulen-Nennstrom*. Das ist vor allem bei der Anschaffung von Analog-Messgeräten (Zeiger-Messgeräten) wichtig, denn ein zu hoher Messbereich erschwert das Ablesen von niedrigeren Messwerten. In der Praxis schafft man dann einfach Messgeräte an, deren Messbereich nicht zu hoch über das vorgesehene Maximum herausragt. Dies gilt jedoch nur für Einbaumessgeräte und nicht für den bereits angesprochenen Multimeter, der ohnehin über relativ viele Messbereiche verfügt.

**Unser Tipp:** Viele einfachere Solarmotoren und Solarantriebe beziehen einen Strom (Gleichstrom) von bis zu etwa 500 mA. Die meisten der billigen Multimeter sind jedoch so ausgelegt, dass man mit ihnen einen Strom von höchstens 200 mA messen kann. Viele verfügen aber – bei einem geringen Aufpreis – über einen **Gleichstrombereich** von **500 mA** oder mehr (bis zu etwa 10 oder 20 A). Denen sollte man beim Kauf Vorrang geben.

Fest installierte Messgeräte haben im Prinzip nur bei größeren oder spezielleren Anlagen einen Sinn. Wer jedoch rein spaßeshalber an einem Akku den Verlauf der Solarstromversorgung unter laufender Kontrolle haben möchte, der dürfte sich diesen „technischen Luxus" leisten (vorausgesetzt er hat dafür die Mittel übrig). Ansonsten kann aber die Spannung jederzeit problemlos mit einem Multimeter z.B. an den Eingangs- und Ausgangsklemmen eines Ladereglers nachgemessen werden.

Etwas umständlicher kann es mit der Strommessung sein, denn hierzu muss z.B. der Plus-Pol der Zuleitung vom Laderegler zum Akku unterbrochen werden. Dem kann man jedoch vorbeugen, wenn zu diesen Zwecken gleich bei der Installation der ganzen Vorrichtung eine Unterbrechungs-Taste oder einfach ein Schalter wie in *Abb. 7.5b* eingebaut wird.

Auf dieselbe Weise, wie der Ladestrom gemessen wird, kann auch der Strombedarf eines beliebigen Solarverbrauchers – worunter auch eines Solarmotors – nach *Abb. 7.6* gemessen werden.

## 7.1 Spielzeug-Strombedarf

Im Gegensatz zu normalen Solarverbrauchern, deren Stromabnahme den technischen Daten entnommen werden kann, gibt es bei Spielzeugen keinen Hinweis auf ihren Strombedarf, von dem man bei der Planung einer Solarstromversorgung ausgehen könnte.

Ähnlich wie der Strom des Solarmotors in *Abb. 7.6* gemessen wird, kann auch die Stromabnahme eines jeden Spielzeuges gemessen werden (am besten ebenfalls mit einem Multimeter). Theoretisch wird dazu der Multimeter an einer beliebigen Stelle zwischen der Batterie und dem Elektromotor bzw. einem Spielzeug nach *Abb. 7.7* angeschlossen. In der Praxis befinden sich jedoch die Batterien im Spielzeug und der Zugang zu dem Anschluss, der unterbrochen werden müsste, ist oft schwierig. Man

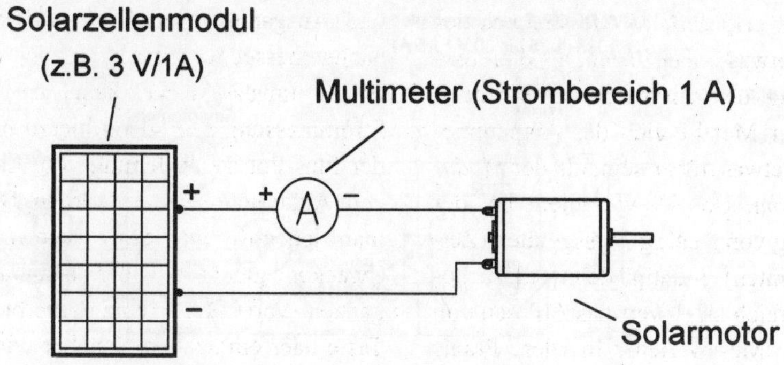


Abb. 7.6 Die Stromabnahme eines Solarmotors wird auf dieselbe Weise gemessen wie z.B. der Ladestrom eines Akkus

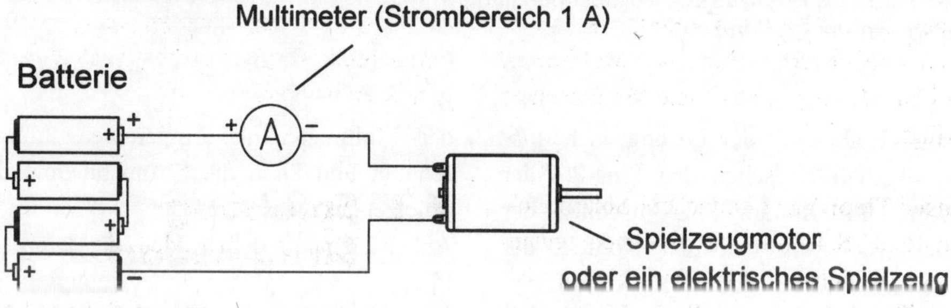


Abb. 7.7 Um die Solarstromversorgung für ein Spielzeug optimal dimensionieren zu können, ist die Messung seiner Stromabnahme angesagt

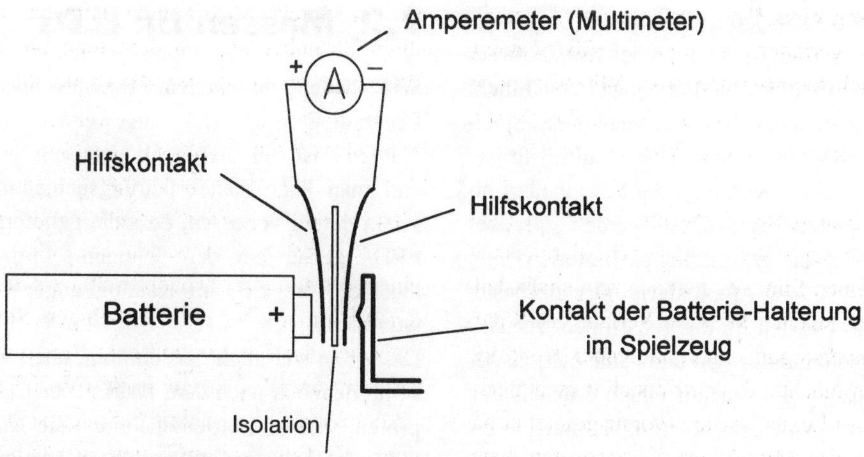


Abb. 7.8 Eine Strommessung kann auch nur mit Hilfe eines provisorischen „Zwischenanschlusses" des Amperemeters an den Plus-Pol einer Spielzeug- oder Gerätebatterie in der Batteriehalterung vorgenommen werden

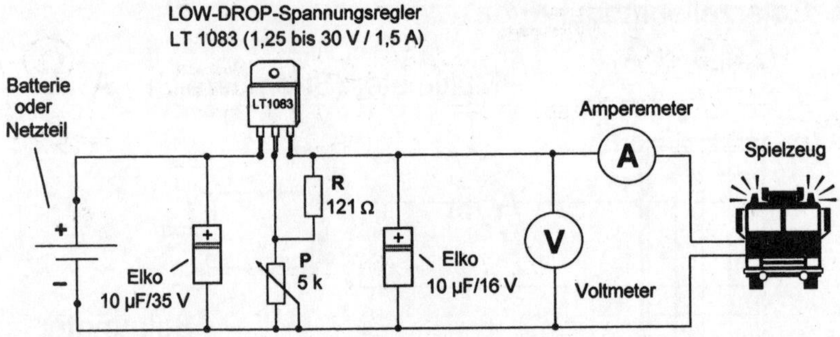


Abb. 7.9 Mit Hilfe eines Spannungsreglers kann auch bei einer fehlenden „passenden Batterie" die erforderliche Versorgungsspannung für ein Spielzeug oder ein Kinderfahrzeug eingestellt werden. Achten Sie bitte darauf, dass die Ohmschen Werte des Widerstandes R und Potentiometers P jeweils auf die Spannungsregler-Type abgestimmt werden sollten (Herstellerangaben sind zu beachten)

kann sich aber mit der Lösung nach *Abb. 7.8* behelfen: Zwischen den Plus-Pol der „ersten" Batterie am Plus-Anschluss der Batterie-Halterung und den Kontakt der Halterung wird ein dünner Kunststoffstreifen (aus Verpackungskunststoff) hineingesteckt, an dessen beiden Seiten kleine „Hilfskontakte" (z.B. aus dünnem Konservenblech) angeleimt sind.

Die Funktion, sowie auch der Zweck dieser „Umleitung" ist aus der Skizze ersichtlich: der Strom von der Batterie fließt in das Spielzeug über das Amperemeter (Multimeter).

Oft kommt es vor, dass der Strombedarf eines Spielzeuges ermittelt werden soll, aber es fehlen die erforderlichen Batterien. Hier kann z.B. eine Autobatterie oder ein bestehendes Netzteil für das Experiment zur Hilfe genommen werden und seine evtl. zu hohe Spannung kann mit einem einstellbaren Spannungsregler nach *Abb. 7.9* auf die erforderliche Spannung herabgeregelt werden. Nachdem mit einem Multimeter (Voltmeter) die Spannung eingestellt ist, wird der Multimeter als Amperemeter umgeschaltet und kann die Stromabnahme des Spielzeuges messen.

Anhand einer solchen Messung kann die Planung einer optimal dimensionierten Solarstromversorgung vorgenommen werden.

## 7.2 Messen an LEDs

Wir haben in vielen Bauvorschlägen Leuchtdioden (LEDs) angewendet. Die Auswahl ist bei diesen Dioden sehr groß und man kann sich erfahrungsgemäß nur selten darauf verlassen, dass die gelieferten LEDs genau bei der Spannung optimal leuchten, die z.B. im Katalog angegeben wurde.

Das ist an sich nicht so schlimm, aber man sollte dennoch nach dem Kauf neuer LEDs prüfen, welche Betriebsspannung sie *wirklich* benötigen, um ordentlich zu leuchten. Dabei darf man darauf vertrauen, dass der vom Hersteller angegebene LED-Strom ein

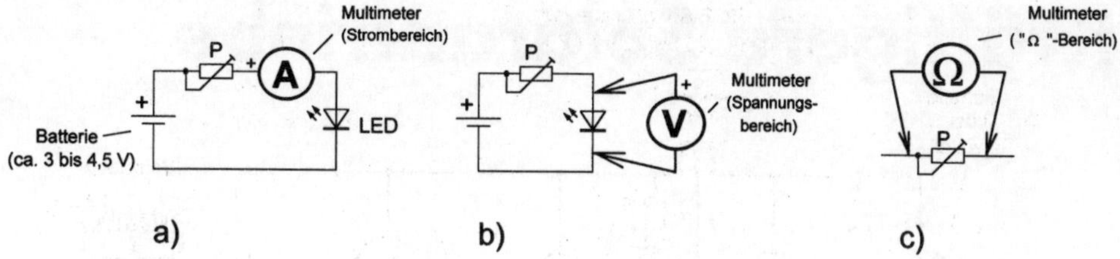


Abb. 7.10 Messen an LEDs

zuverlässiger Ausgangspunkt für die Suche nach der optimalen LED-Betriebsspannung ist.

Man nehme eine LED, schließt sie nach *Abb. 7.10a* über einen Einstellpotentiometer **P** und ein Amperemeter (Multimeter auf den „ADC-Bereich") an eine Batterie an und stellt danach mit dem Potentiometer **P** den Strom auf z.B. die 2 mA ein, die diese LED (eine Low-Current-LED) laut technischer Daten haben soll.

***Wichtig:*** Bevor dieser Schaltkreis an die Batterie angeschlossen wird, muss der Einstellpotentiometer **P** unbedingt auf seinen *höchsten* Ohmschen Wert eingestellt werden. Erst nachdem der Multimeter anzeigt, dass der gemessene Strom wesentlich niedriger ist, als die 2 mA (bei dieser LED), kann sehr langsam und vorsichtig das Potentiometer **P** bis zu dem Punkt eingestellt werden, an dem der LED-Strom auf die erforderlichen 2 mA angestiegen ist. Nun wird die LED auch optimal leuchten. Wir dürfen dabei davon ausgehen, dass sie einen höheren Strom nicht mehr verkraftet (obwohl sie uns kleinere Abweichungen nicht übel nehmen wird).

Sobald die Einstellung nach *Abb. 7.10a* erfolgreich vollendet wurde, wird der Multimeter als „Amperemeter" nicht mehr benötigt. Nun folgt die Messung nach *Abb. 7.10b*. Der Multimeter wird auf einen Gleichspannungsbereich umgeschaltet, der etwas (oder vorerst auch wesentlich) höher liegt, als die hypothetische LED-Spannung. An der leuchtenden LED wird jetzt die Spannung nachgemessen. Das ist die Spannung, die die LED benötigt, um voll zu leuchten.

Alles klar? Wir werden natürlich vorsorglich lieber mehrere LEDs auf diese Weise checken, um sicher zu sein, dass wir mit der ersten LED nicht zufälligerweise einen echten „Außenseiter" erwischt haben.

Eine Messung des Ohmschen Wertes des Potentiometers **P** nach *Abb. 7.10c* ist nur dann erforderlich, wenn eine LED oder eine LED-Kette einen Vorwiderstand in Serie benötigt, um eine vorhandene Batteriespannung auf den erforderlichen Wert zu reduzieren. Mit Hilfe eines Einstellpotentiometers kann erst der optimale Ohmsche Wert ermittelt werden und danach kann in Serie mit der LED (oder mit der LED-Reihe) ein entsprechender Festwiderstand eingelötet werden.

# 8 Kräftigere Solarantriebe

Für „kräftigere Solarantriebe" eignen sich für unsere Zwecke diverse preiswertere Modellbau-Gleichstrommotoren, Motoren aus Spielzeugen, KFZ-Elektro-Kleinantrieben sowie kleinere Akku-Bohrschrauber, die im Prinzip als „betriebsfertige" Getriebemotoren angewendet werden können.

Im Vergleich zu den „echten" Solarmotoren aus Kapitel 2, benötigen die meisten dieser „größeren" Gleichstrommotoren eine höhere Betriebsspannung und einen höheren Strom.

Bei Elektromotoren, die nicht als ausgesprochen energiesparend angepriesen werden, ist ein guter Wirkungsgrad zwar oft eine reine Glückssache, aber für experimentelle Zwecke oder für Vorrichtungen spielerischer Art darf man sich damit abfinden. Unter anderem auch deshalb, weil oft mehr als 50 % der Motorenleistung ohnehin im Getriebe verloren geht.

Sofern für ein Vorhaben ein bereits bestehender Antrieb (eines elektrischen Spielzeuges oder eines Akkuschraubers) „solartüchtig" nachgerüstet werden soll, liegt die Problematik der „optimalen Lösung" nur bei der eigentlichen Stromversorgung. Der bestehende elektromechanische Antrieb wird dabei in der Regel nicht verändert.

Anders ist es bei Selbstbau-Antrieben von individuell ausgetüftelten Vorrichtungen: Hier genügt es nicht, dass theoretisch alles gut funktionieren dürfte. Es müssen auch alle vorgesehenen Bauteile aufeinander so abgestimmt werden, dass sie z.B. als Modellbauzubehör erhältlich sind oder dass sie eigenhändig angefertigt werden können – was wiederum von den individuellen technologischen Möglichkeiten abhängt.

Wir erläutern hier an einigen konkreten Beispielen, wie man am einfachsten diverse Ideen in die Praxis umsetzen kann.

## 8.1 Selbstbau-Vorrichtungen

Für den Selbstbau von diversen Solarantrieben, die etwas kräftiger sein sollten, als die „Mini-Antriebe" aus Kap. 2, eignen sich am besten diverse kleine Gleichstrommotoren aus dem Modellbau. Als Modellbauzubehör sind dann bei etwas Glück alle weiteren

Abb. 8.1 Ausführungsbeispiel eines kleinen Getriebemotors von Conrad Electronic.

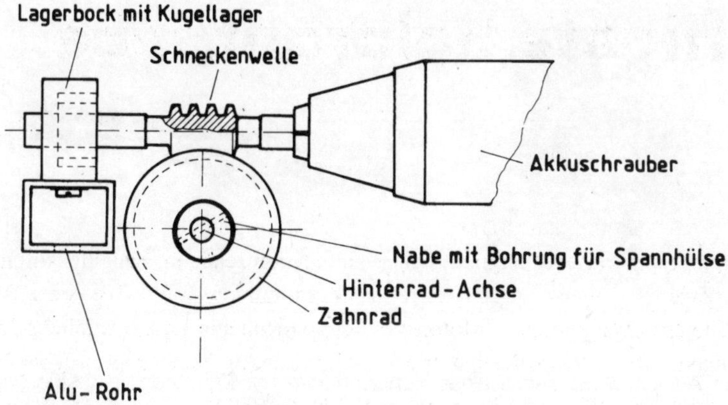


Abb. 8.2 Eine handelsübliche Schneckenwelle kann direkt in das Bohrfutter eines Akku-Bohrschraubers eingespannt werden, um z.B. über ein passendes Zahnrad die Hinterradachse eines Kinderfahrzeuges anzutreiben

Bausteine erhältlich, die für den Selbstbau einer Vorrichtung benötigt werden, die „solarelektrisch" etwas bewegen soll.

Auf reines Glück darf man sich natürlich bei derartigen Vorhaben nicht verlassen. Daher sollte bereits am Anfang des Planungsstadiums geprüft werden, ob zu dem vorhandenen Durchmesser der Welle des vorgesehenen Elektromotors (bzw. seines Getriebes) auch alle weiteren mechanischen Fertigbausteine erhältlich sind, die voraussichtlich benötigt werden. Das können z.B. diverse Verbindungshülsen, Zahnscheiben, Zahnräder, Schneckenräder, Achsen und Kugellager sein.

Machen Sie sich erst kundig darüber, was Ihre Bezugsquellen (z.B. auch Conrad-Versand in seinem aktuellsten Modellbaukatalog) jeweils führen. Das kann Ihnen den Bau eines individuell erdachten Vorhabens erleichtern. Auch *vor* dem Nachbau von einer in diesem Buch aufgeführten solarbetriebenen Vorrichtung sollten Sie sich sicherheitshalber darüber erkundigen, ob die hier angesprochenen Fertigbausteine (noch) erhältlich sind. In unserer schnelllebigen Zeit kommt es leider nicht selten vor, dass man am Vormittag etwas kauft, was am Nachmittag „vergriffen" ist und womöglich erst wieder nach einer langen Wartezeit geliefert werden kann – wenn überhaupt.

Dieser Hinweis gilt jedoch nicht für Tüftler, die über eine eigene kleine Drehmaschine verfügen, an der u.a. beliebige Reduzierhülsen oder Reduzierachsen nach Maß hergestellt werden können.

Wie bereits erwähnt, lassen sich viele „kräftigere" Eigenbau-Solarantriebe sehr einfach durch den Einbau eines kleinen Akku-Bohrschraubers erstellen, der als Antriebsmotor dient. Oft kann zu einem solchen Zweck ein „quasi ausgedientes" Akku-Werkzeug verwendet werden, bei dem die alten Akkus ihren Geist aufgegeben haben und die neuen Ersatz-Akkus annähernd so teuer sind, wie ein neues Werkzeug inklusive Akkus.

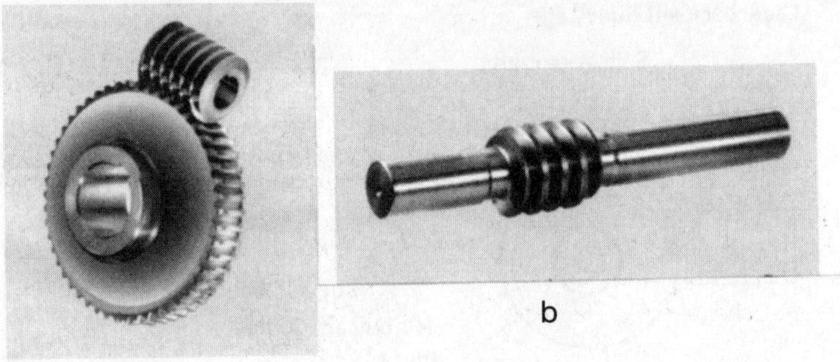

a b

Abb. 8.3 a) Ausführungsbeispiel einer Hohlschnecke mit Zahnrad; b) Ausführungsbeispiel einer Schneckenwelle, die – im Gegensatz zu einer Hohlschnecke – keine zusätzliche Welle benötigt

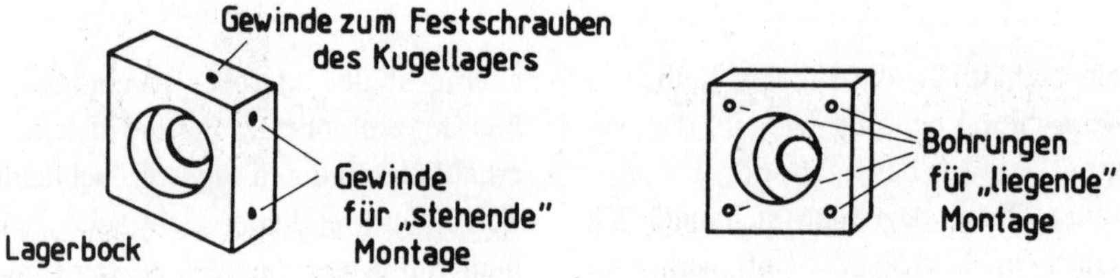


Abb. 8.4 Lagerböcke ermöglichen eine maßgerechte Montage der Kugellager

Solch ein Bohrschrauber verfügt bereits über ein eigenes Getriebe und kann bei etwas Glück ohne weitere Übersetzung die vorgesehene Vorrichtung direkt antreiben. In sein Bohrfutter wird anstelle eines Bohrers eine Antriebswelle eingespannt, die passend mit weiteren Bauteilen verbunden werden kann. Falls die Drehzahl des Bohrschraubers für das Vorhaben noch zu hoch ist – was z.B. bei einem Radantrieb eines Kinderfahrzeuges vorkommt – kann eine zusätzliche Antriebsschnecke direkt in das Bohrfutter nach *Abb. 8.2* eingespannt werden.

In unserer Abbildung haben wir die linke Seite der Schneckenwelle, der besseren Stabilität wegen, kugelgelagert montiert. Das Kugellager sitzt hier in einem passenden Lagerbock *(Abb. 8.4)*.

Ein Schneckenantrieb *(Abb. 8.3)* besteht aus einer Schnecke und einem zu ihr passenden Zahnrad (sollte daher grundsätzlich immer nur als Set angeschafft werden). Ein solcher Antrieb ist ziemlich kostspielig, aber ermöglicht wiederum eine größere „Untersetzung". Zahnriemenantriebe nach *Abb. 8.5*, die ebenfalls u.a. als Modellbauzubehör erhältlich sind, bieten eine kostengünstige Alternative zu Schneckenantrieben, stellen nicht allzu hohe Ansprüche auf eine perfekt

Abb. 8.5 Zahnriemenantriebe sind preisgünstig und stellen keine überhöhten Ansprüche auf die Perfektion der Montage

maßgerechte Montage, ermöglichen jedoch keine allzu hohe Über- oder Untersetzungen (es sei denn, man erzielt sie mittels mehreren Antriebskaskaden).

## 8.2 Solarbetriebene Schaukeltiere

Ob ein Solarschaukeltier vollständig im Selbstbau erstellt wird oder ob nur ein bestehendes Schaukeltier (Schaukelpferd, Schaukelschwan o.ä.) auf Solarantrieb umgebaut wird: Der Motorantrieb muss hier in eine „schaukelnde Bewegung" umfunktioniert werden.

Das geht am einfachsten nach dem Prinzip aus *Abb. 8.6* hervor: Auf die Welle eines Getriebemotors (oder Akku-Bohrschraubers) **G** wird ein Exzenter **E** aufgesetzt, der über ein drehendes Verbindungsstück **V** an einer Nylonschnur **N** an einer Seite eines Schaukeltieres rhythmisch zieht und somit eine Schaukelbewegung erzeugt.

Diese Lösung stellt nur eine von vielen Möglichkeiten dar, lässt sich jedoch leicht im Selbstbau realisieren.

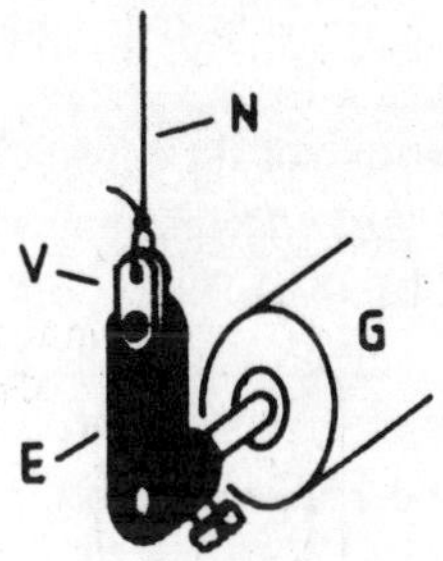


Abb. 8.6 Auf diese Weise kann ein Motorantrieb in eine „schaukelnde" Bewegung umfunktioniert werden

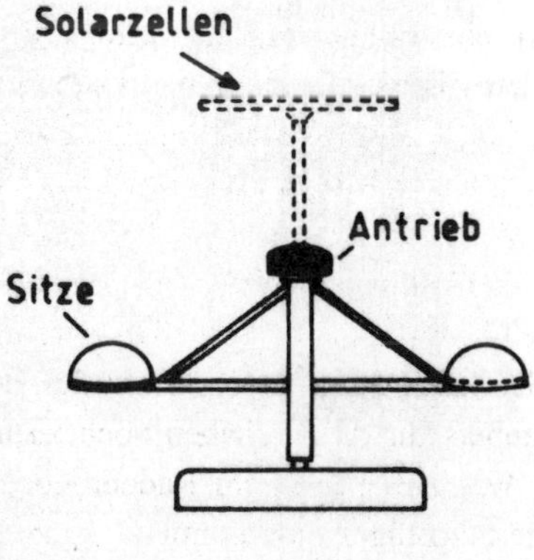


Abb. 8.7 Konstruktionsprinzip eines kleinen Solarkarussells

## 8.3 Kinderkarussell solar betrieben

Das Prinzip eines kleinen Garten-Solarkarussells mit zwei Kindersitzen zeigt *Abb. 8.7:* Eine fest stehende Stahlstange bildet die eigentliche Achse des Karussells, das sich um sie, elektrisch angetrieben, herumdreht. Auf einer Scheibe, die mit der unbeweglichen Achse (und somit auch mit dem ganzen Stativ) fest verbunden ist, befinden sich die Solarzellen für den Motorantrieb.

Als Antriebsmotor für ein solches Karussell kann ein Akku-Bohrschrauber verwendet werden, der nach *Abb. 8.8* über einen Schneckenantrieb das Rohr dreht, an dem die Karussellsitze montiert sind (= angeschweißt oder angeschraubt).

Den anspruchsvollsten Teil der ganzen

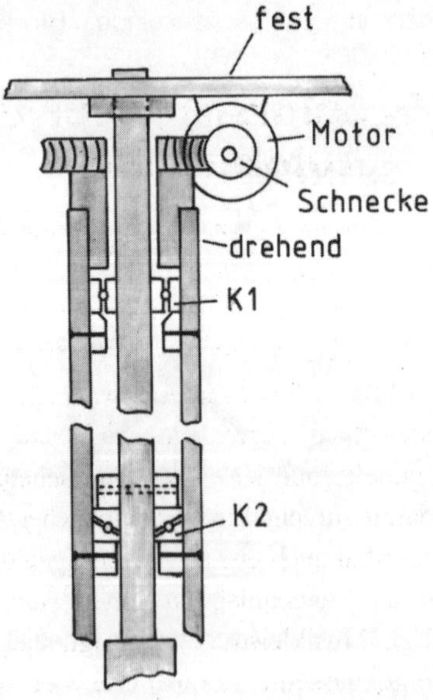


Abb. 8.8 Antriebsprinzip des Solarkarussells

Konstruktion bildet hier die Lagerung des tragenden Rohrs. Das obere Radialkugellager **K1** ist zwar in *Abb. 8.8* – der leichteren Übersicht wegen – passend eingezeichnet, aber es wird meistens noch eine zusätzliche Halterung in der Form eines Reduktionsringes benötigen. Das untere Kugellager **K2** muss als *Schrägkugellager* ausgeführt sein, um sowohl die radiale auch als die axiale Belastung auffangen zu können – und wird ebenfalls eine maßgerechte einschraubbare Halterung erfordern, um in dem Rohr fest sitzen zu können.

Es versteht sich von selbst, dass eine solche Konstruktion vor allem für Tüftler geeignet ist, die sich mit der Materie auskennen und die derartige Herausforderungen auch technologisch bewältigen. Dabei dürfen die *Abb. 8.7* und *8.8* nur als Vorschläge betrachtet werden, die der Inspiration dienen und die beliebig umgewandelt werden können. Auch hier führen ja viele Wege nach Rom …

## 8.4 Solar angetriebene Markise

Für den Solarantrieb einer Markise wird ein kleiner Gleichstrommotor benötigt, der bisher nicht zu den handelsüblichen Markisen-Elektroantrieben gehörte (diese sind nur mit 230-Volt-Motoren ausgelegt). Dabei eignet sich gerade eine Markise für den Solarantrieb schon deshalb hervorragend, weil hier der Motor nur relativ selten (und kurz) benötigt und zudem auch nur an sonnigen Tagen in Anspruch genommen wird, an denen der Solarenergie-Nachschub im Überfluss vorhanden ist.

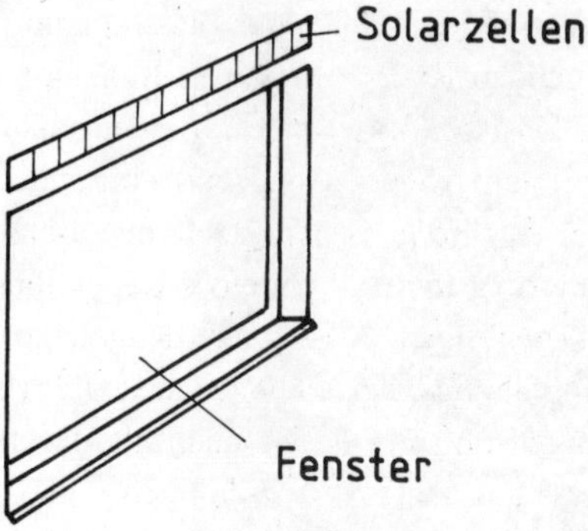


Abb. 8.9 Die Solarzellen (in der Form von z.B. gekapselten Solarzellen oder Solar-Minipaneelen) können als ein länglicher Streifen oberhalb des Südfensters angebracht werden

Zum Glück kann anstelle der Handkurbel problemlos z.B. ein kleiner Akku-Bohrschrauber die Markise solarelektrisch bedienen. Die Ansprüche an handwerkliches Können sind hier bescheiden. Bescheiden ist ebenfalls der Energiebedarf. Daher genügt als Energiespeicher z.B. der bestehende Bohrschrauber-Akku und zum Nachladen eine relativ kleine Solarzellenleistung.

Die Solarzellen können z.B. nach *Abb. 8.9* oberhalb des Fensters an eine Südmauer angebracht und evtl. auch für den Elektroantrieb von Fensterrollladen oder Jalousien genutzt werden.

## 8.5 Solar angetriebene Ventilatoren

Das Wetter spielt in unserem Lande in den letzten Jahren verrückt und besorgt uns so manche heiße Tage. Eine „Luftkühlung" mit einem Ventilator – wie wir es bisher nur aus den Tropen kannten – wird inzwischen auch in unseren Haushalten oder an so manchen Büro-Arbeitsplätzen angewendet.

In einem Wintergarten, Schrebergarten-Häuschen, im Garten-Kinderspielhaus, in einer Gartenlaube, im Gewächshaus oder auch auf einem Balkon kann die Sonne als eine Art „Wiedergutmachung" über ein Solarzellenmodul beliebig viele Gleichstromventilatoren antreiben. In den meisten Fällen wird ein Direktantrieb vom Solarmodul sinnvoll – es sei denn, die Sonnenenergie sollte tagsüber gespeichert werden, um abends kühlen zu können.

Der Handel führt zu diesem Zweck Standventilatoren, Tischventilatoren, Deckenventilatoren oder Einbauventilatoren und „Lüfter", die für angemessen niedrige Gleichspannung (zwischen z.B. 3 und 12 V) ausgelegt sind.

## 8.6 Solarstrom für die Autobatterie

Bei modernen Fahrzeugen muss dic Autobatterie – neben vielen anderen Aufgaben – auch zunehmend viele Elektroantriebe mit Strom versorgen. Oft werden ihr im Selbstbau weitere Elektroantriebe, wie elektrische Fensteröffner, Türverriegelungen usw. „untergejubelt" und sie muss dann sehen, wie sie damit zurechtkommt. So mancher Autobesitzer hat auch einen riesigen Spaß daran, wenn die Stereoanlage in seinem Auto eine kräftige Musikleistung aufbringt, die dazu beiträgt, dass die Autobatterie viel zu oft „leer" wird und viel zu oft erneuert werden muss, weil sie zu tief entladen wurde.

Abb. 8.10 Flexible Solarmodule können direkt auf ein Autodach angeleimt werden ...

Sehr ärgerlich kann es werden, wenn so etwas im länger dauernden Autobahnstau passiert. Hier bietet zumindest während der sonnigeren Jahreszeit das Nachladen der Autobatterie mit Solarstrom eine sinnvolle Abhilfe.

Zu diesem Zweck werden oft viel zu kleine Solarmodule angeboten, die für das Nachladen der Autobatterie zu schwach sind und nur einen symbolischen Stellenwert haben. Das andere Extrem bilden wiederum große Solarmodule, die z.B. als *flexible Module* erhältlich sind und auf das Autodach nach *Abb. 8.9* angeleimt werden.

Irgendwo dazwischen liegen auch mittelgroße Solarmodule, die oft auch nur vorübergehend auf das Autodach (oder auf einen Autodach-Gepäckträger) abnehmbar angeschraubt werden können. Diese Lösung kann sich z.B. während der Urlaubszeit als sehr sinnvoll erweisen, wenn z.B. in einem Autobahnstau die Autobatterie etwas nachgeladen werden soll. Das ermöglicht den Mitreisenden, dass sie an die Autobatterie (über den Zigarettenanzünder) diverse elektronische Spiele anschließen können ohne dass die Gefahr einer riskanten Entladung droht.

Die eigentliche Art des Nachladens einer Autobatterie unterscheidet sich nicht vom Nachladen eines 12-Volt-Bleiakkus. Hier kann z.B. auch der einfache Selbstbau-Laderegler aus *Abb. 4.17 (Kap. 4)* zum Einsatz kommen.

# Literatur

**Empfehlenswerte Literatur** zum Auffrischen oder Anfüllen Ihrer Fachkenntnisse (ebenfalls von Bo Hanus / Franzis Verlag) :

- Wie nutze ich Solartechnik in Haus und Garten? *(5. Auflage, 97 Seiten)*
- Solaranlagen richtig planen, installieren und nutzen *(2. Auflage, 300 S.)*
- Solarstromnutzung beim Campen, im Caravan, Wohnmobil und Boot *(97 S.)*
- So steigen Sie erfolgreich in die Elektronik ein *(4. Auflage, 97 S.)*
- Der leichte Einstieg in die Elektronik *(4. Auflage, 363 S.)*
- Das große Anwenderbuch der Elektronik *(351 S.)*
- Wie nutze ich Windenergie in Haus und Garten? *(3. Auflage, 97 S.)*
- Das große Anwenderbuch der Windgeneratoren-Technik *(319 S.)*
- Elektroinstallationen in Haus und Garten – echt leicht! *(97 S.)*
- Drahtlos schalten, steuern und übertragen in Haus und Garten *(234 S.)*
- Schalten, Steuern und Überwachen mit dem Handy *(97 S.)*
- Drahtlos überwachen mit Mini-Videokameras *(205 S.)*
- Selbstbau-Roboter für Alarm- & Sicherheitsaufgaben *(172 S.)*
- Kampfspiel-Roboter im Selbstbau – Robot WARS *(97 S.)*

# Lieferantennachweis

**Conrad Electronic**
Klaus-Conrad-Straße, 92240 Hirschau
Tel.: 0180 / 5 31 21 11, Fax: 5 31 21 10
http://www.conrad.de

**ELV**
Tel.: 0491/600888, Fax: 0491/7016
www.elv.de

**RS-Components**
Hessenring 13 b, 64546 Mörfelden
Tel.: 06105/401-234, Fax: 401-100
www.rs-components.de

**Westfalia GmbH**
Werkzeugstraße 1, 58082 Hagen
Tel.: 0180/5303132, Fax: 0180/5303130
www.westfalia.de

# Sachverzeichnis

# TEIL 5

Bo Hanus

# Wie nutze ich Windenergie in Haus und Garten

FRANZIS

# Vorwort zu Teil 5

Dem Titel dieses Buchteils ist zu entnehmen, daß es sich hier um kleinere Windgeneratoren handelt, die sich „in Haus und Garten“ nutzen lassen.

Die Anwendung von kleineren Windgeneratoren ist besonders dort von Vorteil, wo es keinen Netzanschluß gibt oder wo das Anlegen einer Zuleitung zu teuer und zu umständlich wäre.

Wer mit dem Gedanken spielt, einen kleineren netzgekoppelten Windgenerator zu installieren, findet in diesem Teil des Buches ebenfalls sehr viele nützliche und objektive Informationen über den Selbstbau solcher umweltfreundlichen Anlagen.

Ihr Bo Hanus

# Inhalt

Windgeneratoren für kleinere Objekte – auch in Kombination mit Solarzellen

Brunnenpumpen – Stromversorgung am Freizeitgrundstück

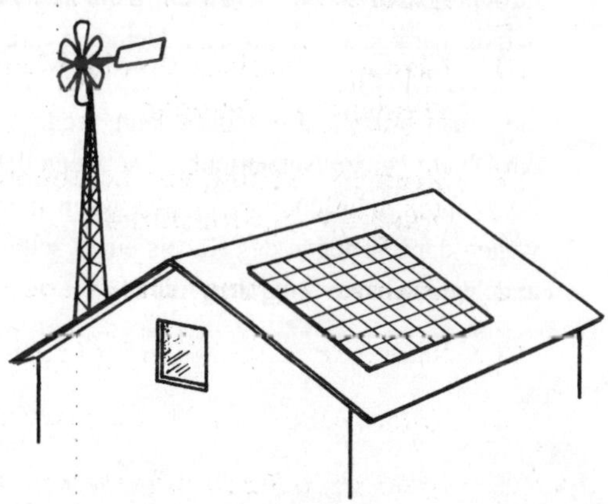

Wind- und Solaranlagen netzgekoppelt

Stromversorgung für Garagentorantrieb und Beleuchtung

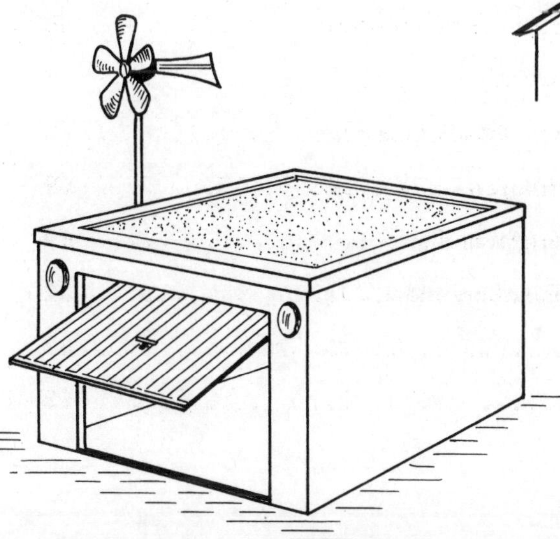

# 1 Der Wind schickt keine Rechnung

Die Nutzung der Windenergie verzeichnet in den letzten Jahren weltweit einen großen Aufschwung. Die Berichterstattung widmet sich hier aber fast ausschließlich großen Windpark-Anlagen, die oft ein ganzes Städtchen oder einen Betrieb mit elektrischem Strom versorgen können.

Ein guter kleinerer Windgenerator kann jedoch seinem Inhaber auch sehr wertvolle Dienste leisten. Man sollte daher die Anwendung der Windenergie nicht nur im Zusammenhang mit Großprojekten sehen. Selbst ein ganz kleiner Windgenerator an einem ganz kleinen Schrebergartenhäuschen kann sehr viel Nutzen und viel Spaß bringen. Besonders dann, wenn so ein Objekt keinen Netzanschluß hat, wenn der Netzanschluß zu teuer wäre, oder wenn man wegen dem Verlegen des Kabels einen schön angelegten Garten umgraben müßte.

Gerade die kleineren Windgenerator-Anlagen (die meistens im Eigenbau erstellt werden) benötigen wesentlich mehr Aufklärung als große Anlagen, die in der Regel „schlüsselfertig" von Spezialfirmen entworfen, aufgestellt und gewartet werden.

Einen kleineren Windgenerator kann man sich im Laden oder bei einem Versand kaufen, selber installieren und warten. Man muß jedoch erst in Erfahrung bringen, worum es bei so einem Vorhaben geht, worauf es ankommt und wie sich alles am besten bewerkstelligen läßt. Dazu finden Sie, lieber Leser, in diesem Buchteil sehr viele Ratschläge, Bauanleitungen und andere nützliche Informationen, mit deren Hilfe Sie sich Klarheit über die ganze Materie verschaffen können.

# Wie funktioniert ein Windgenerator?



Vom Prinzip her funktioniert der elektrische Windgenerator ähnlich, wie zum Beispiel der herkömmliche Fahrraddynamo: Wenn sich der Rotor des Dynamos dreht, erzeugt er elektrischen Strom. Bei einem Fahrrad ist die Welle des Rotors (Läufers) an der Oberseite des Dynamos mit einem kleinen Antriebsrädchen versehen, das gegen das drehende Rad angedrückt und somit angetrieben (gedreht) wird.

So ein kleiner Fahrraddynamo erzeugt eine elektrische Leistung von etwa 3 Watt und üblicherweise eine Spannung von ca. 6 Volt. Das reicht für den vorderen Reflektor und für das Hinterlicht des Fahrrades aus.

Man könnte also im Prinzip so einen kleinen Dynamo mit einem Windrad versehen, und ein kleiner Windgenerator wäre damit fertig. In der Praxis müßte hier der Dynamo (und damit auch sein Windrad) eine Drehzahl von etwa 40 Umdrehungen pro Sekunde erreichen, um eine brauchbare Leistung und Spannung aufbringen zu können. So etwas wäre bestenfalls bei einem starken Sturm erreichbar. Andernfalls wäre hier eine zusätzliche Übersetzung (Getriebe) zwischen dem Windrad und dem Dynamo-Rotor erwünscht.

Wen das Prinzip der eigentlichen Stromerzeugung interessiert, der wird eine kurze Erklärung begrüßen: Wenn in einem Magnetfeld zwischen zwei Polen (N und S) nach *Abb. 2.1a* eine Spule gedreht oder bewegt wird, entsteht in ihr durch die magnetische Induktion elektrischer Strom.

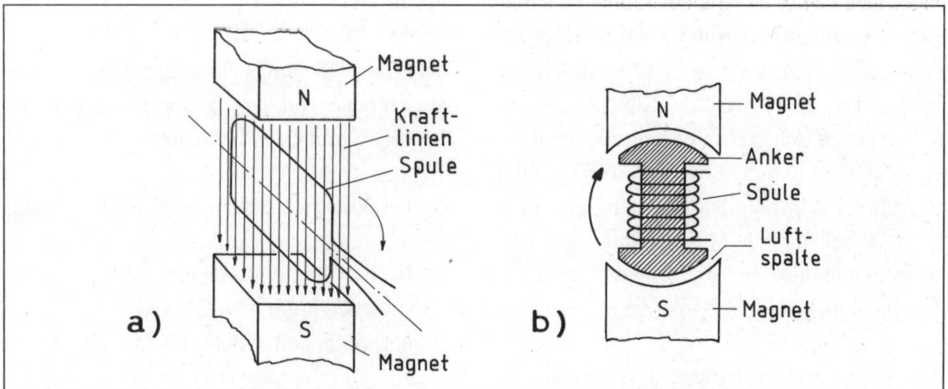


Bild 2.1 a) Funktionsprinzip eines elektrischen Generators; b) Konstruktionsprinzip eines Generators mit Ankerwicklung

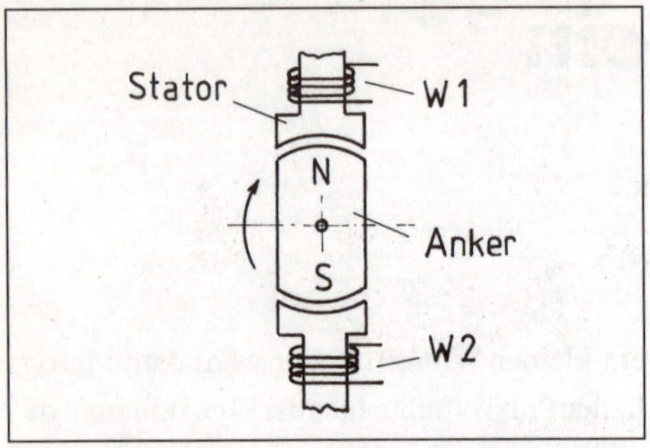


Bild 2.2 Konstruktionsprinzip eines Generators mit einem Permanentmagneten als Anker; die Wicklungen (W1 und W2) sind hier im Stator ausgelegt.

Die Stärke des magnetischen Feldes hängt von der Größe und der Qualität des Magneten (Permanentmagneten) ab. Die Stärke des magnetischen Flusses zwischen den zwei Polen **N** und **S** hängt zusätzlich noch von dem Abstand der Pole ab, wie auch von der magnetischen Leitfähigkeit des „Raumes“, den der magnetische Fluß auf seinem Weg vom Pol **N** zum Pol **S** überbrücken muß.

Die magnetische Leitfähigkeit des Raumes zwischen den Polen läßt sich zum einen dadurch verbessern, daß die Spule auf einen magnetisch leitenden „Anker“ (aus weichem Stahl) nach *Abb. 2.1b* gewickelt wird. Zum anderen ist es wichtig, daß die eigentliche Luftspalte zwischen dem eisernen Spulenkörper (ROTOR) und dem Magneten (STATOR) so klein wie nur möglich gehalten wird. Luft leitet ja bekanntlich Magnetismus nur sehr schlecht und bildet bei solch einem Generator eine unerwünschte „Verluststrecke“.

Bei vielen Generatoren wird in der Praxis die Ankerwicklung (Rotorwicklung) nach *Abb. 2.2* auf den Stator verlegt. Den Rotor bildet dann ein Permanentmagnet (anstelle dessen jedoch auch ein Elektromagnet angewendet wird).

In der Praxis haben die meisten Windgeneratoren mehrere Wicklungen (manchmal sowohl am Stator, wie auch am Rotor). An der eigentlichen Funktion ändert sich damit nichts.

Wer bereits mit dem Fahrraddynamo praktische Erfahrung hat, dem ist eines bekannt: Fährt man langsam, leuchtet das Fahrradlicht schwach, fährt man schneller, wird es heller. Ähnlich funktioniert auch jeder Windgenerator. Je schneller sein Rotor dreht, desto höher ist seine Ausgangsspannung, sein Ausgangsstrom und damit auch seine Ausgangsleistung.

Die Ausgangsspannung und die Ausgangsleistung des Windgenerators sind für die Planung einer Stromversorgung die zwei wichtigsten Parameter. Ähnlich wie der angesprochene Fahrraddynamo, ist auch jeder Windgenerator bereits vom Hersteller für eine Maximumleistung und Maximumspannung ausgelegt. Darauf ist bei der Anschaffung eines Windgenerators zu achten.

Wichtiger Planungsausgangspunkt ist die vorgesehene Nutzung dieser Energiequelle. Es gibt da drei Grundvarianten:

a) Direktantrieb eines „Verbrauchers“ nach *Abb. 2.3*
b) Betrieb über eine Batterie (als Zwischenspeicher) nach *Abb. 2.4* und *2.5*
c) netzgekoppelter Betrieb nach *Abb. 2.6*

Ein Direktantrieb kommt nur dann in Frage, wenn es genügt, daß ein bestimmter elektri-

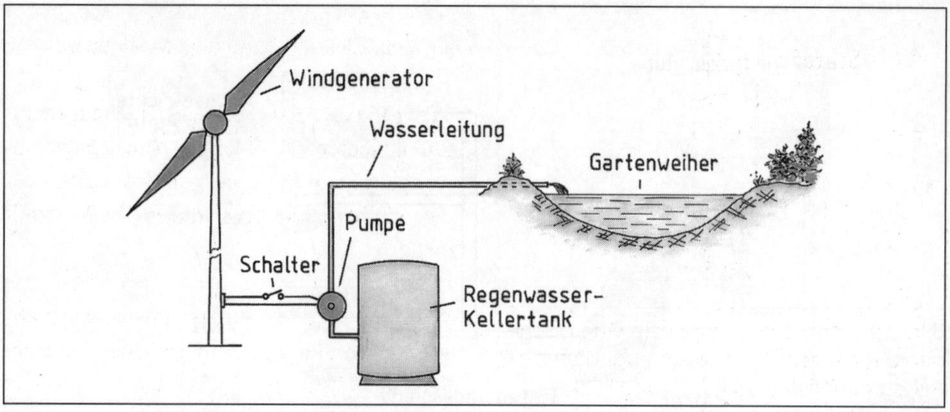


Bild 2.3 Direktantrieb einer Elektropumpe vom Windgenerator; aus einem Kellertank wird sporadisch Wasser in den Gartenweiher gepumpt.

scher Verbraucher nur „ab und zu" und ohne einen fest vorgegebenen Zeitpunkt betrieben werden darf. Bei einer kleinen Elektropumpe, die z.B. nach Abb. 2.3 sporadisch Regenwasser aus einem Kellertank in den Weiher nachfüllen soll, kann einfach nur dann gepumpt werden, wenn der Windgenerator droht.

Mit der Dimensionierung ist es beim Direktantrieb relativ einfach: Der Windgenerator muß die vom Verbraucher benötigte Versorgungsspannung und Leistung bei vorgesehenem Windaufkommen liefern können.

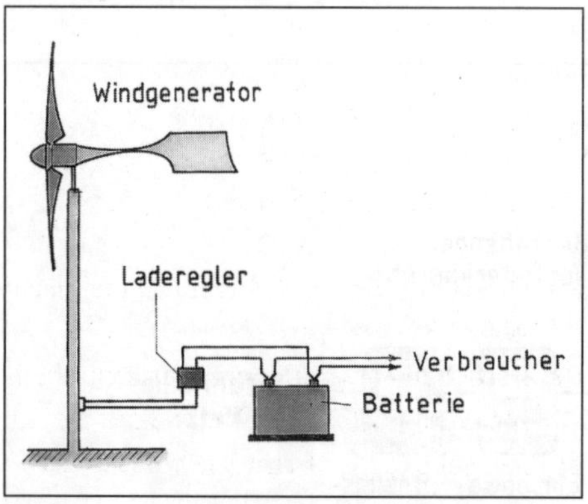


Bild 2.4 Schaltbeispiel eines Windgenerators, der über einen Laderegler eine Batterie (als Energie-Zwischenspeicher) nachlädt

Bei den meisten kleineren Windgenerator-Anlagen wird in der Regel eine nachladbare Batterie (Akkumulator) als Zwischenspeicher nach Abb. 2.4 angewendet. Es spielt keine besondere Rolle, welche nachladbare Batterie hier eingesetzt wird. In den meisten Fällen wird aus Kostengründen ein Bleiakkumulator verwendet. Das kann z.B. eine preiswerte Autobatterie, wie auch eine wesentlich teurere (aber strapazierfähigere) „Solarbatterie" sein.

Für ein schonendes Nachladen der Batterie ist der eingezeichnete Laderegler zuständig. Dieser ist üblicherweise mit jedem Windgenerator erhältlich. Seine Aufgabe besteht darin, daß er die Batterie beim Nachladen vor Überschreitung der elektrischen Ladewerte schützt (siehe auch Kap. 7).

Die hier aufgeführte „Ladevorrichtung" ist identisch mit der eines Autos. Dort wird al-

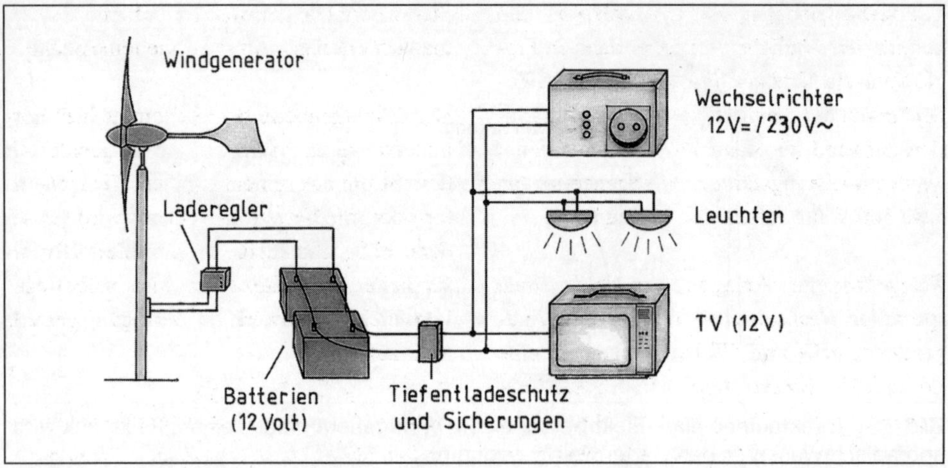


Bild 2.5 Schaltbeispiel eines Windgenerators mit zwei Batterien als Zwischenspeicher

lerdings der elektrische Strom nicht mit einem Windgenerator, sondern mit der sogenannten „Lichtmaschine“ erzeugt – welche ja auch ein elektrischer Generator ist, der direkt vom Fahrzeugmotor angetrieben wird. Übrigens, so eine Lichtmaschine, die man samt Laderegler aus dem Auto demontiert, kann als Windgenerator eingesetzt werden. Allerdings mit einer zusätzlichen Übersetzung (von ca. 1:10 bis 1:15) zwischen Windrad und Generator, da der Generator eine wesentlich höhere Drehzahl benötigt, als das Windrad direkt aufbringen kann.

Wo mehrere Verbraucher vorgesehen sind, können nach Abb. 2.5 – der höheren Kapazität wegen – auch mehrere Batterien als „Zwischenspeicher“ verwendet werden. Die Funktion des hier eingezeichneten Tiefentladeschutzes wird im Kap. 8 erklärt.

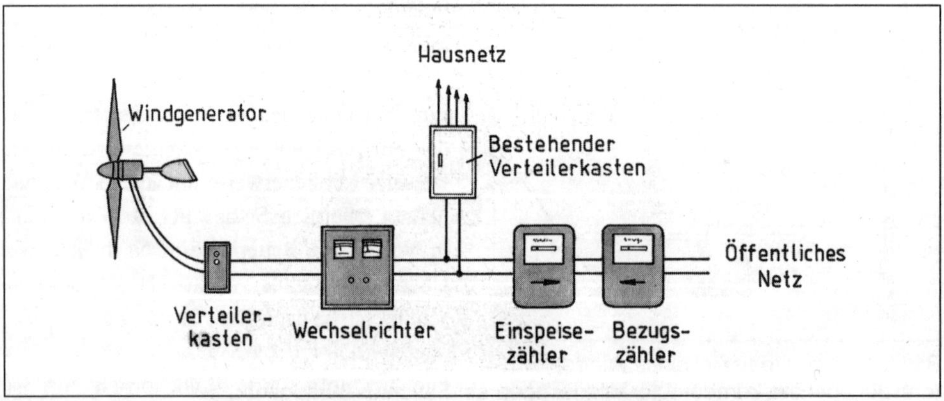


Bild 2.6 Schaltbeispiel einer netzgekoppelten Windgenerator-Anlage

Ein netzgekoppelter Betrieb nach *Abb. 2.6* kommt verständlicherweise nur dann in Frage, wenn ein Netzanschluß vorhanden ist. Zudem ergibt der ziemlich kostspielige Installationsaufwand nur dann einen tieferen Sinn, wenn ein leistungsfähiger Windgenerator (ab etwa 500 Watt) aufgestellt werden kann.

Netzgekoppelte Anlagen benötigen einen speziellen Wechselrichter, der die vom Windgenerator gelieferte Gleichspannung in eine netzsynchronisierte Wechselspannung umwandelt. Soweit es genügend Wind gibt, übernimmt der Windgenerator vorrangig die Stromversorgung des Hauses. Stromüberschüsse werden in das öffentliche Netz eingespeist und „zurückverkauft" (was z.B. auch nachts oder während der Abwesenheit der Hausbewohner der Wechselrichter vollautomatisch erledigt). An sich eine feine Sache!

Der „Anlagenbetreiber" bekommt hier normalerweise gar nicht mit, ob er gerade mit dem Strom aus seinem eigenen Windgenerator oder mit Netzstrom versorgt wird (es sei denn, er beobachtet die Stromzähler). Der zusätzliche „Einspeisezähler" wird in der Regel vom Elektrizitätswerk zur Verfügung gestellt (vermietet).

Nebenbei: Große Windgeneratoren (Windkraftanlagen) bzw. ein ganzer „Windpark" fungieren ebenfalls „netzgekoppelt" – als ein reines „Elektrizitätswerk", das den erzeugten Strom gegen Vergütung in das öffentliche elektrische Hochspannungsnetz einspeist.

Eine kombinierte Anlage: oben ein Savonius-Windgenerator, rechts unten Solarzellenmodule (Foto FÜW AG)

# 3 Windradtypen und ihre Eigenheiten

*Abb. 3.1* zeigt einige Grundformen und Ausführungen der bekanntesten Windradtypen. Wozu kann so eine Typenvielfalt überhaupt gut sein? Die herkömmlichen Windmühlen hatten alle dieselben 4-Blatt-Windräder und man hat sich damit zufrieden gegeben.

Wer sich heutzutage eigenhändig sein Windrad bauen möchte, dürfte ohne weiteres „echte" Windmühlen-Flügel einplanen und würde dabei letztendlich gar nicht so schlecht abschneiden. Es wäre nur darauf zu achten, daß die Mühlenflügel bei einem kräftigen Wind nicht in einem benachbarten Fenster landen. Als eine technisch elegante, aber vom Aufwand her komplizierte Lösung kämen daher z.B. Windradblätter in Frage, die sich um ihre Achse windstärkegerecht automatisch drehen

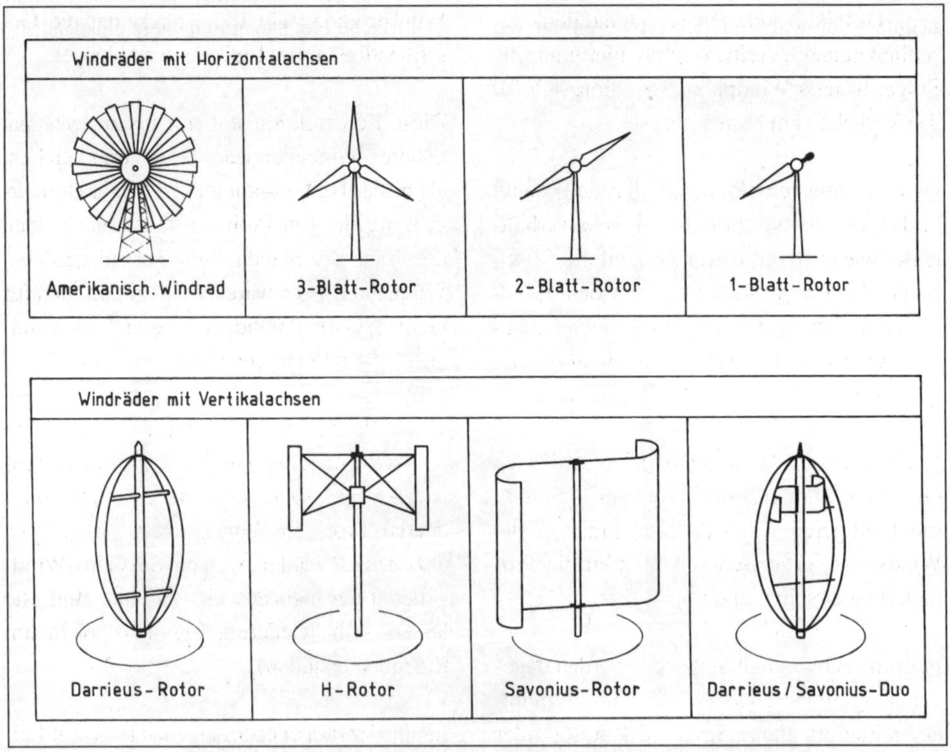


Bild 3.1 Konstruktionen der gängigsten Windradtypen

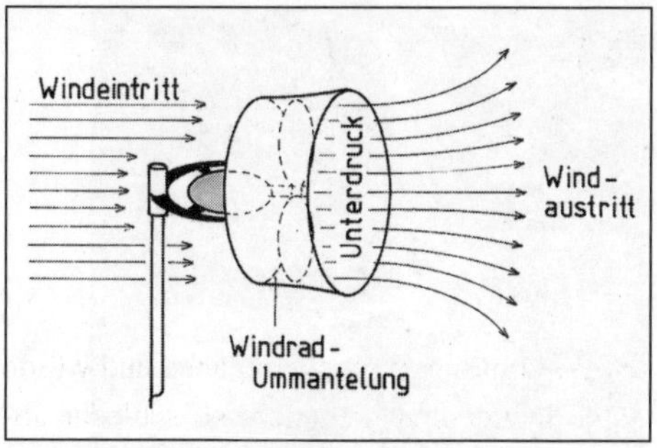


Bild 3.2 Konstruktionsprinzip eines „ummantelten“ Windgenerators

können und die sich eventuell bei einem Sturm ganz abstellen lassen.

Die meisten Anwender werden aber sicherlich ein Windrad als Fertigprodukt bevorzugen. Das läßt sich einfach aufstellen, anschließen und betreiben. Offen bleibt nur die Frage, welche Windradkonstruktion sich für das Vorhaben am besten eignet.

Den wichtigsten Planungs-Ausgangspunkt bilden die standortbezogenen Windverhältnisse, wie auch die Ansprüche auf die Kontinuität der Energielieferung. Mit den Windverhältnissen ist die standortbezogene „häufig vorhandene Windstärke“ gemeint (dieses Thema erläutert das nächste Kapitel näher).

Propellerartige Windradtypen eignen sich (als „Schnelläufer“) bevorzugt für Standorte mit kräftigerer Windstärke. Je kräftiger die Windstärke, desto schmaler dürfen die Propellerblätter sein – und umgekehrt.

Für schwachwindige Standorte werden dagegen langsamlaufende großflächige Windräder präferiert, meist Savonius-Rotoren oder diverse abgeleitete Konstruktionen. Die technischen Möglichkeiten sind ja bei weitem noch nicht voll ausgeschöpft.

Allerdings muß man hier die Tatsache berücksichtigen, daß bereits seit ca. 4000 Jahren Windräder angewendet werden, sich die Menschen aber nicht allzuviel Umwerfendes auf diesem Gebiet haben einfallen lassen. Dennoch sucht man weiterhin nach wirkungsvolleren Lösungen oder neuen Wegen.

So haben beispielsweise Ingenieure in den USA und Neuseeland eine sehr hohe Windenergieausbeute mit Hilfe von „ummantelten“ Windgeneratoren nach *Abb. 3.2* erzielt. Durch eine leicht trichterförmige Ummantelung des Propeller-Rotors entsteht hinter ihm durch die Windströmung ein Unterdruck, der die Geschwindigkeit des Luftstroms verdoppelt.

Diese Konstruktion soll eine bis zu sechsmal höhere Windenergieausbeute ermöglichen, als bisher bei herkömmlichen Windrädern erzielt wurde. Ein Problem bildet hier jedoch die Frage der Standhaltung bei stürmischem Wind. Ansonsten wäre dieses Prinzip auch für kleine „Garten-Windgeneratoren“ an windarmen Standorten gut anwendbar.

Theoretisch hört sich das Ganze ziemlich gut an. Praktisch wird man jedoch für eine Eigenbau-Anlage aus Kostengründen einen einfacheren Propeller-Windgenerator nach *Abb. 3.3* oder *3.4* wählen, weil die Savonius-Windgeneratoren meistens viel zu teuer sind (sie lassen sich wiederum ziemlich leicht im Eigenbau erstellen).

Einige der Propeller-Windgeneratoren mit Leistungen ab etwa 500 Watt sind bereits mit einer

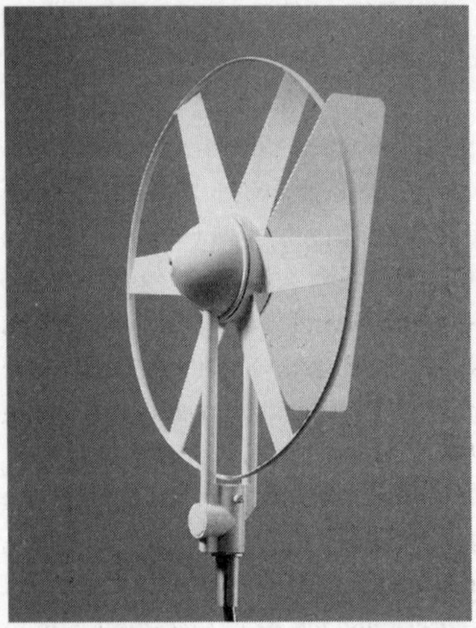

Bild 3.3 Kleiner Propeller-Windgenerator Type Rutland WG 500 mit einem Windrad-Durchmesser von nur 510 mm; seine Maximumleistung beträgt ca. 55 Watt (Anbieter: Conrad Electronic)

Bild 3.4 Dieser Windgenerator Type Rutland WG 913 ist für das Laden von 12 V- und 24 V-Batterien ausgelegt; sein Windraddurchmesser beträgt 910 mm; sein max. Ladestrom erreicht bei einer 12 V-Batterie ca. 18 A, bei einer 24 V-Batterie ca. 9 A (allerdings nur bei stürmischem Wind). Anbieter: Conrad Electronic

automatischen (drehenden) Rotorblattverstellung erhältlich. Das hat folgende Vorteile:

a) Der Rotor kann sich der Windstärke anpassen und somit einerseits auch bei einer niedrigeren Windgeschwindigkeit anlaufen, anderseits durch die Anpassung an die jeweilige Windstärke das Potential der Windenergie optimal ausnutzen.
b) Bei einem Sturm stellen sich die Rotorblätter automatisch derartig ein, daß die Drehzahl des Rotors eine technisch bedingte Sicherheitsgrenze nicht überschreitet.

Mit den Ansprüchen an die Kontinuität der Stromversorgung ist folgendes gemeint: Wenn der Windgenerator netzgekoppelt arbeiten soll (worauf wir noch im Kap. 12 zurückkommen), interessiert uns nur seine Jahresleistung. Eventuelle Versorgungslücken (bei wenig Wind) spielen keine Rolle. Es steht ja gleichzeitig der Netzstrom zur Verfügung. Wenn dagegen der Windgenerator eine netzunabhängige Stromversorgung zu bewältigen hat, spielt der Anspruch auf eine möglichst ununterbrochene Stromlieferung eine wichtigere Rolle als der Aspekt der eigentlichen Energieausbeute pro Jahr.

Eine völlig ununterbrochene Stromerzeugung ist logischerweise naturbedingt nicht möglich. Bei absoluter Windstille dreht ja kein Windrad. Man kann bestenfalls ein Windrad anwenden, das bereits bei niedriger Windgeschwindigkeit Strom erzeugt. Ein gut dimensionierter Energie-Zwischenspeicher (Akkumulator) muß dann über einen ausreichenden Energievorrat verfügen, der windarme Perioden überbrücken kann (weiteres im Kap. 7 und in diversen praktischen Bauanleitungen).

# Standortwahl und Windverhältnisse

Im Gegensatz zu der Sonnenenergie verteilt sich die Windenergie nicht allzu ausgewogen. In Küstenregionen oder auf den Berggipfeln gibt es wesentlich mehr Wind als im Landesinneren. Zudem variiert die Windstärke in Abhängigkeit von Luftströmungen, landschaftlichen Hindernissen, der geographischen Lage des Standortes. Letztendlich auch von der Höhe, in der das Windrad angebracht ist.

Bei der Standortwahl einer größeren Windkraftanlage, die z.B. als ein ganzer „Windpark" geplant ist, kann man sich unter Umständen ein optimales Gebiet aussuchen. Bei einer kleineren zweck- und ortsgebundenen Windanlage muß man sich üblicherweise mehr oder weniger mit dem zur Verfügung stehen den Standort abfinden.

Unter dem Begriff „mehr oder weniger" kann verstanden werden, daß in vielen Fällen die zur Verfügung stehende Grundstücksgröße etwas Spielraum bietet. Vielerorts können auch an einer relativ kleinen „Spielfläche" ziemlich große Unterschiede in den Windverhältnissen ermittelt werden. Besonders dann, wenn es sich um voll- oder teilbebaute Gebiete handelt, bzw. wenn natürliche Hindernisse (z.B. Bäume oder Hügel) dem Wind im Wege stehen.

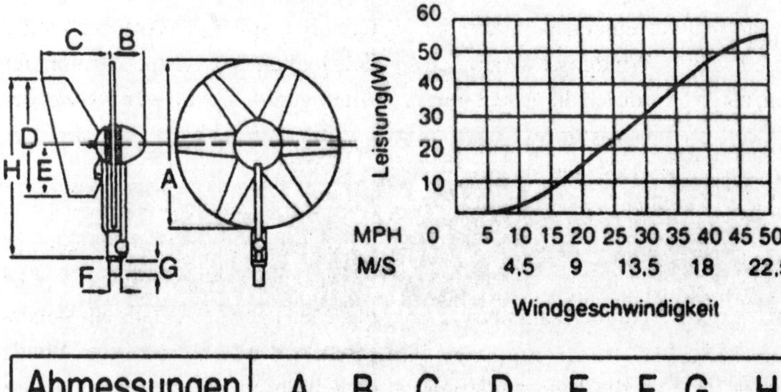


| Abmessungen | A | B | C | D | E | F | G | H |
|---|---|---|---|---|---|---|---|---|
| mm | 510 | 94 | 220 | 400 | 170 | 31 | 60 | 585 |

Bild 4.1 Leistungskurve eines kleinen Rutland Windgenerators mit einem Windraddurchmesser von ca. 0,5 m

4

Die örtlichen Windverhältnisse sind im allgemeinen – jedoch nicht standortbezogen – den Wetterämtern bekannt. Soweit es sich nur um die Frage der sogenannten „Hauptwindrichtung" handelt, weiß darüber auch jeder Hausbesitzer und jeder örtliche Architekt Bescheid. Das kann auf einem Gartengrundstück die Standortwahl für einen kleinen Windgenerator erleichtern, aber sagt nur wenig über die „brauchbaren" Windverhältnisse aus.

Wirklich wichtig sind in diesem Fall eigentlich nur zwei Eigenheiten des Windes: seine standortbezogene Windgeschwindigkeit und seine Häufigkeit.

Wir haben bereits erklärt, daß die Leistung und die Spannung eines jeden Windgenerators von der „Windstärke" abhängt. Bei den sogenannten „Leistungskurven" der Windgeneratoren wird – wie aus *Abb. 4.1* hervorgeht – üblicherweise nicht die „Windstärke", sondern die „Windgeschwindigkeit" (in Metern pro Sekunde bzw. Meilen pro Stunde) angegeben. *Tab. 1* zeigt, wie diese zwei Begriffe miteinander zusammenhängen.

*Tabelle 1 Windstärken und Windgeschwindigkeiten*

| Windstärke | Bezeichnung | Windgeschwindigkeit | | | |
|---|---|---|---|---|---|
| | | m/sec. | Knoten | km/h | Meilen/h |
| 0 | Windstille | 0,1 bis 0,3 | 0,2 bis 0,6 | 0,4 bis 1,1 | 0,2 bis 0,7 |
| 1 | leichter Zug | 0,4 bis 1,5 | 0,9 bis 3,2 | 1,4 bis 5,4 | 0,9 bis 3,4 |
| 2 | sanfte Brise | 2,0 bis 3,5 | 4,3 bis 7,5 | 7,2 bis 12,6 | 4,5 bis 7,8 |
| 3 | leichte Brise | 4,0 bis 5,5 | 8,5 bis 11,7 | 14,4 bis 19,8 | 8,9 bis 12,3 |
| 4 | mäßige Brise | 6,0 bis 8,0 | 12,8 bis 17,1 | 21,6 bis 28,8 | 13,4 bis 17,9 |
| 5 | mäßiger Wind | 8,5 bis 11,0 | 18,1 bis 23,4 | 30,6 bis 39,6 | 19,0 bis 24,6 |
| 6 | starker Wind | 11,5 bis 14,0 | 24,5 bis 29,8 | 41,4 bis 50,4 | 25,7 bis 31,3 |

*Tabelle 1 Windstärken und Windgeschwindigkeiten (Fortsetzung)*

| Windstärke | Bezeichnung | Windgeschwindigkeit | | | |
|---|---|---|---|---|---|
| | | m/sec. | Knoten | km/h | Meilen/h |
| 7 | sehr starker Wind | 14,5 bis 17,0 | 30,9 bis 36,2 | 52,2 bis 61,2 | 32,4 bis 38,0 |
| 8 | stürmischer Wind | 17,5 bis 20,5 | 37,3 bis 43,7 | 63,0 bis 73,8 | 39,1 bis 45,9 |
| 9 | Sturm | 21,0 bis 24,5 | 44,8 bis 52,2 | 75,6 bis 88,2 | 47,0 bis 54,8 |
| 10 | heftiger Sturm | 25,5 bis 28,5 | 54,4 bis 60,7 | 91,8 bis 102,6 | 57,0 bis 63,8 |
| 11 | orkanartiger Sturm | 29,0 bis 32,5 | 61,8 bis 69,3 | 104,4 bis 117,0 | 64,9 bis 72,7 |
| 12 | Orkan/Hurrikan | 33,0 bis 34,0 | 70,3 bis 72,5 | 118,8 bis 122,4 | 73,8 bis 76,1 |

Windgeschwindigkeit kann z.B. mit einem einfachen Handwindmesser nach *Abb. 4.2* ermittelt werden (er kostet an die 100 DM). Da ihn viele Segler, Modellflieger, Drachenflieger und Hobby-Meteorologen besitzen, kann man sich ihn auch evtl. nur leihen.

Über die Launen des Windaufkommens kann ein erfahrener Nachbargärtner oft sehr nützliche Auskünfte geben. Zumindest in der Form: „Eine Windstärke wie heute kommt hier häufig vor".

Die Messungen der Windgeschwindigkeit sollten an Tagen vorgenommen werden, an denen der Wind aus der Hauptwindrichtung kommt. Eine kleine Windfahne (evtl. nur als ein Papierstreifen an einem „Mast") erweist sich bei der Ermittlung der jeweiligen Windrichtung als sehr nützlich.

Beim Messen der Windstärke sollte die vorgesehene Höhe des Windrades berücksichtigt werden. Auf vielen Grundstücken verhält sich der Wind in der Nähe des Bodens wesentlich anders, als beispielsweise oben am Dach, wo das Windrad stehen sollte.

Der Standort des Windgenerators sollte so gewählt werden, daß er zu der Hauptwindrichtung möglichst offen (ohne Hindernisse) ist. Von Vorteil ist dabei, wenn das Windrad

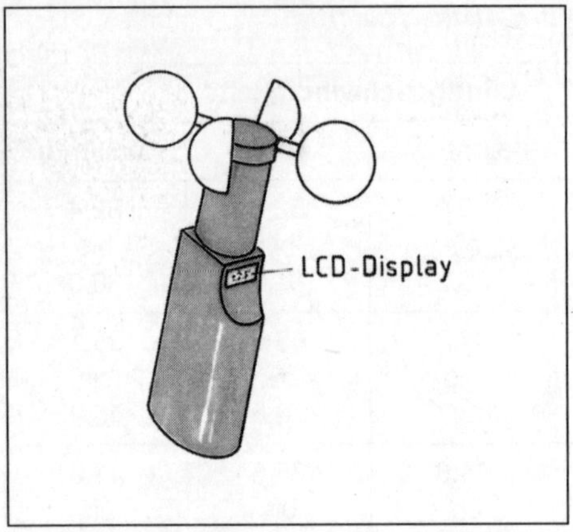


Bild 4.2 Ein moderner Handwindmesser zeigt auf seinem Display die Windgeschwindigkeit in m/s an.

einige Meter oberhalb von Hindernissen bzw. oberhalb von einer relativ freien Fläche stehen kann.

In der Praxis wird es wohl nicht immer möglich bzw. nicht immer architektonisch vertretbar sein, daß das Windrad zu hoch aufgestellt wird. Bei einfacheren privaten Anwendungen – wie z.B. in einem Schrebergarten oder auf einem Freizeitgrundstück – spielt ohnehin der Aspekt einer maximalen Energieausbeute keine zu ausschlaggebende Rolle. Hier geht es ja in der Hauptsache darum, daß der Windgenerator z.B. einen Akkumulator nachladen kann, der oft nur eine bescheidene Stromversorgung zu bewältigen hat.

Sollte es mit dem Vorhaben nicht auf Anhieb hundertprozentig klappen, hat es auch keine schlimme Folgen. Es läßt sich ja notfalls nachträglich ein zweiter Windgenerator oder ein zusätzliches Solarzellenmodul installieren (darauf kommen wir bei einigen Planungsbeispielen später noch zurück).

Soweit es bei einer solchen Anlage darauf ankommt, daß eine optimale „Wirtschaftlichkeit“ (bei netzgekoppelten Generatoren) erreicht wird, sollte die durchschnittliche Windgeschwindigkeit mindestens 5 m/s betragen. Liegt die Windgeschwindigkeit bei ca. 4 m/s, handelt es sich auch noch um einen „relativ guten Standort“, der allerdings nicht unbedingt rein rechnerisch als „wirtschaftlich“ gelten muß (die standortbezogenen Windgeschwindigkeiten werden normalerweise für 10 m Höhe angegeben).

Bei einer „selbstversorgenden“ Nutzung der Windenergie spielt der rein finanzielle Wirtschaftlichkeitsaspekt nur eine untergeordnete Rolle. Besonders dann, wenn es sich um eine kleinere Inselanlage handelt, mit der sich eine Stromversorgung auch dort realisieren läßt, wo es keinen Netzanschluß gibt.

Bemerkung: Die jeweilige Windgeschwindigkeit einer Brise läßt sich auch ohne einen Windmesser auf folgende Weise informativ feststellen: Ein kleines Stück Zeitungspapier wird über den Kopf gehalten, dann losgelassen und dabei wird geschätzt, wie lange sich das Papier in der Luft hält, bevor es auf der Erde landet. Bei einer Windgeschwindigkeit von etwa 3 m/s wird das Papier ca. 2 Sekunden lang ungefähr 6 m weit fliegen und auf der Erde landen. Allerdings nur „in etwa“, aber das genügt, um sich ein Bild über die Sachlage zu machen.

# Worauf ist beim Kauf eines Windgenerators zu achten?

5

Die elektrischen und mechanischen Eigenschaften werden bei kleineren Windgeneratoren herstellerseits oft nur in einer vereinfachten Form angegeben. Das erspart dem Anwender unnötiges Grübeln.

Die Leistung eines Windgenerators hängt bekanntlich von der Windgeschwindigkeit ab und läßt sich daher am einfachsten in der Form der uns bereits bekannten Leistungskennlinie nach *Abb. 5.1* darstellen.

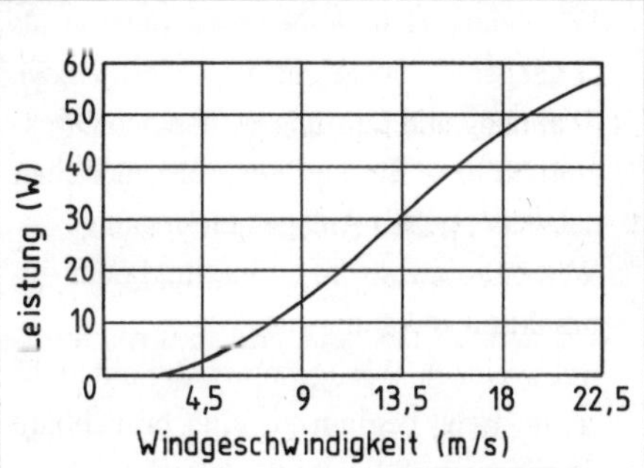


Bild 5.1 Leistungskennlinie (Leistungskurve) eines kleinen 50-W-Windgenerators

Die Abhängigkeit der jeweiligen Leistung (in Watt) von der Windgeschwindigkeit (in m/s) ist hier zwar leicht nachvollziehbar, aber es fehlen hier Angaben bzgl. der Ausgangsspannung. Manche Hersteller begnügen sich dann z.B. nur mit einem Hinweis, daß der Windgenerator für das Laden eines 12-Volt-Akkumulators ausgelegt ist.

So ein Hinweis vereinfacht zwar die Planungsüberlegungen, aber sagt wenig darüber aus, ab welcher Windgeschwindigkeit der Generator eine „brauchbare" Spannung liefern kann. Eine zusätzliche Spannungskennlinie nach Abb. 5.2 (links) ist da wesentlich aussagekräftiger. Wenn bei den technischen Daten auch eine Stromkennlinie – wie in *Abb. 5.2* rechts – aufzufinden ist, erspart es dem Anwender viel Kopfzerbrechen. Diesen zwei Kennlinien läßt sich z.B. schnell entnehmen, daß bei einer Windgeschwindigkeit von 4,5 m/s der Generator bereits eine „brauchbare" Ladespannung von ca. 16 V (linke Kennlinie) und einen Ladestrom von ca. 0,2 A liefert (rechte Kennlinie).

Wozu ist dies gut zu wissen? Wie noch im Kap. 8 näher erklärt wird, braucht man für das Nachladen eines Akkumulators eine Ladespannung, die höher ist, als die jeweilige Spannung des Akkumulators. Ansonsten kann von der „Ladequelle" in den Akkumulator kein Strom fließen (je mehr Ladestrom benötigt wird, desto höher muß die Ladespannung sein).

Ein gängiger Laderegler kann eine zu niedrige Spannung des Windgenerators nicht „auf-

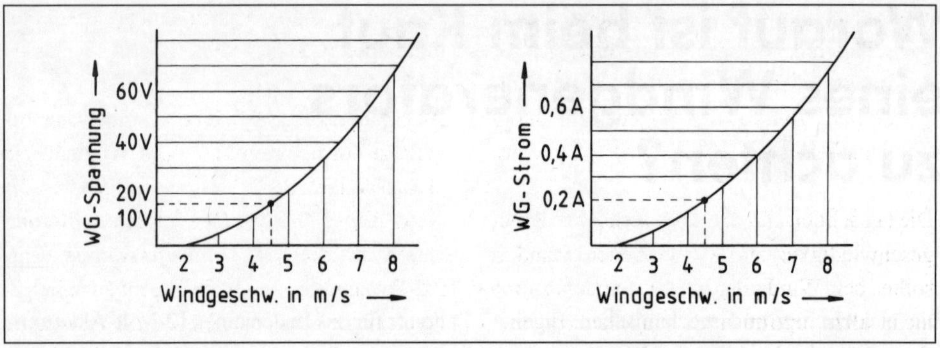


Bild 5.2 Spannungs- und Stromkennlinie eines Windgenerators (ein nicht produktbezogenes Beispiel)

wärtsregeln". Wenn der Windgenerator bei einer zu niedrigen Windgeschwindigkeit eine niedrigere Spannung liefert, als der Akkumulator zum Nachladen benötigt, wird dieser nicht geladen, weil – ähnlich wie bei fließendem Wasser – „von unten nach oben" kein Strom fließen kann.

Wenn dagegen der Windgenerator eine viel höhere Spannung liefert, als zum Laden (maximal) benötigt wird, dann regelt der Laderegler die überflüssige Spannung herab.

Bei manchen kleinen Windgeneratoren, die speziell zum Nachladen von 12-V oder 24-V-Batterien angeboten werden, findet der Kunde anstelle einer Leistungskennlinie nur eine anwendungsbezogene Strom-Kennlinie (Lade-Kennlinie) nach Abb. 5.2 rechts. In dem Fall ist beim Kauf darauf zu achten, für welche Batteriespannung (12 oder 24 V) der Generator ausgelegt ist.

Bei den meisten „Gartenstandorten" werden die Windbedingungen – wie bereits erwähnt – nicht gerade umwerfend sein. Daher ist es wichtig, daß da nach Möglichkeit ein Windgenerator eingesetzt wird, der bereits ab einer relativ niedrigen Windgeschwindigkeit anläuft und Energie produziert.

Bei der Anschaffung eines kleineren Windgenerators sollte jedenfalls auf folgende Angaben geachtet werden:

- Für welche Batterie-Nennspannung er als „Ladegerät" ausgelegt ist, oder welche Spannung und Leistung er für einen Direktantrieb bzw. für den Wechselrichter einer netzgekoppelten Anlage liefern kann;
- Welchen Ladestrom er maximal oder optimal liefern kann;
- Bei welcher Windgeschwindigkeit läuft er an, bzw. beginnt er, eine brauchbare Spannung und Leistung zu liefern;
- Welche Anwendungsmöglichkeiten der Hersteller bevorzugt empfiehlt;
- Ob eine automatische Rotorblatt-Verstellung vorhanden ist und welche Funktionen sie erfüllt;
- Welchen Windraddurchmesser der Generator hat (oft werden auch alle weiteren wichtigen Abmessungen und das Gewicht angegeben);

- Welche zusätzlichen speziellen Eigenschaften der Generator aufweist;
- In einem Wohngebiet ist es zudem erforderlich, daß der Windgenerator möglichst leise läuft.

Die tatsächlich *„häufig vorkommende"* Windgeschwindigkeit am vorgesehenen Standort sollte bei Windanlagen im Landesinneren nicht allzu optimistisch eingeschätzt bzw. überschätzt werden. Sie liegt oft unterhalb von 3 m/s – wobei der Begriff *„häufig"* als solcher richtig verstanden werden sollte. Die meisten Propeller-Windgeneratoren bringen oft nur im Herbst eine brauchbare kontinuierlichere Leistung. Die *Leistungs-Kennlinien* aller Propeller-Windgeneratoren verlaufen ähnlich, wie im *Bild 5.1* dargestellt ist.

Dementsprechend weisen bei allen Windgeneratoren-Typen auch die *Spannungs- und Strom-Kennlinien (Bild 5.2*) darauf hin, daß bei einer niedrigeren Windgeschwindigkeit (im Landesinneren) die tatsächliche Energie-Ausbeute tief unter den theoretischen Parametern liegt.

Die Meinung mancher Laien, daß ein Windgenerator, dessen Windrad *sichtbar* dreht, automatisch auch einen brauchbaren Strom erzeugt, ist falsch. Hier bietet sich ebenfalls der bereits angesprochene Vergleich mit dem Fahrraddynamo an: Wenn das Fahrrad nur langsam fährt und der Dynamo-Rotor demzufolge nur langsam dreht, leuchten die Fahrradlampen nicht.

An einem windarmen Standort sollte daher bevorzugt ein langsam laufendes Windrad (ein „Langsamläufer") – z.B. nach *Bild 19.4 bis 19.6 / Kap. 19 – eingesetzt* werden. In Kombination mit drei oder vier preiswerten Fahrrad-Dynamos kann so ein Eigenbau-Windgenerator eine ausreichend hohe *Ladespannung* und einen *Ladestrom* von bis zu 0,5 A liefern (vorausgesetzt, das Windrad ist groß genug).

Ein solches „Mini-Kraftwerk" ist in Hinsicht auf die Kontinuität des Nachladens eines 12 V-Akkus oft effizienter, als so mancher teure „Kraftprotz", der beispielsweise für eine theoretische Leistung von 100 Watt ausgelegt ist, aber bei einer Windgeschwindigkeit von 4 m/s nur eine Spannung von etwa 10 Volt liefern kann. Dies dürfte evtl. nur für den Direktantrieb einer kleinen Wasserpumpe genutzt werden (oder zum Nachladen eines 6 V-Akkus).

Bemerkung: Vom Konstruktionsprinzip her gibt es sowohl Wechselstrom- wie auch Gleichstrom-Windgeneratoren. Die meisten Windgeneratoren sind als Wechselstrom-Generatoren ausgelegt. Der Gleichrichter ist da entweder im Generator selbst oder erst im Laderegler untergebracht. Daher ist darauf zu achten, daß zu dem Windgenerator ein passender Laderegler gekauft wird.

# 6 Aufstellen und Montage eines Windgenerators

Alle Windgeneratoren sind normalerweise so konstruiert, daß sie sich – wie eine Windfahne – automatisch nach der jeweiligen Windrichtung ausrichten, oder daß sie ohne Rücksicht auf die Windrichtung drehen und Strom erzeugen können.

Zu der ersten Kategorie gehören Windgeneratoren mit horizontaler Achse (mit propellerartigen bzw. windmühlenartigen Windrädern), zur zweiten Kategorie gehören Windgeneratoren mit vertikaler Achse (z.B. Savonius- oder Darrieus-Systeme).

Propellerartige Windgeneratoren werden üblicherweise auf einen Mast angebracht, der meistens auf dem Boden (*Abb. 6.1/6.2*), manchmal aber auch am Hausgiebel oder auf dem Dach eines Gebäudes montiert und verankert ist.

Das Windrad sollte im Optimalfall (theoretisch) so hoch aufgestellt werden, daß es alle Hindernisse um mindestens 10 Meter überragt. Diese Bedingung läßt sich jedoch bei kleineren Windgeneratoren nur selten erfüllen. Abgesehen von dem technischen Aufwand, der mit der Konstruktion eines entsprechend hohen (und dabei ausreichend stabilen) Mastes verbunden ist, kann auch der architektonische Aspekt von einer solchen Lösung abraten.

Oft gibt man sich daher mit einem Kompromiß zufrieden, und stellt den Windgenerator einfach so auf, daß er zufriedenstellend arbeiten kann. Kleinere Windgeneratoren können auch ohne Mast direkt am Giebel oder sogar im Dach integriert werden.

Windräder mit vertikaler Achse werden oft direkt auf der Erde aufgestellt oder am Dach eines Gebäudes (nach *Abb. 6.3*) angebracht und benötigen keinen Mast.

Bei der Verankerung eines Windgenerators sollte (bereits im Planungsstadium) die Windkraft nicht unterschätzt werden. Im Gegensatz zu einer Fernsehantenne ist z.B. bei einem Propeller-Windgenerator der aerodynamische Widerstand des Windrades wesentlich höher.

Um ein genaueres Bild darüber zu bekommen, mit welcher Kraft der Wind gegen so ein Windrad drücken wird, muß man sich den ganzen Kreis, den der drehende Propeller umschreibt, als eine volle Scheibe vorstellen. Der Vergleich mit einer Satellitenschüssel desselben Durchmessers liegt hier am nähesten.

Satellitenschüsseln werden jedoch nur selten erhöht auf einem Mast montiert und sind zudem üblicherweise von einer Mauer geschützt oder schmiegen sich eng an ein Dach an. Ein Windgenerator muß dagegen dem Wind gezielt so ausgesetzt werden, daß er „in guten wie in schlechten Zeiten“ seine volle

Bild 6.1 Ein kleiner Windgenerator begnügt sich mit einem kleinen Mast, der mit einigen Stahlseilen verankert ist (Marlec Engineering Ltd./Conrad Electronic)

Kraft oder volle Wucht auffängt – was ja mehr oder weniger der Sinn der Sache ist.

Für das Aufstellen von kleineren Windgeneratoren im Freien (am Boden) werden in den meisten Fällen Stahlmaste nach Abb. 6.1 angewendet (sie sind auch bei vielen Bausätzen als Zubehör erhältlich). Diese relativ preiswerte Lösung hat jedoch den Nachteil, daß die Verankerungs-Seile ziemlich viel Platz beanspruchen und oft sehr im Wege stehen.

Abgesehen davon müssen die Stahlseile in der Erde sehr gut verankert werden. Bevorzugt an ausreichend tief einbetonierten Ankerhaken, deren Betonfundamente ihre Sohlen in frostfreier Tiefe (von ca. 1 m) haben.

Als ein gartenarchitektonisches Schmuckstück kann so eine Konstruktion nicht unbedingt angesehen werden. In der Hinsicht ist eine Mastkonstruktion nach Abb. 6.2 vorteilhafter (sie ist ebenfalls als Bausatz erhältlich).

Bild 6.2 Für größere Windgeneratoren liefern die meisten Hersteller auch Bausatz-Masten, die sehr stabil sind und keine zusätzliche Verankerung – bzw. nur eine Verankerung in der Hauptwindrichtung – benötigen (Foto Aero-Craft)

Wenn hier der Mast stabil genug (und nicht zu hoch) ausgelegt ist, benötigt er keine zusätzlichen Verankerungs-Seile, aber dagegen wiederum ein gutes Betonfundament, dessen Sohle ebenfalls in frostfreier Tiefe stehen muß.

So ein Betonfundament wird „professionell" einfach als ein massiver Betonblock erstellt, in dessen obere Hälfte der Mast (bzw. sein Unterteil) einbetoniert wird.

Der hierfür benötigte Erdaushub läßt sich leicht eigenhändig bewältigen (eine sehr gesunde Alternative zum Fitneß-Studio). Das eigentliche Betonieren gehört zu den einfachsten Arbeiten, für die man normalerweise keinen Fachmann benötigt.

Wenn der Beton direkt vom Betonauto eines Betonlieferanten in das Fundamentloch einfach hineingeschüttet werden kann, ist das ganze Betonieren ein Kinderspiel. Wenn das

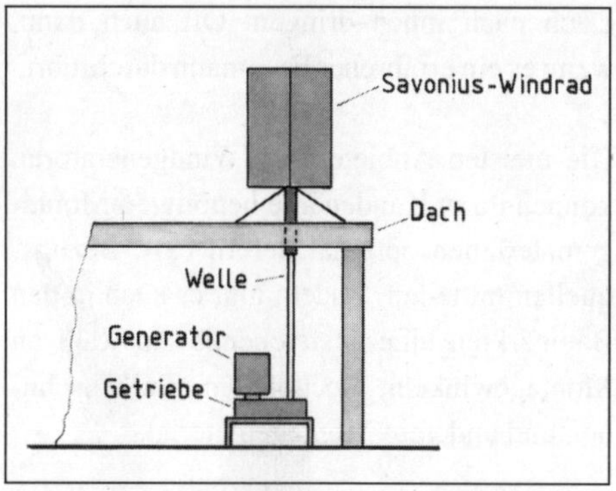


Bild 6.3 Wenn ein Savonius-Windrad am Dach montiert wird, kann sein Generator mit Getriebe unten im Gebäude (bzw. im Keller) leicht zugänglich und wettergeschützt untergebracht werden.

Fundamentloch für ein schweres Betonauto unzugänglich ist, kommt ein Schubkarren zum Einsatz.

Ein Fundament von „brutto" 1 $m^3$ (=1000 Liter) wird praktisch etwa 1100 l Beton brauchen (die zusätzlichen 100 l entfallen auf den Sockelteil, der noch ca. 10 cm über den Boden herausragen sollte). Das sind theoretisch 22 volle 50-Liter-Schubkarren mit Beton. Praktisch werden es etwas mehr sein; vor allem dann, wenn man den Beton bergaufwärts transportieren muß.

Wer sich mit Hilfe eines kleinen Betonmischers seinen Beton selber mischen kann, erleichtert sich die Sache erheblich. Er wird wohl Sand, Schotter und Zement auch mit dem Schubkarren zum Fundamentloch (an dem der kleine Betonmischer aufgestellt wird) transportieren müssen. Sand und Schotter können hier aber in beliebig kleinen körperschonenden Dosierungen auch etliche Tage vor der Betonierung (bzw. vor dem Fundamentaushub) langsam „angeliefert" werden. Wasser transportiert der Gartenschlauch.

Nebenbei: Fertigbeton ist auf Kundenwunsch mit einem chemischen Verzögerer des Härteprozesses erhältlich. Man kann sich dann beim Betonieren wesentlich mehr Zeit lassen. So steht man nicht während der Arbeit mit angeliefertem Fertigbeton unter Streß.

Hier wäre darauf hinzuweisen, daß Beton keinesfalls als eine Art Klebstoff zu betrachten ist. Daher sollte das Betonieren immer in einem Zug erledigt werden. Unterbrechungen, die länger als ca. 4 Std. im Sommer und ca. 16 Std. während der kühleren Jahreszeit dauern, können zur Folge haben, daß sich die einzelnen Betonschichten nicht gut miteinander verbinden.

Die eigentliche Montage des Windgenerators samt seines Windrades kann bei kleineren Windgeneratoren noch am Boden stattfinden. Erst danach wird der Mast mit Hilfe von Seilen und evtl. Seilwinden aufgestellt. Ein kleiner elektrischer Seilhebezug (der geleast werden kann) leistet bei so einem Vorhaben sehr wertvolle Dienste.

Bei einer Montage des Windgenerators an dem Hausgiebel entfällt das Problem des Fundamentes und die eigentliche Verankerung läßt sich bei etwas Glück bewerkstelligen – vorausgesetzt, der Giebel ist ausreichend stabil.

Das Anbringen eines Windgenerators auf einem Hausdach kann dagegen zu einer sehr komplizierten Angelegenheit werden, der man – soweit es andere Alternativen gibt – lieber aus dem Wege gehen sollte. Insbesondere dann, wenn es sich um ein moderneres wärmeisoliertes Hausdach handelt, an dem jeder Seilhalter einen kostspieligen Eingriff in die kompakte Dachhaut bedeutet.

Jeder kleinste zusätzliche Eingriff in eine intakte Dachhaut hat üblicherweise zur Folge, daß danach Wasser und Schnee durch das Dach nach innen dringen. Oft auch dann, wenn es ein erfahrener Fachmann durchführt.

Die meisten Anbieter von Windgeneratoren können ihren Kunden alle benötigten Montagematerialien optional liefern bzw. Bezugsquellen mitteilen. Zudem gibt es auch in den Baumärkten eine ausreichende Auswahl an Montagewinkeln, Lochplatten, Balkenschuhen und anderem Montagematerial.

7

# Elektrische Installation

Soweit eine Windgenerator-Anlage nur mit einer Gleichspannung von maximal 120 Volt oder einer Wechselspannung von höchstens 50 Volt arbeitet, fällt sie unter eine sogenannte „Kleinspannungsanlage" und unterliegt KEINEM Vorschriftszwang.

Kleinere „nicht netzgekoppelte" Windgeneratoranlagen (Inselanlagen) werden – ähnlich wie solarelektrische Anlagen – bevorzugt nur für eine 12-Volt- oder 24-Volt-Gleichspannung ausgelegt und fallen somit unter Kleinspannungs-Anlagen. Bei diesen dürfen für die Installations- und Montagezwecke im Prinzip beliebige Elektromaterialien und Geräte angewendet werden.

Hier wäre noch zu erwähnen, daß derartig niedrige Versorgungsspannungen zwar vom elektrotechnischen Standpunkt her relativ ungünstig sind (weil da in den Leitungen zu große Energieverluste entstehen), sie jedoch den Vorteil haben, daß es viele handelsübliche 12-V- und 24-V-Gleichspannungsverbraucher auf dem Markt gibt (u.a. als Auto- oder Campingzubehör). Auch diverse spezielle energiesparende Leuchten oder andere Verbraucher, die für die Solarelektrik (Photovoltaik) angeboten werden, sind für eine Versorgungsspannung von 12 oder 24 Volt ausgelegt.

Auf drei wichtige Aspekte muß bei dieser „Kleinspannung" aber geachtet werden:

a) Niederspannungsverbraucher haben einen wesentlich höheren Strombedarf, als die gängigen Netzstrom-Geräte (bei 12-V-Verbrauchern ist der Stromverbrauch ca. 19mal höher, als bei vergleichbaren

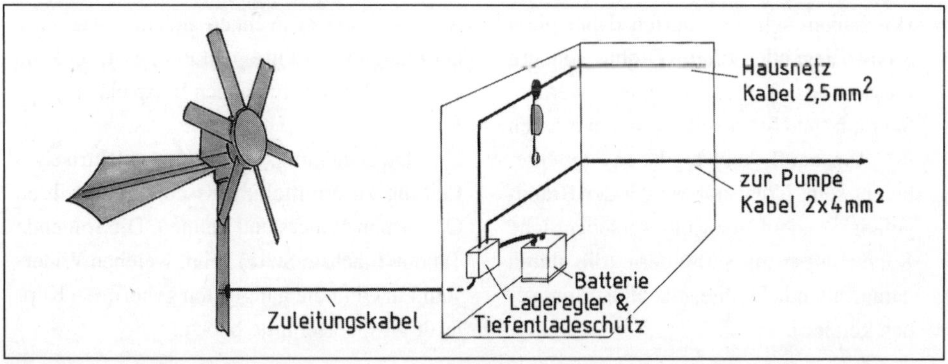


Bild 7.1 Installationsbeispiel einer kleinen Windenergie-Anlage mit Leitungsquerschnitten; Bei dem Leitungsquerschnitt des Zuleitungskabels kann bei Generatoren für Inselanlagen nur der erforderliche Ladestrom der Dimensionierung zugrunde gelegt werden. Hier wird bei kleineren Generatoren ein Querschnitt von 2,5 bis 4 $mm^2$ ausreichen.

230-V-Verbrauchern gleicher Leistung). Die Leitungsdurchmesser müssen daher entsprechend größer und die Kontakte der Schalter und Stecker müssen für angemessen hohe Strombelastung ausgelegt sein (gut eignen sich hier z.B. auch Autoelektrik-Bauteile, die ja denselben Anforderungen gerecht werden).

b) Für eine niedrigere Spannung sollte man auf keinen Fall Steckdosen oder Kabel-Steckverbindungen verwenden, die in 230 Volt-Wechselspannungs Installationen verwendet werden. Das hätte zu Folge, daß diverse Kleinspannungs-Verbraucher dieselben Stecker wie normale Netzgeräte bekämen und versehentlich irgendwann in eine 230-V-Steckdose eingesteckt werden könnten.

c) Auch eine Niederspannung kann Brand verursachen. Als Schwachstellen sind hier vor allem schlechte (lockere) Schraubverbindungen anzusehen. Alle Leitungen, die auf einem leichter entflammbaren Material – wie z.B. auf Holzbalken – liegen, dürfen daher nicht als lose liegende isolierte Drähte, sondern müssen als Kabel ausgelegt werden. Schraub- und Steckverbindungen müssen in Kunststoff-Abzweigdosen untergebracht sein. Nicht nur wegen der Brandgefahr, sondern auch um versehentliche Kurzschlüsse zu verhindern (die durch darauffallende Drähte, Nägel usw. entstehen können).

Für die Elektroleitungen der Windgeneratoren-Installation eignen sich alle gängigen Materialien, deren sich der Elektroinstallateur bei Hausinstallationen oder der KFZ-Elektriker bei den Autoelektrik-Installationen bedient.

Die Querschnitte der Installationsdrähte oder Kabel richten sich nach der vorgesehenen maximalen Stromabnahme und werden in $mm^2$ angegeben. Für kürzere Leitungen der Beleuchtung oder für Elektro-Kleingeräte (zu denen auch ein kleinerer Fernseher gehört) genügt ein einheitlicher Leitungsquerschnitt von 2,5 $mm^2$. Haupt-Zuleitungen, besonders lange Leitungen oder Zuleitungen zu evtl. „stromfressenden" Verbrauchern sollten mit etwas großzügiger gewählten Querschnitten durchgeführt werden.

*Abb. 7.1* zeigt informativ, welche Querschnitte bei kleineren Anlagen empfehlenswert sind. Je größer der Durchmesser eines Leiters (Drahtes) ist, desto kleiner ist sein Ohmscher Widerstand und dadurch sind auch die Spannungs- und Leistungsverluste in der Leitung niedriger.

Wer sich schnell und einfach (mit dem Taschenrechner) ausrechnen möchte, wie groß der Energieverlust in einer Leitung ist, der kann dies mit Hilfe des folgenden Beispiels machen.

Um den Spannungsverlust einer elektrischen Leitung zu ermitteln, müssen wir erst ihren Ohmschen Widerstand kennen. Die folgende Tabelle (nächste Seite) zeigt, welchen Widerstand in Ohm die gängigsten genormten Kupferdraht-Querschnitte haben.

Diese Querschnitte beziehen sich sowohl auf Drähte, wie auf flexible Leitungen. Drähte und Kabel mit „festen Kupferleitern" sind

| Kupferdraht-Querschnitt in mm²: | Ohmscher Widerstand pro 10 m Länge: |
|---|---|
| 0,75 | 0,232 Ohm |
| 1 | 0,178 Ohm |
| 1,5 | 0,117 Ohm |
| 2,5 | 0,07 Ohm |

| Kupferdraht-Querschnitt in mm²: | Ohmscher Widerstand pro 10 m Länge: |
|---|---|
| 4 | 0,045 Ohm |
| 6 | 0,03 Ohm |
| 10 | 0,0175 Ohm |
| 16 | 0,0112 Ohm |

preiswerter als flexible Leitungen, und werden deshalb bei „unbeweglichen" Verbindungen bevorzugt angewendet.

Mit Hilfe des Ohmschen Gesetzes läßt sich bei den Planungsüberlegungen leicht und schnell ausrechnen, wie hoch der Spannungsverlust bei einer Leitung sein wird.

Das folgende Beispiel zeigt hier den ganzen rechnerischen Vorgang: Angenommen, die in Abb. 7.1 eingezeichnete Zuleitung zu einer 12 V/5 A-Brunnenpumpe ist 20 m lang. Der Strom fließt allerdings immer im Kreis von dem Akkumulator in die Pumpe und wieder zurück. Daraus ergibt sich eine Leitungslänge von 40 m (beide Leitungswege müssen hier berücksichtigt werden).

Die Betriebsspannung der Pumpe (12 V) hat für die Ermittlung des Spannungsverlustes in der Leitung keine Bedeutung. Nur der Nennstrom der Pumpe (5 A) und der Widerstand der Leitung (in Ohm) sind für den Spannungsverlust maßgeblich.

Wir haben in unserem Schaltbeispiel in Abb. 7.1 eine 4-mm²-Zuleitung eingezeichnet. Laut der vorhergehenden Tabelle beträgt der Widerstand einer 4-mm²-Leitung 0,045 Ohm pro 10 m Länge. Unsere Leitung ist 40 m lang, also müssen wir den tabellarischen Widerstand mit 4 multiplizieren. Das ergibt einen Leitungswiderstand von 0,18 Ohm (0,045 Ohm x 4 = 0,18 Ohm).

Mit Hilfe des Ohmschen Gesetzes rechnen wir den Spannungsverlust folgendermaßen aus:

Strom in der Leitung in Ampere (A) x Leitungswiderstand in Ohm (¾)
= Spannungsverlust in der Leitung in Volt (V).

Das ergibt hier 5 A (Pumpen-Nennstrom) x 0,18 Ohm (Leitungswiderstand)
= 0,9 Volt (als Spannungsverlust in der Leitung)

Somit bekommt unsere Elektropumpe nicht die optimale 12-V-Spannung, sondern theoretisch nur 11,1 V – vorausgesetzt, die Spannung des Anlagen-Akkumulators beträgt genau 12 V. In Wirklichkeit bewegt sich die Spannung eines 12-V-Akkumulators zwischen ca. 13,6 (wenn er voll aufgeladen ist) und ca. 10,5 V, wenn er bis an seine zugelassene Untergrenze entladen ist. Man rechnet aber normalerweise nur mit der Nennspannung (in diesem Fall also mit den 12 V).

Der Spannungsverlust von 0,9 V ist hier in Hinsicht auf die niedrige 12-V-Versorgungsspannung relativ hoch.

Sehen wir uns aber einmal an, inwieweit sich der Spannungsverlust in einer 6 $mm^2$ Leitung verringert. Der Ohmsche Widerstand einer 10 m langen Leitung beträgt hier (laut vorhergehender Tabelle) nur 0,03 Ohm; das sind 0,12 Ohm pro 40 m. 0,12 Ohm x 5 A = 0,6 V. Hier ist also der Spannungsverlust etwas niedriger, aber – wie man so schön sagt – davon wird das Kraut nun auch nicht fett. Also könnten wir es ruhig bei den 4 $mm^2$ Leitern belassen.

Andererseits würde das Ergebnis sehr unbefriedigend ausfallen, wenn wir z.B. für die Pumpenzuleitung nur ein Kabel mit 1,5 $mm^2$ Leitern verwenden würden. Die Leitung hätte da einen Widerstand von (0,117 x 4 =) 0,468 Ohm; Multipliziert mit 5 A ergibt es einen Spannungsverlust von 2,34 V. Der Pumpenmotor würde hier eine zu niedrige Betriebsspannung erhalten und typenabhängig bestenfalls nur etwa die Hälfte seiner Nennleistung erbringen.

Der Leistungsverlust wird mit Hilfe folgender Formel ausgerechnet:

Spannung (in V) x Strom (in A) =
= Leistung in Watt (W).

In unserem Fall geht es um die Verluste, für die wir als „Spannung" die errechnete „Verlustspannung" einsetzen müssen. Das wären

0,9 V x 5 A = 4,5 Watt (an Verlustleistung bei einer 4 $mm^2$-Leitung)
oder 0,6 V x 5 A = 3 Watt an Verlustleistung bei einer 6 $mm^2$-Leitung
oder 2,34 V x 5 A =11,7 Watt an Verlustleistung bei einer 1,5 $mm^2$-Leitung.

Auf diese Weise kann man sich selber ausrechnen, welcher Leitungsquerschnitt (auch in Hinsicht auf den Preisvergleich) jeweils Vorrang hat.

Wenn Sie Schalter, Stecker oder andere derartige Bauteile der Unterhaltungselektronik oder PC-Technik einsetzen, achten Sie darauf, mit welchen Strombelastungen zu rechnen ist. Die meisten dieser Produkte sind ja nur für eine niedrige Strombelastung ausgelegt (was an diversen Wippschaltern vom Hersteller angegeben ist).

Die gängigen Lichtschalter für „normale" Wohnungs-Elektroinstallationen sind für einen Strom (Wechselstrom) von 10 A ausgelegt und können daher auch als Lichtschalter in 12-V- oder 24-V-Hausnetzen eingesetzt werden.

Ein 12-V- oder 24-V-Stromstoßschalter nach *Abb. 7.2* hat den Vorteil, daß man ihn auch mit kleinen preiswerten Elektronik-Tastern von beliebig vielen Stellen aus schalten kann. Er arbeitet mit dem „Kugelschreiberprinzip": Jeder Impuls schaltet den Kontakt von dem einen in den anderen Betriebsstand um.

**Sicherungen und Sicherungsautomaten:**

An vielen Ladereglern ist bereits eine Hauptsicherung an den Verbraucher-Anschlußklemmen angebracht. Andernfalls muß sie zusätzlich zwischen den Ausgang vom Tiefentladeschutz und den angeschlossenen Verbraucher eingesetzt werden. Ansonsten würde die Batterie bei einem Kurzschluß

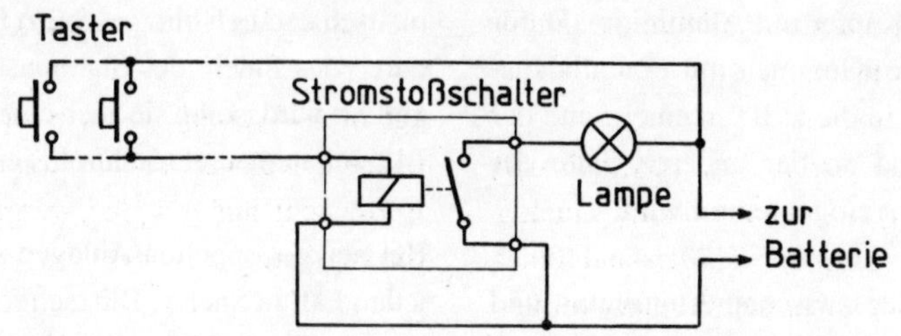


Bild 7.2 Ein Stromstoßschalter ermöglicht das Ein- und Ausschalten der Lampe(n) von beliebig vielen Stellen aus (mit beliebig vielen Tastern)

vernichtet. Bedarfsbezogen können einzelne Verbraucher oder einzelne Leitungs-Sektionen – ähnlich wie im Auto – mit separaten Sicherungen geschützt werden.

Zu diesem Zweck dürfen beliebige Sicherungen (auch Elektronik- oder Autosicherungen), wie auch Sicherungsautomaten verwendet werden. Sie sollen möglichst nahe an dem Akkumulator installiert werden.

**Blitzschutz**

Windgeneratoren benötigen einen Blitzschutz, mit dem alle elektrisch leitenden Konstruktionsteile gut verbunden sein sollten. Soweit es sich um einen kleineren Windgenerator handelt, der direkt am Haus bzw. in der Nähe des Hauses steht, kann er an die bestehende Blitzschutzleitung des Hauses angeschlossen werden.

Gesetzlich vorgeschrieben ist der Blitzschutz an privaten Anlagen nicht. Falls man ihn jedoch ganz unterläßt, kann der Blitz an der Anlage viel Schaden anrichten, bzw. das ganze Objekt in Brand setzen.

Einen Blitzschutz anzubringen, ist an sich kein Problem. Ein einfacher verzinkter Staberder wird wie ein Pfahl in den Boden eingeschlagen und mit dem Stahlmast (oder einer anderen Tragekonstruktion) leitend verbunden. Solche Staberder sind entweder als runde Stangen oder als Kreuzprofil-Erder (mit einem Profil von z. B. 50 x 50 x 3 mm), in Längen zwischen etwa 1 m und 3 m erhältlich (beim Elektro-Fachhandel).

Als Blitzableiterdraht (Runddraht) wird entweder ein feuerverzinkter Stahldraht, Aluminiumdraht oder ein Kupferdraht mit einem Durchmeser von 8 bis 10 mm verwendet (so weit bei einer netzgekoppelten Anlage der Stromlieferant nicht auf einen noch größeren Durchmesser besteht).

Für den Blitzschutz führt der Fachhandel eine Vielzahl von verschiedensten Montagematerialien wie Klemmen, Leitungshalter, Verbinder, Regenrohrschellen usw., die eine spielend leichte Montage ermöglichen.

Das einzige, worauf Sie bei der Montagearbeit achten sollten, sind die galvanisch richtigen Verbindungen unterschiedlicher Materialen – wie z. B. Kupfer mit Aluminium. Dafür gibt es spezielle Klemmen mit Potentialausgleichsflächen, in die z. B. an einer Seite der Kupferdraht und an der anderen Seite der Aluminiumdraht eingeklemmt wird.

Ansonsten würde zwischen Aluminium und Kupfer ein galvanischer Prozeß entstehen, der im Laufe der Zeit eine isolierende Schicht bildet und somit die Verbindung unterbricht. Wer hier von vornherein nur gleiches Verbindungsmaterial verwendet – z. B. nur feuerverzinkten Stahl – geht derartigen Problemen aus dem Weg.

Wenn die Zuleitung vom Generator nicht automatisch dadurch blitzgeschützt ist, daß sie z.B. durch das Innere des Stahlmastes nach unten geführt wird, sollte sie auch einen zusätzlichen Blitzschutzmantel (Stahlrohr) erhalten.

Bei netzgekoppelten Anlagen sollte man auf jeden Fall in Sache „Blitzschutz" den zuständigen Stromlieferanten konsultieren. Es könnte sein, daß er auf speziellen internen Verordnungen besteht (die nicht bundesweit einheitlich sind).

# Akkumulatoren als Energie-Zwischenspeicher

8

Für Windgeneratorenanlagen, die „selbstversorgend" arbeiten sollen, ist ein Energiezwischenspeicher unumgänglich. Zu diesem Zweck werden meistens Bleiakkumulatoren verwendet. Ihre Kapazität muß groß genug sein, um längere windarme Perioden überbrücken zu können. Der vorgesehene Windgenerator muß wiederum ausreichend leistungsfähig sein, um den angewendeten Akkumulator auch zufriedenstellend nachladen zu können (in Kap. 11 bis 13 wird noch an praktischen Beispielen erklärt, wie man so etwas konkret erzielt).

Als die gängigsten Bleiakkumulatoren sind uns die Autobatterien und Motorradbatterien bekannt. Daneben gibt es auch noch Akkumulatoren für den Modellbau, Rollstuhlakkumulatoren, spezielle „Solar-Akkumulatoren", Akkumulatoren für Batterieräume in Krankenhäusern, Elektrozentralen usw.

Nebenbei: Die Bezeichnung „Akkumulator" (abgekürzt auch „Akku") oder „Batterie" bedeutet im Sprachgebrauch dasselbe. Strikt genommen wäre zwar die Bezeichnung „Batterie" nur dann angebracht, wenn es sich um mehrere Glieder in einer Umhüllung handelt. Da man aber diese Bezeichnung auch bei einer 1-Glied-Batterie verwendet, erübrigen sich weitere Überlegungen. Nur bei nicht wiederaufladbaren Wegwerfbatterien wird die Bezeichnung „Akkumulator" nicht benutzt.

Eine Autobatterie – die man also auch als einen Auto-Akkumulator bezeichnen darf – ist ein Bleiakkumulator, der für das Auto konstruiert wurde. Bleiakkumulatoren, die für andere Anwendungen ausgelegt sind, unterscheiden sich technisch und optisch von den Autobatterien – bis evtl. auf die Größe – nur geringfügig.

In Akku-Handwerkzeugen oder anderen Kleingeräten werden NiCd (NickelCadmium) oder die umweltfreundlicheren NiMH (Nickel-Metall-Hydrid)- und LiI (Lithium-Ion)-Akkumulatoren verwendet. Sie sind jedoch meistens nur für niedrige Kapazitäten – bis zu etwa 5 Ah – ausgelegt und in Hinsicht auf ihre zu hohen Preise kommen sie als Zwischenspeicher in Windgenerator-Anlagen nur ausnahmsweise in Frage. Somit bleiben für die Normalanwendungen als Zwischenspeicher der Windenergie nur die Bleiakkumulatoren übrig.

Den meisten Autobesitzern ist bekannt, daß Autobatterien auf zu tiefes Entladen sehr allergisch reagieren. Eine Entladung unterhalb von ca. 10,5 V bei einem 12-V-Bleiakkumulator, bzw. unterhalb von ca. 1,75 V bei einem einzelnen 2-V-Glied führt zu einer irreparablen Beschädigung (der Akku kann danach nicht mehr die Spannung halten). Die hier angegebenen „Tiefentladungs-Grenzen" weisen herstellerabhängig Unterschiede auf.

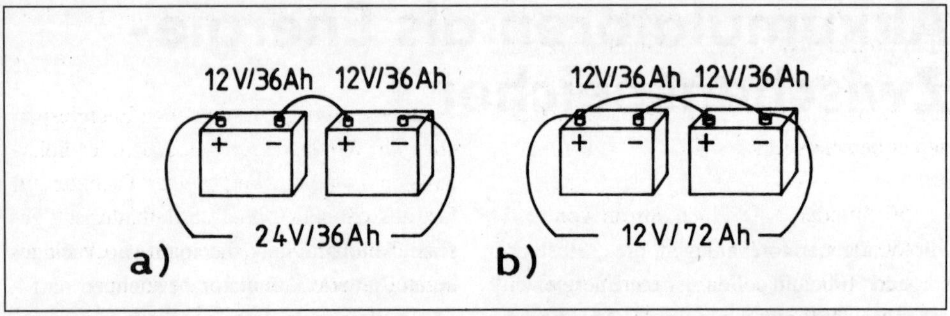


Bild 8.1 a) Wenn zwei oder mehrere Akkumulatoren in Serie (in Reihe) geschaltet werden, addieren sich ihre Einzelspannungen, aber nicht die Kapazitäten; b) Bei der Parallelschaltung addieren sich die Kapazitäten, aber nicht die Spannungen.

Diese Tiefentlade-Empfindlichkeit der Bleiakkumulatoren läßt sich zum Glück einfach und preiswert mit einem zusätzlichen Tiefentladeschutz auffangen. Er schaltet – ähnlich wie eine automatische Sicherung – alle Verbraucher ab, wenn die Spannung des Akkumulators in die Nähe der gefährlichen Minimumgrenze sinkt und schaltet sie automatisch erst dann wieder zu, wenn der Akkumulator wieder auf einen vorgegebenen Wert nachgeladen wurde.

Die meisten Bleiakkumulatoren sind für Spannungen von 6 Volt oder 12 Volt ausgelegt. Um eine beliebig hohe Spannung zu erhalten, können einfach mehrere Akkumulatoren seriell (nach *Abb. 8.1a*) geschaltet werden – wie es auch bei anderen Batterien üblich ist. Ist eine höhere Kapazität erwünscht, als ein einzelner Akkumulator bietet, können mehrere Akkumulatoren parallel (nach *Abb. 8.1 b*) verschaltet werden.

In beiden Fällen sollten nur Akkumulatoren derselben Marke und Ausführung verwendet werden (die natürlich auch dieselbe Spannung und Leistung aufweisen). Ansonsten kann es zu einer unausgewogenen Ladung kommen.

**Wichtig:** Bevor zwei oder mehrere Bleiakkumulatoren parallel miteinander verbunden werden, müssen ihre Spannungen möglichst gleich hoch sein. Bei kleineren Akkumulatoren (bis ca. 100 Ah) genügt es, wenn sie einfach beide (bzw. alle) gut aufgeladen sind. Andernfalls ist eine vorhergehende Spannungskontrolle (mit einem Voltmeter) notwendig, denn zu große Spannungsunterschiede verursachen beim Anschließen einen unerwünschten Stromstoß, der die Elektroden des Akkumulators beschädigen kann.

Die Kapazität der handelsüblichen Bleiakkumulatoren liegt im Bereich zwischen ca. 1 Ah und 400 Ah (die meisten Autobatterien weisen typenbezogen Kapazitäten zwischen ca. 36 Ah und 100 Ah auf).

Unter dem Begriff Kapazität versteht sich der energetische Inhalt des Akkumulators (der bis zum nächsten Nachladen zur Verfügung steht abzüglich der Selbstentladung). Kapazität wird in Ah (Amperestunden) angegeben und hat somit nur mit dem eigentlichen Stromverbrauch (nicht mit der Spannung) etwas zu tun.

Das „Ah" können wir uns einfach als einen Multiplikant von Ampere x Stunden vorstellen. Wenn ein Akkumulator zum Beispiel eine Kapazität von 50 Ah hat, bedeutet es, daß er beispielsweise:

- 50 Stunden lang einen Strom von 1 A (50 St. x 1 A = 50 Ah)
- oder 100 Stunden lang einen Strom von 0,5 A (100 Std. x 0,5 A = 50 Ah)
- oder 10 Stunden lang einen Strom von 5 A (10 Std. x 5 A = 50 Ah)

liefern kann, bevor er leer ist (etwas vereinfacht berechnet).

In der Praxis wird oft ein zusätzlicher elektronischer Tiefentladeschutz zur Sicherheit etwas eher alle Verbraucher abschalten, bevor die theoretische Kapazität des Bleiakkumulators voll verbraucht wird. Wann dies geschieht, kann herstellerabhängig bzw. abhängig von den Toleranzen der eingestellten Abschaltgrenze etwas variieren.

Unter Umständen kann die tatsächliche Nutzkapazität eines Bleiakkumulators mit Tiefentladeschutz bis zu 20% unterhalb seiner theoretischen Nennkapazität liegen. Bei der Anschaffung des Akkumulators sollte daher gleich einer dementsprechend größeren Kapazität Vorrang gegeben werden.

Bei einem normalen Bleiakkumulator, wie auch bei einer Autobatterie interessieren den Anwender oft nur vier Parameter: die Spannung, die Kapazität, die Abmessungen und der Preis. Die meisten anderen technischen Parameter bleiben üblicherweise ziemlich unberücksichtigt und gehen aus den normalen technischen Unterlagen nicht einmal hervor.

Wenn es sich dagegen um einen Energiespeicher für Windgeneratoranlagen (oder Solaranlagen) handelt, wird in der Fachliteratur fast ausschließlich über „Solarbatterien" geschrieben (die man genausogut als „Windgeneratorbatterien" bezeichnen könnte).

Man wird mit Recht die Frage stellen, weshalb nun ausgerechnet der Energiespeicher eines Windgenerators (oder einer photovoltaischen Anlage) nicht aus einer bzw. aus mehreren normalen Autobatterien bestehen kann.

Die Antwort ist einfach: Er kann es wohl und sogar völlig problemlos. Wir haben ja schon darauf hingewiesen, daß die ganze Anlage eines Windgenerators ziemlich identisch mit der elektrischen Anlage im Auto ist. Es spricht also absolut nichts dagegen, daß hier jede beliebige Autobatterie als Energiespeicher verwendet werden kann.

Wozu dann der Umstand mit speziellen (und teuren) „Solarbatterien"?

Solche speziellen Batterien weisen (mehr oder weniger) gegenüber den normalen Autobatterien einige Vorteile auf, die besonders bei professionellen Anlagen sehr willkommen sind:

- Niedrigere Selbstentladung;
- Höherer Wirkungsgrad;
- Höhere Strapazierfähigkeit beim Laden bzw. Überladen;
- Tiefer liegende Tiefentladeschwelle;

- Höhere Unempfindlichkeit gegenüber Einfrieren des Elektrolyten;
- Längere Lebensdauer.

Der technische Standard heutiger Autobatterien ist jedoch als „sehr ausgereift" zu bezeichnen. Sie sind leistungsfähig, strapazierfähig, weisen eine relativ lange Lebensdauer auf und werden zudem gegenüber den „echten" Solarbatterien für sehr günstige Preise angeboten (soweit man sich nicht zu einem Autohändler mit teuren Image-Automarken verirrt).

Echte „Solarbatterien" kosten im Schnitt etwa das Drei- bis Vierfache einer normalen Autobatterie. Es bleibt eine reine Ermessensfrage, ob man ihnen Vorrang vor normalen Autobatterien geben will.

Bei der Planung einer kleineren Windenergie-Anlage braucht man sich nicht unbedingt den Kopf über zu viele spezielle Parameter der Batterien zu zerbrechen. Anderseits sollte man einige der wichtigeren Eigenheiten dieses Energie-Zwischenspeichers zu verstehen lernen. Das erleichtert viele Planungsüberlegungen. Wir nehmen daher einige der wichtigeren technischen Parameter unter die Lupe.

## Selbstentladung

Jede Batterie leidet unter einer sogenannten Selbstentladung. Sie beträgt bei guten Autobatterien etwa 4,5% bis 8% pro Monat, bei guten „Solarbatterien" weniger als 3% pro Monat (als Energieverlust). So sinkt z.B. die Kapazität einer voll aufgeladenen 100 Ah-Batterie nach einem Monat „automatisch" auf 92 bis 97 Ah herab, auch wenn sie nur im Regal stand. So schlimm ist diese Schwachstelle zwar nicht, aber bei der Planung sollte sie dennoch mitberücksichtigt werden (siehe hierzu Kap. 11 bis 13).

## Ladeverluste

Beim Laden einer normalen Autobatterie bleiben bis zu 20% der zugeführten Energie als Ladeverluste „auf der Strecke". Bei einer guten „Solarbatterie" können die Ladeverluste unterhalb von 10% liegen (was allerdings herstellerbezogen unterschiedlich ist). Wir rechnen in unseren Planungsbeispielen einheitlich mit Ladeverlusten von 20%.

## Strapazierfähigkeit beim Laden und Tiefentladen

Den benötigten Ladestrom (Gleichstrom) liefert direkt der Windgenerator (oder sein Gleichrichter) in exzellenter Qualität – allerdings nicht immer in der Höhe und Menge, die technisch erwünscht wären, denn hier hat der Wind Mitspracherecht.

Bei einem normalen Laden sollte der Ladestrom nicht 10% der vom Hersteller angegebenen Kapazität (in Ah) überschreiten. Eine 50-Ah-Batterie darf daher mit einem Strom von höchstens 5 A geladen werden. Es darf aber mit einem beliebig niedrigeren Ladestrom geladen werden. Je schwächer der Ladestrom ist, desto länger dauert allerdings das Aufladen oder Nachladen.

Eine völlig „leere“ 50 Ah-Batterie muß beispielsweise 12 Stunden lang (wegen der Ladeverluste von 20%) mit einem Ladestrom von 5 A geladen werden, um wieder voll aufgeladen zu sein. Sie kann jedoch genausogut auch 24 Stunden lang mit einem Strom von nur 2,5 A oder 48 Stunden lang mit einem Strom von nur 1,25 A geladen werden, um wieder voll aufgeladen zu sein.

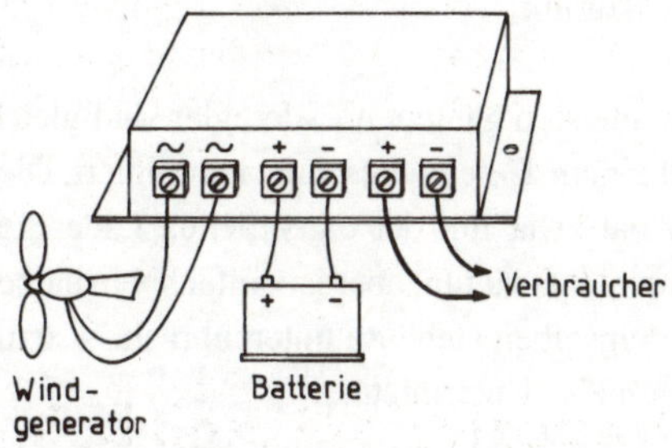


Bild 8.2 Ausführungsbeispiel eines einfachen Windgeneratoren-Ladereglers, der eigentlich nur als ein „Ladegerät“ betrachtet werden kann

Im Prinzip geht es hier um einen ähnlichen Vorgang wie beim Einlassen einer Badewanne: je dünner der Wasserstrahl, desto länger dauert es, bis die Wanne voll ist.

# Laderegler

Ein gängiger Laderegler nach *Abb. 8.2* kann zwar eine zu hohe Ladespannung, bzw. einen zu hohen Ladestrom auf vorgegebene Werte reduzieren, aber üblicherweise nicht anheben (technisch ist es zwar möglich, dies wird aber bei kleineren Ladereglern aus Kostengründen noch nicht angewendet).

Je höher die Nennspannung eines Generators ist, desto besser wird der angeschlossene Akkumulator auch bei etwas schwächerem Wind geladen.

Wenn die Nennspannung des Windgenerators wetterbedingt sinkt, sinkt auch der Ladestrom. Daher sollten auch die Nennstrom-Werte des Generators nach Möglichkeit etwas großzügiger dimensioniert sein (auch darauf kommen wir noch zurück).

**Frostempfindlichkeit der Bleiakkumulatoren**

Alle Bleiakkumulatoren (auch Autobatterien) sind frostempfindlich und ihre Frostempfindlichkeit steigt mit der sinkenden Batteriespannung. Bei einer ziemlich „leeren“ Batterie friert der Elektrolyt leichter ein, als bei einer aufgeladenen Batterie. Beim Auftauen reißt das Akkugehäuse und der Akku ist damit vernichtet (manche „echte“ Solarakkumulatoren sind wesentlich frostunempfindlicher als normale Autobatterien).

Erfahrungsgemäß kommt es in unserem Breitengrad bei einer Autobatterie nicht allzu oft vor, daß sie der Frost vernichtet. Das ist natürlich darauf zurückzuführen, daß eine Autobatterie auch im Winter laufend automatisch (vom Generator im Auto) nachgeladen wird. Bei einer Windgenerator-Anlage kann es manchmal mit dem Nachladen etwas länger dauern. Soweit man hier notfalls eine Batterie nicht an anderer Stelle mit Netzstrom nachladen kann, sollte sie zumindest ein wärmeisolierendes Gehäuse (z.B. aus Styropor) erhalten.

## Wie wird richtig geladen?

Bleiakkumulatoren fangen zu gasen (zu kochen) an, wenn sich der Ladevorgang dem Ende nähert. Bei einem 12-V-Bleiakku fängt das Gasen an, sobald seine Spannung etwa 14,3 Volt überschreitet.

Ist ein Laderegler so eingestellt, daß er z.B. höchstens 13,6 V an den Akku durchläßt (was meistens der Fall ist), kommt es nicht zu der unerwünschten Gasentwicklung, die ansonsten zur Folge hat, daß ständig destilliertes Wasser nachgefüllt werden muß (soweit es sich nicht um einen ganz speziellen und teuren Bleiakkumulator handelt).

Rein theoretisch ist ein moderner 12-V-Bleiakku erst dann vollgeladen, wenn seine Spannung etwa 14,4 V erreicht hat. Ein Laderegler, der dem Akku bereits bei 13,6 V vorzeitig die Stromzufuhr unterbricht, verhindert damit, daß der Akku jemals in den Genuß eines vollgeladenen Zustandes kommt.

Das macht dem Akkumulator zwar nichts aus, aber dies hat zur Folge, daß seine echte Nutzkapazität in dem Fall nicht seine offizielle Nennkapazität erreicht (was typenabhängig variiert).

Ein 60-Ah-Akku wird dann beispielsweise (ladereglerabhängig) eine Nutzkapazität von z.B. nur ca. 55 Ah erreichen. Soweit man dieses Manko von vornherein bei der Planung mitberücksichtigt, läßt sich damit leben.

Man kann jedoch diesen Aspekt bei der Anlagenplanung auch einfach völlig negieren und dies mit großzügiger berechneten „Durststrecken“ zu den vorgesehenen Ladestunden ausgleichen (was wir bei unseren Planungsbeispielen machen). Es handelt sich hier ohnehin nur um sehr grobe Schätzungen der Windverhältnisse oder Wetterbedingungen.

In der Praxis verläuft ja das Nachladen windabhängig und daher unregelmäßig. Es geht also nur darum, daß letztendlich „die Summe“ stimmt.

Die meisten gängigen Laderegler sind gleich mit einem Tiefentladeschutz kombiniert. Dieser hat zwar mit der eigentlichen Laderegelung nichts zu tun, aber ist einfachheitshalber in demselben Gehäuse untergebracht – sozusagen als „Untermieter“.

## Tiefentladeschutz

Beim Kauf eines Ladereglers ist darauf zu achten, ob ein Tiefentladeschutz im Laderegler auch tatsächlich untergebracht ist. Andernfalls ist der Tiefentladeschutz auch als ein separates (kleines) Gerät erhältlich.

Die vom Hersteller eingegebene Spannungsschwelle, bei denen die angeschlossenen Verbraucher vom Tiefentladeschutz automatisch abgeschaltet werden, wird in Prospekten als Entlade-Endspannung oder Entlade-Schlußspannung bezeichnet. Der Tiefentladeschutz schaltet die Verbraucher automatisch erst dann wieder zu, wenn die Akkuspannung auf etwa 12,2 V nachgeladen wurde (das ist die sogenannte Rückschalt- oder Wiedereinschaltschwelle). Bei Ladereglern für 24 V-

Akkus liegen die Schwellen zwischen ca. 22,2 V und 24,4 V.

Zwischen der Abschalt- und der Wiedereinschaltschwelle liegt immer ein größerer Spannungsunterschied. Dies ist technisch dadurch bedingt, daß sich die Spannung eines Akkus nach Abschalten der Belastung immer automatisch etwas erholt und nach oben springt – auch wenn kein Nachladen erfolgte. Wenn der Spannungsunterschied zwischen den zwei Schaltschwellen zu klein wäre, würde der Tiefentladeschutz um die Schaltschwellen ständig hin und her schalten.

Ist der Tiefentladeschutz bereits direkt im Laderegler integriert, dann werden die Verbraucher nicht an die Batterie, sondern an die dafür vorgesehenen Klemmen am Laderegler angeschlossen. Den Anwender muß es da nicht interessieren, auf welche Weise hier die Schaltungen ausgeführt sind. Es ist nur darauf zu achten, daß der Stromverbrauch der

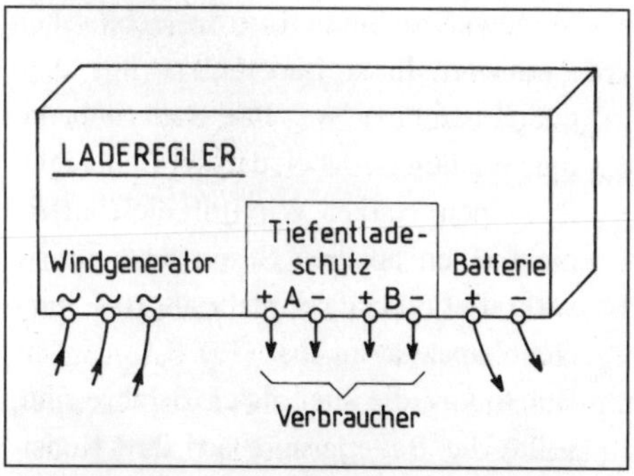


Bild 8.3 Beispiel der Klemmenanordnung eines Ladereglers mit zwei Tiefentladeschutzausgängen; Der Laderegler ist hier für einen Dreiphasen-Wechselstrom-Windgenerator ausgelegt (die von ihm gelieferte Wechselspannung wird im Laderegler gleichgerichtet).

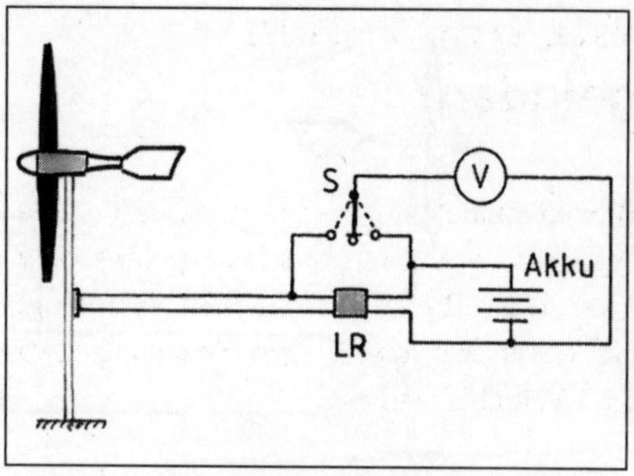


Bild 8.4 Ein zusätzlicher Paneelvoltmeter V ist für die Spannungskontrolle empfehlenswert; Mit Hilfe des Schalters S kann wahlweise die Spannung am Eingang des Ladereglers RL oder am Anlagen-Akku gemessen werden.

angeschlossenen Geräte nicht höher ist, als der Tiefentladeschutz (laut technischen Daten) verkraften kann.

Manchmal kann es von Vorteil sein, wenn der Laderegler über zwei Tiefentladeschutzausgänge verfügt – wie in *Abb. 8.3* dargestellt. Der eine Tiefentladeschutz schaltet etwas eher, der andere etwas später die an ihm angeschlossenen Verbraucher ab. So kann z.B. eine Notbeleuchtung länger eingeschaltet bleiben als die restlichen Verbraucher.

Manche speziellen Verbraucher – worunter z.B. einige „Solar-Kühlschränke" sind mit einem eigenen Tiefentladeschutz bereits vom Hersteller ausgestattet. Andere haben nur einen integrierten Tiefentlade-Alarm und fangen zu piepen an, wenn die Akkuspannung gefährlich gesunken ist.

Es ist von Vorteil, wenn man an die Anlagenbatterie einen Voltmeter (nach *Abb. 8.4*) zur Kontrolle anbringt.

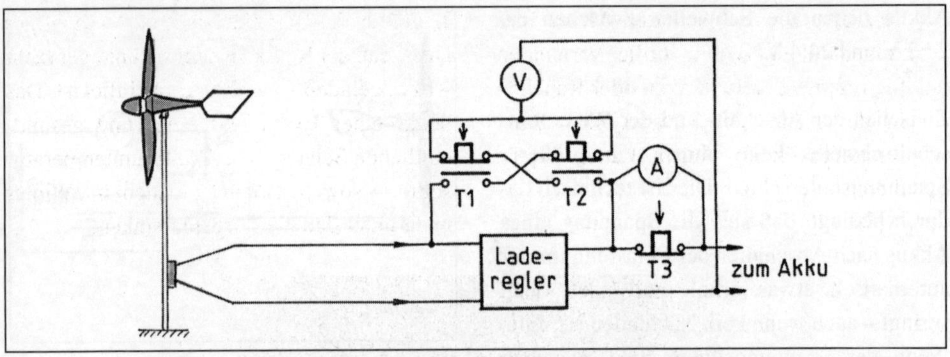


Bild 8.5 Mit Amperemeter A kann der jeweilige Ladestrom gemessen werden; Der Voltmeter V bedient sich hier nicht eines Umschalters, wie im vorhergehenden Beispiel, sondern einer Alternativlösung mit Tastern T1 und T2; sie sind elektrisch blockiert (wenn beide gleichzeitig gedrückt werden, entsteht kein Kurzschluß)

Eine noch bessere Übersicht über die laufenden Vorgänge ermöglicht ein zusätzlicher Amperemeter. Die Schaltung kann dann z.B. nach *Abb. 8.5* gestaltet werden. Ein (beliebiger) zusätzlicher Umschalter am Voltmeter ermöglicht wahlweise das Messen der jeweiligen Windgeneratoren-Spannung oder die Akkuspannung. Der Taster T3 unter dem Amperemeter kann entfallen, wenn der Innenwiderstand des Amperemeters derartig klein ist, daß der an ihm entstandene Energieverlust unbedeutend niedrig liegt.

## Wartung der Bleiakkumulatoren und Sicherheitsmaßnahmen

Bleiakkumulatoren benötigen nur eine bescheidene Wartung, welche auch bei jeder Autobatterie üblich ist:

- Die Elektroden jedes einzelnen Akkus sollen mindestens etwa 5 mm unter dem Elektrolyt-Spiegel sein. Zum Nachfüllen der Batterie darf nur destilliertes Wasser verwendet werden.
- Wenn die Batterie-Anschlußklemmen an den Polen grüne Korrosionsansätze aufweisen, sollten sie mit warmen Wasser, in dem etwas Backsoda aufgelöst wurde, abgewaschen und danach neu eingefettet werden.
- Vergewissern Sie sich, ob die technischen Parameter Ihres Ladereglers mit dem übereinstimmen, was Ihre Batterie benötigt. Wichtig ist dabei, daß der Laderegler (bei einem starken Wind) in die Batterie nicht einen höheren Strom läßt, als sie verkraftet (also nicht mehr als 10% ihrer Nennkapazität in Ah).
- Bei Akkus, die älter als ca. 3 Jahre sind, sollte die Batteriesäure auf ihre Konsistenz überprüft werden. Bei Bedarf muß etwas Säure nachgefüllt werden (eine Autowerkstatt kann hier helfen).
- Die Batteriesäure ist eine giftige und ätzende Schwefelsäure, die beim Laden das explosive Wasserstoffgas erzeugt.

Schützen Sie hier bei der Arbeit Ihre Augen mit einer Schutzbrille. Vermeiden Sie offenes Feuer, Funken oder Rauchen in der Nähe der Batterie. Das Wasserstoffgas könnte beim Laden explodieren.

Je größer die Batterien sind, desto wichtiger ist es, daß der Raum, in dem sie untergebracht – bzw. geladen – werden, gut belüftet ist. Das beugt einer Explosionsgefahr und gesundheitlichen Schäden vor. Die Raumtemperatur sollte – soweit möglich – auch im Winter nicht unter den Gefrierpunkt sinken.

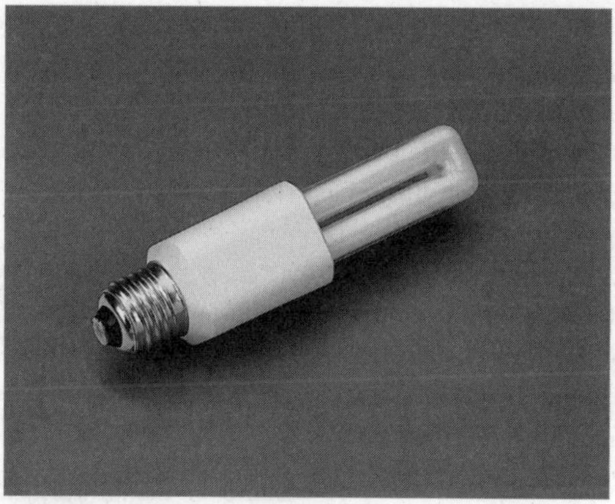

Energiesparende Lampen sind auch für 12- und 24V-Spannungen erhältlich

# 9 Welche Spannung und Kapazität muß ein Akkumulator haben?

Die handelsüblichen Spannungsregler sind (bis auf wenige Ausnahmen) nur für das Laden von 12-Volt- oder 24-Volt-Batterien erhältlich. Damit erübrigen sich Überlegungen bezüglich anderer Anlagenspannungen.

Wesentlich komplizierter ist es mit der optimalen Batteriekapazität. Worum es sich handelt, wurde im vorigen Kapitel erklärt. Offen bleibt jedoch die Frage nach der anwendungsbezogenen Dimensionierung.

Begonnen wird hier mit dem vorhergesehenen Verbrauch. Festzustellen ist dabei in erster Linie folgendes:

- Welchen Strom (in A) benötigt jeder der geplanten Verbraucher?
- Wie viele Betriebsstunden pro Tag, pro Woche oder pro Monat sind zu erwarten?
- In welchen Monaten des Jahres werden die einzelnen Verbraucher benutzt bzw. überwiegend benutzt?
- Wie kritisch sind die Folgen, die eine Versorgungslücke verursachen kann?

Der Stromverbrauch eines jeden Verbrauchers läßt sich seinen technischen Daten entnehmen. Soweit er – wie z.B. bei der Lampe in *Abb. 9.1* – nicht aufgeführt ist, läßt er sich leicht anhand der anderen Daten ausrechnen:

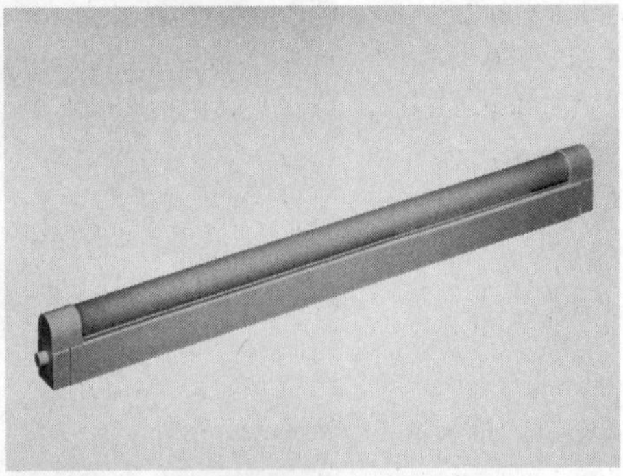

Bild 9.1 Ausführungsbeispiel einer 12 Volt/8 Watt-Leuchtstofflampe (Foto Conrad Electronic)

Leistung in Watt geteilt durch Spannung in Volt ergibt Strom in Ampere. Hier handelt es sich um eine 12-Volt/8-Watt-Lampe. Daraus ergibt sich:

8 Watt : 12 Volt = 0,666 Ampere
(wir runden es auf 0,7 A auf).

Wie viele Stunden eine Lampe pro Tag oder pro Monat leuchten soll, hängt von der Anwendung ab. Als Beleuchtung eines kleinen Schrebergartenhäuschens wird sie wahrscheinlich höchstens 4 Stunden pro Woche benötigt. Dies zudem hauptsächlich während der Monate April, Mai, Oktober und November. Im Sommer braucht man selten Kunstlicht, im Winter selten das Schrebergartenhäuschen.

Den wöchentlichen „Kapazitätsverbrauch" der Anlagenbatterie rechnen wir einfach aus:

4 Stunden x 0,7 Ampere =
= 2,8 Amperestunden (Ah).

Mit dem Kapazitätsverbrauch läßt sich sehr leicht planen. Wenn der Anlagenbatterie in der Schaltung nach *Abb. 9.2* ein Teil ihrer Kapazität von 2,8 Ah entnommen wird, sinkt ihr „Kapazitätsvorrat" von den eingezeichneten 36 Ah auf 33,2 Ah. Da es sich hier bei den 2,8 Ah um einen Verbrauch pro Woche handelt, könnte hier die Lampe theoretisch bis zu etwa 10 Wochen lang betrieben werden, bevor die Batterie leer ist.

Der eigentliche Verbrauch der Lampe beträgt 28 Ah (10 Wochen x 2,8 Ah) und der monatliche Selbstentladeverlust (von 8% pro Monat) beträgt während der 10 Wochen ca. 20% der Batteriekapazität. 20% von 36 Ah sind 7,2 Ah (an Selbstentladung). Wenn wir nun diese 7,2 Ah zu dem Lampenverbrauch von 28 Ah dazurechnen, ergibt dies 35,2 Ah.

Nach dieser Berechnung dürfte also der Windgenerator annähernd bis zu 10 Wochen lang „streiken". So eine lange Durststrecke kommt in der Natur normalerweise gar nicht vor.

In Abb. 9.2 haben wir eine 36-Ah-Batterie deshalb eingezeichnet, weil sie trotz der relativ großen Kapazität sehr preiswert als Autobatterie erhältlich ist. In der Praxis könnte diese Batterie neben der Lampe auch noch andere Verbraucher versorgen.

Strikt genommen würde in so manchen Fällen der im Laderegler integrierte Tiefentladeschutz die Batterie etwas eher abschalten. Vielleicht sogar schon nach einem Kapazitätsverbrauch von ca. 30 Ah (was ja – wie bereits an anderer Stelle erwähnt wurde – herstellerabhängig ist). Das wäre aber auch nicht so tragisch und wir werden in unseren weiteren Rechenbeispielen diese herstellerbezogen variierende Abschaltschwelle einfach ignorieren. Das können wir uns schon deshalb leisten, weil wir erstens in den meisten Fällen

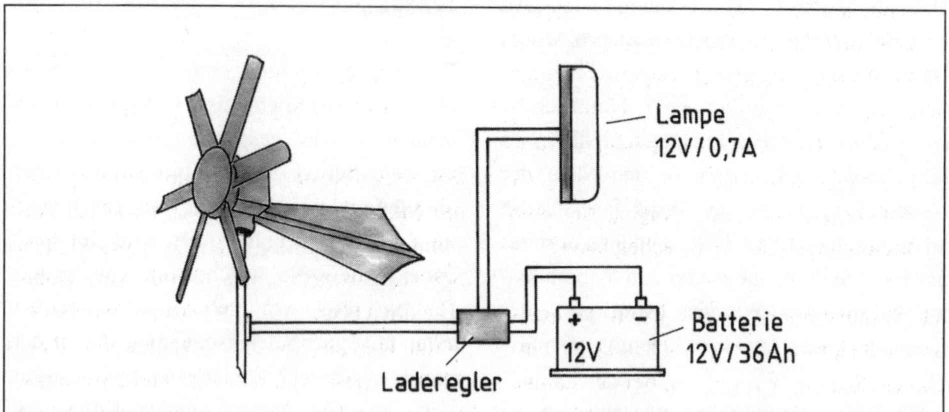


Bild 9.2 Schaltbeispiel einer einfachen Windgeneratoren-Stromversorgung

die errechnete Kapazität des Akkus ohnehin etwas großzügiger nach oben aufrunden; Zweitens ist das „Windangebot" nur geschätzt und der ganze Spielraum ist damit sehr dehnbar. Zugunsten, wie auch zuungunsten der Dimensionierung. Damit müssen wir uns jedoch bei diesen Naturgaben abfinden.

Daß der Energieverbrauch eines Anlagen-Akkus nachgeladen werden muß, dürfte wohl klar sein. Wir werden in unseren Planungsbeispielen jeweils den vorgesehenen Kapazitätsverbrauch aller Verbraucher ermitteln und daraus den Nachladebedarf der Anlagenbatterie ausrechnen. Für die Selbstentladung werden einheitlich 4% pro 14 Tage berechnet.

Als nächstes kommt nun die Frage nach der Nachlademöglichkeit eines Akkus vom Windgenerator. Wir wissen, daß es besonders im Herbst viel Wind gibt. Genauer gesagt, fängt es da mit dem Wind meist erst richtig an und dieser hält danach oft während der ganzen kühleren Jahreszeit bis zum Frühjahr durch. Allerdings nicht immer und nicht regelmäßig.

Die Ausgangsfrage jeder Planung lautet: „An wie vielen Tage pro Woche oder pro Monat ist der Wind kräftig genug, um einen Windgenerator betreiben zu können?". Natürlich ist es standortbezogen sehr unterschiedlich. Es gibt Gebiete (besonders in der Nähe der Nordsee), an denen der Wind fast ständig weht und es gibt Standorte, an denen er seltener ist. Zudem hängt es von den Windradtyp ab, bei welcher Windgeschwindigkeit der Generator eine brauchbare Leistung erbringt.

Bisherige Erfahrungen zeigen, daß man bei einer derartigen Planung an den meisten Standorten mit mindestens 4 bis 6 Tagen pro 2 Wochen mit einem Wind rechnen kann, der einen Windgenerator betreiben könnte. Von dem standortbezogenen Windaufkommen wird abhängen, ob der Anwender einen Windgenerator mit einem propellerartigen oder mit Savonius-Windrad für sein Vorhaben einplant.

Wir werden in den Planungsbeispielen einfach einheitlich mit einem standortbezogenen „brauchbaren" Windaufkommen von 96 bis 120 Stunden pro zwei Wochen rechnen. Hier handelt es sich um eine reine Erfahrungssache, bei der davon ausgegangen wird, daß die Kapazität der Anlagen-Batterie für 14 Tage ohne Nachladen ausreichen sollte. Für die meisten Anwendungen ist diese Zeitspanne angemessen. Nur dort, wo eine Unterbrechung der Stromversorgung unzumutbare Folgen haben könnte, sollte die Batteriekapazität etwas großzügiger dimensioniert werden.

Bei der Dimensionierung der erforderlichen Batteriekapazität gehen wir in folgenden Schritten vor:

Der Stromverbrauch eines jeden Verbrauchers (Lampe, Kocher usw.) wird notiert, anschließend wird geschätzt (oder errechnet), wieviele Betriebsstunden pro zwei Wochen anfallen und wie groß der daraus resultierende Kapazitätsverbrauch sein wird. Es spielt dabei keine Rolle, welche Anlagenspannung für das Projekt vorgesehen ist. Wir rechnen zwar mit einer Gleichspannung, die in den meisten Fällen 12 V oder evtl. 24 V betragen wird, aber auf den eigentlichen Kapazitätsverbrauch hat dies keinen Einfluß.

## Welche Spannung und Kapazität muß ein Akkumulator haben?

Wie wir bereits im Beispiel mit der Schrebergartenanlage zeigten, errechnet sich der Nachladebedarf aus folgenden Komponenten:

a) Nachladen der vom(n) Verbraucher(n) bezogenen Kapazitäts-Anteiles;
b) Nachladen des Kapazitätsverlustes durch Selbstentladung;
c) 20% Zugabe auf Ladeverluste.

Jetzt kommt eine weitere wichtige Frage an die Reihe: Wie groß muß der vom Windgenerator gelieferte Ladestrom sein und wie lange muß dieser Strom geliefert werden, um den Energieverbrauch (Kapazitätsverbrauch) nachzuladen, der der Anlagenbatterie entnommen wurde.

Vom Prinzip her ist es hier dasselbe, wie mit dem Nachfüllen eines jeden beliebigen Behälters. Daher ist es auch mit dem Rechnen völlig unkompliziert.

Wir gehen bei diesem Beispiel von „5 Ladetagen" (=120 Ladestunden) pro 14 Tage aus. Dies beinhaltet, daß der Windgenerator innerhalb von 120 Ladestunden den 14tägigen Energieverbrauch (den wir als „Kapazitätsverbrauch" bezeichnen) nachladen muß. Zumindest mehr oder weniger (das müssen wir der Natur überlassen).

Ein konkretes Planungsbeispiel ist aussagekräftiger als abstrakte Erklärungen. Wir geben uns vorerst mit einer bescheidenen Stromversorgung eines kleinen Objektes zufrieden und erstellen eine Übersicht der vorgesehenen Verbraucher und ihren 14tägigen Kapazitätsverbrauch in Ah:

*Tabelle 9.1*

| Verbraucher | Strom-abnahme | Kapazitäts-verbrauch in 14 Tagen |
|---|---|---|
| Innenlampe | 0,7 A | 5 Ah |
| Außenlampe | 1,1 A | 2 Ah |
| El. Kaffee-kocher | 12,5 A | 50 Ah |
| Fernseher | 2,9 A | 10 Ah |
| | | 67 Ah |

Der „Kapazitätsverbrauch" der Verbraucher ist hier nur als eine beispielsbezogene Angabe anzusehen. Wichtig ist hier für uns der errechnete „Verbrauch der Batteriekapazität" (von 67 Ah), den wir in allen Beispielen weiterhin einfachheitshalber als „Kapazitätsverbrauch" bezeichnen.

Wenn wir davon ausgehen, daß eine eventuelle Versorgungslücke wohl kaum zu schwerwiegende Folgen hätte, dürfte für eine solche Anlage eine 100-Ah-Autobatterie zunächst ausreichen. Damit will angedeutet werden, daß man später evtl. noch eine zweite 100-Ah-Batterie parallel zu der ersten Batterie zuschalten könnte, wenn es sich z.B. ergeben sollte, daß der Energieverbrauch höher ist, als vorgesehen war.

Der Windgenerator soll hier den Kapazitätsverbrauch, wie auch die Selbstentladeverluste der Batterie nachladen können. Der Kapazitätsverbrauch beträgt die bereits ermittelten 67 Ah. Auf die Selbstentladung entfallen weitere 4 Ah (als 4% der 100 Ah). Das ergibt 71 Ah.

Nun dürfen wir die Ladeverluste nicht vergessen. Sie betragen 20% des Nachladebedarfs (also 20% von 71 Ah). Das sind 14,2

Ah. Alles zusammen ergibt 85,2 Ah (71 Ah + 14,2 Ah = 85,2 Ah).

Diese 85,2 Ah sollte der Windgenerator innerhalb von 120 Betriebsstunden nachliefern können. 85,2 Ah geteilt durch 120 Betriebsstunden, ergibt einen Ladestrom von 0,71 A (85,2 Ah : 120 Std. = 0,71 A).

Wir brauchen also einen Windgenerator, der bei einer standortbezogenen „häufig vorkommenden Windgeschwindigkeit“ im Durchschnitt mindestens einen Ladestrom von 0,71 A liefern kann.

Wenn man sich nun daran orientieren würde, daß bereits ein kleiner Fahrraddynamo einen Strom von stolzen 0,5 A (bei voller Fahrt) aufbringt, dürfte eigentlich ein ziemlich kleiner Windgenerator die vorgesehene Aufgabe bewältigen können. Leider ist es bei so einem Windgenerator mit der „vollen Fahrt“ nicht so einfach, wie bei dem Fahraddynamo.

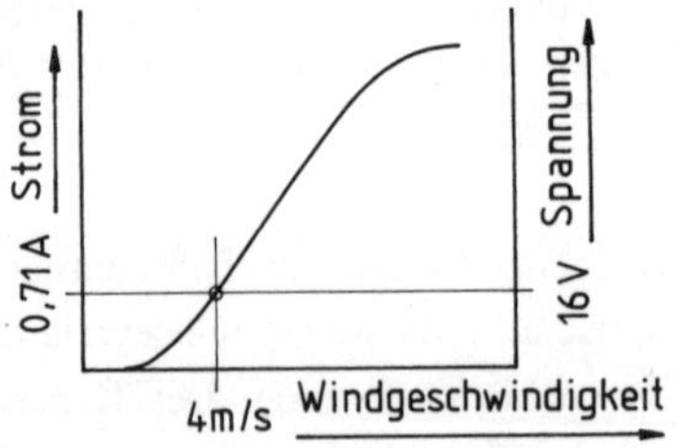


Bild 9.3 Strom/Spannungs-Kennlinie eines Windgenerators, der sich für das aufgeführte Planungsobjekt optimal eignen würde (vorausgesetzt, daß die häufige Windgeschwindigkeit am vorgesehenen Standort in der Nähe von 4 m/s liegt)

Die am Standort vorausgesetzte „häufige Windgeschwindigkeit“ wird in den meisten Fällen aus dem Windgenerator nur einen kleinen Teil (z.B. nur 10%) seiner offizieller Nennleistung „herausholen“ können.

Der Generator muß also mit anderen Worten etwa um das Zehnfache überdimensioniert werden, um die vorgesehene Arbeit einigermaßen kontinuierlich erbringen zu können. Er wird dann zwar bei einem kräftigen Wind annähernd seine volle Leistung liefern, aber der Bedarf wird wahrscheinlich gar nicht vorhanden sein, weil man mit dem Energie-Überschuß nichts anfangen kann (es sei denn, die Anlage arbeitet netzgekoppelt).

*Abb. 9.3* zeigt eine Strom/Spannungs-Kennlinie (Ladekurve) eines kleinen Windgenerators, der sich für eine Anlage nach dem vorhergehenden Beispiel gut eignen würde. Wichtig ist hier vor allem, daß der Generator – bei der vorgesehenen Windgeschwindigkeit von 4m/s – neben dem erwünschten Ladestrom (von 0,71 A) auch eine ausreichend hohe Ladespannung liefern kann.

Wenn es sich beispielsweise um das Laden einer 12 V-Batterie handelt, sollte der Windgenerator (bei der vorgesehenen häufigen Windgeschwindigkeit) eine Gleichspannung von mindestens 16 Volt liefern können. Der Strom, der unter denselben Windverhältnissen geliefert wird, dürfte dann den errechneten Ladestrom nicht unterschreiten.

Für das Laden bzw. Nachladen einer 24 V-Batterie ist eine doppelt so hohe Spannung erforderlich – also mindestens 30 bis 32 V. Der errechnete Ladestrom wird dabei automatisch bei demselben Verbrauch nur halb so hoch sein, wie bei einer 12-V-Anlage (was sich ohnehin bei der Berechnung der Stromabnahme von den 24-V-Verbrauchern automatisch ergibt).

Unter den zur Verfügung stehenden Angeboten werden wir in der Praxis leider nur selten einen Windgenerator finden, der haargenau unseren Anforderungen entspricht. Es ist dann ein etwas größerer Windgenerator anzuwenden, als theoretisch erforderlich wäre. Das hat den Vorteil, daß die Anlage im nachhinein auch weitere Aufgaben übernehmen kann, an die vielleicht bei der Planung nicht gedacht wurde.

Man kann aber auch umgekehrt vorgehen und anfänglich einen etwas kleineren Windgenerator installieren. Wird dieser seiner Aufgabe nicht zufriedenstellend gerecht, kann z.B. ein zusätzliches Solarzellenmodul das Ladestromdefizit auffangen (siehe dazu Kap. 15).

# 10 Niedervolt-Verbraucher für kleine Windenergie-Anlagen

Es versteht sich von selbst, daß man bei Windenergie-Inselanlagen mit dem Stromverbrauch sparsam umgehen muß. Dafür stehen inzwischen auch viele energiesparende Verbraucher zur Verfügung.

Die größte Aufmerksamkeit verdient die Beleuchtung. Als wirklich energiesparend kommen nur Leuchtstofflampen oder spezielle Neonlampen in Frage, die oft als „Solarlampen" angeboten werden. Gute „Solarlampen" geben bei demselben Energieverbrauch fünf- bis sechsmal mehr Licht als Glühbirnen.

Maßgebend für den „Wirkungsgrad" einer Lampe ist der „Lichtstrom", den sie bei bestimmter Leistungsaufnahme erbringt. So geht beispielsweise aus der Tab. 10.1 hervor, daß eine 14-W-Leuchtstofflampe fast dieselbe Beleuchtung (annähernd denselben Lichtstrom) wie eine 75-W-Glühbirne (siehe Tabelle auf der nächsten Seite) bieten kann. Wir haben in dieser Tabelle den Lichtstrom von gängigen Standardglühbirnen aufgeführt, um den Vergleich in bezug auf den Lichtstrombedarf etwas „greifbarer" zu machen.

*Tabelle 10.1 Technische Vergleichsdaten einiger energiesparender Lampen und der gängigen „Haushalts-Glühlampen" für 230-V-Wechselstromnetze*

| **Energie-Sparlampen, die sich für 12-V- oder 24-V-Windgenerator-Anlagen gut eignen** | | | | |
|---|---|---|---|---|
| **Marke/Typ** | **Versorgungsspannung** | **Leistungsaufnahme** | **Stromaufnahme** | **Lichtstrom in Lumen** |
| Öko-Light 110-12 | 12 V | 10,8 W | 0,9 A | 600 lm |
| Öko-Light 111-12 | 12 V | 12,0 W | 1,0 A | 900 lm |
| Öko-Light 210-12 | 12 V | 24,0 W | 2,0 A | 1800 lm |
| Öko-Light 110-24 | 24 V | 10,8 W | 0,45 A | 600 lm |
| Öko-Light 111-24 | 24 V | 12,0 W | 0,5 A | 900 lm |
| Öko-Light 210-24 | 24 V | 24,0 W | 1,0 A | 1800 lm |
| Leuchtstoffleuchte | 12 V | 14,4 W | 1,2 A | 960 lm |
| Feuchtraumlampe | 12 V | 16,8 W | 1,4 A | 900 lm |
| Leuchtstoffleuchte „Twin-Light" | 12 V | 2 x 4,3 W | 2 x 0,33 A | 2 x 180 lm |

**Standard-Haushalts-Glühbirnen** (für die normale 230 V-Wechselspannung – zum Lichtstromvergleich in bezug auf die Leistungsaufnahme):

| Leistungs-aufnahme | Lichtstrom in Lumen | Leistungs-aufnahme | Lichtstrom in Lumen |
|---|---|---|---|
| 25 W | 230 lm | 60 W | 730 lm |
| 40 W | 430 lm | 75 W | 960 lm |

Bei der Planung kann man sich daran orientieren, was von Fall zu Fall erfahrungsgemäß als „ausreichende" Lichtstärke eingestuft werden dürfte: Auf der Toilette genügt eine 25-W-Glühbirne, die Nachttischlampe kommt mit einer 40-W-Glühbirne aus, über dem Eßtisch wäre eine Glühbirne von 75 W wünschenswert usw. Bei Zweifel läßt sich mit Hilfe von Glühbirnen praktisch ausprobieren, welche Leistung für das eine oder andere Anliegen erforderlich wäre. Somit kann man der Tab. 10.1 den entsprechenden Lichtstrom (der „Referenz-Glühbirne") entnehmen und nach einer energiesparenden Lampe mit vergleichbarem Lichtstrom Ausschau halten.

Bei anderen Verbrauchern ist das Verhältnis von Verbrauch zu Leistung leichter zu vergleichen und ein Optimum zu finden. Natürlich müssen dabei oft Kompromisse in Kauf genommen werden, an die wir „von Haus aus" eigentlich gar nicht mehr gewöhnt sind. Es kann z.B. schwerfallen, den Verbrauch eines Kühlschrankes mit dem Verbrauch des Anwenders in einen befriedigenden Einklang zu bringen und das Beste aus der Sache zu machen. Das gemeine hierbei ist, daß z.B. ein doppelt so großer Kühlschrank nur 20% mehr Energie verbraucht ... (siehe auch Tabelle S. 96).

Relativ unproblematisch ist es bei der Planung von Pumpen. Hier werden einfach die Förderhöhen und die -leistungen (in Litern pro Minute) und die damit verbundenen Aufnahmeleistungen verglichen.

Unter den Fernsehern gibt es diverse kleinere tragbare Modelle, die für eine 12-V- und/oder 24-V-Batterieversorgung ausgelegt sind und einen Verbrauch von 35 bis 37 W haben.

Kleine Heiz- und Kochgeräte, worunter Wasser- oder Kaffeekocher, sind meistens als Autozubehör erhältlich und energiesparend ausgelegt.

Auch hier siehe Tabelle auf S. 96.

# 11 Stromversorgung von Schrebergartenhäusern, Garten- und Freizeitgrundstücken

Die Bausteine einer Windgenerator-Anlage sind uns inzwischen bekannt, die Stromabnahme einzelner Verbraucher geht aus ihren technischen Daten hervor und somit dürfte einem eigenen Entwurf nichts im Wege stehen:

Für die Stromversorgung eines kleinen Schrebergartenhäuschens nach Beispiel A (in der Tabelle unten) dürfte z.B. eine 12 V/60-Ah-Autobatterie optimal sein. Das Nachladen teilt sich hier in folgende Aufgaben: 37,4 Ah Kapazitätsverbrauch + 2,4 Ah (als 4% der 60-Ah-Batterie an Selbstentladung): Das ergibt 39,8 Ah (37,4 Ah + 2,4 Ah = 39,8 Ah). Dazu kommen noch 20% von den 39,8 Ah – das sind 7,96 Ah – als Ladeverluste.

Das ergibt einen Nachladebedarf von 47,76 Ah (39,8 Ah + 7,96 Ah = 47,76 Ah).

Bemerkung: wir runden bei unseren Beispielen die ermittelten Zahlen nicht auf – damit man es leichter zurückverfolgen kann.

Standortbezogen werden wir in diesem Fall davon ausgehen, daß hier die Nutzung während der etwas wärmeren Jahreszeit stattfindet. Der Planung legen wir hier nur vier windreiche Tage während eines Zeitraums von 14 Tagen zugrunde. Das sind 96 Arbeitsstunden (Ladestunden) des Windgenerators.

Daraus ergibt sich folgender Ladestrombedarf: 47,76 Ah : 96 Ladestunden = 0,5 A Ladestrom.

Soweit nur ein einziger Windgenerator als Energiequelle vorgesehen ist, muß er im Durchschnitt diesen Ladestrom aufbringen. Andernfalls kann er sich diese Aufgabe mit

| Beispiel A – Kleineres Schrebergartenhäuschen (12-V-Spannung) | | | |
|---|---|---|---|
| Verbraucher | Stromverbrauch in A | im Zeitraum von 14 Tagen | |
| | | Nutzungsdauer in Stunden | Kapazitätsverbrauch in Ah |
| Innenlampe | 0,7 | 20 | 14,0 |
| Außenlampe | 1,1 | 2 | 2,2 |
| Wasserkocher | 12,5 | 1 | 12,5 |
| Fernseher (35 W) | 2,9 | 3 | 8,7 |
| | | | insgesamt 37,4 Ah |

einem zweiten kleinen Windgenerator oder mit einem kleinen Solarzellenmodul teilen (siehe Kap. 15 und 16).

Für die Anlage nach Beispiel B ( siehe Tabelle) dürften z.B. zwei 12 V/60-Ah-Autobatterien im Parallelbetrieb eingesetzt werden. Das ergibt eine „Speicherkapazität" von 120 Ah.

Nachladebedarf: 94,7 Ah (Verbrauch) + 4,8 Ah (4% der Batteriekapazität) auf Selbstentladung = 99,5 Ah. Dazu kommen noch 19,9 Ah (als 20% auf Ladeverluste). Der gesamte Nachladebedarf beträgt dann 119,4 Ah.

Der Planung legen wir hier wieder 96 Ladestunden zugrunde. Der benötigte Ladestrom beträgt dann 1,25 Ah (119,4 Ah Nachladebedarf geteilt durch 96 Ladestunden).

Diesen Ladestrom muß entweder der Windgenerator alleine oder in einer der im vorherigen Beispiel angesprochenen Kombinationen aufbringen können.

**Beispiel B – Größeres Schrebergarten-/Sommerhaus (12-V-Spannung):**

| Verbraucher | Stromverbrauch in A | im Zeitraum von 14 Tagen | |
|---|---|---|---|
| | | Nutzungsdauer in Stunden | Kapazitätsverbrauch in Ah |
| 3 Innenlampen | 2,1 | 6 | 12,6 |
| Außenlampe | 1,2 | 2 | 2,4 |
| Wasserkocher | 12,5 | 2 | 15,0 |
| Fernseher | 2,9 | 8 | 23,9 |
| Kühlbox | 3,6 | 8 | 28,8 |
| Springbrunnen | 1,2 | 10 | 12,0 |
| | | | insgesamt 94,7 Ah |

# 12 Stromversorgung von Garagen und Carports

Viele Garagen und Carports stehen derartig weit entfernt vom Haus, daß eine alternative Stromversorgung die beste Lösung darstellt. Sie ist zudem oft preiswerter als ein Netzanschluß. Es ist dabei sehr beruhigend, daß der Strom dann kostenlos z.B. für folgende Zwecke zur Verfügung steht:

- Der Garagentorantrieb kann per Fernsteuerung elektrisch bedient werden;
- Die Garage bzw. der Carport wie auch der Zufahrtsweg können elektrisch beleuchtet werden;
- Die Autositze können während der kälteren Jahreszeit elektrisch beheizt werden (dafür gibt es genügend preiswerte Autositzheizbezüge);
- Ein zusätzlicher Einbruchsschutz kann hier angeschlossen werden.

Für Garagentore gibt es gegenwärtig etliche elektrische Bausatzantriebe, die für eine Gleichspannung von 12 Volt ausgelegt sind. Einige von ihnen sind mit einem Solarzellenmodul und mit einer Solarbatterie erhältlich, können jedoch meistens auch ohne dieses Zubehör gekauft werden. Anstelle des Solarzellenmoduls wird dann ein kleiner Windgenerator eingesetzt. Die Solarbatterie könnte zwar – wie bereits erläutert wurde – auch für den Windgenerator verwendet werden, aber eine Autobatterie ist preiswerter.

Eine Garagenanlage mit Windgenerator zeigt *Abb. 12.1*. Bis auf den eigentlichen elektroni-

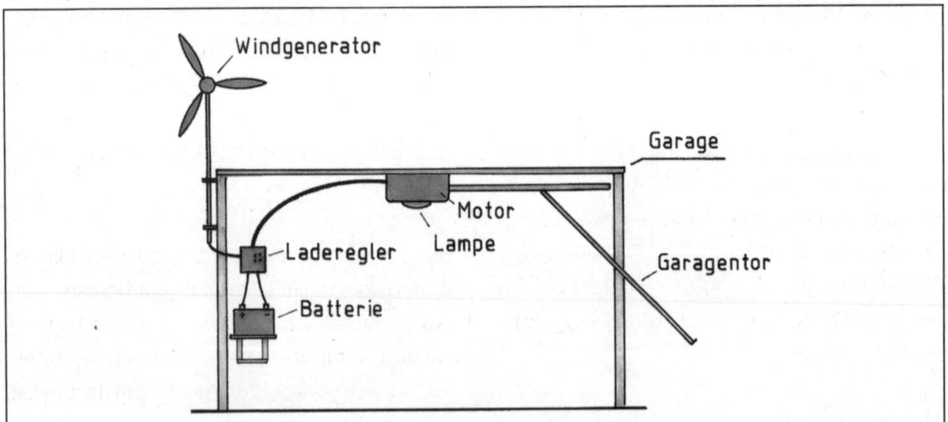


Bild 12.1 Stromversorgung einer Garage mit Hilfe eines Windgenerators.

schen Garagentorantrieb finden wir hier nur lauter bekannte Anlagenbausteine.

**Planungsbeispiel C – Garage mit elektrischem 12 V-Gleichstrom-Torantrieb:**

Die meisten Motoren solcher Kleinspannungs-Garagentorantriebe sind für Aufnahmeleistungen von ca. 100 bis 125 Watt ausgelegt und benötigen höchstens 10 Sekunden zum Öffnen oder Schließen des Tores. Daraus ergibt sich ein Verbrauch der Batteriekapazität von nur etwa 0,06 bis 0,075 Ah pro Torbetätigung (die angegebenen Werte berücksichtigen auch den erhöhten Stromstoß beim Einschalten des Motors).

Bei 20 Torbetätigungen pro Woche verbraucht somit der Motor nur bescheidene 1,2 bis 1,5 Ah der Batteriekapazität.

In den meisten Antriebseinheiten ist auch eine kleine Lampe integriert, die oft nach ca. 3 bis 5 Minuten automatisch abschaltet. Der Verbrauch liegt üblicherweise zwischen 6 und 9 W. Das ergibt umgerechnet (Leistung in W geteilt durch Spannung in V) einen Stromverbrauch von 0,5 bis 0,75 A.

Wenn nun angenommen wird, daß im Winter die Lampe bei jeder Torbetätigung aufleuchtet, verbraucht sie eine Batteriekapazität von ca. 0,025 Ah bis 0,063 Ah pro Torbetätigung. Das sind bei 20 Torbetätigungen 0,5 bis 1,26 Ah pro Woche (zusätzlich zu dem eigentlichen Motorverbrauch).

Als dritter Verbraucher im Bunde ist der „Standby-Betrieb“ einzustufen. Bei guten Produkten verbraucht er etwa 2 mA (=0,002 A) – was bei dem Stand der heutigen Technik unnötig zu hoch ist. Fast jeder preiswerte Batterie-Funkwecker arbeitet mit ähnlichem Prinzip und begnügt sich mit einem Stromverbrauch, der etwa hundertmal niedriger ist.

Paradoxerweise gibt es gegenwärtig auf dem Markt etliche Garagentor-Antriebe (worunter auch sogenannte Markenprodukte), die als Solar-Antriebe angeboten werden und bei denen der Standby-Stromverbrauch in der Nähe von 10 mA (0,01 A) liegt (was viel zu hoch ist und damit zu viel Energie verbraucht).

Auf diesen „technischen Parameter“ ist beim Kauf zu achten. Ein Standby, dessen Elektronik durchlaufend einen Strom von 10 mA verbraucht, bildet einen schlimmen Energiefresser. Eine kontinuierliche Stromabnahme von 10 mA summiert sich zu einem Verbrauch der Batteriekapazität von 1,7 Ah pro Woche.

Wenn dagegen der Standby-Verbrauch (bei einigen guten Torantrieben) nur tatsächlich bei 2 mA (= 0,002 A) liegt, ergibt es einen Verbrauch an Batteriekapazität von bescheidenen 0,34 Ah pro Woche. Hier gilt also beim Kauf der Slogan „Sehen ist Glauben“. In diesem Fall handelt es sich um das Sehen aller benötigten technischen Daten.

Bis zu einem Standby-Stromverbrauch an Batteriekapazität (Kapazitätsverbrauch) von etwa 1 bis 2 Ah pro Woche dürfte man so einen Torantrieb notfalls dennoch akzeptieren (soweit es nach persönlichem Ermessen z.B. in Hinsicht auf den Kaufpreisvorteil – vertretbar ist).

Somit dürfte „typenbezogen" der wöchentliche Kapazitätsverbrauch insgesamt zwischen ca. 1,34 und 4,76 Ah (theoretisch) betragen. Die 4,76 Ah setzen sich zusammen aus den 1,5 Ah für den Elektromotor, den 1,26 Ah der Lampe und einem maximal annehmbaren Verbrauch von 2Ah der Standby-Elektronik.

Eine 36-Ah-Autobatterie würde hier als Zwischenspeicher mehr als ausreichen (das ist ohnehin die gängige kleinste und preiswerteste Autobatterie und daher dürften sich weitere Überlegungen erübrigen).

Das Nachladen besteht hier aus denselben Komponenten, wie beim Beispiel „A" im Kap. 11, nur die Zahlen sind anders. Um auch hier im Schema der 14tägigen Zeitspanne(n) zu bleiben, rechnen wir den vorhin ausgerechneten wöchentlichen Kapazitätsverbrauch von 4,76 Ah in 9,52 Ah um (4,76 Ah x 2 = 9,52 Ah). Dazu kommt noch die Selbstentladung (4% der 36-Ah-Batteriekapazität); das sind 1,44 Ah. Das ergibt 10,96 Ah (9,52 Ah + 1,44 Ah). Dazu letztendlich noch 20% von den 10,96 Ah – das sind 2,2 Ah – als Ladeverluste.

Das ergibt einen „Nachladebedarf" von 13,16 Ah (10,96 + 2,2 Ah = 13,16 Ah).

Wenn wir nun auch hier den Nachladebedarf durch 96 Ladestunden teilen, ergibt sich ein Ladestrom von 0,14 A (13,16 Ah : 96 Std. = 0,14 A), den bereits ein sehr kleiner Windgenerator bewältigen kann.

Es sollte nochmals darauf hingewiesen werden, daß der Windgenerator neben dem an sich sehr geringen Ladestrom noch eine Gleichspannung von mindestens ca. 16 V liefern müßte. Die benötigte Leistung liegt dann nur bei bescheidenen 2,24 W. Wie schon erwähnt wurde, ist sogar ein 10-Mark-Fahrraddynamo für eine Leistung von 3 Watt ausgelegt (die er bei schneller Fahrt liefert – allerdings bei einer Nennspannung von nur 6 Volt).

Der Hinweis auf den Fahrraddynamo dient hier einer greifbaren Vorstellung darüber, wie winzig in diesem Fall der Energiebedarf ist. Wir wissen jedoch, daß es in der Praxis nicht nur um die theoretische Nennleistung des Windgenerators geht, sondern darum, daß er standortbezogen bei den herrschenden Windverhältnissen, diese Leistung auch zu liefern bereit ist.

Eine höhere Leistung des Windgenerators wird benötigt, wenn die Garagenanlage auch noch zusätzliche andere Verbraucher mit Strom versorgen soll wie z.B. eine Außenlampe und einen Autositzheizbezug. Der Stromverbrauch der gängigen Heizbezüge liegt (typenabhängig) zwischen ca. 2,5 und 3,5 A.

Erfahrungsgemäß reichen hier ca. 5 bis 10 Minuten aus, um so einen elektrischen Sitzbezug angenehm aufzuwärmen – was u.a. von der jeweiligen Garagen- bzw. Außentemperatur (beim Carport) abhängt.

Folgendes Planungsbeispiel zeigt, mit welchem Energiebedarf ein solches Vorhaben verbunden ist. Wir rechnen für ein Heizkissen, das täglich 10 Minuten lang, 6 Tage pro Woche einen Strom von 3,5 A verbraucht:

| Beispiel D – Garage/Carport mit beheiztem Autostuhl und Beleuchtung | | | |
|---|---|---|---|
| Verbraucher | Stromverbrauch in A | im Zeitraum von 14 Tagen | |
| | | Nutzungsdauer in Stunden | Kapazitätsverbrauch in Ah |
| Elektr. Torantrieb | – | – | 9,52 |
| Autositzheizbezug | 3,5 | 2 | 7,0 |
| 1 Außenlampe | 1,1 | 3 | 3,3 |
| | | | insgesamt 19,82 Ah |

Um evtl. auch für weitere zusätzliche Verbraucher – worunter z.B. einen zweiten Autositzheizbezug – noch einen großzügigeren Stromversorgungsspielraum zu haben, planen wir hier eine 60-Ah-Autobatterie als Energiespeicher ein. Daraus ergibt sich folgende Berechnung:

Nachladebedarf: 19,82 Ah (Verbrauch) + 2,4 Ah (4% der Batteriekapazität) auf Selbstentladung = 22,22 Ah. Dazu kommen noch 4,36 Ah (als 20% auf Ladeverluste). Der Nachladebedarf beträgt: 26,58 Ah (22,22 Ah + 4,36 Ah) .

Der benötigte Ladestrom beträgt hier 26,58 Ah : 96 Ladestunden = 0,28 A

Die beiden aufgeführten Beispiele bilden praxisorientierte Bauanleitungen, die unverändert übernommen werden können. Nur wenn der individuell vorgesehene Leistungsbedarf von dem einen oder anderen Beispiel zu sehr abweicht, kann hier alles bedarfsbezogen prozentual umgerechnet werden. Da sich das Windangebot ohnehin nicht genauer berechnen läßt, reicht eine grobe Schätzung des Unterschiedes im Verbrauch als Planungs-Ausgangspunkt aus.

Damit ist folgendes gemeint:

Wenn beispielsweise mehrere Leuchtkörper in der Garage bzw. als Außenbeleuchtung vorgesehen sind, die – im Vergleich mit Beispiel D – eine Erhöhung des Kapazitätsverbrauchs um 50% zufolge haben, wird auch eine entsprechend größere Autobatterie fällig (die natürlich auch einen höheren Ladestrom zum Nachladen beansprucht).

Ausgehend vom Beispiel D, käme hier (theoretisch) eine ca. 90 Ah-Autobatterie zum Einsatz und der benötigte Ladestrom würde dann ebenfalls um 50% auf ca. 0,42 A erhöht werden müssen.

# 13 Stromversorgung von kleineren Ferienhäusern

Einer Windgeneratoranlage ist es natürlich völlig egal, welche Objekte sie mit elektrischem Strom zu versorgen hat. Hauptsache, es stimmt die Leistung. Somit eignen sich die nun folgenden Planungsbeispiele genausogut für ein größeres Schrebergartenhäuschen, eine Berghütte, einen Caravan oder evtl. ein Boot. Im Vergleich zu den vorhergehenden Beispielen wird hier u.a. auch ein Kühlschrank eingeplant. Es handelt sich zwar um einen energiesparenden Kühlschrank, aber aus der nun folgenden Tabelle geht hervor, daß dieses nützliche Haushaltsgerät ein hungriger „Energiefresser" ist.

Der in Beispiel E (siehe Tabelle) eingeplante Kühlschrank hat laut Hersteller einen Tagesverbrauch von ca. 300 W an elektrischer Energie. Das sind umgerechnet die aufgeführten 1,1 A an kontinuierlichem Stromverbrauch. Die hier vorausgesetzte Betriebsdauer der restlichen Verbraucher wird in Hinsicht auf individuelle Ansprüche, wie auch auf die jahreszeitabhängigen Nutzungsperioden von Fall zu Fall sehr unterschiedlich ausfallen – was bei der Planung entsprechend zu berücksichtigen (und evtl. umzurechnen) ist.

Als ein preiswerter Energiespeicher dürften für diese Anlage sechs gleiche 12 V/100-Ah-Autobatterien im Parallelbetrieb (nach *Abb. 13.1*) eingesetzt werden. Das ergibt eine stolze Batteriekapazität von 600 Ah.

Nachladebedarf: 495 Ah Verbrauch (aufgerundet) + 24 Ah (4% der Batteriekapazität) auf Selbstentladung ergibt eine Zwischensumme von 519 Ah. Dazu kommen noch 120 Ah (als 20% auf Ladeverluste). Der Nachladebedarf beträgt:

$$519\ \text{Ah} + 120\ \text{Ah} = 639\ \text{Ah}$$

| Beispiel E – Ferien-/Wochendhäuschen mit einem 12-V-Hausnetz | | | |
|---|---|---|---|
| **Verbraucher** | **Stromverbrauch in A** | **im Zeitraum von 14 Tagen** | |
| | | **Nutzungsdauer in Stunden** | **Kapazitätsverbrauch in Ah** |
| 3 Innenlampen | 2,1 | 4 | 8,4 |
| Außenlame | 1,0 | 1 | 1,0 |
| Kaffeekocher | 12,5 | 7 | 87,5 |
| Fernseher | 2,9 | 10 | 29,0 |
| Kühlschrank | 1,1 | 336 | 369,0 |
| | | | insgesamt 494,9 Ah |

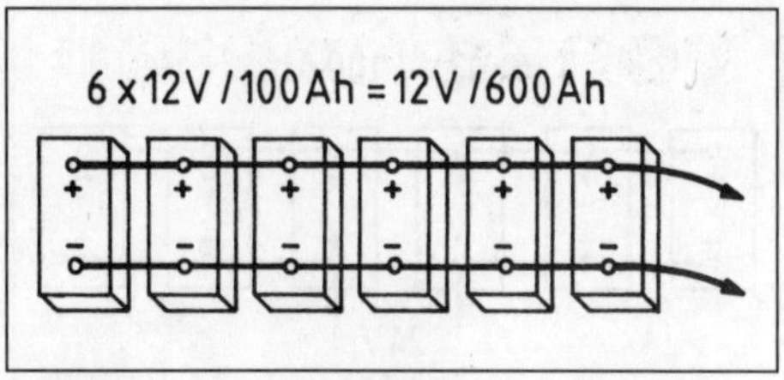


Bild 13.1 Sechs 12 V/100 Ah Batterien ergeben im Parallelbetrieb eine 12 V/600-Ah-Batterie

Der Planung legen wir hier wieder 96 Ladestunden zugrunde, und rechnen nun den benötigten Ladestrom aus:

639 Ah : 96 Ladestunden = 6,66 Ah

Hier müßte ein wesentlich größerer Windgenerator zum Einsatz kommen als in den bisherigen Beispielen. Manchmal läßt sich jedoch der Energieverbrauch durch andere Maßnahmen verringern. In einem Wochenendhäuschen, das z.B. nur zwei Tage pro Woche bewohnt wird, muß der Kühlschrank nicht die ganze Woche laufen. Es genügt, wenn man mit einer zusätzlichen Kühlbox die kritischen Lebensmittel mit dem Auto mitbringt. Der Kühlschrank wird dann z.B. anstelle von 336 Stunden nur ca. 60 Stunden pro 14 Tage eingeschaltet sein (wir sehen uns im nächsten Beispiel an, wie sich dadurch der gesamte Energieverbrauch ändert):

Als ein preiswerter Energiespeicher dürften für die Anlage nach Beispiel F (Tabelle unten) zwei oder drei 12 V/100- Ah-Autobatterien im Parallelbetrieb eingesetzt werden. Das ergibt eine Batteriekapazität von 200 bzw. 300 Ah. Wir begnügen uns in diesem Beispiel mit einer Batteriekapazität von 200 Ah und begründen es damit, daß es sich um ein Objekt handelt, das nur ziemlich unregelmäßig benutzt wird.

Zu dem Nachladebedarf von 192,5 Ah (Verbrauch) kommen 8 Ah auf Selbstentladung (als 4% der Batteriekapazität), Das ergibt 200,5 Ah. Dazu kommen noch 40,1 Ah (als 20% auf Ladeverluste). Der gesamte Nachladebedarf beträgt dann 240,6 Ah (200,5 Ah + 40,1 Ah = 240,6 Ah).

Wir rechnen wieder mit 96 Ladestunden, woraus sich der folgende Ladestrom ergibt:

240,6 Ah : 96 Ladestunden = 2,5 Ah

**Beispiel F – Ferien-/Wochendhäuschen mit einem 12-V-Hausnetz**

| Verbraucher | Stromverbrauch in A | im Zeitraum von 14 Tagen | |
|---|---|---|---|
| | | Nutzungsdauer in Stunden | Kapazitätsverbrauch in Ah |
| 3 Innenlampen | 2,1 | 4 | 8,4 |
| Außenlame | 1,0 | 1 | 1,0 |
| Kaffeekocher | 12,5 | 7 | 87,5 |
| Fernseher | 2,9 | 10 | 29,0 |
| Kühlschrank | 1,1 | 60 | 66,6 |
| | | | insgesamt 192,5 Ah |

Im Gegensatz zu dem vorhergehenden Beispiel sieht es diesmal mit dem Nachladebedarf wesentlich günstiger aus. Dennoch wäre auch hier in den meisten Fällen eine Kombination mit Solarzellen von großem Vorteil.

An anderer Stelle wurde bereits darauf hingewiesen, daß es gerade für diese Gleichspannung die größte Auswahl an energiesparenden Verbrauchern gibt. Es spricht jedoch nichts dagegen, daß stattdessen einer Versorgungs-Gleichspannung von 24 Volt Vorrang gegeben wird.

Dadurch, daß hier die Batteriespannung auf das Doppelte steigt, ändert sich an dem Berechnungsschema nichts. Der Ladestrom halbiert sich, aber die Ladespannung verdoppelt sich. Mit anderen Worten: der benötigte Windgenerator oder das benötigte Solarzellenmodul werden somit nicht kleiner (weder in der Leistung, noch in den Abmessungen); sie müssen nur ein anderes Spannungs/Ladestrom-Verhältnis aufweisen.

Soweit für eine 24-V-Anlage die gängigen 12-V-Autobatterien – oder alternativ 12-V-Solarbatterien angewendet werden, müssen sie bei größeren Kapazitätsbedarf seriell/parallel (z.B. nach *Abb. 13.2*) verschaltet werden.

In dem nun folgendem Beispiel G einer 24-V-Stromversorgung haben wir – wegen einer leichten Vergleichsmöglichkeit – dieselben Verbraucher und Betriebszeiten wie in der vorhergehenden Tabelle (F) übernommen.

In der Praxis wird es nicht immer gelingen, daß man eine Lampe oder ein Gerät wahlweise so-

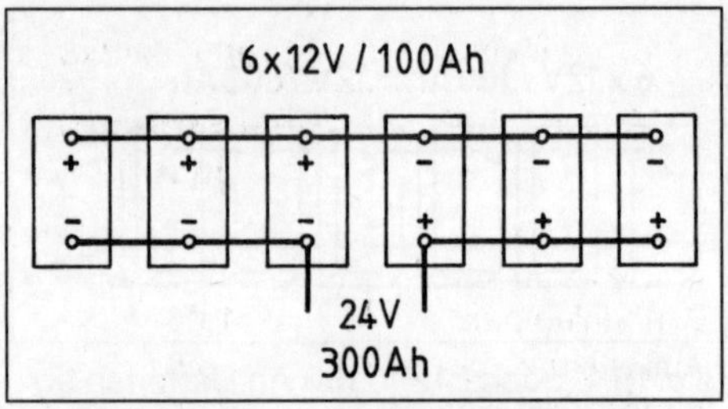


Bild 13.2 Für eine serielle/parallele Verschaltung dürfen nur baugleiche Batterien verwendet werden (dieselbe Spannung, Kapazität und Marke)

wohl für eine 12 V- als auch für eine 24-V-Versorgungsspannung erhält. Ziemlich unproblematisch ist dies bei Kühlschränken oder tragbaren Fernsehern (obwohl wenig bekannt).

Wir wenden – wie im vorhergehenden Beispiel – zwei 12 V/100-Ah-Autobatterien an. Diesmal jedoch in Serie. Zwei 12-V-Batterien in Serie ergeben eine 24-V-Batterie. Die Batteriekapazität beträgt 100 Ah (bei einer Serienschaltung summiert sich nur die Spannung, nicht die Kapazität).

Nachladebedarf: 96,25 Ah Verbrauch + 4 Ah (4% der Batteriekapazität) auf Selbstentladung (ergibt eine Zwischensumme von 100,25 Ah). Dazu kommen noch 20,05 Ah (als 20% auf Ladeverluste). Der gesamte Nachladebedarf beträgt hier 120,3 Ah (100,25 Ah + 20,05 Ah).

Der benötigte Ladestrom beträgt hier: 120,3 Ah : 96 Ladestunden = 1,25 A

Im Vergleich zum vorangegangenen Beispiel hat sich hier – wie erwartet der Ladestrom halbiert. Die Ladespannung muß jedoch doppelt so hoch sein.

| Beispiel G – Ferien-/Wochendhäuschen mit einem 24-V-Hausnetz | | | |
|---|---|---|---|
| Verbraucher | Stromverbrauch in A | im Zeitraum von 14 Tagen | |
| | | Nutzungsdauer in Stunden | Kapazitätsverbrauch in Ah |
| 3 Innenlampen | 1,05 | 4 | 4,2 |
| Außenlame | 0,5 | 1 | 0,5 |
| Kaffeekocher | 6,25 | 7 | 43,75 |
| Fernseher | 1,45 | 10 | 14,5 |
| Kühlschrank | 0,55 | 60 | 33,3 |
| | | | insgesamt 96,25 Ah |

Dies bedeutet, daß hier ein Windgenerator installiert werden muß, der für das Laden von 24-V-Batterien ausgelegt ist, bzw. der die benötigte Ladespannung (von ca. 32 V) bei der „häufig vorkommenden" Windgeschwindigkeit zuverlässig liefern kann (nebst dem benötigten Ladestrom).

Bemerkung: Wenn in einem Kleinspannungsnetz Geräte betrieben werden sollen, die für die gängige 230-V-Wechselspannung ausgelegt sind, kann – wie bereits aufgeführt – ein kleiner zusätzlicher Wechselrichter die zur Verfügung stehende 12-V- oder 24-V-Gleichspannung in die 230-V-Wechselspannung umwandeln.

Die Verluste der meisten Wechselrichter liegen jedoch gegenwärtig noch bei ca. 8 bis 10%. Die Anwendung eines Wechselrichters ist daher eigentlich nur dann sinnvoll, wenn spezielle Verbraucher betrieben werden sollen, auf die man nicht verzichten möchte. Als Beispiel kann hier eine elektrische Schreibmaschine dienen.

Die Aufgabe aller angeführten Beispiele besteht vor allem darin, daß der Leser ohne fremde Hilfe eine praktische Berechnung seiner Anlage leicht bewältigen kann.

In der Praxis wird standortbezogen die vorgesehene Nachlade-Zeitspanne des Windgenerators den örtlichen Windverhältnissen angepaßt werden müssen. Es wird windige Standorte geben, bei denen das Nachladen der Batterie im Durchschnitt wesentlich kürzere Zeitspannen als die vorgesehenen 96 Arbeitsstunden (pro 14 Tage) erlaubt. An einigen anderen Standorten wird es dem Wind wiederum nicht gelingen, den Nachladebedarf innerhalb der zwei Wochen zu bewältigen – wenigstens nicht während länger dauernder windarmer Perioden.

Da man aber eine jede solche Anlagen problemlos auch im nachhinein in beliebigem Umfang nachrüsten kann (mit einem Zweitgenerator, mit Solarzellen, wie auch mit weiteren Batterien), ist es nicht schlimm, wenn man bei der Planung Denk- oder Rechenfehler macht. Probieren geht hier oft über Studieren.

# 14 Kombination von Wind- und Solarenergie

Bei der alternativen Stromversorgung von netzunabhängigen Inselanlagen bietet die Nutzung der Kombination von Wind- und Sonnenenergie eine nahezu ideale Mischung. Hier handelt es sich ja um zwei Energiequellen, die sich naturbedingt ziemlich abwechseln und somit längere Lücken in der Energieversorgung sinnvoll füllen können.

An der eigentlichen Berechnung des Energieverbrauchs bzw. des Ladestromes – wie es in vorhergehenden Kapiteln gemacht wurde – braucht sich nichts zu ändern. Das Nachladen teilt sich dann nach Abb. *14.1* der Windgenerator mit einem Solarzellenmodul.

Es spielt dabei keine Rolle, wie sich diese zwei Ladestromlieferanten ihre Aufgaben untereinander einteilen. Hauptsache, sie bringen den erforderlichen Ladestrom per Saldo auf. Da es an vielen Standorten sehr oft entweder Wind oder Sonne gibt, verläuft das Nachladen der Anlagenbatterie ziemlich ausgewogen. Man kann dann so eine kombinierte Anlage (die in der Literatur oft als Hybridanlage bezeichnet wird) etwas risikofreudiger dimensionieren.

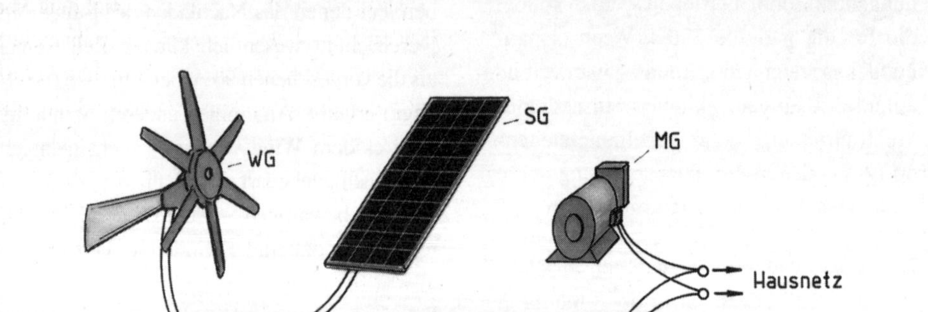


Bild 14.1 Schaltbeispiel einer kombinierten Stromerzeugung: der Windgenerator WG und das Solarzellenmodul SG laden über einen gemeinsamen Laderegler LR die Anlagenbatterie B, die über einen Tiefentladeschutz T das Hausnetz mit Energie versorgt. Es spricht nichts dagegen, daß ein zusätzlicher Motorgenerator MG die Anlagenausrüstung anfüllt.

Legt man bei der Anlage besonderen Wert darauf, daß es unter keinen Umständen zu Energieversorgungslücken kommt, kann ein zusätzlicher kleiner Motorgenerator einspringen. Kleine, mit Benzin oder mit Diesel betriebene Motorgeneratoren sind auch als 12-V- oder 24-V-Gleichspannungs-Generatoren erhältlich und können somit direkt an das Hausnetz angeschlossen werden.

Einige Windgenerator-Hersteller bieten mit ihren Windgeneratoren spezielle Laderegler an, die zwei Eingänge haben: Einen für den Windgenerator, den anderen für ein Solarzellenmodul – wie es auch in Abb. 14.1 eingezeichnet ist. Oft ist jedoch zu dem Windgenerator nur ein Laderegler mit einem einzigen Eingang erhältlich. In dem Fall muß das Solarzellenmodul einen eigenen Laderegler nach *Abb. 14.2* bekommen (den man problemlos als Zubehör von Solarzellenmodulen erhalten kann).

Hierbei sollten an beide Ausgänge der Laderegler – wie eingezeichnet – zwei zusätzliche „Schottky-Dioden" (als Schutzdioden D1, D2) eingelötet werden (soweit sich einem evtl. Schaltplan des Ladereglers nicht entnehmen läßt, daß dies nicht notwendig ist). Andernfalls könnten unerwünschte Fehlfunktionen bei der Laderegelung durch Spannungsunterschiede an den Laderegler-Ausgängen entstehen.

Es ist darauf zu achten, daß die Kapazität der Anlagenbatterie (in Ah) mindestens zehnmal höher ist, als die Summe der maximalen Ladeströme aller parallel arbeitenden Laderegler (soweit es sich nicht um spezielle Laderegler handelt, die nur einen eingeschränkten Ladestrom durchlassen).

Ist in einem der Laderegler-Gehäuse ein Tiefentladeschutz untergebracht, können die Verbraucher nicht an ihn angeschlossen werden, weil der Stromfluß über die eingelöteten Schottky-Dioden dann nur in Richtung vom Laderegler zu der Batterie (aber nicht mehr in der Gegenrichtung) fließen kann. Die Abhilfe ist hier jedoch einfach: Die Verbindung, über

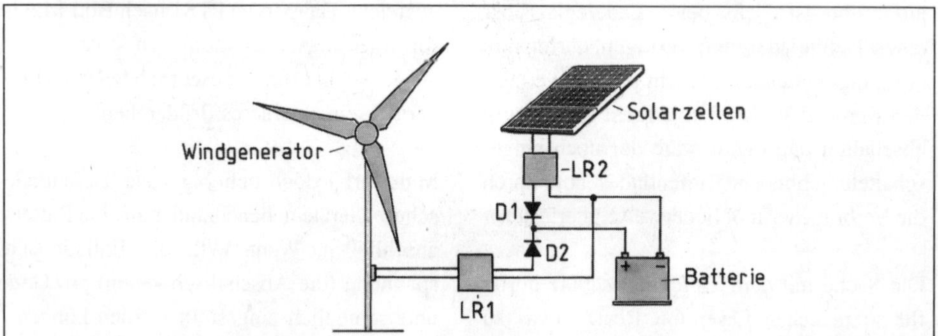


Bild 14.2 Schaltprinzip einer Hybridanlage mit zwei unabhängigen Ladereglern (LR1 und LR2). D1, D2 = Dioden MBR 2045 CT oder MBR 2545 CT (erhältlich z.B. bei Conrad Electronic)

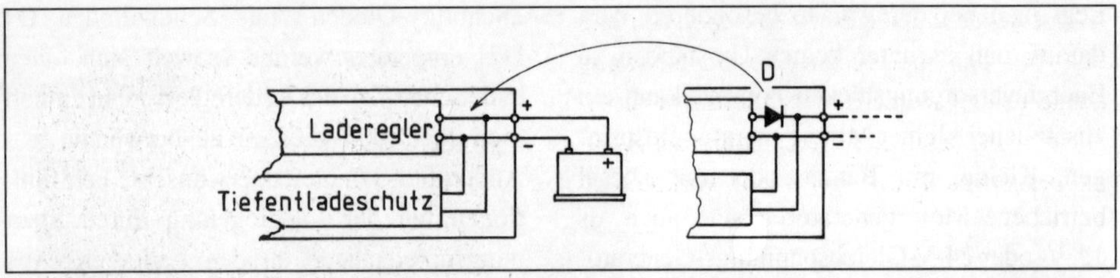


Bild 14.3 Wenn im Laderegler ein Tiefentladeschutz integriert ist, würde eine Schottky-Diode am Laderegler-Ausgang die Nutzung des Tiefentladeschutzes verhindern (siehe Text)

die der Tiefentladeschutz, an dem Laderegler-Ausgang im Inneren des Ladereglers angeschlossen ist, muß nach *Abb. 14.3* unterbrochen werden. Der Tiefentladeschutz wird danach über eine separate Leitung als ein selbständiges Gerät an die Batterie angeschlossen. Als eine technisch elegantere Lösung bietet sich hier das Einlöten der Schottky-Diode direkt im Gehäuse des Ladereglers an – soweit es der Raum im Gehäuse und das technische Know-how des Anwenders erlauben.

Es ist hier auf die max. zugelassene Belastung des Tiefentladeschutzes zu achten, die in den technischen Daten des Gerätes immer aufgeführt ist. Falls beide Laderegler über einen Tiefentladeschutz verfügen, dürfen ihre Ausgänge miteinander nicht parallel verbunden werden: Sie würden ja nicht gleichzeitig abschalten und damit wäre der noch eingeschaltete gebliebene Tiefentladeschutz durch die Verbraucher möglicherweise überlastet.

Die Sache mit dem Tiefentladeschutz dürfte für so manchen Leser mit Recht etwas zu kompliziert scheinen. Obwohl die gesamte Elektronik des Tiefentladeschutzes im Gehäuse des Ladereglers nur quasi als Untermieter sitzt, ist es nicht jedermanns Sache, die im *Bild 14.3* vorgeschlagene Modifikation vorzunehmen. Das ist auch nicht notwendig, denn es gibt genügend preiswerte Tiefentladeschutz-Geräte (Bild 14.4 und 14.5), die sich einfach nach Bild 15.2 (Seite 71) zusätzlich an die Anlagenbatterie anschließen lassen.

Bei der Wahl eines Tiefentladeschutzes ist darauf zu achten, welchen „maximalen Laststrom" das Gerät verkraften kann (den errechnen wir aus dem Strombedarf aller an ihm angeschlossenen Verbraucher, bei denen ein gleichzeitiger Betrieb vorkommen könnte). Der Tiefentladeschutz nach *Bild 14.4* kann höchstens einen Laststrom von 6,3 A verkraften, was nur für eine kleinere Anlage ausreicht. Das Model PTS1 nach Bild 14.5 ist für einen max. Laststrom von stolzen 20 A ausgelegt und somit wesentlich leistungsfähiger als sein „kleineres Brüderchen".

Man darf jedoch beliebig viele Tiefentladeschutz-Geräte nebeneinander an eine Batterie anschließen. Wenn evtl. die Entlade-Endspannung (die Abschaltschwellen) pro Gerät unterschiedlich eingestellt werden können – wie es z.B. auch bei dem Tiefentladeschutz PTS1 nach *Bild 14.5* möglich ist – kann gezielt ein abgestuftes Abschalten eingeplant werden. Wie bereits an anderer Stelle erwähnt wurde, kann z.B. eine Notbeleuchtung erst bei der niedrigsten Abschaltschwelle ausgeschaltet werden – was allerdings bei einer einigermaßen gut dimensionierten Anlage bei etwas Glück gar nicht vorkommen wird.

Die eigentliche Tiefentladeschutz-Elektronik, die evtl. bereits in einem der Laderegler (oder sogar in beiden Ladereglern) integriert ist, kann dann eventuell negiert werden.

Ordnungshalber sollte jedoch darauf hingewiesen werden, daß so ein elektronischer Tiefentladeschutz einen gewissen kontinuierlichen Stromverbrauch hat. Dieser liegt zwar typenabhängig meistens „nur" bei ca. 1 bis 5 mA, aber es ist immerhin ein „Energiefresser", der in dem Fall keine Gegenleistung erbringt. Getreu dem Motto „Füttere keine Pferde, die Du nicht reiten kannst" sollte man nach Möglichkeit im Inneren des Gerätes die Stromzufuhr zu diesem nutzlosen „Untermieter" unterbrechen (durchzwicken-) – oder von jemandem, der sich auskennt, durchtrennen lassen).

Eine Lösung nach Bild 15.2 (S. 71) ist allerdings nur dann notwendig, wenn an beiden (bzw. allen) Laderegler-Ausgängen zusätzliche Schutzdioden (D1 und D2 nach Bild 14.2) eingelötet wurden – was jedoch nicht bei jeder Laderegler-Type notwendig ist. Hier lohnt es sich also, daß man diese Frage mit dem Lieferanten der Laderegler konsultiert – oder dies zumindest versucht. Die Chancen auf Erfolg stehen aber in der Praxis erfahrungsgemäß auf etwas zu wackligen Füßen und somit bleibt die Lösung nach Bild 15.2 (S. 71) bei kombinierten Anlagen oft als der einzige gute Ausweg übrig.

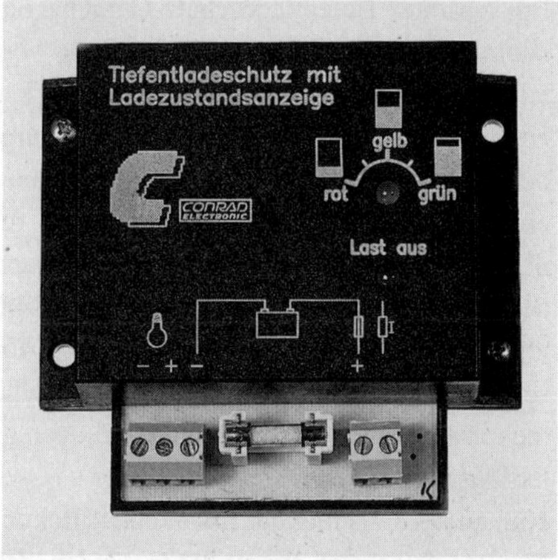


Bild 14.4 12 V-Tiefentladeschutz mit Ladezustandsanzeige: Dieses Gerät eignet sich optimal zum nachträglichen Einbau; die max. Strombelastung (der Laststrom) beträgt hier 6,3 A. Der Eigenstromverbrauch liegt hier bei ca. 4 mA; Abmessungen: 98 x 88 x 35 mm; informativer Preis: DM 49,95 (Anbieter: Conrad Electronic)

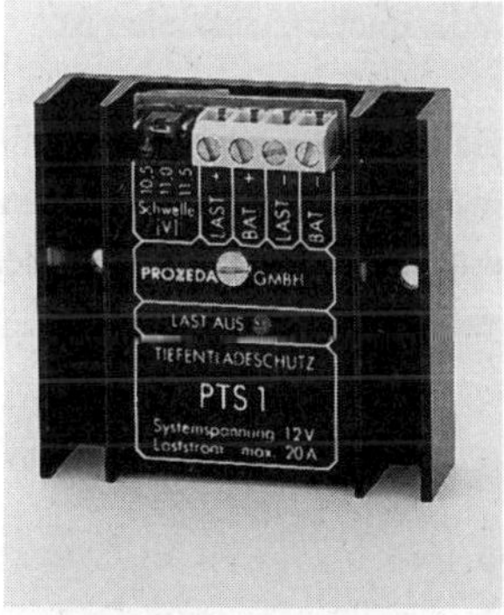


Bild 14.5 12 V-Tiefentladeschutz-Gerät „PTS1": Als Besonderheit können hier drei verschiedene Abschaltschwellen programmiert werden (wahlweise 10,5 V, 11 V oder 11,5 V); Rückschaltschwelle liegt bei 12,3 V; Eigen stromverbrauch ca. 1,5 mA; Abmessungen: 60 x 55 x 20 mm; informativer Preis: DM 59,95 (Anbieter: Conrad Electronic)

Ein separates Tiefentladeschutz-Gerät hat ohnehin meistens noch andere zusätzliche Vorteile, die ein im Laderegler integrierter Tiefentladeschutz nicht aufweist: So zeigt beispielsweise das Gerät nach Bild 14.4 über eine LED, die ihre Farbe stufenlos von rot über gelb nach grün ändert, den Ladezustand der Batterie an. Bei dem Gerät nach Bild 14.5 können wiederum drei verschiedene Abschaltschwellen programmiert werden (siehe tech. Daten unter der Abbildung).

Nun zu der Leistung der Solarzellen: Bei der Planung darf davon ausgegangen werden, daß moderne kristalline Solarzellen bei voller Sonnenbestrahlung ca. 1,4 bis 1,7 Watt pro Quadratdezimeter Zellenfläche an elektrischer Leistung liefern. In einem Solarzellenmodul sind allerdings zwischen einzelnen Solarzellen schmale Zwischenräume, wodurch bei der Modulenbruttofläche bestenfalls nur eine Maximumleistung von ca. 1,3 bis 1,65 Watt pro Quadratdezimeter zu erzielen ist.

Einen Quadratdezimeter (= eine Fläche von 10 x 10 cm) kann man sich leicht vorstellen, und es erleichtert eine grobe Schätzung der Leistung in bezug auf die Solarzellenfläche. So hätte beispielsweise ein Solarzellenmodul von der Größe dieses Buches eine Solarzellenfläche von ca. 3,68 $dm^2$. Die Maximumleistung eines derartig kleinen Modules würde demnach etwa 4,78 bis 6 Watt betragen (typenbezogen).

In der Praxis wird jedoch bei der Planung umgekehrt vorgegangen: Man sucht sich unter diversen Solarmodulen ein solches aus, dessen Parameter dem beabsichtigen Vorhaben am besten entsprechen und erst danach wird überlegt, ob – oder wo – sich so etwas anbringen läßt. In dem Zusammenhang sollte man bedenken, daß die Solarzellenfläche möglichst genau zum Süden hin ausgerichtet werden muß – wobei auch der optimale Neigungswinkel nach *Abb. 14.4* zu berücksichtigen ist).

Die Frage eines richtig gewählten Verhältnisses zwischen der Leistung des Windgenerators und der Leistung des Solarzellenmodules hängt vor allem davon ab, während welcher Monate des Jahres der höchste Energiebedarf beansprucht wird.

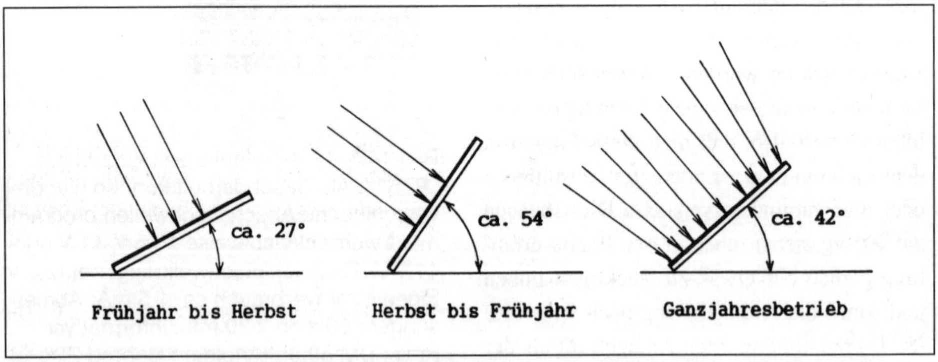


Bild 14.6 Optimale Neigung einer Solarzellenfläche, die zum Süden ausgerichtet ist.

Bei einem Schrebergartenhaus, das während der Wintermonate kaum bewohnt wird, könnte eine Leistungsteilung von 1:1 am besten sein. Dabei dürfte berücksichtigt werden, daß der Wind wohl bis zu 24 Stunden pro Tag genutzt werden kann, aber die Sonne nicht. Die vorgesehene (auf die Windgeschwindigkeit bezogene) Leistung des Windgenerators kann daher auch bei einem angestrebten Kräfteverhältnis von 1:1 etwas niedriger sein, als die des Solarzellenmoduls.

Wenn dagegen auf eine jahreszeitunabhängige Stromversorgung Wert gelegt wird, ist davon auszugehen, daß es insbesondere im Dezember und Januar oft sehr wenig Sonne gibt und die Tage kurz sind. Hier wird vor allem der Windgenerator den Bedarf an elektrischem Strom decken müssen. Das Solarzellenmodul wird in manchen Wintern nur tröpfchenweise Strom liefern können. Der Windgenerator sollte daher so dimensioniert werden, daß er den größeren Teil der im Winter benötigten Energie liefern kann.

In der Praxis können die Ansprüche an Energieversorgung von Fall zu Fall sehr unterschiedlich sein. So kann z.B. in einem Wochenendhäuschen der größte Verbrauch an elektrischer Energie während der Sommermonate anfallen, wenn z.B. eine kräftige elektrische Kühlanlage (Klimaanlage) betrieben wird. Den Strom werden hier Solarzellen liefern müssen, denn wenn es heiß ist, weht kein Wind. In einem solchem Fall wird es sich lohnen, wenn die Leistung des Solarzellenmoduls wesentlich größer wird als die des Windgenerators.

Bei kleineren Inselanlagen können in der Regel zusätzliche Solarzellen auch erst nachträglich angebracht werden, falls sich herausstellt, daß der Wind die vorgesehene Aufgabe nicht zufriedenstellend bewältigen kann.

Eine derartige Nachrüstung setzt keine besonderen Vorsorgemaßnahmen im Planungsstadium des Windgenerators voraus. Nur die eigentliche Kapazität des Akkumulators darf – wie bereits erklärt – etwas bescheidener dimensioniert sein, da durch die zusätzlichen Solarzellen die eventuellen Versorgungslücken beim Ladestrom naturbedingt kürzer werden (da sich Sonne und Wind abwechseln).

**Berechnung der Solar-Ladeleistung**

Es gibt eine Unmenge an handelsüblichen Solarzellenmodulen: kleine, große, dicke, dünne usw. Bei der Wahl des Moduls ist auf folgendes zu achten:

- das Solarmodul sollte mit „kristallinen Solarzellen“ bestückt sein. Die sogenannten amorphen Solarmodule (auch „Dünnschicht-Module“ genannt) haben immer noch einen viel zu niedrigen Wirkungsgrad und – was noch schlimmer ist – sie „ermüden“ zu schnell beim Betrieb im Freien.
- Die maximale Modulen-Ausgangsspannung bei Belastung (auch als Nennspannung bezeichnet) sollte das Nachladen der Batterie auch noch dann ermöglichen, wenn die Intensität der Sonnenstrahlen etwas bescheidener ist.

Bei einem Solarzellenmodul, daß z.B. nur während des Sommers eine 12 V-Batterie nachladen soll, darf man sich mit einer Nenn-

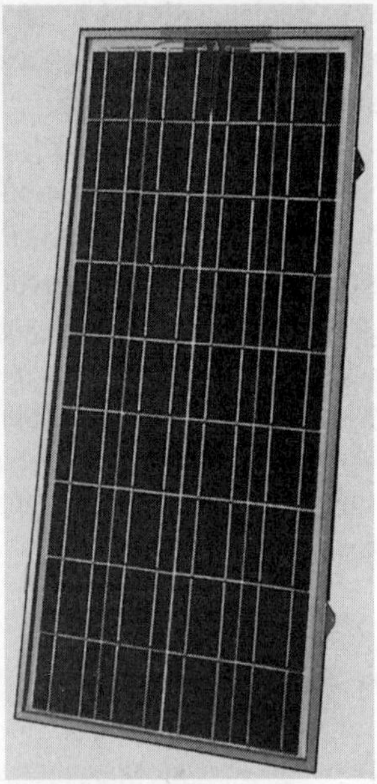

Bild 14.7 AEG-Solarmodul MQ 36/53: Nennleistung 53 W, Nennstrom 3,1 A, Nennspannung 17 V; Abmessungen 459 x 976 x ca. 11 mm

spannung (nicht Leerlaufspannung!) von ca. 17 V zufrieden geben. Wenn das Solarmodul aber z.B. von April bis September gut funktionieren soll, wäre eine Nennspannung von etwa 18,5 bis 19 V vorteilhafter. Hier können die Solarzellen auch bei etwas schwächeren Sonnenstrahlen immer noch eine „brauchbare" Ladespannung liefern (damit ist eine Spannung gemeint, die höher ist, als die Spannung der Batterie). Falls so ein Solarmodul auch während der Wintermonate angewendet wird, sollte seine Nennspannung möglichst oberhalb von 20-V liegen. Für eine 24 V-Anlage sind selbstverständlich doppelte Nennspannungswerte angesagt (man schaltet da oft mehrere Solarzellenmodule in Serie, um die optimale Nennspannung zu erhalten).

- Der Modulen-Nennstrom (Strom bei max. Belastung) sollte dabei etwas höher liegen, als der theoretisch benötigte Ladestrom („Nachladestrom") der Anlagen-Batterie.

Sehen wir uns nun interessehalber das AEG-Solarzellenmodul in Bild 14.7 an: Seine Nennleistung beträgt 53 Watt, sein Nennstrom 3,1 A und seine Nennspannung 17 V. Es handelt sich hier also um ein „Schönwetter-Modul", daß sich vor allem für die Anwendung während der Sommerperiode eignet.

Dieses Beispiel hat aber nur einen rein informativen Charakter. Soweit wir nur eine kleinere Anlage errichten möchten, wird ein wesentlich kleineres (und preiswerteres) Modul ausreichen. Bei einer netzgekoppelten Anlage müßten dagegen viele solcher großen Module miteinander verschaltet werden, um eine entsprechend große Solarzellenfläche bilden zu können.

Bei konkreten Planungsüberlegungen dürfte als Ausgangspunkt der Nachladebedarf der verbrauchten Batteriekapazität dienen, den wir u.a. in den Planungsbeispielen A bis G in Kap. 11 bis 13 jeweils ausgerechnet haben.

So haben wir z.B. im Planungsbeispiel A (11. Kapitel/Seite 52) einen Nachladebedarf von 47,76 Ah pro 14 Tage ermittelt. Wenn z.B. die Hälfte dieses Nachladebedarfs – also ca. 24 Ah – die Solarzellen aufbringen sollten, müßte man nach einer entsprechenden „Solarleistung" Ausschau halten.

Natürlich dreht sich nun alles um die „Preisfrage" von welcher Solarzellen-Leistung man jahreszeitbezogen ausgehen kann. Noch vorteilhafter wird es, wenn man anstelle des Begriffes „Leistung" gleich mit einer „Flächengröße" planen kann.

Mit der Flächengröße läßt sich erfahrungsgemäß am einfachsten planen, wenn man mit „Kästchen" von 1 $dm^2$ (10 x 10 cm) rechnet. 1 $m^2$ Solarzellenfläche teilt sich „nur" in 100 solche „Miniflächen"; Das erleichtert die Vorstellung.

Die nun folgende Tabelle zeigt direkt, wieviel von der verbrauchten Kapazität einer 12-V-Batterie innerhalb von 14 Tagen von einer 1 $dm^2$ Solarzellenfläche jahreszeitbezogen (statistisch) nachgeladen werden kann:

| **Monat:** ............... | **Nachgeladene Kapazität pro 1 $dm^2$ Zellenfläche während 14 Tagen:** |
|---|---|
| Januar | 0,8 Ah |
| Februar | 1,6 Ah |
| März | 2,4 Ah |
| April | 3,2 Ah |
| Mai | 3,8 Ah |
| Juni | 3,9 Ah |
| Juli | 4,0 Ah |
| August | 3,7 Ah |
| September | 3,0 Ah |
| Oktober | 1,9 Ah |
| November | 0,9 Ah |
| Dezember | 0,7 Ah |

Zu beachten: Bei einer 24-V-Batterie halbieren sich die hier angegebenen Ah-Werte (pro 1 $dm^2$ Zellenfläche). Die Solarzellen müssen bei derselben Leistung (in Watt) eine doppelt so hohe Ladespannung aufbringen, womit sich mathematisch bedingt der Ladestrom halbiert (Leistung in W = Spannung in V x Strom in A).

Nun zurück zu unserem Planungsbeispiel A aus dem Kapitel 11: Bei einer Schrebergartenhäuschen-Anlage, die lückenlos auch während der Wintermonate arbeiten soll, wäre hier der Monat Dezember als der kritischste Monat einzustufen. Eine Solarzellenfläche von ca. 34 $dm^2$ (0,34 $m^2$) würde in diesem Monat etwa (34 x 0,7 Ah) 23,8 Ah nachladen können.

Falls wir uns damit begnügen, daß hier die Stromversorgung nur (oder zumindest „überwiegend") zwischen April und September voll beansprucht wird, bildet der Monat September „das schwächste Glied der Kette". Hier könnte eine Solarzellenfläche von ca. 8 $dm^2$ die volle Hälfte des Nachladebedarfs decken (3 Ah x 8 = 24 Ah).

Wenn es jedoch im Juni und Juli wenig Wind gibt, müßten unter Umständen die Solarzellen das Nachladen der Anlagenbatterie im vollen Umfang bewältigen. Der Begriff „voller Umfang" kann allerdings situationsbedingt sehr variieren. Einige Verbraucher – wie Leuchtkörper, Kühlschrank, Fernseher, Springbrunnen usw. werden ja jahreszeitbezogen unterschiedlich betrieben.

Viele Schwerpunkte des Energieverbrauchs werden sich ohnehin erst im Laufe der Zeit herauskristallisieren. Wie schon an anderer Stelle erwähnt wurde, läßt sich aber jede Anlage auch im nachhinein bedarfsbezogen nachrüsten und eventuelle Denk- oder Einschätzungsfehler können leicht behoben werden.

# 15 Mehrere Windgeneratoren im Parallelbetrieb

Ein Parallelbetrieb von zwei (oder mehreren) Windgeneratoren setzt keine besondere Maßnahmen oder Berechnungen voraus. Es macht auch nichts aus, wenn es sich um unterschiedliche Generatoren handelt.

Im einfachsten Fall können zwei oder auch mehrere Einphasen-Windgeneratoren an einen gemeinsamen Laderegler nach *Abb. 15.1* über zusätzliche Schottky-Dioden angeschlossen werden – soweit sie (oder andere Halbleiter mit ähnlicher Funktion) nicht bereits direkt in den Windgeneratoren integriert sind. Andernfalls würde der Generator mit niedrigerer Ausgangsspannung den Strom des Generators mit höherer Ausgangsspannung verbrauchen.

Dies setzt allerdings voraus, daß die technischen Parameter des Ladereglers es erlauben: der Laderegler muß für eine Belastung ausgelegt sein, die etwas höher ist, als beide Windgeneratoren bei einem Sturm liefern können.

Andernfalls müssen einzelne Laderegler nach *Abb. 15.2* angewendet werden, die über zusätzliche Schottky-Dioden die Anlagenbatterie nachladen.

Das separat eingezeichnete Tiefentladeschutz-Gerät wurde bereits im vorhergehenden Kapitel beschrieben und in zwei Ausführungen abgebildet. Für evtl. Tiefentladeschutz-Elektronik, die direkt in einem der

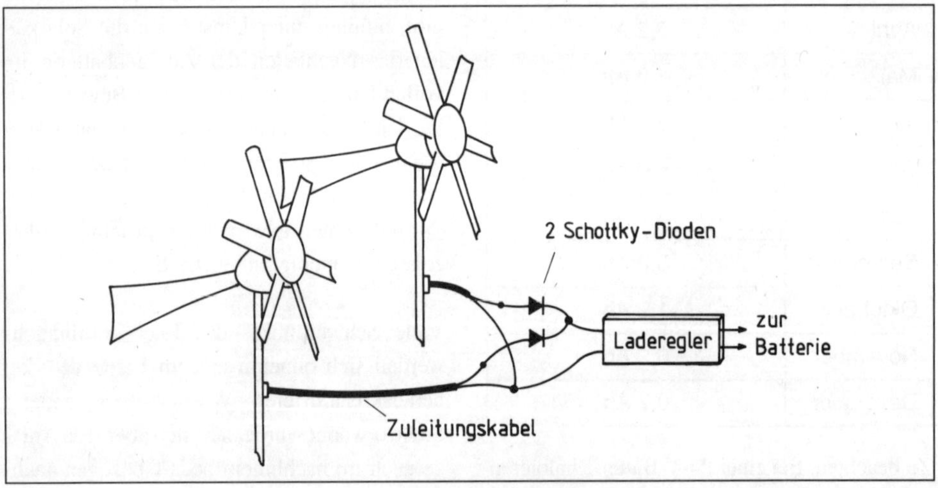


Bild 15.1 Wenn sich zwei oder mehrere Windgeneratoren eines gemeinsamen Ladereglers bedienen, sollten zusätzliche Schottky-Dioden eingelötet werden

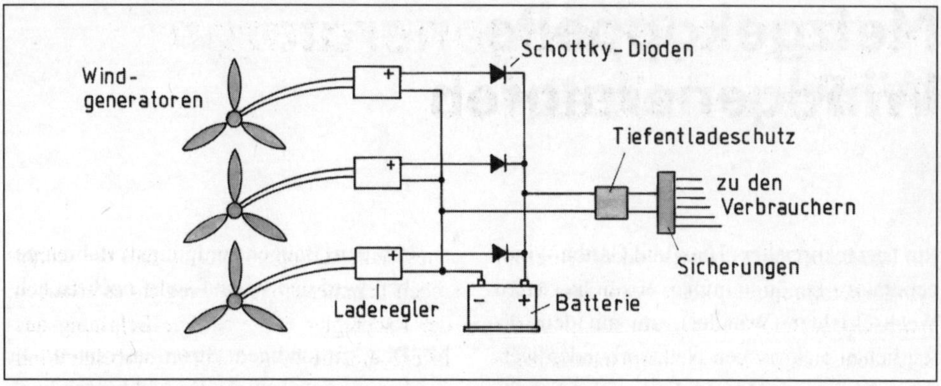


Bild 15.2 Windgeneratoren im Parallelbetrieb: Hier hat jeder Windgenerator seinen eigenen Laderegler; die eingezeichneten Schottky-Dioden verhindern, daß sich die unterschiedlichen Ausgangsspannungen gegenseitig „bekämpfen"

Laderegler (bzw. in mehreren Ladereglern nach Bild 15.2) integriert ist, gilt dasselbe, was über dieses Thema im vorhergehenden Kapitel geschrieben wurde: Nach Möglichkeit sollte also auch hier jeweils die Stromzufuhr zu der „ungenutzten Schaltung" der ganzen Tiefentladeschutz-Elektronik unterbrochen werden.

Die im Bild 15.2 eingezeichneten Sicherungen entfallen, wenn sie bereits im Tiefentladeschutz-Gerät integriert sind – es sei denn, man dimensioniert die im Tiefentladeschutz integrierte(n) Sicherung(en) nur als Hauptsicherung(en) und bringt noch weitere zusätzliche Sicherungen für einige der kritischen Sektionen an.

# 16 Netzgekoppelte Windgeneratoren

Ein netzgekoppelter „Haus und Garten Windgenerator" benötigt immer einen speziellen Wechselrichter (Wandler), um mit dem öffentlichen elektrischen Netz verbunden werden zu können. *Abb. 16.1* zeigt das Schaltbeispiel eines Dreiphasen-Windgenerators. Wenn das Haus weniger Energie verbraucht als der Windgenerator liefert, werden die Überschüsse in das öffentliche Netz eingespeist. Wenn dagegen mehr Energie benötigt wird, als der Windgenerator gerade erzeugt, wird sie aus dem Netz bezogen.

Bereits am Anfang der Planung einer netzgekoppelten Anlage sollten unbedingt zwei kompetente Stellen konsultiert werden:

a) Die zuständige Baubehörde: Um in Erfahrung zu bringen, bis zu welchem Windraddurchmesser es keine Probleme mit dem Baugenehmigungsverfahren geben wird und worauf sonst noch zu achten ist.

b) Den zuständigen Stromlieferanten: Er kann sehr hilfreiche Empfehlungen bzgl. der Wahl des optimalen Wechselrichters geben und informiert über Vorbedingungen, auf deren Einhaltung der Stromlieferant – der zugleich zum Stromabnehmer wird – besteht.

Beide aufgeführten Konsultationen sind kostenlos und erfahrungsgemäß ist mit einer freundlichen, partnerschaftlichen Zusammenarbeit zu rechnen.

Bei netzgekoppelten Anlagen ist der Stromlieferant (die zuständige Elektrizitätsgesellschaft) grundsätzlich berechtigt, ihre Anforderungen zu bestimmen. Sie hat auch das

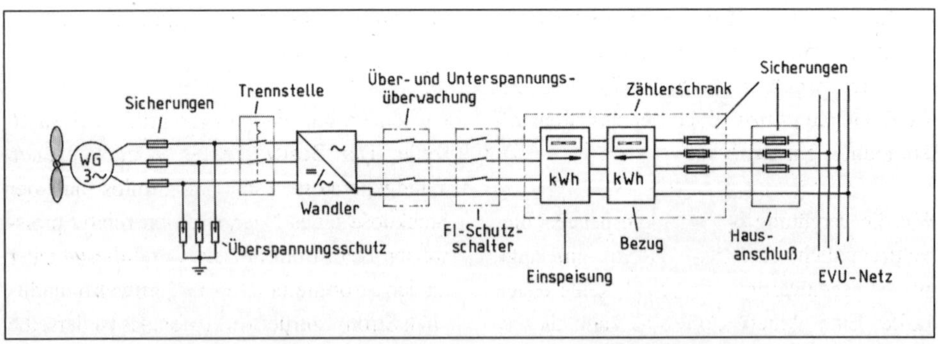


Bild 16.1 Schaltbeispiel eines netzgekoppelten Dreiphasen-Windgenerators, der an das öffentliche (EVU) Netz angeschlossen ist

Recht, zu verlangen, daß die Installation von einem Elektroinstallateur errichtet wird, der – wie es offiziell heißt – im Installateurverzeichnis des Elektrizitätsversorgungsunternehmens eingetragen ist.

Das Wort „errichtet" bedeutet in der Praxis nicht, daß der verantwortliche Installateur auch eigenhändig die Installationen ausführen muß. Ein privater Errichter kann sie unter Aufsicht von einem kompetenten Elektriker in einem vereinbarten Umfang selbst anlegen. Der Elektriker kann sich dabei auf einige Ratschläge und auf eine Endkontrolle beschränken, bzw. einige der komplizierteren Arbeiten durchführen.

Netzgekoppelte Windgeneratorenanlagen werden oft mit solarelektrischen Generatoren (Solarzellenmodulen) nach *Abb. 16.2* kombiniert. Für derartige Anlagen gibt es spezielle Wechselrichter, die über zwei separate Eingänge verfügen: einen für den Windgenerator, den anderen für das Solarzellenmodul (bzw. für eine größere Solarzellenfläche, die aus mehreren Solarzellenmodulen besteht).

Netztaugliche Wechselrichter sind teure Geräte, bei denen der Preis verständlicherweise mit der Leistung steigt. Man sollte daher die Leistung dieses Gerätes mit der Leistung des Windgenerators bzw. auch der des Solarzellenmodules gut abstimmen.

Was die Vergütung für den eingespeisten, umweltfreundlich erzeugten Strom anbelangt, gibt es gegenwärtig immer noch keine festen Tarife. Eine aktuelle Auskunft kann diesbezüglich der Stromlieferant geben, der ja in dem Fall gleichzeitig zum Stromabnehmer wird.

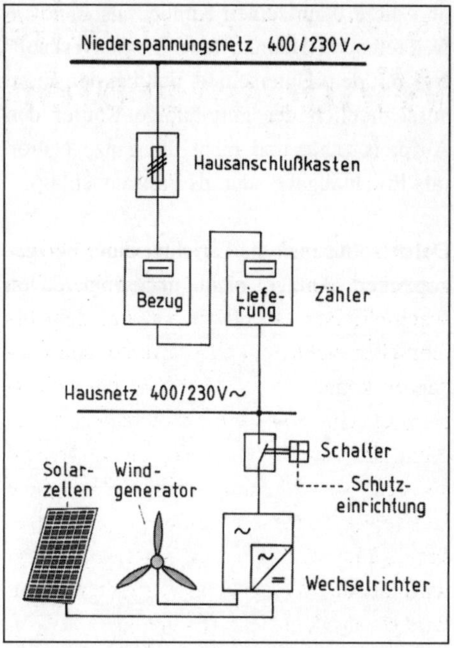


Bild 16.2 Schaltbeispiel einer kombinierten netzgekoppelten Wind/Solaranlage

Momentan ist die ganze Sachlage noch etwas unklar. Einige Politiker setzen sich mit viel Begeisterung aber mit wenig Kompetenz dafür ein, daß die Einkaufstarife für diesen Strom gravierend höher sein sollten, als die gängigen Verkaufstarife der Elektrizitätswerke sind – was teilweise (regional) durchgesetzt wurde.

Die Sache hat jedoch eine große Schwachstelle: Der Besitzer eines netzgekoppelten Windgenerators kann problemlos aus der Steckdose eines Nachbarn den relativ preiswerten Netzstrom beziehen und diesen teuer an den Stromlieferanten als „umweltfreundlichen Strom" zurückverkaufen. Es ist derselbe Trick, wie wenn ein Landwirt im Supermarkt preiswerte Eier aus Legebatterien einkauft und diese dann seinen Kunden als Eier von freilaufenden Hennen teuer zurückverkauft. Nur mit dem Unterschied, daß bei den Eiern ausschließlich der gutgläubige Käufer den Aufpreis zahlt, und nicht die ganze Nation (als Pflichtabgabe oder als Preisaufschlag).

Daher sollte man als Errichter einer netzgekoppelten Anlage nicht unbedingt davon träumen, daß sich hier das investierte Geld zurückverdienen läßt. Wer so ein Vorhaben nicht aus edlen Beweggründen oder einfach aus Spaß an der Sache machen will, dem ist davon ganz einfach abzuraten. Besonders dann, wenn er selber nicht handwerklich derartig begabt ist, daß er die Installation, wie auch die Wartung eigenhändig bewältigen kann.

# Wechselrichter und Spannungswandler

Wechselrichter – die auch als Spannungswandler, Wandler oder Inverter bezeichnet werden – sind in sehr unterschiedlichen Ausführungen und Leistungsklassen als Fertigprodukte erhältlich.

Wie bereits an anderen Stellen angesprochen wurde, sind spezielle (teure) Wechselrichter für die Netzeinspeisung unumgänglich. Diese Geräte müssen die ihnen zugeführte Wechsel- oder Gleichspannung aus dem Windgenerator bzw. auch noch die Gleichspannung aus den Solarzellenmodulen in eine perfekte Netzspannung umwandeln können.

Darunter ist eine „genau netzidentische" Wechselspannung zu verstehen, die zudem auch eine sehr gute 50 Hz-Sinusform aufweist. Der spezielle „netztaugliche" Wechselrichter muß fähig sein, die von ihm „gelieferte" Spannung auch exakt phasengleich an das öffentliche Netz ankoppeln zu können, ohne daß es dabei zu Stromstößen kommt.

Der Wechselrichter bestimmt hier die Qualität des erzeugten Wechselstroms, der ins öffentliche Netz als „Ware" verkauft wird.

„Netztaugliche" Wechselrichter (Inverter), offiziell als „Wechselrichter für Eigenerzeugungsanlagen" bezeichnet, werden nach der Art ihrer „Kommutierung" in zwei Gruppen eingeteilt:

Bild 17.1 Ausführungsbeispiel eines „netztauglichen" Wechselrichters (Inverters), der für die Wandmontage vorgesehen ist.

a) Selbstgeführte (eigenkommutierte) Wechselrichter
b) Netzgeführte (fremdkommutierte) Wechselrichter

Das klingt nun ziemlich kompliziert, ist aber in Wirklichkeit sehr einfach zu erklären:

Selbstgeführte Wechselrichter benötigen keine „fremde" Wechselspannungsquelle zur Kommutierung (also um eine netzidentische Spannung und Frequenz erzeugen zu können). Für den „Netzparallelbetrieb“ (für die Ankopplung an das öffentliche Netz) benötigen sie aber die vom Netz angezapfte Frequenz als Impulsstöße nur für die Synchronisation (Zündimpuls-Steuerung).

Ein „selbstgeführter“ Wechselrichter kann also auch bei einer Störung im öffentlichen Netz die Energieversorgung des Objektes voll übernehmen, so weit es genügend Wind (bzw. Sonne) gibt und soweit die Leistung des Wind- oder Solargenerators sozusagen nicht nur einen „Tropfen auf dem heißen Stein“ darstellt.

Netzgeführte Wechselrichter benötigen dagegen zur Kommutierung eine fremde, nicht zum Wechselrichter gehörende Wechselspannungsquelle – also die Wechselspannungs-Impulse aus dem öffentlichen Netz. Wenn es da zu einem Spannungsaufall kommt, kann

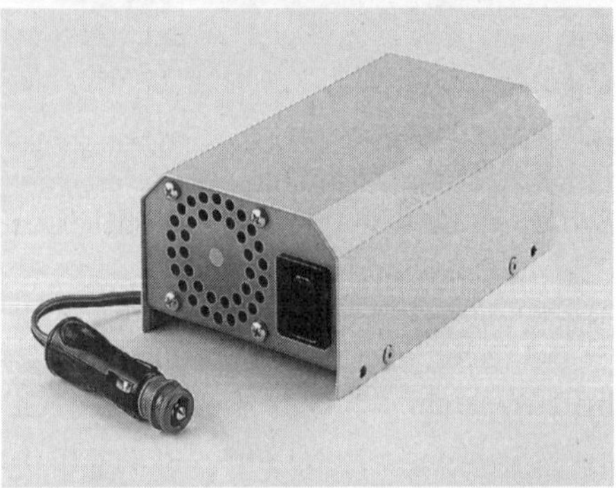

Bild 17.2 Der „Sunline-Sinus-Wechselrichter“ wandelt eine 10,5 bis 16 V-Gleichspannung in eine sehr gute 230-V-Sinus-Wechselspannung um. Er ist für eine Dauerbelastung von 150 Watt und eine kurzzeitige Überlastung bis zu 300 Watt ausgelegt und gegen höhere Überlast gesichert. Der Wirkungsgrad liegt bei 90% (Foto Conrad Electronic)

ein „netzgeführter“ Wechselrichter nicht mehr arbeiten (ist nicht „inselbetriebsfähig“).

Inwieweit man bei der Anschaffung eines Wechselrichters auf den Aspekt der „Inselbetriebsfähigkeit“ achten sollte, ist wieder nur eine reine Ermessensfrage. Eine länger dauernde Störung oder Stromunterbrechung hat bei einem Wohnhaus u.a. zufolge, daß Kühlschrank und Tiefkühltruhe auftauen und daß der Öl- oder Gasheizkessel außer Betrieb sind (die Steuerelektronik, die Umlaufpumpen und bei einem Ölheizkessel die Ölpumpe, der Bläser usw. fallen aus).

Hier kann ein Wechselrichter, der fähig ist auch ohne Netzspannung zu arbeiten, willkommene Dienste leisten. Es handelt sich allerdings um Dienste, die erfahrungsgemäß nur ausnahmsweise in Anspruch genommen werden könnten – wenn überhaupt. Jedenfalls ist es aber gut zu wissen, worin der Unterschied zwischen einem „selbstgeführten“ und einem „netzgeführten“ Wechselrichter (Inverter) besteht.

Die Qual der Wahl liegt jedoch bei so einem „netztauglichen“ Wechselrichter vor allem darin, daß er gut auf den vorgesehenen Windgenerator abgestimmt werden sollte. Da kleinere netzgekoppelte Windgenerator-Anlagen sehr oft auch mit solarelektrischen Generatoren kombiniert werden, ist die Sache noch etwas komplizierter. Der Wechselrichter muß hier zwei Eingänge haben: Einen für den Windgenerator, den anderen für Solarzellenmodule.

Solarzellenmodule sind standardmäßig in allen nur denkbaren Größen und Ausführungen

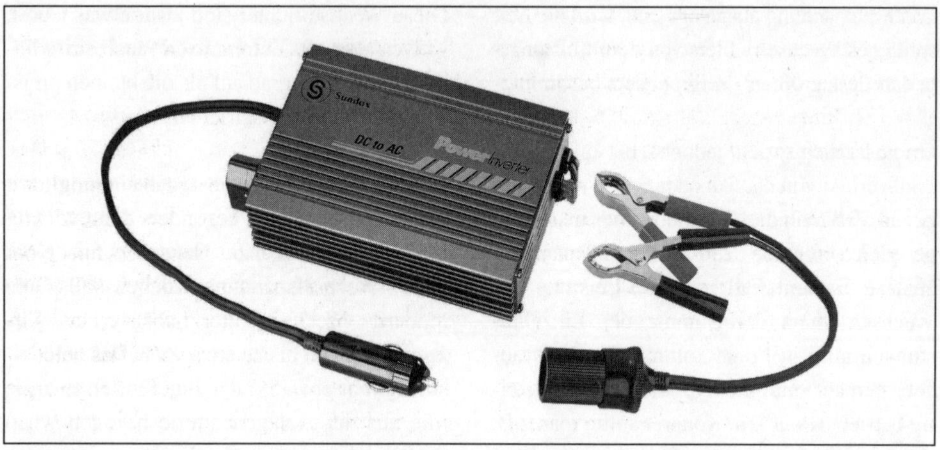


Bild 17.3 Der hier abgebildete kleine „Mobil-Wechselrichter" wandelt eine 12 V-Gleichspannung in eine 230 V-Wechselspannung um. Seine Dauerausgangsleistung beträgt 220 Watt, seine Spitzenleistung stolze 450 Watt und sein Wirkungsgrad liegt oberhalb von 90%. Trotz seiner kleinen Abmessungen von 170 x 105 x 45 mm verfügt er über einen Überast,- Überhitzungs-, Kurzschluß-, Tiefentladungs- und Unterspannungs schutz und eignet sich laut Hersteller für den Betrieb von u.a. Motoren, Elektrowerkzeugen, Fernsehgeräten, Lampen usw. (Foto Conrad Elec tronic)

erhältlich, lassen sich zudem in vielen Kombinationen verschalten und im Prinzip an jeden Wechselrichter auch im nachhinein anpassen. Hier ist nur darauf zu achten, daß der Wechselrichter für die vorgesehene Solarzellenfläche auch optimal dimensioniert ist.

Wenn es sich dagegen um einen einfachen Wechselrichter für eine netzunabhängige „Inselanlage" handelt, können unter Umständen die Ansprüche auf seine technischen Parameter ziemlich bescheiden sein. Inwieweit „bescheiden", hängt vor allem davon ab, welche Geräte der Wechselrichter betreiben soll.

Den meisten Lesern werden wohl die kleinen preiswerten Auto-Wechselrichter (Gleichstrom/Wechselstrom-Spannungswandler) bekannt sein, die man im Auto an den 12-V-Stekker des Zigarettenanzünders anschließt und an deren Ausgang eine 230-V-Wechselspannung zur Verfügung steht. Es gibt aber auch gehobenere bzw. größere Wechselrichter, die eine Gleichspannung von 12 V oder 24 V in eine 230 V-Wechselspannung umwandeln.

Bei allen diesen unabhängig arbeitenden Wechselrichtern interessieren uns (neben dem Preis) eigentlich nur vier Parameter:

a) Leistung (in Watt)
b) Spannungsform (Spannungsqualität)
c) Wirkungsgrad (in %)
d) Leerlauf-Stromaufnahme

Die benötigte Leistung ergibt sich logischerweise aus dem vorgesehenen Bedarf. Wenn man von einem 12-V- oder 24-V-Gleichspannungs-Hausnetz auch noch irgendwelche Verbraucher betreiben möchte, die für eine 230-V-

Wechselspannung ausgelegt sind, wird die Leistung des Wechselrichters von dem Leistungsbedarf des „größten“ Verbrauchers bestimmt.

Grundsätzlich spricht jedoch – bis auf den Energieverlust von ca. 5% oder 6 % – nichts dagegen, daß man das Hausnetz einer Inselanlage gleich für die 230-V-Wechselspannung auslegt. In dem Fall muß die Leistung des Wechselrichters der Summe der Einzelleistungen aller in Frage kommenden Verbraucher gerecht sein, die hypothetisch gleichzeitig betrieben werden. Konkret sollte man z.B. damit rechnen, daß unter Umständen gleichzeitig der Fernseher, der Kühlschrank, der Wasserkocher und evtl. einige Lampen betrieben werden – und das alles müßte der Wechselrichter bewältigen können.

Der Begriff „Spannungsform“ dürfte so manchem Leser etwas mysteriös vorkommen. Die Sache ist aber in Wirklichkeit ganz einfach: die Wechselspannung in unserem Netz hat eine saubere Sinusform. Preiswertere Wechselrichter produzieren dagegen nur eine sogenannte Trapezspannung, die man im Vergleich zu der „sauberen Sinusform“ vereinfacht als eine „etwas unsaubere Treppenspannung“ bezeichnen kann.

Ein elektrischer Wasserkocher, ein Haarfön, eine Leuchte oder eine rein elektromechanische Schreibmaschine nehmen auch mit einer solchen Trapezspannung genügend. Fernseher, Audiogeräte und PCs geben sich mit einer zu „unsauberen“ Trapezspannung nicht – bzw. seltener – zufrieden (was jedoch markenabhängig variieren kann). In dem Fall sind Wechselrichter mit einer guten sinusförmigen Ausgangsspannung erwünscht.

Diese Wechselrichter sind zwar etwas teurer, weisen aber oft „automatisch“ auch einen höheren Wirkungsgrad auf als die kleinen preiswerten Auto-Wechselrichter.

Es versteht sich von selbst, daß ein möglichst hoher Wirkungsgrad besonders dann wichtig ist, wenn das ganze Hausnetz mit einer 230-V-Wechselspannung arbeiten soll. Gute moderne Wechselrichter haben einen Wirkungsgrad von bis zu etwa 95%. Das heißt also, daß nur etwa 5% der zugeführten Energie (die aus der Anlagenbatterie bezogen wird) im Wechselrichter verloren gehen.

Bei kleineren Auto-Wechselrichtern liegt der Wirkungsgrad oft nur bei ca. 90% bis 92%. In solchen Wechselrichtern gehen also bis zu 10% der ihnen zugeführten Energie verloren.

Soweit der Wechselrichter nur gelegentlich gebraucht wird – oder nur einen kleineren Verbraucher betreiben muß – rechtfertigt ein relativ niedriger Anschaffungspreis die etwas höheren Energieverluste.

Unerwünscht hohe Energieverluste kann bei einem Wechselrichter auch seine Leerlauf-Stromabnahme verursachen. Auf diesen technischen Parameter ist besonders dann zu achten, wenn der Wechselrichter etwas kontinuierlicher betrieben werden soll. Es gibt z.B. Wechselrichter, die beim Leerlauf bereits einen Strom von ca. 0,25 A verbrauchen, aber es gibt auch solche, die einen Standby-Verbrauch von nur 0,025 A aufweisen.

Generell ist zu empfehlen, daß man für eine netzunabhängig arbeitende „Inselanlage“ nicht unbedingt nur deshalb eine 230-V-

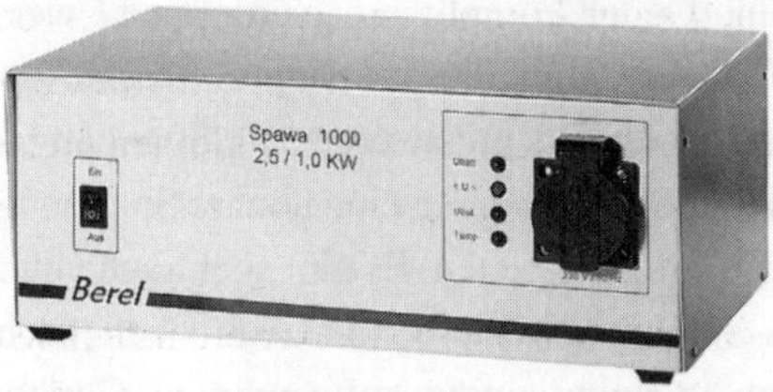


Bild 17.4 Der Spawa-1000 W-Wechselrichter gehobener Preisklasse wandelt eine Gleichspannung von 10 bis 15 V in eine 230 V-trapezförmige Wechselspannung um; Sein Wirkungsgrad liegt bei 95%, sein Standby Ruhestrom beträgt nur 25 mA, sein „aktiver Ruhestrom" 500 mA (Foto Conrad Electronic)

Wechselspannung einplant, um da irgendwelche alte „ausrangierte" Haushaltsgeräte betreiben zu können. Rein rechnerisch rentiert es sich, wenn man sich bevorzugt die passenden 12-V- oder 24-V-Verbraucher neu zulegt. Viele von ihnen arbeiten sowieso energiesparender, als die gängigen Netzverbraucher und kosten unter Umständen alle zusammen sogar weniger, als ein neuer Wechselrichter.

### Gleichstrom/Gleichstrom-Spannungswandler

Die gängigsten Gleichstrom/Gleichstrom-Spannungswandler (international als DC/DC-Spannungswandler bezeichnet) sind für die Umwandlung von einer 12-V-Gleichspannung in eine 24-V-Gleichspannung oder umgekehrt von einer 24-V-Gleichspannung in eine 12-V-Gleichspannung ausgelegt.

Bezeichnet werden sie dann z.B. als „Spannungswandler 12V/24V" oder als „Spannungswandler 24V/12V". Die erst angegebene Spannung ist immer die „Eingangsspannung", die darauffolgende Spannungsangabe bezieht sich auf die Ausgangsspannung.

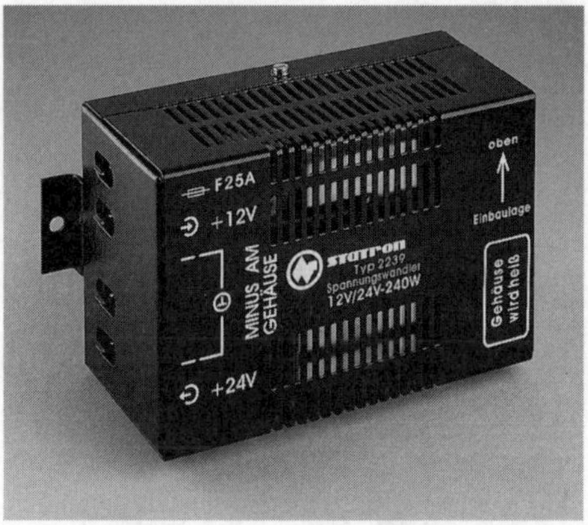


Bild 17.5 Spannungswandler 12 V auf 24 V; der Eingangs-Spannungsbereich ist für 10-12-15 V und einen Ausgangsstrom von 10 A ausgelegt. Abmessungen: 105 x 95 x 70 mm; Gewicht 0,55 kg (Conrad Electronic)

Wozu kann so ein Spannungswandler eigentlich gut sein? Es kann vorkommen, daß man im 12-V- oder 24-V-Hausnetz ausgerechnet ein Gerät betreiben will, daß es ausgerechnet gerade nur für die Spannung gibt, über die das Hausnetz nicht verfügt.

Bild 17.5 zeigt einen Spannungswandler der eine 12-V-Gleichspannung in eine 24-V-Gleichspannung umwandelt. Da sich Gleichstrom bekannterweise nicht transformieren läßt, muß in diesem Fall der Spannungswandler intern erst den Gleichstrom in Wechselstrom umwandeln, danach transformieren (oder auf eine andere Art elektronisch die Spannung verdoppeln), dann wieder gleichrichten und stabilisieren. Das verteuert den ganzen Spaß.

Wesentlich einfacher ist es mit sogenannten „linearen" Spannungswandlern, die eine hö-

Bild 17.6 Ausführungsbeispiele einiger kleinerer Spannungswandler: die Gehäuse der oberen drei Geräte sind in „Kühlkörperversion" ausgeführt. Das größte Gerät (oben) wandelt eine 24-V-Spannung in eine 12-V-Spannung um und ist für eine Strombelastung von max. 12 A ausgelegt. Das darunterstehende Gerät funktioniert ähnlich, aber seine max. Stromentnahme beträgt nur 8 A. Das kleinste der Geräte regelt eine Eingangsspannung von 12 V wahlweise auf 4,5 V, 6 V oder 9 V herab (bei einer max. Stromentnahme von 1,5 A). Der unterste Spannungswandler ist als „Aufwärtswandler" von 12 V auf 24 V (max. 10 A) konzipiert. Foto Conrad Electronic

here Gleichspannung in eine niedrigere Gleichspannung einfach herabregeln, denn hier muß nicht „von unten nach oben" transformiert oder kompliziert „verdoppelt" werden. Daher sind diese Spannungsregler oft auch wesentlich preiswerter, als Spannungsregler, die am Ausgang eine höhere Spannung als am Eingang bieten. Es gibt aber auch unter den Spannungsreglern, die „von oben nach unten" regeln, einige aufwendigere Geräte, die einen hohen Wirkungsgrad anstreben und deshalb ziemlich kostspielig konzipiert sind.

Wie aus dem Text zu Bild 17.6 hervorgeht, gibt es auch Spannungswandler für verschiedene andere Spannungen. In diesem Fall können an solch einem Gerät diverse elektronische Batterie-Kleingeräte – wie Notebooks oder Radios – angeschlossen werden.

Wenn es sich jedoch um Kleingeräte handelt, die regelmäßiger betrieben werden, könnte anstelle von einem zusätzlichen Spannungswandler lieber ein zusätzliches kleines Solarzellenmodul eine separate kleinere Batterie nachladen. Diese „Mini-Anlage" dürfte dann nur für den einen speziellen Verbraucher zur Verfügung stehen. Eine solche Lösung ist besonders dann zu empfehlen, wenn die eigentliche Stromversorgung des „Hausnetzes" nicht ausgesprochen überdimensioniert ist.

Schließlich wäre noch darauf hinzuweisen, daß es gegenwärtig kleine integrierte Schaltungen (ICs) gibt, die man ebenfalls als Gleichspannungswandler verwenden kann. Einige davon können sogar eine niedrigere Gleichspannung in eine höhere Gleichspannung umwandeln (allerdings meistens nur bei kleinen Leistungen).

Wesentlich robuster in bezug auf den Ausgangsstrom und gleichzeitig auch relativ einfach zum Nachbau sind die einstellbaren Spannungsregler nach Bild 17.7. Es gibt sie in verschiedenen Ausführungen, wobei das Gehäuse identisch mit dem Gehäuse eines Transistors ist (auch von der Größe her). So ein Spannungsregler benötigt nur 4 zusätzliche Bausteine: zwei Elektrolyt-Kondensatoren (10 µF/35 V und 100 µF/35 V), einen Widerstand (121 Ω) und einen Einstellpotentiometer (5 kΩ), mit dem sich die gewünschte Ausgangsspannung einstellen läßt – allerdings nur „von oben nach unten“ (womit sie also niedriger, als die Eingangsspannung wird).

Bemerkung: Soweit ein Spannungsregler einen höheren Strom, als etwa 1/5 seines zugelassenen Maximums liefern soll, benötigt er einen zusätzlichen Kühlkörper (dieser sollte gleich mitgekauft werden).

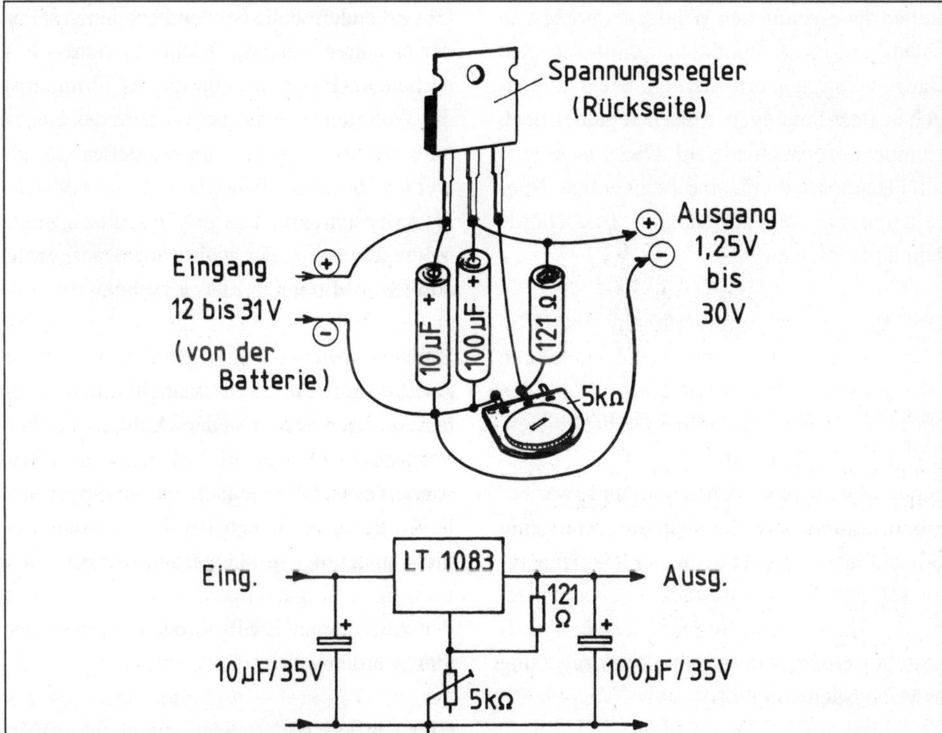


Bild 17.7 Nachbauleichtes Schaltbeispiel eines einstellbaren Spannungsreglers, dessen Ausgangsspannung etwa zwischen 1,25 V und der fast vollen Eingangsspannung regelbar ist (oben im Bild ist die Schaltung „in natura“, unten mit gängigen Schaltzeichen aufgeführt); Der Ausgangsstrom hängt hier von der Type des Spannungsreglers ab und beträgt: beim LT 1086 CT max. 1,5 A, beim LT 1085 CT max. 3 A, beim LT 1084 CP max. 5 A und bei der Type LT 1083 CP max. 7,5 A (Anbieter: Conrad Electronic; alternativ in verschiedenen Ausführungen im Elektronik-Fachhandel erhältlich)

# 18 Vorschriften und Sicherheitsmaßnahmen

Wir haben bereits im Kap. 7 darauf hingewiesen, daß Kleinspannungsanlagen, die nicht netzgekoppelt sind, als solche keinem Vorschriftszwang unterliegen. Nur für das Aufstellen des eigentlichen Windgenerators ist ab einem gewissen Windraddurchmesser eine Baugenehmigung erforderlich. Die baurechtlichen Bestimmungen weisen regional noch ziemliche Unterschiede auf. Daher ist bereits im Planungsstadium eine rechtzeitige Konsultation bei der zuständigen Baubehörde sehr zu empfehlen.

Das Baugenehmigungsverfahren wurde in letzter Zeit bei kleineren Windgeneratoren sehr gelockert. Umso wichtiger ist es, den Nachbarn rechtzeitig darüber zu informieren, was man genau vorhat, wie das Ganze aussehen wird und wo es stehen soll, und zwar bevor man sich überhaupt auf den Weg zum Bauamt macht. Es sei denn, der Windgenerator soll auf dem Grundstück eines alleinstehenden Hauses bzw. Sommerhäuschens aufgestellt werden, in dessen direkter Umgebung es keine Nachbarn gibt.

Andernfalls ist zu berücksichtigen, daß auch ein kleiner Windgenerator einen gewissen Lärm bzw. gewisse Geräusche erzeugen kann, die der Nachbar unter Umständen als unzumutbar einstufen könnte. Hier geht es nicht so sehr um die ermittelbaren Meßwerte einer objektiven Lautstärke, sondern um das subjektive Empfinden (ein tropfender Wasserhahn ist kaum hörbar und kann dennoch so manchen von uns verrückt machen).

Es sind zudem Fälle bekannt, bei denen sogar der Schatten oder die Lichtreflexionen des drehenden Propellers (durch das Flimmern) die Wohnräume oder die Terrasse des Nachbarn zu einer Disco umwandelten. Auch wenn sich die Baubehörde in dieser Hinsicht als aufgeschlossen und unbürokratisch zeigt, sollte der Aufsteller nicht davon ausgehen, daß jedes Mittel den Zweck heiligt.

Wichtig: Wer sich eine größere, kompakte Anlage kauft, die bereits baubehördlich zugelassen wurde, kann von dem Anbieter alle benötigten Unterlagen bekommen. Manchmal handelt es sich hier jedoch nur um typgeprüfte Anlagen, bei denen der Prüfungsumfang nicht unbedingt in allen Bundesländern den jeweiligen Vorgaben gerecht wird – was mit der zuständigen Baubehörde rechtzeitig geklärt werden sollte.

Baurechtlich bietet einen ziemlich großen Spielraum die Frage der Statik einer jeden Windenergie-Anlage. Auch ein kleiner Windgenerator kann eine potentielle Bedrohung für den Fall darstellen, daß ihn ein kräftiger Sturm als eine Art Knüppel zur Vernichtung vom Besitz des Nachbarn anwendet. Wenn dabei der Beschädigte selber nicht gegen

Sturm versichert war, muß er nota bene für so einen Schaden sogar selber aufkommen.

Zu den „gefährdeten Objekten“ gehören baurechtlich auch öffentliche Straßen, Wege und Brücken, die ein „vom Sturm verwehter“ Windgenerator (mit Mast) blockieren oder beschädigen kann.

Die Baubehörde wird also bei der Beurteilung der Kriterien für eine Baugenehmigung alle derartigen Gegebenheiten mitberücksichtigen.

Im einfachsten Fall wird gar keine Baugenehmigung notwendig sein – vorausgesetzt, der „Bauherr“ achtet darauf, daß gewisse Grenzen hinsichtlich der Höhe des Mastes oder des Durchmessers des Windrades nicht überschritten werden. Andernfalls empfiehlt es sich, daß zunächst eine „Bauvoranfrage“ über die Gemeinde an die zuständige Bauaufsichtsbehörde eingereicht wird.

Bei kleineren Projekten wird für eine solche Bauvoranfrage (wie auch bei der Antragstellung für eine Baugenehmigung) als „Bauzeichnung“ nur eine einfache Skizze genügen. Sie kann auch ohne Lineal – also nur aus der Hand – erstellt werden.

Normale „gehobenere“ Bauvorhaben werden grundsätzlich in 4 Ansichten (bezogen auf die Himmelsrichtung) und mit einem Grundriß dargestellt. In der rechten oberen Ecke der Zeichnung wird ein kleiner Lageplan (Abzeichnung der Flurkarte) im Maßstab 1:5000 eingezeichnet.

Der Lageplan sollte möglichst genau der kadastralen Flurkarte entsprechen, die beim Katasteramt gegen eine kleine Gebühr erhältlich ist.

Auf die eigentliche Bauzeichnung wird in der Regel nur ein kleiner Ausschnitt aus dem Lageplan übernommen, der für eine maßstabsgerechte Einzeichnung des vorgesehenen „Bauobjektes“ und seine Lokalisierung erforderlich ist. Aus dieser Zeichnung soll also u.a. ersichtlich sein, wie weit entfernt der Windgenerator von der Grundstücksgrenze zum Nachbarn oder zur Straße stehen wird.

Ein beigelegtes Foto des Windgenerators bzw. eine Schnittzeichnung (die vom Hersteller erhältlich ist) wird von einigen Bauämtern ebenfalls verlangt – oder zumindest begrüßt, wenn es sich um größere Windgeneratoren handelt.

Bei größeren Vorhaben wird möglicherweise das Bauamt verlangen, daß die eingereichten Bauunterlagen von einem zugelassenen Architekten oder Meister unterzeichnet sind (der die Verantwortung für die Ausführung übernimmt). Zudem kann das Bauamt auf weiteren prüffähigen Unterlagen über die Statik und andere bautechnisch erforderliche Eigenheiten des Projektes bestehen.

So ein Bauantrag wird ja nicht nur in Hinsicht auf die reinen bautechnischen Gesetze und Bauordnungen geprüft. Die Straßenbaugesetze, Naturschutzgesetze, Landschaftsgesetze und diverse lokale Verordnungen können bei größeren Windgeneratoren solch ein Vorhaben ganz schön komplizieren.

Manchmal muß das Genehmigungsverfahren noch weitere „Genehmigungsschleifen“

durchlaufen, die mit der Gewerbeordnung, mit Maschinenschutzgesetz, Energiewirtschaftsgesetz, Bundesimmissionsschutz und diversen damit verbundenen Verordnungen zusammenhängen.

Die „Technische Anleitung Lärm" aus dem Bundesimmissions-Schutzgesetz gibt beispielsweise folgende Grenzwerte für die erlaubten Schalldruckpegel an, die bezogen auf die jeweiligen Einstufungen der Bebauungsgebiete nicht überschritten werden dürfen:

a) Gewerbegebiet –
am Tag 65 dB(A); nachts 50 dB(A)
b) Mischgebiet –
am Tag 60 dB(A); nachts 45 dB(A)
c) allgemeines Wohngebiet –
am Tag 55 dB(A); nachts 40 dB(A)
d) reines Wohngebiet –
am Tag 50 dB(A); nachts 35 dB(A)

Das sind Grenzwerte, in deren Nähe man bei kleineren Windgeneratoren normalerweise gar nicht kommt – es sei denn, man erstellt im Eigenbau einen ausgesprochenen Krachmacher.

**Spannungs-Höchstgrenzen und Vorschriftszwang**

„Kleinspannungs-Installationen", die mit einer Gleichspannung unterhalb von 120 Volt oder einer Wechselspannung von höchstens 50 Volt arbeiten, unterliegen – wie bereits im Kap. 6 erwähnt wurde – keinem Vorschriftszwang. Bei Batterianlagen sind Überschreitungen bis zu 19% der Gleichspannung zulässig.

Dies beinhaltet, daß z.B. die Lade-Gleichspannung, die ein Wind- oder Solargenerator erzeugt, theoretisch bis zu 142,8 V haben darf, ohne daß sie einem Vorschriftszwang unterliegt.

Soweit ein privater Errichter diese Spannungsrenzen nicht überschreitet, braucht er sich in dieser Hinsicht keine Gedanken über irgendwelche Vorschriften zu machen – was allerdings wiederum in Hinsicht auf allgemeine (also auch private) Sicherheitsgründe nicht bedeutet, daß jegliche Vorsichtsmaßnahmen völlig ignoriert werden sollten.

Eine 24-Volt-Gleichspannung ist laut Gesetz jedoch sogar bei Kinderspielzeug als unbedenklich eingestuft. Bei direkter Berührung mit Händen oder Füßen ist diese Spannung nicht einmal im Wasser wahrnehmbar. Nur wenn beide Pole auf die Zunge gelegt werden, kann es wehtun (was von dem Abstand der zwei Pole und von der „Kontaktfläche" abhängt).

Dennoch sollte auch bei dieser Spannung darauf geachtet werden, daß durch einen schlechten Kontakt oder durch einen Kurzschluß in der Installation unter keinen Umständen Brand entstehen kann.

Rein theoretisch gilt – wie bereits erwähnt – eine Gleichspannung von bis zu 120 Volt als „Schutzkleinspannung" (bei der Wechselspannung sind es nur 50 Volt, weil diese wesentlich gefährlicher ist).

Bis zu diesen Spannungsgrenzen unterliegen also die eigentlichen elektrischen Installationen von Windgeneratoren keinem Vorschriftszwang, und weder eine Behörde noch irgendeine andere Institution verfügen über die Kompetenz sich in dieser Hinsicht auf die eine oder andere Weise einzumischen.

Als evtl. potentieller „Gegner" könnten sich hier hypothetisch nur im Falle eines Versicherungsschadens die Versicherungsgesellschaft bzw. ihre treu ergebenen Sachverständigen erweisen. Da es gegenwärtig zu einer Mode geworden ist, daß Versicherungen vieles tun, um sich vor der vertraglichen Zahlungspflicht so weit wie nur möglich zu drücken, sollte ihnen eine zu nonchalant ausgeführte Installation keine unnötige Spielfläche einräumen.

Zu berücksichtigen ist, daß bei der Anwendung eines Wechselrichters (Inverters) mit einer Ausgangs-Wechselspannung von mehr als 50 Volt der Vorschriftszwang wieder da ist. Soweit es sich jedoch nicht um eine netzgekoppelte Anlage handelt, kann einem privaten Errichter kaum jemand auferlegen, daß er seine Installation von einem „anerkannten" Elektromeister oder vom TÜV überprüfen lassen müßte.

Wenn jedoch im Hausnetz ein Wechselrichter verwendet wird, der eine 230-V-Wechselspannung liefert, sollten hier die an sich unkomplizierten Sicherheitsmaßnahmen im eigenen Interesse eingehalten werden. Besonders dann, wenn an dem Wechselrichter eine aufwendigere Installation angeschlossen ist – und nicht nur eine elektrische Schreibmaschine bzw. ein einziges anderes Gerät.

Nur bei Energieerzeugungsanlagen, die an das Netz eines „Elektrizitätsversorgungsunternehmens (EVU)" angeschlossen werden – also bei netzgekoppelten Anlagen – ist die zuständige Elektrizitätsgesellschaft berechtigt, ihre Anforderungen zu bestimmen.

Die Einbindung der „Eigenerzeugungsanlage" in das Netz des EVU ist durch einen eingetragenen Elektroinstallateur vozunehmen.

Für die Anmeldung sind folgende Unterlagen beim EVU einzureichen:

- Lageplan, aus dem die Grundstücksgrenzen und der Aufstellungsort hervorgehen
- Übersichtsschaltplan der gesamten elektrischen Anlage mit den Nenndaten der eingesetzten Betriebsmittel
- Beschreibung der Schutzeinrichtung mit genauen Angaben über Art, Fabrikat, Schaltung und Funktion
- Beschreibung der Art und Betriebsweise vom Generator, Wechselrichter sowie der Art der Zuschaltung zum Netz
- Angaben über die Kurzschlußfestigkeit der Schaltorgane
- Bei Wechselrichtern zusätzlich ein Nachweis über die Erfüllung der vorgeschriebenen Parameter, die eine optimal synchronisierte, netzidentische Einspeisung garantieren – z.B. durch Vorlage einer Konformitätserklärung des Herstellers (soweit der Wechselrichter nicht bereits dem EVU bekannt ist).

**Netzanschluß**

Eigenerzeugungsanlagen dürfen bis zu einer Leistung von 4,6 kVA (bei Photovoltaik bis zu 5 kW) an einen Außenleiter angeschlossen werden.

Erforderliche EVU-Zähler und Steuergeräte sind in einem Zählerschrank mit den entsprechenden Funktionsflächen (nach DIN 43870) anzuordnen. Die erforderlichen Verdrahtungspläne – die z.B. nach Bild 16.1 oder 16.2 (im 16. Kapitel) ausgeführt sind – stellt das EVU zur Verfügung, soweit es die Verdrahtung nicht selbst vornimmt.

Wie kompliziert so ein Vorhaben in Hinsicht auf die aufgeführten Punkte auch erscheinen mag, in Wirklichkeit ist alles ziemlich einfach und verläuft problemlos.

**Brandgefahr**

Wo es Spannung gibt, dort können auch Funken entstehen. Wo es Funken gibt, dort kann auch Feuer entflammen. Es wäre ein Fehler, anzunehmen, daß niedrigere Spannungen keinen Brand verursachen können. Ein Wakkelkontakt einer schlecht zugedrehten Verbindungsklemme kann bei einem höheren Strom sehr viel Hitze (bzw. Glut) entwickeln.

Die schlimmsten Schwachstellen einer solchen Installation bilden – wie bereits im Kap. 7 kurz angesprochen – fast auschließlich alle Schraub- und Klemmverbindungen, an denen die Kabel oder Drähte aneinander oder an Schalter und an Verbraucher angeschraubt werden. Hier sollte man gute Schraubklemmen verwenden, die einen dauerhaften Halt garantieren.

Es ist darauf zu achten, daß diese Klemmen auch derartig mechanisch geschützt bleiben, daß evtl. Funken oder Erhitzung keinen Brand verursachen können. Gängige Installationsdosen bieten dabei einen guten Schutz.

Ein schlechter Kontakt in einer Klemme kommt auch in der Praxis eines gewissenhaften Elektrikers gelegentlich vor. Nicht immer wird ein schlechter Kontakt gleich bei der Inbetriebnahme entdeckt. Manchmal dauert es einige Jahre (nachdem sich alles etwas gelokkert hat) bevor so ein Kontakt zu funken oder zu glühen anfängt.

Es muß sich dabei um keine ausgesprochene Nachlässigkeit handeln. Die eine oder andere Schraube klemmt manchmal versehentlich nicht alle Drahtenden gut fest, zudem kann sich auch eine gute Verbindung durch zusätzliches Ziehen an den Drähten (bei anschließenden Arbeiten) etwas lockern usw.

Eine weitere Ursache der Funkenbildung sind schlecht abisolierte Drahtenden. Ob man das Drahtende mit einem Messer oder mit einer Spezialzange abisoliert, in den Kupferdraht selbst darf dabei auf keinen Fall eingeschnitten werden. Schon eine haardünne Kerbe in der glatten Oberfläche eines Kupferdrahtes kann leicht dazu führen, daß er früher oder später (worunter durch Material-Ermüdung) an dieser Stelle wie ein Eiszapfen abbricht. Falls sich die Bruchstellen noch zufälligerweise weiterhin berühren, kann es hier zu einer brandverursachenden Funkenentwicklung kommen.

Natürlich handelt es sich bei diesen angesprochenen Gefahrenquellen um selten vorkommende Ausnahmen, von denen man sich nicht einschüchtern lassen braucht, wenn die angesprochenen Vorsorgemaßmahmen in einem vernünftigen Umfang eingehalten werden. Dies ist vor allem dann wichtig, wenn die Leitungen auf Holzwänden oder Holzbalken verlegt werden.

# Windräder im Eigenbau



Die meisten kleineren Windgeneratoren sind als Propeller-Schnelläufer ausgelegt und bringen daher bei bescheidenem Windaufkommen nur einen zu geringen Teil ihrer offiziellen Nennleistung auf. Im Kap. 3 konnten wir in Erfahrung bringen, daß sich vor allem die Savonius-Windräder für Standorte mit geringem Windaufkommen gut eignen.

Diese Windräder lassen sich leicht im Eigenbau erstellen. Zumindest dann, wenn es ein erfahrener Tüftler in die Hand nimmt. Es setzt allerdings etwas Geduld und Experimentiergeist voraus, denn eine kochrezeptartige universale Bauanleitung läßt sich bei der in Frage kommenden Variationsvielfalt gar nicht verfassen.

Dies wäre auch nicht der Sinn der Sache, denn jeder Tüftler hat andere technologische Möglichkeiten und zudem eine eigene Vorstellung von der Größe, Form und Aufstellung des Windrades. Dazu kommt auch noch der Spielraum, den die Anwendung eines beliebigen elektrischen Generators erlaubt.

Ein Windgenerator besteht aus drei wichtigen Konstruktionsteilen: Aus dem eigentlichen Windrad, dem elektrischen Generator und einem Getriebe, daß die relativ niedrige Drehzahl des Windrades in eine höhere Drehzahl umsetzt, die der elektrische Generator benötigt.

Der Entwurf einer eigenen Konstruktion wird üblicherweise mit der Frage nach einem passenden elektrischen Generator beginnen. Was „passend" ist, liegt nur im persönlichen Ermessen. Wie bereits an anderen Stellen erwähnt, kann sogar ein kleiner Fahrraddynamo als Generator verwendet werden.

Ein einziger Dynamo liefert allerdings nur eine 6 V-Spannung (Wechselspannung). Wer mit so einem Windgenerator z.B. eine 12-V-Batterie nachladen möchte, müßte drei bis vier solcher Dynamos nach *Bild 19.1* oder *19.2* gleichzeitig vom Windrad antreiben, und diese sollten nach Bild 19.3 elektrisch in Serie verschaltet werden.

Eine solche Lösung mag zwar etwas zu sehr nach einem Spielzeug aussehen, aber wenn die Windradflügel groß genug ausgelegt werden, wird ein Ladestrom von bis zu 0,5A zur Verfügung stehen. Die Spannung von max. 18 V (3 Dynamos) bis ca. 24 V (4 Dynamos) reicht für ein zuverlässiges Nachladen der Batterie einer kleineren Anlage aus (und kann natürlich auch mit Solarstrom kombiniert werden).

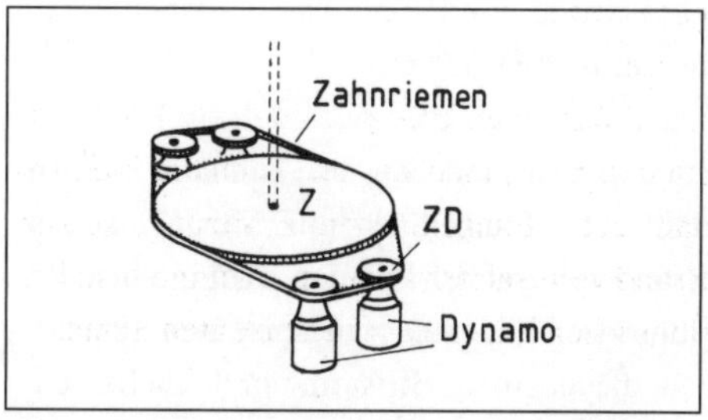


Bild 19.1 Konstruktionsbeispiel eines Antriebes von 4 Fahraddynamos: mit Hilfe eines Zahnriemens

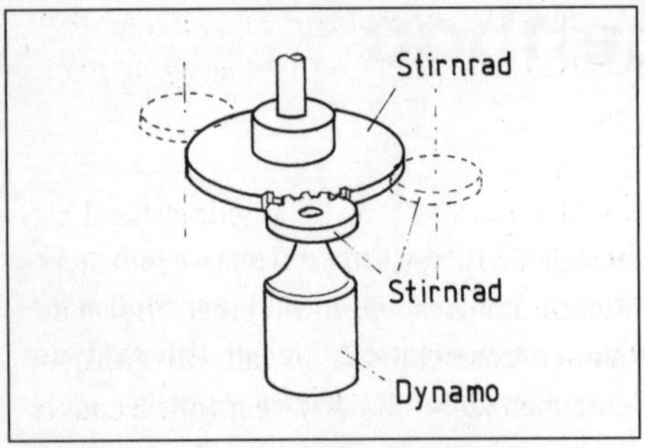


Bild 19.2 Wenn das Eigenbau-Stirnrad exakt rund ist, kann der Zahnriemen wegfallen und die Dynamos können – ähnlich wie bei einem Fahrrad – mit ihren Zahnscheiben (Stirnrädern) direkt an dem großen Stirnrad federnd angedrückt, oder auch fest montiert anliegen; dies hat jedoch etwas mehr Geräuschentwicklung zufolge und setzt zudem höhere Ansprüche an Präzision voraus.

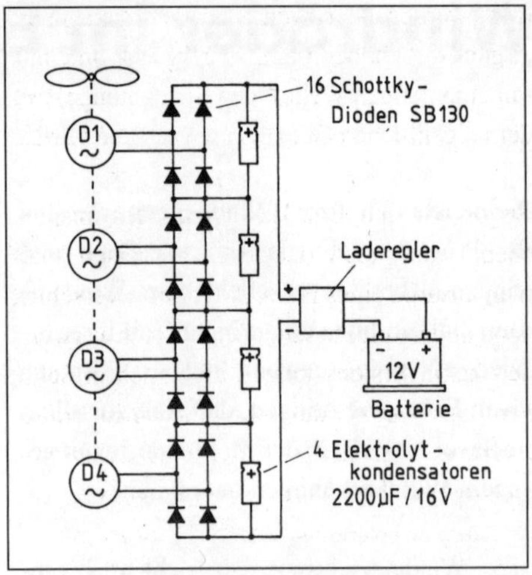


Bild 19.3 Die gängigen Fahrraddynamos (D1 bis D4) sind physikalisch gesehen keine Dynamos, weil sie nicht Gleichstrom, sondern Wechselstrom erzeugen. Die eingezeichneten Schottky-Dioden bilden verlustarme Gleichrichter, die Elektrolytkondensatoren glätten den pulsierenden Gleichstrom, der dann über einen einfachen Laderegler (auch Solar-Laderegler) die Anlagenbatterie nachlädt.

Der Antrieb einer Konstruktion nach Bild 19.1 ist mit einem handelsüblichen „HTD-Zahnriemen" ausgelegt, dessen Teilung 3 bis 5 mm und Breite 9 mm betragen sollte.

Das komplizierteste Bauteil bildet hier das „große Zahnrad" (Z). Es handelt sich aber um kein echtes Zahnrad, sondern um eine runde Scheibe, auf die ein Zahnriemen (Teilung 5 mm) mit 400 Zähnen und einer handelsüblichen Standardlänge von 2000 mm aufgeleimt wurde (mit Patex). Der Scheibendurchmesser beträgt 637 mm.

Für experimentelle Zwecke kann die Scheibe aus wasserfestem Sperrholz oder Kunststoff erstellt (ausgefräst) werden. Am einfachsten läßt es sich mit einer Handfräse bewerkstelligen, die an einem Hilfsarm um die Scheibenmitte, wie der Zeiger einer Uhr geführt wird (bei einem harten Material – wie z.B. Plexiglas oder Makrolon – sollte die Scheibe erst grob mit einer Stichsäge ausgesägt und danach mit einer Handfräse maßgerecht (glatt) nachgearbeitet werden.

Die bestehenden Antriebsrädchen der Dynamo-Rotore müssen durch HTD-Zahnscheiben (ZD) mit je 12 Zähnen ersetzt werden (daraus ergibt sich eine Übersetzung von 1:33,3). Ein ca. 2525 mm langer HTD-Zahnriemen verbindet dann alle Zahnräder mit der Antriebsscheibe (Z) (soweit die Dynamos nicht direkt an diese Zahnscheibe nach Bild 19.2 angelegt werden).

Die Zahnscheibe Z kann evtl. direkt unterhalb des Bodens eines Savonius-Windrades montiert werden – soweit das Windrad nicht „irgendwo“ höher oben angebracht und nur mit einer langen Welle (Rundstahl-Stange) mit dem eigentlichen Generator verbunden wird.

Bevor wir den Bau des Windrades ansprechen, wäre noch darauf hinzuweisen, daß man anstelle eines Fahrraddynamos verschiedene andere elektrische Generatoren verwenden kann. Erstens kämen die „Lichtmaschinen“ aus Autos oder Motorrädern in Frage, zweitens kann praktisch jeder Gleichstrommotor (auch aus Akku-Handwerkzeugen) als Dynamo verwendet werden. Drittens gibt es auch Generatoren als Fertigprodukte.

Hinweis: Achten Sie bitte immer darauf, daß bei den Generatoren die „Haupt-Drehrichtung“ eingehalten wird. Auch die Gleichstrommotoren der Akku-Handwerkzeuge haben ihre Haupt-Drehrichtung (= Bohr- oder Schrauben-Eindrehrichtung).

Was nun das eigentliche Windrad anbelangt: In den meisten Fällen werden wir uns an dem Savonius-Prinzip orientieren. Das Eigenbau-Windrad kann nach *Bild 19.4* ausgeführt werden.

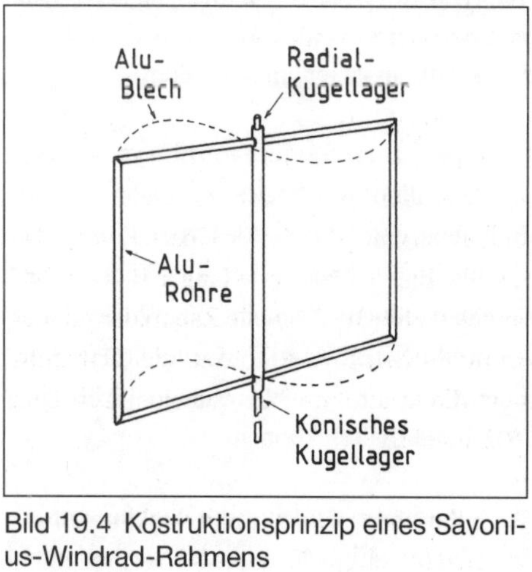


Bild 19.4 Kostruktionsprinzip eines Savonius-Windrad-Rahmens

Als Material für kleinere Windradflügel eignet sich am besten ein ca. 0,6 bis 1 mm dickes Aluminiumblech, das an einen tragenden Rahmen aus Alu-Rohren mit Rostfreistahl-Schrauben aufgeschraubt oder (mit Blindnieten) angenietet wird.

Kleinere Windräder können nur unten im Sockel gelagert werden. Größere Windräder (ab einer Flügelhöhe von ca. 500 mm) sollten (nach Bild 19.4) sowohl unten, als auch oben gelagert sein. Bevorzugt in einem Stahl- oder Alu-Rahmen nach *Bild 19.5*.

Wer sich sein Windrad selber baut, der kann sich natürlich den Luxus erlauben ein dekoratives Kunstück zu entwerfen. Physikalisch spricht nichts dagegen, daß aus mehreren ein-

Bild 19.5 Praktisches Ausführungsbeispiel einer kombinierten Anlage mit einem Savonius-Windrad (W) und darunter Solarzellenmodulen (FÜW AG, Ansbach)

zelnen „Savonius-Elementen" von unterschiedlichen Größen eine beliebig gestaltete Windradform erstellt wird – wie z.B. im *Bild 19.6* angedeutet ist. Anstelle der „Savonius-Elemente" könnten natürlich auch schöpflöffelartige Schalen (wie beim Handwindmesser) zu einem „drehenden Weihnachtsbäumchen" oder auf eine andere Weise als dekorative Flügel eines kugelförmigen Windrades einfach auf eine drehende Achse montiert werden.

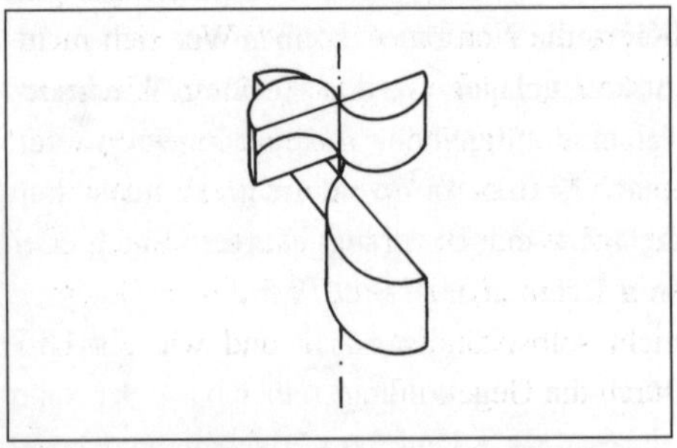

Bild 19.6 Ein Windrad kann auch aus beliebig vielen Savonius-Elementen bestehen, die evtl. an der Achse um 90° gegeneinander „verdreht" sind.

Drehen wird so ein Bauwerk immer; davon darf man ruhig ausgehen. Es fragt sich nur, ob es den vorgesehenen Windgenerator auch richtig auf Trab bringt. Vom Prinzip her ist die Problemlösung einfach: Je größer die Fläche der Windradflügel ist, desto leichter treibt das Windrad den vorgesehenen elektrischen Generator auch bei einem schwächeren Wind an. Dabei spielt natürlich das Eigengewicht des Windrades eine wichtige Rolle.

Einen großen Einfluß auf den Windrad-Wirkungsgrad hat die Ausführung der Übersetzung. Eine Zahnriemen- oder evtl. Rundriemen-Übersetzung eignet sich für den Selbstbau am besten. Sie hat einen relativ hohen Wirkungsgrad und ist zudem geräuscharm. So eine Übersetzung kann z.B. aus zwei oder mehreren Stufen nach *Bild 19.7* bestehen. Die Wellen der Scheiben 1 bis 4 sollten unbedingt kugelgelagert sein.

Jede Übersetzungs-Stufe hat verständlicherweise Verluste im Getriebe zufolge. Daher ist es von Vorteil, wenn der angewendete Generator mit einer möglichst niedrigen Drehzahl

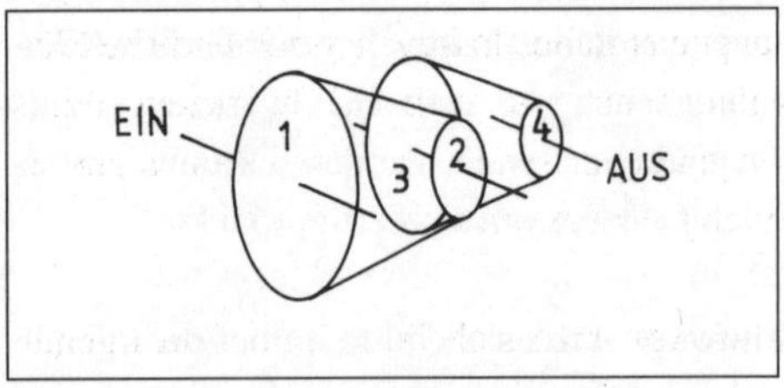


Bild 19.7 Prinzip einer zweistufigen Übersetzung mit Hilfe von Rund- oder Zahnriemen.

zufrieden ist. In der Hinsicht sind die Auto-Lichtmaschinen sehr günstig. Auch deshalb, weil üblicherweise auch eine komplette Laderegelung zur Verfügung steht, die ebenfalls für die vorgesehene Windenergie-Anlage verwendet werden kann (den dazugehörenden Schaltplan kann man sich bei einer Kfz-Werkstatt ausleihen und kopieren).

Alle diese aufgeführten Vorschläge und Beispiele wollen nur darauf hinweisen, daß der Eigenbau eines Windrades vom Prinzip her gar nicht so schwierig ist. Auf einen Aspekt ist dabei jedoch zu achten: Das Windrad muß – einschließlich Antrieb, Generator und der Ladeelektronik – auch einem stürmischen Wind standhalten können.

In vielen Fällen wird eine zusätzliche Vorrichtung unumgänglich, mit der das Windrad beim Sturm – oder bei zu starkem Wind abgebremst, abgestellt, bzw. irgendwo eingefahren wird. Dies ist besonders dann wichtig, wenn es sich um ein größeres Windrad handelt.

Bei den traditionellen Windmühlen wurde dies einfach dadurch gelöst, daß vor einem aufkommenden Sturm die Segel von den Flügeln abgenommen wurden.

Später hat man sich etwas kompliziertere Lösungen einfallen lassen: jalousieähnliche Flügelelemente, die sich bei kräftigem Wind wegdrehten usw. (was sich jedoch nicht so richtig durchgesetzt hat).

Inwieweit man sich beim Selbstbau irgendwelche automatische Vorrichtungen zumutet, die bei kräftigem Wind das Windrad abstellen, hängt natürlich vom persönlichen Know-how ab. Vom Prinzip her gibt es viele Möglichkeiten: Die Drehzahl kann entweder rein elektronisch oder mit Hilfe eines Exzenters überwacht werden, und beim Überschreiten der vorgegebenen Sicherheitsgrenze wird das Windrad z.B. mit Hilfe eines kleinen Hilfsmotors abgebremst.

Wer sich eine derartige Lösung zutraut, der wird höchstwahrscheinlich zu denjenigen gehören, die sich „auskennen“. Wer sich nicht auskennt, müßte erst mit einem kleineren Windrad anfangen, um Erfahrungen zu sammeln. Auch beim Bau eines kleinen Windrades sollte jedoch darauf geachtet werden, daß sich so ein „Kunstwerk“ bei einem Gewitter nicht selbstständig macht und wie ein Ufo durch die Gegend fliegt.

**Lieferantennachweis:**

Conrad Electronic
Klaus-Conrad-Straße 1
92240 Hirschau
Telefon 01 80/5 31 21 11
Telefax 01 80/5 31 21 10
T-Online *20744#
Internet: www.conrad.de

AeroCraft Energietechnik GmbH
Hoffeldstraße 20
27356 Rotenburg
Telefon 0 42 61/96 00 34
Telefax 0 42 61/96 00 35

Völkner
Marienberger Str. 10
38095 Braunschweig
Telefon 01 80/5 55 51
Fax 01 80/5 55 52
Internet: www.voelkner.de

ELV elektronik
Telefon 04 91/60 08 88
Fax 04 91/70 16

# Sachverzeichnis

# Sachverzeichnis

| Gerät | Versorgungsspannung | Stromverbrauch |
|---|---|---|
| Kühlbox 40 W | 12 V | 3,4 A |
| Kühlbox 65 W | 12 V | 5,4 A |
| Farbfernseher | 12 V (24 V) | 2,9 bis 3 A |
| Wasser/Kaffeekocher | 12 V | 12,5 bis 15 A |
| Heizkissen | 12 V | 1,5 bis 3 A |
| Autostuhl-Heizbezug | 12 V | 2 bis 5 A |
| Kühlschrank 75 Liter | 12 V (24 V) | 25 Ah (12,5 Ah) pro Tag |
| Kühlschrank 132 Liter | 12 V (24 V) | 30 Ah (15 Ah) pro Tag |

Bemerkung: Alle Daten haben nur einen informativen Charakter und können herstellerabhängig variieren.

**Gleichstrom-, Förder- und Springbrunnenpumpen für Dauerbetrieb**

| Typ | Versorgungs-spannung | max. Strom-aufnahme | max. Förder-leistung | max. Förder-höhe |
|---|---|---|---|---|
| SXT 500 | 2,1 – 17 V | 0,5 A | 500 l/h | 2,2 m |
| SXT 1200 | 2,1 – 17 V | 1,3 A | 1200 l/h | 3,0 m |
| Uni-Mot | 6 – 17 V | 2,5 A | 2200 l/h | 3,0 m |
| Shurflo 800* | 12 V | 7,2 A | 396 l/h | 41 m |
| JET TBP 15 | 5 – 28 V | 2,5 A | 300 l/h | 15 m |
| JET TBP 70 | 5 – 38 V | 2,0 A | 100 l/h | 60 m |

* Die Shurflo-Pumpe verfügt über einen eingebauten Druckschalter, der bei Druckabfall oder beim Offnen des Wasserhahnes die Pumpe automatisch einschaltet (nach Schließen des Wasserhahnes schaltet er sie wieder ab).

**„Low-cost“-Gleichstrompumpen für Betrieb mit 50% Einschaltdauer: max. 30 Minuten Betrieb und dieselbe Pausendauer (Conrad-Electronic)**

| Typ | Nenn-spannung | Strom-aufnahme | Förder-leistung | Förder-höhe |
|---|---|---|---|---|
| Minipumpe | 3 V | 0,25 A | 50 l/h | 0,2 m |
| Tauchpumpe BWV 04 | 12 V | 1,7 A | 600 l/h | 6,0 m |
| Tauchpumpe BWV 03 | 12 V | 2,0 A | 720 l/h | 6,0 m |
| Tauchpumpe BWV 01 | 12 V | 2,9 A | 1080 l/h | 10,0 m |

# Teil 6

Ulrich E. Stempel

# Das kleine Windenergie Werkbuch

FRANZIS

# Vorwort zu Teil 6

In diesem Teil des Buches sind einfache Bauanleitungen von Windrädern und Windanlagen beschrieben, auch um Erfahrungen für den Bau von größeren Windanlagen zu sammeln. Der Wind hat eine enorme Kraft, und um ihn sinnvoll und für sich und die Mitwelt gefahrlos zu nutzen, sind die Erfahrungen im Kleinen sehr viel einfacher und auch kostengünstiger.

Im Gegensatz zu Solaranlagen, bei denen es für einen privaten Entwickler oder eine Entwicklerin fast unmöglich ist, die Solarzellen selbst herzustellen, kann im Bereich der Windenergienutzung fast alles selbst entwickelt werden. Auch besteht hier ein enormes Entwicklungsdefizit. Die Windenergie wird in der Forschung noch stiefmütterlicher behandelt als die Solarenergie. Speziell was die Steigerung des Wirkungsgrades und die Konstruktion von originellen Windkraftanlagen anbelangt, ist hier ein enormes Entwicklungspotential vorhanden.

Windkraftanlagen sind nicht nur eine äußerst effektive Methode diese Naturenergie zu nutzen, diese Energie gibt es je nach Standort bei Nacht, bei Tag, bei Regen und bei bedecktem Himmel! Und auch wieder, je nach Standort, übersteigt die tägliche Wind-Nutzenergie oft die nutzbare Sonnenscheindauer. Zur Not und bei Energie- und Windknappheit, kann das Windrad abgenommen werden und der Generator mit Muskelkraft, z.B. mit einer Fahrradkonstruktion angetrieben werden. Ideal ist wie immer die Symbiose, gemeint ist die sinnvolle ergänzende Nutzung von Solar- und Windenergie.

Für mich ist es auch eine Quelle der Freude, mit einfachsten Materialien, geringem finanziellen Budget und mit meiner Kreativität etwas zu erschaffen, was dann auch noch von Nutzen ist und vielleicht ein bisschen zum Heil unserer Mitwelt beitragen kann.

Die Materialien bei den Vorschlägen sind so gewählt, dass sie in der Hauptsache z.B. vom Sperrmüll (Fahrradteile) oder für wenig Geld zu beschaffen sind (Restposten, siehe Liefernachweise im Anhang). Manchmal braucht es natürlich auch ein Stück Edeltechnik, was auch wieder Spaß macht, wenn im großen Ganzen so viel eingespart wurde.

Auch wurden bewusst die Bauanleitungen so ausgearbeitet, dass Spezialwerkzeuge und nicht für Jeden zugängliche Arbeitsverfahren, wie Schweißen oder die Herstellung von feinmechanischen Drehteilen, nicht erforderlich sind. Wer aufwendigere Bearbeitungsmethoden zur Verfügung hat, kann die hier angebotenen Anregungen auf jeden Fall weiterentwickeln und im Sinne des höheren Wirkungsgrades perfektionieren.

Ein wesentlicher Teil dieses Buchteils sind auch die möglichst einfach gehaltenen elek-

tronischen Schaltungen, die zu Mess- und Regelzwecken und zur Verwendung des geernteten Stromes verwendet werden können. Die Verwendung der Schaltungen beschränkt sich jedoch nicht nur auf die Anwendung mit Windenergie. So sind z.B. vorgestellte Ladeeinrichtungen und Spannungswandler in der allgemeinen Elektronik vielseitig nutzbar.
Die Bastelobjekte sind nutzbar und praxisgerecht einsetzbar für die Versorgung mit Strom oder mechanischer Antriebsenergie für den Garten, das Gartenhaus, beim Camping und für Nutzungen im Boot.

Ulrich E. Stempel

# Hinweis:

Alle Konstruktionen, Schaltungen und technischen Angaben in diesem Buch wurden von den Autoren mit großer Sorgfalt entwickelt, getestet, verbessert und zusammengestellt. Leider sind Fehler nicht ganz auszuschließen. Der Verlag und der Autor müssen daher darauf hinweisen, dass sie weder eine Garantie noch die juristische Verantwortung oder irgendeine Haftung für Folgen, die auf fehlerhafte Angaben zurückzuführen sind, übernehmen können. Für die Mitteilung von eventuellen Fehlern sind Autor und Verlag jedoch sehr dankbar.

Die meisten Anwendungen und Verfahren in diesem Buch sind von den Autoren selbst entwickelt worden. Weitere wiedergegebene Schaltungen und Verfahren werden ohne Rücksicht auf die Patentlage mitgeteilt. Sie sind ausschließlich für Amateur- und Experimentierzwecke bestimmt und dürfen nicht gewerblich genutzt werden. Bei gewerblicher Nutzung ist vorher die Genehmigung des möglichen Lizenzinhabers einzuholen.

# Inhalt

# Ausstattungsvoraussetzungen



Was sind die Grundvoraussetzungen für die Basteleien mit der Windenergie? Grundsätzlich braucht Ihr dazu Holz und Metallwerkzeuge. Die Schaltungen sind einfach gehalten und damit auch leicht nachzuvollziehen; wenn es dann nicht gleich funktioniert, eine Pause machen und dann mit neuer Lust und Geduld wieder daran gehen. Die verwendeten Teile sind meist sehr preiswert und Allerweltsteile, die leicht zu beschaffen sind (siehe auch im Anhang – Liefernachweise). Fast alles was in diesem Buch aufgeführt wird, habe ich selbst gebaut und in zahlreichen Fällen erprobt und optimiert.

**Grundausstattung an Werkzeugen**

Stabile Arbeitsplatte

Ein Schraubstock ist klasse z.B. um Metallteile zu biegen, zu sägen und zu feilen

Bohrmaschine, regelbar, gut mit Bohrständer, muss aber nicht sein

Bohrer von 1,5 mm bis 10 mm

Allerlei Schraubendreher und -schlüssel

Schraubschlüssel-Satz

Wasserrohrzange

Metallsäge mit feinem Sägeblatt oder eine Stichsäge mit verschiedenen Sägeblättern ist ganz prima

Blechschere

Kleiner Seitenschneider

Messer, Feilen, Raspel, Schleifpapier

Hammer

Flachzange

Lötkolben mit mind. 20 W bis max. 30 W und einer schmalen Spitze, am besten mit einer Dauerlötspitze – Kupferlötspitzen korrodieren sehr schnell

Feinlötzinn – Elektronik – Lötzinn mit mindestens 60 % Zinnanteil.

Kein zusätzliches Lötflussmittel und Lötwasser verwenden, das führt zu schlechten Kontakten (kalte Lötstelle)

Einfaches Digitalmessgerät (gibt's schon ab 6,00 €)

Bastelkiste mit Teilen vom Sperrmüll, alten Radios, Fernseher, Computer, Bleche von Waschmaschine und Antennenteile usw.

Eigentlich alles Sachen, die im technischen "Haushalt" als Grundausstattung vorhanden sind und sich manchmal an der nächsten Ecke finden lassen.

**Umgang mit dem Lötkolben**

Wenn der Lötkolben heiß ist, und auch immer wieder zwischendurch beim Löten, sollte die Lötspitze mit einem weichen Baumwolltuch abgewischt werden – ich mache das mit einem alten Taschentuch – wische ganz kurz darüber, so ist die Spitze sauber.

Dann etwas Lötzinn an die Spitze, am besten mit silberhaltigem Lötdraht Sn95 Ag3 oder auch umweltfreundlicherem Lötdraht wie z.B. Sn 60 Pb32 Cu2, es gehen aber auch andere Lötdrähte, mindestens jedoch Elektronikzinn Sn60 Pb, d.h. mit wenig-

stens 60 % Zinnanteil! Gut ist es, einen dünnen Lötdraht d.h. mit 0,8 mm bis 1,0 mm Durchmesser zu verwenden, es lötet sich damit leichter.
Die Lötdrähte haben eine Kolophoniumseele, die zugleich als Flussmittel dient, also brauchen wir kein weiteres Flussmittel mehr.
Beim Löten ist es gut, zugleich Bauteiledraht oder Kabel, Leiterbahn und Lötzinn zu berühren und zwar so, dass sich auf der einen Seite der Lötkolben, in der Mitte der Bauteiledraht und auf der anderen Seite der Lötdraht befindet und das ganze möglichst zügig. Wenn das Lötzinn schmilzt, kann der Lötdraht entfernt werden und so lange weiter gelötet werden, bis das Lot an der Lötstelle gut verlaufen ist (in der Regel 1-2 sec.). Während des Lötvorganges das zu lötende Teil still halten – d.h. nicht wackeln und zwar so lange, bis das Lötzinn erkaltet ist – sonst gibt es keinen guten Kontakt. Eine gute Lötstelle glänzt und eine schlechte ist matt.
Halbleiter und Integrierte Schaltkreise sind besonders empfindlich, auch was die Hitze anbelangt, und sollten nicht mehr als max. 5 sec. gelötet werden, sonst sind sie hin! Ist die Lötstelle auf Anhieb nicht gelungen, etwas warten – und dann nochmals löten. Auch ist es möglich, für empfindliche Teile eine passende Fassung zu verwenden.
Bei Dioden und Transistoren ist auch darauf zu achten, dass die Lötstellen nicht zu dicht am Bauteil sind, d.h. dass die Anschlussdrähte wenigstens einen halben Zentimeter lang sind.

# Windradtypen und deren Verwendungsmöglichkeiten

2

Grundsätzlich wird zwischen Widerstandsläufern und Auftriebsnutzenden Rotoren unterschieden. Die Widerstandsläufer nutzen die Reibung des Luftwiderstandes um den Rotor zu bewegen. Auftriebsnutzende Rotoren nutzen das Auftriebsprinzip wie Flugzeugflügel. Dies sind meist grazil und manchmal auch futuristisch wirkende Objekte, die höchst technisch aussehen. Der denkbare Vorteil dieser Windanlagen ist, dass sie die Windenergie besser nutzen im Gegensatz zu Widerstandsläufern, was höhere Leistungswerte bedeutet.

Es gibt im Wesentlichen zwei Bauformen von Windkraftanlagen: solche mit senkrechter Drehachse und solche mit waagerechter Achse. Aus historischer Sicht sind Windrotoren, deren Drehachse senkrecht steht, die älteren.

Zu den Horizontalen gehören der Einblattrotor, der Zweiblattrotor, der Dreiblattrotor, die Hollandwindmühle und die amerikanische Windturbine (Westernrad). Der Einblattrotor hat nur ein Blatt, der durch ein Gegengewicht im Gleichgewicht gehalten wird. Zwei- und Dreiblattrotoren haben jeweils zwei beziehungsweise drei Blätter. Der meistverbreitete vertikale Windenergiekonverter ist der Darrieus-Rotor.

**Grundprinzipien:**

Je mehr Windangriffsfläche desto mehr Drehmoment und bessere Anlaufeigenschaften bei Schwachwind, aber desto langsamer die Drehzahl. Je größer das Windrad desto langsamer die Drehzahl. In der Praxis und beim Selbstbau (wie im Buch beschrieben) ist es daher empfehlenswert, die Systeme sinnvoll zu kombinieren. Ein Windrad kann maximal 2/3 der Windleistung in mechanische Leistung umwandeln. Die Leistung des Windrades wächst mit dem Durchmesser im Quadrat. 10 % mehr Wind ergibt 33 % mehr Leistung.

(Die Leistung wächst mit dem Durchmesser des Windrades hoch 2 und mit der Windgeschwindigkeit hoch 3).

## 2.1 Westernrad

Eine Variante der legendären Getreide-Windmühle ist das Westernrad, welches von Daniel Halladay zu Beginn des 19. Jahrhunderts entwickelt wurde.

Es verfügt über eine große Anzahl von Flügelblättern, wodurch das Rad schon bei geringer Windgeschwindigkeit anläuft.

Mit grundsätzlich großem Drehmoment und geringer Drehzahl eignet sich das Windrad zum Antrieb von Kolbenwasserpumpen. Auch heute wird dieser Windradtyp zur Wasserförderung für Weidetränken und Sauerstoffanreicherung und Belüftung in Fischteichen praktisch eingesetzt.

Bei einigen Modellen können die einzelnen Windflügel manuell oder automatisch ver-

## Windradtypen und deren Verwendungsmöglichkeiten

2

**Übersicht:**

| **Windradtypen** | **Vorteile** | **Nachteile** |
|---|---|---|
| Westernrad | Einfaches Flügelprofil<br>Gute Anlaufeigenschaften<br>Großes Drehmoment<br>Gut für Direktantrieb von Wasserpumpen | Wuchtig<br>Langsame Drehzahl, bei Generatorantrieb braucht es in der Regel ein Getriebe<br>Großer konstruktiver Aufwand für Mast<br>Gewaltige Erscheinung |
| Flügelrotoren | Hohe Drehzahl<br>Hoher Wirkungsgrad je nach Flügelanzahl<br>Direktantrieb von Generatoren (ohne Getriebe)<br>Filigran<br>Leise | Bei guter Leistungserwartung komplizierte Profile<br>Horizontalläufer mit Windrichtungsfahne |
| Darrieus-Rotoren (auch als Sahneschläger bezeichnet) | Filigran<br>Guter Wirkungsgrad<br>Unabhängig von Windrichtung (wie Savonius) | Braucht Anlaufhilfe (daher oft mit Savonius kombiniert)<br>Aufwendige Konstruktion<br>Für Eigenbau eher nicht geeignet |
| Savonius-Rotoren | Einfachster Aufbau, ideal zum Eigenbau<br>Unabhängig von Windrichtung (Vertikalläufer, keine Windfahne)<br>Nutzt geringe bis hohe Windgeschwindigkeiten<br>Für niedrige Windgeschwindigkeit besonders geeignet (große Angriffsfläche)<br>Hohes Drehmoment<br>gute Anlaufeigenschaften<br>Unproblematisch bei böigem Wind<br>Ausbaufähig d.h. Rotoren können leicht angekoppelt werden, Parallelbetrieb durch Riemen oder Kette<br>In Bodennähe betreibbar, ohne Mast | Großflächig, wuchtig, viel Masse<br>Geringer Wirkungsgrad<br>Niedrige Drehzahl |

dreht werden, wodurch Drehmoment bzw. Drehzahl geregelt werden können.
Die Windfahne dient dabei zur Steuerung des Windrades (Ausrichtung zum Wind) und durch entsprechende Vorrichtung zur Abschaltung bei Sturm.

## 2.2 Flügelrotoren (Schnellläufer)

Im Bereich der regenerativen Energieumwandlung der meistverwendete Typ. Schon überall zu sehen. Meist als Dreiblattrotor. An den Küsten und windexponierten Lagen gibt es schon regelrechte Windparks. Auch schon in der Vergangenheit als Einblattrotor (Growian) aufgestellt, ein gigomantisches Windrad mit enormen Betriebsproblemen. Theoretisch mit bestem Wirkungsgrad, aber praktisch problematisch mit dem Auswuchten und daher schwieriges Schwingungsverhalten und sehr wartungsaufwendig. Der Wirkungsgrad liegt bei ungefähr 50 %.
Das Rotorblattende dreht sich mit einem Mehrfachen der Windgeschwindigkeit (Windgleitwert) und das äußere Repellerende kann mehrere hundert Km/h ereichen.
Automatisch oder manuell zu verdrehende Flügel und Flügelspitzen je nach Windbedingungen.
Je nach standortbedingten Windbedingungen gibt es umfangreiche Profilarten, die die Flügelrotoren zu Spezialisten für eben nur diese eine Windbedingung werden lassen. Sind die Flügelprofile schlecht ausgebildet, ist der Wirkungsgrad schlecht und die Geräuschentwicklung sehr hoch (Geräusche dann durchaus vergleichbar mit einem landenden Hubschrauber).

## 2.3 Darrieus-Rotoren

Der Darrieus-Rotor, den sich der Franzose George Darrieus 1929 patentieren ließ, arbeitet nach dem Auftriebsprinzip. Er hat zwei oder drei Rotorblätter, die als Mantellinien ausgeführt sind. Sein Vorteil liegt darin, dass seine Funktion nicht von der Windrichtung abhängt. Außerdem können die mechanischen und elektrischen Bauelemente auf dem Boden untergebracht werden. Da aber auch der Rotor näher zum Boden ist, ist die Energieausbeute geringer und beträgt nur etwa 75 % derjenigen von Anlagen mit waagerechter Achse. Damit ergibt sich ein Wirkungsgrad von ca. 37 %.
Der Darrieus-Rotor ist schlechter regelbar und läuft im Allgemeinen nicht von alleine an und braucht eine Anlaufhilfe. Zahlreiche Anlagen mit Darrieus-Rotor stehen in den Windparks von Kalifornien.
Die Firma Dornier hatte z.B. eine Testanlage am nördlichen Bodenseeufer mit 12 m Durchmesser und 30 kW Leistung aufgebaut.

## 2.4 Savonius-Rotoren

Der Erfinder, Herr Sigurd J. Savonius, ein finnischer Schiffsoffizier, hatte den Rotor 1925 erfunden. Er arbeitet nach dem aerodynamischen Widerstandsprinzip. Der Wind findet in der Schaufelöffnung einen höheren Widerstand als in der Schaufelrückseite. So ergibt sich ein Drehmoment, das beide

Schaufeln abwechselnd in die Windrichtung bringt. Savonius-Rotoren laufen schon bei relativ geringen Windstärken an. Ihr Wirkungsgrad erreicht aber nur 23 %.
Savonius-Rotoren findet man im professionellen Bereich vor allem bei Ablufteinrichtungen. Früher wurden viele Lieferwagen mit einem fahrtwindgetriebenen Abluftventilator ausgestattet. Auch als Werbeschilder z.B. bei Tankstellen ist die vereinfachte Ausführung des Savonius-Rotors oft anzutreffen.
In neuerer Zeit findet man den Savonius-Rotor verstärkt zum Wasserpumpen (hohes Drehmoment, niedrige Drehzahl) und auch in kombinierten Solar-/Windanlagen. Ein Vorteil des Savonius-Rotors ist der Einsatz an Orten mit schnell wechselndem, böigem Wind. Die Energieausbeute pro Fläche ist zwar kleiner, dafür spielt dieWindrichtung keine Rolle.
Die Anlagen sind im Vergleich zum Flügelrotor monströs, dafür aber sehr einfach und unkompliziert aufzubauen.
Je nach Anordnung der Schaufeln gibt es einen rechts- oder linksdrehenden Rotor.
Eine Weiterentwicklung ist der sog. Durchström-Rotor, entwickelt und beschrieben von Heinz Schulz (siehe Literaturverzeichnis) mit etwas höherem Wirkungsgrad. Dieser Rotortyp ist aufgrund der selbsttragenden, biegesteifen Konstruktion z.B. aus gebogenen Doppelstegplatten optisch transparent und für große Anlagen bis 3 m Durchmesser und 6 m Höhe und damit entsprechenden Leistungen geeignet.

## 2.5 Heidelberg-Rotor

Der HM-Rotor der Firma Heidelberg Motor ist eine besonders robuste Windanlage, die zum Beispiel aufgrund der Konstruktion auch in der Antarktis eingesetzt werden könnte. Mit den zwei bis drei senkrecht umlaufenden Rotorblättern aus Aluminium, die wie Tragflächen geformt sind, nutzt er das Auftriebsprinzip. Zum Selbstbau vielleicht nicht so geeignet (wer weiß, vielleicht entwickelt ja eine Leserin oder ein Leser dahingehend Modelle) aber sehr interessant, vor allem wegen des neu entwickelten Generators, dem so genannten Wanderfeldgenerator. Mit dem Rotor drehen sich ringartig angeordnete Dauermagnete um die am Mast angebrachten Wicklungen des Stators. So was wäre auch für andere Windgeneratoren sinnvoll. Ein Heidelberg-Rotor steht z.B. seit 1990 oberhalb von Bayrischzell (Nähe München) mit den Abmessungen von 10 m Höhe und einem Durchmesser von ebenfalls 10 m. Die Flügellänge beträgt 6 m und die Nennleistung beträgt 20 kW. Auch sind bisher mehrere Prototypen vor allem in England gebaut worden.

# Windlatein



## 3.1 Standort / Voraussetzungen

Einer der ersten Schritte um den eigenen Standort für die Nutzung der Windenergie abzuprüfen könnte sein, beim deutschen Wetterdienst (Zentralamt) eine Windzonenkarte anzufordern. Mit Angaben des Jahresmittels der Windgeschwindigkeiten (m/s) für 10 m Höhe über Grund, gibt es einen groben Anhaltswert, wo und wie viel Wind über das Jahr zu erwarten ist.

Gute Standorte sind prinzipiell Bergkuppen oder Talsohlen mit Durchzug. Die Hanglage ist aufgrund des verwirbelten Windes für Flügelrotoren problematisch, geht aber für Savonius-Rotoren. Da Windgeneratoren je nach Ausführung mehr oder weniger Geräusche hervorbringen, sollte auch die Nachbarschaft berücksichtigt werden. Wenn Ihr mit der Leistung eines ausgefeilten Windrades nicht zufrieden seid, ist es besser, einen guten, hohen, windigen Standort zu finden, als das Windrad zu vergrößern.

Es ist auf jeden Fall sinnvoll, mit entsprechenden Messgeräten die Windbedingungen über einen längeren Zeitraum zu beobachten und zu messen, bevor mit viel Mühe ein Mast aufgestellt wird.

Der optimale Standort für ein Windrad kann durch Aufhängen von gleich langen Plastikfähnchen, aus Material wie es z.B. bei Absperrungen von Baustellen verwendet wird, ermittelt werden. Damit zeigt sich, wo der Wind am häufigsten zu beobachten ist. An diesem Standort können dann Messgeräte, wie die im Buch beschriebenen Windmessgeräte, aufgestellt und über einen längeren Zeitraum beobachtet werden.

Sehr komfortabel ist die Aufzeichnung mit einem Datenlogger, der dann alle paar Stunden die Winddaten in einen Speicher schreibt. Für Computerfreaks eine dankbare Aufgabe. Neben einem einfachen Computer ist dazu nur noch ein einfaches selber geschriebenes Basic-Programm, ein Adapter für die serielle Schnittstelle und ein Sensor wie in 6.2 beschrieben, erforderlich. Wer sich auch so etwas nachbauen möchte, dem empfehle ich das Buch “Messen, Steuern, Regeln” erschienen im Franzis-Verlag (siehe Literaturverzeichnis).

Aber es geht auch mit dem in 6.2 beschriebenen Fahrradtacho-Umbau.

Fragen wie: ab welcher Windgeschwindigkeit soll das Windrad Strom erzeugen bzw. etwas antreiben, sind natürlich vorher zu stellen. Wie stark ist der Wind im Durchschnitt? Gibt es eher mehr stürmische Tage, sodass es sich lohnt ein Sturmwindrad zu konstruieren, oder ist es eher ein beständiges Schwachwindgebiet, wofür eher z.B. ein Savonius-Rotor geeignet ist? Auch ist die Energieausbeute über das Jahr bei einem beständig mäßigen Wind höher als bei wenigen stürmischen Zeiten.

Damit und mit der Leistungs-Anforderung an die Energieernte kann dann ein entsprechender Windradtyp und die Windradgröße gewählt werden.

## 3.2 Windgeschwindigkeiten

Die Angaben der Windgeschwindigkeiten sind wie normal üblich in m/s angegeben. Natürlich könnt Ihr sie auch in Km/h umrechnen. In den Nachrichten hören wir immer wieder Angaben bei Sturmwarnungen in Km/h.

Berechnung: (m/s) x 3600/ 1000 = km/h
Beispiel: 4 m/s x 3600 /1000 = 14,4 km/h
Damit könnt ihr, wenn Ihr bei Windstille mit dem Fahrrad ca. 15 Km/h schnell fahrt, am eigenen Körper nachvollziehen, was z.B. Windstärke 3 bedeutet.

## 3.3 Anforderungen an das Windrad

### 3.3.1 Anströmwinkel

Je steiler die Rotorflügel, desto langsamer und drehmomentstärker ist das Windrad.
Je flacher desto schneller usw.
Im Betrieb bringen beide die gleiche Leistung, der langsam laufende niedrige Drehzahl und hohes Drehmoment, der schnell laufende hohe Drehzahl, dafür aber niedriges Drehmoment.
Das Grundprinzip des auftriebsnutzenden Windrades ist wie bei den Tragflächen eines Flugzeuges.
Das Profil wird von vorne angeströmt, die Luft muss auf der Rückseite viel schneller vorbei, da der Weg länger ist. Hohe Geschwindigkeit bedingt jedoch niedrigen Druck. Dadurch entsteht eine Sogwirkung, die sich in Auftrieb und Widerstand zerlegt. Der Anteil dieser Kraft treibt das Windrad an.

| Windstärken | sichtbare Anzeichen | m/s | Bemerkung (eigene) |
|---|---|---|---|
| 0 | Windstille, Rauch steigt senkrecht auf | 0-0,5 | |
| 1 | für Gefühl als leichter Hauch bemerkbar | 0,6-1,7 | |
| 2 | Rauch leicht abgetrieben | 1,8-3,3 | |
| 3 | Baumblätter bewegen sich leicht | 3,4-5,2 | |
| 4 | kleine Zweige werden bewegt | 5,3-7,4 | |
| 5 | Größere Zweige werden bewegt | 7,5-9,8 | |
| 6 | starke Äste werden bewegt, hörbarer, starker Wind | 9,9-12,4 | |
| 7 | schwächere Bäume werden bewegt, Heulen | 12,5-15,2 | |
| 8 | starke Bäume werden bewegt | 15,3-18,2 | |
| 9 | Sturm, Dachziegel werden abgeworfen | 18,3-21,5 | |
| 10 | Bäume werden entwurzelt | 21,6-25,1 | |
| 11 | schwere Zerstörungen | 25,2-29 | |
| 12 | Orkan, schwerste Verwüstungen | über 29… | |

Verhältnis von Auftrieb zu Widerstand heißt Gleitzahl, der Auftrieb soll größer sein als der Widerstand.

## 3.4 Bestimmungen und sicherheitstechnische Anforderungen

Windenergie kann eine sehr gewaltige Naturenergie sein. Sie zu nutzen erfordert, vor allem bei größeren Anlagen, sicherheitstechnische Vorsichtsmaßnahmen. Alle wichtigen Schrauben müssen gesichert sein und nach dem Einlaufen nachgezogen werden. Die Mechanik sollte so stabil sein, dass das Windrad auch einen Sturm überstehen kann. Auch sollte je nach Standort und Größe des Windrades eine Bremseinrichtung oder eine Möglichkeit, das Windrad aus dem Wind zu nehmen, vorgesehen werden.

Weiterhin ist zu bedenken, dass Vibrationen, die Drehbewegung und auch die Geräusche Mensch und Tier belästigen können.

Beim Experimentieren mit Windkraft in Verbindung mit Generatoren ist zu beachten, dass bei höheren Drehzahlen die Leerlaufspannung bei einem Niedervoltgenerator auf über 42 Volt ansteigen kann (Gefahr!).

Im übrigen ist beim örtlichen Bauamt abzuklären, ab welcher Masthöhe und ob für das Windrad eine Genehmigung erforderlich wird.

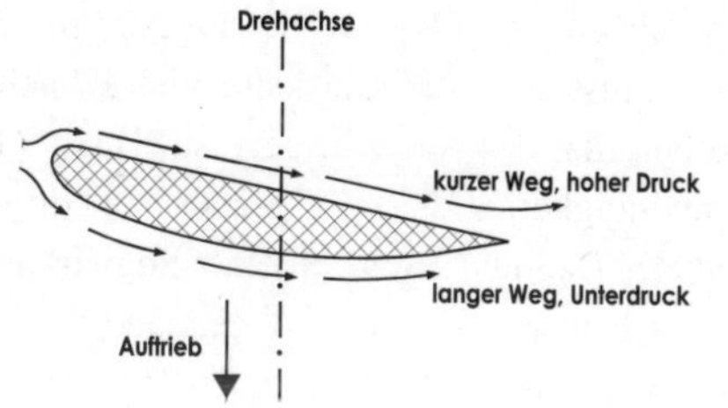


Abb. 3.1 Windradprofil. Ein profilierter Windflügel zeichnet sich dadurch aus, dass der Weg des Windes auf der glatten Vorderseite kürzer ist und damit ein höherer Druck herrscht. Die Rückseite ist gewölbt, damit ist der Weg länger, der Druck ist niedriger, dadurch entsteht der Auftrieb.

## 3.5 Propeller / Repeller

Für viele wird der Flügel des Windgenerators auch als Propeller bezeichnet. Um hier nicht falsche Hoffnungen, von wegen Flugzeugpropeller, ja prima, zu wecken, möchte ich hier dafür das Wort Repeller verwenden. Der Flugzeugpropeller funktioniert leider

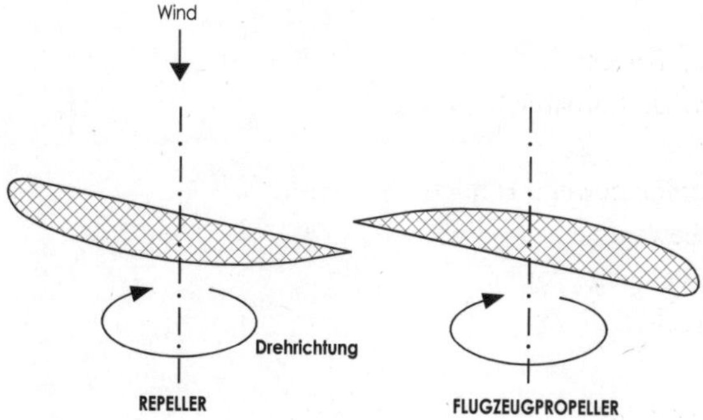


Abb. 3.2 Zeichnung Repeller/Propeller

nicht als Windgeneratorflügel. Er drückt die Luft nach hinten um den Vortrieb des Flugzeuges zu erreichen. Beim Windgenerator ist es genau umgekehrt. Da drückt der Wind von vorne um den Repeller anzutreiben. Auch die Profile sind jeweils andersherum verwunden. Mit einem Flugzeugpropeller einen Windgenerator anzutreiben wird leider nicht gelingen, obwohl dieser Einsatz verlockend erscheint. Natürlich lassen sich sehr einfache Profile von Lüftungsanlagen, wie z.B. Ventilatoren, bedingt als Repeller benutzen, der Wirkungsgrad ist halt nicht so besonders und dieses Windrad läuft dann nur als Widerstandsläufer.

# Selbstbau von Windsystemen

4

## 4.1 Mastkonstruktionen

Die großen Windräder mit Megawatt- und Gigawattleistungen an exponierten Standorten brauchen natürlich auch entsprechend stabile Mastkonstruktionen und gigantische Fundamente. Da würde mich doch einmal die Energiebilanz interessieren, vor allem da ich weiß, dass für die Herstellung eines Sackes Zement über hundert Kilowattstunden Energie aufgewendet werden müssen.

Für unsere Konstruktionen, die eher im Wattbereich liegen, sind auch eher Low-Energie-Mastlösungen angesagt.

Durch entsprechende Fachträgerkonstruktionen und Metallprofile sind sehr leichte, stabile Masten wie z.B. Gittermasten möglich.

Meine Lieblingsteile sind ehemalige kleinere Strommasten, diese dann aber schon für Windräder im Kilowattbereich. Ansonsten sind abgespannte Wasserrohre, Antennenmasten und alte Leuchtenmasten (Stadtwerke) ideale Windradträger. Die Höhe des Windrades ist für die Leistungsabgabe sehr entscheidend. Besser ein höherer Mast als ein größeres Windrad. Das Windrad sollte ein paar Meter über den umgebenden Bäumen und Häusern sein, vor allem in der Richtung, wo der Wind in der Hauptsache herkommt, wie bei uns hier, meist aus dem Westen.

Die Abspannung ist enorm wichtig und die Seile müssen in dem richtigen Verhältnis gespannt sein. Dreiseitig mit Stahlseilen und mit entsprechenden Kauschen, Seilspannern (gesicherten Kontermuttern) versehen, erspart die Abspannung ein gewaltiges Fundament beim Mast. Hier braucht es dann nur noch eine Fußsicherung gegen seitliches Wegrutschen und nach unten in den Untergrund eindringen. Bei großer Höhe sind mehrere Abspannpunkte, z.B. auch auf halber Höhe notwendig, sonst schwingt der Mast in sich. Die Verankerung der Abspannseile kann durch, schräg entgegen der Zugrichtung, eingeschlagene Armiereisen realisiert werden (abhängig von den Bodenverhältnissen). Oder kleinere Betonfundamente mit Armiereisenösen.

Eine weitere Möglichkeit ist die Konstruktion als Dreibeinmast. Das Prinzip kennen wir vom Fotostativ und vom Dreibeinhocker. Hier sind auch Kombinationen mit verzinkten Wasserrohren im Erdbereich und Holzstangen oberhalb des Erdreiches möglich. So ein Mast im Garten kann dann auch gleich noch als Kletterhilfe für die Bohnen dienen.

Bei dem Montageort ist an die Geräusche und Vibrationen zu denken, die je nach Windradtyp entstehen können. So ist es unter Umständen problematisch, das Windrad auf das Hausdach zu montieren, da sich dann die Vibrationen über die Balken auf das ganze Haus übertragen können. Falls dies doch gemacht werden muss, ist mindestens für eine ausreichende Gummidämpfung zu sorgen.

## 4.2 Getriebeproblematik und Lösungen

Grundsätzlich ist ein Getriebe eher hinderlich für einen leichten Anlauf des Windrades.
Wer einmal versucht hat einen Motor mit angebautem Getriebe zu drehen, weiß, dass es damit schwieriger geht. Je höher die Untersetzung bzw. Übersetzung desto mehr Drehmoment braucht es um die Motorwelle zu drehen.
Wenn es also irgendwie zu vermeiden ist, sollten wir unser Windrad ohne Getriebe aufbauen.
In der Folge einige Lösungen, da sich ein Getriebe leider oft doch nicht vermeiden lässt.

### 4.2.1 Übersetzung mit Zahnriemen

Vom Wirkungsgrad her ist die Zahnriemenübersetzung sehr günstig.
Einstufige Übersetzungen bis 1:4 sind sinnvoll und damit problemlos möglich. Die Achsen sind aber unbedingt mit Kugellager zu lagern und parallel anzuordnen, wobei eine geringe Abweichung von der Parallelen der Zahnriemen ähnlich wie eine Kette verzeiht. Anders wie bei der Kette besteht jedoch das Problem, dass der Riemen seitlich abläuft bzw. an den Rändern der Zahnriemenräder schleift.
Zahnriemenräder und Zahnriemen gibt es z.B. bei Conrad (Modellbau), Lemo-Solar oder in guten Modellbaugeschäften.

### 4.2.2 Übersetzung mit Kette und Ritzel

Für Anlagen mit Fahrradteilen bietet es sich an, mit Fahrrad-Ritzel und Fahrradkette zu arbeiten.
Abgesehen davon, dass die Kette im Betrieb etwas rattert, ist es bei langsam laufenden Windrädern eine praktische Möglichkeit zu experimentieren.
Die Fahrradfelge kann sehr gut als Basis für die Windradkonstruktion fungieren.
Mehr dazu in den Kapiteln über die einzelnen Windradtypen.
Hier nur soviel als Beispiel zum Savonius-Rotor, der sich, da langsam drehend und drehmomentstark, am ehesten in Kombination mit einem Getriebe verwenden lässt. Wenn der Savonius-Rotor mit einer Fahrradfelge aufgebaut wurde, können für die Übersetzungen Ritzelzahnkränze oder auswechselbare Nabenritzel von 12 bis 24 Zähnen (bei Rücktrittnabe mit breiter Ritzelaufnahme) oder Zahnkränze (bei der Rennradfelge) und beim Generator ein möglichst kleines Ritzel auf die Achse montiert werden. Auch gibt es im Bereich der Go-Kart-Teile (Renn-Go-Karts) große Ritzelräder aus Aluminium, die auf die Felge genietet werden können und kleine Ritzel passend für die Generatorachse.

Verschiedene mechanische Anregungen und Möglichkeiten, das Ritzel auf die Generatorachse zu montieren:
Radio-Einstellknopf
Holzrad
Zahnräder mit Nabenschraube
Go-Kart-Teile
Entscheidend ist, dass die Nabe zur Generatorachse passt und zur Befestigung mit Nabenschraube oder der Möglichkeit, einen Splint einzubringen, versehen ist.

### 4.2.3 Übersetzung nach dem Reibradprinzip

Eine Fahrradfelge mit aufgezogenem Reifen und auf den Generator ein Reibrad montiert,

ist im Prinzip so wie beim Dynamo. Als Reibrad eignen sich Zahnräder vom Autoschrottplatz mit möglichst feiner Zahnung. Aus meiner Erfahrung hat sich eine Reibrolle mit ca. 30 – 35 mm Durchmesser und diagonal geriffelter Oberfläche gut bewährt. Die Diagonalriffelung lässt sich z.B. mit einer Schleifmaschine oder mit der Flex mit Metallblatt herstellen. Vorsicht! Jeweils Schutzbrille und Lederhandschuhe tragen und das Zahnradteil mit einer geeigneten Wasserrohrzange halten. Danach die Oberfläche entgraten und glätten. Dieses so bearbeitete Zahnrad hat ausreichend Traktion auch bei Regen und schädigt den Reifen nicht.
Mit einem Kfz-Lüftermotor (z.B. Bosch GPC, 12 V/150W) mit 8 mm Achse, braucht es eine Bohrung von 8 mm und eine Querbohrung für den Splint. Damit ausgestattet wird die Rolle auf die Motorachse aufgesteckt und mit dem Splint gesichert. Die Lüftermotoren haben in aller Regel die Bohrung für den Splint auf der Achse.

Für einen 28”-Reifen ergibt sich z.B. folgende Übersetzung:
Raddurchmesser: 71 cm
Reibrollendurchmesser: 3,2 cm
Ergibt ein Übersetzungsverhältnis von 1 : 22

Diese Methode eignet sich speziell für den Savonius-Rotor, da das Windrad mit dem Reibrad etwas schwerer anläuft.

Eine Lösung dazu wäre es, eine Möglichkeit zu schaffen, den Generator mit dem Reibrad erst ab einem bestimmten Winddruck an den Reifen zu bringen oder den Reifen an das Reibrad des Generators durch eine Windfahne zu pressen.

### 4.2.4 Übersetzung mit Planetengetriebe

In der Fahrradrücktrittnabe mit 3 Gang, 5 Gang, 7 Gang usw. befindet sich ein Planetengetriebe, welches wir für die Übersetzung einsetzen können. Es ist sogar möglich, die Übersetzung über einen Drahtzug quasi fernzusteuern. Leider ist das Übersetzungsverhältnis nicht allzu groß.
Zu beachten ist auch der nur in eine Richtung sperrende Freilauf der Fahrradnabe. Das heißt, dass das Windrad so angelegt werden muss, dass beim Antrieb durch den Wind der Freilauf sperrt.
Übersetzungsverhältnis der Dreigangnabe ca. 1:1,8, bei der Fünfgangnabe ca. 1: 2,25.
Zum Teil gibt es in Waschmaschinen und in Kleinkrafträdern auch fliehkraftgeregelte Planetengetriebe, damit hab ich es aber noch nicht ausprobiert.

## 4.3 Elektrische Maschine (Generator)

Die Unterscheidung zwischen Motor und Generator gibt es streng genommen eigentlich nicht. Elektrische Maschinen arbeiten je nach Einsatz und Beschaltung als Motor oder als Generator. Also besteht die Möglichkeit, passende Motoren zur Stromerzeugung als Generator zu nutzen.
Bei unseren kleinen Eigenbauwindgeneratoren ist zunächst die Umwandlung von Windenergie zu Strom interessant und scheinbar leicht zu realisieren. Viele kennen sicher die Aussagen von wegen Flugzeugpropeller und Autolichtmaschine ergeben ein klasse Windrad. Abgesehen davon, dass das mit dem Flugzeugpropeller leider nicht funktioniert, gibt es da noch ein paar andere

Dinge, die uns dran hindern. Zu beachten ist nämlich, dass üblicherweise verfügbare elektrische Maschinen meist für höhere Drehzahlen konzipiert sind, d.h. Lichtmaschinen von Kfz, die auf Umdrehungen von über 1000 U/ min ausgelegt sind, führen beim Direktantrieb mit dem Windflügel nicht zum Erfolg. Nur mit einem Getriebe (siehe oben) oder durch Umwickeln der Lichtmaschine mit längerem und dünnerem Draht gelingt es, bei Drehzahlen unter 400 U/min auf erforderliche Ladespannungen zu kommen. Die Windungszahl ist zur Spannung proportional, d.h. mit doppelter Windungszahl wird auch die Spannung verdoppelt. Da die Nuten für die Kupferwicklung nur eine bestimmte Menge an Draht aufnehmen können, muss der Drahtdurchmesser bei doppelter Windungszahl halbiert werden. Um zu einer verwertbaren Windungszahl zu kommen, ist entweder die alte Wicklung abzuwickeln und die Windungszahl zu zählen oder aber, der Drahtdurchmesser zu messen, diesen zu halbieren und damit einfach soviel in die Nuten zu wickeln wie möglich. Anleitungen zum Umwickeln von Lüftermotoren und Lichtmaschinen gibt es in der Reihe "Einfälle statt Abfälle" (siehe Literaturhinweise am Ende des Buches). Außerdem gibt es einige Firmen, die spezielle Generatoren mit niedrigem Drehzahlbereich anbieten (siehe Liefernachweise)

Es ist jedoch nicht ganz so einfach, Verbraucher und elektrische Maschinen zu finden, die mit ihrem elektrischen Verhalten zu der Leistungsabgabe (Leistungskurve) der Windanlage passen. Da die im Wind enthaltene Energie mit der 3. Potenz der Windgeschwindigkeit steigt, die Leistungsumwandlung der elektrischen Maschine aber höchstens in der 2. Potenz stattfinden kann, gibt es hier gewisse Anpassungsprobleme.

Da kann es dann schon sinnvoll werden, mit mehreren leichtlaufenden, zuschaltbaren elektrischen Maschinen zu arbeiten. Diese können entsprechend der Windgeschwindigkeit, z.B. mit der im Kapitel 6.2 vorgestellten Schaltelektronik, zugeschaltet werden.

### 4.3.1 Gleichstrommaschinen

Eine technisch sichere und einfache Möglichkeit besteht darin, einen permanent erregten Gleichstrommotor als Generator zu verwenden. Von außen erkennen lässt sich ein permanent erregter Gleichstrommotor dadurch, dass sich nach Zusammenschluss der beiden Anschlussdrähte (Kurzschluss) die Welle schwerer drehen lässt. Problematisch ist, dass die Motoren z.B. aus Kassettenrecordern, Kleinmaschinen, Lüftermotoren, Restpostenangeboten und Neuware, Nenndrehzahlen bei angegebener Nennspannung von 2500 – 3000 U/min oder sogar bis über 15000 U/min haben. Wenn wir diese mit einem Windrad mit Umdrehungen von 200 bis im äußersten Fall 800 U/min kombinieren, kommt eine viel zu niedrige Spannung heraus. Gut ist es daher, einen Motor, der für eine höhere Betriebsspannung (z.B. 48 V) vorgesehen ist, dann als 6-V- oder 12-V-Ladegenerator zu verwenden.

Ein permanent erregter Motor oder Generator hat den Vorteil, dass das für die Induktion/Stromerzeugung erforderliche Feld nicht durch eine Spule, sondern durch einen Dauermagneten erzeugt wird. Dadurch entfällt der Energie-/Stromverbrauch für das Feld, das vor allem bei niedrigen Drehzahlen des Windgenerators mehr Energie verbraucht als geerntet werden kann. Nachteil ist, dass diese Maschine, bedingt durch den Klebeeffekt der Magnete und den Reibungswiderstand der Kohlen, schwerer anläuft als eine fremd erregte Maschine oder ein Wechselstrom- oder Drehstromgenerator.

Um das Feld für große fremderregte Generatoren zu erzeugen, haben diese deshalb auf der Achse einen Hilfsgenerator.

Vom Wirkungsgrad und den Anlaufeigenschaften bestechend sind Glockenankermotoren. Das sind elektrische Maschinen mit eisenlosem Rotor und einer freitragenden, schräg verlaufenden Rotorwicklung. Dadurch besteht nur ein kleines Massenträgheitsmoment beim Anlaufen. Glockenankermotoren gibt es auch als Restposten z.B. bei Lemo-Solar, für verschiedene Spannungen und in unterschiedlichen Leistungsbereichen sowie mit passenden Getrieben.

**4.3.2 Wechselstrommaschine**

Vorteil von leicht laufenden Wechselstrommaschinen ist, dass sie fast keinen magnetischen Laufwiderstand haben und der Verbraucher durch den Gleichrichter das Windrad nicht am Anlaufen hindert.

Einer der einfachsten und bekanntesten Wechselstromgeneratoren ist der Fahrraddynamo. Würden wir an diesen eine Wechselspannung anschließen, würde er sich nach dem Andrehen von Hand auch wie ein Motor drehen.

Der Fahrraddynamo ist sehr robust und für den Betrieb bei Wind und Wetter gut geeignet. Mit 6 V und 3 Watt ist die Leistung für ein kleines Windrad auch ganz gut. Ohne Übersetzung lässt sich der Fahrraddynamo nur mit einem schnell laufenden Flügelrepeller ab ca. 70 cm Durchmesser betreiben. Die vollen 6 V lassen sich zwar nicht erreichen, 3-4 Akkuzellen zu 1,2 V können aber

Abb. 4.1 Foto DC- Motor 220 V. Dieser Restposten-DC-Motor eignet sich dank seiner hohen Nennspannung gut als direkt betriebener Generator.

Abb. 4.2 Foto Verschiedene Kleinmotoren
Als Beispiel sind hier einige Kleinmaschinen zu sehen, die in Verbindung mit kleinen Windrädchen zum Laden von kleinen Akkus oder zum Betrieb von einfachen Elektronikschaltungen oder zum Betrieb von LEDs verwendet werden können. Bei größeren Anlagen braucht es dann Kfz oder LKW-Lüftermotoren im Leistungsbereich von 200 W.

Abb. 4.3 Foto von Fahrraddynamos der älteren Generation. Sehr gut in Verbindung mit Flügelrepellern geeignet. Auch zum Umwickeln und damit zur Erhöhung der Spannungsabgabe bei niedrigeren Drehzahlen ganz prima.

daran geladen werden. Bei einigen, vor allem älteren Dynamo-Typen, kann das Reibrad abgeschraubt und dafür der Repeller (unbedingt mit Anlaufhilfe) draufgeschraubt werden.

Eine Edelvariante stellt der Speichendynamo dar. Die Übersetzung erfolgt über zwei Zahnradstufen, so dass bei wenigen Umdrehungen schon Strom fließt. Ideal für den Savonius-Rotor, vor allem können bei einem größeren Rotor zwei oder mehrere Dynamos anmontiert und für die Ladung eines 12-V-Akkus in Reihe verschaltet werden (Gleichrichter wie in *Abb. 4.11* dargestellt nicht vergessen!).

### 4.3.3 Wechselstrom-Scheibengenerator

Ein Scheibenläufer ist ein bürstenloser Gleichstrommotor mit Permanenterregung. Ein klasse Generatorkonzept, nur leider gibt es meines Wissens kaum preiswerte Komponenten auf dem Restpostenmarkt. Eine Mög-

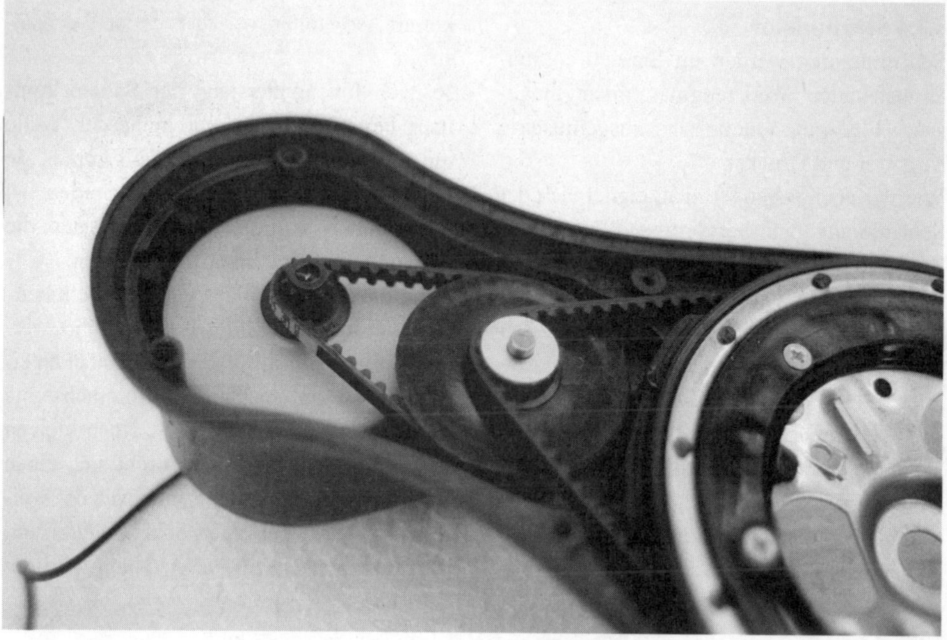

Abb. 4.4 Foto Fahrrad-Dynamo, Speichendynamo, zerlegt. Zu sehen sind die beiden Zahnriemenübersetzungen und der Generator.

lichkeit wäre eventuell, bürstenlose Gleichstromlüftermotoren entsprechend umzufunktionieren.

Einen Wechselstrom-Scheibengenerator finden wir z.B. bei den käuflichen Rutland-Windgeneratoren, siehe Lieferachweis (Fa. Conrad). Der eisenlose Scheibengenerator läuft schon bei niedrigen Windgeschwindigkeiten völlig rastmomentfrei an. Ein am Azimutlager installierter Gleichrichter richtet den aus dem Generator kommenden Wechselstrom gleich. Über Schleifringe wird der Gleichstrom zum Laderegler geleitet.

Auch finden wir einen solchen Scheibenläufer z.B. in dem für Fahrräder angebotenen Nabendynamo der Fa. Pioneer.

Mehr Informationen zu Scheibenläufern und deren Herstellung z.B. bei Fa. Baumüller Nürnberg oder bei der Heinzmann GmbH im Internet.

Abb. 4.5 Foto Nabendynamo. Nicht ganz billig, aber in Verbindung mit der Fahrradnabe und Westernradflügel oder Savoniusrotor sehr geeignet.

### 4.3.4 Schrittmotor

Schrittmotoren werden im Bereich computergesteuerter Werkzeugmaschinen eingesetzt. Eine gute Quelle sind ausgemusterte Kopierer und Drucker.

Wie wir noch sehen werden, eignet sich der Schrittmotor ganz hervorragend für unsere Zwecke.

Schrittmotoren enthalten wie Gleichstrommaschinen Spulen und Magnete. Der Schrittmotor enthält einen drehbaren Magneten und mehrere feststehende Spulen. Im Vergleich zu anderen elektrischen Maschinen erzeugt der Schrittmotor schon bei wenigen Umdrehungen große Induktionsspannungen. Benutzen wir den Schrittmotor als Generator und messen aus was da rauskommt, so stellen wir fest, es ist Wechselstrom.

Je nach Innenwiderstand der Spulen kommen bei einfacher Umdrehung der Welle mit der Hand weit über 12 Volt heraus. Je höher der Innenwiderstand der Spulen ist, desto höher ist die Windungszahl und die Spannung bei gleichen Umdrehungen.

Lasst Euch nicht von den vielen Kabeln beirren, die aus dem Motor herausgeführt werden. Schließt Ihr die ersten zwei Kabel an eine Batterie an, macht die Motorachse, je nachdem wo sie gerade steht, einen kleinen Ruck, d.h. der Motoranker dreht sich einen Schritt bis zur nächsten Spule. Mit der weiteren Spule wieder einen Schritt weiter und so fort. In der Originalverwendung wird der

Abb. 4.6 Foto Schrittmotor. Im Bild mit einem aufgebohrten Potentiometerknopf ausgestattet. Durch einfache Drehung mit der Hand lässt sich schon ein kleines Birnchen zum Leuchten bringen.

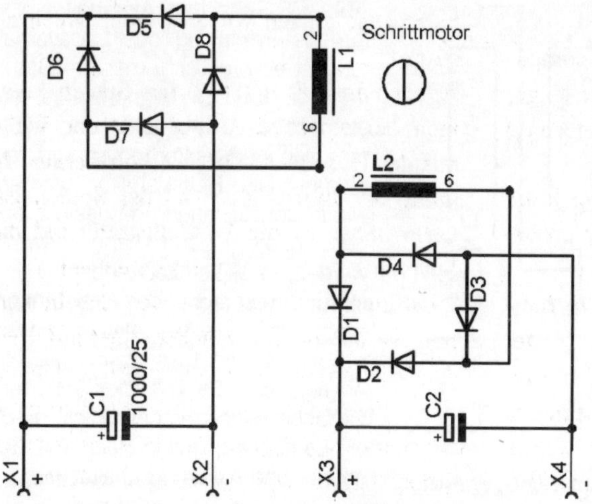


Abb. 4.7 Schaltbild Schrittmotor Beim Gleichrichter bestehend aus D1 bis D4 bzw. D5 bis D8 für den zweiten Strang, wie im Schaltbild dargestellt, handelt es sich um einen Brückengleichrichter, bei dem die untere und die obere Halbwelle des Wechselstromes gleichgerichtet wird. Würden wir nur eine Diode verwenden, so erhalten wir nur den "Gleichstrom" aus der oberen oder der unteren Halbwelle. Damit unser wertvoller Windstrom nicht in den Dioden verbraten wird, ist es hier sinnvoll, für die Dioden Schottkydioden zu verwenden, da pro Diode ca. 0,5 V mehr als bei der Siliziumdiode rauskommt. Die Elkos sind dazu da, den Strom weiter zu glätten.

Schrittmotor mit einem kleinen Mikroprozessor angesteuert und, je nach Einsatz, die Welle über die Schritte zu einer bestimmten Position gebracht. Für eine Umdrehung braucht es so z.B. 200 Schritte.

Wollen wir ein Birnchen mit dem Schrittgenerator betreiben, so können wir an jedem Strang eins anschließen. Dem Birnchen ist es egal, ob da Gleich- oder Wechselstrom herauskommt.

Es gibt unipolare und bipolare Schrittmotoren. Ein 2-Phasen-Schrittmotor entspricht 2 Spulen und ein 5-Phasen-Schrittmotor hat 5 Spulen.

Hat ein Schrittmotor 2 Stränge – also 2 Spulen – so können wir diese (wichtig!) nach dem Gleichrichter entweder parallel schalten, so haben wir den doppelten Strom, oder in Reihe schalten, so erhalten wir die doppelte Spannung. Damit besteht eine ganz besondere Möglichkeit, mit dem Schrittmotor in Verbindung mit dem Windrad zu experimentieren. Ein Schrittmotor mit 5 Phasen benötigt dann natürlich 5 Gleichrichter.

Beispiele:

Soll die Ladeenergie beispielsweise für ein Notlicht mit LEDs und Gold-Cap-Kondensator verwendet werden, so ist es sinnvoll mit der niederen Spannung zu arbeiten , da viele Gold-Caps nur bis 2,3 Volt Spannung können und einer normalen LED diese Spannung auch zum Betrieb ausreicht. Sollen dagegen Akkus mit der Windenergie geladen werden, braucht es die höhere Spannung, damit das Spannungsgefälle zum Akku hin ausreicht.

### 4.3.5 Ermittlung der Eckdaten

Bei Motoren aus Restpostenbeständen fehlen oft die Angaben der Eckdaten wie Nennspannung, Drehzahl, Drehmoment usw. Hier ist es gut, den Motor zuerst einmal zu vermessen. Außerdem wird die elektrische Maschine bei uns ja als Generator

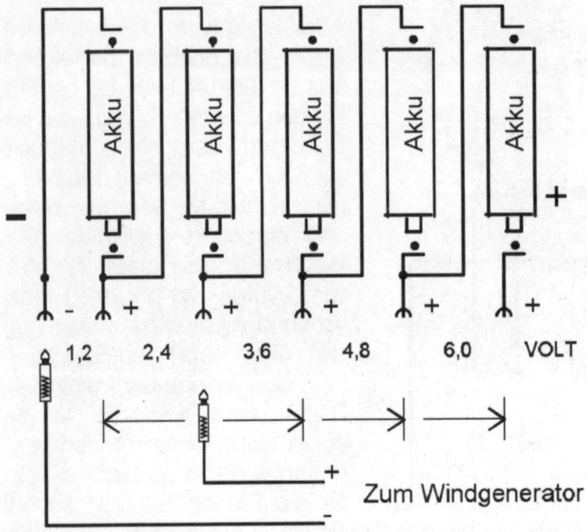


Abb. 4.8 Schaltbild, Akkuhalter
Für die Ermittlung des Ladeverhaltens ist es praktisch, mehrere Batteriehalter, für z.B. Mignonakkus, auf eine Platte zu montieren und mit 4 mm Bananensteckerbuchsen zu verbinden. Die Batteriehalter werden, wie in der Zeichnung dargestellt, angeschlossen, dann kann gewählt werden, welche Ladeendspannung mit der entsprechenden Drehzahl erreicht, bzw. wie viel Akkus geladen werden können. Dies zeigt sich durch Anzeige des Stromflusses mit dem Vielfachmessinstrument oder durch ein Lämpchen, das in Reihe mit Generator und Akkus geschaltet wird.

eingesetzt. Um zu ermitteln bei welcher Drehzahl wie viel Spannung und Ladestrom zu erwarten ist, ist dieser Test entscheidend für die Auswahl.

Mit Hilfe einer Bohrmaschine mit stufenloser Drehzahlregelung oder mit Dimmer, eines Akkuschraubers, eines Drehzahlmessers (siehe Kapitel 6.2) und eines oder 2 Vielfachmessinstrumente, können wir die Eckdaten ermitteln und in ein Diagramm eintragen. Um nicht nur den Kurzschlussstrom zu ermitteln, ist eine realistische Lade-Datenerfassung mit einer variablen Anordnung von z.B. NiCd-Akkus wie folgt dargestellt, sinnvoll.

Das Bohrfutter des Akkuschraubers oder der Bohrmaschine hat den Vorteil, dass die Generatorachse ohne komplizierte Verbin-

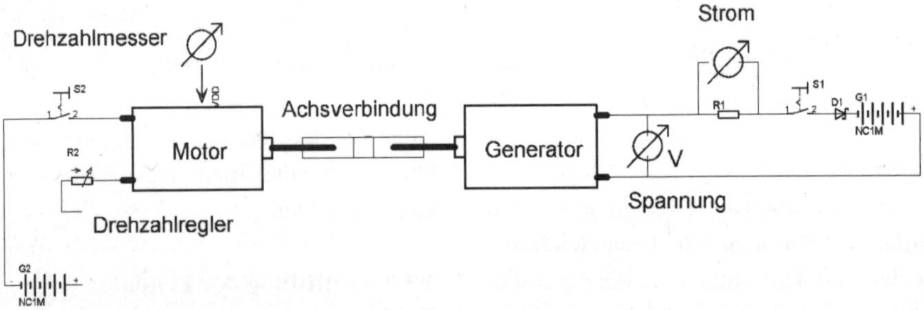


Abb. 4.9 Schaltbild Messanordnung
Zu beachten ist bei der Beschaltung, dass an einem Wechselstromgenerator zuerst ein Gleichrichter angeschlossen wird, dann kann die Diode D1, die für Gleichstromgeneratoren vorgesehen ist, entfallen.
Ohne Diode entladen sich die Akkus zum Generator hin. Damit die wertvolle Spannung erhalten bleibt, ist eine Schottkydiode zu empfehlen

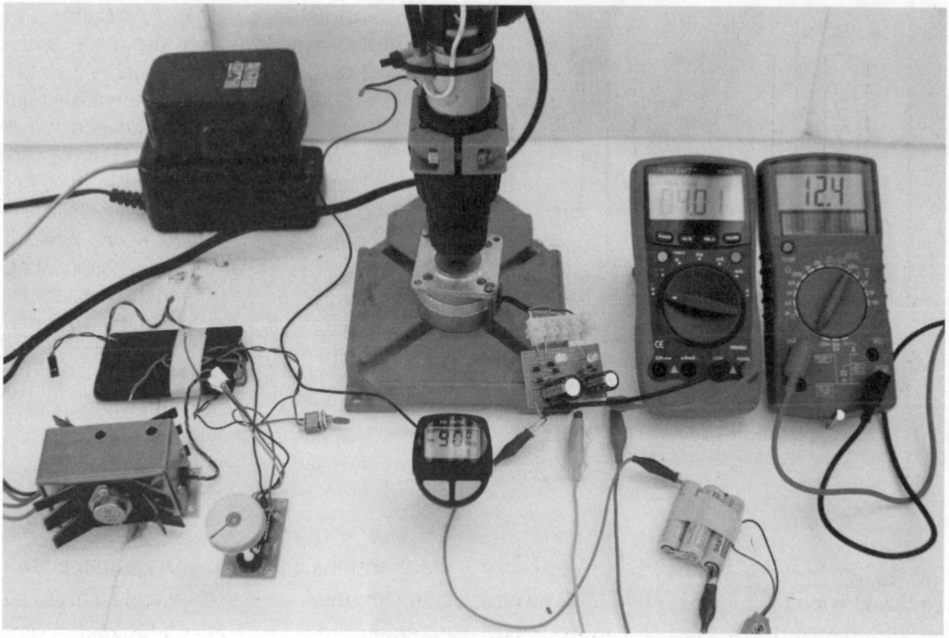


Abb. 4.10 Foto Messaufbau "Motorenprüfstand"
Meine Testanlage besteht aus einem ausgeschlachteten Akkuschraubermotor, eingespannt in einem alten Bohrmaschinenständer. Die Drehzahlregelung stammt aus dem Modellbau, ein elektronischer Fahrtregler angesteuert von einem Servotester. Die Drehzahlmessung und -Überwachung geschieht mit einem am Spannfutter des Akkuschraubermotors befestigtem Magneten und einem Sensor am Bohrständer sowie einem Fahrradtacho in Einstellung Umdrehungen pro Minute. Das Ganze hört sich vielleicht ein bisschen kompliziert an, es sind halt alles Teile aus dem Fundus und so brauchte dazu nicht erst was neu gekauft werden. Außerdem gehen die Teile nach ausführlichen Testreihen wieder in ihre ursprüngliche oder eine neue Verwendung zurück. Eure Testanlage hat somit auch wieder einen ganz eigenen, eben Euren Flair. Mit einer kleinen Schraubzwinge oder einem Spannschloss kann z.B. mit dem "Gashebel" des Akkuschraubers die Drehzahl eingestellt werden.

dungsflansche eingespannt werden kann. Erst wenn die Generatorachse eingespannt ist, wird der Generatorkörper gegen Verdrehen eingespannt.

Die im Wind enthaltene Energie steigt mit der dritten Potenz bei ansteigender Windgeschwindigkeit. Elektrische Maschinen, also hier unser Generator, haben aber nur in einem bestimmten Bereich ihren optimalen Arbeitspunkt und guten Wirkungsgrad. Daher ist es sinnvoll, den leistungsstärksten Drehzahlbereich mit dem üblicherweise zu erwartenden Drehzahlbereich des Windgenerators abzustimmen.

Anbei eine kleine Auswahl an Protokollen von Messanordnungen. Erstellt mit Messinstrumenten, wie digitalem Voltmeter und digitalem Amperemeter mit Bereich 200 mA:

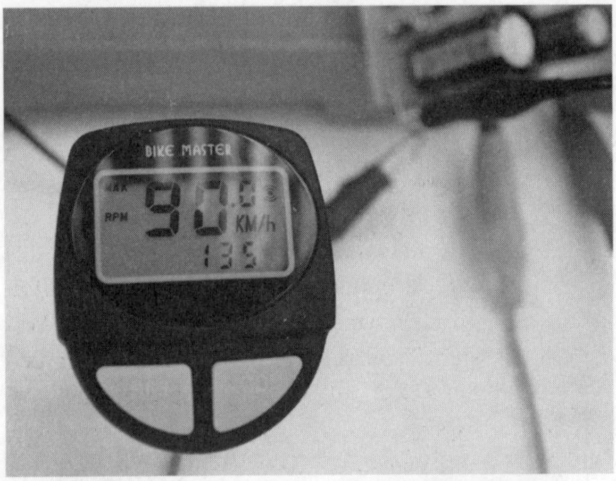


Abb. 4.11 Fahrradtacho im Bereich RPM, d.h. Umdrehung pro Minute. Die Anzeige ist im unteren Drittel mit 135 U/min angezeigt.

Abb. 4.11 und 4.11a Foto Details Motorenprüfstand
Ein am Spannfutter mit doppelseitigem Klebeband befestigter Dauermagnet schaltet den Fahrradtachosensor.
Dieser ist mit einem Alublechwinkel und doppelseitigem Klebeband an dem Bohrständer befestigt.
Unten ist der eingespannte Schrittmotor zu sehen.

Messanordnung 1
Schrittmotor 2-String, 3 NiCd-Zellen halbvoll

| U/min | Ladespannung, V | Ladestrom, mA |
|---|---|---|
| 100 | 4,08 | 15,1 |
| 150 | 4,29 | 59,0 |
| 200 | 4,59 | 102 |
| 250 | 4,84 | 144 |
| 300 | 5,11 | 172 |
| 350 | 5,30 | 198 |

Messanordnung 2
Schrittmotor 2-String, 5 NiCd-Zellen, leer

| U/min | Ladespannung, V | Ladestrom, mA |
|---|---|---|
| 100 | 5,4 | 0 |
| 150 | 5,61 | 16,9 |
| 200 | 6,10 | 50 |
| 250 | 6,53 | 98,5 |
| 300 | 6,65 | 126,1 |
| 350 | 6,77 | 162 |
| 400 | 7,10 | 179 |

Messanordnung 3
Maxon Glockenankermotor, 1 NiCd-Zelle halbvoll

| U/min | Ladespannung, V | Ladestrom, mA |
|---|---|---|
| 300 | 1,31 | 0 |
| 350 | 1,33 | 0,5 |
| 400 | 1,35 | 2,5 |
| 450 | 1,42 | 7,3 |
| 500 | 1,48 | 12,1 |
| 550 | 1,50 | 18,5 |
| 600 | 1,53 | 34,0 |

Die Zahlen sprechen für sich. Der Schrittmotor kann direkt mit einem Flügelrepeller mit guten Lademöglichkeiten eingesetzt werden. Der Glockenankermotor braucht auf jeden Fall eine Übersetzung, um in den nutzbaren Drehzahlbereich zu kommen.

## 4.4 Westernrad mit Fahrradteilen

Wieder einmal finden wir in der Fahrradfelge eine wunderbare Möglichkeit, das Western-Windrad aufzubauen. Das Lager und die Achse mit Befestigungsbolzen sind vorhanden.
Die Speichen geben uns diesmal sogar die Möglichkeit daran die Windflügel zu befestigen.
Je nach geplanter Größe des Windrades wählen wir eine entsprechende Fahrradfelge.
Der hier auf den Fotos beispielhaft vorgestellte Westernrotor wurde mit einer 28 Zoll Fahrradfelge mit 36 Speichen realisiert.
Jeweils ein Paar Speichen werden für die Befestigung eines Windradflügels verwendet. In Nabennähe gibt die entstehende Fläche zwischen den Speichen einen Winkel von ca. 35°, außen am Felgenrand ist die entstehende Fläche fast parallel zur Felge. Somit ideal für den Windradflügel. Damit gibt es 9 Windflügel und jeweils ein weiteres Paar unbenutzte Speichen zwischen den Flügeln. Die Fläche für die Windradflügel kann z.B. mit Stoff bespannt werden. Eine einfachere Variante ist, Sperrholzbrettchen (wasserfestes Sperrholz) oder Zinkblech oder Aluminiumblech in die Speichenzwischenräume einzumontieren.
Für den Windradflügel habe ich ein dünnes Aluminiumblech verwendet. Das Blech stammt von Offsetplatten wie sie in Druckereien verwendet werden. Nach deren Gebrauch als Druckträger, werden diese dem

Abb.4.12 Foto Detail mit Speichen und Windflügel, ausgestattet mit Windflügel aus Alu-Offsetplatten, zunächst (im Experimentierstadium) provisorisch mit Klebeband befestigt.

Altmetallhandel zugeführt. Normalerweise ist es einfach, einige solcher Platten, meist sogar umsonst bei Nachfrage in der Druckerei, zu bekommen. Sagt was ihr damit vorhabt, denn es gibt schon so Zeitgenossen, die mit den Offsetplatten ihre Dächer decken und das mag dann die Druckerei verständlicherweise nicht so. Der Windradflügel kann von der Fläche her gerade oder aber, was besser ist, in einem leicht durchgebogenen Profil sein. Wie in 3.5 beschrieben, entsteht der Auftrieb am Windradflügel dadurch, dass der Weg für den Wind hinterum (gewölbte Seite) länger ist als vorne. Daher wird der Wirkungsgrad des Windrades verbessert, wenn die Windradflügel profiliert bzw. gewölbt sind. Je gewölbter desto langsamer und Drehmomentstärker läuft das Windrad. Je flacher desto schneller, usw. Windtechnisch optimiert sollten die Flügel in Nabennähe steiler und in Felgennähe (außen) flacher ausgebildet sein. Die Nabenanordnung kommt diesem Anliegen in idealer Weise nach.

Die Abmessungen des Windradflügels erhaltet Ihr durch Auflegen eines Pappstreifens (in meinem Fall 27 cm lang, an der schmalen Felgenaußenseite 6 cm breit und an der breiten Felgeninnenseite 9 cm breit) auf das Speichenpaar. Der Pappstreifen wird leicht

Abb. 4.13 Foto Fahrradnabe mit 2 Glockenanker-Generatoren

Abb. 4.13 a

gebogen und an den äußeren Rändern, vorgegeben durch die Speichen, kann dann das exakte Maß angezeichnet werden. Die Schablonenmaße werden dann auf die Offsetplatte übertragen. Zusätzlich gibt es noch auf jeder Seite 3 Laschen, womit das Blech mit Hilfe von Musterklammern (verwendet für das Verschließen von Briefumschlägen) an den Speichen befestigt wird. Das Alublech der Offsetplatte lässt sich klasse bearbeiten. Der äußere Rand wird mit einem Teppichbodenmesser angeritzt und kann dann durch hin und her biegen gebrochen werden. Biegekanten dürfen, wie wir das von der Bearbeitung von Pappe gewohnt sind, nicht angeritzt werden, weil sie sonst ebenfalls beim Biegen abbrechen würden. Vorsicht, die Blechkanten sind scharf!

Abb. 4.14 Foto mit Vorderradgabel. Die Rohransätze stammen von einem Damenfahrrad. Das Drehlager kann daran z.B. an einem Mast befestigt werden.

Die ausgetrennten Windradflügelflächen werden über ein Stück Rundholz durch querseitiges hin- und herwippen leicht gerundet (in Nabennähe mehr, in Felgenrandnähe sehr wenig) und können dann mit den Laschen und den Musterklammern oder mit Nieten an den Speichen befestigt werden. Für die Verwendung des Windrades bei sehr starkem Wind sollte das Blech doppelt genommen und vernietet oder mit Zwei-Komponentenkleber verklebt werden.

Die mechanische Energie kann entweder durch einen eingebauten Nabendynamo, durch einen oder mehrere der preiswerteren Speichendynamos oder durch Abnahme mit Ritzel und Fahrradkette mechanisch zum Verbraucher geleitet werden. Soll die Energie mit einem normalen Fahrraddynamo abgenommen werden, so sind der Mantel und Schlauch aufgepumpt auf der Felge zu belassen. Möglich aber problematisch, da das Windrad dadurch schwerer wird und es mehr Wind braucht bis die höhere Schwungmasse anläuft. Wenn es dann aber läuft, wirkt die Schwungmasse nach.

Im Beispiel wurde nur die Felge verwendet. Ein Kunststoffzahnrad, exakt zentrisch, mit Zwei-Komponentenkleber auf den Felgenrand geklebt und 2 Kleingeneratoren (Glockenankermotoren) mit Ritzel auf der Windfahnenstange befestigt. Es könnten auch derer 4 Stück angebracht werden und je nach Windaufkommen zugeschaltet werden.

Die Ausrichtung der Kleingeneratoren mit deren Ritzel auf das große Zahnrad ist nicht so ganz einfach, daher folgender Trick:

Zunächst wird gut flüssiger Heißkleber auf die zu befestigende Basis aufgetragen, dann werden die Kleingeneratoren, am besten mit Winkel oder Metallprofil versehen, in den Heißkleber gedrückt, sodass Abstand und Zahnradkontakt optimal, sind und dann bitte warten bis der Kleber fest ist. Natürlich dürft Ihr nicht glauben, dass damit die Sache gegessen ist. Denn der Heißkleber taugt zum dauerhaften Kleben nicht! Jetzt kann das Ganze wieder gelöst werden und entweder mit Kontaktkleber verklebt oder anständig mit Winkel usw. unter Zuhilfenahme der Heißklebeformteile verschraubt werden.

Des Weiteren können wir wunderbar die abgesägte Lenkstange, Vorderradgabel und

Abb. 4.15 Foto Windfahne aus wasserfestem Sperrholz

das Lenklager als horizontales Drehlager für das Westernwindrad einsetzen.
Die Windfahne, damit das Windrad optimal zur Windrichtung ausgerichtet wird, habe ich mit Aluprofilen vom Antennenschrott und einem Stück wasserfester Sperrholzplatte realisiert. Je länger, d.h. je weiter nach hinten vom Windrad weg, die Windfahne ist, desto mehr pendelt das Windrad hin und her. Nun ist es beim Westernrad eh so, dass sich das Rad zum Teil schon durch die Flügel ausrichtet, trotzdem ist die Windfahne sinnvoll und wichtig. Die Faustregel besagt, das Maß vom Durchmesser des Windrades sollte auch für den Abstand der Windfahne zum Windrad genommen werden.
Das so erstellte Windrad macht viel Freude, läuft schon bei geringer Windgeschwindigkeit an und ist, was die Windarten anbelangt, sehr gutmütig.

## 4.5 Flügelrotor mit Selbstbaurepeller

Flügelrotoren sind die am schnellsten laufenden Windräder (und auch diejenigen mit dem höchstem Wirkungsgrad!) und deshalb auch gut geeignet zum Direktantrieb (direkt auf der Achse) auf elektrischen Kleinmaschinen, wie z.B. Permanentgeneratoren oder Schrittmotoren.

Da es sich hier um ein vertikallaufendes Windrad handelt, braucht es hier wieder eine Windfahne und ein Drehlager. Beides wurde bereits schon im Kapitel 4.4 beschrieben und kann hier entsprechend abgewandelt übernommen werden. Das Drehlager besteht hier aus einer Buchse, wie sie für Potentiometerachsen verwendet wird oder es gehen auch sog. Bundbuchsen, wie sie für Lagerung von Getriebewellen usw. verwendet werden (Modellbau). Die Achse oberhalb der Buchse sollte gesplintet werden, damit das Windrad nicht abheben kann.

Da die Flügelspitzen hohe Geschwindigkeiten erreichen, ist beim Betrieb und auch beim Experimentieren Vorsicht geboten! Auch ist es unbedingt sinnvoll, vor einem Starkwind oder Sturm daran zu denken, was denn in so einem Fall unternommen werden kann, um das Windrad stillzulegen oder aus dem Wind zu nehmen. Im Buch "Einfälle statt Abfälle" (siehe Literaturhinweise) werden hierzu Lösungen angeboten, das Windrad über eine zusätzliche Funktion der Windfahne aus dem Wind zu nehmen.

Eine andere Möglichkeit besteht darin, die Sturmsicherung über einen Seilzug von unten zu erreichen. Entweder durch eine Trommelbremse vom Fahrrad oder durch ein Rausdrehen aus der Windrichtung, z.B. durch Kippen des kompletten Windrades nach oben (Helikoptersicherung), sodass der Repeller in die Waagerechte kommt.

### 4.5.1 Zweiblatt-Repeller

Je nach Profil der schnellste Drehflügler. Die Theorie sagt, je weniger Flügel, desto größer der Wirkungsgrad, da weniger Masse bewegt werden muss und der Luftwiderstand geringer ist.

Es werden 2 mögliche Ausführungen für die Herstellung des Repellerblattes vorgestellt.

Die Erste, aus Plastikrohr, ist schnell bearbeitet und ganz brauchbar.

Die Zweite, mit Metall, ist gut um Versuche zu machen, damit lässt sich auch der

Abb. 4.16 Foto Repeller aus Plastikrohr

Abb. 4.17 Holzrepeller, Windrad

Dreiblatt-Repeller am einfachsten herstellen.

Es gibt auch noch eine dritte Variante, aufwendig aus Buchenholz, aber enorm leistungsfähig. Diese findet Ihr auch in dem Buch "Einfälle statt Abfälle" hervorragend und bis in das Detail beschrieben. Hier zumindestens ein Foto des Holzrepellers und des kompletten Windrades, das ich mit einer Jugendgruppe zusammen gebaut und mit viel Spaß ausprobiert habe. Der Generator ist ein Uraltfahrraddynamo und dank des gut profilierten Repellers läuft das Windrad sehr schnell und mit dem Dynamo wird eine kleine Glühbirne betrieben.

Die Bearbeitung des Repeller-Profils ist aber schon etwas für Leute mit viel Ausdauer und Geduld.

#### 4.5.1.1 Ausführung des Repellerblattes, Kunststoffrohr

Eine einfache und preiswerte Möglichkeit, sich selber ein Repeller-Profil herzustellen, ist die Verwendung von Kunststoffrohren. Die für den Auftrieb förderliche Wölbung ist hier schon vorhanden. Und es gibt für unterschiedliche Anwendungen die Mög-

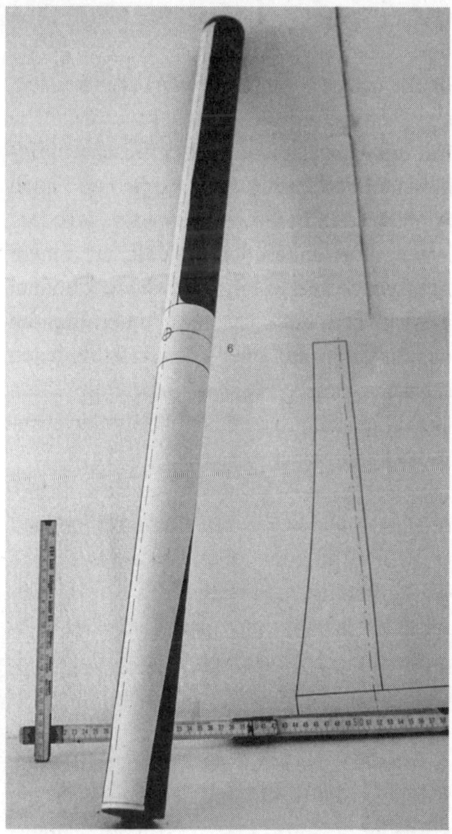

Abb. 4.18 Foto Plastikrohr 50 mm, mit aufgeklebter Schablone

Abb. Foto 4.19 Windrad mit Schrittmotor und Anlaufhilfe aus Aluminiumblech

lichkeit, durch Auswahl eines entsprechenden Rohres, Repeller- Flügel bis über 2 m mit geringem Aufwand anzufertigen. Das Windrad läuft sehr gut an, da die Flügel leicht sind. Ein Problem bei PVC-Rohren könnte über Jahre werden, dass der Kunststoff durch das UV-Licht (aus der Sonne) mürbe wird. Abhilfe hier ist ein Anstrich des Repellers mit einer kunststoffvergüteten Dispersionsfarbe (vorher aufrauhen). Das etwas teurere Dachrinnenfallrohr ist ebenfalls einigermaßen witterungsbeständig.

Die im Kapitel 10 dieses Buches ausgedruckte Schablone kann herauskopiert und je nach Größe des Repellers, entsprechend der aufgeführten Faktoren, mit dem Kopierer oder mit Scanner und Computer vergrößert werden. Bei großen Werkstücken kann die Form auch anhand der angegebenen Maße übertragen werden.

Auf dem Kunststoffrohr ist eine Hilfslinie parallel zum Rand aufzuzeichnen. Dann wird die entsprechend vergrößerte Papierschablone ausgeschnitten und deren strichpunktierte Linie auf der Hilfslinie ausgerichtet. Die Papierschablone kann mit Tapetenkleister oder Grafikkleber (wie Fixogum) auf das Plastikrohr geklebt werden.

Je nach Durchmesser und Wanddicke des Plastikrohres wird das Repeller-Profil ausgeschnitten. Beim dünnen Elektrikerrohr (18 mm) reicht ein sehr scharfes Messer. Zuerst ein dünner Ritz entlang der Schablonenlinien, dann vorsichtig immer tiefer in diesem Ritz bis die Wandung durchgeschnitten ist. Vorsicht, nicht abrutschen, sonst geht es in die Hand!

Beim dickeren Abwasser- oder Regenfallrohr ist es sehr praktisch, das Profil mit einer Stichsäge auszusägen. Beim DN 40- und DN 50-Rohr muss das Stichsägeblatt etwas gekürzt werden (mit Flachzange am Schleifbock anschleifen und abbrechen), damit es nicht auf der gegenüberliegenden Rohrwand anstößt. Oder Ihr nehmt ein bereits bei anderen Arbeiten abgebrochenes Stichsägeblatt.

Ist das Rohr ausgeschnitten, werden die Schnittflächen mit Messer, Feile und Schmirgelpapier entgratet. Entsprechend der Generatorachse wird in Repellermitte das Nabenloch gebohrt und der Repeller ausbalanciert. Zunächst wird die Bohrung etwas kleiner als die Generatorachse und passend zu dem Achsstück gewählt. Das Ausbalancieren geht gut mit einem Stück Metallachse oder einem abgezwickten Nagel, in eine Holzlatte geklebt oder genagelt, die Holzlatte eingespannt im Schraubstock. Sind beide Seiten unterschiedlich schwer, wird an dem schwereren der Enden des Repellers ein wenig abgetragen, bis das Repellerblatt von selbst genau in die Waage geht. Da das Kunststoffblatt sehr leicht ist, müssen evtl. zu beiden Seiten im gleichen Abstand, gleich schwere Gewichte angehängt werden, um die Waagefunktion zu verstärken.

Handelt es sich bei dem Generator um eine Gleichstrommaschine, so kann das Repellerblatt entsprechend 4.5.1.3 montiert und durch Anlegen einer entsprechenden Gleichstromspannung gleich ausprobiert werden, ob sich das Repellerblatt ohne Unwucht dreht.

Für diesen Windradtyp eignet sich ein Schrittmotor sehr gut.

### 4.5.1.2 Ausführung des Repellerblattes, Metall

Im Kapitel 10 gibt es ebenfalls eine Schablone für das Metall-Repellerblatt. Auch dieses kann je nach Repellergröße entsprechend im Kopierer oder mit Scanner und Computer vergrößert werden. Die ausgeschnittene Schablone wird auf das Blech aufgeklebt und dann wird der Umriss angezeichnet.

Das Metallblatt kann je nach Größe und Dicke des Bleches mit der Blechschere aus 2-3 mm Blech ausgeschnitten werden, bei dickeren Blechen ist es mit der Stichsäge einfacher. Damit das Blech nicht zu stark vibriert, ist es hilfreich, gleichzeitig mit dem Blech ein Stück dünnes Sperrholz, das auf das Blech gelegt wurde, durchzusägen.

Die Flügel lassen sich gut aus Aluminiumblech anfertigen. Gebogen werden sie über gerundete Holzleisten, mit beiden Händen darüber ziehen und hin und her walken. Verschraubt mit Flachaluminium z.B. an die Felge von einem ehemaligen! Kinderfahr-

Abb. Foto 4.20 Repellerblatt aus Metall

Bei dem im Bild gezeigten Dreiblattrepeller handelt es sich um einen Bausatz der Firma Thümler GmbH. Das Windrad hat einen Durchmesser von 90 cm, hat seine Nenndrehzahl bei 5m/s mit 500 U/min. Die Stromgewinnung wird mit 2 normalen Dynamos realisiert. Die Reibrolle hinter dem Windrad wird bei entsprechendem Winddruck an die Dynamos angedrückt. Ein raffiniertes System, mit dem 12-V-Akkus geladen werden können. Problematisch ist ein wenig die Lautstärke und die Abnutzung der Reibradübersetzung. Gut ist die automatische Sturmsicherung, bei der das Windrad ab 13 m/s mittels der über eine Feder gesteuerten Windfahne aus dem Wind gedreht wird.

rad. Oder aber auf eine runde Holzscheibe aus wasserfestem Sperrholz.

#### 4.5.1.3 Repeller-Befestigung auf der Motorachse

Bei dem 18 mm dünnen Elektrikerrohr bohren wir entsprechend der Generatorachse genau mittig im Repellerblatt ein Loch, stecken die Achse durch und kleben die Achse einfach mit Zweikomponentenkleber ein. Bei den dickeren Rohren ab DN 40, d.h. mit 40 mm Durchmesser, geht das nicht mehr so leicht, da die Generatorachse meist kürzer als der Durchmesser des Rohres wie z.B. 40mm ist und damit nicht mehr durchgesteckt werden kann. Hier braucht es besondere Lösungen, auch um den Repeller lotrecht zu montieren.

Auch ist es sinnvoll, die Befestigung gleich mit der in 4.5.1.4 beschriebenen Anlaufhilfe zu kombinieren.

Gut geeignet sind z.B. Zahnräder aus Metallbaukästen mit Madenschraube und Befestigungsbohrungen auf der Fläche des Zahnrades. Die Bohrungen des Zahnrades und der Anlaufhilfe werden aufeinander abgestimmt. Die Zahnräder und die Anlaufhilfe können nacheinander über ein rundes Holz vorsichtig entsprechend des Rohrradius gebogen werden. Anschließend werden die Bohrungen mittig auf den Repellerflügel übertragen und montiert. Durch behutsames Biegen kann das Ganze dann noch etwas gerade gerückt werden.

Eine andere Möglichkeit besteht darin, die Rohrwölbung durch eine mit der Raspel konkav bearbeitete Holzscheibe auszugleichen und dann Zahnrad oder Gleichwertiges zusammen mit der Anlaufhilfe wie vorhin zu montieren.

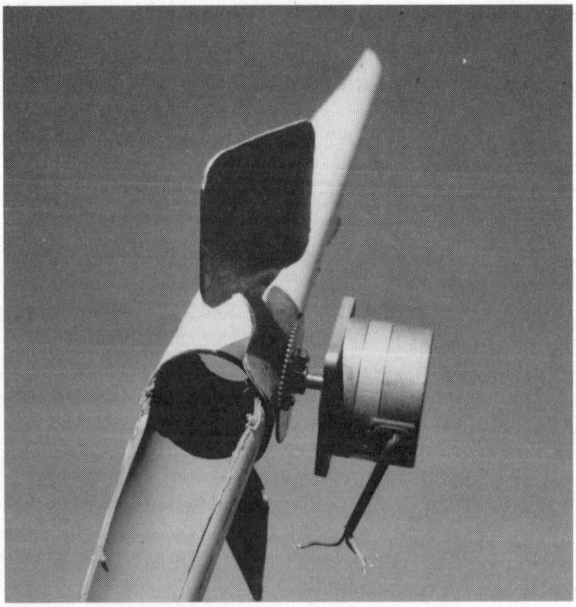

Abb. 4.21 Foto Befestigung des Repellers auf der Generatorachse mit einem Messingzahnrad

#### 4.5.1.4 Anlaufhilfe

Wichtig für ein gutes Funktionieren des Windrades ist die Ausstattung mit einer Anlaufhilfe.

Die Anlaufhilfe in Nabennähe trägt dazu bei, dass das Windrad bei wenig Wind zunächst einmal überhaupt anläuft. Mit der großen schrägen Fläche wird für den unteren Drehzahlbereich ein guter Drehmoment erreicht. Bei höheren Drehzahlen kommt es dann mehr auf die äußere Blattausbildung an und die Anlaufhilfe wird quasi überrundet und stört dabei nicht.

Ein weiterer guter Nebeneffekt ist, dass die Anlaufhilfe auch als Ausgleich für den Massenträgheitsmoment dient.

Im Kapitel 10 gibt es ebenfalls eine Schablone für die Anlaufhilfe. Auch diese kann je nach Repellergröße und damit Rohrdurchmesser entsprechend der Tabelle angefertigt oder im Kopierer oder mit Scanner und Computer vergrößert werden. Wie bei der Repellerherstellung auf das Blech aufkleben und den Umriss anzeichnen bzw. die Bohrungen mit einem Spitz markieren.

Die Anlaufhilfe kann im Prinzip mit der Blechschere aus 2-3 mm Blech ausgeschnitten werden. Die Ausbuchtungen zwischen den Maßen C+D können vor dem Ausschneiden gebohrt werden. Wenn der Abstand größer wird, als dies mit einem normalen Bohrer zu bewerkstelligen ist, werden z.B. zwei Löcher nebeneinander gebohrt. Bei dickeren Blechen ist es einfacher, die Anlaufhilfe mit der Stichsäge auszusägen. Damit das Blech nicht zu stark vibriert, ist es hilfreich, gleichzeitig mit dem Blech ein Stück dünnes Sperrholz, welches auf das Blech gelegt wurde, durchzusägen.

Gut geeignet für die Anlaufhilfe sind Alubleche (z.B. von ehemaligen Gehäusen), diese lassen sich gut bearbeiten und rosten nicht.

Zusätzlich zur mechanischen Anlaufhilfe kann die Elektronik noch weiter dazu beitragen, dass das Windrad gut in Schwung kommt. Mit einer wie in 6.2.2 beschriebenen Einschaltelektronik wird der das Windrad belastende Verbraucher erst zugeschaltet, wenn das Windrad schon gut in Schwung ist.

Abb. 4.22 Foto Anlaufhilfe aus Aluminium. Aufgeschraubt auf das Messingzahnrad und an dem Kunststoffrohr

**4.5.2 Dreiblatt-Repeller**

Im Prinzip wie der Zweiblatt-Repeller, nur mit drei Flügelhälften. Vorteile: mehr Drehmoment, günstiger bei windschwächeren Gebieten, läuft besser an. Da der Dreiflügler besser anläuft, ist eine zusätzliche Anlaufhilfe nicht so unbedingt erforderlich. Auch ist der Massenträgheitsmoment durch die drei Flügel besser verteilt.

Der Dreiblatt-Repeller hat einen geringfügig schwächeren Wirkungsgrad und geringere Drehzahlen als der Zweiblatt-Repeller. Weiterer Vorteil: bei der Ausführung als Dreiblatt- Holzrepeller braucht es kürzere Rohwerkstücke, sprich Kunststoffrohre, Metallbleche oder Holzleisten. Dies wird interessant bei Windrädern mit größerem Durchmesser.

Grundsätzlich ist die Nabe und die Befestigung auf der Generatorachse etwas aufwendiger, da hier alle drei Flügelstücke zusammengefasst werden müssen.

Bauschritte:

Die Schablone wird wie beim Zweiblatt-Repeller vergrößert, ausgeschnitten und aufgeklebt, nur sind es eben drei halbe Repeller. Die Enden, da wo das Kunststoffrohr noch unausgesägt bleibt, sind für die Nabenbefestigung länger zu belassen. Am Stoß (an den inneren Enden) der drei Hälften sind die Rohre spitzwinkelig mit je 120° so abzusägen, dass die drei Rohre quasi auf Gehrung mit PVC-Kleber passgenau zusammengefügt werden können. Vorsicht, die Repellerebene beachten!). Um diese Konstruktion zu stabilisieren, ist es gut, vor und hinter den Rohren jeweils eine Holzscheibe aus wasserfestem Sperrholz zusammen mit den Flügelstutzen zu verschrauben. Vorher ist zu prüfen, ob die drei Flügel einen gleichmäßigen Abstand zueinander haben. Dies geht durch Ausmessen der Abstände von Spitze Repellerblatt zu Spitze Repellerblatt.

Beim Metallblatt-Windrad wird ebenfalls die Schablone kopiert und vergrößert und auf ein geeignetes Blech übertragen und das Blatt ausgeschnitten oder ausgesägt. Dann entsprechend profiliert, entgratet und verschliffen. Das Zusammenbringen der drei Blätter ist hier einfacher, vorausgesetzt, es gibt eine Möglichkeit, dass die Generatorachse ein Gewinde hat oder ein Gewinde auf die Achse geschnitten werden kann. Bei 12-V- oder 24-V-Lüftermotoren gibt es Befestigungen mit Splint oder mit Abschlussgewinde. Alle drei Blätter erhalten ein Loch im Durchmesser des Achsgewindes und werden auf dieses aufgeschraubt- hinten eine Mutter, dann Unterlegscheibe, dann Repellerblätter, dann Unterlegscheibe und obendrauf Spannring und Mutter. Die Abstände der Spitzen werden gemessen und ausgemittelt. Sind die drei Blätter ausgerichtet und die zentrale Mutter festgezogen, dann können sie auch noch untereinander mit kleineren Schrauben fixiert werden. Gibt es keinen Weg zum Achsgewinde, so hilft Folgendes: Eine Gewindeverlängerung wird auf einer Hälfte so ausgebohrt, dass sie auf die Generatorachse passgerecht aufgeschoben werden kann. Wenn die Bohrung sehr knapp ist, vor dem Aufschieben auf die Generatorachse die Gewindeverlängerung erhitzen. Vorher ein entsprechendes Querloch für den Splint bohren. Auf der anderen Seite der Gewindeverlängerung können eine Sechskantschraube und dazwischen die Repeller-Flügel und Unterlegscheiben montiert werden.

Abb. 4.23 Foto Vierblatt-Repeller mit Glockenanker-Generator

Ausbalancieren und Bearbeiten der gröbsten Unwuchten wie beim Zweiblatt-Repeller.

**4.5.3 Vierblatt-Repeller**

Zu Studienzwecken noch ein einfach zu realisierendes Modell mit Holz. Auf eine runde Sperrholscheibe (wasserfestes Sperrholz) mit mittigem Generatorachsenloch werden alle 90° vier Holzkeile mit ca. 20° Schräge aufgeleimt. Dicse dienen später zum Anschrauben und Anleimen der Windradflügel aus wasserfestem Sperrholz oder Blech. Diese Art eignet sich gut für Kleingeneratoren, z.B. um eine helle Leuchtdiode zu betreiben. Eigentlich ist es ein Zwischending von Westernrad und Flügelrotor. So wie es hier aufgebaut wurde, ist es auf jeden Fall ein Widerstandsläufer. Mit entsprechend gebogenen Blechen kann es zu einem Auftriebswindrad frisiert werden.

## 4.6 Savonius-Rotoren

**4.6.1 Zweistufige Savonius-Rotoren**

Zweistufig heißt, dass jeweils 2 Rotorhalbschalen mit um 90° versetzten Flügelanordnungen aufgebaut werden. Dadurch gibt es sehr gute Anlaufeigenschaften, da immer eine offene Schale vom Wind ergriffen wird.

Modellaufbau mit in der Mitte durchgetrennten Joghurtbechern.

Der Abstand zwischen den Halbschalen sollte ca. 20 % betragen und falls eine durchgehende Achse verwendet wird, sollte diese nicht zu dick sein. Im vorliegenden Fall habe ich dazu eine M4-Gewindestange verwendet. Diese hat den Vorteil, dass mit Muttern und Unterlegscheiben die Zwischenräume der Halbschalen variiert und fixiert werden können.

Für den Bastler ist das Savonius-Prinzip enorm preiswert und unkompliziert und es gibt gute, preiswerte Verwendungsmöglichkeiten. Es können Büchsen, Becher, Rohre, Fässer und jegliche Art von runden Behältern, die sich in der Mitte durchtrennen lassen, oder andere Arten von Halbschalen verwendet werden. Gut ist es, auf die Bearbeitungsmöglichkeiten zu achten, so können z.B. Joghurtbecher einfach mit dem Cutter getrennt werden, bei Büchsen braucht es eine Blechschere und Vorsicht, die Kanten können verdammt scharf sein! Und bei Rohren und Fässern geht es gut mit der Stichsäge oder einem Elektrofuchsschwanz.

Formel zur Berechnung der Abmessungen, ausgehend von den runden Gefäßen:

r = Radius des Gefäßes
D = Durchmesser der Grundplatte
A = Abstand der beiden Halbschalen

r x 3,33 = D
r / 1,5 = A

Für den vibrationsarmen Rundlauf ist es wichtig, eine Unwucht zu vermeiden. Ansonsten kommt das Gebilde bei bestimmten Drehzahlen heftig in Schwingung, was bei größeren Anordnungen einem kleinen Erdbeben gleichkommen kann. Sinnvoll ist daher auch, oben und unten ein Lager vorzusehen.

Die Grundplatten lassen sich gut aus wasserfestem Sperrholz oder auch aus Plexiglas herstellen.

Um die Rundung exakt zu bekommen, habe ich mir eine Vorrichtung für die Stichsäge gebastelt. In ein quadratisches Brettchen wird im ungefähren Mittelpunkt ein nageldickes Loch gebohrt. Auf dem Stichsägetisch wird ein dünnes Unterlegbrett mit

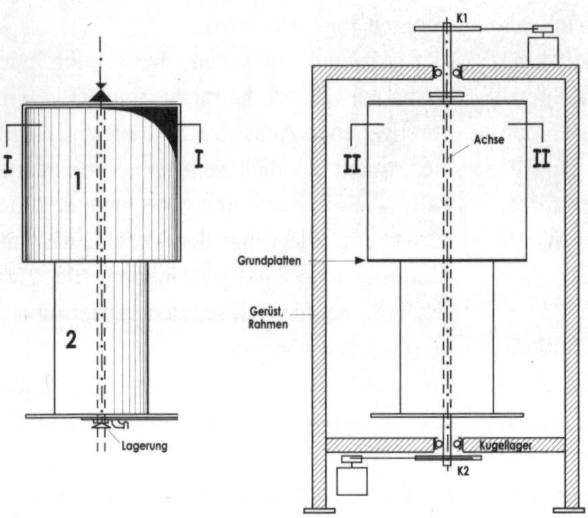


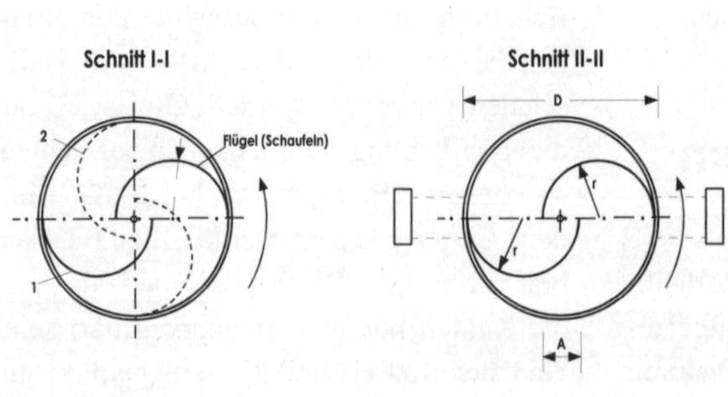


Abb. 4.24 Savonius-Rotor, Ansicht

Abb. 4.25 Savonius-Rotor, Grundriss

Abb. 4.26 Foto Erste Montageschritte am großen Savonius-Rotor

Abb. 4.27 Foto Das Savoniusmodell ist dagegen kompakt und handlich

doppelseitigem Klebeband befestigt, in das unser Brettchen mit dem Nagel entsprechend des geplanten Durchmessers so justiert und eingeschlagen wird, dass das Brettchen kreisrund entlang des Stichsägeblattes geführt werden kann.

Um mit dem Savonius-Prinzip Versuche machen zu können, ist es sinnvoll, zunächst nicht zu groß anzufangen. Wie auf dem Foto zu sehen ist, wird mit dem kleinen Versuchsaufbau bereits ein Generator angetrieben. Mein Versuchsmodell hat eine Größe von 40 x 45 cm und einen Rotordurchmesser von 20 cm. Die ersten Versuche wurden mit einer kleinen DC-Maschine mit 220 Volt Betriebsspannung, die ich als Restpostenangebot ergattert hatte, gestartet. Durch die hohe Betriebsspannung bringt das Teil bei niedrigen Drehzahlen von 50 bis 100 Umdrehungen pro Minute immerhin schon eine Spannung von ein paar Volt.

Bei größeren Modellen und Anlagen leisten uns wieder Fahrradfelgen gute Dienste. Je nach Größe des Rotors können wir eine 20”- , 26”- oder 28”-Felge verwenden. Die Felgen können gleich als Grundplatten verwendet werden, die Lager sind wetterfest und leichtgängig und die Nabe kann, mit einem entsprechenden Ritzel oder einer Getriebenabe, zum Antrieb von Generator, Wasser- oder Luftpumpe oder sonstigen mechanischen Verbrauchern genutzt werden. Auch ist es möglich, z.B. die untere Felge mit dem normalen Fahrradreifen auszustatten und über eine Reibrolle die Drehkraft vom Reifen abzunehmen (wie beim Fahrrad der Dynamo).

Als Halbschalen für große Savonius-Generatoren eignen sich gut alle möglichen Arten von Flüssigkeitsfässern. Bei ehemaligen Öl- oder Dieselfässern ist zuerst die Flüssigkeit so weit wie möglich zu entfernen und z.B. bei der Tankstelle abzugeben. Ein eventuell kleiner Rest kann bei Metallfässern auch ausgebrannt werden – aber Vorsicht, Diesel brennt zuerst schwierig an und dann wie wahnsinnig. Bei ehemaligen Chemikalienfässern ist erhöhte Vorsicht geboten und wenn der Vertreiber über den ehemaligen Inhalt keine zufrieden stellende Auskunft geben kann sollte man besser die Finger davon lassen. Das Fass wird zuerst halbschalig mittig angezeichnet und kann, dann mit Stichsäge oder Elektrofuchsschwanz ausgesägt werden. Das von mir verwendete blaue Kunststofffass hatte hälftig noch eine sichtbare Naht (von der Herstellung), an der ich es dann auch mit der Stichsäge auseinander gesägt habe. Der profilierte Rand und der Boden stabilisieren die Halbschalen noch nach dem auseinander sägen. Da der Fassrand einen Radius von ca. 30 cm hat, passt eine Felge mit 50 cm Durchmesser (26 Zoll) ganz gut dazu. Schön wäre es ja, wenn nur eine Felge gebraucht würde, aber erstens ist dafür das Felgenlager nicht geeignet und zweitens kommt, selbst bei einem sehr robusten Radlager vom Auto, das Gebilde vom Wind in starke Schwingung. Wenn aber, wie auf dem Foto zu sehen ist, unten und oben eine Fahrradfelge eingebaut wird, so läuft dieser Savonius-Rotor klasse.

Nun ein wenig zum praktischen Aufbau:

Ein zur Verfügung stehendes Fass genau in zwei Hälften z.B. mit der Stichsäge durchsägen. Vorher den Durchmesser ermitteln und damit die passende Fahrradfelge aussuchen.

Dann braucht es einen Metallwinkelbügel zur Montage der Fahrradfelge. Praktisch für allerlei Konstruktionen wie auch dieser sind sog. Nagelbleche, wie sie für Holzkonstruktionen und Dachaufbauten im Hausbau verwendet werden.

Es gibt die verzinkten, 2 mm dicken Bleche in verschiedenen Breiten und Längen, mit in der Hauptsache mehreren 5 mm Löchern versehen. Auch gibt es alle möglichen Ausbildungen von Winkeln und anderen Formteilen. Für die beiden Metallbügel habe ich aus einem 1,2 m langen und 6 cm breiten Nagelblech die erforderlichen Längen mit der Stichsäge herausgesägt, das 8,5-mm-Loch für die Fahrradfelge gebohrt und im Schraubstock zurechtgebogen. Diese Halterung kann dann auf einen ca. 8 x 5 cm Rahmenschenkel mittig montiert werden und die Fahrradfelge mit Unterlegscheiben auf der einen Seite festgeschraubt werden. Mit einer Schraubzwinge den Rahmenschenkel auf unserer Arbeitsplatte festgezurrt und die waagerecht drehbare Basisplatte des Savonius-Rotors ist schon einmal vorhanden.

Jetzt geht es darum, die Fasshalbschalen auf die Felge zu montieren.

Um die beiden Felgen konstruktiv zu verbinden, habe ich eine M8-Gewindestange auf der einen Seite mit einer aufschraubbahren Gewindeverlängerung (Innengewinde außen Sechskant) versehen. Leider passen das Feingewinde von der Fahrradfelge und das

Abb. 4.28 Foto Einstufiger Savonius-Rotor mit Wasserfass im Holzrahmen. Im Montagezustand noch auf dem "Kopf"

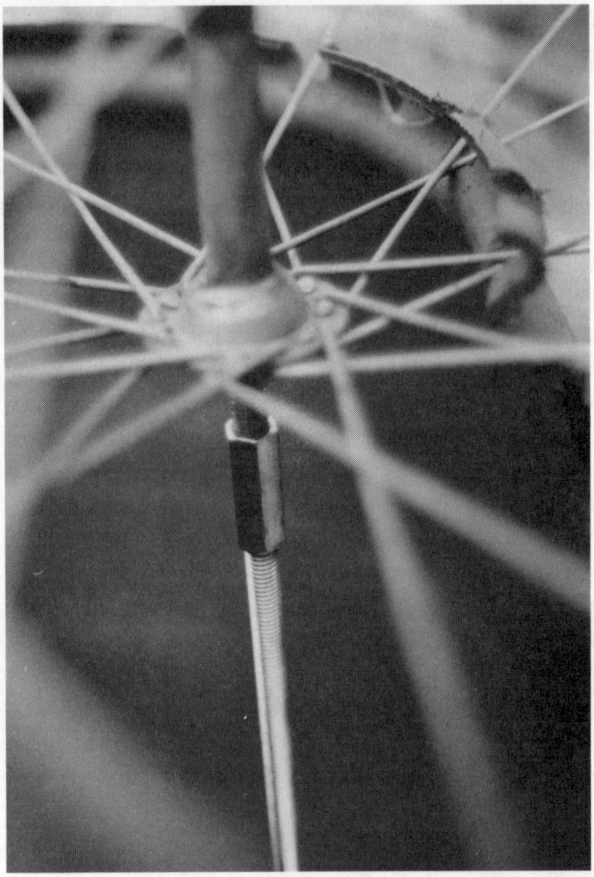

Abb. 4.29 Foto Detail: Die Achse aus der Gewindestange mit aufgeschraubter Gewindeverlängerung

Abb. 4.30 Foto Verzahnung mit Fasshälften und Fahrradfelge. Oben sind ein Teil des Montagerahmens und des Metallbügels zu sehen.

Gewinde von der Gewindestange bzw. von der Gewindeverlängerung nicht zusammen. Entweder ihr habt einen entsprechend der Fahrradfelge passenden Gewindeschneider, mit dem das Gewinde der Gewindeverlängerung umgeschnitten wird oder Ihr macht es so wie ich, dass Ihr die Gewindeverlängerung ganz vorsichtig aber gut fest auf das Feingewinde der Fahrradfelge aufschraubt. Für ursprüngliche Fahrrad-Muttern ist das Gewinde damit natürlich hin und Vorsicht – Vorderradfelgen haben einen anderen Gewindedurchmesser als Hinterradfelgen. Das Aufschrauben der Gewindeverlängerung geht nur ein Stück, vielleicht max. 5 mm, aber das reicht für unsere Zwecke auch. Das gleiche tun wir auch bei der zweiten Felge. Die später auf richtige Länge abgeschnittene Gewindestange kann dann wie bei einem Spannschloss verdreht und dadurch der Abstand zwischen den beiden Fahrradfelgen eingestellt werden. Außerdem gibt die noch nicht gekürzte, provisorisch eingeschraubte Gewindestange beim Montieren der Halbschalen eine gute Möglichkeit zur Ausrichtung der Halbschalen. Bevor eine Gewindestange abgesägt wird, ist es praktisch, Muttern auf beide Seiten rechts und links der Sägestelle aufzuschrauben. Mit diesen kann die Gewindestange in den Schraubstock eingespannt werden und nach dem Absägen wird das Gewinde quasi von hinten her wieder gangbar gemacht.

Da die Speichen der Fahrradfelge nicht waagerecht sondern schräg verlaufen, das Fass aber einen waagrechten Rand hat, muss entweder der Rand des Fasses schräg abgesägt werden oder an der Stelle der Speichen Einbuchtungen in den Fassrand hergestellt werden. Diese Art hat den Vorteil, dass eine gewisse Verzahnung zwischen Speichen und Fasshälfte stattfindet. Um die Stellen anzeichnen zu können, können die Fasshälften (zuerst eine) provisorisch mit Draht auf die Felge montiert und an der Gewindestange ausgerichtet werden. Auch ist es gut, die Lage der Fasshälfte auf der Felge zu markieren, um nicht nach dem Aussägen dies mühsam wieder herausfinden zu müssen. Passt alles entsprechend, werden die Fasshälften mit aus dünnem Blech angefertigten Schellen und Nieten oder Schrauben an die nächstliegenden Speichen befestigt.

Beim Aufbau der Halbschalen ist auch hier exakt auf Unwuchten zu achten. In geringem Umfang kann der fertige Rotor wie ein Autoreifen ausgewuchtet werden. Dazu wird die Anordnung waagerecht montiert und gedreht. Geht sie immer in einen Punkt, so wird auf der Gegenseite ein Ausgleichsgewicht in Form von Blei oder Eisen zuerst provisorisch und nach Abschluss der Auswuchtungsarbeiten fest angebracht. Das Teil sollte in der Waagerechten rund laufen ohne zu einem Punkt hinzupendeln.

Der Rahmen für das Gebilde kann z.B. aus Kanthölzern, Rahmenschenkeln usw. ,wie auf den Fotos zu sehen ist, angefertigt werden.

## 4.7 Mechanischer Direktantrieb

Prinzipiell lassen sich fast alle Windräder auch für den mechanischen Direktantrieb verwenden. Schauen wir uns einmal in der Historie um. Angefangen von den ursprünglichen Windmühlen, die zum Mahlen von Korn oder zum Sägen von Holz verwendet wurden, über die vielen Arten von Ölmühlen in Griechenland mit bespannten Rotorblättern, viele Konstruktionen von Westernwindrädern zur Wasserförderung und Teichbelüftungen bis hin zu Wasser pumpenden Savonius-Rotoren. Auch gibt es allerlei nette Spielereien, bei denen, durch ein kleines Windrädchen angetrieben, Fahrradfahrer trebbeln, Vögel flattern und Männchen einen Holzscheit scheinbar durchsägen.

### 4.7.1 Wasserpumpe

Aufgrund des einfachen Aufbaus und des hohen Drehmoments von Savonius-Rotoren eignen sich diese besonders gut für Direktantriebe wie z.B. zum Antrieb von Wasserpumpen.
Auch ist die Speicherart mit Wasserpumpen eine ideale und verlustarme. So wird immer wenn Wind vorhanden ist, Wasser von einem niedrigeren auf ein höheres Niveau mit Hilfe der Windkraft gepumpt. Wird Wasser gebraucht, kann es mit Hilfe der Schwerkraft entnommen werden oder es kann bei Strombedarf mittels einer Wasserturbine Strom erzeugt und dieser dann verwendet werden.

#### 4.7.1.1 Kreiselpumpen

Im einfachsten Fall kann eine Bohrmaschinenpumpe oder eine ehemalige Waschmaschinenpumpe, bei der der Motor abgebaut wurde, über eine Reibradrolle an den Fahrradreifen mechanisch angekoppelt werden. Vorteil: die für die Förderleistung der Kreiselpumpe sinnvolle Drehzahlübersetzung wird durch das Übersetzungsverhältnis von ca. 1 zu 10 bis 1 zu 15 (je nach Fahrradfelgendurchmesser und Reibrolle) zwischen Reibrolle und Reifen erreicht. Für die Reibrolle kann ein breites Zahnrad mit ca. 5 cm Durchmesser (z.B. vom Schrottplatz) mit möglichst kleinem Modul (feine Zahnaufteilung) oder kleineren Rädchen eingesetzt werden.
Auch mit einem Waschmaschinenriemen kann die Übersetzung direkt von der Fahrradfelge auf das jetzt auf die Pumpe montierte Riemenrad übertragen werden. Oder die mechanische Verbindung wird mit Fahrradritzel und Kette verwirklicht. Vom Geräusch her nicht so problematisch, da die erforderlichen Drehzahlen zum Pumpen nicht so hoch sind.
Mit der Bohrmaschinenpumpe lassen sich bei einem guten Preis-/Leistungsverhältnis und einer Übersetzung von 1 zu 5 in etwa folgende Pumpwerte erreichen (abhängig von Pumpentyp):

| Rotor-drehzahl U/min | Pumpen-drehzahl U/min | Förder-leistung l/min |
|---|---|---|
| 25 | 125 | 1 |
| 100 | 500 | 10 |
| 200 | 1000 | 20 |

#### 4.7.1.2 Kolbenpumpen

Beim legendären Westernrad ist dazu die Repellerwelle exzentrisch ausgebuchtet und ein im Exzenter eingehängtes, gelagertes Gestänge wird in einem Wasserleitungsrohr direkt zur Kolbenpumpe in das Wasserloch unterhalb des Windradstandortes geführt. Im oberen Drittel des Rohres, unterhalb des Windrades, gibt es ein Abzweig (T-Stück) im Rohr, an dem das geförderte Wasser mit einem Schlauchanschluss entnommen werden kann.

Auch der Savonius-Rotor lässt sich ganz gut für eine Kolbenpumpe einsetzen. Hier muss, ohne eine umständliche Umlenkung oder einen Taumelantrieb aufzubauen, die Pumpe waagerecht an der Savonius-Grundplatte angebracht werden. Dies geht erst unterhalb der vertikalen Achse mit einem an die Grundplatte anmontiertem Gelenk und einem Gestänge, das zur Kolbenpumpe führt.

Die Kolbenpumpe kann sowohl zur Wasserförderung wie auch als Luftpumpe eingesetzt werden. Interessant ist diese Anwendung bei Fischteichen, die belüftet werden müssen. Abgesehen davon, dass es hier meist keinen Stromanschluss gibt, ist die windbetriebene Belüftung gerade im vegetationsarmen und damit sauerstoffarmen Winterwasser für die Teiche eine klasse Sache.

Mit Hilfe einer alten Fahrradpumpe lassen sich einfache Kolbenpumpen selbst anfertigen. Bei älteren Modellen lässt sich der Griff mit dem Kolben herausschrauben. Innen gibt es einen Ring, der beim Herausziehen des Kolbens die Luft durchlässt und beim Hineinschieben den Kolbenraum abdichtet und dadurch die Luft am Ventilstutzen hinausdrückt. Die Luft wird in der Öffnung der Kolbenstange „eingenommen“. Um die Fahrradpumpe zum Pumpen von Wasser umzugestalten, muss die Stelle, wo die Kolbenstange aus der Luftpumpe herauskommt, abgedichtet werden und dort in der Nähe eine Bohrung in das Pumpengehäuse vorgenommen und ein weiterer Nippel dicht einmontiert werden. Dadurch kann anstehendes Wasser gepumpt werden. Eine saugende Wirkung hat diese Pumpenkonstruktion noch nicht, dazu braucht es eine weitere Ventilklappe (mit einem Stück Schlauch und Rückschlagventil).

**4.7.2 Modellauto**

Ein Modellauto mit Flügelrotor hatte ich schon als Bausatz bei der Firma Opitec gesehen und ausprobiert. Ein witziger kleiner Windrenner. Der Nachteil: das Fahrzeug kann nur windrichtungsabhängig gegen den Wind fahren. Daher, und natürlich auch zum Spaß meiner Kinder, habe ich ein Modellfahrzeug mit Savonius-Rotor entwickelt, welches windrichtungsunabhängig fahren kann.

Vielleicht gibt es dieses Fahrzeug bald auch als Bausatz zu kaufen, ich habe es zumindest obiger Firma mal angeboten.

Falls Ihr Lust habt es jetzt schon nachzubauen – die Komponenten sind erfreulich einfach und günstig zu haben.

Das zentrale Element, der Savonius-Rotor, besteht aus Wellpappscheiben als Trägerplatten und mit der Blechschere halbierten Dosen.

Abb. 4.31 Foto Windfahrzeug

Abb. 4.32 Foto Windfahrzeug von unten. Zu sehen sind die Antriebsachsen.

Bauanleitung:

Es braucht 3 Wellpappescheiben und 2 Dosen, 3 mm Schweißstäbe, Messinghülsen, Schneckenzahnrad und passendes Zahnrad, Holzleisten und Holzrädchen. Die Spezialteile und auch die entsprechenden Schweißdrähte gibt es z.B. bei Opitec. Aus den Holzleisten wird ein Rahmen gebaut, der groß genug für den Rotor und unten so verlängert ist, dass auch die Querachse des Radantriebes montiert werden kann. Alle 3 mm Achsen laufen in Messinghülsen, die ein Außenmaß von 4 mm und ein Innenmaß von ca. 3,5 mm haben. Die kreisrunden Pappscheiben werden in der Mitte durchgepiekst und ein rechtwinkeliges Kreuz

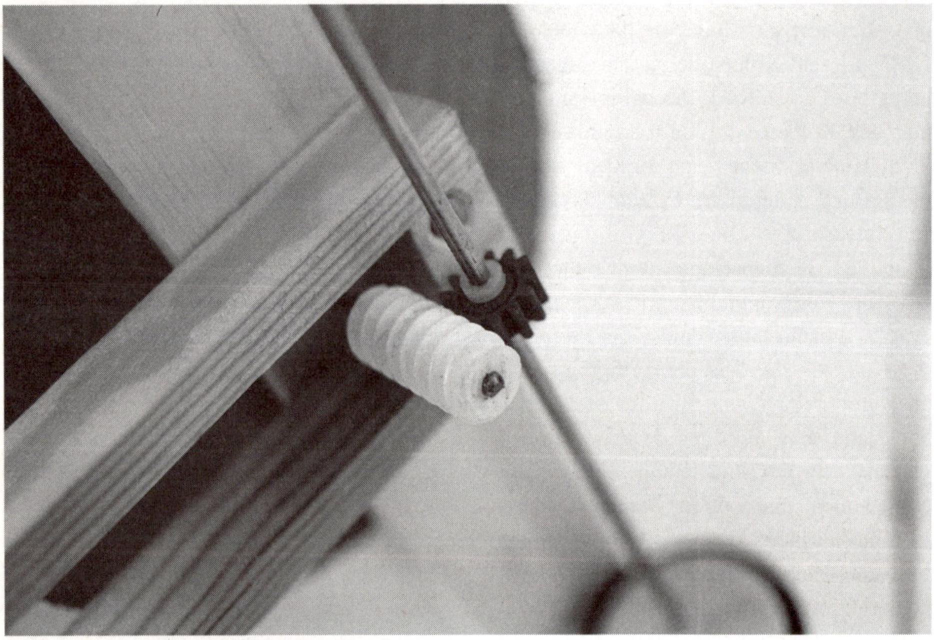

Abb. 4.33 Foto Detail des Antriebssystemes

durch die Mitte aufgezeichnet. Das dient zur Ausrichtung der Halbschalen, die mit Heißkleber auf die Pappscheiben montiert werden. Die oberen und die unteren Halbschalen werden um 90° versetzt montiert. Die Achse wird durchgesteckt und mit aufschiebbaren Klemmteilen und Heißkleber an den Pappscheiben fixiert. Unten wird das Schneckenzahnrad aufgesteckt und im richtigen Abstand das Zahnrad mit der Radachse montiert. Abstandshalter und Holzräder werden montiert. Das dritte Rad wird ebenfalls, wie aus den Fotos ersichtlich ist, mit einer Holzleistenkonstruktion angebaut.

Die weiteren Details sind am besten aus der Konstruktionsskizze und am Foto nachzuvollziehen. Wichtig ist, dass Achsen und Schneckenzahnraduntersetzung leicht laufen. Es hilft ein bisschen Nähmaschinenöl. Ist alles soweit fertig, geht's auf die Straße! Dort können dann, mit mehreren Fahrzeugen, regelrechte Wettrennen veranstaltet werden. Mit entsprechenden Variationen bezüglich der Untersetzung, den Rädchen und dem Savonius-Rotor zeigt sich dann, wer den Windantrieb richtig raus hat.

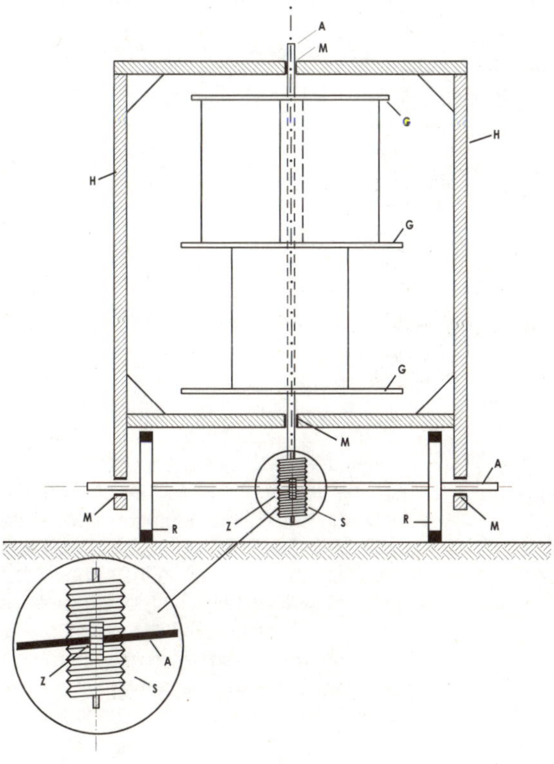


Bezeichnungen der Elemente:

A = Achse
M = Messinghülse
S = Schneckenzahnrad
Z = Stirnzahnrad
R = Räder
G = Grundplatten
H = Holzleistenrahmen

Abb. 4.34 Konstruktionsprinzip Windfahrzeug.

# 5 Ladetechnik und Lade-überwachung

## 5.1 Ladezustands-anzeigen

Das Laden von Akkus mit Sonnen- oder Windenergie ist schon eine feine Sache, noch besser ist es, wenn wir wissen, wie viel gerade reingeladen wird und auch wie viel Leistung unser Windrädchen bringt und wie voll die Akkus bereits sind.

Bei einfachen, vom 230-V-Stromnetz gespeisten Akkuladegeräten (z.B. für NiCd-Akkus), geht es nach Zeit, so nach dem Motto "14 Stunden mit 1/10 der Akkukapazität". Daneben gibt es total aufwendige Lademethoden mit Mikrochips und Programmen, die schon auch sehr sinnvoll sind, weil sie die Lade-/Entladeanzahl (Zyklen) der Akkus erhöhen können.

Weiter unten sind einige einfachere Ladeschaltungen aufgeführt, die preiswert und mit wenig Aufwand von Euch realisiert werden können.

Zunächst mal zu den Anzeigen für Spannung und Strom.

### 5.1.1 Spannung

Wie auch immer die Spannung von Akkus gemessen wird, um den realen Ladezustand darüber zu ermitteln ist es wichtig, die Spannung unter Last zu messen. Viele sog. Batterietestgeräte tun dies leider nicht. Ein parallel zum Messgerät geschaltetes Lämpchen, mit in etwa der Spannung des zu prüfenden Akkus und optimalerweise dem Nennstrom des Akkus gibt eine realistischere Aussage über den Ladezustand des Akkus.

Bei stationären Wind-Anlagen ist es interessant, eine dauerhafte Spannungsanzeige zur Akkuüberwachung vorzusehen. Quasi die Tankanzeige des Akkuspeichers. Digitalmessinstrumente zeigen die Spannung zwar viel exakter an, brauchen aber ihre eigene Stromversorgung, wohingegen Analoginstrumente direkt mit an die zu messende

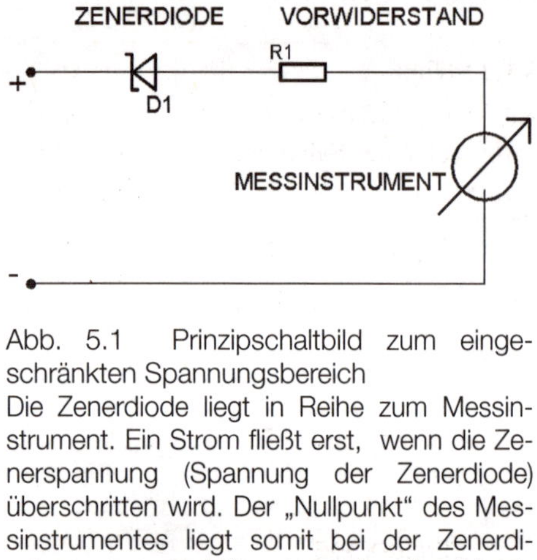


Abb. 5.1 Prinzipschaltbild zum eingeschränkten Spannungsbereich

Die Zenerdiode liegt in Reihe zum Messinstrument. Ein Strom fließt erst, wenn die Zenerspannung (Spannung der Zenerdiode) überschritten wird. Der „Nullpunkt" des Messinstrumentes liegt somit bei der Zenerdiodenspannung. Mit entsprechenden Vorwiderständen oder Trimmpotis erreichen wir die Anpassung an das jeweilige Instrument. Analoginstrumente sind als Restposten preiswert erhältlich, in Formen von z.B. Aussteueranzeigen, Belichtungsanzeigen, Temperaturanzeigen usw. Die Instrumente werden mit ihrer Empfindlichkeit z.B. 500 µA und deren Innenwiderstand z.B. 500 Ohm angegeben.

Spannungsquelle dauerhaft angeschlossen werden können.

Um im gewählten Spannungsbereich die gesamte Skalenbreite des analogen Messinstrumentes nutzen zu können, kann der Anzeigebereich durch eine Zenerdiode verändert, quasi gezoomt, werden. Da besonders gegen Ende der Ladung die Akkuspannung nur noch geringfügig ansteigt und ab Mitte der Entladung ebenso abfällt, ist es sinnvoll diesen Bereich von der Anzeige her genauer anzuschauen (zu vergrößern).

Beispiel:

Da bei einem 12-V-Bleigel-Akku der Bereich von 10 V – 14 V von besonderem Interesse ist, wählen wir eine Zener-Diode von z.B. 9,1 V aus, (Bezeichnung: ZPD 9,1). Damit erhalten wir einen angezeigten Spannungsbereich von 10 V bis 14 V.

### 5.1.2 Strom

Um den Ladestrom oder auch den Stromverbrauch einer Schaltung zu messen, könnt Ihr auch ein gekauftes Vielfachmessinstrument verwenden. Für eine Messeinrichtung, die dauerhaft den Ladestrom anzeigen soll, ist es wie bei der Spannungsanzeige sinnvoll, eine Ladestromanzeige selbst zu basteln. In manchen Fällen, wo es nur darum geht "fließt jetzt Ladestrom, oder nicht" , finde ich auch, dass ein Analoginstrument (Zeigerinstrument) einen visuell schneller zu erfassenden Eindruck der Ladesituation gibt, als dies eine digitale Anzeige, bei der ich den Wert erst ablesen muss, tut.

Das Prinzip zeigt Abb. 5.3. Ein Teil des Stromes fließt über den sog. Shuntwiderstand am Instrument vorbei, d.h. das Instrument misst eigentlich die Spannungsdifferenz am Widerstand.

Durch Parallel – oder Reihenschaltung der Widerstände erhalten wir den exakten Widerstandswert oder wir verwenden einen

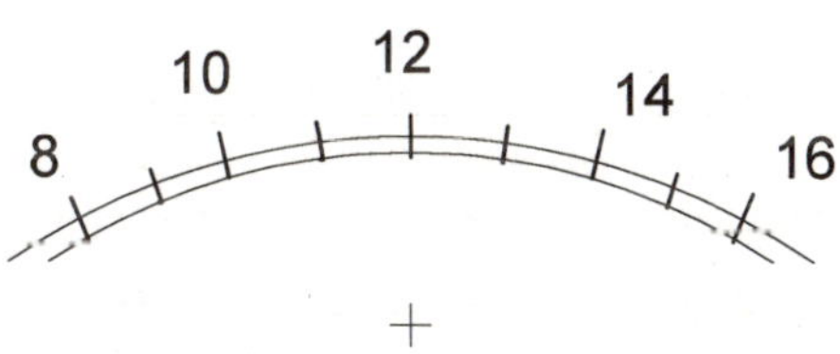


Abb. 5.2 a

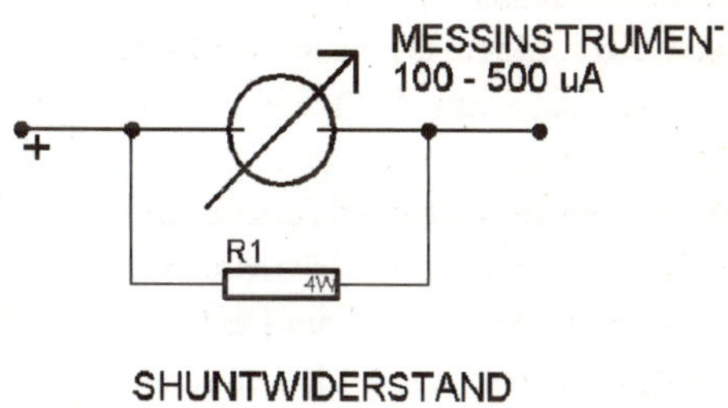


Abb. 5.3 Prinzipschaltbild, Shuntwiderstand, Stromanzeige

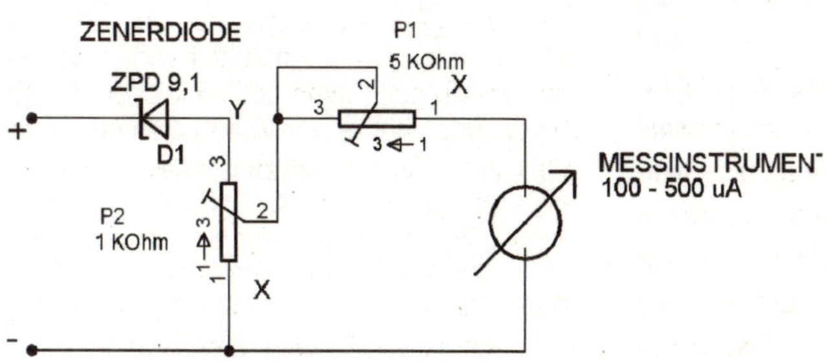


Abb. 5.2 Spannungsanzeige mit eingeschränktem Bereich für die Anzeige von ca. 10-14 V

5

Trimmpotentiometer. Auf jeden Fall muss der Widerstand für die Strombelastung ausreichend bemessen sein. Spannung mal Strom = Wattangabe des Widerstandes. Beispiel: 13 V x 0,3 A = 0,39 W d.h. es ist ein Widerstand von 0,5 Watt erforderlich.

Berechnung bei Parallelschaltung von Widerständen:
Rges = 1/ (1/ R1) + (1/ R2) + (1/ R3)

Wer noch weitere analoge anzeigetechnische Details erfahren will, dem möchte ich „Das kleine Solarwerkbuch“, im gleichen Verlag erschienen, empfehlen. Hier ist ein ganzes Kapitel der Gestaltung und Ausführung von Messschaltungen für die Strom- und Spannungsmessung und den damit möglichen Anzeigevarianten gewidmet.

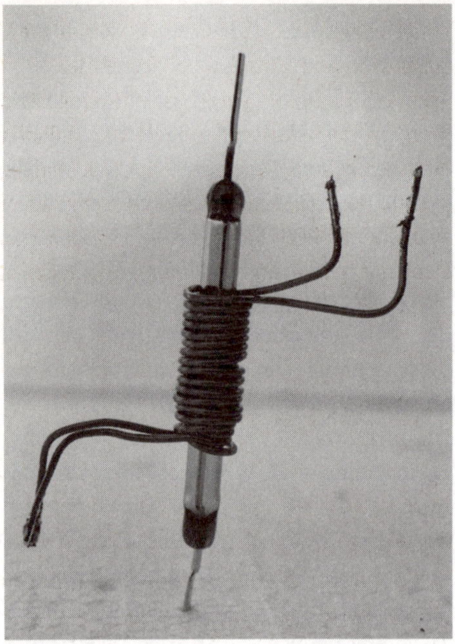

Abb.5.4 Foto, Reedkontakt mit Drahtspule

### 5.1.3 Stromauslösung, Reedkontakt

Eine Möglichkeit, bei einem zu hohen Strom die elektrische Verbindung zu trennen, ist die Verwendung einer Sicherung. Neben Einwegsicherungen, die nach der Auslösung durch eine Neue ersetzt werden müssen, gibt es auch Thermosicherungen, magnetische Sicherungsautomaten und elektronische Schaltungen, die bei entsprechendem Stromfluss die Verbindung trennen.

Eine weitere einfache und pfiffige Variante für Gleichstromanwendungen, ist die Verwendung eines mit Draht umwickelten Reedkontaktes. Wenn durch den Draht Gleichstrom zum Verbraucher fließt, entsteht ein Magnetfeld. Durch entsprechende Dimensionierung wird dadurch der Reedkontakt bei einem bestimmten Strom geschlossen bzw. je nach Kontaktart geöffnet oder umgeschaltet. Damit kann ein Verbraucher getrennt oder eine Warneinrichtung eingeschaltet werden. Ist der Stromfluss reduziert oder abgeschaltet, so fällt der Reedkontakt wieder in den Ausgangs-/Ruhezustand und alles ist wieder wie zu Beginn.

Für meine Experimente habe ich einen größeren Reedkontakt mit 4,5 cm Länge und 5mm Durchmesser verwendet. Diesen mit 1 mm Kupferdraht umwickelt und zwar 2 x 15 Windungen in 2 Lagen auf eine Länge von 1,5 cm verteilt und damit hauptsächlich im Bereich des Schaltkontaktes. Das Ergebnis: mit den 30 Windungen wurde der Kontakt bei einem Stromfluss von1,5 A und mit der Anzapfung bei 15 Windungen bei 2,4 A Stromdurchfluss geschaltet. Somit hat sich klar gezeigt, dass je weniger Windungen umso mehr Strom fliesen muss, um ein ausreichend magnetisches Feld zur Betätigung des Schaltkontaktes zu erzeugen. Durch Anzapfungen alle paar Windungen kann mit Hilfe eines kräftigen Umschalters der für den Kontakt erforderliche Auslösestrom eingestellt werden. Da Akkus mit zunehmender höherer Stromentnahme weniger Kapazität haben, könnte so z.B. eine Warneinrichtung davor warnen, zu viele Gleichstrom-Verbraucher an dem mit Wind- und Solarenergie geladenen Akku zur selben Zeit einzuschalten.

## 5.2 Laderegler

Im Umgang mit Solar- und Windenergie gibt es folgende Ladereglertypen:

**Spannungs- oder Strombegrenzung durch Bauelement:**
Bei niedrigen Ladeströmen kann z.B. eine parallel zum Akku geschaltete Zenerdiode die obere Spannung begrenzen. Die überschüssige Spannung wird von der Zenerdiode in Wärme umgewandelt und quasi verbraten. Dazu muss die Belastung der Zenerdiode in Watt dem maximalen Ladestrom entsprechen, sonst brennt die Zenerdiode durch. Etwas eleganter ist die Verwendung einer Elektronikschaltung oder eines Regler-ICs.
Auch kann die Strombegrenzung durch einen Widerstand oder einen Kaltleiter wie z.B. eine Glühbirne erfolgen, die den Ladestrom sehr komfortabel regelt.

**Ladezeitregelung:**
Mit Hilfe eines Timers wird die Ladezeit voreingestellt. Weiterhin setzt dies voraus, dass der Ladestrom entsprechend der eingestellten Ladezeit begrenzt ist. Dies ist ein übliches Verfahren bei einfachen Ladegeräten zum Laden von Nickelcadmium- oder NiMH-Akkus. Abgesehen davon, dass der berüchtigte Memory-Effekt bei NiCd-Akkus dabei nicht berücksichtigt wird, ist dies ein für diese Akkutypen sehr brauchbares Verfahren. Der Memory-Effekt schreibt dem Akku quasi ein Gedächtnis zu, das sich an unvollständige Entladung insofern erinnert, als dieses dann, bei der nächsten Entladung die untere Kapazitätsgrenze vorgibt. So wird die nutzbare Kapazität immer weniger und der Akku erweckt den Anschein, kaputt zu sein. Natürlich ist es nicht wirklich ein Gedächtnis, sondern es handelt sich um elektrochemische Prozesse. Verhindert werden kann dieser Effekt, indem die NiCd-Akkuzelle ganz entleert wird. Ich mache das z.B., indem ich meine halbvollen Zellen in einem Uhrwerk oder einer Taschenlampe bis zur völligen Entladung einsetze. Oder halt mit einem Widerstand/Verbraucher entladen, der dem Kapazitätsstrom des Akkus entspricht, wie z.B. mit einem Birnchen. Profiladegeräte haben dafür eine Automatik, die dann die Restladung des Akkus in Wärme umwandelt, und laden dann mit speziellen pulsenden Ladetechniken den Akku wieder auf.

**Der Zweipunktregler:**
Einfacher und preiswerter Laderegler für Solar- und Windkraftanlagen. Der Akku wird von dem Windgenerator oder dem Solarmodul getrennt, wenn die Spannung die Ladespannungsgrenze übersteigt. Liegt die Akkuspannung unter einem voreingestellten Wert der Ladespannungsgrenze des Akkus, so schaltet der Regler den Windgenerator bzw. das Solarmodul wieder mit dem Akku zusammen. Diese Reglerart darf bei Windanlagen nicht in Verbindung mit fremderregten Generatoren verwendet werden, da

diese sonst hochdrehen und zerstört werden können!

Der Regler sollte bei Bleisäure-Akkus so eingestellt sein, dass der Regler den Akku bei 14,3 Volt bei 20° C trennt und der Wieder-Einschaltpunkt bei etwa 13,5 V liegt.

Die etwas besseren Regler sind dann noch mit einem Tiefentladeschutz ausgestattet, welcher den Verbraucher bei einer entsprechend eingestellten unteren Spannungsschwelle wie z.B. 11 V abtrennt, um den Akku vor Tiefentladung und damit Zerstörung zu schützen.

**Parallel- oder Shuntregler:**

Der Shuntregler begrenzt die Ladeendspannung auf einen exakten Grenzwert, indem das zuviel an Strom über ein Shunt verbraten wird. Auch die Zenerdiode ist somit ein einfacher Shuntregler. Sie begrenzt die Spannung jedoch nicht sehr genau.

Shuntregler sind als elektronische Schaltung meist mit Power-MOSFET-Transistoren ausgestattet. Übersteigt die Ladespannung den vorher eingestellten Wert, so steuert ein Operationsverstärker den parallel zu der Ladequelle geschalteten Transistor leitend und dieser wandelt dann, evtl. in Reihe mit einem Shuntwiderstand, die überschüssige Energie in Wärme um.

Die Vorteile des Shuntreglers liegen darin, dass nur dann Verluste da sind, wenn zuviel Energie vorhanden ist und durch das permanente Halten der Endspannung der Akku satt bis an die obere Grenze gefüllt wird. Der Nachteil ist, dass die gesamte überschüssige Leistung in Wärme umgewandelt wird und damit verloren geht.

Tiefentladungsschutz wie beim Zweipunktregler.

**Der Serien- oder Längsregler:**

Beim Serien- oder Längsregler liegt der Leistungstransistor, wie der Name schon andeutet, in Längsrichtung des Stromflusses. Die durch eine Elektronik gemessene Spannung beeinflusst das Tastverhältnis, mit der der Längstransistor ein- und ausgeschaltet wird. Je mehr dieser eingeschaltet wird, desto mehr Strom fließt in den Akku. Wie beim Shuntregler wird auch hier der Akku im gesamten Umfang der Kapazität sehr gut und voll geladen.

Vorteil, es ist weniger Verlustwärme abzuführen.

Nachteil, da der Längstransistor dauernd aktiv ist, gibt es auch eine ständige Verlustleistung, die mit zunehmendem Stromfluss höher wird.

Tiefentladungsschutz wie beim Zweipunktregler.

**Anpassungswandler oder auch Maximum Power Tracker (MPT):**

Der MPT besteht im Wesentlichen aus einem DC-DC Spannungswandler (siehe auch 6.3.1.2, Spannungswandler), der die Spannung aufwärts wandelt. Das heißt, die Ausgangsspannung ist immer höher als die Eingangsspannung. Bei der Aufwärtswandelung wird das Tastverhältnis (Ein-Aus) so geregelt, dass die Ladeleistung stets einen Maximalwert anstrebt, d.h. der Regler bewirkt, dass der Arbeitspunkt z.B. des Solargenerators immer am Punkt der maximalen Leistung pendelt.

Die Schaltungen sind in der Regel sehr aufwändig und komplex und kommen eher bei größeren Anlagen zur Anwendung. Die in 6.3.1.2 vorgestellte Schaltung lässt sich als sehr einfacher MPT verwenden.

### 5.2.1 Einfacher Laderegler

Für die Ladung von 12-Volt-Bleigelakkus gibt es einen integrierten Schaltkreis (BP 137), mit dem ein einfacher Laderegler mit wenigen Bauelementen aufgebaut werden kann. Bleigelakkus sind sehr praktisch, da sie nicht wie Bleisäureakkus ein flüssiges Elektrolyt enthalten und daher dieses auch nicht ständig nachgefüllt werden muss oder bei Schräglage gar auslaufen kann. Außerdem können sie lageunabhängig betrieben werden, also alles in allem sehr gut handhabbar und robust. Das Einzige, was sie überhaupt nicht abkönnen ist Überladung. Dann nämlich öffnet sich ein Notventil, das im Gel eingebundene Elektrolyt gast aus und falls dies öfters passiert, wird der Akku unbrauchbar. Auch kann das Elektrolyt nicht wieder nachgefüllt werden, sodass wir das Teil dann leider entsorgen müssen. Also bitte, einen Gelakku nicht ohne entsprechenden Laderegler aufladen!

Das IC bewirkt, dass die Ladespannung auf max. 13,8 Volt begrenzt wird. Außerdem hat es verschiedene Schutzfunktionen integriert die, z.B. bei thermischer Überlastung, die Schaltung abschalten.

Technische Daten des IC PB 137:
Begrenzung der Ladeendspannung: 13,7 bis 13,8 V
Maximale Eingangsspannung: 40 V
Ladestrom max. 1,5 A
Bei Volllast Kühlkörper verwenden !

### 5.2.2 Laderegler mit Überspannungsumschaltung für andere Verbraucher (Zweipunktregler)

Sind beim Inselbetrieb die vorhandenen Akkus voll geladen, schaltet der normale Laderegler die Ladung ab oder reduziert den Ladestrom.

Die Energie, die dann noch durch Wind- oder Sonnenenergie geerntet wird, geht nutzlos verloren.

Dabei gibt es genug Möglichkeiten, die Energie anderweitig sinnvoll zu nutzen.

Hier einige Beispiele:
Im Gartenhaus den Keller lüften.
Im Gewächshaus die Luft umwälzen.
Wasser auf ein höheres Niveau pumpen, von dem es bei Bedarf durch die Schwer-

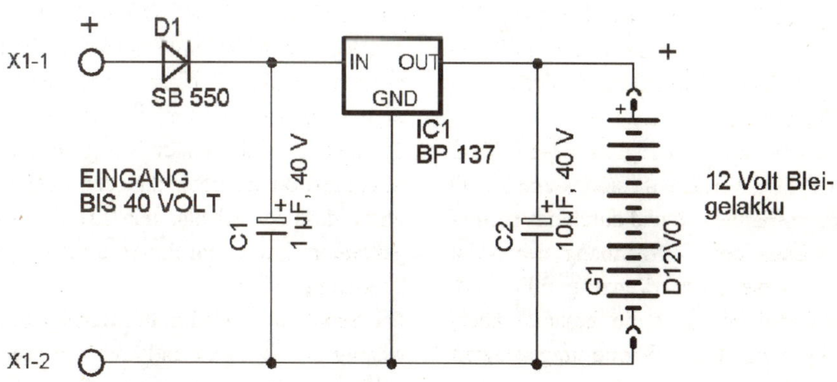


Abb. 5.5 Ladereglerschaltung für 12 V Bleigelakku. Mit dem IC, (BP137) und lediglich drei Bauteilen kann ein einfacher Laderegler für Ladeströme bis 1,5 A realisiert werden.

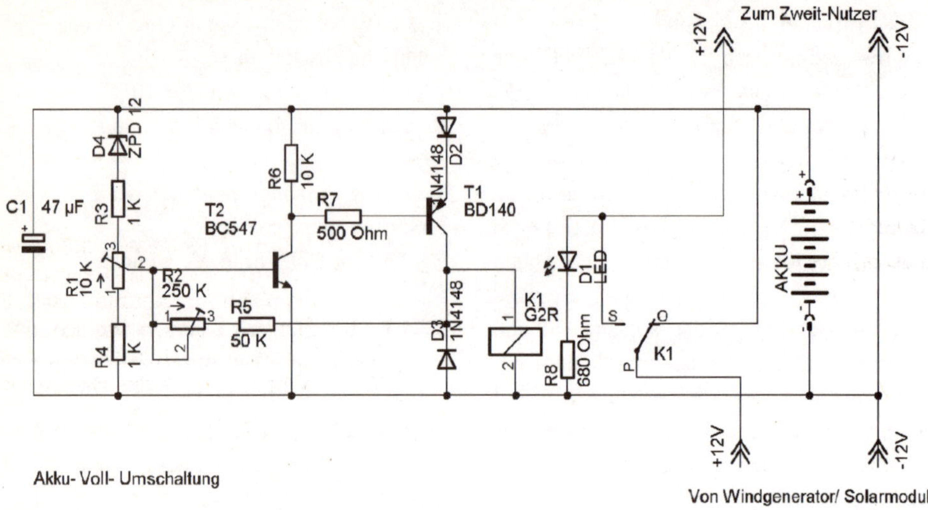


Abb. 5.6 Laderegler mit Überspannungsumschaltung

Um dies technisch möglich zu machen hier ein Laderegler, der nach Vollladung des Akkus den Strom einem anderen Verbraucher bzw. Nutzer zukommen lässt.

Die Schaltung verbraucht, solange der Akku geladen wird, nur wenige µA Strom. Wenn dann der Akku voll ist und das Relais anzieht, wird der Strom von dem Energielieferant Wind oder Sonne genommen.

Mit dem Trimmpoti R1 wird die Vollladespannung des Akkus eingestellt, z.B. 14,5 Volt bei einem Bleisäureakku. Mit dem Trimmpoti R 2 wird die Spannung zur Wiederaufnahme der Akkuladung eingestellt, z.B. 13,8 Volt.

kraft wieder von selbst herunter läuft.

Einen Springbrunnen betreiben.

### 5.2.3 Ladetimer für Akkuzellen (Ladezeitregelung)

Mit dem IC, U2403B von der Fa. Telefunken, lässt sich mit wenigen externen Bauteilen ein Ladetimer für Kleingeräte, die mit NiCd- oder NiMD-Akkus betrieben werden, aufbauen. Bis 250 mA Ladestrom kann das IC direkt den Strom steuern und schalten. Bei größeren Strömen braucht es einen zusätzlichen Leistungstransistor wie z.B. den BD 136 oder den BC 636.

Nach Erreichen der vorgegebenen Ladezeit schaltet das IC auf Erhaltungsladung um. Der Erhaltungsladestrom ist ebenfalls durch die Bauelemente zu bestimmen. Der oder die Akkus können dann so lange im Ladegerät belassen bleiben, bis sie gebraucht werden.

| **Anzahl der Akku-Zellen** | **Spannung am Eingang X1, X2** |
| --- | --- |
| 1 | 6,8 V |
| 2 | 8,3 V |
| 3 | 9,8 V |
| 4 | 11,3 V |
| 5 | 12,8 V |

Angaben für:

NiCd-Akku 600 mAh

Ladezeit 3 h

Ladestrom 200 mA

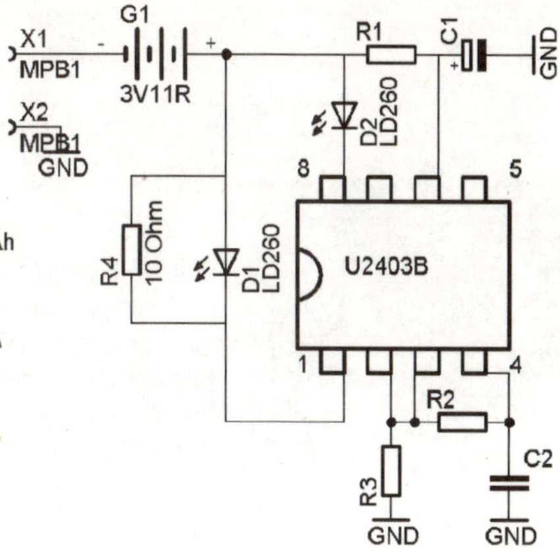


Abb. 5.7 Ladetimer, dimensioniert für einen NiCd-Akkupack mit 600 mAh Kapazität, der in 3 Stunden geladen werden soll. Für andere Akkupacks und Ladewerte sind die Bauteile in den Tabellen aufgeführt.

Dimensionierungen bei entsprechenden Ladezeiten:

| **Bauteil** | **2 h** | **4h** | **6 h** | **7 h** | **12 h** |
|---|---|---|---|---|---|
| **R4** | 300 K | 430 K | 470 K | 470 K | 390 K |
| **C2** | 330 pF | 470 pF | 680 pF | 1 nF | 2,2 nF |

Dimensionierungen bei entsprechendem Ladestrom:

| **Bauteil** | **240 mA** | **150 mA** | **100 mA** | **50 mA** |
|---|---|---|---|---|
| **R 3** | 6,2 Ω | 10 Ω | 15 Ω | 30 Ω |
| **R 5** | 8,2 Ω | 15 Ω | 22 Ω | 68 Ω |

### 5.2.4 Zweipunktladeregler mit Unterspannungs- und Überspannungsabschaltung

Zweipunktregler deshalb, weil es bei der Überspannung eine obere Schwelle gibt, bei der der Akku vor Überladung geschützt wird und von der Ladequelle getrennt wird, und einen um ca. 1 V tiefer liegender Spannungspunkt, mit dem der Akku mit der Ladequelle wieder verbunden wird, wenn dessen Spannung wieder abgesunken ist. Diese zwei Schaltpunkte sind nötig, um ein Pendeln zu verhindern, was bei nur einem Schaltpunkt auftreten kann.

Zweipunktregler sind eher die einfachere Variante zur Überwachung der oberen Akkuspannung. Der Akku wird letztendlich damit nicht ganz voll geladen, somit kann die angegebene Kapazität nicht genutzt werden. Ein Schaden für den Akku entsteht durch den Zweipunktregler aber nicht.

Die hier vorgestellte Schaltung ist einfach aufzubauen und der zweite OP (Operationsverstärker) des ICs kann gleich für eine Unterspannungsabschaltung verwendet werden. Bei der Beschaltung handelt es sich um einen nichtinvertierenden Schmitt-Trigger. Die rückkoppelnden Widerstände Ra und Rb be-

Abb. 5.8 Foto Ladetimer
Um die Verlustleistung so klein als möglich zu halten, ist die Eingangsspannung entsprechend der zu ladenden Akku-Anzahl anzupassen.

stimmen mit ihrem Widerstandswert die Hysterese, d.h. die Spannungs-Differenz zwischen Ausschalt- und Einschaltpunkt. Je geringer der Widerstandswert, desto größer die Hysterese. Sinnvoll ist ein Wert zwischen 68 K und 100 K und zwar als Festwiderstand, da sich mit Änderung von Ra und Rb auch die Schaltschwellen ändern.

Ab einem bestimmten eingestellten Spannungslevel trennt die Unterspannungsabschaltung die Verbraucher vom Akku.

Dies ist z.B. ganz besonders bei Bleigelakkus und Bleisäureakkus sowie bei wiederaufladbaren Alkali-Manganbatterien für die Akkus lebensverlängernd. Je tiefer der Akku nämlich entladen wird, desto weniger Zyklen, d.h. Entlade- und Ladevorgänge sind möglich bevor der Akku hinüber ist.

Die Schaltung wurde im Experimentierstadium mit zwei LEDs zur Anzeige der Schaltzustände aufgebaut. Eine rote LED für den Betrieb und die Unterspannungsabschaltung und eine grüne LED für die Überspannungsab- bzw. -umschaltung. Umschaltung deshalb, weil mit einem Relais die Energie-Ladequelle und damit die Stromlieferung zu einem anderen Verbraucher oder zum ladenden Akku umschalten kann. Der Hauptakku hat die Priorität beim Laden, er wird auch weiter geladen wenn die Spannung absinkt. Wenn er voll geladen ist und keine weitere Ladeenergie benötigt wird, kann diese weiter verwendet werden.

Um die Funktion zu verdeutlichen, hier eine kleine Akku- Ladegeschichte:

Im normalen Betrieb, beim Bleisäureakku zwischen 11,0 V und 14,3 V, leuchtet die rote LED, die Verbraucher wie Leuchte und Stereoanlage entnehmen voller Tatendrang die Energie. Dann passiert es, die Spannung ist unter 11 V Akkuspannung gesunken und

| **Akkutyp 12 V bei 20 ° C** | **obere Ladungs-spannungs-Grenze** | **Wieder-Einschaltpunkt** | **Entladeschutz-Spannung** | **Wieder-Einschaltpunkt** |
|---|---|---|---|---|
| Bleisäureakku | 14,3 V | 13,5 V | 11,0 V | 12,5 V |
| Bleigelakku | 13,8 V | 12,8 V | 10,5-11 V | 12 V |

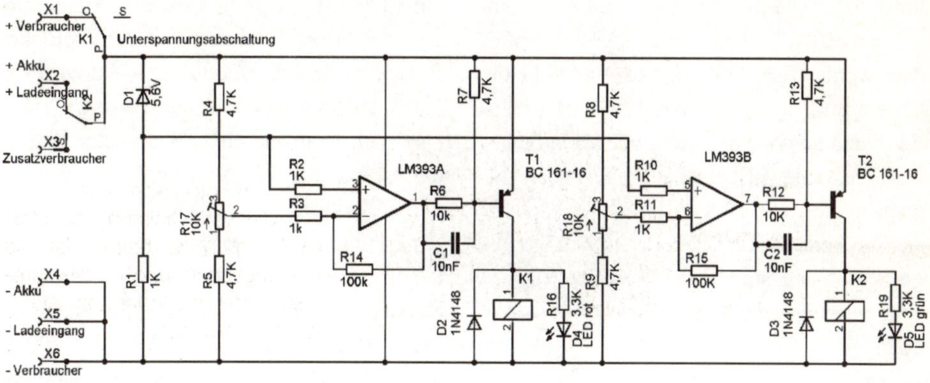


Abb. 5.9 Schaltplan, Zweipunktladeregler

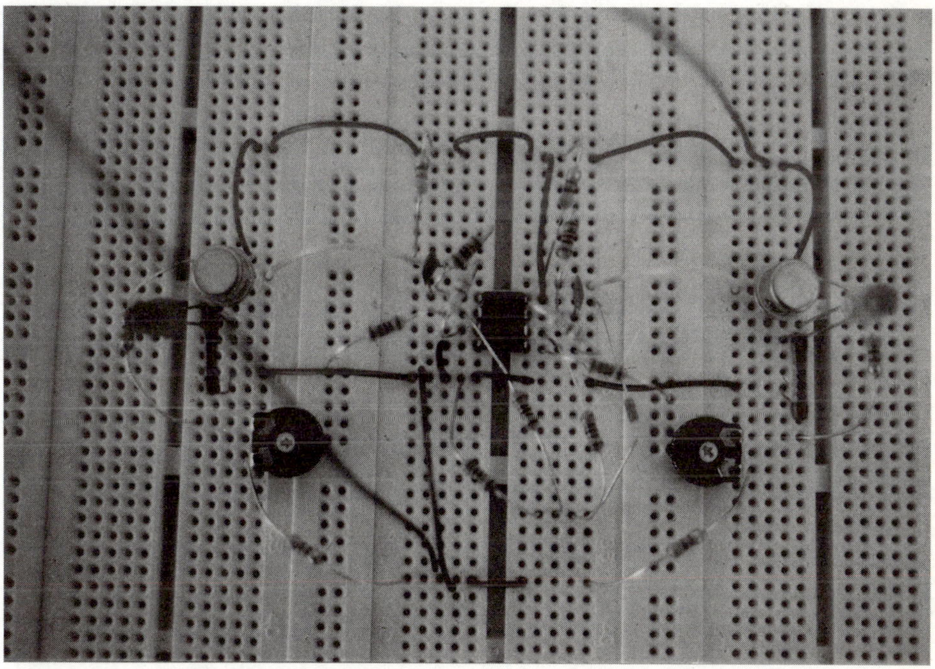

Abb. 5.10 Foto Zweipunktregler aufgebaut auf einem Experimentierbrett.
Durch einfaches Stecken der Elektronikbauteile und Verbindungsdrähte entsprechend des Schaltplanes in die Kontaktschienen, kann eine elektronische Schaltung provisorisch aufgebaut und durch Austausch der Bauelemente funktionell damit experimentiert werden. Auf der linken Seite befindet sich die rote LED, auf der rechten die grüne.

nun schaltet die rote LED ab, weil der Akku zu etwa 60-70 % entladen ist. Alle Verbraucher werden getrennt und es findet keine weitere Entladung statt. Der Wind bläst heute gut und so wird der Akku wieder aufgeladen. Die rote LED schaltet bei der Akkuspannung von 12,5 V wieder ein. Jetzt sind die Verbraucher wieder am Akku, erhalten Strom und sind voller Energie. Irgendwann ist genug damit und Leuchte und Stereoanlage werden abgeschaltet. Da keine weitere Energie verbraucht wird lädt, der Akku weiter und weiter. Er ist schon ganz prall von der vielen Energie und der Spannungsmesser zeigt 14,3 V, da fängt auf einmal die grüne LED an zu leuchten und der Akku wird nicht weiter geladen. Der Wind bläst aber immer noch ganz gut und so wird die Energie für eine Wasserpumpe im Garten benutzt, die das Regenwasser aus einer tiefer liegenden Zisterne zu einem Fass ganz oben im Garten pumpt. Inzwischen wurde das Licht angemacht, die Akkuspannung sinkt auf 13,5 Volt, die grüne LED erlischt und die Ladeversorgung schaltet wieder von der Pumpe zu dem Akku um, der Akku wird geladen und so geht's dann immer weiter

Natürlich sind die LEDs nur stellvertretend als Anzeige da, die Schaltaufgaben werden von Relais oder Power-MOSFET-Schaltstufen erledigt. Die in der Schaltung verwendeten Transistoren sind für Relais mit geringem Stromverbrauch, d.h. hohem Spulenwiderstand, ausgelegt. Beispielsweise so ab 700 Ω aufwärts. Damit lassen sich schon mindestens 8 Ampere schalten. Relais haben den Vorteil mehrerer Kontakte und Umschaltkontakte. Wenn es klickt, höre ich, dass sich was tut. Bei längerem Betrieb aber haben Relais den Nachteil des im Vergleich zu den Power-MOSFET-Transistoren höheren Stromverbrauches und der mechanischen Abnutzung.

Mit einem Relais, stellvertretend für die rote LED, kann z.B. über einen Umschaltkontakt auch noch eine externe Lademöglichkeit zugeschaltet werden.

# Nützliches und hilfreiches Zubehör und Extras

6

## 6.1 Selbstbau-Prüfstand (zum Testen der Windräder)

Anders als bei Solarmodulen, die fast jeden Tag mit mehr oder weniger Sonne ausprobiert werden können, steht nicht überall und ständig Wind zur Verfügung. Je nachdem, wo Ihr wohnt und eure Werkstatt habt, gibt es dort mehr oder weniger Wind.

Um die Windräder zu testen, braucht es also Möglichkeiten dies unabhängig vom natürlichen Wind zu tun.

Klar wurde mir dies das erste Mal, als ich mit einigen Jugendlichen zusammen Windräder gebaut habe und es am Schluss darum ging, wessen Windrad am meisten Leistung bringt. Da musste eine Einrichtung her, mit der die Windräder bei gleichen Bedingungen verglichen werden konnten.

Bei kleineren Windrädchen geht es dann auch ganz gut, diese vorne an die Lenkstange des Fahrrades zu montieren und dann los geht's. Nur dann nebenbei noch zu messen und Veränderungen vorzunehmen, ist ein bisschen schwierig.

### 6.1.1 Gebläse 12 V

Für unseren künstlichen, gleichmäßigen Wind eignen sich Kühlergebläse vom Pkw oder auch vom Lkw hervorragend. Es ist auf jeden Fall lohnend, sich auf dem Autoschrottplatz umzuschauen. Hinter dem Kühler finden wir je nach Autotyp Gebläse mit 30-40 cm Durchmesser und 200-500 W Leistung.

Dazu einen halbwegs guten Autoakku, nicht zu klein, denn die Gebläse brauchen ganz schön Strom. Übrigens, Autoakkus erholen sich auch manchmal wieder, wenn sie mit dem supertollen Gleichstrom von einem Solarmodul geladen werden.

Meine Windsimulationseinrichtung besteht ganz einfach aus so einem Autogebläse, welches ich recht provisorisch in meiner Werkstatt an einem Eisenprofil montiert habe und zum Betrieb an die Akkus der Solaranlage anklemme.

Um herauszufinden, wie viel Wind da rauskommt bzw. welcher Windgeschwindigkeit der Luftstrom entspricht, braucht es zuerst einen Windgeschwindigkeitsmesser, entweder gekauft oder wie folgt selbst gebastelt. Gut ist es, den Windgeschwindigkeitsmesser im Abstand von 1-3 m vom Gebläse aufzustellen. Dies gilt auch für das Windrad, natürlich je nach Größe des Windrades. Bei größeren Windrädern braucht es dann mehrere Autogebläse oder eines aus einem Lkw oder Bus, um das nötige Windvolumen zu erzeugen.

Wenn jemand vor hat, den Windradbau zu professionalisieren, dann empfehle ich große Gebläse vom Schrott, Lüftungsanlagen mit …Meter Durchmesser und einen großen Schuppen dazu. Das Ganze eignet sich dann auch für aerodynamische Mes-

sungen für Fahrradverkleidungen und windschnittige Karosserien für Solarmobile!
Und nach dem Werkstatttest heißt es warten, bis der richtige Wind kommt!

## 6.2 Selbstbau-Windgeschwindigkeitsmesser (Anemometer)

### 6.2.1 Elektronik zur Windgeschwindigkeitsmessung

Das mechanische Kernstück des Windgeschwindigkeitsmessers ist der Sensor zur Aufnahme der Windgeschwindigkeit. Dieser besteht aus einer Kunststoffscheibe wie z.B. aus Plexiglas. Entscheidend ist der Durchmesser mit 65 mm. Gut geeignet ist ein Material mit einer Dicke von 3-5 mm. In der Mitte und am Rand werden Löcher angezeichnet und gebohrt, ein Loch in der Mitte mit dem Durchmesser eines kleinen Kugellagers und die Bohrungen/Vertiefungen im Randbereich mit dem Durchmesser der kleinen Magnete. Es können z.B. 6 Magnete, 6mm Durchmesser, 2,5 mm Höhe alle 45° oder bis zu 8 Magnete angeordnet und Magnete und Kugellager in die Vertiefungen mit 2-Komponentenkleber eingeklebt werden (je mehr, desto zitterfreier die Anzeige. Wenn es zu viele sind, kommt aber der Reed-Kontakt nicht mehr mit dem Schalten nach). Die kleinen Magnete müssen alle gleichseitig in der Nord/Südrichtung gepolt sein, was durch Aneinanderreihen der Magnete vor der Montage und im Gleichsinn aufkleben zu erreichen ist. (Liefernachweis für die Magnete und das Kugellager z.B. Opitec oder Lemo)
Das Kugellager in der Mitte ist vor Gebrauch zu reinigen und etwas zu ölen. Für den Wetterschutz wird es oben mit einem Käppchen abgedeckt.
In Abständen von 120° wird am Rand der Kunststoffscheibe je ein halber Tischtennisball befestigt. Die halben Tischtennisbälle erhaltet Ihr am besten, indem Tischtennisbälle bis zur Hälfte in ein passendes Rohr (ca. 37-38 mm) gesteckt und dann am Rohrrand entlang mit einer feinen Metallsäge abgesägt werden.

Abb. 6.1 Foto Windgebläse klein, als Schutz vor dem Hineinfliegen von kleinen Gegenständen und dem Hineingreifen ist ein Fliegengitter montiert.

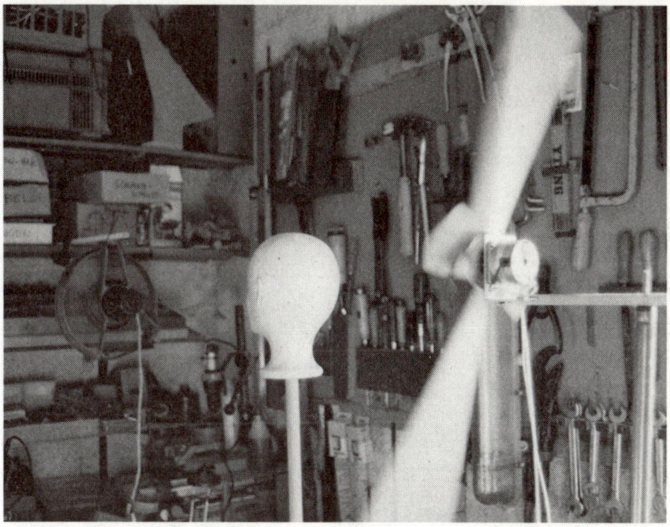

Abb. 6.2 Foto Windgebläse groß, aufgebaut in der Werkstatt. Auf der linken Seite hängt das Gebläse im Regal. Der Kunstkopf dient zum Verwirbeln des konzentrierten Windstroms.

Abb. 6.3 Foto vom mechanischen Aufbau das Windgeschwindigkeits-Sensors. Zu sehen sind einige der 6 Magnete, die halben Tischtennisballe und die Abdeckung aus dem Deckel eines Honigglases.

Auf einer Schraubachse mit Innendurchmesser des Kugellagers wird ein Plastik/Plexiglasstreifen befestigt, auf dem radial an einem Rand ein kleiner Reedkontakt montiert wird. Dabei ist vorher mit einem Multimeter oder einem Durchgangsprüfer auszuprobieren, ob der Kontakt schließt, wenn ein Magnet darüber gehalten wird. Eventuell ist die Seite des Magneten zu wechseln. Der Glaskörper des Reedkontaktes ist im Bereich der eingeführten Drähtchen etwas empfindsam und so ist es gut, beim Umbiegen mit einer kleinen Zange zwischen Glaskörper und Biegestelle dagegen zu halten. Die Drahtanschlüsse werden dann z.B. mit einer Lüsterklemme und Zwei-Komponentenkleber gesichert und mit einer 2-adrigen Zuleitung bis zum Anzeigegerät verbunden.

Die Grundplatte mit dem Reedkontakt, Achse und Scheibe mit Magneten und halben Tischtennisbällen werden mit einem geeigneten Aluwinkel z.B. am nach Westen zeigenden Dachfirsten des Hausdaches montiert. Die Achse besteht bei mir aus einem Stück Gewindestange.

Werden die Maße entsprechend der Anleitung eingehalten, macht der Windgeschwindigkeitsmesser bei einer Windgeschwindigkeit von 1 m/s ca. eine Umdrehung.

Funktion:

Wenn sich die Kunststoffscheibe mit den 3 halben Tischtennisbällen durch den Wind dreht, wird der Reedkontakt durch die kleinen Magnete z.B. 6mal bei 6 Magneten pro Umdrehung geschlossen. Dies bedeutet bei 6 Magneten bei 1m/s, 6 Impulse. Das IC SN 74121 wird damit über den Schmitt-Trigger-Eingang gesteuert. Die Dimensionierung von R3 und C1+C2 entscheidet über die Anzeigeart und den Anzeigebereich des 100-µA-Analoginstrumentes. Je kleiner C1, desto größer ist der Anzeigebereich. In der vorgeschlagenen Dimensionierung von C1 ist die Skala im Bereich von Windstärke 0-8 und 0-20 m/s ablesbar, was für unseren Umgang mit dem Wind ausreichen sollte. Wenn der Wind stärker wird, sollte alles in Sicherheit gebracht werden! Mit Zuschalten von C2 wird eine Bereichsumschaltung vorgenommen, damit kann der Bereich von ca. 0-8 m/s also Windstärke 1-4 exakter abgelesen werden. Da die Ausgangsspannung des

Abb. 6.4 Foto Windgeschwindigkeitsmesser Elektronik auf Rasterplatine. Rechts ist ein Teil des Anzeigeinstrumentes zu sehen. Der Umschalter ganz hinten ist für die Bereichsumschaltung. Der Regler auf der linken Seite geht zur Schaltstufe.

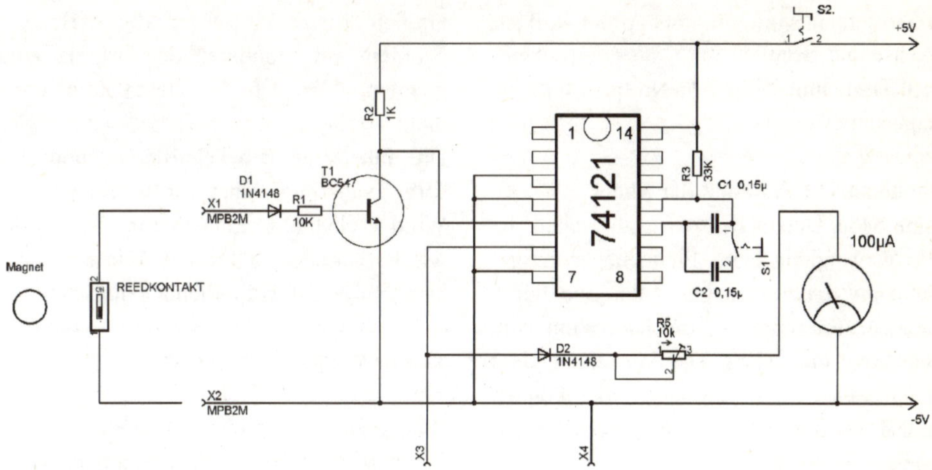


Abb. 6.5 Schaltplan Windgeschwindigkeitsmesser. Die Abgriffe X3 und X4 gehen zur Schaltstufe (wie in Abb. 6.8 und 6.9 beschrieben)

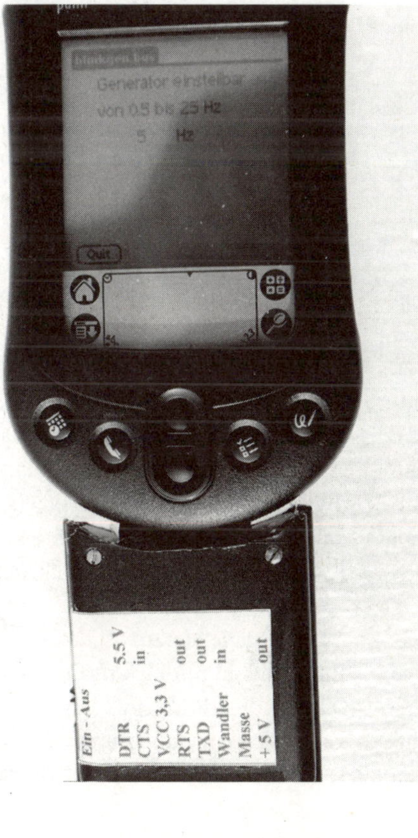


Abb. 6.6 Foto Palm Handheld mit selbstgebauter Schnittstelle zum Eichen des Windgeschwindigkeitsmessers.

monostabilen Multivibrators größer Null ist, wird das Instrument über die Diode angeschlossen, um damit den Nullpunkt zu erhalten.

**Eichen und Herstellen der Skala:**

Eine Möglichkeit, die Skala zu eichen, ist die Verwendung eines Frequenzgenerators. Ich habe dazu einen Computer mit einem kleinen Programm verwendet, um die Schaltung zu eichen. Der Vorteil ist, dass die Werte exakt vorgegeben werden können und damit die Skala genau geeicht werden kann.

Eine andere einfache Eichmöglichkeit ist: Den Niederspannungsanschluss eines Trafos (Klingeltrafo), z.B. 6 V, an ein entsprechendes (altes) Relais angeschlossen, macht im 50-Hz-Rhythmus brrrrr. Und vorher den Schaltkontakt des Relais mit dem Eingang des Windmessers verbunden, bringt die Anzeige in den Bereich Windstärke 5 bzw. exakt zu 8,3 m/s.

Meine Analogskalen mach ich in der Regel so:

Mit den wie vorhin beschriebenen Eichmöglichkeiten lese ich die Werte auf der originalen 100-µA-Skala ab und notiere sie. Dann mach ich eine Kopie der Skala, Originalangaben abgeklebt oder zeichne sie neu, aber ohne die Originalangaben. Dann besteht die Möglichkeit, mit Abreibebuchstaben oder auch handschriftlich oder mit dem Computer die Skala entsprechend den notierten Werten neu zu beschriften.

Eine andere Möglichkeit ist, die alten Werte mit Tipp-Ex zu entfernen und dann wie vorhin, mit Abreibebuchstaben zu beschriften. Die Abreibebuchstaben gibt es in guten Schreibwarenläden in verschiedenen Größen. Etwas Vorsicht ist beim Herausnehmen und Montieren der Originalskala geboten, dass sich das kleine Zeigerchen nicht verbiegt...

Die Tabelle zu den Windstärken und entsprechende m/s findet Ihr in Kapitel 3.2 Windgeschwindigkeiten. Wenn der Sensor wie beschrieben, d.h. mit 6 Magneten, gebaut wurde, anbei die Eichtabelle:

Tabelle Windstärken/Impulse

| Windstärken | m/s | Impulse bzw. Frequenz in Hz |
|---|---|---|
| 0 | 0-0,5 | 0 |
| 1 | 0,6-1,7 | 3,6-10,2 |
| 2 | 1,8-3,3 | 10,8-19,8 |
| 3 | 3,4-5,2 | 20,4-31,2 |
| 4 | 5,3-7,4 | 31,8-44,4 |
| 5 | 7,5-9,8 | 45-58,8 |
| 6 | 9,9-12,4 | 59,4-74,4 |
| 7 | 12,5-15,2 | 75-91,2 |
| 8 | 15,3-18,2 | 91,8-109,2 |
| 9 | 18,3-21,5 | 109,8-129 |
| 10 | 21,6-25,1 | 129,6-150,6 |
| 11 | 25,2-29 | 151,2-174 |
| 12 | über 29... | über 174 |

Einer der großen Vorteile dieses Selbstbau-Anemometers ist, dass mit relativ wenig Aufwand eine bestimmte Windgeschwindigkeit und damit ein entsprechender Ausgabelevel zu Schaltzwecken am Pin 6 des IC Sn 74121 benutzt werden kann.

Als Beispiele hierzu:

Ein Windrad mit elektrischer Generatormaschine, die direkt mit einem Verbraucher verbunden ist, läuft sehr schwer an. Sinnvoll ist daher die Generatorzuschaltung des

Windrades ab einer definierten Windgeschwindigkeit. Damit kann das Windrad bei geringem Winddruck problemloser anlaufen. Wenn es dann in Schwung ist, wird erst die Generatorlast wie z.B. der zu ladende Akku zugeschaltet.

Bei Sturm können dafür anfällige Windräder z.B. auch elektrisch aus dem Wind gedreht werden (so machen es die Profis auch).

Eine Warneinrichtung kann Alarm schlagen, oder die Rollläden werden herunter gelassen, die Sonnenjalousie und der Sonnenschirm wird eingefahren usw.

### 6.2.1.1 Spannungsregler für Windgeschwindigkeitsmesser

Die hier vorgestellte Spannungsreglerschaltung ist nichts weiter Neues. Interessant ist die Verwendung eines Low-Trop-Spannungsreglerbausteines. Bei z.B. 5 Volt benötigter Betriebsspannung muss die ungeregelte Eingangsspannung nur 0,5 bis 1 Volt höher sein im Gegensatz zu normalen Spannungsreglern, bei denen die Eingangsspannung 2-3 Volt höher sein muss. Dies ist vorteilhaft im Batterie- und Akkubetrieb, vor allem im Spannungsbereich von 6 Volt. Außerdem hat der Spannungsregler nur einen sehr geringen Eigenverbrauch von ca. 50 µA.

### 6.2.2 Schaltstufe für Windgeschwindigkeitsmesser

Die im Folgenden aufgeführte Schaltstufe zeigt eine Standardschaltung mit anzeigender LED und Relais.

Da das Signal vom Windgeschwindigkeitsmesser je nach Windgeschwindigkeit impulsartig zur Verfügung steht, bedarf es zur Verwendung für die Schaltstufe noch einer Glättung mit einem Elko. Diese Schaltung kann auch eingesetzt werden, wenn bei einem Gerät das blinkende Signal der LED für Schaltzwecke verwendet werden soll.

Für die in 6.2.1 angedachte Lastzuschaltung des Windrades ist es durch Verwendung eines Elkos, z.B. mit 1000 µF möglich, die Lastzuschaltung zeitverzögert ein- und wieder auszuschalten. Dies kommt der Eigenschaft, dass das Windrad erst auf Touren kommen muss, bevor der Generator zugeschaltet wird, sehr entgegen.

Der Elko muss durch die Impulse erst geladen werden, bevor das Relais einschaltet

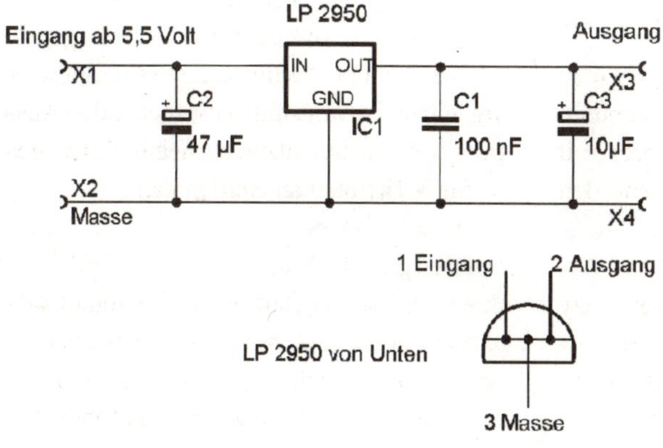


Abb. 6.7 Spannungsregler, 5 V, mit dem Spannungsregler LP 2950 und den Kondensatoren C1 bis C3 zur Unterdrückung von ungewollten Schwingungen, realisiert.

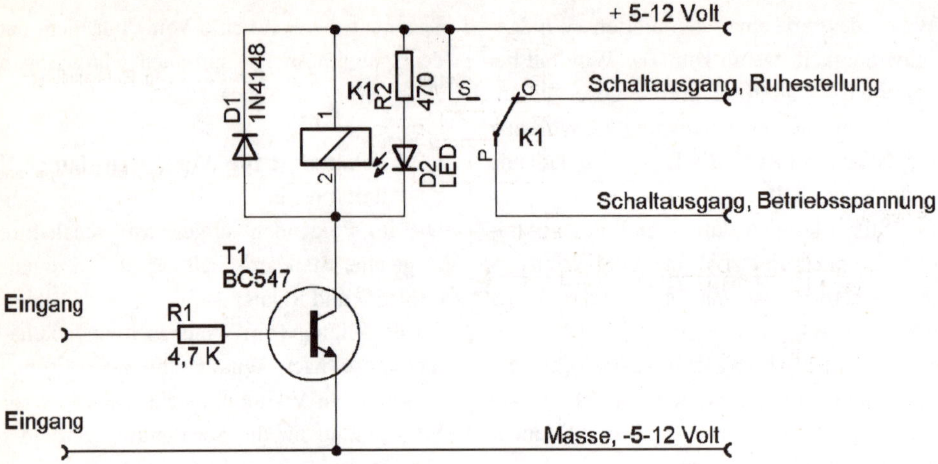


Abb. 6.8 Relais-Schaltstufe mit dem NPN-Allerwelts-Transistor BC 547. Natürlich gehen auch andere, wie im Kapitel 9 aufgezeigt.

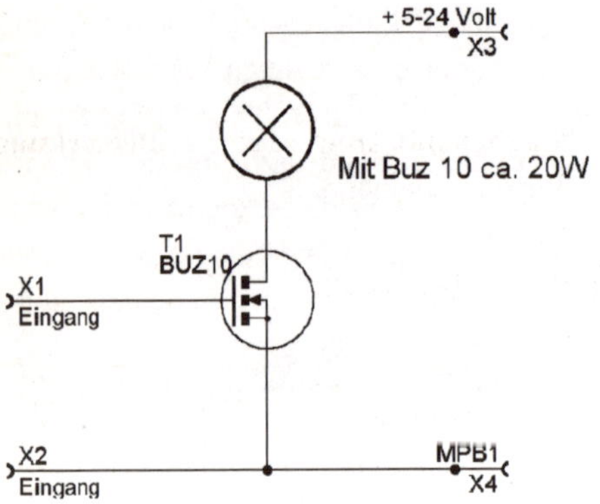


Abb. 6.9 Power-FET- Schaltstufe mit BUZ 10. Vorteil, keine mechanischen Teile.

und nachdem die Impulse ausbleiben, entlädt er sich über das Relais und die LED und das Relais fällt ab.

### 6.2.3 Fahrradtacho umgenutzt

Fahrradtachos lassen sich für viele Mess- und Zählaufgaben sehr gut gebrauchen. Schon mit günstigen Geräten ab 5,00-8,00 € sind die folgenden Anregungen realisierbar.

Nun in das Detail.

Gehen wir mal davon aus, dass wir die Werte des Westernwindrades, aufgebaut ohne Nabendynamo entsprechend 4.4, messen und auswerten wollen.

Dazu montieren wir den Sensor und den Speichenmagneten wie in der Bedienungsanleitung des Fahrradtachos angegeben. Sofort nach Aufstellen des Windrades im Wind oder mit künstlichem Wind entsprechend 6.1, können wir mit der Funktion „Radumdrehungszähler“ erkennen, was unser Windrad so an Drehzahl pro Minute bringt und dass es vielleicht viel langsamer läuft, als wir gehofft und gedacht haben. Wir können daraus Schlüsse ziehen, was einen einzubauenden Generator anbelangt und ob es vielleicht sinnvoll wäre, das ganze Gebilde als Reibrad mit Reifen aufzubauen, um durch diese Übersetzung auf die notwendige Drehzahl für unseren Generator zu kommen usw.

Mit den Funktionen a-d können wir uns ein professionelles Windertragsmesssystem auf-

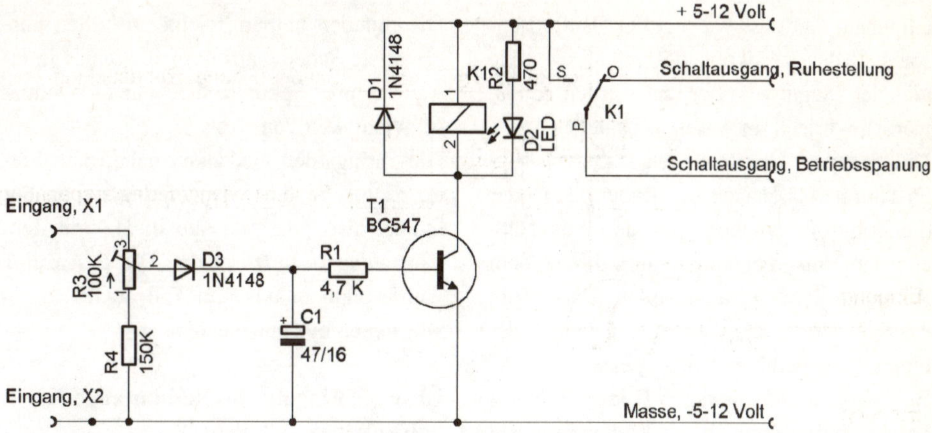


Abb. 6.10 Relais-Schaltstufe mit Impulsglättung durch C1. R4 und der Trimmpoti R3 sind dazu da, um den Schaltlevel einzustellen, d.h. ab welcher Windgeschwindigkeit das Relais anziehen soll. Wird der Elko C1 auf z.B. 1000 µF erhöht, so findet der Schaltvorgang mit einer Zeitverzögerung statt.

In der Regel sind folgende Funktionen verfügbar:

| | **Funktion** | **direkt nutzbar für** | **Nutzbar mit Anpassung** | **Bemerkung** |
|---|---|---|---|---|
| a. | Momentangeschwindigkeit | | Windgeschwindigkeitsmesser | |
| b | Maximalgeschwindigkeit | | Maximale Windgeschwindigkeit | |
| c | Durchschnittsgeschwindigkeit | | durchschnittliche Windgeschwindigkeit | |
| d | Gesamtstrecke | | Ertrag der Windleistung | |
| e | Teilstrecke | | Teilertrag der Windleistung, z.B. an einem Tag | |
| f | Triptimer | | Betriebsstundenzähler | |
| g | Stoppuhr | | | |
| h | Uhrzeitfunktion | sich bewusst werden | | |
| i | | wie viel Zeit schon wieder vergangen ist | | |
| | Radumdrehungs zähler | als Drehzahlmesser | | |

bauen, um damit z.B. einen Standort über einen längeren Zeitraum windtechnisch zu beobachten und dann unsere Schlüsse daraus ziehen, ob es überhaupt Sinn macht an diesem Standort ein Windrad aufzustellen.

Der Sensor wird wie in 6.2.1 beschrieben

aufgebaut, nur dass wir hier den Fahrradsensor statt des Reedkontaktes montieren. Wie viel der Magnete verwendet werden sollen, werden wir jetzt im Anschluss untersuchen.

Dazu ein paar Überlegungen:

Fast immer lässt sich der Radumfang oder die Zollgröße eingeben, um den Fahrradtacho dem entsprechenden Fahrrad bzw. dem Reifendurchmesser anzupassen. Damit gibt es eine Möglichkeit, eine Konstante oder ein Teilungsverhältnis einzugeben.

Bei meinem Beispieltacho (Liefernachweis Fa. Conrad) lässt sich der Radumfang laut Bedienungsanleitung von 130 cm bis 229 cm eingeben. Die Anzeige auf dem Display zeigt dann für a 0-90 km/h, + eine Dezimalstelle an.

**Versuche mit dem Originalmagneten und dem Originalsensor:**

Mit der Funktion Radumdrehungszähler erhalten wir die Drehzahl pro Minute, durch 60 geteilt ergibt die Windgeschwindigkeit : **m/s**

Die mit den halben Tischtennisbällen ausgestattete Scheibe aus 6.2.1 dreht sich in etwa 1x pro Sekunde bei einer Windgeschwindigkeit von 1 m/s.

Dies bringt den Gedanken nahe, eine Frequenzanzeige d.h. Schwingungen pro Sekunde, also eine Anzeige in Hz mit dem Fahrradtacho umzusetzen. Diese Anzeige würde dann in unserem Fall auch den erwünschten m/s entsprechen.

**Über die Eingabe des Radumfanges erhalten wir :**

Die Konstante für den Radumfang und unsere Anwendungen errechnet sich aus 1000 / 3.6 (Stunde auf Minute und Minute auf Sekunde)

**6.3 Spannungswandler**

Die meisten Motoren (elektrischen Maschinen), die wir als Generator für unsere Windräder nutzen können, bringen bei den systembedingten geringen Drehzahlen zu wenig Spannung.

| Anzahl der Magnete | Eingabe " Radumfang" in cm | Anzeige-Wert auf Display, für | Einheit**) |
|---|---|---|---|
| 1 | 278 *) | m/s oder Hz | km/h |
| 1 | 2777 | m/s oder Hz x10 ***) | wie vor |
| 2 | 1388 | m/s oder Hz x 10 ***) | wie vor |
| 4 | 694 | m/s oder Hz x 10 ***) | wie vor |
| 8 | 347 | m/s oder Hz x 10 ***) | wie vor |

*) Bei einigen Fahrradtachos lässt sich der Radumfang ab 1 cm einstellen.

**) Die angezeigte Einheit ändert sich durch Eingabe des Radumfanges natürlich nicht. Durch Aufkleben eines kleines Etikettes mit der entsprechenden Einheit wie z.B. m/s lässt sich dies aber beheben.

***) Lässt sich durch Aufkleben eines Kommas für die geänderte Dezimalstelle für die Anzeige herrichten.

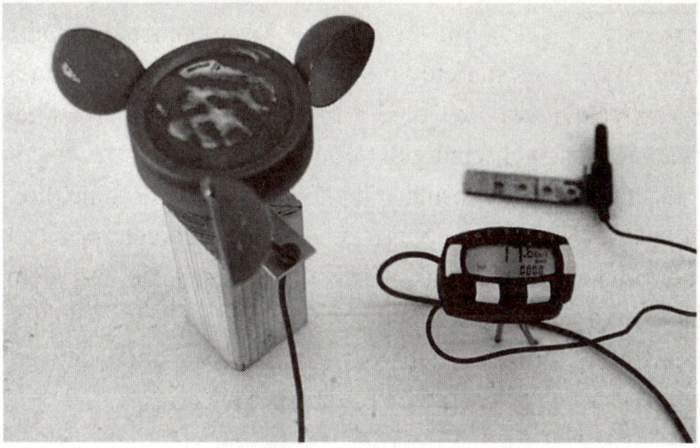

Abb. 6.11 Foto Windgeschwindigkeitsmesser mit anzeigendem Fahrradtacho. Für den Versuch wurde der Sensor auf einen Holzklotz montiert. Der Originalsensor des Fahrradtachos ist ebenfalls zu sehen. Hier wurde der Reed-Kontakt vom Windsensor direkt parallel zum Fahrradsensor angelötet.

Die Möglichkeiten, die dann noch bleiben sind:

Die Motorenspule umzuwickeln.

- Ein Getriebe vorzusehen, was wiederum Anlaufschwierigkeiten bedeutet.
- Einen Motor mit wesentlich höherer Betriebsspannung als die im Generatorbetrieb vorgesehene Nutzspannung zu verwenden. Permanent-Gleichstrommotoren z.B. mit 230 V Betriebsspannung sind jedoch schwierig zu erhalten.
- Die Spannung mit einem Spannungswandler auf den gewünschten Spannungswert zu bringen.
- Akkuzellen im geringen Spannungsbereich laden und die Spannung für die Verbraucher hochzuwandeln.

### 6.3.1 DC-Spannungswandler für Ladebetrieb von Kleinakkus

#### 6.3.1.1 LED- Spannungswandler

Im Internet habe ich die folgende Schaltung von Burkhard K. entdeckt, die mit Hilfe eines einfachen Multivibrators die Spannung einer Batterie- oder Akkuzelle auf die für die helle LED erforderliche Spannung hochsetzt.

Interessant hier vor allem auch die ergänzenden Beiträge. Einer der Autoren schlägt vor, die Schaltung mit einem Germaniumtransistor auszustatten. Damit wäre es möglich, Spannungen bereits ab 0,3 Volt hoch zu wandeln.

Eine dankbare Schaltung, um damit weiter zu experimentieren durch Veränderung der Transistoren, der Induktivität (Drossel) und dem frequenzbestimmenden Kondensator. Die vorgestellte Schaltung schwingt mit einer Frequenz von etwa 100 bis 150 KHz. Für einen guten Wirkungsgrad ist es wichtig, die passende Drossel zu finden. Manchmal ist es auch spannend, dafür Relaisspulen oder Spulen aus Lautsprecherfrequenzweichen zu testen. Es sind solche Relais am besten geeignet, die bei niedrigen Spannungen einen hohen Stromverbrauch und damit einen geringen Innenwiderstand haben. Natürlich könnt Ihr euch die Drossel auch selber wickeln. Anhaltswerte: 100–300 Windungen auf einen Ferritstab und je nach Strombedarf 0,3 mm bis 0,5 mm Durchmesser.

Falls andere Verbraucher als die Leuchtdiode an dem kleinen Spannungswandler betrieben werden sollen, ist daran zu denken, dass es sich um einen hochfrequenten

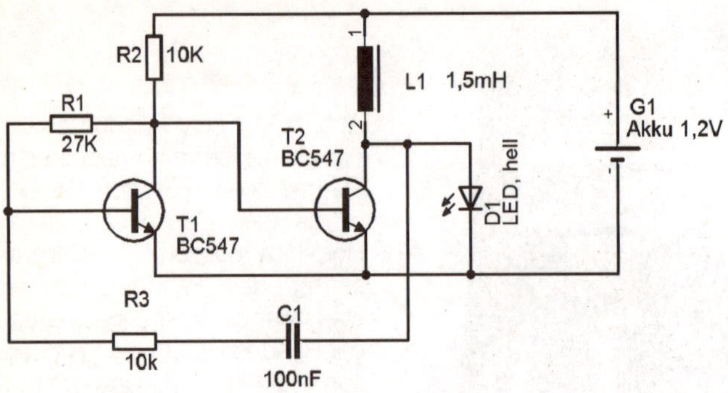


Abb. 6.12 Schaltplan LED-Spannungswandler mit den 2 NPN-Transistoren BC 547

Wechselstrom handelt, der mit einer Schottkydiode und mit einem Kondensator eventuell gleichgerichtet werden muss.
Anwendung in Verbindung mit dem Windrad:
Somit kann auch nur eine Akkuzelle mit einem kleinen Windrad geladen werden. Der Stromverbraucher, in diesem Fall eine Leuchtdiode, wird mit der erforderlichen höheren Spannung über den Spannungswandler betrieben.

### 6.3.1.2 Solarzellen-Spannungswandler

Preiswerter fertiger Baustein der Fa. Kemo (Liefernachweis, Lemo-Solar). Der Wandler ist vorgesehen für den Ladebetrieb eines 12-V-Akkus mit wenigen Solarzellen. Er liefert nach der Gebrauchsanweisung bei Eingangsspannungen von 0,9 bis 3 Volt eine geregelte Ausgangsspannung von 15 Volt, also ideal um 12-Volt-Akkus zu laden. Mit Hilfe einer entsprechenden Zenerdiode kann die Ausgangsspannung auch reduziert werden. Die maximale Leistung ist mit 7 Watt und der Wirkungsgrad mit 50 – 85 % angegeben.
Diesen Wandler habe ich auch mit Windgeneratoren getestet und Folgendes herausgefunden:

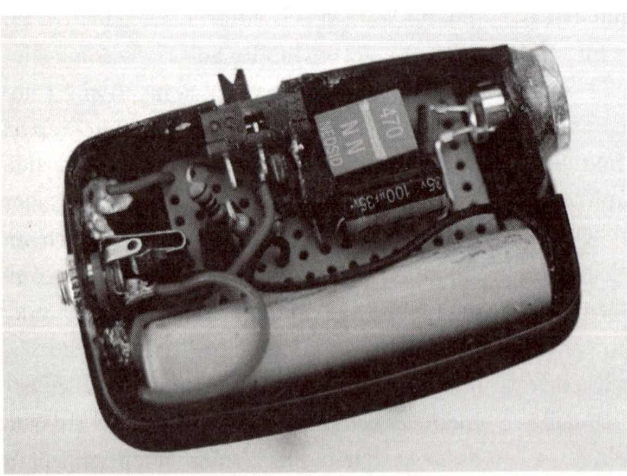

Abb. 6.13 Foto LED-Spannungswandler eingebaut in einer kleinen Schnupftabaksdose. Die ultrahelle LED wird mit nur einer 1,2-V-NiMH-Akkuzelle betrieben. Zu sehen ist auch die Ladebuchse für einen 2,5 mm Klinkenstecker. So kann die "Taschenlampe" an einem kleinen Windrad oder mit einem Solarmodul aufgeladen werden.

Abb. 6.14 Foto Solarzellen-Wandler. Zu sehen sind die Klemmen für Eingangs- und Ausgangsspannung und in der Mitte für eine Zenerdiode, mit der die zu erreichende Endspannung auf den Wert der verwendeten Zenerdiode reduziert werden kann, um den angeschlossenen Akku nicht zu überladen.

| **Eingangs-spannung** | **Eigenstrombedarf** | **Ausgangsspannung ( Leerlauf)** | **Pos.** |
|---|---|---|---|
| 0,43 V | 16 mA | 11,0 V | 1 |
| 1,25 V | 82 mA | 13,0 V | 2 |
| 1,66 V | 30 mA | 14,6 V | 3 |
| 1,80 V | 28 mA | 14,6 V | 4 |
| 2,03 V | 28 mA | 14,6 V | 5 |

Ab Pos. 4 ändern sich die Werte bezüglich Eigenstrombedarf und Ausgangsspannung nicht mehr gravierend.

Somit kann ein Windgenerator ab ca. 2 V einen Akku von 12 V zwar bei der niedrigen Spannung mit geringem Ladestrom, aber immerhin, überhaupt laden! Läuft der Windgenerator dann bei mehr Wind schneller, erhöht sich auch die Generatorspannung linear zur Drehzahlerhöhung und damit auch der Ladestrom.

Spannungswandler in ähnlicher Art und Spannungswandler-ICs gibt es in verschiedenen Leistungsklassen beim Elektronik-Versand. Oft zur Wandlung von z.B. 5 V DC zu 12 V DC.

### 6.3.2 DC-Spannungsverdoppler

Ein oft verwendetes Prinzip, um kleinere Spannungen zu verdoppeln oder zu vervielfachen. Man findet es in elektronischen Schaltungen und Kleincomputern auch als Ladungspumpe bezeichnet. Eine elektronische Schaltung soll z.B. mit 2 Batterie- oder Akkuzellen betrieben werden, für die ICs wird aber mindestens 5 Volt stabilisierte Spannungsversorgung gebraucht. Die 3 Volt der zwei Batteriezellen wird auf ca. 5,8 V

verdoppelt und mit einem Low-Trop-Spannungsregler auf 5 Volt stabilisiert (siehe auch 6.2.1.1).
Auch zur Erzeugung von sehr hohen Hochspannungen, wie sie z.B. im Fernseher benötigt werden, gibt es so genannte Hochspannungskaskaden, bestückt mit entsprechend hochspannungsfesten Dioden und Kondensatoren.
Das Prinzip ist einfach und wirkungsvoll und der Wirkungsgrad ist relativ gut (über 90 %):
Funktionsprinzip:
Mit einem schnell schwingenden Mulivibrator wird ein Ende des Lade-Kondensators ständig zwischen Masse und der positiven Versorgungsspannung hin und her geschaltet. Damit die verdoppelte Spannung in die richtige Richtung abfließt, ist der Kondensator mit Dioden und einem Pufferkondensator gekoppelt. Damit die Verluste durch die Dioden möglichst gering gehalten werden, verwendet man Schottkydioden mit einer Durchlassspannung von ca. 0,3 V( Siliziumdioden dagegen haben eine Durchlassspannung von ca. 0,7 bis 0,8 V).

### 6.3.2.1 Spannungsverdoppler für Relais

Ein Relais benötigt eine höhere Schaltspannung und eine niedere Haltespannung, bei der das Relais noch nicht abfällt.

Im Folgenden wird eine Schaltstufe vorgestellt, bei der z.B. ein 6-Volt-Relais mit 3,6 Volt oder 5 Volt betrieben werden kann. Dies ist erstens stromsparend, bei der halben Spannung beträgt die Leistungsaufnahme nur noch 25 % und zweitens praktisch, da es für diesen Spannungsbereich selten günstige Relais gibt. Gerade in Verbindung mit TTL-Ausgängen und Solar-/Windkraftschaltungen eine sinnvolle Anwendung.
Die Schaltung wird mit einer Spannung betrieben, die etwas höher als die Haltespannung des Relais ist. Solange der Eingang offen ist, wird der Kondensator C1 über den Widerstand R1 bis zur Betriebsspannung aufgeladen. R2 liegt dann an + der Betriebsspannung, so dass der Transistor sperrt.
Wenn der Eingang geschlossen wird, wird die Basis des Transistors über R2 an Masse gelegt, der Transistor leitet und das Relais erhält Strom. Der positive Pol des Elko C1 ist mit Masse verbunden, sein Minuspol befindet sich auf negativem Potential und somit ist die Spannung fast doppelt so hoch wie die Betriebsspannung der Schaltung.

### 6.3.2.2 Spannungsverdoppler-Bausatz

Hier nun eine einfache und wirkungsvolle Spannungs-Verdopplerschaltung, die es auch bei der Fa. Conrad als Bausatz gibt.

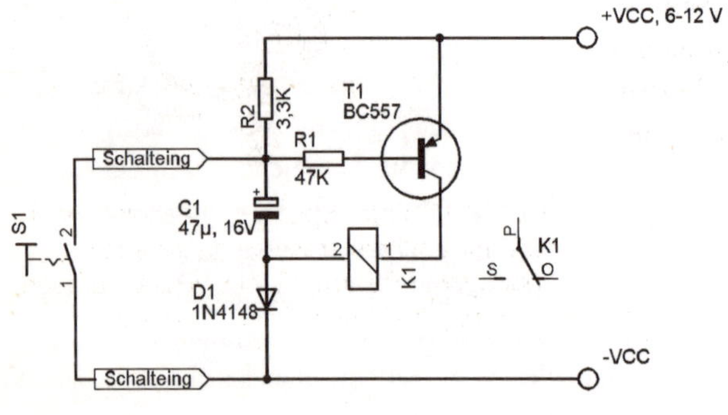


Abb. 6.15 Schaltplan Spannungsverdopplung für das Relais. Der Eingangsschalter ist symbolhaft zu verstehen. An dieser Stelle kann ein Transistorsignal, z.B. vom Windgeschwindigkeitsmesser kommend, das Relais auslösen.

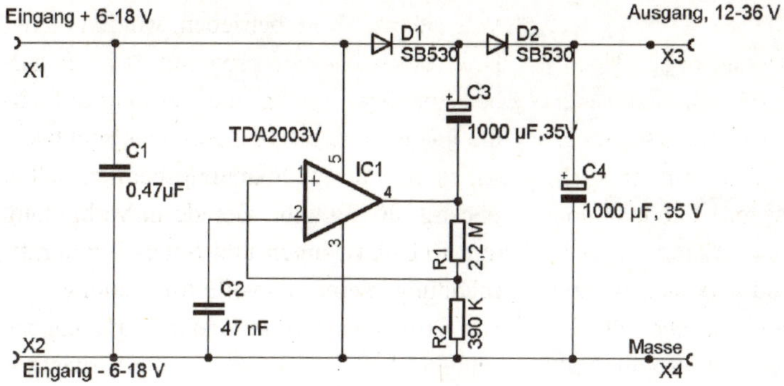


Abb.6.16 Schaltplan DC-Spannungsverdoppler mit dem NF-Verstärker IC, TDA 2003V und ein paar wenigen Bauteilen wie Schottkydioden, Widerstände und Kondensatoren. Die Kondensatoren müssen für die erhöhte Ausgangsspannung mit einem höheren Spannungsbereich gewählt werden.

Kernbauteil ist ein integrierter NF-Verstärker, durch den rückkoppelnden Spannungsteiler als Rechteckgenerator beschaltet. Mit dem Kondensator C2 mit 47 nF schwingt der Multivibrator mit 5 kHz. Die Kondensatoren und die Schottkydioden verhelfen dann, wie bereits in 6.3.2 beschrieben, zur Spannungsverdopplung. Angegeben ist der DC- Spannungswandler mit folgenden Daten:

Eingangsspannung 6 -18 Volt

Ausgangsspannung ca. 12–36 Volt Ausgangsstrom ohne Kühlkörper 0,5 A und mit ausreichendem Kühlkörper bis zu 2,0 A

Bei mir läuft die aufgebaute Schaltung schon über Jahre in meiner Solaranlage. Ein kleines 6-Volt-Solarmodul betreibt direkt über den Spannungswandler die Pumpensteuerung (12 Volt) mit 8-14 Volt für die solare Warmwasserversorgung. Der Vorteil: die Pumpensteuerung braucht nur Strom wenn es hell ist, nachts ist sie aus.

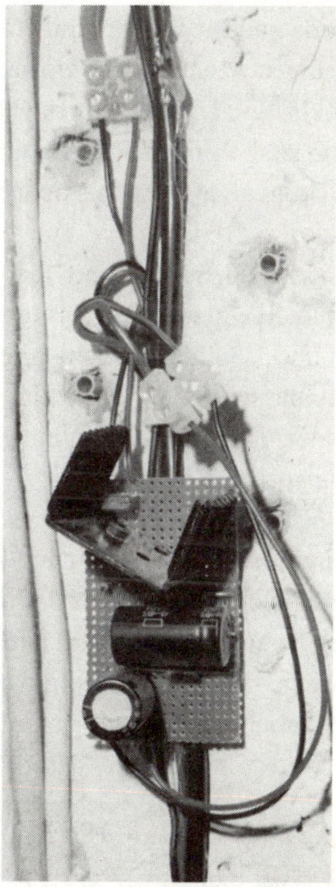

Abb. 6.17 Foto Spannungswandler Eigenbau auf Lochrasterplatine als Spannungserhöhung von Solarmodul 6 V zu der Pumpensteuerung im Heizungskeller montiert.

# 7 Anwendungsmöglichkeiten

## 7.1 Kombination von Windkraft und Solarenergie

Im Sommer scheint die Sonne oft volle Pulle aber es gibt kaum Wind. Nachts scheint keine Sonne und im Winter sind es weniger Sonnenstunden als im Sommer, dafür gibt es aber mehr Wind. Also liegt es nahe, Sonnenenergie und Windenergie zu kombinieren. Bei Berghütten wird dies schon lange so praktiziert.

Die Lade- und Speichertechnologie ist beim Inselbetrieb fast gleich und so können Solarmodul und Windrad im Prinzip mit dem gleichen Laderegler die Akkus laden. Inselbetrieb heißt, dass das System eine Inselanlage ist, also keine Verbindung zum allgemeinem, öffentlichen Stromnetz besteht.

Im Unterschied dazu gibt es die Einspeiseanlagen, die den geernteten Strom in das öffentliche Stromnetz einspeisen und den für den Haushalt notwendigen Strom aus dem Netz entnehmen. Es sind hierbei keine Speicherakkus erforderlich und das öffentliche Stromnetz dient als Ausgleichpuffer für Energieüberschuss bzw. Mehrbedarf des Haushaltes. Je mehr Solaranlagen auf der ganzen Welt verknüpft werden, desto ausgeglichener kann die Bilanz werden.

Einspeisung mit Windstrom ist ebenso möglich wie die Einspeisung des Solarstromes. Dies lohnt sich aber erst ab 1 kW Leistung und ist im Rahmen des Eigenbaues nicht sinnvoll und von den Netzbetreibern auch nicht gestattet.

Mit Solarenergie und Windenergie können wir jedoch zahlreiche Geräte betreiben, Akkus aufladen, Fahrzeuge betreiben, Wasser pumpen, Gewässer belüften, usw. und dies ohne für die Betriebsenergie zu bezahlen oder einen Stromanschluss zu benötigen. Durch die Kombination fließt je nach Tageszeit, Jahreszeit und Wetter in der meisten Zeit Naturenergie in unsere Akkus.

Auch ist es praktisch und sinnvoll, eine zentrale Energiespeicherung aus Solar- und Windenergie zu haben. Meine „Hausenergieanlage“ besteht aus einigen großen Gelakkus, gebraucht von einem Elektroautohändler erstanden, einigen Arten von Solarmodulen, die sich im Lauf der Zeit angereiht haben und der nötigen Regelelektronik. Viele Anwendungen betreibe ich direkt mit der aus der Natur geernteten Energie.

So kann auch dieser Strom für Kleinverbraucher wie z.B. Antennenanlage, Klingelanlage, Telefonanlage, Alarmeinrichtung, Entkalkungseinrichtung, usw. direkt genutzt werden. Diese Einrichtungen können direkt mit Nieder-Gleichspannung im Bereich von 12 bis 24 Volt betrieben werden. Abgesehen davon, dass wenn der öffentliche Strom ausfällt, hier eine Versorgung weiterhin gewährleistet ist, spart dies auch eine Menge Energie und Stromkosten. Die Netzteile der Niederspannungseinrichtungen brauchen nämlich am meisten Strom für die Umwandlung von 230 Volt auf die Niederspannung. Dies ist auch daran zu erkennen, dass die Netzteile warm sind und manchmal schrecklich brummen.

Auch können kleine Akkus bei Bedarf schnell und auch nachts aus dem zentralen Energiespeicher geladen werden. Im Bereich meiner Heimstation mache ich es so. Die kleinen Akkus werden in 2–3 Stunden mit Ladeimpulsen und entsprechender Überwachung schnell und effizient voll geladen. Bei Elektronikfirmen wie z.B. Conrad gibt es inzwischen auch mikroprozessorgesteuerte Ladegeräte mit 12-Volt-Anschluss, die sich für den Betrieb an Wind- und Solaranlagen sehr gut eignen.

Selbst Fahrzeuge können mit Wind- und Solarstrom prima geladen werden. Bei kleineren Solar- und Windanlagen eher kleinere Fahrzeuge wie z.B. Elektrofahrräder.

Mit einem Lüftermotor, ausgestattet mit Reibrolle, hab ich einen Zusatzantrieb für das Fahrrad gebaut, lange bevor es so was zu kaufen gab. Der besondere Gag, mit einem Gasdrehgriff vom Mofa wird die Vorrichtung über einen Bowdenzug mit dem Antrieb an den Reifen gedrückt und gleichzeitig über einen Mikroswitchschalter über ein Relais der Motor mit dem Akku verbunden. Und los geht´s. Bergrunter kann damit

Abb. 7.1 Foto Fahrrad mit Elektroantrieb. Zu sehen ist die Halterung für den Lüftermotor, der Bowdenzug und der Mikroswitchschalter sowie weiter vorne, unterhalb des Sattels, die abnehmbare Box in der sich die Akkus und das Leistungsrelais befinden.

Strom in den Akku gebremst (geladen) werden. Das schont die Bremsen und bringt Unterstützung für den nächsten Berg!

## 7.2 Allgemeiner Gebrauch

Im Folgenden sind auch einige Schaltungen und Anwendungen aufgeführt, die sowohl mit Windenergie, wie auch mit Solarenergie betrieben werden können.

Wer noch mehr mit Solarenergie experimentieren möchte, dem sei das kleine Solarwerkbuch, im gleichen Verlag erschienen, empfohlen.

### 7.2.1 Spartaschenlampe

Die inzwischen verfügbaren ultrahellen weißen LEDs erobern den Markt der Taschenlampen. Mit wenig Stromverbrauch und langer Lebensdauer des Leuchtmittels eine gut zu handhabende Technik.

Die ultrahellen weißen LEDs haben ihr Lichtmaximum (bei höchstem Wirkungsgrad) bei etwa 3,6 V und haben dabei ca. 20 mA Stromaufnahme. Die käuflichen Taschenlampen werden in der Regel mit 3 Batteriezellen mit gesamt 4,5 Volt betrieben. Für die LED ist ein Vorwiderstand vorgeschaltet, damit die Betriebsspannung bzw. eigentlich der Stromverbrauch auf die LED angepasst wird.

Mit 3 Restpostenakkus lassen sich da wundervolle Taschenlampen basteln, ohne Vorwiderstand und daher viel effizienter als die

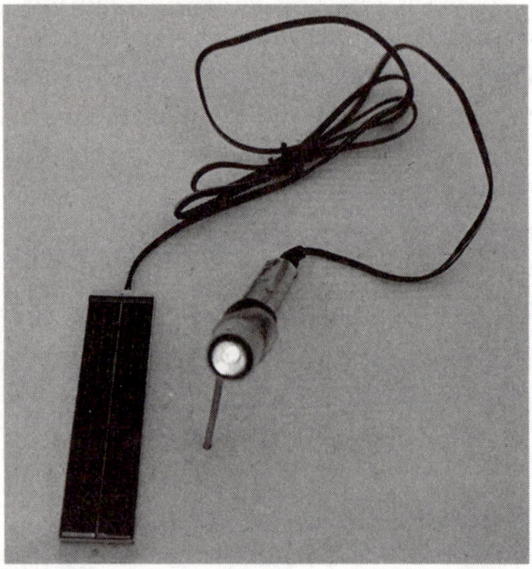

Abb. 7.3 Foto Reisetaschenlampe mit Solarmodul

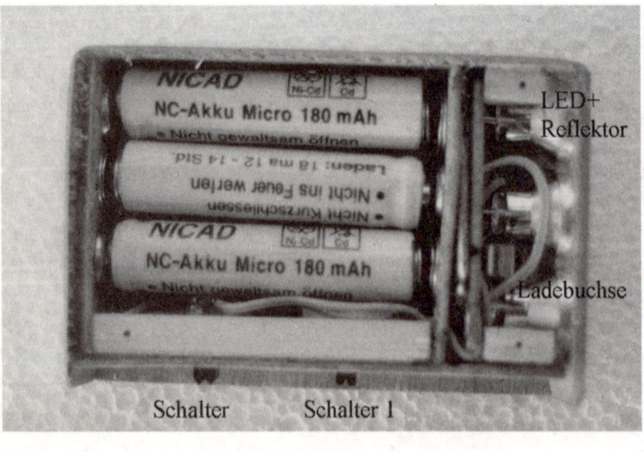


Abb. 7.2 Fotos von einer Eigenbau-LED-Taschenlampe mit drei ultrahellen LEDs mit Reflektor. Es gibt zwei Schalter. Mit Schalter 1 wird die Taschenlampe ein- und ausgeschaltet, mit dem anderen wird zwischen einer LED und allen Dreien umgeschaltet. Quasi eine Taschenlampe mit Auf- und Abblendlicht!

gekauften Taschenlampen und dazu noch mit Solar- und Windstrom zu laden.
Der Umfang der Taschenlampe wird lediglich um die Akkus und eine kleinen Ladebuchse erweitert.
Die in 7.3 abgebildete Taschenlampe wurde mit einem Restpostenakku, einer Aluhülse, einer ultrahellen LED mit Reflektor, einem kleinen Taster und der Ladebuchse realisiert. Das Solarmodul stammt von Lemo-Solar (siehe Liefernachweise), die Solarzellen sind in Schindeltechnik hinter einer Plexiglasscheibe aufgebaut. Das Modul bringt ca. 6 V bei 45 mA bei einer Sonneneinstrahlung von 1000 W/ m².

### 7.2.2 Salzkristallleuchte

Salzkristallleuchten sollen durch die Erwärmung des Salzkristalles mit Hilfe der Glühlampe negative Ionen (was sehr positiv zu bewerten ist) in die Luft abgeben, die für das gute Klima und das Wohlbefinden sehr förderlich sein sollen. Ich finde, dass, abgesehen von dem Vorigen, einfach auch das Licht sehr schön ist. Das Einzige, was mich davon abgehalten hat, so ein Ding ständig zu betreiben, ist der Stromverbrauch aus der Steckdose. So hab ich eine defekte Solargartenleuchte repariert und umfunktioniert. Der Gag: wenn es draußen dunkel wird, schaltet sich die Solar-Salzkristallleuchte in meinem Zimmer ein und brennt ein paar Stunden, bis ich ins Bett gehe und der NiCd-Restpostenakku leer ist. Die Lampe hat nämlich auch eine Abschaltautomatik (Unterspannungsabschaltung wie in 5.2.4 beschrieben). Wobei, dem NiCd-Akku würde es auch nichts ausmachen, wenn er ganz entladen werden würde.
Wenn Ihr Euch auch so etwas basteln möchtet, gerade aber keine defekte Solar-Gartenleuchte zum reparieren habt, so geht es auch mit der folgenden Schaltung in etwas geänderter Form.

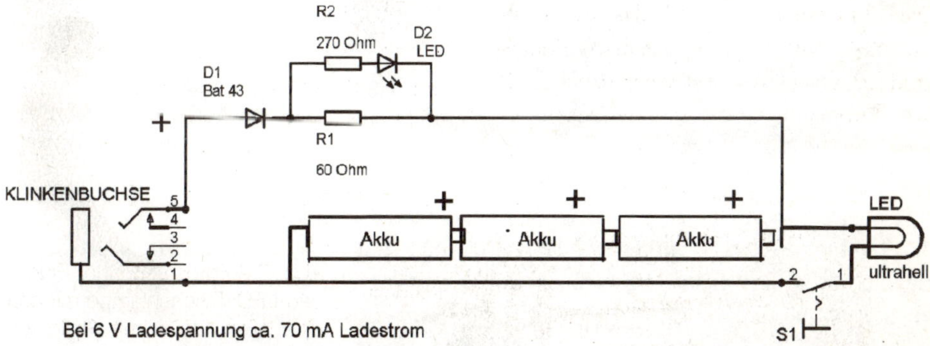


Abb. 7.4 Schaltplan Taschenlampe. Die Beschaltung mit den beiden Widerständen der Schottkydiode und der LED ist für den Bedarfsfall mit eingezeichnet. Damit können die Akkus an jeder 6-V-Wind- oder Sonnenstationsbatterie geladen werden. Die Widerstände bestimmen den Ladestrom, wobei ein Teil mit 60 mA über R1, der andere mit 10 mA über R2 und die LED gehen. Die LED fungiert als Ladekontrolle. Bei 12-V-Spannungseingang verdoppelt sich der Ladestrom in etwa auf 140 mA. Wenn das bei 12 V zu viel Ladestrom ist, müssen Widerstände mit höherem Widerstandswert eingebaut werden.

Abb. 7.5 Foto Salzkristallleuchte von schräg unten. Zu sehen sind die Elektronik, rechts unten der NiCd-Akku und die Leuchtstoffröhre.

Abb. 7.6 Foto Solarmodul der Salzkristallleuchte, draußen eingebettet zwischen dem Efeu.

**7.2.3 Automatisches Nachtlicht**

Bei der folgenden Schaltung erfüllen die kleinen Minisolarmodule*) gleich zwei Funktionen. Sie laden den Akku und schalten das Nachtlicht ein, sobald kein Licht mehr auf sie scheint.

Die Schaltung funktioniert so: Beim Laden fließt von den Solarzellen zum Akku ein Strom über die Diode. Die dadurch anfallende Spannungsdifferenz schaltet den Transistor T1 durch, d.h. T1 leitet, T2 dagegen sperrt. Wenn kein Licht

*) Minimodule: Ein kleines Solarmodul bestehend aus 6, auf einer Pertinaxplatte von 28 x 58 mm, montierten polykristalline Solarzellen mit der Größe 9 x 24 mm. Mit einer Spannung von ca. 3 V und einem Strom von 22 mA eignet es sich sehr gut für kleine Anwendungen wie solarbetriebene Messgeräte, Taschenlampen usw. Das kleine Modul oder etwas Ähnliches ist bei Lemo-Solar erhältlich.

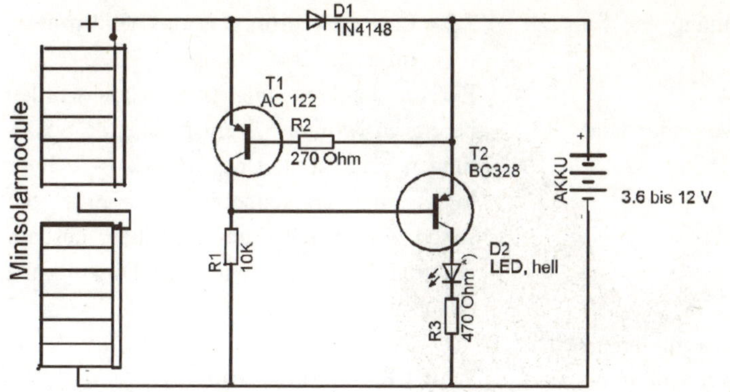


Abb. 7.7 Schaltplan Nachtlicht

mehr auf die Solarzellen fällt, gibt es keinen Spannungsabfall über D1 und T1 sperrt, über R1 wird T2 leitend und durch die LED fließt Strom aus dem Akku, sie leuchtet.

Wesentlich ist der Germaniumtransistor T1, der schon bei der geringen Spannungsdifferenz schaltet. Die Akkuspannung kann von 3,6 V bis 12 V gewählt werden. Der Vorwiderstand für die LED bei 20 mA ist ent-

Abb. 7.8 Foto Nachtlicht ausgestattet mit zwei Minisolarmodulen und einem kleinen 3,6 V NiMH-Puffer-Akku

sprechend der Akkuspannung wie folgt zu wählen:

| Akkuspannung Volt | Vorwiderstand R3, |
|---|---|
| – | |
| 6 | 220 |
| 12 | 470 |

Meine Originalschaltung ist mit einer hellen orangefarbigen LED aufgebaut und hängt am Fenster. Wenn es dunkel ist, kann ich dann ohne Licht anzumachen durch den Raum gehen. Der kleine Akku lässt die Leuchtdiode auch nur ein paar Stunden brennen, wenn die Akkuspannung unter der Betriebsspannung der Leuchtdiode abgefallen ist, wird es einfach dunkel und der Akku wird am nächsten Tag wieder aufgeladen. Für den Fall, dass das Notlicht die ganze Nacht brennen muss, wird halt einfach die Modulfläche und die Akkukapazität vergrößert.
Natürlich kann die Schaltung auch ein Relais ansteuern, welches dann z.B. den mit Windkraft geladenen Akku des Nachts als Notbeleuchtung einschaltet. Der Vorteil, die Schaltung selbst braucht nicht wie andere Dämmerungsschalter ständig Strom, um herauszufinden, ob es jetzt hell oder dunkel ist.

Beispiele zur Schaltungsanwendung:
- Salzkristallleuchte
- Solarkerze
- Hausnummernbeleuchtung
- Nachtlicht

### 7.2.4 Ladeanwendungen und Akkumulatoren

Für die Laderegelung von Akkus wurden bereits in Kapitel 5.2 entsprechende Schaltungen vorgestellt. Über die Akku-Technologien und Besonderheiten könnte ich schon ein ganzes Buch schreiben, deshalb nur ein paar mir wichtige Dinge ganz knapp:

#### 7.2.4.1 Bleiakkumulator

Autoakkus oder spezielle Solarbatterien sind robust und preiswert. Mancher alter Autoakku kann noch längere Zeit an der Wind- und Solaranlage betrieben werden, da die geringeren Entladeströme den Akku nicht so stressen. Sehr gut geeignet sind Traktionsakkus z.B. aus Elektrofahrzeugen, bei denen wir auch schon kaputte Zellen herausgesägt haben (Vorsicht, zuerst Säure entsorgen, ätzend!) und die guten Teilakkus wieder zusammengeschaltet haben. Oder gar Panzerplattenakkus aus Notstromversorgungen. Von der Post oder aus Krankenhäusern gibt es zum Teil solche als Einzelzellen, in Wannen, die gereinigt und mit neuem Elektrolyten aus 40%iger Schwefelsäure befüllt werden können. Das Problem von alten Akkus ist oft der Bleischlamm, der sich am Grund der Akkuzelle absetzt (Sondermüllentsorgung!) und dadurch einen Zellenkurzschluss verursacht. Weiteres Problem ist die Sulfatierung der Bleioberfläche, wenn der Akku zu lange unbenutzt und vor allem schlecht geladen oder entladen steht. Dadurch wird die Oberfläche quasi versiegelt und der chemische Prozess des Ladens- und Entladens kann nicht mehr stattfinden. Um dieses Problem gibt es zahlreiche Geheimtipps und Wunderwässerchen, die die

Sulfatierung wieder auflösen sollen. Nach meiner Erfahrung helfen aber alle Maßnahmen nicht wirklich.
Wichtig ist auch noch zu wissen, dass die Kapazität der Bleiakkus auf die Entladezeit und damit auf den Entladestrom bezogen wird. Bei Autoakkus auf 20 Stunden (C 20) bei Solarakkus auf 100 Stunden und bei Traktionsakkus auf 5 Stunden. Wenn der Akku nämlich mit einem höheren Strom in kurzer Zeit entladen wird, ist die verfügbare Kapazität sehr viel geringer (Faustregel, Verdoppelung des Entladestromes und damit Halbierung der Entladezeit bedeuten in etwa 30 % weniger Kapazität).
Inzwischen besteht die Möglichkeit, alte Akkus vollständig zu recyceln, bei neuen Akkus wird ein Rückgabe-pfand abkassiert.
Ladeendspannung pro Zelle, ca. 2,35–2,39 V (Gasung)

#### 7.2.4.2 Wartungsfreier Blei-Gel-Akkumulator

Ähnliches wie vorhin gilt auch für die Bleigelakkus, nur dass der Elektrolyt, bestehend aus Schwefelsäure und Phosphorsäure in einem SiO2-haltigen Gel eingelagert ist. Vorteile sind Lageunabhängigkeit und Wartungsfreiheit. Die Selbstentladung liegt bei ca. 0,5 bis 2 % und somit weit unter der von Bleisäureakkus mit bis zu 15 %.Wie schon im Text erwähnt, darf der Gelakku nicht über die Ladeendspannung geladen werden, da sonst die Sicherheitsventile öffnen und den nicht wiedereinfüllbaren Inhalt abblasen. Blei-Gel-Akkus reagieren auf Tiefentladung nicht so empfindlich wie Bleisäure-Akkus. Auch besteht im Vergleich keine so große Gefahr der Zerstörung bei entladenem Akku und Frost.

Ladeendspannung ca. 2,3 V pro Zelle
Entladeschlussspannung 1,75 V pro Zelle

#### 7.2.4.3 Nickel-Cadmium-Akkumulator

NiCd-Akkus gibt es sowohl als offene (für Traktionsfunktionen) wie auch als gasdichte Akkuzellen. Der Zellendeckel enthält dann eine wiederverschließbare Drucksicherung, die bei Überladen mit hohem Strom den Inhalt abblasen kann.
Auch hier ist die entnehmbare Kapazität vom Entladestrom abhängig. Bei einer durchschnittlichen Akkuzelle und einer Entladetiefe bis 1,1 Volt ergeben sich folgende Werte: bei 1C, entspricht Entladung der Akkukapazität in einer Stunde, sind so noch 80 % der Kapazität nutzbar, bei C/5 in etwa 90 % der Kapazität und bei C10 etwas mehr als 100 %.
Beschleunigtes Laden bis 3C, d.h. einem Drittel der Kapazität und Schnellladen mit 3C bis 5C. Standardladen mit 10C oder C/10, was das Gleiche bedeutet.

Selbstentladung ca. 10–15 % /Monat bei Zimmertemperatur, Verdopplung pro 10 °C Temperaturerhöhung.
Memoryeffekt: wird ein Akku wieder aufgeladen, bevor er völlig entladen wurde, so bilden sich nach mehreren Wiederholungen große Cadmiumkristalle an der negativen Seite aus, die die noch nicht entladene „Restkapazität“ überdecken und damit nicht mehr zugänglich machen. Wenn sich der Effekt eingestellt hat, den Akku mit hohen Strömen (zum Teil hilft kurzschließen) ein paar Mal völlig entladen und wieder laden.

Ladeendspannung 1,52 V

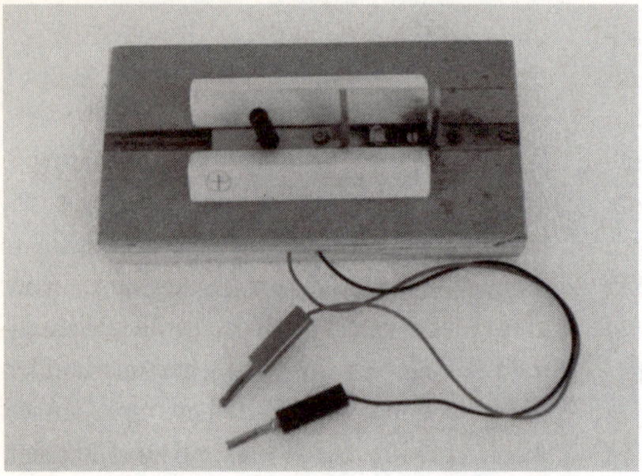

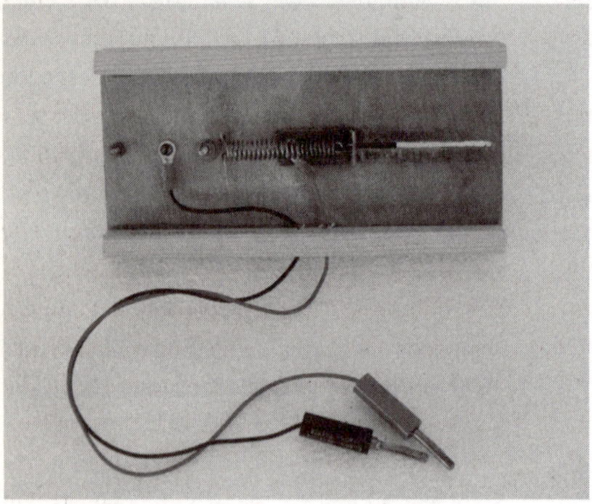

Abb. 7.9 und 7.9a Fotos Akkuhalter von vorne und von hinten. Mit einem variablen Akkuhalter können alle Zellenformen praktisch geladen werden.

**7.2.4.4 Nickel-Metallhydrid-Akkumulator**

Als Hauptunterschied zum NiCd-Akku hat die NiMH-Zelle anstelle des metallischen Cadmiums eine Metalllegierung, die fähig ist Protonen zu speichern. Bei gleicher Bauform können 50–100 % mehr Energie ge-

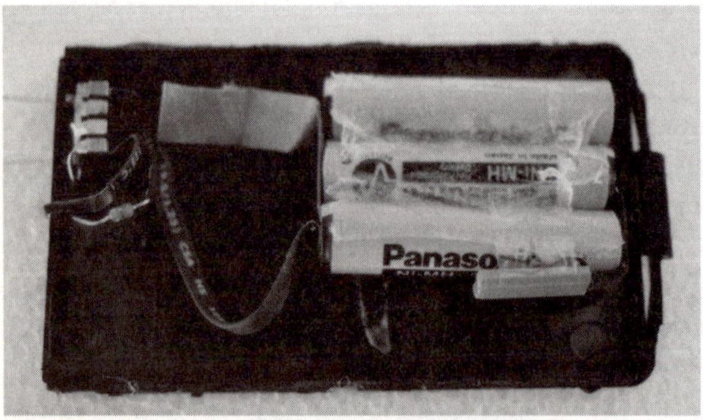

Abb. 7.10 Foto NiMH-Akkuzellen preiswert vom Restpostenmarkt (ehemaliger Handyakku).

speichert werden. Dafür hat die Zelle aber eine schlechtere Hochstromfähigkeit und eine geringere Zyklenzahl, d.h. der Akku kann weniger oft entladen und geladen werden als die NiCd-Zelle. Da ohne Cadmium, ist der Akkutyp mitweltfreundlicher und es gibt keinen (fast keinen) Memoryeffekt, dafür aber eine höhere Selbstentladung von ca. 20–25 % pro Monat bei Zimmertemperatur.

#### 7.2.4.5 Lithium-Ionen-Akkumulator

Im Vergleich zu NiMH-Akkuzellen mehr als die doppelte Kapazität bei gleichem Gewicht. 3–4 mal so teuer wie baugleiche NIMH-Akkus. Durch die enorme Kapazität eingesetzt im Mobilfunkbereich und bei tragbaren Elektronikanwendungen jeglicher Art, bei der es auf Gewicht und Größe ankommt. Lithium-Akkus haben eine sehr hohe Einzelzellenspannung von typ. 3,6 V und haben, wenn die äußeren Parameter eingehalten werden, eine hohe Zyklenzahl ohne dass die Kapazität wesentlich nachlässt. Die Bauform ist meist als Hohlwickel oder in prismatischer Form als mm-dünnes, kleines Sandwichpaket ausgebildet.

Für Laden und Entladen wird ein komplexes Akkumanagement eingesetzt (welches sich zum Teil schon im Akku befindet), welches Spannungen, Ströme und Temperaturen überwacht und regelnd eingreift. Die Ladung beginnt üblicherweise mit einem Konstantstrom und endet mit einer Konstantspannung.

Die Entladeschwelle liegt typenabhängig bei ca. 3 V

Die Ladeendspannung bei 4,2 V

## 7.3 Haus

Die Hausanlage mit 12-V- oder 24-V-Akkuspeicher ist eine gute Sache. 12V ist gut, wenn viele Geräte mit dieser Spannung betrieben werden und die Leitungslängen sowie die darüber transportierten Leistungen eher gering sind. Sonst ist es sinnvoller, die zentrale Anlage als 24-V-Speicher auszubilden und dann die erforderlichen Spannungen durch entsprechende Regler herzustellen. Strom für Kleinverbraucher wie z.B. Antennenanlage, Klingelanlage, Telefonanlage, Alarmeinrichtung, Entkalkungseinrichtung, usw. sollte direkt genutzt werden. Diese Einrichtungen können direkt mit Nieder-Gleichspannung betrieben werden. Meist werden sie von einem Steckernetzteil versorgt. Die Daten des Netzteiles findet man häufig auf der Unterseite aufgedruckt. Wenn nicht durch einen Aufdruck angegeben, kann die Spannung unter Last gemessen werden. Auch die Steckerpolung könnt Ihr dann gleich mit einem Vielfachmessgerät herausfinden.

Viele Geräte laufen mit 12 Volt. Braucht es in Ausnahmen eine höhere Spannung, als die Hausanlage dies hergibt, kann auch die Spannung mit dem in Kapitel 6.3 beschriebenen Spannungswandler angepasst werden.

Hier einige weitere Geräte, die sich gut eignen, aus der Wind-/Solaranlage versorgt zu werden:

- Stereoanlage
- Laptop
- Zimmerbrunnen
- Drahtlose Telefonanlage
- Anrufbeantworter
- Akkuladestation

Wenn die Spannung unter der Systemspannung liegt, gibt es folgende Möglichkeiten,

7

diese auf die entsprechende Versorgungsspannung zu bringen:

**7.3.1 Spannungsanpassung mit Dioden**

Eine sehr einfache Art, die Spannung an den Verbraucher anzupassen, ist die Verwendung mehrerer Dioden. Eine Siliziumdiode hat eine Durchlassspannung von 0,7–0,8 V.

Beispiel: Um die Spannung von 12 V auf 9 V zu reduzieren, kann man durch in Reihe schalten von z.B. 4 bis 5 Dioden die Differenzspannung quasi verbraten.

**7.3.2 Spannungsanpassung mit Spannungsregler**

Sinnvolle Möglichkeit, wenn die Spannung exakt eingehalten werden muss, z.B. bei elektronischen Schaltungen, Anzeigeelektronik usw.

Es wird zwischen positiven und negativen Spannungsreglern unterschieden, je nachdem, ob diese in der Plusleitung oder in der Minusleitung sitzen und dort die Spannung regeln. Wichtig auch, dass Anschlüsse der beiden Vertreter (Postiv-Negativregler) nicht identisch sind und sogar zum Teil auch innerhalb einer Firma die Anschlussbelegungen unterschiedlich sind.

Festspannungsregler gibt es für die Standartspannungen 5 V, 6 V, 8 V, 9 V, 12 V, 15 V, 18 V, und 24 V. Die Spannungsangaben werden garantiert auf 3 % bis 5 % genau eingehalten. Bei diesen Spannungsreglern beträgt die

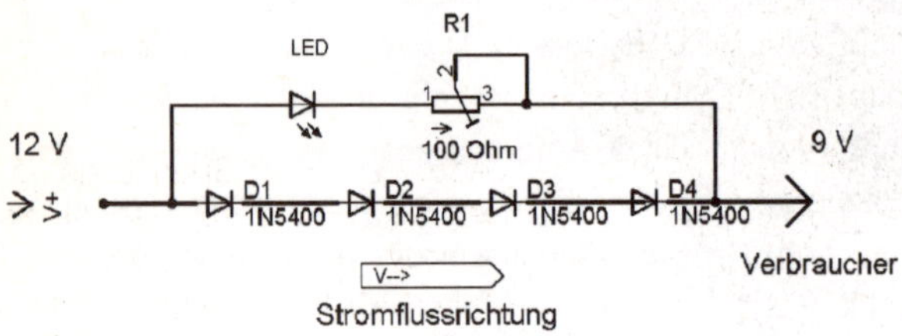


Abb. 7.11 Spannungsanpassung mit Dioden. Zudem kann die Differenzspannung auch noch für eine Leuchtdiode genutzt werden. Damit das Gerät nicht unnötig lange eingeschaltet bleibt, vielleicht sogar eine Blink-LED, die fällt besonders auf.

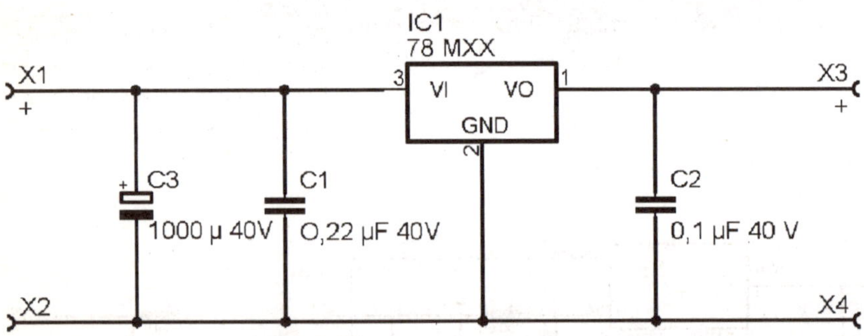


Abb. 7.12 Spannungsregler, Festspannung. Festspannungsregler gibt es für die Stromstärken von 100 mA bis fast 10 A. Ein 7805 regelt die Spannung genau auf 5 V und kann einen Strom von 1 A ab. Ausgangsseitiger Kurzschluss (kurz) ist kein Problem, dagegen nehmen die Spannungsregler eingangsseitige Falschpolung sehr übel.

Wichtig ist auch, dass die Kondensatoren eine dicht beieinander liegende Masse haben, um Schwingneigungen zu unterbinden.

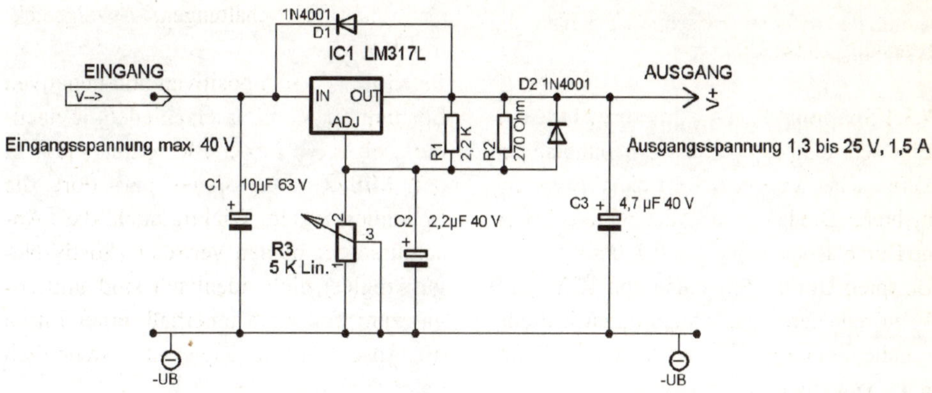


Abb. 7.13 Spannungsregler, variabel, mit dem Regel-IC LM317.Die Widerstände R1 und R2 sind parallel; um auf den geforderten Wert von 240 Ohm zu kommen. Mit einer maximalen Eingangsspannung von 40 V lässt sich eine komfortable Spannungsregelung von 1,3 bis 25 Volt mit einem maximalen Strom von 1,5 A realisieren.

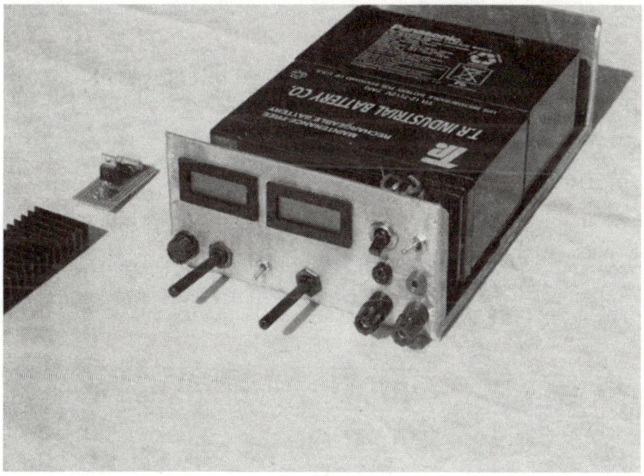


Abb. 7.14 Foto Spannungsregler mit Akkunetzteil. Die Akkus werden durch Wind- und Sonnenenergie ständig geladen und der Strom steht für allerlei Experimente geregelt zur Verfügung. Durch Parallel- und Reihenschaltung der Akkus kann die Spannung optimal an den Spannungsregler angepasst werden.

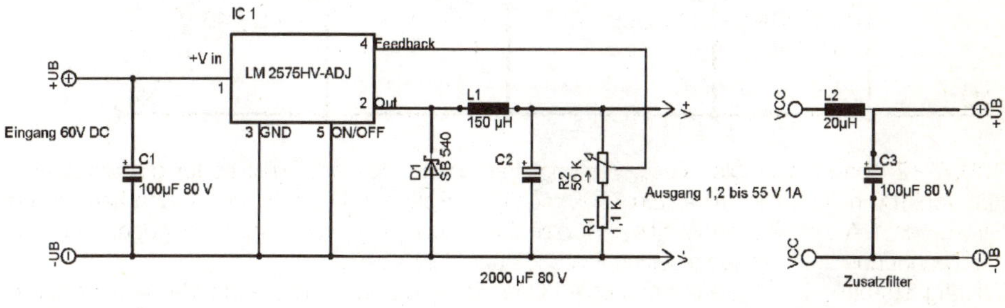


Abb. 7.15 getakteter Spannungsregler

minimale Differenz zwischen Eingangs- und Ausgangsspannung 2 bis 2,5 V.

**7.3.3 Getakteter Spannungsregler**
Bei den vorhergehenden Schaltungen und Beispielen wird die Spannungsdifferenz quasi in Wärme verbraten, hier nicht!

## 7.4 Garten

**7.4.1 Mechanischer Direktbetrieb**
Kleine Windräder vertreiben Wühlmäuse, diese mögen die Vibrationen nicht und wandern aus.
Wasserpumpen zur Bewässerung und Füllen von Wassertrögen für Viehtränken.
Vogelscheuchen
Belüftung von Garten und Fischteichen

**7.4.2 Über Stromerzeugung**
Weidezaunspeisung
Schneckenzaun
Gartenbeleuchtung
Lüftung und Beleuchtung von Gewächshäusern
Vogelscheuchen
Ladestation für elektrische Gartengeräte wie z.B. Akkumäher

Abb. 7.17 Speichenwindrad bespannt mit bunter Folie

## 7.5 Gartenhaus

Beim Gartenhaus denke ich vor allem an solche ohne Stromanschluss, stehend im Obstgarten oder im Schrebergarten. Beim Gartenhaus ist das Nutzungsprofil eher so, dass die gespeicherte Energie für Licht, Wasserpumpe und sonstige Elektrowerkzeuge am Wochenende oder an wenigen Tagen in der Woche gebraucht wird. Mit Aus-

Abb. 7.16 Foto getakteter Spannungsregler

nahme einer eventuellen Alarmanlage, die mitten in den Obstwiesen aber auch nicht so viel nützt. So können Wind und Sonne in geringen Mengen aber auf lange Zeit gespeichert werden.

Windrad oder Kombination aus Windrad und Solarmodul können, vor allem in der Abwesenheit, einen großen 12-Volt-Akku laden, dessen Energie für Licht, Radio, TV, Wasserpumpe usw. beim Besuch des Gartenhauses genutzt werden kann. Mit ein wenig Bastelei kann sogar mit ein paar Akkus direkt geschweißt werden (Siehe Büchlein, Einfälle statt Abfälle)

Windräder sind da erstens preiswerter, passen gut zu der Laubenatmosphäre, zeigen die Windrichtung an (je nach Art des Windrades) und werden zweitens auch nicht so zum Sammelobjekt wie die „wertvolleren" Solarmodule.

Ein Savonius-Rotor aus einer 200-l-Regentonne kann je nach Standort und Generator gut und gern 0,3 bis 0,5 KW bringen und einigen ausrangierten, noch rüstigen Autobatterien zum Gnadenbrot verhelfen.

Eine ganze Reihe von Akkuwerkzeugen arbeiten mit 12 Volt und die Ladeschalen können anstatt mit dem Steckernetzteil direkt an den geladenen großen Akku angeschlossen werden.

Auch Fernseher, Radio, Laptop und andere Elektronikgeräte mit Niederspannungsanschluss lassen sich direkt im Gartenhaus betreiben.

Abb. 7.18 Foto Energiestation mit Anzeigeinstrumenten für Spannung und Strom. Die Anlage ist sowohl für 12V als auch für 24 V angelegt.

#### 7.5.1 230 V im Gartenhaus

Für Elektrowerkzeuge oder auch Küchengeräte, die mit 230 V Wechselspannung laufen, gibt es preiswerte Wechselrichter, die die Systemspannung auf die Netzspannung umwandeln.

Natürlich ist bei dieser Umwandlung immer mit Verlusten zu rechnen, und wie folgendes Beispiel verdeutlichen soll, braucht es auch kräftige, gut geladene Akkus, die die hohen Ströme verkraften können.

Elektrogerät mit einer Leistung von 500 Watt und damit einem Stromverbrauch von 2,5 A bei 230 V

Wechselrichter mit Wirkungsgrad von ca. 90 %

Durchschnittsstromaufnahmen vom 12-V-Akku: ca. 54 Ampere!

Bei Betrieb mit 24-Volt-Akkus ist es noch in etwa die Hälfte des Stromes bei 48 V nur noch ca. 13 A. Daher ist es auch sinnvoll, bei viel Wechselrichterbetrieb die Systemspannung auf mindestens 24 V auszulegen.

Werden nur ohmsche Lasten und einfache Elektrowerkzeuge verwendet, eignen sich einfache und preiswerte Rechteckwechselrichter. Sie sind sehr robust und haben einen höheren Wirkungsgrad als Sinuswechselrichter.

Unsere Netzspannung im Haus ist eine sinusförmige Wechselspannung. Stromgeneratoren liefern ebenfalls sinusförmige Wechselspannung.

Der abgebildete Küchenmixer war bei mir schon öfters in dieser Kombination im Einsatz, hat eine Leistungsangabe von 150 W, der DC/AC-Spannungsinverter ist angegeben mit 12 V/230 V und 120 W Leistung. Es handelt sich um ein sehr preiswertes Gerät, mit dem Fernsehgeräte, Audiogeräte, Videorekorder, Rasierapparat, Lampen und auch so ein Küchengerät zum Mixen, Sahne schlagen…. ganz hervorragend betrieben werden können. Die erhöhte Leistungsabgabe für das Küchengerät macht keine Probleme, da eine kurzzeitige Überlastung vom Wechselrichter toleriert wird.

Die Ausgangsspannung beträgt 230 V~ +/- 10 % in Form von modifizierter Rechteckspannung. Der angeschlossene Akku sollte bei der maximalen Leistungsaufnahme von ca. 11 A mindestens eine Kapazität von

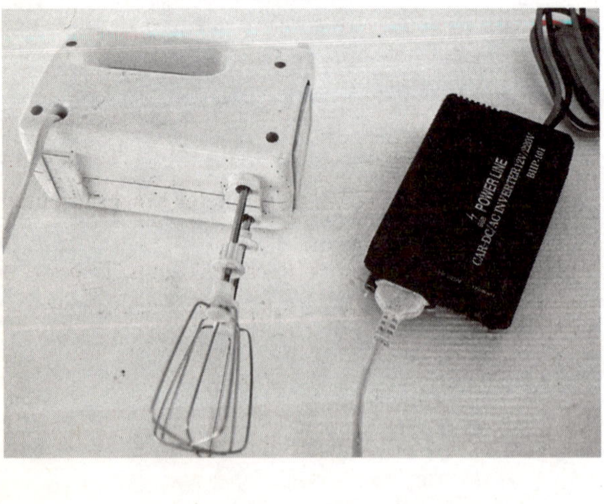


Abb. 7.19 Foto Wechselrichter mit Küchenmixer

35 Ah haben. Auch ist darauf zu achten, dass der Wechselrichter direkt an den Akku angeschlossen wird. Bei Kabelverlängerungen gibt es entsprechend des Kabelquerschnittes, bedingt durch den Innenwiderstand des Kupferkabels, mehr oder weniger Verluste. Daher sollte der Wechselrichter oder andere stromfressende Verbraucher direkt an den Akku angeschlossen werden. Manchmal ist es sogar sinnvoll, einen mobilen Autoakku an den Ort des Verbrauchers zu bringen.
Je nach anzuschließendem Verbraucher muss auf die Wahl des Wechselrichters geachtet werden. So darf z.B. ein Fernseher keinesfalls an einen reinen Rechteckwechselrichter angeschlossen werden. Alle Geräte können jedoch an einen Sinuswechselrichter angeschlossen werden, da dieser wie das 230-V-Netz sinusförmige Wechselspannung liefert.

## 7.6 Camping

Fürs Camping werden zahlreiche solare Unterstützungen angeboten und es bereitet große Freude, sie selbst zu entwickeln. So zum Beispiel Solardusche, Solargrill und Solar-Paneel für die Zeltbeleuchtung, Radio und TV.

Windräder hab ich auf den Campingplätzen eher noch nicht entdeckt. Aber warum eigentlich nicht? Gerade Wohnwagen, die über Winter auf einem Dauerplatz stehen, könnten damit gut ihre Batterie fit halten. Aber auch ein Zeltlager mit einem mobil aufgestellten Windrad (Dreibeinmast siehe 4.1) stell ich mir klasse vor.
Oder, da bin ich mir sicher, gibt es so coole Bastler, die sich einen zusammenfaltbaren Savonius-Rotor basteln, der, vor Ort aufgebaut, Strom erzeugt, die Sahne schlägt und das Bier kühlt.

## 7.7 Boot

In den Jachthäfen sind Windräder zuhauf auf den Freizeitsegelbooten vorzufinden. Das ist ja auch der Ideale Standort. Mit einem 20-50-Watt-Windrad (z.B. mit Lüftermotor), lässt sich optimal der Bordakku über die Woche für das Wochenende laden. In Kombination mit Solarenergie kann dann sogar ein elektrischer Flautenmotor (Außenborder) betrieben werden, um z.B. aus dem oder in das Hafenbecken zu kommen. Damit könnte der stinkende Dieselmotor endgültig ausrangiert werden.

Auswahl eines Wechselrichters

| Gerät | Art | Geeigneter Wechselrichter |
|---|---|---|
| Glühlampen, Wärmegeräte | Ohmsche Last | Rechteck, Sinus, Trapez |
| Elektromotoren | induktive/ohmsche Last | Rechteck, Sinus, Trapez |
| Ladegeräte, Netzteile, Fernseher | elektronische Geräte mit Gleichrichter | Sinus |
| Kompressorkühlschrank, Motoren mit Anlaufkondensator | Kapazitive Last | Sinus |

Inzwischen gibt es schon professionelle elektrische Antriebe für Freizeitboote und Personenfähren, deren Akkus mit Solarenergie geladen werden. Ein großer Teil des Schiffdecks und des Kajütendaches ist mit zum Teil begehbaren Solarmodulen ausgestattet, die die zum Fahrantrieb notwendigen Akkus in der Hauptsache während der Standzeiten aufladen.

Im Anhang findet Ihr auch noch eine ganze Reihe von Internetadressen für ausführlichere Informationen zu diesem Thema.

# Verwendete Bauelemente

## 8.1 Widerstände

In den Schaltungen mit R bezeichnet. In der Regel sind es vier bis 5 Farbringe, die den Widerstandswert angeben. Das erste und zweite geben den Wert in 0–9, der dritte den Multiplikationsfaktor und der vierte die Toleranz des Widerstandes an. Die Fertigungstoleranz ist für unsere Bastelwerke mit Silber = 10 % und Gold = 5 % gut und ausreichend. In der Praxis ist es sinnvoll, den Farbcodeschlüssel mit einem Vitrohmeter oder einer sog. Widerstandsuhr zu ermitteln. Das ist ein Pappteil für ca. 1,50 € mit drei oder vier Rädchen, an dem die Farbcodes eingestellt werden können und der dazugehörende Wert angezeigt wird.

Abb. 8.2 Symbol Widerstand

## 8.2 Potentiometer, kurz auch Poti

Spindelpotis sind Trimmpotis der besonderen Art. Mit der Einstellschraube wird der Widerstandswert quasi mit einem stark untersetzenden Schneckengetriebe eingestellt. Damit besteht die Möglichkeit, den Widerstandswert sehr fein und exakt einzustellen. Das Foto zeigt das Innenleben eines solchen Teiles.

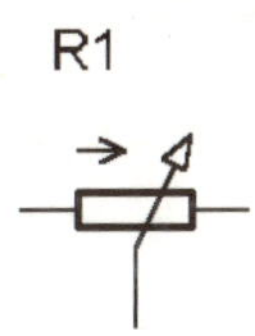


Abb. 8.3 Symbol Poti

Das Potentiometer, kurz Poti, ist ein stufenlos veränderbarer Widerstand, mit Alu- oder Kunststoffachse, die auch entsprechend unseren Erfordernissen abgesägt werden kann.

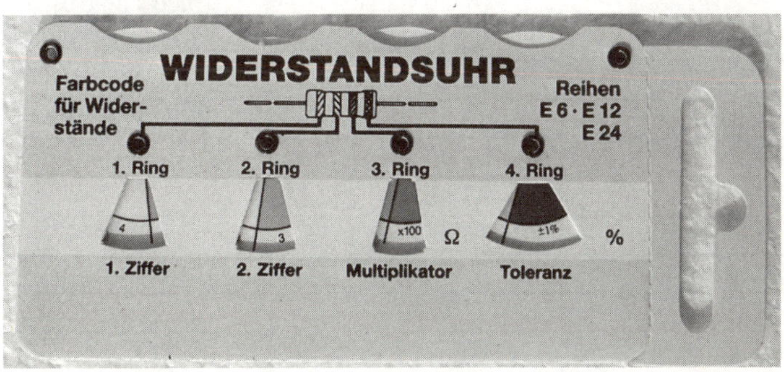


Abb. 8.1 Foto Widerstandsuhr

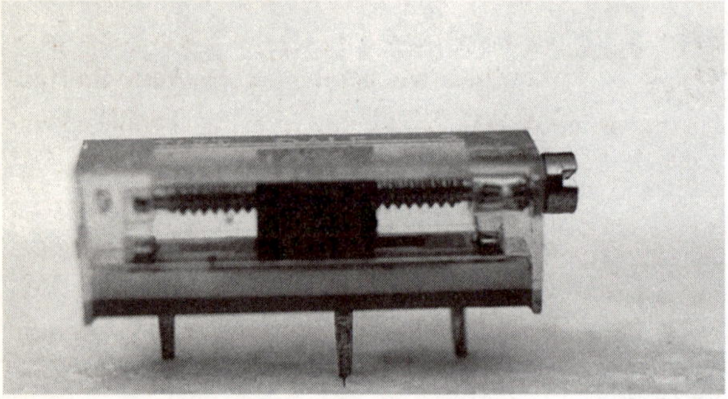

Abb. 8.4 Foto Spindeltrimmer

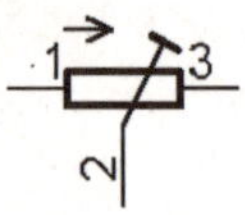


Abb. 8.5 Symbol Trimmpoti

Trimmpotis lassen sich mit dem Schraubendreher einstellen und werden für Justierungen, z.B. für die Messeinrichtungen verwendet. Es gibt jeweils liegende und stehende Ausführungen.

## 8.3 Kondensatoren

In den Schaltungen mit C angegeben. Die Werte sind meist durch Aufdruck angegeben, selten auch durch Farbringe.

Abb. 8.6 Symbol Kondensatoren

Des Weiteren ist die Spannungsfestigkeit aufgedruckt, sie sollte ca. 20 % über der Betriebsspannung liegen.

Beispiel für den Aufdruck:

| Aufdruck | Angabe in µF (mikro- Farad ) | mal 1000 = nF (nano-Farad) | mal 1000 = pF (pico-Farad) |
|---|---|---|---|
| n22 | | 0,22 nF | 220 pF |
| 2n2 | | 2,2 nF | |
| 0,01 | 0,01 µF | 10 nF | 10.000 pF |
| 0,022 | 0,022 µF | 22 nF | |
| 0,047 | 0,047 µF | 47 nF | |
| 0,068 | 0,068 µF | 68 nF | |
| 0,22 | 0,22 µF | 220 nF | |
| 0,47 | 0,47 µF | 470 nF | |
| 0,68 | 0,68 µF | 680 nF | 680.000 pF |

## 8.4 Elektrolytkondensatoren, kurz Elko

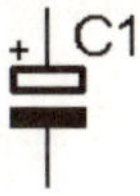


Abb. 8.7 Symbol Elko

In der Schaltung auch mit C angegeben. Wert durch Aufdruck. Zu beachten ist hier die Polung, meist angegeben durch Pfeil und Minus (–) Symbol, bei liegender Ausführung durch eine Einkerbung beim Pluspol und bei Tantalelkos durch + Zeichen und längeren Anschlussdraht beim Pluspol. Auch die Tantalelkos werden zum Teil mit Farbcodes bedruckt.
Auch hier sollte die Spannungsangabe 20 % über der Betriebsspannung liegen.

## 8.5 Gold-Caps

Das Foto zeigt gebräuchliche Größen dieses Bauteiles.
Symbol wie bei Elektrolytkondensatoren

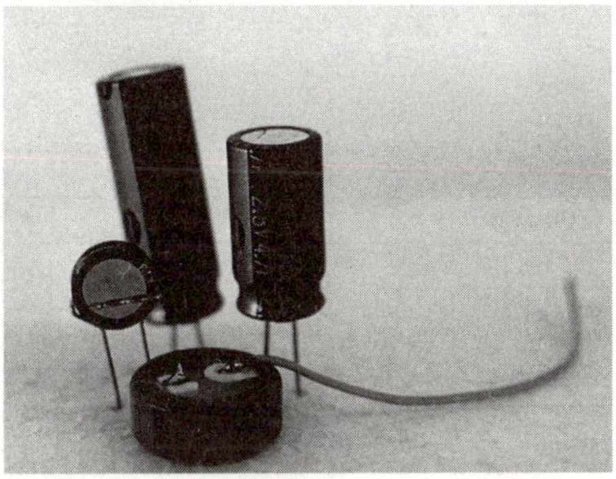

Abb. 8.8 Foto Gold-Cap

Kondensatoren mit sehr hoher Kapazität. Aufdruck wie bei den Elkos, Werte im Handel von 0,1 µF bis 50 F !! (Farad), Spannungsbereich jedoch nur von ca. 2 V–5,5 V. Eignen sich hervorragend als Pufferelement in der Anwendung mit Wind- und Sonnenenergie und zwar dort, wo niedrige Verbrauchsströme zu erwarten sind – benötigt keinerlei Laderegelung, da der Gold-Cap nicht überladen werden kann und den Ladestrom automatisch durch seinen internen Widerstand begrenzt, auch Tiefentladung und Kurzschluss sind unproblematisch.
Die als Aufdruck angegebene Spannung darf allerdings nicht überschritten werden! Es ist aber problemlos Reihen- und Parallelschaltung möglich. Durch Reihenschaltung wird der Spannungswert erhöht, durch Parallelschaltung die Kapazität.
Die Teile werden z.B. in Solaruhren, Programmspeichern und solarbetriebenen Messgeräten verwendet – in Japan läuft sogar ein Versuchsbus damit!
Leider zur Zeit noch um einiges teurer als ein Akku mit gleicher Kapazität, dafür aber von der Lebensdauer her unschlagbar.

Hersteller und technische Daten als Beispiel:

| | |
|---|---|
| Typ: | Philips |
| Nennspannung Un: | 5,5 VDC |
| Nennkapazität: | 0,047 F....1,0 F |
| Hohe Lebensdauer: | 1000 h bei +70°C |
| C-Toleranz | -20/+80 % |
| Temperaturbereich: | -25°C bis +70°C. |
| Anwendung: | Umweltfreundlicher Puffer bei Stromausfall, Back up für CMOS-Speicher |

Für den, der die Überbrückungszeit des Gold Cap für eine Pufferaufgabe berechnen möchte, hier die Formel:

$$T = \frac{(U1 - U2) \times C}{I}$$

T = Überbrückungszeit in sec.
U1 = Ladespannung in Volt
U2 = Zulässige Minimalspannung des Gerätes in Volt
I = Stromaufnahme des Gerätes in Ampere
C = Kapazität des Gold Cap in Farad (F)

## 8.6 Dioden

Abb. 8.9 Symbol Diode

In der Schaltung mit D angegeben. Aufdruck der Typenbezeichnung, damit können anhand der Listen die Werte für den max. zulässigen Strom und die Spannung ermittelt werden. Es gibt verschiedene Arten von Dioden, z.B. Silizium- und Germaniumdioden und andere, die sich in den charakteristischen Eigenschaften unterscheiden.

Dioden arbeiten im Prinzip wie ein Ventil, sie lassen den Strom in der einen Richtung durch und in der anderen Richtung sperren sie.

Für die Schalt- und Messmethoden, wie sie in diesem Buch beschrieben sind, verwenden wir die Siliziumdiode. In der Durchlassrichtung beträgt die Schwellenspannung der Siliziumdiode 0,6–0,7 Volt, d.h. wenn wir die Eingangsspannung und die Ausgangsspannung der Diode messen, kommt 0,6–07 V weniger raus.

Die beiden Anschlussseiten werden im Schaltbild Anode (beim Pfeil) und Kathode (beim Querstrich) genannt. Der Kathodenanschluss ist am Gehäuse der Diode durch einen Ring oder einen Farbring markiert. Fehlt ein Hinweis auf die Durchlassrichtung, so können wir diese mit einem Durchgangsprüfer ermitteln.

## 8.7 Schottkydioden

Abb. 8.10 Symbol Schottkydiode

Schottkydioden unterscheiden sich kaum in Gehäuseart, Aufdrucksart und Markierung von den oben beschriebenen Dioden, aber in den Eigenschaften.

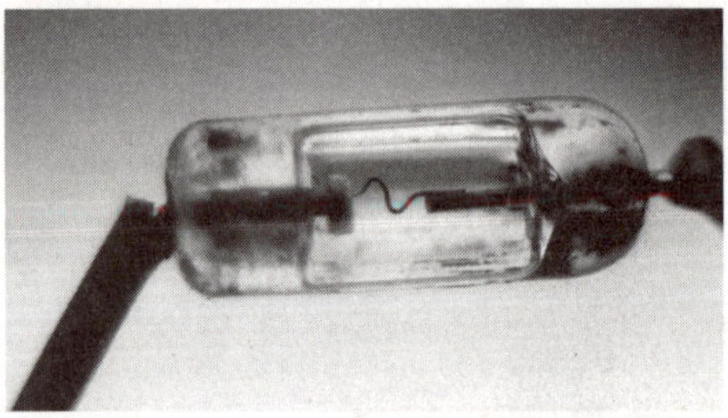

Abb. 8.11 Foto Innenleben einer Germaniumdiode

Ähnlich günstige Werte wie die Schottkydioden haben Germaniumdioden die es in den Anfangszeiten der Elektronik häufig gab. Ich hab damit alle möglichen Arten von Detektorempfängern gebastelt, die zwar von der Lautstärke her leise und nur mit Kopfhörer, aber dafür ohne Stromquelle arbeiten. Das Foto zeigt die Innenansicht einer solchen Diode.

Die Durchlass- bzw. Schwellspannung beträgt nämlich nur 0,3 Volt. Daher sind sie für Solar- und Windanwendung besser geeignet als die Siliziumdiode, da mindestens 0,3 V mehr hinten rauskommen!

Das heißt, überall dort, wo es auf jedes bisschen der Energie ankommt, ist die Schottkydiode sehr willkommen.

## 8.8 Leuchtdioden, kurz LED

Abb. 8.13 Symbol LED

In der Schaltung mit LED bezeichnet. Anschlussdrähte sind Anode und Kathode, die Kathode ist an einem kürzeren Anschlussdraht und einem sichtbar größeren Dreieck in der Leuchtdiode zu erkennen (wenn diese gegen das Licht gehalten wird).

Die Werte für die Spannung liegen bei 1,4 bis 2,0 Volt (rote LED) und 1,8 bis 3,4 Volt (gelbe/grüne LEDs), 3,6 V ultrahelle LEDs und der Stromverbrauch bei 2 mA bis 30 mA, je nachdem, ob es sich um eine sog. Low-current LED (niedriger Strom) oder um eine ordinäre Leuchtdiode oder um eine besonders helle LED handelt.

Die Leuchtdioden gibt es in unterschiedlichen Farben wie beispielsweise rot, gelb, grün und inzwischen gibt es sogar blaue und weiße LEDs. Es gibt auch Duo – LEDs mit drei Anschlüssen und mehreren Farben in einer LED und noch viele andere Arten von LEDs.

Beim Experimentieren mit der LED muss darauf geachtet werden, dass sie zum einen beim Einlöten sehr hitzeempfindlich ist, zum anderen, dass sie immer mit einem Vorwiderstand betrieben werden sollte, sobald die Spannung höher als 2,4 V ist.

## 8.9 Zenerdioden

Abb. 8.14 Symbol Zenerdiode

In der Schaltung mit D angegeben. Der Aufdruck auf dem Gehäuse gibt die Sperrspannung an und die Ringmarkierung ist wie bei den Dioden. Zenerdioden sperren ab der angegebenen Spannung, wenn sie entgegen der Stromflussrichtung verwendet werden. Je

Abb. 8.12 Foto LED

nach Leistungsklasse gibt es verschiedene Typen z.B. für 0,5 W, 1,0 W, 10 W usw. Im Buch werden Zenerdioden in Verbindung mit Messinstrumenten und Spannungsbegrenzung beim Laden verwendet.

## 8.10 Transistoren

In der Schaltung mit T bezeichnet. Aufdruck der Typenbezeichnung, damit können in den Listen die Daten herausgelesen werden.

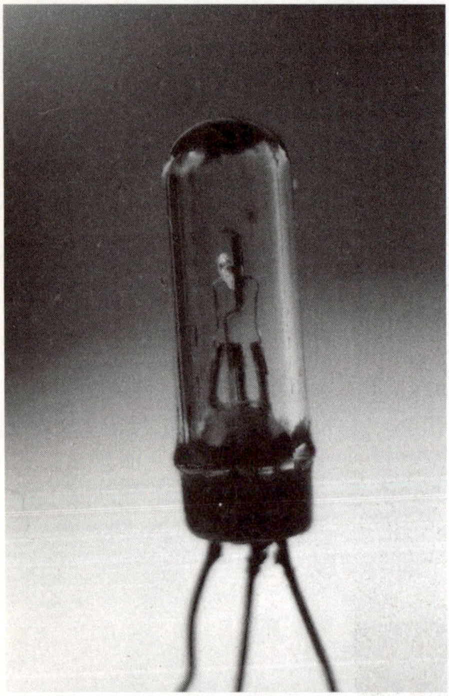

Abb. 8.15 Foto Germaniumtransistor
Früher einmal, in den Anfangszeiten der Halbleiterelektronik, waren die Transistoren in lackierten Glaskörperchen. Lackiert deshalb, weil sie lichtempfindlich sind. Das Foto zeigt das Innenleben eines Germaniumtransistors.

Abb. 8.16 Symbol PNP

Abb. 8.17 Symbol NPN

Grundsätzlich werden PNP- und NPN-Typen unterschieden. Die drei Anschlüsse werden mit Kollektor, Basis und Emitter bezeichnet. Bei PNP-Typen liegt der Emitter an „plus“, bei NPN-Typen der Emitter an „minus“. Der kleinere Basisstrom beeinflusst den größeren Stromfluss vom Emitter zum Kollektor bzw. beim NPN vom Kollektor zum Emitter. Je nach Vorgaben an den zu regelnden Strom, gibt es kleinere Transistoren bis hin zu dicken Leistungsbrummern. Auch unterscheiden sich die Typen hinsichtlich Verstärkungsfaktor und Spannungsbereich.

## 8.11 Integrierte Schaltkreise, kurz IC

In der Schaltung als IC bezeichnet. Typenbezeichnung auf dem Gehäuse, das in ent-

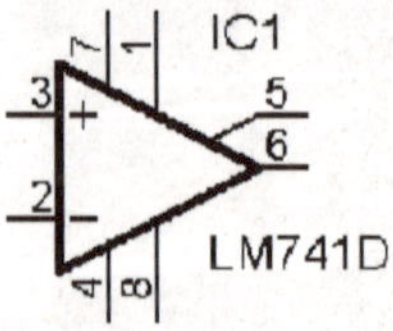


Abb. 8.18 Symbol IC

sprechenden Listen Auskunft über die Eigenschaften und Leistungsdaten gibt. In integrierten Schaltkreisen sind komplette Schaltungsteile auf kleinstem Raum zusammengefasst. Es gibt unzählige Typen von ICs und damit auch unzählig viele verschiedene Gehäuseausbildungen und Anschlussbelegungen. Grundsätzliches Prinzip: Die erste oder letzte Ziffer der Pins ist mit einer Markierung oder Kerbe versehen und die Zählrichtung ist – von unten auf die Beinchen gesehen – im Uhrzeigersinn (siehe auch 9.1.3).

## 8.12 Drosselspulen

In der Schaltung mit L bezeichnet. Von der Form her widerstands- oder kondensa-

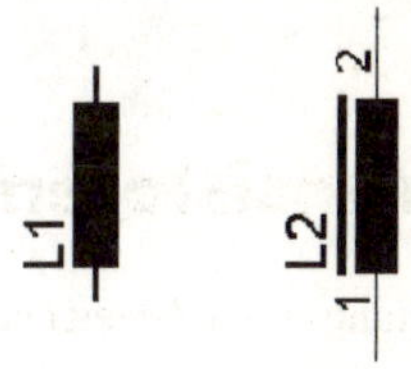


Abb. 8.20 Symbol Drosselspule

Abb. 8.19 Foto Drosselspulen

Abb. 8.21 Foto Vergrößerte Drosselspule

torähnliches Bauteil mit Aufdruck oder mit Farbcode versehen.
Im Inneren Ferritkern mit dünnem Kupferlackdraht umwickelt. Größere Ausführungen mit Ferritring und sichtbarer Spule.
Werden bei den Beispielen hier im Buch in den Spannungswandlerschaltungen verwendet. Funktion, kurzzeitige Energiespeicherung und Abgabe.

## 8.13 Reedkontakte

Ein- und Umschaltkontakte durch Magnetismus zu schalten, eingebettet in je nach zu schaltendem Strom kleinen bis großen Glaskörperchen. Werden in der Regel durch Annäherung oder Entfernen von Dauermagneten geschaltet. Typisches Beispiel ist der Messsensor des Fahrradtachos.

Durch Aufwickeln von Kupferdraht kann auch ein Reedrelais selbst hergestellt werden.

## 8.14 Hallsensoren

Im Prinzip in der Funktion wie Reedkontakte nur viel schneller. Es gibt unipolare Hallsensoren die durch den Südpol des Dauermagneten einschalten oder bipolare Hallsensoren die durch Änderung der Magnetseite den Schaltzustand ändern. Und es gibt hoch empfindliche Teile, die auf das Erdmagnetfeld reagieren usw. Bis zu einer magnetischen Frequenzrate von knapp unter 1 MHz können sie eingesetzt werden. Ein klasse Teil für vielfältige Messeinrichtungen und Schaltaufgaben bei allem was sich dreht und Impulse abgibt.

# Infoteil



## 9.1 Anschlussbilder und Vergleichstypen

### 9.1.1 Dioden

Grundsätzlich können immer stärkere Typen für schwächere verwendet werden.

### 9.1.2 Transistoren

Die A-, B- und C-Typen unterscheiden sich dadurch , dass der C-Typ mehr Strom schalten kann als der B-Typ bzw. der A-Typ. Beispiel BC 237 B...... BC 237 C.

| Diodentyp | Bezeichnung | Vergleichstypen | Bis Spannung | Bis Strom/Leistung |
|---|---|---|---|---|
| Silizium | 1 N 4148 | | 100 V | 100 mA / 500 mW |
| Silizium | 1 N 4001 | Alle der Reihe 4000 | 50 V | 1 A |
| Silizium | 1 N 5400 | Alle der Reihe 5400 | 50 V | 3 A |
| Silizium | BY 550 - 50 | Alle der Reihe 550 - | 50 V | 5 A |
| Schottky | BAT 43 | BAT 41, BAT 46 | 30 V | 100 mA ( 0,1 A ) |
| Schottky | SB 130 | DQ 10 , 1 N5817 | 30 V | 1 A |
| Schottky | SB 530 | SB 550 , SB 560 | 50 V | 5 A |
| Schottky | MBR 1645 | | 45 V | 16 A |
| Germanium | OA 182 | | 80 V | 150 mA |

| Transistor-Typ | Bezeichnung | Vergleichstypen | bis Spannung ca. für A-Typ | bis Strom ca. für A-Typ/P tot* |
|---|---|---|---|---|
| NPN | BC 547 ,BC 548 | BC 107, BC 108 | 30 –50 V | 100 mA/220 mW |
| | BC 549 | BC 109 ,BC 147 | | |
| | | BC 148 BC 149 | | |
| | | BC 237, BC 238 | | |
| | | BC 239 | | |
| NPN | BC 141 | | | |
| PNP | BC 557 , BC558 | BC 177 , BC178 | 25-50 V | 100 mA/300 mW |
| | BC 559 | BC179, BC 307 | | |
| | | BC 308, BC 309 | | |
| | | BC 251 , BC 252 | | |
| | | BC 253 | | |
| PNP | BD 138 | BD 136, BD 140 | 45 – 80 V | 1,5 A / 6,5 W |
| NPN | BD 137 | BD 135, BD 139 | 45 – 80 V | 1,5 A / 6,5 W |
| NPN | 2 N 3055 | | 60 V | 15 A / 115 W |

* P tot ist die Leistung bzw. Belastung, bei der der Transistor am Ende ist und anschließend kaputt geht!

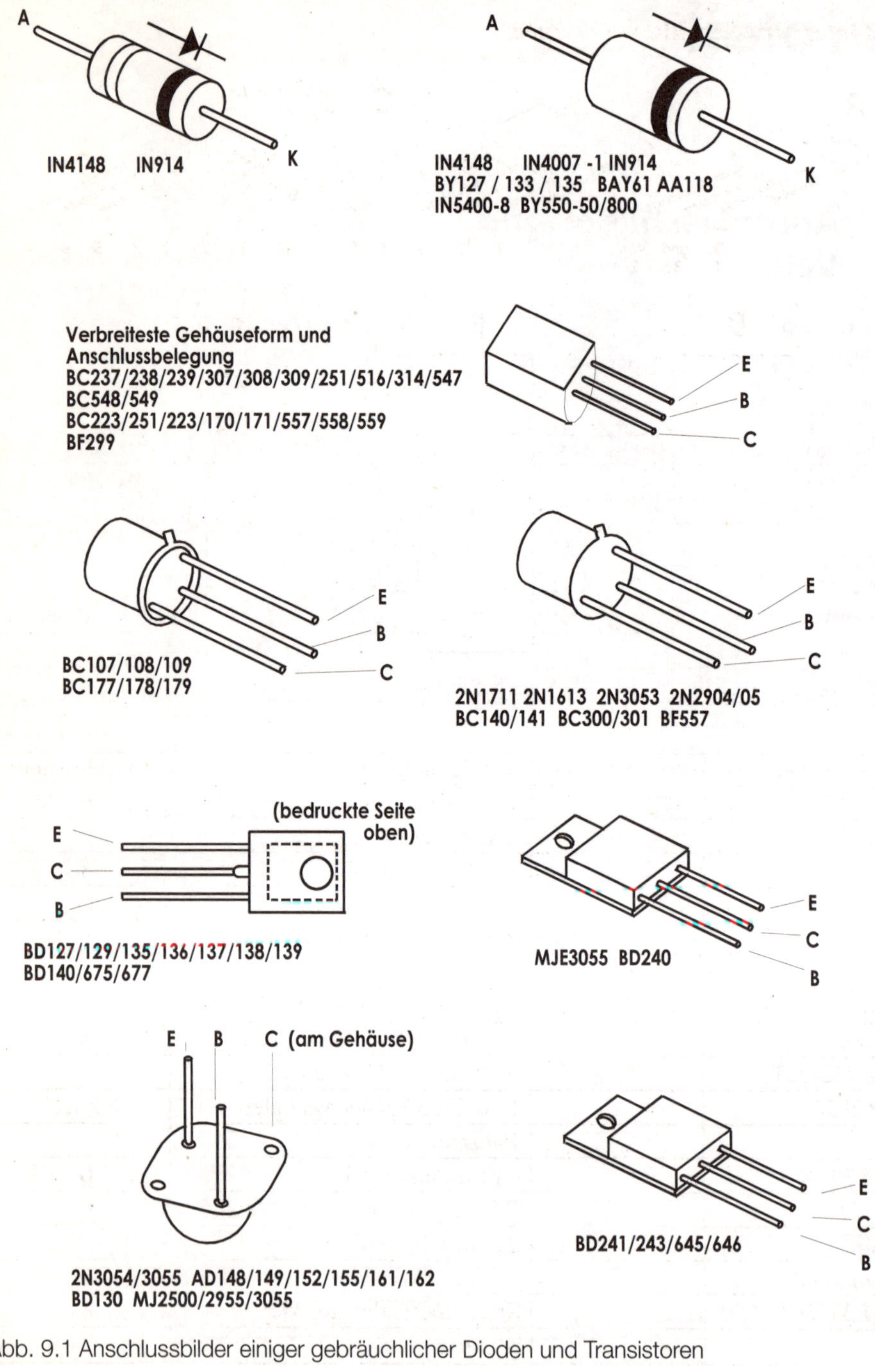


Abb. 9.1 Anschlussbilder einiger gebräuchlicher Dioden und Transistoren

### 9.1.3 Integrierte Schaltkreise im Buch

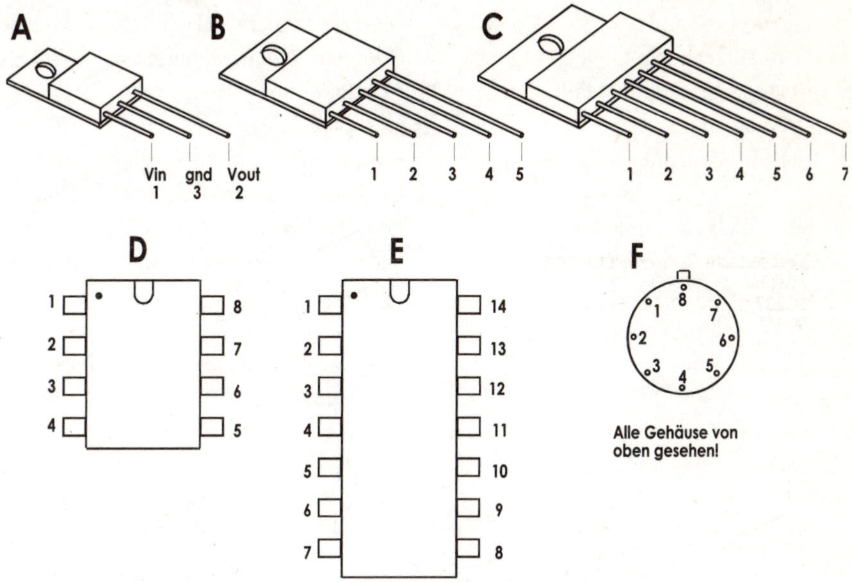


Abb. 9.2 Anschlussbilder Spannungsregler und IC:

| Bezeichnung | Vergleichstyp | Verwendung für : | Anschlussbild |
|---|---|---|---|
| NE 555 | | Timer-Baustein | **D** |
| PB 137 | | Laderegler für | |
| | | 12-V-Gel-Akkus | **A** |
| U 2403B | | Ladetimer, Ladegerät | **D** |
| L 200 | | Regelbare Spannungs- | **B** |
| | | Stromquelle | |
| LM 317 L | LM 317 T | Spannungsregler variabel | **A** |
| L 7805 CT | | Spannungsregler fest: 1 A; 5, | **A** |
| Bis 7824 CT | | 6, 8, 9, 12, 15, 18, 24 V | |
| LP 2950 | | Low-Trop Spannungsregler- | **6.2.1.1** |
| | | Baustein | |
| LM 393A | | Operationsvestärker | **D** |
| 74121 | | Windgeschwindigkeits- Messer | **E** |
| | | Schmitt-Trigger | |
| TDA 2003V | | NF-Verstärker-IC | **B** |
| LM 2575HV-ADJ | | Spannungsregler, getaktet, | **E** |
| | | regelbar | |

## 9.2 Bezugsquellen

Conrad elektronic GmbH, Klaus – Conrad – Str. 1, 92240 Hirschau, Tel. 09604 /408988 www.business.conrad.de E-Mail: business-betreuung@conrad.de
Sonderliste!, Modellbaukatalog

Lemo –Solar, Lehnert Modellbau Solartechnik GmbH, Postfach 123, 74899 Bad Rappenau, Tel 07264 /4248
Solar – Minimodul, Solarzellen, Sonderlisten

Pollin electronic GmbH, Postfach 28, 85102 Pförring, Tel 08403 /920-920
Sonderliste!

Fa. Opitec, Hobbyfix, Hohlweg 1, 97232 Giebelstadt Tel. 09334-941111
Mechanische Kleinteile aller Art
Fa. AccuCell – Deutschland Wilhelmstrasse 36 73650 Winterbach Tel. 07181/ 46341
Wiederaufladbare Alkali - Manganbatterien
Thümler GmbH Hans Traut Str. 25 90455 Nürnberg Tel. 09122-78711 Fax. 09122-73127
E-Mail: info@alu-windrad.de Homepage: www.alu-windrad.de

Spezialversand Neue Energieformen-Windanlagen Generatoren, Repeller, Flansche
A. Harbarth Hechelner Strasse 32 78357 Mühlingen Tel. 07775-1215 Fax. 07775-920080

Mädler, Antriebselemente, Zahnräder, Getriebe, Getriebemotoren www.maedler.de

## 9.3 Literaturverzeichnis

Messen, Steuern, Regeln (für verschiedene Computertypen); Autoren: B. Kainka / L. Gollub, Franzis Verlag

Einfälle statt Abfälle Windkraft, Heft 1 und folgende; Autoren: C.Kuhtz, G. Böhmke, J. Gravert, Verlag Christian Kuhtz, erhältlich z.B. über Ökotopia info@oekotopia-verlag.de

Der Savonius Rotor, Autor: Heinz Schulz, Ökobuchverlag, Freiburg i.Br. www.oekobuch.de

Das kleine Solarwerkbuch, Autor: U.E. Stempel, Franzis Verlag GmbH, 85586 Poing

**Wind- und Solarenergie im Internet:**

Bauanleitung Aluwindrad: www.alu-windrad.de/bauanleitung.htm

www.stuttgart-solar.de

www.solarinfo.de

Deutsche Gesellschaft für Sonnenenergie (DGS) e.V.:
E-mail: uwehartmann@metronet.de

Eurosolar Berlin/Brandenburg:
E-mail: eurosolar_berlin-brandenburg@t-online.de

Ibasolar. Info, Beratung, Ausbildungszentrum für Solarenergie:
E-Mail: ibasolar@t- online.de

Institut für Solarenergieforschung Hameln:
E-Mail: tgtmeyer@isfh.de

Institut für Solarschiffbau:
E-Mail: meyercat@t-online.de

viele weitere Adressen sind über Suchmaschinen (z.B. Yahoo, google) im Internet zu erfragen.

# 10 Schablonen

Die folgenden Schablonen sind maßstabsgetreu für 100 % und können mit der entsprechenden Vergrößerung aus dem Buch kopiert und auf die Werkstücke aufgeklebt bzw. abgepaust werden.

Die realen Durchmesser differieren um einige mm, je nach Art und Wanddicke des Kunststoffrohres.

Anhaltswerte, je nach Schwergängigkeit des Generators ist es auch sinnvoller, die Anlaufhilfe größer zu wählen

Material vorzugsweise Alublech. Materialstärke von 1,5 mm bei der Kleinen bis 4 mm bei der Größten

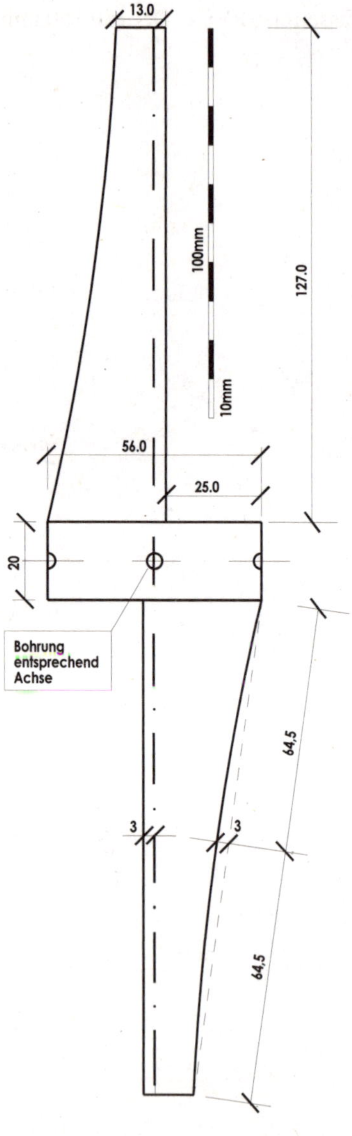


Abb.10.1 Kunststoff-Repeller

| Material | Rohrdurchmesser | Repellerlänge | Vergrößerungsfaktor |
|---|---|---|---|
| Elektriker | 18 mm außen, | 275 mm | 1:1 = 100 % |
| Kabelschutzrohr | 16 mm Innen | | |
| Abwasserrohr, HT | DN 40, 40 mm Außen | 611 mm | 2,22:1 = 222 % |
| Abwasserrohr, HT | DN 50 50 mm Außen | 763 mm | 2,78:1 = 277 % |
| Abwasserrohr, HT | DN 70 70 mm Außen | 1069 mm | 3,88:1 = 388 % |
| Abwasserrohr, PVC | DN 100 110 mm Außen | 1680 mm | 6,1:1 = 610 % |
| Abwasserrohr, PVC | DN 150 160 mm Außen | 2444 mm | 8,9:1 = 888 % |

| Repellerlänge | C | D | E | F | G | |
|---|---|---|---|---|---|---|
| 611 cm | 48 mm | 72 mm | 168 mm | 18 mm | 60 mm | |
| 763 cm | 60 mm | 90 mm | 210 mm | 23 mm | 75 mm | 300 % |
| 1069 cm | 80 mm | 120 mm | 280 mm | 30 mm | 100 mm | |
| 1680 cm | •• mm | 200 mm | 460 mm | 50 mm | 165 mm | |

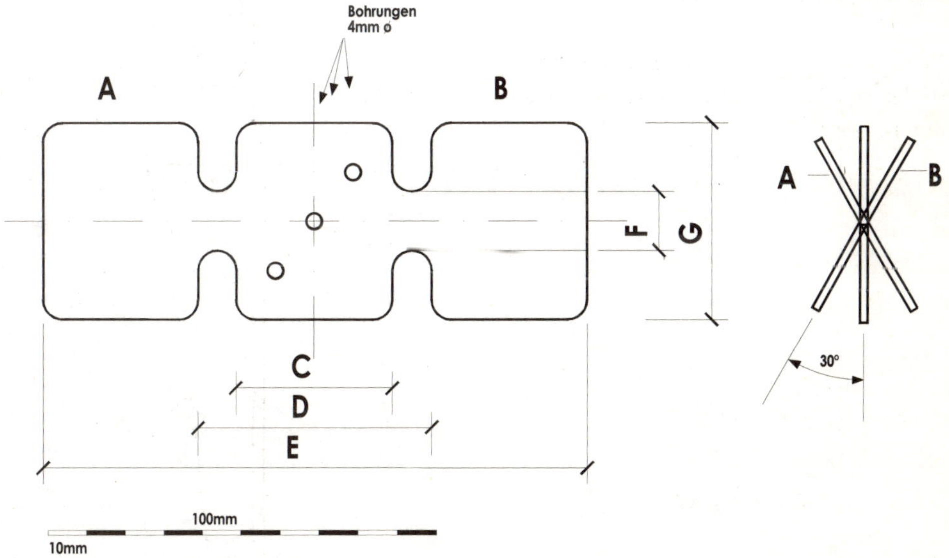


Abb. 10.2 Anlaufhilfe

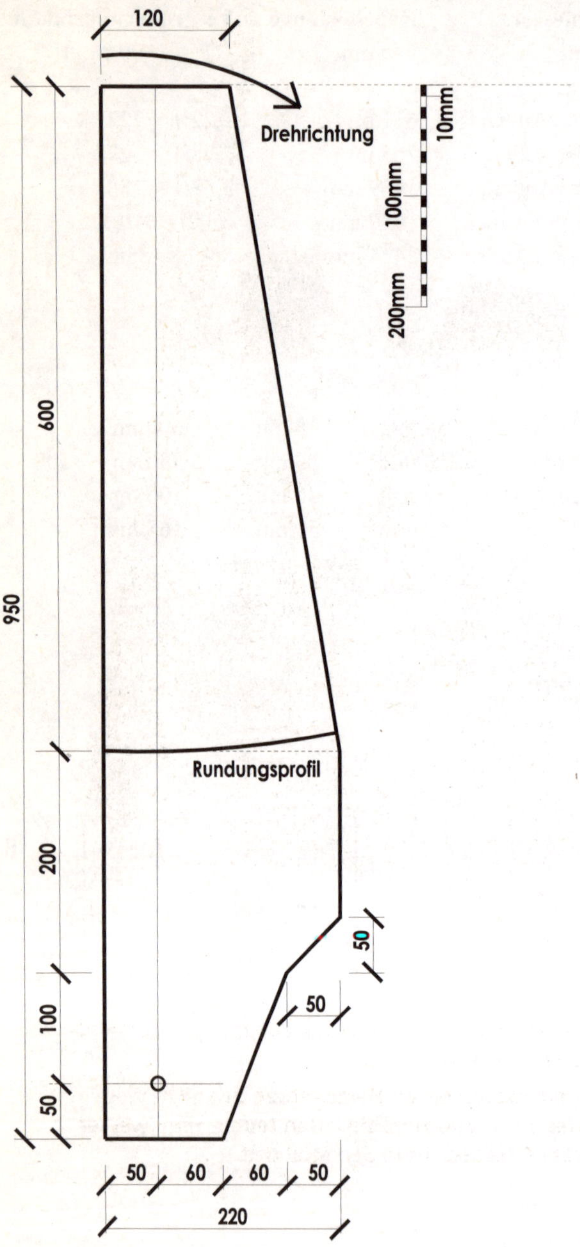


Abb. 10.3 Repellerblatt, Metall